微算機原理與應用－
x86/x64 微處理器軟體、硬體、
界面與系統

林銘波　編著

全華圖書股份有限公司

國家圖書館出版品預行編目資料

微算機原理與應用：x86/x64 微處理器軟體、硬
　體、界面與系統 / 林銘波編著. -- 六版. -- 新
　北市：全華圖書, 2018.03
　　面；　公分
　ISBN 978-986-463-771-3(精裝)
　1.CST: 微處理機
312.116　　　　　　　　　　　　107003002

微算機原理與應用 —
x86/x64 微處理器軟體、硬體、界面與系統

作者 / 林銘波

發行人 / 陳本源

執行編輯 / 葉書瑋

出版者 / 全華圖書股份有限公司

郵政帳號 / 0100836-1 號

印刷者 / 宏懋打字印刷股份有限公司

圖書編號 / 0545873

六版三刷 / 2022 年 12 月

定價 / 新台幣 750 元

ISBN / 978-986-463-771-3(精裝)

全華圖書 / www.chwa.com.tw

全華網路書店 Open Tech / www.opentech.com.tw

若您對書籍內容、排版印刷有任何問題，歡迎來信指導 book@chwa.com.tw

臺北總公司(北區營業處)
地址：23671 新北市土城區忠義路 21 號
電話：(02) 2262-5666
傳真：(02) 6637-3695、6637-3696

南區營業處
地址：80769 高雄市三民區應安街 12 號
電話：(07) 381-1377
傳真：(07) 862-5562

中區營業處
地址：40256 臺中市南區樹義一巷 26 號
電話：(04) 2261-8485
傳真：(04) 3600-9806(高中職)
　　　(04) 3601-8600(大專)

序言

本書自 1987 年出版以來，至今已歷經五次改版，隨著每一次的改版，微處理器的功能與操作頻率均向前躍進一大步，由早期的 8 MHz 的 16 位元微處理器 8086/8088，演進到數十 MHz 的 32 位元微處理器 80386/80486，及目前數 GHz 的 64 位元 (x64) 多核心微處理器。伴隨著微處理器的功能與操作頻率的提升，其應用範圍也更加廣泛。現在微處理器已經不再單單是個人計算機 (電腦) 的主要元件，它也是各種需要高性能的電子產品中的主要元件之一。因此，微處理器對於目前及未來的電子工程師而言，日益重要。因為如此，本書使用 x86/x64 微處理器為例，以綜合性的方式介紹微處理器的一般原理，期待讀者於讀完本書後，除了精通 x86/x64 微處理器之外，亦能夠觸類旁通，應用相同的原理於其它類型的微處理器或是嵌入式微處理器與微算機中。

為了避免讀者涉入太多不必要的作業系統及計算機系統結構等較深入的課題，本書中依序由 x86 微處理器在平坦模式下的功能與動作、各種 I/O 界面與應用、PC 系統中的重要組成要件、常用的匯流排系統等，介紹微處理器的基本原理，同時保持本書中的題材，在一個適合初學者的層次上，期待讀者能夠循序漸進地學完整個微算機原理與應用的相關課程。此外，本書中的程式例題均為 32 位元組合語言程式 (除非有特別聲明) 且均能在 x86/x64 微處理器系統 (32 位元與 64 位元 Windows 作業系統) 中執行。

為使本書達到我們所期望的目標：讀完本書之後，能夠應用所學的基本原理與知識於其它系列的微處理器或微控制器，例如微處理器 ARM Cortex 或微控制器 (microcontroller)、8051、與 68HC11 等，本書分成下列四大部分：組合語言程式設計、CPU 硬體模式、I/O 界面與應用及微處理器系統，循序漸進地介紹微處理器的動作、程式設計與 I/O 界面上的一些相關知識。組合語言程式設計部分包括第 1 章到第 6 章；CPU 硬體模式包括第 7 章到第 9 章；I/O 界面與應用包括第 10 章；微處理器系統包括第 11 章與第 12 章。

第 1 章首先介紹微算機系統的基本結構與 x86/x64 微處理器的發展過程及其重要特性，接著論述在微算機系統中常用的幾種數目系統及其彼此之間的互換方法及定點數的算術運算，最後則討論浮點數的表式方法、IEEE 754 浮點數標準、浮點數的算術運算等。

第 2 章使用 RTL 硬體模型，介紹 x86 微處理器的基本動作原理、組合語言指令的動作。在 Windows 的命令模式與視窗操作環境中，組合語言程式的產生、執行及測試方法。此外，介紹一些較常用的組譯程式假指令，並且使用一個實例說明組譯程式的組譯工作原理。

第 3 章開始進入本書的主題，在這一章中主要介紹微處理器的規劃模式、資料類型、有效位址的形成與其對實際位址的轉換、定址方式、指令格式、指令的機器碼編碼方式等。

第 4 章與第 5 章開始討論 x86 微處理器的指令動作，及一些基本而簡單的組合語言程式的撰寫。為了幫助讀者了解組合語言指令的一般性原理，在這兩章中，我們以循序漸進的方式，將 x86 微處理器的組合語言指令系統化地分類與整理之後，由淺入深地介紹與討論這些指令的動作及用法，並且以實際的程式輔助說明，幫助讀者的學習與應用 x86 微處理器的指令。

第 6 章以模組化程式設計為主題，在這一章中，我們介紹一些與組合語言程式設計較相關的軟體工程觀念。此外，以副程式、副程式的參數傳遞、堆疊框的產生與刪除、遞迴副程式，以及巨集指令的定義、呼叫與展開等為討論的對象。最後一小節，介紹一些與巨集指令定義相關的條件性假指令。

第 7 章以 x86 微處理器的硬體模式為主題，分別介紹 8086 處理器的內部結構、功能、特性、基本時序等。對於 32/64 位元的 x86/x64 微處理器，則扼要地介紹相關的設計原理與微處理器架構，並以 PC 系統方塊圖討論目前的 PC 系統架構，雙晶片組中南橋與北橋的功能，及單晶片組的 PC 系統架構。

第 8 章介紹各種普遍使用於微處理器系統中的記憶器元件：SRAM、快閃

記憶器 (Flash)、DRAM、SDRAM、DDR/DDR2/DDR3 SDRAM 等。在這一章中，除了介紹它們的接腳、功能、特性、基本時序等之外，也討論與 CPU 模組界接使用時相關的位址解碼電路的設計，及資料存取的時序。

第 9 章首先討論 x86 微處理器在實址模式下的中斷要求與處理，接著論述多重中斷要求與處理，然後介紹可規劃中斷要求控制器 (82C59A) 的功能與應用。最後，則討論軟體中斷指令及其應用與例外發生的情況及處理。由於在 Windows 系統中，使用者程式無法直接處理中斷要求，因此本章的程式例題將以 16 位元的 DOS 模式為例，說明中斷服務程式的相關程式設計。

第 10 章討論 I/O 基本結構與界面，包括並列與串列。在本章中，我們首先介紹 I/O 裝置的基本觀念、I/O 結構、I/O 埠位址的解碼方法等。接著，介紹 I/O 的三種基本的資料轉移啟動方法：輪呼式 I/O、中斷 I/O、DMA 等。然後，論述並列 I/O 與串列 I/O 的同步與非同步資料轉移。最後，則介紹串列界面標準：RS-232、I2C 匯流排界面、SPI 界面與 PCIe 匯流排。

第 11 章探討浮點數運算處理器 (FPU) 與多媒體運算處理器 (SIMD) 的動作原理與程式設計。在這一章中，首先介紹 FPU 的功能與規劃模式、指令動作、FPU 的程式設計等。其次，介紹 x86/x64 系列微處理器中的多媒體處理器 (MMX、SSE、SSE2、SSE3、SSSE3、SSE4 等) 的功能與規劃模式。

第 12 章以一些大型微處理器系統的周邊裝置與相關的匯流排界面為主題。在本章中，我們首先討論映像顯示系統包括文字模式顯示原理及推動程式的設計與繪圖模式顯示器原理，接著簡介列表機界面，然後論述輔助記憶器系統與裝置，包括軟式磁碟記憶器、硬式磁碟記憶器、固態硬碟 (SSD)、光碟記憶器 (CD-ROM、CD-R/CD-RW、DVD、及藍光 DVD) 等。最後，則以 PC 系統的 SATA、USB、Thunderbolt 等匯流排界面作為終結。由於在 Windows 系統中，使用者程式無法直接處理 I/O 指令與使用 I/O 裝置，必須透過 Windows 系統的系統呼叫，因此本章的程式例題將以 16 位元的 DOS 模式為例，說明 I/O 裝置的相關程式設計。

在附錄中，提供 x86 微處理器與 x87 FPU 的指令表，以幫助讀者學習微處理器的系統設計，與組合語言程式的設計及應用，也能夠作為實務上的有用資訊。

　　本書在編寫期間，承蒙國立台灣科技大學電子工程研究所，提供一個良好的教學與研究環境，使本書的編寫能夠順利完成，本人在此致上衷心的感激。此外，衷心地感激那些曾經關心過我與幫助過我的人，由於他們有形與無形地資助或鼓勵，使本人無論在人生的旅程或者求學的過程中，時時都得到無比的溫馨及鼓舞。最後，將本書獻給家人及心中最愛的人。

林銘波 (M. B. Lin) 於

國立台灣科技大學

電子工程研究所研究室

作者簡介

學歷：

國立台灣大學電機工程學研究所碩士

美國馬里蘭大學電機工程研究所博士

主修計算機科學與計算機工程

研究興趣與專長：

嵌入式系統設計與應用、VLSI (ASIC/SOC) 系統設計、數位系統設計、計算機演算法、平行計算機結構與演算法

現職：

國立台灣科技大學電子工程系暨研究所教授

著作：

英文教科書 (國外出版，全球發行)：

1. Ming-Bo Lin, *Digital System Designs and Practices: Using Verilog HDL and FPGAs,* John Wiley & Sons, 2008. (ISBN: 978-0470823231)

2. Ming-Bo Lin, *Introduction to VLSI Systems: A Logic, Circuit, and System Perspective,* CRC Press, 2012. (ISBN: 978-1439868591)

3. **Ming-Bo Lin**, *Digital System Designs and Practices: Using Verilog HDL and FPGAs,* 2nd ed., CreateSpace Independent Publishing Platform, 2015. (ISBN: 978-1514313305)

4. **Ming-Bo Lin**, *An Introduction to Verilog HDL,* CreateSpace Independent Publishing Platform, 2016. (ISBN: 978-1523320974)

5. **Ming-Bo Lin**, *FPGA Systems Design and Practice: Design, Synthesis, Verification, and Prototyping in Verilog HDL,* CreateSpace Independent Publishing Platform, 2016. (ISBN: 978-1530110124)

6. **Ming-Bo Lin**, *Principles and Applications of Microcomputers: 8051 Microcontroller Software, Hardware, and Interfacing,* CreateSpace Independent Publishing Platform, 2016. (ISBN: 978-1537158372)

7. **Ming-Bo Lin**, *Principles and Applications of Microcomputers: 8051 Microcontroller Software, Hardware, and Interfacing,* Vol. I: *8051 Assembly-Language Programming*, CreateSpace Independent Publishing Platform, 2016. (ISBN: 978-1537158402)

8. **Ming-Bo Lin**, *Principles and Applications of Microcomputers: 8051 Microcontroller Software, Hardware, and Interfacing,* Vol. II: *8051 Microcontroller Hardware and Interfacing*, CreateSpace Independent Publishing Platform, 2016. (ISBN: 978-1537158426)

9. **Ming-Bo Lin**, *Digital Logic Design: With An Introduction to Verilog HDL*, CreateSpace Independent Publishing Platform, 2016. (ISBN: 978-1537158365)

中文教科書：

1. **微算機原理與應用：x86/x64 微處理器軟體、硬體、界面與系統**，第六版，全華圖書股份有限公司，2018。(ISBN: 978-986-4637713)

2. **微算機基本原理與應用：MCS-51 嵌入式微算機系統軟體與硬體**，第三版，全華圖書股份有限公司，2013。(ISBN: 978-957-2191750)

3. **數位系統設計：原理、實務與應用**，第五版，全華圖書股份有限公司，2017。(ISBN: 978-986-4635955)

4. **數位邏輯設計**，第六版，全華圖書股份有限公司，2017。(ISBN: 978-986-4635948)

5. **8051 微算機原理與應用**，全華圖書股份有限公司，2012。(ISBN: 978-957-2183755)

編輯部序

　　「系統編輯」是我們的編輯方針，我們所提供給您的，絕不只是一本書，而是關於這門學問的所有知識，它們由淺入深，循序漸進。

　　微算機原理與應用一書，以 Pentium 系列微處理器為題材，建立讀者完整的微算機原理與相關的基本知識，進而使用與設計各種微處理器系統。內容由淺入深將 80X86 微處理器的指令分類，並以豐富的程式實例，闡述每一指令的動作與應用，且專章討論 80X86CPU 的硬體功能、界面、時序、浮點運算(FPU)、多媒體運算處理器、中斷要求與處理、可規劃中斷要求控制器、軟體中斷要求指令應用。本書適合大學、科大資工、電子、電機科系之「微算機原理與應用」課程使用。

　　同時，為了使您能有系統且循序漸進研習相關方面的叢書，我們以流程圖方式，列出各有關圖書的閱讀順序，以減少您研習此門學問的摸索時間，並能對這門學問有完整的知識。若您在這方面有任何問題，歡迎來函連繫，我們將竭誠為您服務。

相關叢書介紹

書號：0529202
書名：最新數位邏輯電路設計
　　　(第三版)
編著：劉紹漢
16K/592 頁/520 元

書號：05212077
書名：單晶片微電腦 8051/8951 原理
　　　與應用(附多媒體光碟)(第八版)
編著：蔡朝洋
16K/632 頁/500 元

書號：0546872
書名：微算機基本原理與應用－
　　　MCS-51 嵌入式微算機系統軟
　　　體與硬體(第三版)(精裝本)
編著：林銘波.林姝廷
18K/816 頁/790 元

書號：06028037
書名：單晶片微電腦 8051/8951 原
　　　理與應用(C 語言)(第四版)
　　　(附多媒體光碟)
編著：蔡朝洋.蔡承佑
16K/548 頁/500 元

書號：05419027
書名：Raspberry Pi 最佳入門與應用
　　　(Python)(第三版)(附範例光碟)
編著：王玉樹
16K/432 頁/470 元

書號：06467007
書名：Raspberry Pi 物聯網應用
　　　(Python)(附範例光碟)
編著：王玉樹
16K/344 頁/380 元

◎上列書價若有變動，請
　以最新定價為準。

流程圖

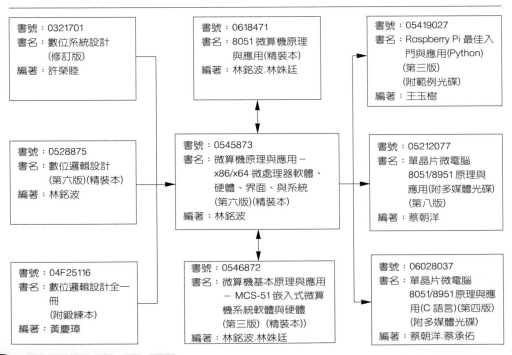

目 錄

第二章 計算機結構與組合語言   45

第三章 CPU 軟體模式　　　　　**91**

第六章 副程式與巨集指令 247

第七章 CPU 硬體模式 305

第十章 I/O 基本結構與界面　　461

第十二章　PC 系統 I/O 裝置與界面 565

1

簡介

微處理器自 1970 年代問世以來，歷經四十年的演進之後，已經普及於各類產品之中，深深地影響人們的日常生活，甚至改變了人們的生活形態。目前，微處理器的應用可以歸納為兩種主要類型：通用型計算機 (general-purpose computer) 與嵌入式微處理器系統 (embedded microprocessor system)。計算機 (computer) 為正式的名詞，而電腦 (electronic brain) 則為通俗的名詞。在本章中，我們首先論述個人計算機 (personal computer，PC) 與嵌入式微處理器的基本功能及其組成成分，然後介紹 x86 與 x64 微處理器的基本特性。接著論述在計算機系統中常用的文字數碼 (alphanumeric code) 與數碼 (numeric code)、在計算機系統中的常用數目系統、不同基底之間的互換、計算機對數目的運算方法等。最後則介紹浮點數表式方法與浮點數的四則運算。

1.1 微處理器與微算機

由於 VLSI 技術的進步，微處理器 (microprocessor，μP) 已經由最早的 4 位元 (bit)、8 位元、16 位元等發展至目前功能強大的 32/64 位元。微處理器除了用以設計各種類型的個人計算機 (PC) 之外，亦挾其設計彈性的強大優勢進入大部分的數位系統中，以降低數位系統設計的複雜度與提升應用彈性，其相關產品遍佈於各種日常生活用品，也深深地改變了人們的生活形態。因此，本節中將先介紹微處理器的兩種主要應用類型：個人 (或是稱為通用型) 計算機與嵌入式微處理器系統。注意：嵌入式為"隱藏的" (hidden) 的意思。

1.1.1 個人計算機系統結構

在個人計算機系統中的微處理器，其資料處理單元的位元數目由80年代的8位元、16位元而發展到目前的 32/64 位元。這些系統依據它們配備的記憶器 (memory) 容量的大小不同與 I/O 裝置 (input/output device) 的不同而組成各種不同用途的系統，例如多媒體計算機即是整合了聲音、影像及計算機固有的計算能力於一身的系統。任何一部個人計算機系統大致上可以分成硬體 (hardware) 與軟體 (software) 兩大部分。

1.1.1.1 硬體部分 不管個人計算機系統的功能為何、其記憶器容量有多大，或是其配備的 I/O 裝置多棒，在個人計算機系統中最主要的元件之一是一個稱為處理器 (processor) 或傳統稱呼為中央處理器 (central processor unit，簡稱 CPU) 的 IC (integrated circuit，積體電路) 或是邏輯電路模組。由於它主宰著整個計算機系統的動作，舉凡資料輸入、資料輸出、磁碟機的動作……、等都必須由它發號施令，因此稱為 (中央) 處理器。目前最常用的處理器 (CPU) 有 Intel x86/x64 微處理器與 ARM Cortex 等。由於這些處理器均由微電子電路組成，因此也常稱為微處理器 (microprocessor)。在本書中將使用微處理器 (或是 CPU) 一詞代稱所有的 (中央) 處理器。

典型的個人計算機系統的硬體架構如圖 1.1-1 所示，它主要由時脈產生器 (clock generator)、CPU、I/O 界面 (I/O interface)、記憶器、系統匯流排 (system bus)、I/O 裝置 (I/O device) 等組成。時脈產生器產生系統運作時，需要的時序脈波 (clock)；I/O 界面電路連接各個 I/O 裝置 (例如：鍵盤、磁碟機、印表機、DVD、CD-ROM、顯示器、音效卡、網路卡等) 到 CPU 上。這些 I/O 裝置通常皆擁有各自不同的電氣特性與工作速度，因此必須使用不同的界面 (或稱為界面) 電路，將其信號轉換為可以與 CPU 相匹配的特性及速度之信號。換言之，I/O 界面電路的功能即是 CPU 與 I/O 裝置間溝通的橋樑。

記憶器容量則由早期的 64k 位元組 (byte，一個位元組等於 8 個位元) 擴充到 4/8M 位元組、4G/32G 位元組，甚至未來的 256G 至 2T 位元組或是更大，依據不同的需求而定。注意：在計算機領域的術語中，當用以表示記憶器的

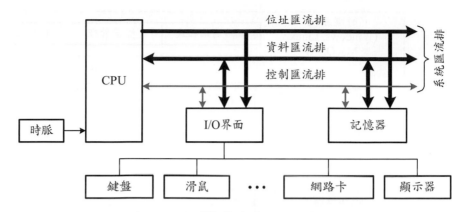

圖 1.1-1: 個人計算機系統的硬體架構

容量或是位址空間時，k、M、G 等三個符號的意義分別為 k = 2^{10} = 1,024 而不是 1,000；M = 2^{20} = 1,048,576 而非 1,000,000；G = 2^{30} = 1,073,741,824 而非 1,000,000,000。此外也常用 b 表示位元，B 表示位元組。

　　為了使整個計算機系統能依據我們的意思做事，我們必須儲存指揮系統動作的命令在系統中，而後由 CPU 自行依照某一個預先設定好的順序去讀取這些命令，並且執行它。因此，系統中必須有一個儲存這些命令的場所，這個場所稱為記憶器。記憶器的大小依據計算機系統的用途不同而有所差異，典型的容量由 4/8 G 位元組到 16/32 G 位元組甚至更多。

　　系統匯流排是由一些導線組成，它連接中央處理器到記憶器與 I/O 界面電路上。一般而言，依據系統匯流排的信號特性可以將它們分成三大部分：

1. 資料匯流排 (data bus)：傳送資料用。
2. 位址匯流排 (address bus)：選取資料匯流排上資料的來源或是標的。
3. 控制匯流排 (control bus)：控制 (或裁決) 資料匯流排與位址匯流排的動作。

1.1.1.2　軟體部分　在計算機系統中，若單有硬體設備仍然無法發揮其應有的功能，必須配以適當的系統軟體及應用軟體，才能夠水火相濟發揮它的最大功能。

　　計算機 (或個人計算機) 系統的軟體大致上可以分成兩大類：系統軟體 (system software) 與應用軟體 (application software) (即使用者軟體)，系統軟體包括

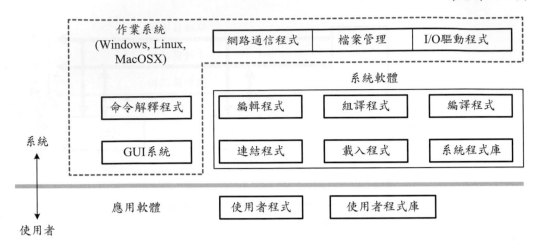

圖 1.1-2: 個人計算機系統軟體架構

作業系統 (operating system)、編輯程式 (editor)、組譯程式 (assembler)、編譯程式 (compiler)、連結程式 (linker)、載入程式 (loader)、系統程式庫 (system library) 等。這些系統軟體皆是撰寫 (即開發) 其它系統軟體或應用軟體所必需的，目前最通行的個人計算機系統中，幾乎都有此類的系統軟體。應用軟體則是指該個人計算機系統的使用者，藉著系統軟體的幫助而寫成的程式，這些程式通常用來解決使用者的一些特定問題，例如記帳系統與成績計算及登錄系統等。

　　作業系統又由一些系統程式組成，如圖 1.1-2 所示，它提供了使用者與機器 (即硬體設備與系統軟體) 之間的界面 (即溝通橋樑)，讓使用者能以最有效的方式使用系統資源 (硬體設備及系統軟體)。這些系統程式主要由檔案管理、網路通信程式、I/O 驅動程式、GUI (graphical user interface) 程式、命令解譯程式 (command interpreter) 等組成。為了節省記憶器空間，作業系統中的系統程式通常分成兩部分：一部分在系統運作期間必須永遠居留在系統的主記憶體中，稱為核心程式 (core program 或是稱為 kernel)；另一部分則每當需要時，再由輔助記憶體 (例如磁碟機或光碟機) 搬至主記憶體中執行，並在其動作執行完畢後，即由主記憶器中清除，以避免佔用過多的主記憶器空間。這一部份程式稱為暫駐程式 (transient program)。

　　圖 1.1-2 中的 I/O 驅動程式的主要功能為幫助使用者能輕易地使用系統的 I/O 裝置 (例如：磁碟機、光碟機、印表機、音效卡、網路卡等)。將 I/O 驅動程

式列為作業系統中的系統程式之目的是讓作業系統較能掌握整個計算機系統 (或是個人計算機系統)的資源與減輕使用者自己撰寫 I/O 驅動程式的負擔。

　　圖 1.1-2 中的另外一個重要的系統軟體稱 GUI 系統。目前大部分的個人計算機或是工作站均已經使用圖形界面，以提供使用者一個易於使用的視窗環境 (window environment)，GUI 系統即是提供此種功能。

　　圖 1.1-2 中的網路通信程式，它包括網路通信需要的所有網路卡驅動程式及 TCP/IP 驅動程式，以提供使用者一個易於使用的網路環境 (network environment)，它通常結合 GUI 系統而成為一個視窗的網路操作環境。

　　命令解譯程式提供作業系統與使用者之間的一個界面，它接收使用者由鍵盤輸入的命令並且呼叫相關的作業系統中的系統程式或是應用程式，完成使用者要求的工作。典型的命令解譯程式例如 DOS 與微軟 Windows 中的 command.com 或是 UNIX 中的 shell 程式 (C shell、Bourne shell、Korn shell、或 Posix shell 等)。

1.1.2　嵌入式微處理器系統

　　微處理器系統的另外一個重要應用類型為嵌入一個數位系統中，在此種系統中，微處理器系統的主要功能為當作一個可規劃 (programmable) 的數位系統元件，以簡化該系統的設計複雜度及提供較多的設計與應用彈性。嵌入式微處理器系統的典型應用可以分成五大領域：

1. 消費性產品：包括家電與娛樂產品，例如微波爐 (microwave oven)、數位相機 (digital camera)、烤箱、冰箱、冷氣機、數位音響、電視機等；

2. 汽車控制器：一部現代的汽車內部可能使用到高達 100 個甚至更多個微控制器，以提供反鎖煞車 (antilock braking)、安全氣囊 (air bags) 等智慧型控制功能；

3. 辦公室自動化：包括個人計算機、傳真機、列表機、影印機、鍵盤、計算機螢幕等；

4. 工業控制器：例如安全門禁系統、保全系統、測速照相、機器人、計算機視覺等；

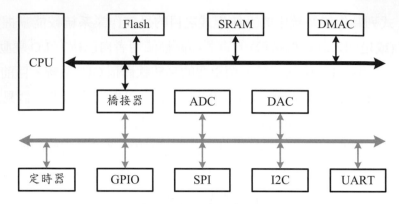

圖 1.1-3: 典型的嵌入式微處理器系統架構

5. 通信電子產品：例如手機、呼叫器、電話答錄機等。

在這一些應用系統中均嵌入一個 4/8/16 位元或是 32/64 位元的微處理器系統。由於在這一些應用系統中，微處理器系統均被嵌入應用系統中，當作一個可規劃數位系統 (programmable digital system) 元件使用，因此也常稱為嵌入式微處理器系統 (embedded microprocessor system) 或微控制器 (microcontroller)。

典型的嵌入式微處理器系統 (即微控制器) 架構如圖 1.1-3 所示。簡單的 8 位元微控制器系統通常只包含一個 8 位元的 CPU 與 IIC (inter-integrated circuit) 匯流排、定時器 (timer)、GPIO (general purpose input and output)、SPI (serial peripheral interface) 匯流排、UART (universal asynchronous receiver and transmitter) 等模組，至於 DAC (digital-to-analog converter) 與 ADC (analog-to-digital converter) 等模組則為選用的界面模組。

在 32 位元的嵌入式微處理器系統中，則通常包括圖 1.1-3 中的大部分功能，這種系統通常直接執行 Windows、Linux、free BSD 等作業系統，同時也均具有網路功能。典型的系統例如行動電話手機、iPAD、任天堂遊戲機等。

1.1.2.1 嵌入式微處理器類型 目前最常用的嵌入式微處理器大致上可以分成 Microchip 公司的 PIC (peripheral interface controller) 16xxx 系列，80C51/C52 系列與 68SC05/11 系列的 8 位元微控制器，與 Freescale 公司的 683xx、ColdFire、PowerPC 系列、及 ARM 公司的 Cortex 微控制器系列的 32 位元微控制器等三大類型。PIC16xxx 系列與 8 位元微控制器一般使用於極為簡單的控制電路中；

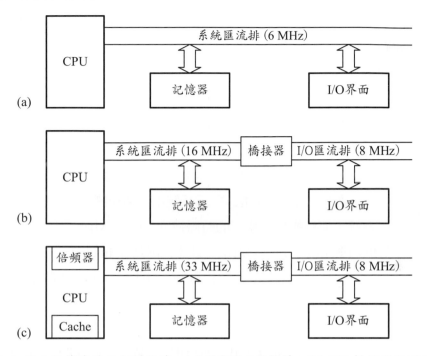

圖 1.1-4: 個人計算機系統架構沿革：(a) 早期的 PC 架構；(b) I/O 橋接器的引入；(c) CPU 的倍頻

32 位元微控制器則使用於較複雜的系統中，例如儀器控制、多媒體、消費性等產品。

由以上的介紹可以得知：無論是桌上型個人計算機、筆記型計算機，或是嵌入式微處理器系統，其功能與需要學習的原理是相同的，它們唯一的差別只是該系統是當作一般用途的計算機，或是隱藏在產品中當作一個可規劃的數位控制系統元件而已。

1.1.3 PC 架構演進

在簡單的微算機系統與早期 PC 系統的設計中，CPU、記憶器、I/O 模組均使用相同的匯流排連接，如圖 1.1-4(a) 所示。所有的模組均必須在同步的模式下操作，由 CPU 決定其他模組的操作頻率。這種系統由於各個模組的互鎖效應 (interlock effect)，整體系統均被限定在一個所有模組所能承受的通用時脈頻率上，因而整體的系統性能不高。

由於 I/O 模組均操作於較低的頻率，為了提高 PC 系統的整體性能，可以如圖 1.1-4(b) 所示方式，將高速的記憶器匯流排與低速的 I/O 匯流排切開成為兩個獨立的部分，然後使用一個特殊的電路稱為橋接器 (bridge) 連接兩個匯流排，如此兩個匯流排可以個別操作於它們各自的頻率上。這裡的橋接器即是南橋 (south bridge) 與北橋 (north bridge) 的前身。

由於積體電路製程的進步與成熟，CPU 的操作頻率大幅提升，記憶器的操作速度已經無法與 CPU 匹配，因此 Intel 公司在 80486 中引入倍頻 (clock doubling) 的概念。例如，在圖 1.1-4(c) 所示系統中，系統匯流排頻率為 33 MHz，其記憶器與系統匯流排操作在相同的時脈速度，即 33 MHz，但是 CPU 內部則操作在兩倍的時脈頻率，即 66 MHz。另外一例為在 Intel Core 2 Duo E8400 CPU 中，外頻為 333 MHz，CPU 的頻率倍數為 9，因此，CPU 內部操作於 $333 \times 9 = 3000$ MHz，即 3.0 GHz。

隨著 PC 系統周邊裝置的複雜化與 CPU 操作速度的不斷提升，上述橋接器概念更進一步延伸而發展出了南橋與北橋晶片組。圖 1.1-5(a) 所示為使用三晶片的 PC 系統架構概念示意圖。整個系統主要由 CPU 與晶片組架構而成，其中北橋負責連接速度較快的 CPU、主記憶器、顯示卡等模組，並透過 DMI (direct media interface) 與南橋連接；南橋負責連接速度較慢的周邊界面，包括硬碟、USB、SSD、網路卡等。

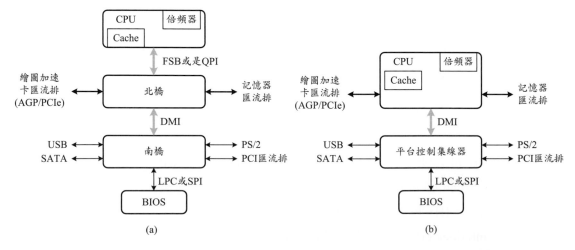

圖 1.1-5: 現代個人計算機系統架構：(a) 三晶片架構；(b) 兩晶片架構

　　部分 CPU 的設計會考慮直接將主記憶器與 CPU 界接而不經由北橋，以加速 CPU 與主記憶器之間的資料傳輸速度。在這種設計方式中，北橋中只剩下 AGP 或 PCIe (PCI express) 控制器及與南橋之間的通信。有一些北橋晶片亦整合繪圖處理器，以降低 PC 系統的成本，但是為了增加 PC 系統的設計彈性，亦提供 AGP 或 PCIe 界面，以支援外加的獨立顯示卡。

　　目前新的 CPU 設計中，多更進一步將北橋整合至 CPU 內，而只剩南橋提供速度較慢的周邊裝置界面之連接，成為單一晶片組，稱為平台控制集線器 (platform controller hub，PCH) 晶片，如圖 1.1-5(b) 所示。南橋或是 PCH 經由 SPI (serial peripheral interface) 或是 LPC (low-pin count bus) 存取 BIOS (basic input and output system)。CPU 與 PCH 之間則透過 DMI 連接。

　　CPU 與北橋之間的匯流排為前端匯流排 (front-side bus) 或是 QPI (quick path interconnect) 匯流排。FSB 可以支援 800/1066/1333/1600 MT/s 的資料轉移，並允許 64 位元組快取記憶器區段存取。QPI 匯流排為一個連接微處理器與北橋的快取記憶器一致的 (cache coherent) 連結層的界面。QPI 操作於 2.4 GHz、2.93 GHz、3.2 GHz、4.0 GHz 或 4.8 GHz 時脈頻率，並支援 64 位元組快取記憶器區段存取。關於 FSB 與 QPI 匯流排的較詳細討論，請參閱第 7.3.1 節。

1.2　x86/x64 微處理器

　　雖然微處理器的功能及資料寬度一代比一代強大，但是這並不表示前一代的微處理器將完全由市場上消失，畢竟 "萬物皆有其用途"，除了個人計算機系統之外，尚有許多地方 (例如冷氣機控制電路、兒童用的玩具、家用電器的功能控制等) 並不需要功能如此強大的微處理器，在這些用途上又何必 "殺雞用牛刀"。

　　微處理器或是微算機 (microcomputer) 的主要分類方法是依據它們每一次最多能夠處理的位元數目，即它們的資料寬度 (data width)。到目前為止，微處理器一共有下列五種資料寬度：4 位元、8 位元、16 位元、32 位元、64 位元等。

1.2.1 4/8 位元微處理器

Intel 公司在 1969 年首先推出第一代 (亦是世界第一個) 的微處理器：4004，它是一個 4 位元微處理器。依據目前的標準衡量，4004 為一個性能非常差的微處理器，這類型微處理器的主要應用範圍為低性能需求的特殊系統，例如電子時鐘、電扇、電磁爐、微波爐等。

於 1975 年，Intel 公司推出了第二代微處理器：8080/8085。這種微處理器的資料寬度為 8 位元，因此為一個 8 位元微處理器，它具有較高的性能、較大的系統能力、較容易使用的組合語言指令。此類型微處理器的主要應用領域為：收銀機、電子儀器等。

1.2.2 16 位元微處理器

在 1978 年，Intel 公司首先推出了第一個 16 位元微處理器：8086，而後陸續推出了 8088、80186、80286 (1982) 等。其中 8088 受到了 IBM 公司的青睞，被採用為 IBM PC 與 IBM PC/XT 的 CPU，因而身名大噪。8086 微處理器具有 16 位元的資料匯流排與 20 位元的位址匯流排，同時使用節區 (segmentation) 的觀念，分割 1 M 位元組的記憶器空間為若干個大小不一，但是最大為 64k 位元組的節區，然後使用 4 個 16 位元的節區暫存器 (segment register) 存取。8088 與 8086 相同也是一個 16 位元的微處理器，但是 8088 的資料匯流排只有 8 位元，因而性能較 8086 為差。除此之外，兩者的規劃模式與指令組卻是完全相同的。這裡所謂的規劃模式 (programming model) 是指一個微處理器內部所有能夠由其組合語言指令存取的暫存器的集合，有時也包括組合語言指令組。

80286 微處理器除了 8086 原有的架構與指令組之外，也將多工作業 (multi-task) 系統中，需要的記憶器管理單元 (memory management unit，MMU) 與 CPU，製造於同一個晶片上。在 80286 中，有兩種工作模式：實址模式 (real address mode) 與保護模式 (protected virtual address mode，PVAM，也簡稱為 protected mode，PM)。在實址模式中，80286 在使用者的觀點中為一個性能較好的 8086 微處理器；在保護模式中，80286 則能提供多工作業系統中，需要的記憶器管理與保護等功能。此外，在保護模式中，80286 也提供了較大的記憶器位址空

間 (2^{24} 位元組)。注意：80286 在實址模式中的記憶器位址空間與 8086 相同，只為 1M 位元組。

1.2.3　32 位元微處理器架構

在 1985 年，Intel 公司推出了第一個 32 位元的微處理器 80386，而開啟了 IA-32 (Intel 32-bit architecture) 架構的新紀元。目前 IA-32 架構均稱為 x86 架構，而其相關的微處理器則稱為 x86 微處理器。在 x86 微處理器架構下的一個重要特性為新型的微處理器必然可以在機器碼層次上與早期的微處理器相容。x86 架構為 32 位元的微處理器架構，其暫存器、資料匯流排、位址匯流排等均為 32 位元，然而為了維持與 80286/8086 的相容性，x86 架構除了提供本身的 32 位元模式的指令組之外，也提供與 80286/8086 完全相容的 16 位元模式指令組。

在所有的 Intel 8086/80286 與 x86 等微處理器中，皆配有一個浮點運算處理器 (floating-point processor 或稱為浮點運算單元，floating-point unit，FPU) 8087/80287 與 x87。x87 浮點運算處理器除了提供浮點數的加、減、乘、除等四則運算之外，也提供三角函數與超越函數等特殊函數的計算。因此，x86 與 x87 組合之後可以做為科學資料的處理系統。

在 1989 年，Intel 公司又推出了一個功能更為強大的 x86 微處理器 80486。80486 的主要特性是將 80386 與 80387 等兩個微處理器製造於同一個晶片上，並且整合一個 8k 位元組的快取記憶器 (cache memory，或是稱為隱藏式記憶器)，以提升其性能。在一般使用者的觀點上，80486 可以說等於 80386 加上 80387；由系統設計者的觀點而言，除了增加了少數幾個特殊的系統控制指令與部分加強的系統功能之外，主要的記憶器處理單元仍然與 80386 相同。

由於 VLSI 技術日益精良與成熟，積集密度 (integration density) 不斷的提升，一個晶片中能夠容納的電晶體數目，已經足夠執行以前不能完成的工作。基於積集密度的不斷提升與多媒體應用的普及，x86 微處理器在性能上持續地改進，下列為最重要的技術改良：

- 超純量處理器：欲增加指令執行時的並行度 (concurrency) 時，可以在 CPU 內部多建立幾個執行單元，例如增加算術邏輯運算單元 (arithmetic and logic unit，ALU) 的個數，以增加可以同時執行的指令數目。利用這種方式設計的 CPU 稱為超純量處理器 (superscaler processor)。

- 快取記憶器:為了支援 CPU 高速記憶器存取的需要，x86 微處理器的記憶器匯流排寬度提升為 64 位元，同時內部配備資料快取記憶器與指令碼快取記憶器 (通稱為 L1 快取記憶器)，以減少 CPU 存取外部記憶器的需求。隨後則又增加一個 L2 快取記憶器，提供資料與指令碼暫存之用；對於多核心的微處理器則再裝載一個公用的 L3 快取記憶器。

- SIMD 指令組:隨著網路多媒體的普及，相關運算之急遽需求。在 x86 微處理器中，也引入 SIMD (single-instruction multiple-data) 執行模式於其架構中，以提升在多媒體、影像處理、資料壓縮等應用中的系統性能。

- 多核心處理器:在微處理器的操作頻率隨著製程進步而提升至約 3 GHz 之後，操作頻率的再度提升已經有限。然而製程最小線寬 (feature size) 的縮短，有利於多核心處理器的建構，因而多核心處理器成為提升性能的有利方法。目前 4/6 核心微處理器已經相當普遍，未來 8 核心、16 核心、甚至更多核心微處理器將是可以預期的。

- 低功率設計與電源管理模式:對於多核心微處理器而言，低功率消耗與有效的電源 (或稱功率消耗) 管理將是一項重要課題。有效的電源管理可以降低不必要的功率消耗、減少熱量的產生，因而可以使用風扇式或是其它方式的簡易散熱機制，以有效地降低系統成本。

1.2.3.1 操作模式 x86 架構提供的三種基本操作模式為:實址模式 (real address mode)、保護模式 (protected mode)、與系統管理模式 (system management mode)。操作模式決定了可以使用的指令組與架構特性。

- 實址模式:為 8086 模式相容的模式，在此工作模式下，x86 微處理器相當於一個性能較好的 8086 微處理器。x86 微處理器在電源開啟或是系統重置之後，均預設於此模式。

- 保護模式:在保護模式下，x86 微處理器為 80286 的一個超集合 (superset)，即 80286 包含於 x86 微處理器中。此外，x86 微處理器在保護模式中也具有另外一種工作模式，稱為虛擬 86 模式 (virtual 86 mode)。在虛擬 86 模式中，

x86 微處理器可以模擬多個 8086 微處理器的動作,因此相當於提供每一個使用者一個獨立的 8086 微處理器。

- 系統管理模式 (SMM):提供一個可以執行例如電源管理與系統安全等特定功能的特殊環境。當 x86 微處理器的外部 SMM 中斷要求輸入 (SMI#) 啟動或是接收到一個由 APIC (advanced programmable interrupt controller) 傳遞而來的 SMI 訊息時,即進入 SMM。

1.2.3.2　虛擬 86 模式　由於保護模式為 x86 微處理器的基本操作模式,任何以 x86 架構為基礎的微處理器系統,均假設操作於此模式。然而為了在保護模式下,也能夠繼續執行先前在 MS-DOS 模式下的應用程式,x86 架構特別在保護模式下,也設計一個模擬 8086 模式的實址模式環境,即虛擬 86 模式,以模擬一個 8086 CPU。在此模式下,每一個虛擬 86 機器均操作於實址模式,而且可以存取至 1M 位元組的記憶器位址空間。每當在 32 位元的 Windows 作業系統 (MS-Windows) 中開啟一個 cmd 視窗 (開始 → 執行 →cmd) 時,即開啟一個虛擬 86 機器。注意:在上述作業系統中,可以同時開啟多個虛擬 86 機器。

1.2.4　64 位元微處理器

32 位元 x86 微處理器的最大記憶器定址空間為 4 GB (2^{32}),這對於許多軟體而言已經足夠,但是對於某些必須處理相當大量資料的應用程式而言,尤其是伺服器端的軟體,4 GB 的記憶器定址空間卻是造成執行性能的瓶頸所在。因為當系統無法提供足夠的實際記憶器空間以執行此種軟體時,就必須使用由硬碟空間提供的虛擬記憶體 (virtual memory) 與主記憶器執行必要的資料或是程式的置換 (swap),因而降低系統性能。

為了突破 4 GB 的實際記憶器空間上限,AMD 公司於 2003 年提出一個 64 位元指令集架構 (instruction set architecture,ISA) 稱為 x64 架構。目前各種以 x64 架構的 ISA 實現的微處理器均稱為 x64 微處理器。x64 架構延伸自 x86 架構的 32 位元 ISA 架構,它除了可以直接執行 64 位元程式之外,也能執行大多數的 32 位元程式,因此與目前絕大多數的 32 位元軟體程式保持相當高度的相容性,甚至可以提高程式的執行性能。為了支援大於 4 GB 的記憶器空間,AMD

表 1.2-1: x64 微處理器的軟體執行模式

操作模式		作業系統	程式重新編譯	預設位址長度	預設運算元長度	暫存器擴充	GPR 寬度
長位址模式	64位元模式	64位元	是	64	32	是	64
	相容模式		否	32	32	否	32
				16	16		16
傳統模式	保護模式	16/32位元	否	32	32	否	32
				16	16		16
	虛擬86模式	16/32位元		16	16		16
	實址模式	16位元					

公司在其 AMD64 微處理器中加入了 40 位元的實際記憶器空間和 48 位元的虛擬記憶器空間定址能力。這裡的 40 位元與 48 位元會依不同的 x64 微處理器序列而不同。

當 AMD 公司開始銷售 x64 微處理器,並且獲得市場接受之後,Intel 公司也向 AMD 公司授權 x64 的 ISA 技術 (非常諷刺!),並且將這項技術以 EM64T (extended memory 64-bit technology) 為名,加入旗下的 Pentium 4、Celeron、Xeon 等系列微處理器中,以提供這些微處理器與 AMD64 相容的 64 位元運算能力,同時又能與 x86 的 32 位元軟體保持高度的相容性和性能。在英特爾的文獻中,IA-32e (Intel 32-bit architecture extension) 是 EM64T 的另一個同義詞。另外,IA-32 是 32 位元 x86 架構,而 IA-64 則是 Itanium/Itanium2 架構。

x64 微處理器提供兩種軟體執行模式,如表 1.2-1 所示。長位址模式 (long mode) 需要 64 位元作業系統,並且可以執行 64 位元應用程式與 x86 微處理器的 32 位元應用程式;只有 64 位元作業系統才能啟動 x64 微處理器的長位址模式,而啟用 64 位元的指標與暫存器。

長位址模式又包含了兩種子模式:64 位元模式與相容模式 (compatibility mode)。64 位元模式提供 64 位元應用程式的操作環境,而相容模式則讓 64 位元作業系統可以執行 x86 架構的 32 位元應用程式。此外,x64 微處理器亦包含一個傳統模式 (legacy mode),以提供一個與 x86 微處理器架構相容的操作環境,即提供 16 位元的實址模式及 32 位元的虛擬 8086 模式和保護模式。因此,

x86 架構的 32 位元 Windows 與 DOS 等作業系統，均可以繼續在 x64 微處理器中執行。

> 注意：32 位元的 Windows 7/8/10 可以提供 16 位元及 32 位元的程式執行環境，而 64 位元的 Windows 7/8/10 卻僅能提供 64 位元及 32 位元的程式執行環境，不提供 16 位元的程式執行環境。

1.2.4.1　32/64 位元程式執行環境　非 64 位元模式下的 IA-32 基本程式與 64 位元模式程式執行環境分別如圖 1.2-1 與 1.2-2 所示，其中陰影部分為本書之主題。基本上，這兩種執行環境大致上相同，唯一的差異在於暫存器的數目與位元寬度。基本程式執行環境包括：

- 位址空間 (address space)：在 IA-32 處理器上執行的任何程式都可以定址到 4G 位元組的線性位址空間，與高達 64G (2^{36}) 位元組的實際位址空間。

- 基本程式執行暫存器 (basic program execution registers)：基本程式執行暫存器包括八個通用存器、六個節區暫存器、EFLAGS 與 EIP (instruction pointer) 暫存器。它們支援基本位元組、語句、雙語句的整數運算，控制程式流程，存取記憶器，以及處理位元與位元組串。

- x87 暫存器 (x87 FPU registers)：x87 FPU 暫存器包含八個 x87 FPU 資料暫存器、控制暫存器、狀態暫存器、標籤暫存器、opcoode 暫存器、指令指標暫存器與運算元(資料)指標暫存器。x87 FPU 支援單精確制 (single-precision)、雙精確制 (double precision)、四倍精確制 (double extended-precision) 的浮點數，以及語句整數、雙語句整數、四語句整數與 BCD (binary-coded decimal) 等運算。

- MMX 暫存器 (MMX registers)：MMX 暫存器支援在 64 位元打包式位元組、語句、雙語句整數的 SIMD (single-instruction, multiple-data) 運算。

- XMM 暫存器 (XMM registers)：XMM 暫存器與 MXCSR 暫存器支援在 128 位元打包式單精確制與雙精確制的浮點數，以及在 128 位元打包式位元組、語句、雙語句、四語句整數的 SIMD 運算。

- YMM 暫存器 (YMM registers)：YMM 暫存器支援在 256 位元打包式單精確制與雙精確制的浮點數，以及在 256 位元打包式位元組、語句、雙語句、四

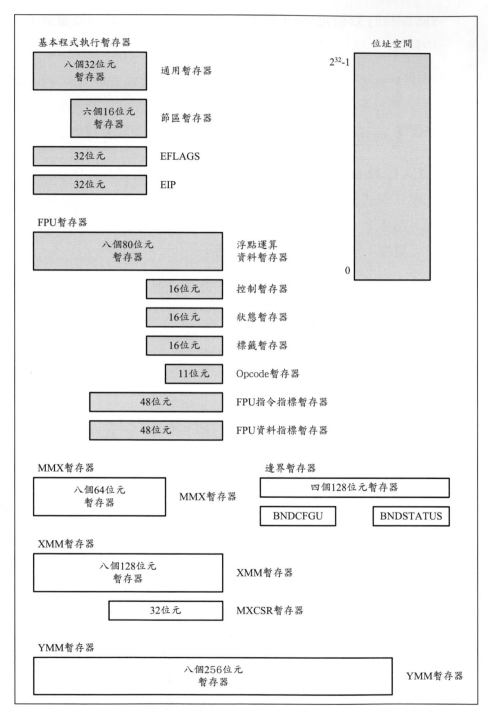

圖 1.2-1: 非 64 位元模式下的 IA-32 基本程式執行環境

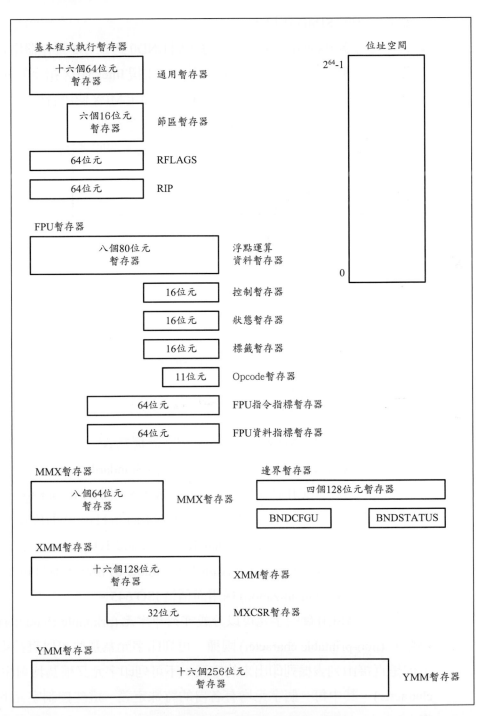

圖 1.2-2: 64 位元模式程式執行環境

語句整數的 SIMD 運算。

- 邊界暫存器 (bounds registers)：每一個 BND0 到 BND3 暫存器儲存記憶器緩衝器的下限與上限值 (各為 64 位元)，以支援 Intel MPX 指令的執行。
- BNDCFGU 與 BNDSTATUS：BNDCFGU 設定 MPX 使用者模式的邊界檢查；BNDSTATUS 提供 MPX 動作產生的相關狀態資訊。
- 堆疊 (stack)：支援副程式的呼叫與歸回，及相關的參數傳遞。

1.3　文數字碼與數碼

在計算機系統中常用的碼 (code) 可以分成兩大類：一種為表示非數字性資料的碼稱為文數字碼 (alphanumeric code)，例如 ASCII 碼 (American Standard Code for Information Interchange)；另一種則為表示數字性資料的碼稱為數碼 (numeric code)，例如二進碼 (binary code) 與 BCD (binary-coded-decimal) 碼。本節中將依序討論這幾種在計算機系統中常用的文數字碼與數碼。這裡所稱的碼為一種轉換資訊 (information) 為另一種表示方式的規則。

1.3.1　文數字碼

目前在計算機系統中最常用的文數字碼稱為 ASCII 碼，如表 1.3-1 所示，它是由美國國家標準協會 (American National Standards Institute) 所訂定的一種文數字碼。這種 ASCII 碼使用 7 個位元代表 128 個字元 (character，或稱符號，symbol)。例如：1001001B 代表英文字母"I"；而 0111100B 則代表符號"<"。

ASCII 碼與 CCITT (International Telegraph and Telephone Consultative Committee) 訂立的 IA5 (International Alphabet Number 5) 相同，並且也由 ISO (International Standards Organization) 採用而稱為 ISO 645。

大致上 ASCII 碼的字元可以分成可列印字元 (printable character) 與不可列印字元 (non-printable character) 兩種。可列印字元為那些可以直接顯示在螢幕上或是直接由列表機列印出來的字元；不可列印字元又稱為控制字元 (control character)，其中每一個字元均有各自的特殊定義。這些控制字元的定義列於表 1.3-2 中。

表 1.3-1: ASCII 碼

LSB	MSB	0 000	1 001	2 010	3 011	4 100	5 101	6 110	7 111
0	0000	NUL	DLE	SP	0	@	P	'	p
1	0001	SOH	DC1	!	1	A	Q	a	q
2	0010	STX	DC2	"	2	B	R	b	r
3	0011	ETX	DC3	#	3	C	S	c	s
4	0100	EOT	DC4	$	4	D	T	d	t
5	0101	ENQ	NAK	%	5	E	U	e	u
6	0110	ACK	SYN	&	6	F	V	f	v
7	0111	BEL	ETB	'	7	G	W	g	w
8	1000	BS	CAN	(	8	H	X	h	x
9	1001	HT	EM	)	9	I	Y	i	y
A	1010	LF	SUB	*	:	J	Z	j	z
B	1011	VT	ESC	+	;	K	[	k	{
C	1100	FF	FS	,	<	L	\	l	|
D	1101	CR	GS	-	=	M	]	m	}
E	1110	SO	RS	.	>	N	^	n	~
F	1111	SI	US	/	?	O	_	o	DEL

常用的幾種控制字元類型為：

1. 格式控制字元 (format control character)：BS、LF、CR、SP、DEL、ESC、FF。

2. 資訊分離字元 (information separator)：FS、GS、RS、US。

3. 傳輸控制字元 (transmission control character)：SOH、STX、ETX、ACK、NAK、SYN。

1.3.2 數碼

　　代表數字的數碼一般均由一組固定數目的位元(一個二進制的數字稱為一個位元)組成，這些位元合稱為一個碼語 (code word)。依據碼語中每一個位元所在的位置是否賦有固定的加權 (或稱權重) (weight)，數碼又可以分成權位式數碼 (weighted code) 與非權位式數碼 (non-weighted code) 兩種。在權位式數碼中的每一個位元的位置均賦有一個固定的加權(或稱比重)；在非權位式數碼中則無。

　　在權位式數碼中，若假設 w_{n-1}、w_{n-2}、...、w_1、w_0 分別為碼語中每一個數字的加權，而假設 x_{n-1}、x_{n-2}、...、x_1、x_0 分別為碼語中的每一個數字，

表 1.3-2: ASCII 碼功能字元定義

功能字元	意義
ACK(acknowledge)	通常做為各種詢問的回答，但是也有"我已接收你先前傳送的資料，並且備妥接收其次的資料"的意義。
BEL(bell)	產生鈴聲、哨音或其它聲響警報。
BS(back space)	使游標或機頭倒退一格。
CAN(cancel)	放棄先前資料。
CR(carriage return)	移動游標或機頭到一行的開頭。
DC1-DC4(device control)	提供使用者終端機或類似裝置控制用。
DEL(delete)	刪除一個字元。
DLE(data link escape)	產生一個特殊類型的的 ESC 序列，以控制資料線及傳輸設備。
EM(end of medium)	指示紙帶或介質材料的結束。
ENQ(enquiry)	要求辨認或要求狀態資訊。
EOT(end of transmission)	標示一個或多個訊息的結束。
ESC(escape)	表示一個 ESC 序列的開始。
ETB(end of transmission block)	分隔一個長訊息的各個資料區。
ETX(end of text)	標示電文的結束，通常也稱為 EOM(end of message)。
FF(form feed)	前進至次頁開頭。
FS,GS,RS,US(file, group, record, and until separator)	提供分割資訊鍵的一組資訊分離器。提供分割資訊鍵的一組資訊分離器。
HT(horizontal tab)	水平定位。
LF(line feed)	移動游標或機頭到下一行。
NAK(negative acknowledge)	通常做為各種詢問的回答 "NO"，但是也有"我已接收你傳送的資料，但是發生錯誤，現在正等待重新傳送"的意義。
NUL(null)	主要用為空格填空用。
SI(shift in)	用於 SO 後，指示該數碼轉回正常的 ASCII 意義。
SO(shift out)	指示其次的數碼並非正常的 ASCII 意義，直到遇到 SI 為止。
SOH(start of heading)	標示一個訊息的開始，通常也稱為 SOM(start of message)。
STX(start of text)	標示正文的開始及開頭的結束，也稱為 EOA(end of address)。
SUB(substitute)	取代一個已知錯誤的字元之字元。
SYN(synchronous idle)	在高速通信中，為使傳送端與接收端能取得同步，一般均在閒置 (idle) 字元後，欲傳送的訊息前傳送三個或以上的 SYN 字元。
VT(vertical tab)	垂直定位。

則其相當的十進制數目值為 $x_{n-1}w_{n-1}+x_{n-2}w_{n-2}+\cdots+x_0w_0$。當 x_i 的值只能為 $\{0, 1\}$ 時，該數碼的基底為 2，這種數碼稱為二進制數碼 (binary code)；當 x_i 的值只能為 $\{0, 1, 2, 3, 4, 5, 6, 7, 8, 9\}$ 時，該數碼的基底為 10，這種數碼稱為十進制數碼 (decimal code)；當 x_i 的值可以為 $\{0, 1, 2, 3, 4, 5, 6, 7, 8, 9, A, B, C, D, E, F\}$ 時，該數碼的基底為 16，這種數碼稱為十六進制數碼 (hexadecimal code)。

常用的二進制權位式數碼如表 1.3-3 所示。其中 (8 4 2 1) 碼為最常用的一

表 1.3-3: 微算機系統中常用的數碼

十進制數字	權位式數碼		非權位式數碼	
	8421	BCD	加三碼	格雷碼
0	0000	0000	0011	0000
1	0001	0001	0100	0001
2	0010	0010	0101	0011
3	0011	0011	0110	0010
4	0100	0100	0111	0110
5	0101	0101	1000	0111
6	0110	0110	1001	0101
7	0111	0111	1010	0100
8	1000	1000	1011	1100
9	1001	1001	1100	1101
10	1010	0001 0000	0100 0011	1111
11	1011	0001 0001	0100 0100	1110
12	1100	0001 0010	0100 0101	1010
13	1101	0001 0011	0100 0110	1011
14	1110	0001 0100	0100 0111	1001
15	1111	0001 0101	0100 1000	1000

種，它也是計算機系統中一般所謂的二進制數目或二進碼，此種數碼的碼語寬度(即 n 的值)可以為任何位元數目。BCD 碼的意義為自 4 位元的二進碼之 16 個碼語中任取 10 個，以表示十進制中的十個數字，因此一共有 $C(16, 10) = 8,008$ 種組合。在這些組合中，大部分均為非權位式數碼，然而有一種組合不但具有加權特性而且其加權恰為 (8, 4, 2, 1)，這一種 BCD 碼即是我們慣用的 (8, 4, 2, 1) BCD 碼或簡稱 BCD 碼。

在任何一個非權位式數碼中，其十進制值並無法直接由碼語中的位元值計算出來，因為每一個位元並未對應到一個固定的加權。常用的非權位式數碼如表 1.3-3 所示的加三碼 (excess-3 code) 與格雷碼 (Gray code)。由於加三碼的形成是將 BCD 碼中的每一個碼語加上 3 (0011)，因而得名；格雷碼的主要特性是其任何兩個相鄰的碼語之間，均只有一個位元不同，例如：1000 (15) 與 1001(14)、0000 (0) 與 0001 (1)、及 1000 (15) 與 0000 (0)。由於加三碼使用 4 個位元代表數字 0 到 9，因此當表示兩個數字以上的數目時，必須如同 BCD 碼一樣，每一個數字均使用代表該數字的 4 個位元表示，例如 12 必須使用 0100 0101 表示。

1.4 數系轉換

在計算機系統中，最常用的數目系統 (number system) [7, 8] 為二進制 (binary)、十進制 (decimal)、與十六進制 (hexadecimal)。因此，本節中將介紹這些數目系統，並且探討一個數目在這些不同基底的系統中的表示方法。

1.4.1 二進制數目系統

在二進制數目系統中，每一個正數均可以表示為下列多項式：

$$N_2 = a_{q-1}2^{q-1} + \ldots + a_0 2^0 + a_{-1}2^{-1} + \ldots + a_{-p}2^{-p}$$
$$= \sum_{i=-p}^{q-1} a_i 2^i$$

或使用數字串表示為：

$$(a_{q-1}a_{q-2}\ldots a_0.a_{-1}a_{-2}\ldots a_{-p})_2$$

其中 a_{q-1} 稱為最大有效位元 (most significant bit，MSB)；a_{-p} 稱為最小有效位元 (least significant bit，LSB)。這裡所謂的位元 (bit) 實際上是指二進制的數字 (0 和 1)。位元的英文字 (bit) 其實即為二進制數字 (binary digit) 的縮寫。注意上述多項式或是數字串中的係數之值只有 0 和 1 兩個。

■ 例題 1.4-1: 二進制數目表示法

將下列兩數表示為多項式：

(a) 1101_2

(b) 1011.101_2

解：結果如下：

(a) $1101_2 = 1 \times 2^3 + 1 \times 2^2 + 1 \times 2^0$

(b) $1011.101_2 = 1 \times 2^3 + 1 \times 2^1 + 1 \times 2^0 + 1 \times 2^{-1} + 1 \times 2^{-3}$

1.4.1.1 轉換二進制數目為十進制 轉換一個二進制數目為十進制的程序相當簡單，只需要將係數 (只有 0 和 1) 為 1 的位元對應的加權 (2^i) 以十進制的算數運算相加即可。例如下列例題。

■ 例題 1.4-2: 轉換二進制數目為十進制

轉換 110101.01101_2 為十進制。

解: 如前所述,以十進制的算數運算——將係數為 1 的位元對應的加權 (2^i) 相加後即可,其結果如下:

$$110101.01101_2 = 1 \times 2^5 + 1 \times 2^4 + 1 \times 2^2 + 1 \times 2^0 + 1 \times 2^{-2} +$$
$$1 \times 2^{-3} + 1 \times 2^{-5}$$
$$= 32 + 16 + 4 + 1 + 0.25 + 0.125 + 0.03125$$
$$= 53.40625_{10}$$

1.4.1.2 轉換十進制數目為二進制 轉換一個十進制的數目為二進制的程序稍微複雜,但是當數目較小時,可以依據上述例題的相反次序為之。例如下列例題。

■ 例題 1.4-3: 轉換十進制數目為二進制

轉換 17 為二進制。

解: $19_{10} = 16 + 2 + 1 = 2^4 + 0 + 0 + 2^1 + 2^0 = 10011_2$

下列例題為包含小數的情況。

■ 例題 1.4-4: 轉換十進制數目為二進制

轉換 27.375 為二進制。

解: 結果如下:

$$27.375 = 16 + 8 + 2 + 1 + 0.25 + 0.125$$
$$= 2^4 + 2^3 + 0 + 2^1 + 2^0 + 2^{-2} + 2^{-3}$$
$$= 11011.011_2$$

　　當數目較大時，上述方法將顯得笨拙而不實用，因而需要一個較有系統的方法。一般在轉換一個十進制數目為二進制時，整數部分與小數部分均分開處理：整數部分以 2 連除後取其餘數；小數部分則以 2 連乘後取其整數。整數部分的轉換規則如下：

1. 以 2 連除該整數，取其餘數。

2. 以最後得到的餘數為最大有效位元 (MSB)，並且依照餘數取得的相反次序寫下餘數即為所求。

下列例題說明此種轉換程序。

■ 例題 1.4-5: 轉換十進制數目為二進制

　　轉換 119 為二進制。

解：利用上述轉換規則計算如下：

$$
\begin{array}{rcll}
119 \div 2 = 59 & \cdots\cdots 1 & & \leftarrow \text{LSB} \\
59 \div 2 = 29 & \cdots\cdots 1 & & \\
29 \div 2 = 14 & \cdots\cdots 1 & & \\
14 \div 2 = 7 & \cdots\cdots 0 & & \\
7 \div 2 = 3 & \cdots\cdots 1 & & \\
3 \div 2 = 1 & \cdots\cdots 1 & & \\
1 \div 2 = 0 & \cdots\cdots 1 & & \leftarrow \text{MSB}
\end{array}
$$

所以 $119_{10} = 1110111_2$。

　　在上述的轉換過程中，首次得到的餘數為 LSB，而最後得到的餘數為 MSB。
　　小數部分的轉換規則如下：

1. 以 2 連乘該數的小數部分，取其乘積的整數部分。

2. 以第一次得到的整數為第一位小數，並且依照整數取得的次序寫下整數即為所求。

下列例題說明此種轉換程序。

■ 例題 **1.4-6:** 轉換十進制數目為二進制

轉換 0.78125 為二進制。

解：利用上述轉換規則計算如下：

$$
\begin{aligned}
0.78125 \times 2 &= 1.56250 &&= 1 + 0.56250 \\
0.56250 \times 2 &= 1.1250 &&= 1 + 0.1250 \\
0.1250 \times 2 &= 0.250 &&= 0 + 0.250 \\
0.250 \times 2 &= 0.500 &&= 0 + 0.500 \\
0.500 \times 2 &= 1.000 &&= 1 + 0.000
\end{aligned}
$$

整數 ↓

所以 $0.78125_{10} = 0.11001_2$。

小數部分的轉換有時候是個無窮盡的程序，這時候可以依照需要的精確值在適當的位元處終止即可。

■ 例題 **1.4-7:** 轉換十進制數目為二進制

轉換 0.47 為二進制。

解：利用上述轉換規則計算如下：

整數 ↓

$$
\begin{aligned}
0.47 \times 2 &= 0.94 &&= 0 + 0.94 \\
0.94 \times 2 &= 1.88 &&= 1 + 0.88 \\
0.88 \times 2 &= 1.76 &&= 1 + 0.76 \\
0.76 \times 2 &= 1.52 &&= 1 + 0.52
\end{aligned}
$$

整數 ↓

$$
\begin{aligned}
0.52 \times 2 &= 1.04 &&= 1 + 0.04 \\
0.04 \times 2 &= 0.08 &&= 0 + 0.08 \\
0.08 \times 2 &= 0.16 &&= 0 + 0.16 \\
0.16 \times 2 &= 0.32 &&= 0 + 0.32
\end{aligned}
$$

所以 $0.47_{10} = 0.01111000_2$。

1.4.2 十六進制數目系統

在數目系統中，當基底為 16 時，稱為十六進制系統。在此數目系統中，每一個正數均可以表示為下列多項式：

$$N_{16} = a_{q-1}16^{q-1} + \ldots + a_0 16^0 + a_{-1}16^{-1} + \ldots + a_{-p}16^{-p}$$

表 1.4-1: 十進制、二進制、十六進制之間的關係

十進制	二進制	十六進制		十進制	二進制	十六進制
0	0000	0		8	1000	8
1	0001	1		9	1001	9
2	0010	2		10	1010	A (a)
3	0011	3		11	1011	B (b)
4	0100	4		12	1100	C (c)
5	0101	5		13	1101	D (d)
6	0110	6		14	1110	E (e)
7	0111	7		15	1111	F (f)

$$= \sum_{i=-p}^{q-1} a_i 16^i$$

或使用數字串表示為：

$$(a_{q-1}a_{q-2}\ldots a_0.a_{-1}a_{-2}\ldots a_{-p})_{16}$$

其中 a_{q-1} 稱為最大有效數字 (most significant digit，MSD)；a_{-p} 稱為最小有效數字 (least significant digit，LSD)。a_i 之值可以為 {0, 1, 2, 3, 4, 5, 6, 7, 8, 9, A, B, C, D, E, F} 中之任何一個，其中 A ～ F 也可以使用小寫的英文字母 a ～ f 取代。

■ 例題 1.4-8: 十六進制數目表示法

將下列兩個十六進制數目表示為多項式：

(a) $ABCD_{16}$

(b) $923F.B3_{16}$

解：結果如下：

(a) $ABCD_{16} = A \times 16^3 + B \times 16^2 + C \times 16^1 + D \times 16^0$

(b) $923F.E3_{16} = 9 \times 16^3 + 2 \times 16^2 + 3 \times 16^1 + F \times 16^0 + B \times 16^{-1} + 3 \times 16^{-2}$

在十六進制系統中，代表數目的數字一共有十六個，除了十進制中的十個符號之外，又添加了六個，它們為 A、B、C、D、E、F。表 1.4-1 列出了十進制、二進制、十六進制之間的關係。

十六進制為計算機系統中常用的數目系統之一，其數目的表示容量最大。

例如同樣使用二位數而言,十六進制能夠表示的數目範圍為 0 到 255 (即 00_{16} 到 FF_{16});十進制為 0 到 99;二進制則只有 0 到 3 (即 00_2 到 11_2)。

1.4.2.1 轉換二進制數目為十六進制 轉換一個二進制數目為十六進制的程序相當簡單,只需要以小數點分開該二進制數目後,分別向左 (整數部分) 及向右 (小數部分) 每四個位元集合成為一組後,參照表 1.4-1 求取對應的十六進制數字,即可以求得需要的十六進制數目。例如下列例題。

■ 例題 1.4-9: 轉換二進制數目為十六進制

轉換二進制數目 $011111011001.100101001110_2$ 為十六進制。

解:將以小數點分開二進制數目後,分別向左 (整數部分) 及向右 (小數部分) 每四個位元集合成為一組後,參照表 1.4-1 求取對應的十六進制數字,其結果如下:

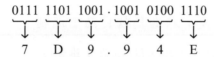

$$
\begin{array}{cccccc}
0111 & 1101 & 1001 \cdot & 1001 & 0100 & 1110 \\
\downarrow & \downarrow & \downarrow & \downarrow & \downarrow & \downarrow \\
7 & D & 9 \cdot & 9 & 4 & E
\end{array}
$$

因此,$011111011001.100101001110 = 7D9.94E_{16}$。

1.4.2.2 轉換十六進制數目為二進制 轉換一個十六進制數目為二進制時,可以使用上述程序的相反動作為之,即分別使用表 1.4-1 中對應的 4 個二進制位元,一一取代該十六進制數目中的每一個數字即可。例如下列例題。

■ 例題 1.4-10: 轉換十六進制數目為二進制

轉換十六進制數目 $ABCD_{16}$ 為二進制。

解:分別使用對應的二進制數目,一一取代十六進制數目中的每一個數字即可,詳細的動作如下:

$$
\begin{array}{cccc}
A & B & C & D \\
\downarrow & \downarrow & \downarrow & \downarrow \\
1010 & 1011 & 1100 & 1101
\end{array}
$$

因此,$ABCD_{16} = 1010101111001101_2$。

■ 例題 1.4-11: 轉換十六進制數目為二進制

轉換十六進制數目 $AB9.74C_{16}$ 為二進制。

解: 分別使用對應的二進制數目,一一取代十六進制數目中的每一個數字即可,詳細的動作如下:

$$
\begin{array}{cccccc}
A & B & 9 & .\ 7 & 4 & C \\
\downarrow & \downarrow & \downarrow & \downarrow & \downarrow & \downarrow \\
1010 & 1011 & 1001 & .\ 0111 & 0100 & 1100
\end{array}
$$

因此,$AB9.74C_{16} = 101010111001.0111010011_2$。

1.4.2.3 轉換十六進制數目為十進制 與轉換一個二進制數目為十進制的程序類似,只需要將十六進制數目中的每一個數字乘上其對應的加權 (16^i) 後,以十進制的算數運算求其總合即可。例如下列例題。

■ 例題 1.4-12: 轉換十六進制數目為十進制

轉換十六進制數目 $BED.BF_{16}$ 為十進制。

解: 如前所述,將係數乘上其對應的加權 (16^i),並且以十進制的算數運算求其總合,結果如下:

$$
\begin{aligned}
BED.BF_{16} &= B \times 16^2 + E \times 16^1 + D \times 16^0 + B \times 16^{-1} + F \times 16^{-2} \\
&= 11 \times 256 + 14 \times 16 + 13 \times 1 + 11 \times 0.0625 + 15 \times 0.00390625 \\
&= 3053.74609375
\end{aligned}
$$

因此,$BED.BF_{16} = 3053.74609375_{10}$。

1.4.2.4 轉換十六進制數目為十進制 與轉換一個十進制數目為二進制的程序類似,只是現在的除數 (或是乘數) 為 16 而不是 2。例如下列例題。

■ 例題 1.4-13: 轉換十進制數目為十六進制

轉換 167.45_{10} 為十六進制。

解: 詳細的計算過程如下:

$$整數部分 \longrightarrow 餘數$$

$$167 \div 16 = 10 \cdots\cdots 7 \quad \longleftarrow LSD$$
$$10 \div 16 = 0 \cdots\cdots 10 \quad \longleftarrow MSD$$

$$167_{10} = A7_{16}$$

$$小數部分 \longrightarrow 整數$$

$$0.45 \times 16 = 7.2 \ = 7 + 0.2$$
$$0.2 \times 16 = 3.2 \ = 3 + 0.2$$
$$0.2 \times 16 = 3.2 \ = 3 + 0.2$$

$$0.45_{10} = 0.7\overline{3}_{16}$$

所以，$167.45_{10} = A7.7\overline{3}_{16}$。

有時為了方便，在轉換一個十進制數目為十六進制時，常先轉換為二進制數目，再由二進制數目轉換為十六進制。這種方式雖然較為複雜，但是可以使用較熟悉而且簡單的以 2 為除數或是乘數的簡單運算取代了在上述過程中的以 16 為除數或是乘數的繁雜運算。

1.5 二進制算術

在計算機系統中，數目的表示方法 [7, 8] 可以分成兩種：未帶號數 (unsigned number) 與帶號數 (signed number)。未帶號數沒有正數與負數的區別，全部視為正數；帶號數則有正數與負數的區別。目前在計算機系統中，最常用的帶號數表示方法有符號大小表示法 (sign-magnitude representation) 與 2 補數表示法 (two's complement representation) 兩種。

1.5.1 二進制的四則運算

所謂的四則運算是指算術中的四個基本運算：加、減、乘、除。基本上，二進制的算術運算和十進制是相同的，唯一的差別是在二進制中，若為加法運算，則逢 2 即需要進位；若為減法運算，則由左邊相鄰的數字借位時，所借的值為 2 而不是 10。同樣地，二進制的乘法運算可以視為二進制加法的連續運算；而二進制的除法運算則可以視為二進制減法的連續運算。

下列例題說明二進制加法運算的詳細運算過程。

■ 例題 1.5-1: 二進制加法運算

將 1101 與 1110 相加。

解：詳細的計算過程如下：

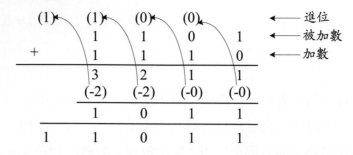

依據前述規則，二進制的減法運算過程可以使用下列例題說明。

■ 例題 1.5-2: 二進制減法運算

將 1110 減去 1011。

解：詳細的計算過程如下：

```
          →(0)  →(0)  →(2)  →(2)   ←── 借位
            1     1     1     0     ←── 被減數
  (-0)    (-0)  (-1)  (-1)    0     ←── 被減數

            1     0     2     2
  -         1     0     1     1     ←── 被數
  (0)       0     0     1     1
```

如同十進制一樣，二進制的乘法運算可以視為二進制加法的連續運算。下列例題說明此種運算過程。

■ 例題 1.5-3: 二進制乘法運算

試求 1101 與 1011 的乘積。

解：詳細的計算過程如下：

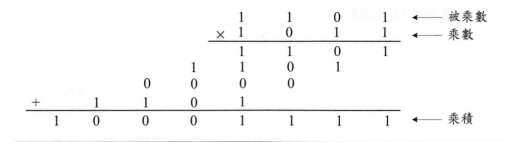

如同十進制一樣，二進制的除法運算可以視為二進制減法的連續運算。下列例題說明此種運算過程。

■ 例題 1.5-4: 二進制除法運算

試求 10001111 除以 1010 後的商數。

解：詳細的計算過程如下：

```
                              1110 ←— 商數
除數 —→ 1010)10001111 ←— 被除數
              − 1010
                1111
              − 1010
                1011
              − 1010
                0011 ←— 餘數
```

1.5.2　數目表示法

在計算機系統中，一般表示帶號數的方法是保留最左端的位元做為正數或是負數的指示之用，這個位元稱為符號位元 (sign bit)。對於正的定點數 (fixed-point number) 而言，符號位元設定為 0，而其它位元則表示該數的真正大小。

若假設 N_2 表示在二進制中的一個具有 n 個位元 (包括符號位元) 整數與 m 個位元小數的數目，則正數的 N_2 可以表示為下列字元串：

$$N_2 = (\mathbf{0}a_{n-2}\ldots a_1a_0.a_{-1}a_{-2}\ldots a_{-m})_2$$

而 N_2 的大小等於

$$|N_2| = \sum_{i=-m}^{n-2} a_i \times 2^i$$

對於負的定點數而言,其符號位元設定為 1,而其它位元是否直接表示該數之大小與否,則由使用的數目表示法,是符號大小表示法,或是 2 補數表示法決定。在符號大小表示法中,當符號位元為 1 時,其它位元則表示該數的真正大小,因此 N_2 的大小和上式相同。在 2 補數表示法中,當符號位元為 1 時,其它位元並不直接表示該數的真正大小,因此必須將 N_2 取 2 補數之後,才是數目的值。

2 補數的取法相當簡單,若設 $\overline{N_2}$ 表示 N_2 的 2 補數,則

$$\overline{N_2} = 2^n - N_2$$

■ **例題 1.5-5: 2 補數運算**

試求下列各數的 2 補數:

(a) 1011.011_2

(b) -1011.011_2

解:結果如下:

(a) 因為原來的數目為正數,所以 $1011.011 = \mathbf{0}1011.011$。

(b) 依據上述規則,得 $2^5 - 01011.011 = \mathbf{1}0100.101$。

另外一種 2 補數的求法為將數目中的每一個位元取其補數 (即將 0 位元變為 1 位元而 1 位元變為 0 位元) 後,將 1 加到最小有效位元 (LSB) 上。下列例題說明此一方法。

■ **例題 1.5-6: 2 補數運算**

試求下列各數的 2 補數:

(a) 1011.011_2

(b) -1011.011_2

解：結果如下：

(a) 因為原來的數目為正數，所以 $1011.011 = \mathbf{0}1011.011$。

(b) 依據上述規則，得其 1 補數為 $\mathbf{1}0100.100$，將 1 加到 LSB 後，得到最後的
　　結果：$\mathbf{1}0100.101$。

---

2 補數表示法的特性如下：

1. 只有一個 0 (即 $000\ldots0_2$)。

2. MSB 為符號位元，若數目為正，則 MSB 為 0，否則 MSB 為 1。

3. n 位元的 2 補數表示法之表示範圍為 -2^{n-1} 到 $2^{n-1}-1$。

4. 一個數目取 2 補數後再取 2 補數，將恢復為原來的數目。

1.5.3　2 補數算術運算

　　由於負數可以使用 2 補數表示法表示，因此加法與減法可以合併成為一個
相同的運算，稱為 2 補數加法 (two's-complement addition) 運算。其規則如下：

1.5.3.1　兩數均為正數　當兩數均為正數時，將兩數相加 (包括符號位元及大
小)，若結果的符號位元為 1，表示溢位發生，結果錯誤；否則，若結果的符號
位元為 0，表示沒有溢位發生，結果正確。

■ 例題 1.5-7：兩數均為正數

　　試以 2 補數的加法運算，計算下列各式：

(a) $0011_2 + 0100_2$

(b) $0101_2 + 0110_2$

解：詳細的計算過程如下：

```
(a)    0011        +3        (b)    0101        +5
     + 0100      + +4             + 0110      + +6
     ───────     ─────            ───────     ─────
       0111        +7               1011       +11
       ↑                            ↑
    沒有溢位，結果正確           溢位發生，結果錯誤
```

1.5.3.2 兩數均為負數 當兩數均為負數時，將兩數相加(包括符號位元及大小)並捨去進位(由符號位元相加而得)，若結果的符號位元為 1，表示沒有溢位發生，結果正確；否則，若結果的符號位元為 0，表示溢位發生，結果錯誤。

■ 例題 1.5-8: 兩數均為負數

試以 2 補數的加法運算，計算下列各式：

(a) $1101_2 + 1110_2$

(b) $1100_2 + 1010_2$

解：詳細的計算過程如下：

$$
\begin{array}{cc}
\text{(a)} & 1101 \qquad -3 \\
& +\ 1110 \qquad +\ -2 \\
\hline
& \fbox{1}1011 \qquad -5
\end{array}
\qquad\qquad
\begin{array}{cc}
\text{(b)} & 1100 \qquad -4 \\
& +\ 1010 \qquad +\ -6 \\
\hline
& \fbox{1}0110 \qquad -10
\end{array}
$$

(a) 摒除 ↑↑┘ 符號位元為 1，結果正確

(b) 摒除 ↑↑┘ 符號位元為 0，表示溢位，結果錯誤

1.5.3.3 兩數中一個為正數另一個為負數 當兩數中一個為正數另一個為負數時，將兩數相加(包括符號位元及大小)，若正數的絕對值較大時，有進位產生；否則，若負數的絕對值較大時，沒有進位產生。產生的進位必須捨去，而且在這種情形之下不會有溢位發生。

■ 例題 1.5-9: 兩數中一個為正數另一個為負數

試以 2 補數的加法運算，計算下列各式：

(a) $0110_2 + 1101_2$

(b) $0101_2 + 1001_2$

解：詳細的計算過程如下：

$$
\begin{array}{cc}
\text{(a)} & 0110 \qquad +6 \\
& +\ 1101 \qquad +\ -3 \\
\hline
& \fbox{1}0011 \qquad +3
\end{array}
\qquad\qquad
\begin{array}{cc}
\text{(b)} & 0101 \qquad +5 \\
& +\ 1001 \qquad +\ -7 \\
\hline
& \fbox{ }1110 \qquad -2
\end{array}
$$

(a) 摒除 ↑↑┘ 符號位元為 0，結果正確

(b) 沒有進位 ↑↑┘ 符號位元為 1，結果正確

　　歸納整理上述規則後，可以得到下列兩項較簡捷的規則：

1. 將兩數相加；

2. 觀察符號位元的進位輸入與進位輸出狀況，若符號位元同時有 (或是沒有) 進位輸入與輸出，則結果正確；否則，有溢位發生，結果錯誤。

1.6 浮點數算術

　　在定點數 (fixed-point number) 的算術運算中，均假設小數點固定在某一個特定的位置上，通常為 LSB 的右邊。這種定點數數目的最大缺點為它能夠表示的數目範圍：在 n 位元的 2 補數表示法中只為 -2^{n-1} 到 $2^{n-1}-1$；在 n 位元的符號大小表示法中只為 $-(2^{n-1}-1)$ 到 $2^{n-1}-1$。

　　若希望表示更大範圍的數目則必須使用較多的位元，或是使用浮點數格式 (floating-point format)，分割 n 位元的語句為指數 (exponent，e) 與假數 (mantissa，m) 兩部分，而將一個數目表示為 $m \times 2^e$。與定點數的表示方法比較之下，假設只考慮未帶號的情形，若 n 為 32 位元，e 為 10 位元，m 為 20 位元，則它能表示的數目範圍為 $m \times 2^{1024} \approx m \times 10^{308}$，遠超過定點數的未帶號數目的 2^{32} ($\approx 4.29 \times 10^9$)。浮點數格式又稱為科學記法 (scientific notation)。

　　在本節中，我們將依序介紹浮點數的表示法、IEEE 754 標準、及浮點數的四則運算。

1.6.1 浮點數表示法

　　如前所述，浮點數表示法為分割一個 n 位元的語句為指數與假數兩部分，而使用 $m \times 2^e$ 的格式，表示一個數目，如圖 1.6-1 所示。一般為了方便，均將浮點數表示法中的假數標準化為 $0.1 \cdots \times 2^e$ 的格式。若運算後的結果為 $0.001 \cdots \times 2^e$，則在標準化之後為 $0.1 \cdots \times 2^{e-2}$；同樣的，若運算後的結果為 $10.01 \cdots \times 2^e$，則在標準化之後為 $0.1001 \cdots \times 2^{e+2}$。

　　標準化假數的最大理由為能獲取最大的有用精確值，例如未標準化的 8 位元假數 0.0001011 只有 4 個有效位元，而標準化的 8 位元假數 0.10110101 則有 8 個有效位元。與定點數的表示法相同，在浮點數表示法中，除了正數之外也

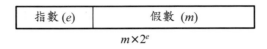

$$m \times 2^e$$

圖 1.6-1: 使用指數與假數的方法儲存一個浮點數的數目

希望能夠表示負數。在浮點數表示法中,一共有兩個不同的量:指數與假數,這些都可能為正或負,因此必須有適當的方法表示它們。

如前所述,在假數的表示方法中常用的有符號大小及 2 補數等兩種方法。在 2 補數的表示方法中,一個正的浮點數 x 在標準化後的格式如下:

$x = 0.100\ldots0$ 到 $0.111\ldots11$

即 $1/2 \leq x < 1$。一個負的浮點數 x 在標準化後的 2 補數格式如下:

$x = 1.011\ldots1$ 到 $1.000\ldots00$

即 $-1 \leq x < -1/2$。

在符號大小的表示法中,一個正的浮點數 x 在標準化後的格式如下:

$x = 1.000\ldots0$ 到 $1.111\ldots11$

即 $1 \leq x < 2$。一個負的浮點數 x 在標準化後的格式如下:

$x = -1.000\ldots0$ 到 $-1.111\ldots11$

即 $-2 < x \leq -1$。

如前所述,在浮點數表示法中,除了假數有正或負之外,指數也有正或負,因此必須有適當的方法表示它。在計算機系統中,常用的指數表示方法為一種稱為偏移指數 (biased exponent) 的方法。若指數部分總共有 m 個位元,因此一共有 2^m 個組合,即它可以表示未帶號數的 0 到 $2^m - 1$,現在如果重新指定每一種組合代表的意義,則就有可能同時表示正或負的指數,最常用的方法為將每一個指數值均減去一個固定的偏移量 (bias),例如 2^{m-1},因而其範圍變為 -2^{m-1} 到 $2^{m-1} - 1$。因此這種表示方式稱為偏移指數。例如下列例題。

■ 例題 1.6-1: 偏移指數

假設指數部分一共有 4 個位元 $(m = 4)$,因此它可以表示未帶號數的 0 到 15,若使用偏移指數的表示方法而且假設使用 的偏移量,則調整之後的指數範圍為 -8, -7, -6, -5, -4, -3, -2, -1, 0, 1, 2, 3, 4, 5, 6, 7。指數值的二進制值、真實

表 1.6-1: IEEE 754 標準格式

類型	單精確制	雙精確制	四倍精確制
符號位元 (s)	1	1	1
指數 (e) 位元數目	8	11	15
假數 (m) 位元數目	23	52	112
語句全部長度	32	64	128
指數偏移量 (bias)	127	1023	16383
最大指數值	255	2047	32767
最小指數值	0	0	0

指數、及偏移指數的詳細對應關係如下：

真實指數	-8	-7	-6	-5	-4	-3	-2	-1	0	1	2	3	4	5	6	7
偏移格式	0	1	2	3	4	5	6	7	8	9	10	11	12	13	14	15

1.6.1.1　IEEE 754 浮點數標準格式　IEEE 754 浮點數標準格式為一種標準化的浮點數表示法，其假數 (m) 範圍為 $1 \leq m < 2$，即其假數的整數部分永遠為 1。一個 IEEE 754 的數目 x 定義為：

$$x = (-1)^s \times 2^{e-bias} \times 1.m \tag{1.1}$$

其中 s 為符號位元：0 為正數，1 為負數；e 為指數；$bias$ 為偏移量；m 為假數。

IEEE 754 的標準一共定義了單精確制 (single precision)、雙精確制 (double precision)、四倍精確制 (quad precision) 等三種，這些格式的指數位元數目、假數位元數目、及指數偏移量等分別如表 1.6-1 所示。

圖 1.6-2 所示為 IEEE 754 的單精確制 (即 32 位元) 格式，與圖 1.6-1 不同之處為在此圖中多了符號位元 (s) 一欄 (只有一個位元)。注意在 IEEE 754 單精確制格式中，$1.m$ 的整數 1 實際上並未儲存，因此假數部分的實際有效數字為 24 位元而不是 23 位元。下列各舉一例分別說明如何轉換一個實數為 IEEE 754 的單精確制格式，及如何恢復一個 IEEE 754 的單精確制格式為實數。

■ 例題 1.6-2: 實數與 IEEE 754 單精確制格式的互換

試回答下列問題：

(a) 轉換 21.375 為 IEEE 754 單精確制格式。

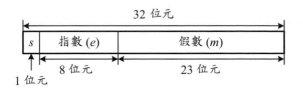

圖 1.6-2: IEEE 754 的單精確制格式

(b) 轉換 IEEE 754 單精確制格式 $43A4C000_{16}$ 為實數。

解： 詳細的計算過程如下：

(a) $21.375_{10} = 10101.011_2$

標準化後為：1.0101011×2^4

指數部分加上偏移值 127 得：$127 + 4 = 131$

所以其單精確制格式為：

$$0 \ \underbrace{10000011}_{\text{偏移指數}} \ \underbrace{010101100.......0}_{\text{小數}} \quad (41AB0000_{16})$$

符號

(b) $43A4C000_{16}$ 可以表示為二進制：

$$43A4C000_{16}$$
$$= 0 \ \underbrace{10000111}_{\text{偏移指數}} \ \underbrace{01001001100000000000000}_{\text{小數}}$$

符號

實際指數 = 偏移指數 -127 = 135-127 = 8

小數部分 = 010010011

所以假數 = 1.010010011

數目值為：$1.010010011 \times 2^8 = 101001001.1 = 329.5_{10}$

    IEEE 754 的單精確制 (即 32 位元) 格式中的各種指數與假數的組合意義如表 1.6-2 所示。在此格式中，指數總共有 8 位元，因此其二進制值為 0 到 255，其中 1 到 126 表示負的指數 -126 到 0，而 128 到 254 則表示正的指數 1 到 127，即使用 127 的偏移量。指數值 0 則保留當作 0 與去標準化數目 (denormal) 的編碼指示之用。這裡所謂的去標準化數目是指一個因為它的指數太小，而無法

表 1.6-2: IEEE 754 單精確制格式的指數意義

偏移指數	數目符號	真實指數	假數	類別
0000 0000	+	—	00…00	正 0
	-	—	00…00	負 0
			11…11 到 00…01	去標準化的數
0000 0001 到 0111 1111	—	-126 到 0	00…00 到 11…11	標準化的數
1000 0000 到 1111 1110	—	1 到 127	00…00 到 11…11	標準化的數
1111 1111	+	—	00…00	正 ∞
	-	—	00…00	負 ∞
	-	—	10…00	未定值
	-	—	00…01 到 11…11	不成立的數

以浮點數的標準格式編入時的數目，即它必須適當的調整假數中的小數點之後的 0 之個數，才能夠表示時之數目。

1.6.2 浮點數的四則運算

　　浮點數的加法與減法運算遠較定點數複雜，因為這些運算必須在指數相同時才可以執行，若欲相加或相減的兩個數目，其指數不相等時，必須先調整假數中小數點的位置，使指數相等，再進行運算。乘法與除法運算則較加法與減法運算簡單，只需要將兩個數目的假數分別相乘與相除；指數分別相加與相減即可。

1.6.2.1 浮點數的四則運算 假設 $x = (-1)^{x_s} m_x 2^{x_e}$ 與 $y = (-1)^{y_s} m_y 2^{y_e}$ 分別為兩個浮點數目，則加法與減法運算可以分別表示為

$$x + y = \left((-1)^{x_s} m_x 2^{x_e - y_e} + (-1)^{y_s} m_y\right) 2^{y_e}$$

與

$$x - y = \left((-1)^{x_s} m_x 2^{x_e - y_e} - (-1)^{y_s} m_y\right) 2^{y_e}$$

其中 $x_e \le y_e$；同樣的，乘法與除法運算可以分別表示為

$$x \times y = \left((-1)^{x_s} m_x \times (-1)^{y_s} m_y\right) 2^{x_e + y_e}$$

與

$$x \div y = \left((-1)^{x_s} m_x \div (-1)^{y_s} m_y\right) 2^{x_e - y_e}$$

在浮點數的四則運算過程中，不管是假數或是指數均有可能超出其運算的精確制範圍，這種情形稱為溢位。由於每一個浮點數均可以分為指數與假數兩個部分，因此在浮點數的運算過程中的溢位可以分成下列四種情形：

1. 指數上限溢位 (exponent overflow)：正的指數超出其最大可以表示的範圍。

2. 指數下限溢位 (exponent underflow)：負的指數超出其最大可以表示的範圍。

3. 假數上限溢位 (mantissa overflow)：在兩個正的假數或是兩個負的假數相加時，結果超出最大有效位元 (MSB)。

4. 假數下限溢位 (mantissa underflow)：在假數的標準化過程中，有部分的位元流出假數的最右端。

1.6.2.2 浮點數的加減法運算規則 假設欲做相加或是相減的兩數分別為 x 與 y，則浮點數的加法 $(x+y \to z)$ 與減法 $(x-y \to z)$ 運算規則如下：

1. 調整指數較小的數目之假數使兩數的指數相等。

2. 執行假數相加或相減。

3. 執行結果假數的標準化，並調整其指數。

■ **例題 1.6-3: 浮點數的加法運算**

假設只有 4 位有效數字，使用例題 1.6-1 的偏移指數方法 (即偏移量為 8)，計算下列各小題：

(a) $1.235 \times 10^5 + 3.456 \times 10^6$

(b) $1.235 \times 10^4 + 2.876 \times 10^6$

解：詳細的計算過程如下：

(a) 因為 $1.235 \times 10^5 = 0.123 \times 10^6$，所以
$0.123 \times 10^6 + 3.456 \times 10^6 = 3.579 \times 10^6$。

(b) $1.235 \times 10^4 = 0.012 \times 10^6$，所以
$0.123 \times 10^6 + 2.876 \times 10^6 = 2.888 \times 10^6$。

1.6.2.3 浮點數的乘法運算規則　假設欲相乘的兩數分別為 x 與 y，則浮點數的乘法 $(x \times y \to z)$ 運算規則如下：

1. 假數相乘。

2. 指數相加，並減去偏移量。

3. 執行結果假數的標準化，並調整其指數。

■ 例題 1.6-4: 浮點數的乘法運算

　　假設只有 4 位有效數字，使用例題 1.6-1 的偏移指數方法 (即偏移量為 8)，計算下列各小題：

(a) $1.235 \times 10^5 \times 3.456 \times 10^6$

(b) $1.235 \times 10^{10} \times 2.876 \times 10^6$

解： 詳細的計算過程如下：

(a) $1.235 \times 10^5 \times 3.456 \times 10^6 = 4.268 \times 10^3$ (實際值為 4.268×10^{-5})。

(b) $1.235 \times 10^{10} \times 2.876 \times 10^6 = 3.551 \times 10^8$ (實際值為 3.551×10^0)。

1.6.2.4 浮點數的除法運算規則　假設欲相除的兩數分別為 x (被除數) 與 y (除數)，則浮點數的除法 $(x \div y \to z)$ 運算規則如下：

1. 假數相除。

2. 指數相減，並加上偏移量。

3. 執行結果假數的標準化，並調整其指數。

■ 例題 1.6-5: 浮點數的除法運算

　　假設只有 4 位有效數字，使用例題 1.6-1 的偏移指數方法 (即偏移量為 8)，計算下列各小題：

(a) $1.235 \times 10^5 \div 3.456 \times 10^6$

(b) $1.235 \times 10^{10} \div 2.876 \times 10^6$

解： 詳細的計算過程如下：

(a) $1.235 \times 10^5 \div 3.456 \times 10^6 = 3.573 \times 10^6$ (實際值為 3.573×10^{-2})。

(b) $1.235 \times 10^{10} \div 2.876 \times 10^6 = 4.294 \times 10^{11}$ (實際值為 4.294×10^3)。

一般為了減少假數下限溢位的發生，計算機內部在做浮點數運算時，通常以較多的有效位元為之，這些多出的額外位元稱之為保衛位元 (guard bit)。浮點數運算的另外一個問題為當儲存內部運算後的結果於預定的精確制格式過程中，必須捨去超出 LSB 的位元。最簡單的方法為直接捨去超出的位元而不做任何額外的動作，這一種方法稱為截尾 (truncation)，其造成的誤差較大，但是需要的動作較簡單；另外一種常用的方法為當額外的位元中之 MSB 為 1時，則將 1 加於假數的 LSB 上，否則，將 0 加於假數的 LSB 上，這種方法稱為捨入法 (rounding)，其造成的誤差較小，但是必須執行一個額外的加法運算，因此需要較複雜的動作。

參考資料

1. AMD, *AMD64 Architecture Programmer's Manual Volume 1: Application Programming,* 2012 (http://www.amd.com)

2. AMD, *AMD64 Architecture Programmer's Manual Volume 2: System Programming,* 2012 (http://www.amd.com)

3. Barry B. Brey, *The Intel Microprocessors 8086/8088, 80186/80188, 80286, 80386, 80486, Pentium, and Pentium Pro Processor, Pentium II, Pentium III, Pentium 4, and Core 2 with 64-Bit Extensions: Architecture, Programming, and Interfacing,* 8th. ed., Englewood Cliffs, N. J.: Prentice-Hall, 2009.

4. Richard C. Detmer, *x86 Assembly Language and Computer Architecture,* Boston: Jones and Bartlett Publishers, Inc., 2001.

5. Intel, *Intel 64 and IA-32 Architectures Software Developer's Manual, Volume 1: Basic Architecture,* 2011. (http://www.intel.com)

6. William Stallings, *Computer Organization and Architecture: Designing for Performance*, 5th ed. New York: Macmillan, 2000.

7. 林銘波，**數位邏輯設計：使用 Verilog HDL**，第六版，全華圖書股份有限公司，2017。(ISBN: 978-9864635948)

8. 林銘波，**數位系統設計：原理、實務與應用**，第五版，全華圖書股份有限公司，2017。(ISBN: 978-9864635955)

習題

1-1 轉換下列各二進制數目為十進制：

    (1) 10111.101_2 **(2)** 1001.1101_2

    (3) 11011.1001_2 **(4)** 111011.101101_2

1-2 轉換下列各十進制數目為二進制：

    (1) 4765   **(2)** 3421

    (3) 365.425   **(4)** 1234

1-3 轉換下列各二進制數目為十六進制：

    (1) 1011001111.101_2 **(2)** 1110010101100011_2

    (3) 1001001101.1101011_2 **(4)** 1110111011111101_2

1-4 轉換下列各十六進制數目為二進制：

    (1) 47ABC65   **(2)** 3421

    (3) 36ED5.425   **(4)** 1234

1-5 分別求出下列各二進制數目的 2 補數：

    (1) 10110011.101_2 **(2)** 10010001.1101011_2

    (3) 11101011100011_2 **(4)** 11101101110101_2

1-6 使用 2 補數的算術運算分別計算下列各小題(假設 8 位元)：

    (1) 37 + 45   **(2)** 34 + 74

    (3) 75 + 95   **(4)** 12 + 34

1-7 使用 2 補數的算術運算分別計算下列各小題(假設 8 位元)：

    (1) 37 - 25   **(2)** 34 - 21

    (3) 75 - 75   **(4)** 12 - 34

1-8 使用 2 補數的算術運算分別計算下列各小題(假設 8 位元)：

    (1) 37 - (-25)   **(2)** (-34) - 21

    (3) 75 + (-75)   **(4)** (-12) - (-34)

1-9 轉換下列各數碼為 BCD 碼：

(1) 10110011.101_2 **(2)** BED_{16}

(3) 2012_{10} **(4)** 11101101110101_2

1-10 轉換下列各實數為 IEEE 754 單精確制格式：

(1) 1996 **(2)** 234.56

(3) 15.59 **(4)** 57.32

1-11 轉換下列各 IEEE 754 單精確制格式為實數：

(1) $88768ABC_{16}$ **(2)** 78768000_{16}

(3) $F8008ABC_{16}$ **(4)** $C0768980_{16}$

1-12 解釋在 2 補數中，進位與溢位兩個名詞的意義有何不同。

1-13 為何在使用偏移指數的浮點數乘法運算中，將兩數的指數相加之後，必須減去偏移指數的偏移量？

1-14 為何在使用偏移指數的浮點數除法運算中，將兩數的指數相減之後，必須加上偏移指數的偏移量？

1-15 使用例題 1.6-1 的偏移指數系統，計算下列各式：

(1) $3.456 \times 10^8 + 1.765 \times 10^9$ **(2)** $3.465 \times 10^5 + 5.732 \times 10^4$

(3) $5.672 \times 10^8 - 4.755 \times 10^{10}$ **(4)** $5.237 \times 10^4 - 2.332 \times 10^3$

1-16 使用例題 1.6-1 的偏移指數系統，計算下列各式：

(1) $2.876 \times 10^8 \times 1.765 \times 10^9$ **(2)** $3.456 \times 10^5 \times 4.123 \times 10^4$

(3) $5.672 \times 10^8 \times 8.234 \times 10^{10}$ **(4)** $1.234 \times 10^4 \times 8.276 \times 10^3$

1-17 使用例題 1.6-1 的偏移指數系統，計算下列各式：

(1) $2.876 \times 10^8 \div 1.765 \times 10^9$ **(2)** $3.456 \times 10^5 \div 4.123 \times 10^4$

(3) $5.672 \times 10^8 \div 8.234 \times 10^{10}$ **(4)** $1.234 \times 10^4 \div 8.276 \times 10^3$

2 計算機結構與組合語言

如第一章所述，組合語言為計算機硬體提供予使用者的一種最低層次的，也是最基本、及最接近硬體的界面，透過它使用者可以如意地使用與控制計算機的功能。然而，欲了解一部計算機的組合語言指令，除了第 1 章中的數學基礎之外，還需要了解計算機的基本結構及其如何執行組合語言指令。因此，本章中將使用一種稱為暫存器轉移層次 (register-transfer level，RTL) 的硬體描述語言，解釋計算機的基本構造原理及組合語言的指令動作。本章中將討論基本的計算機架構、計算機如何執行指令、程式設計觀念、組合語言程式的執行與除錯、及組譯程式的假指令、及其動作原理。

2.1 計算機基本功能與原理

計算機的基本用處在於它能幫忙我們做事，例如記帳程式能幫忙人們管理帳目、文書編輯系統編排輸入的文字為美觀的報表輸出，或製作統計圖表等，然而這一些程式皆由人們設計，即計算機的動作仍然由人們經由程式操作及控制。因此，本節中將討論基本的程式設計觀念、計算機的原理及如何執行指令。

2.1.1 基本程式設計觀念

程式設計 (或稱程式規劃) 的目的是讓使用者能有效地使用系統資源解決需要的問題。一般而言，程式設計的層次依據使用語言的不同可以分為下列四等：自然語言、高階語言、組合語言、機器語言等，如圖 2.1-1所示。

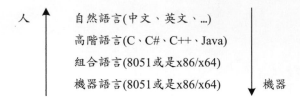

圖 **2.1-1:** 計算機的階層式結構

對於人而言,使用自然語言 (natural language) 是最自然不過的,但是計算機卻不太容易了解自然語言,因此特別設計出一種介於人們與機器之間的程式語言 (programming language),這種語言即是高階語言 (high-level language)。雖然高階語言對於人們而言是相當方便的,但是計算機只能執行由 1 與 0 等數字組成的機器語言 (machine language),因此高階語言必須由一個系統程式稱為編譯程式 (compiler) 轉譯為機器語言後,才可以由計算機執行。例如我們欲將 1、2、3、4、......、10 等 10 個數目相加時,可以用自然語言寫成:

$$S = 1+2+3+4+5+6+7+8+9+10$$

$$= 55$$

但是欲由計算機解決上述問題時,必須以類似圖 2.1-2(a) 的方式寫成一種高階語言程式 (例如 C/C++ 語言),然後經由編譯程式轉譯為機器語言之後執行它,得到結果 55。當然也可以直接寫成機器語言而後執行它。由圖 2.1-2(b) 可以得知:機器語言都是一些由 0 與 1 等數字組成的二進制數目。這對於人們而言,是一件相當困難而且極易出錯的事,因此相當於機器語言的另一種程式語言稱為組合語言 (assembly language) 應運而生,如圖 2.1-2(c) 所示。事實上,組合語言只是以符號 (英文字母與其它符號) 表示機器語言中的二進制數目,讓人們較容易撰寫程式而已。因此,組合語言可以使用較正式的文字定義為:一種直接控制或運算計算機中的二進制資料之基本動作的語言。

利用組合語言撰寫的程式和高階語言程式有一個共通的特點,就是都必須經過轉譯為機器語言之後才可以執行。轉譯組合語言為機器語言的系統程式,稱為組譯程式 (assembler);轉譯高階語言為機器語言的系統程式,稱為編譯程式 (compiler)。

```
#include "stdio.h"
void main()
{
    int s,i;
    s = 0;
    for (i=1;i <= 10; i++)
        s = s + i;
    printf("%d\n",s);
}
```
       (a)

```
0000   55                       MAIN:      PUSH   BP
0001   8B EC                               MOV    BP,SP
0003   83 EC 04                            SUB    SP,4
0006   C7 46 FE 0000                       MOV    WORD PTR [BP-2],0
000B   C7 46 FC 0001                       MOV    WORD PTR [BP-4],1
0010   8B 46 FC                 $F11:      MOV    AX,[BP-4]
0013   01 46 FE                            ADD    [BP-2],AX
0016   FF 46 FC                            INC    WORD PTR [BP-4]
0019   83 7E FC 0A                         CMP    WORD PTR [BP-4],10
001D   7E F1                               JLE    $F11
001F   FF 76 FE                            PUSH   WORD PTR [BP-2]
0022   9A ── 0000 E                        CALL   _PRINTF
0027   8B E5                               MOV    SP,BP
0029   5D                                  POP    BP
002A   C3                                  RET
```
    (b)　　　　　　　　　　　　　　　　　　　　(c)

圖 2.1-2: 程式設計層次關係圖：(a) C 語言；(b) 機器語言；(c) 組合語言

　　在撰寫高階語言或組合語言程式時，必須使用編輯程式 (editot) 的幫助，才能順利完成。撰寫組合語言 (或高階) 程式用的編輯程式與文書處理用的編輯程式通常不同，前者不具有排版功能而後者則有。具有排版功能的文書處理程式 (word processor) 通常會在原始檔案中加入一些排版用的版面控制字元，而這一些字元並無法直接由螢幕上看到，因此若使用此類的編輯程式撰寫組合語言 (或高階) 程式，將造成組譯 (或編譯) 上的錯誤。

　　圖 2.1-3 說明一般計算機的階層式結構，其最底層為硬體，它為任何計算機的基本構成要素，與此硬體相關的程式語言即為組合語言，在此語言之上則可以架構任何高階程式語言，例如 C/C++、C#、Visual Basic、Visual C++、

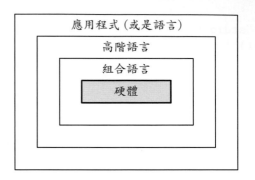

圖 2.1-3: 計算機的階層式結構

Java 等。在高階語言之上則可以架構任何使用者需要的應用程式，典型的應用程式例如成績登錄系統、戶政計算機化系統、計算機語音掛號系統、計算機語音售票系統等。

2.1.2 儲存程式計算機

雖然實際上的計算機內部結構相當複雜，其邏輯結構與動作原理卻相當簡單，如圖 2.1-4(a) 所示，任何計算機的邏輯結構均可以表示為兩大方塊：CPU 與記憶器，前者專司指令之執行，而後者則做為指令與資料儲存之場所。

在邏輯上，任何記憶器的結構均可以視為一連串的連續儲存空間之集合，而每一個儲存空間均有其唯一的位址 (address)。換句話說，記憶器為一個一維的資料陣列 (data array)，其中每一個資料項 (item) 均有一個唯一的指標 (index，或是稱為索引) 以存取該資料項，而此指標即是上述中的位址，如圖 2.1-4(b) 所示。

除了位址與資料輸入端及資料輸出端之外，為了區別外部對記憶器的動作為讀出或寫入 (一般以存取 (access) 一詞代稱這兩種動作)，記憶器的硬體通常提供兩個控制信號：寫入 (write) 及讀取 (read)，以控制其動作。

CPU 的動作其實很簡單，只有指令讀取 (instruction fetch) 與指令執行 (instruction execution) 兩種，即它不斷的從記憶器中讀取指令，然後執行該指令，其動作大致上可以描述如下：

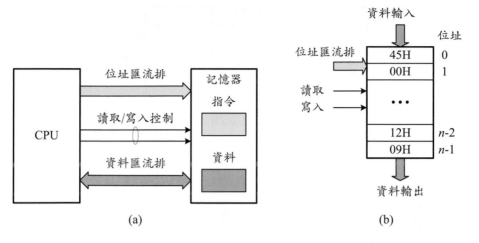

圖 **2.1-4:** 計算機與記憶器的邏輯結構：(a) 計算機；(b) 記憶器

■ 演算法 **2.1-1: CPU** 的動作

Begin

1. EIP＝0；// 自記憶器位址為 0 的位置開始讀取指令

2. 重複執行下列動作

　　2.1 自記憶器位址為 EIP 的位置中讀取指令；

　　2.2 執行該指令；

　　2.3 EIP＝EIP＋1

End {CPU 模組}

其中 EIP (extended instruction pointer) 或是稱為 PC (program counter) 指示下一個欲存取的指令在記憶器中的位置，因此稱為指令指示器或是程式計數器。

　　一般稱上述工作模式的計算機為 von Neumann 機 (von Neumann machine)，以紀念 von Neumann 在 1940 年代提出這種操作模式，建立了當代計算機的理論模型。von Neumann machine (或是 von Neumann architecture) 的特性為指令與資料均儲存於相同的記憶器中，如圖 2.1-4(a) 所示。另外一種計算機架構為將指令與資料分別儲存於各自的記憶器中，這種架構稱為哈佛架構 (Harvard architecture)，如圖 2.1-5 所示。無論是何種架構，資料及指令均儲存於記憶器中，因此它們均稱為儲存程式計算機 (stored program computer)。

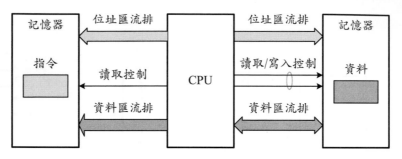

圖 **2.1-5**: 哈佛計算機架構

2.1.3 更詳細的微算機基本動作

由前一小節的介紹可以得知：微算機 (儲存程式計算機) 的動作是重複地自記憶器中讀取指令，然後執行它。一般在微算機中，均設計大量的指令以供給各種不同用途的應用程式使用。為了區別不同的指令，指令通常分成兩個部分：運算碼 (operation code，簡稱 opcode) 與運算元 (operand)。前者定義指令的動作；後者或運算元位址 (operand address)，則提供指令運算時的運算元或獲取運算元的相關資訊，這些資訊包括指明一個指令的運算元是在那一個暫存器內或是在那一個記憶器位置中。

在 CPU 中，由於每一個指令均代表不同的動作，因此自記憶器中讀取一個指令之後，必須識別該指令而執行對應的動作，這種由指令的運算碼找出其對應動作的程序稱為指令解碼 (instruction decode)。細分指令的執行動作之後，CPU 的動作可以描述如下：

■ 演算法 **2.1-2**: 更詳細的 **CPU** 的動作

Begin

1. EIP ＝ 0；// 自記憶器位址為 0 的位置開始讀取指令

2. 重複執行下列動作

　2.1 自記憶器位址為 EIP 的位置中讀取指令；

　2.2 執行指令解碼；

　2.3 若該指令執行時需要資料，則自記憶器中讀取運算元；

　2.4 執行指令的動作；

　　2.5　若該指令需要儲存結果，則存回結果於記憶器中；

　　2.6　EIP = EIP + 1

End {CPU 模組}

2.2　CPU 基本組織與動作

　　在瞭解計算機基本原理與 CPU 的基本動作之後，我們將更進一步探討 CPU 的動作。為達到此目的，我們首先使用一個簡化的 x86 微處理器 RTL 模型，說明微算機如何執行指令，然後描述一些最常用的 x86 微處理器指令，以讓讀者提早熟悉組合語言程式設計的領域與微算機的硬體架構。

2.2.1　RTL 語言

　　理論證實所有數位系統的動作，均可以由一組交互連接的暫存器組合而成，而整個系統的動作則依步進 (step-by-step) 的方式，選擇性而且持續的轉移某些暫存器的內容到其它暫存器，而在資料轉移的過程中，使用適當的組合邏輯電路，改變資料的性質。一種簡單而且可以完全的描述此種動作的語言稱為暫存器轉移層次 (register-transfer level) 語言或是簡稱為 RTL。基本上，並沒有標準的 RTL 語法，因此下列將定義及解釋一些常用的語法。

　　在 RTL 中，一個指述 (statement) 通常由一個控制函數 (稱為控制指述) 加上一些動作 (稱為運算指述) 組成，這些動作包括：資料的轉移、算術運算、邏輯運算、移位運算等。控制指述與運算指述中間以冒號 “：” 隔開，即

　　　　　[控制指述：] 運算指述

當然控制指述可以有也可以沒有，依據該 RTL 指述的實際情況而定，但是運算指述必須有，否則該 RTL 指述即無意義了。沒有控制指述的 RTL 指述稱為無條件指述 (unconditional statement)。條件性 RTL 指述中的控制指述可以為任何形式的布林 (或稱交換) 表式，當其值為 1 時，其後的運算指述即被執行，否則，該運算指述不被執行。運算指述以 “;” 結束而可以是簡單的指述或是以 “,” 分開簡單指述的複合指述。每一個指述必須能代表一個成立的動作。

　　在 RTL 中，一般均以大寫英文字母代表暫存器，而於運算表式中則代表

暫存器的內容；算術的四則運算分別以符號：＋(加)、-(減)、×(乘)、/ (除) 表示；邏輯運算分別以符號：∧ (AND)、∨ (OR)、'(NOT)、⊕ (XOR)、⊕̄ (XNOR) 表示；左移及右移則分別以 SHL (shift left) 及 SHR (shift right) 表示。此外箭頭 "←" 表示資料轉移的方向。

下列為幾種在本書中最常用的 RTL 指述：

t1：A ← A + B;　　(暫存器 A 與 B 相加後存入暫存器 A)

t2：A ← A - B;　　(暫存器 A 減 B 後存入暫存器 A)

t3：A ← A × B;　　(暫存器 A 與 B 相乘後存入暫存器 A)

t4：A ← A / B;　　(暫存器 A 除以暫存器 B 後存入暫存器 A)

t5：A ← $\bar{A}$;　　　(暫存器 A 取 1 補數後存回暫存器 A)

t6：A ← A ∨ B;　　(暫存器 A 與 B 執行 OR 後存入暫存器 A)

t7：A ← A ∧ B;　　(暫存器 A 與 B 執行 AND 後存入暫存器 A)

t8：A ← A ⊕ B;　　(暫存器 A 與 B 執行 XOR 後存入暫存器 A)

即在控制指述 t_i 的值為 1 時，其後的運算指述即被執行，否則，該運算指述不被執行。例如，當控制指述 t1 的值為 1 時，運算指述 A ← A + B 將被執行。

2.2.2 簡化的 x86 微處理器軟體模式

在說明 CPU 的基本結構與動作之前，我們首先以一個簡化的 x86 微處理器為基礎，介紹一般在使用一個微處理器時的基本知識。由程式設計者的觀點而言，欲了解與使用一個微處理器時，只需要了解其規劃模式與指令集(instruction set) 即可。前者提供該微處理器所有可以由使用者透過指令集存取的內部暫存器；後者則提供該微處理器所有可能的動作與可以執行的功能。

為了方便下一小節的說明，假設我們的簡化 x86 微處理器的規劃模式如圖 2.2-1(a) 所示，其中包括兩個節區暫存器 (segment register)：資料節區 (DS) 與指令節區 (CS)、指令指示器 (EIP)、狀態旗號、及四個通用暫存器 (EAX、EBX、ECX、EDX)。CS 與 DS 節區暫存器 (應該稱為節區描述子 (segment descriptor)，詳情請參考第 3.3.1 節) 包含存取權控制、節區長度、與節區基底位址等三部分，在本章中將忽略存取權控制與節區長度，而只使用節區基底位址。

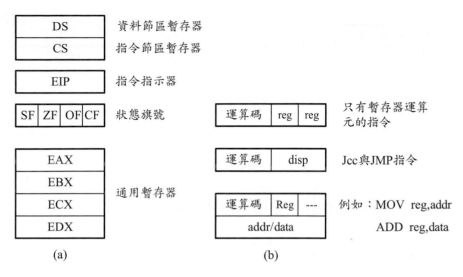

圖 2.2-1: 簡化的 x86 微處理器 (a) 規劃模式與 (b) 指令格式

圖 2.2-1(b) 為在此簡化的 x86 微處理器中的三個指令格式 (注意此指令格式只是為了方便其次的說明，並不是實際上的 x86 微處理器的指令格式)，其中前面兩個指令格式為單一語句，而最後一個為雙語句。當一個指令中只有暫存器運算元時為第一個指令格式，否則若有一個記憶器運算元 (addr) 或是立即資料 (data)(它為常數，由於它位於指令中，可以立即使用，因以為名) 時，該指令為雙語句指令，其第二個語句為記憶器運算元的有效位址或是立即資料。第二個指令格式則為分歧指令 (JC/JNC、JZ/JNZ、JMP 指令) 專用的格式，其高序位元組為運算碼 (opcode) 而低序位元組則為 2 補數值的位移位址。

2.2.3　一個簡化的 x86 微處理器 RTL 架構

為了更進一步了解 CPU 的動作原理，我們必須更進一步地細分 CPU 的結構。典型而且足夠描述組合語言動作的 CPU 硬體模型稱為 RTL 模型，如圖 2.2-2 所示。RTL 模型為一種常用的硬體動作描述方法，其基本意義為任何數位系統均可以視為一群暫存器的組合，而資料的運算則視為兩個暫存器之間的一種資料轉移，並在其轉移的過程中使用適當的組合邏輯電路，改變其資料的性質。在其次的討論中，我們使用此種模型解釋 CPU 的動作原理。

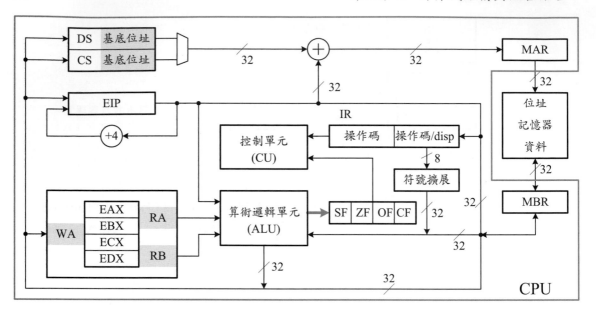

圖 2.2-2： 一個簡化的 x86 微處理器 RTL 模型 (DS 與 CS 意指其節區基底位址部分)

一個簡化的 x86 微處理器 RTL 模型如圖 2.2-2 所示，其中最主要的部分包括：

記憶器位址暫存器 (memory address register，MAR)：儲存下一個欲被讀取的記憶器位置的位址。

記憶器緩衝 (資料) 暫存器 (memory buffer register，MBR)：儲存剛剛由記憶器讀取的資料或下一個欲被寫入記憶器的資料。所有進出記憶器的資料都必須經過 MBR。

指令指標 (instruction pointer，EIP)：指到下一個欲被執行的指令之位址。在 x86 微處理器中，指令在記憶器中的實際位址還需要由另外一個暫存器 CS 的節區基底位址決定。

指令節區暫存器 (code segment register，CS)：指示目前的指令碼節區，它與 EIP 共同決定指令在記憶器中的實際位址。在圖 2.2-2 中，指令在記憶器中的實際位址等於 CS 的 32 位元基底位址與 EIP 相加的值。

資料節區暫存器 (data segment register，DS)：指示目前的資料節區，它與指令中的運算元有效位址共同決定資料在記憶器中的實際位址。在圖 2.2-2 中，資料在記憶器中的實際位址等於 DS 的 32 位元基底位址與運算元有效位址相加的值。

指令暫存器 (instruction register，IR)：儲存剛剛由記憶器讀取的指令。

資料暫存器 (data register)：在圖 2.2-2 中有 EAX、EBX、ECX、EDX 等四個，為通用的暫存器，可以儲存 CPU 欲作運算的資料或是 CPU 產生的結果。

算術邏輯單元 (arithmetic and logic unit，ALU)：為 CPU 的心臟，執行所有的算術 (加、減、乘、除) 及邏輯運算 (AND、OR、NOT、XOR)。這些運算大致上可以分成單運算元動作 (monadic) 及雙運算元動作 (dyadic) 兩種。

控制單元 (control unit，CU)：解釋存於指令暫存器 (IR) 中的指令，並產生該指令對應的動作需要的控制信號。

2.2.4 指令的執行

在了解 RTL 模型、基本的 RTL 動作、一個簡化的 x86 微處理器的 RTL 模型之後，本節中更進一步的介紹微處理器如何自記憶器中讀取指令、解釋指令、執行指令等動作。

2.2.4.1 指令讀取動作 為了解釋 CPU 的動作，每一個指令的動作均分成讀取及執行兩大階段，然後每一個階段再細分成許多個 RTL 指述能夠表達的小步驟，並且配合圖 2.2-2 的 x86 微處理器結構圖加以說明。

由前面的介紹得知：x86 的下一個欲執行的指令在記憶器中的位置是由 CS 與 EIP 兩個暫存器共同決定的。因此，指令讀取階段中的第一步即是計算出指令在記憶器中的實際位址，然後送至 MAR 內，同時將暫存器 EIP 的內容加 4 以指到下一個指令 (在記憶器中的) 位址上，即執行下列 RTL 指述：

T1: MAR ← CS + EIP;

EIP ← EIP + 4;

圖 2.2-3 中的灰色線表示在此動作中的資訊流向。

記憶器在接到 CPU 送來的位址信號及讀取控制信號 (由控制單元產生) 之後，立即載入由 MAR 指定的位置之內容於 MBR 內，即執行下列 RTL 指述：

T2: MBR ← Mem[MAR];

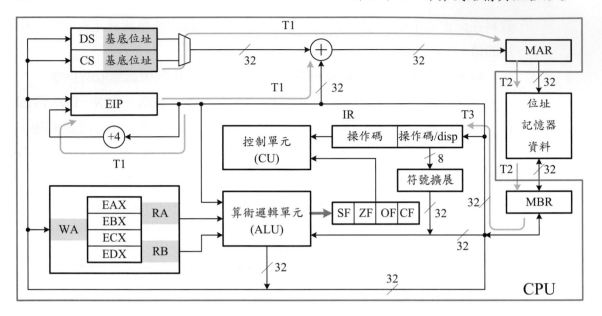

圖 2.2-3: 指令讀取的四個步驟

　　詳細的指述動作如圖 2.2-3 中的灰色線所示。

　　指令讀取階段的最後一個步驟為轉移 MBR 的內容到指令暫存器 (IR) 內，並做解碼以產生指令執行階段時，需要的控制信號，即執行下列 RTL 指述：

　　　　T3: IR ← MBR;

詳細的指述動作如圖 2.2-3 中的灰色線所示。

　　現在歸納上述的指令讀取階段的四個基本動作如下：

　　　　T1：MAR ← CS + EIP,

　　　　　　 EIP ← EIP + 4；

　　　　T2：MBR ← Mem[MAR]；

　　　　T3：IR ← MBR;

　　　　T4：指令解碼;

2.2.4.2 指令執行動作 指令讀取的四個動作為所有指令共有的。CPU 在指令解碼步驟 (即 T4) 後即進入指令執行階段，在此階段中，每一個指令均執行不同的 RTL 指述，如圖 2.2-4 所示。例如，指令 MOV　EAX,addr (其動作為自記

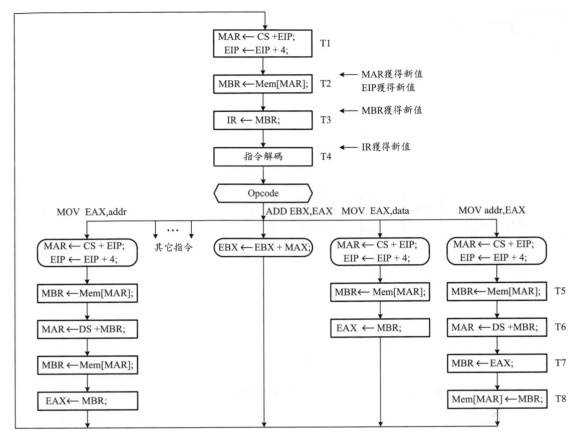

圖 2.2-4: 指令的讀取與執行動作時序圖

憶器位址為 addr 的位置中，讀取一個 32 位元的資料並存入暫存器 EAX 內) 的 RTL 指述為：

$$T4 \land opcode：MAR \leftarrow CS + EIP；$$

$$EIP \leftarrow EIP + 4;$$

$$T5：MBR \leftarrow Mem[MAR]；$$

$$T6：MAR \leftarrow DS + MBR；$$

$$T7：MBR \leftarrow Mem[MAR]；$$

$$T8：EAX \leftarrow MBR;$$

而指令 ADD　EBX,EAX 的 RTL 指述為：

$$T4 \land opcode：EBX \leftarrow EBX + MAX;$$

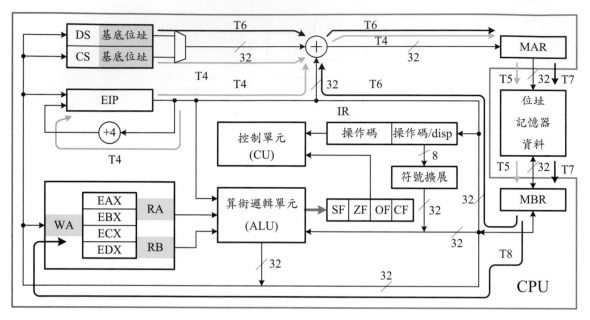

圖 2.2-5: 指令 MOV　EAX,addr 的執行步驟

所有指令在執行它的最後一個步驟之後，均回到指令讀取的第一個步驟(T1)。因此，可以持續執行指令，如圖 2.2-4 所示。

MOV　EAX, addr 指令執行時的步驟 1 (T4) 到步驟 2 (T5) 與指令讀取的步驟 1 (T1) 到步驟 2 (T2) 相同；步驟 4 (T7) 與步驟 2 (T5) 相同。

MOV　EAX,addr 指令執行時的第三個動作：

> T6：MAR ← DS + MBR;

如圖 2.2-5 中的灰色線所示。它首先組合儲存於 MBR 中的欲讀取的資料 (即運算元) 的位址 (addr) 與 DS 的結果之後，存入 MAR 內，以指定欲讀取的記憶器位置。

MOV　EAX, addr 指令執行時的第四個動作為自記憶器中讀取資料，即

> T7：MBR ← Mem[MAR];

這個動作與指令讀取時的第二個動作相同，因此不再贅述。

MOV　EAX,addr 指令執行時的最後一個動作為自記憶器中讀取的資料載入暫存器 EAX 內。此資料在上一個步驟時已經儲存在 MBR 內，因此在此步驟

中只須要由 MBR 轉移至暫存器 EAX 中即可,即

T8:EAX ← MBR;

詳細的動作如圖 2.2-5 中的灰色線所示。

對於具有立即資料運算元的指令而言,例如 MOV　EAX,data,由於其立即資料係位於指令的第二個語句,因此如同上述 MOV　EAX,addr 指令一樣必須執行步驟 T4 與 T5,以由 (程式) 記憶器中讀取指令的第二個語句 (此時為立即資料語句),使其暫存於 MBR 內,然後進行指令的其它執行步驟。例如指令 ADD　EAX,data 的最後一個步驟為:

T6:EAX ← EAX + MBR;

2.2.5　基本的 x86 組合語言指令

最基本的 x86 組合語言指令包括:資料轉移指令、算術運算指令、邏輯運算指令、迴路控制指令等。這一些指令的格式、RTL 動作與指令的意義如下。

2.2.5.1　資料轉移指令　資料轉移指令為任何微處理器或是計算機中,使用最為頻繁的一組指令,因此任何微處理器均提供有一組功能完整,而且有效率的資料轉移指令,以幫助使用者在使用該微處理器時,能有效地在其內部暫存器之間互相轉移資料,或是在其內部暫存器與外部記憶器之間互相轉移資料。典型而且最常用的 x86 資料轉移指令如表 2.2-1 所示。其中 dreg、sreg、reg 表示 EAX、EBX、ECX、EDX 等暫存器中的任何一個;segreg 表示 DS 或是 CS 暫存器;data 表示立即資料;addr 則表示運算元的記憶器位址。

表 2.2-1: x86 最常用的資料轉移指令

假指令	RTL 描述	說明
MOV reg,data	reg ← data;	轉移立即資料 (data) 到暫存器 reg 內
MOV dreg,sreg	dreg ← sreg;	轉移暫存器 sreg 的內容到暫存器 dreg
MOV segreg,reg	segreg ← reg;	轉移暫存器 reg 的內容到暫存器 segreg
MOV reg,addr	reg ← Mem[DS+addr];	轉移記憶器 (addr) 的內容到暫存器 reg
MOV addr,reg	Mem[DS+addr] ← reg;	儲存暫存器 reg 的內容到記憶器 (addr) 中

2.2.5.2 算術運算指令 任何微處理器至少均會提供一組基本的算術運算指令：加法與減法運算。最常用的 x86 算術運算指令如表 2.2-2 所示。加法運算指令有兩種格式：未連結進位旗號位元 (ADD) 與連結進位旗號位元 (ADC)；減法運算指令也有未連結借位旗號位元 (SUB) 與連結借位旗號位元 (SBB) 兩種。

表 2.2-2: x86 最常用的算術運算指令

假指令	RTL 描述	說明
ADD reg,data	reg ← reg + data;	立即資料 (data) 與 reg 相加後存回 reg 內
ADD dreg,sreg	dreg ← dreg + sreg;	暫存器 dreg 與 sreg 相加後存回 dreg 內
ADC reg,data	reg ← reg + data+ C;	立即資料 (data) 與 reg 及進位 (C) 相加後存回 reg 內
ADC dreg,sreg	dreg ← dreg + sreg + C;	暫存器 dreg 與 sreg 及進位 (C) 相加後存回 dreg 內
SUB reg,data	reg ← reg - data;	暫存器 reg 減去立即資料 (data) 後存回 reg 內
SUB dreg,sreg	dreg ← dreg - sreg;	暫存器 dreg 減去 sreg 後存回 dreg 內
SBB reg,data	reg ← reg - data - C;	暫存器 reg 減去立即資料 (data) 及進位 (C) 後存回 reg
SBB dreg,sreg	dreg ← dreg - sreg - C;	暫存器 dreg 減去 sreg 及進位 (C) 後存回 dreg

2.2.5.3 邏輯運算指令 與算術運算指令相同，邏輯運算指令也是任何微處理器均會提供的一組基本運算指令。x86 的基本邏輯運算指令有三種：AND、OR、XOR 等，分別執行邏輯運算中的 AND、OR、XOR 等運算。NOT 指令執行 NOT 的邏輯運算。最常用的 x86 邏輯運算指令如表 2.2-3 所示。

表 2.2-3: x86 最常用的邏輯運算指令

假指令	RTL 描述	說明
AND reg,data	reg ← reg ∧ data;	暫存器 reg 與立即資料 (data) AND 後存回 reg 內
AND dreg,sreg	dreg ← dreg ∧ sreg;	暫存器 dreg 與 sreg AND 後存回 dreg 內
OR reg,data	reg ← dreg ∨ data;	暫存器 reg 與立即資料 (data) OR 後存回 reg 內
OR dreg,sreg	dreg ← dreg ∨ sreg;	暫存器 dreg 與 sreg OR 後存回 dreg 內
XOR reg,data	reg ← reg ⊕ data;	暫存器 reg 與立即資料 (data) XOR 後存回 reg 內
XOR dreg,sreg	dreg ← dreg ⊕ sreg;	暫存器 dreg 與 sreg XOR 後存回 dreg 內
NOT reg	reg ← $\overline{\text{reg}}$;	暫存器 reg 內容取 1 補數後存回 reg 內

2.2.5.4 分歧指令 任何微處理器都必須具有一組無條件性與條件性分歧 (或是跳躍) 指令，以提供使用者改變程式執行的順序，或是據以設計程式執行迴圈，重複執行某一個特定之動作。x86 中最常用的條件性分歧與無條件性跳躍

指令如表 2.2-4 所示。JC/JNC 與 JZ/JNZ 兩個指令為條件性分歧指令，前者以進位旗號 (CF) 位元的值為條件，後者則以零值旗號 (ZF) 的內容是否為 0 為條件。JMP 指令為無條件性分歧指令，其動作相當於高階語言 (例如 C 語言) 中的 goto 指述，直接分歧至指定的位置處繼續執行指令。

表 2.2-4: x86 最常用的分歧與跳躍指令

假指令	RTL 描述	說明
JC disp	C：EIP ← EIP + disp (2 補數);	當進位旗號為 1 時分歧到標的位址
JNC disp	$\overline{C}$：EIP ← EIP + disp (2 補數);	當進位旗號為 0 時分歧到標的位址
JZ disp	Z：EIP ← EIP + disp (2 補數);	當零旗號為 1 時分歧到標的位址
JNZ disp	$\overline{Z}$：EIP ← EIP + disp (2 補數);	當零旗號為 0 時分歧到標的位址
JMP disp	EIP ← EIP + disp (2 補數);	無條件性分歧到標的位址

2.3 組譯程式與組合語言程式

在了解單獨的組合語言指令的動作之後，接著在這一節中介紹如何組合個別的指令為一個完整的程式。由於目前的 PC 系統均使用 32/64 位元的作業系統，因此本書的組合語言程式將配合此種作業系統。在 Windows 系統的保護模式中的組合語言程式所產生的記憶器位址，在 32 位元的作業系統中必須是 32 位元，在 64 位元的作業系統中則可以是 32 位元或是 64 位元。此外，Windows 作業系統均操作於保護模式下，I/O 相關系統資源 (例如讀取鍵盤與顯示字元) 都受作業系統保護，欲使用時必須在作業系統的控制之下，透過系統呼叫 (system call) 方能使用。在本節中，我們將介紹在 Windows 模式下的 32 位元組合語言程式基本結構及一些常用的 masm 組譯程式[1] 假指令。

2.3.1 基本組合語言程式例

組合語言為計算機中的機器語言的另一種表示方式。在這種表示方式中，使用英文字母的助憶碼 (mnemonic) 代替二進制的機器碼；使用英文字母 (或與數字混合) 組成的符號 (類似在高階語言中的變數) 代表二進制的常數與位址。典型的組合語言的程式列表如下所示。程式中最左邊一欄為該程式載入記憶

---

[1]詳細的假指令與其它 masm 相關運算子，請參閱微軟網站：http://msdn.microsoft.com/zh-tw/library/hb5z4sxd(v=vs.90)

器中時的相對位址;第二欄為機器碼(表為十六進制);右邊的英文字母部分則
為使用者撰寫的組合語言(即原始程式)。讀者並不需要急於了解這個程式的動
作,此程式例的主要目的只是給予讀者對於組合語言程式有一個初步的印象。

```
                                ;test.asm (file_name test.asm)
                                .386
                                .model   flat, stdcall
                                option   casemap:none
00000000                        .data
00000000  00000047      OPR1    DD      47H
00000004  00000023      OPR2    DD      23H
                                ;Exchange two words in memory
                                ;using absolute addressing mode
00000000                        .code
00000000              SWAP      PROC    NEAR
00000000  A1 00000000 R         MOV     EAX,OPR1     ;get opr1
00000005  8B 1D 00000004 R      MOV     EBX,OPR2     ;get opr2
0000000B  A3 00000004 R         MOV     OPR2,EAX     ;save opr1
00000010  89 1D 00000000 R      MOV     OPR1,EBX     ;save opr2
00000016  C3                    RET
00000017              SWAP      ENDP
                                END     SWAP
```

在 32 位元的組合語言中,最常用的方式為使用.model flat, stdcall 宣告一
個組合語言程式為平坦模式(請參考第 3.3.3 節)。在此模式下,所有資料節區
(DS、ES、SS)與指令節區(CS)均設定為一個相同且最大為 4G 位元組的 32 位
元節區,因此有效地消除了節區的觀念。如前所述,在此模式下所有運算元
的有效位址的長度均為 32 位元,使用 16 位元的有效位址是不允許的。至於
資料的運算元長度則可以是 8 位元、16 位元或是 32 位元,由實際上的需要
決定。程式中的其它相關假指令:.code 與.data 用來宣告程式碼與資料節區。
option casemap:none 則指示程式中不區分英文字母的大、小寫。

2.3.1.1 .MODEL 假指令 .MODEL (或.model) 初始化 x86 環境中的程式記憶
器模式,其一般格式如下

```
.MODEL memorymodel [[, langtype]] [[, stackoption]]
```

其中 memorymode 決定指令碼與資料節區的大小,langtype 指定副程式呼叫與
公用符號命名的慣例,stackoption 定義堆疊大小,在 32 位元的 flat 模式中未

使用。詳細的.model 假指令相關參數請參閱表 2.3-1。

表 2.3-1: masm 的.mldel 假指令相關參數

參數	32 位元模式	16 位元模式
memorymodel	FLAT	TINY, SMALL, COMPACT, MEDIUM, LARGE, HUGE, FLAT
langtype	C, STDCALL	C, BASIC, FORTRAN, PASCAL, SYSCALL, STDCALL
stackoption	未使用	NEARSTACK, FARSTACK

在16位元的(DOS)模式中，memorymodel有多個選項，其中TINY與SMALL較常用 [6]，其意義簡述如下：

- TINY 表示指令碼與資料使用相同節區。
- SMALL 表示指令碼與資料各自使用一個節區。副程式與變數使用 NEAR 類型的指標(即位移位址)存取。

注意.model flat, stdcall 宣告不能使用於 64 位元的環境，有關於 64 位元程式的發展與除錯，請參閱第 2.4.4 節。另外，對於 16 位元程式的發展與除錯有興趣的讀者，請參閱第 12.2 節。

2.3.2 組合語言程式結構

在組合語言程式中的符號(symbol)又稱為識別語(identifier)，通常由使用者定義，以表示程式中的記憶器位置或是組合語言程式模組的資料儲存區，即符號通常表示程式或是資料節區、暫存器、數目、位址等。當一個符號用以表示記憶器位置時稱為標記(label)。識別語由英文字母與一些特殊符號($，.，?，@)或數字(0～9)組成，但是通常第一個字元不能是數字。識別語的長度有些組譯程式限制為 6 個字元，有些則為任意長度但是只區別前面 31 個字元，也有些只有區別最前面 6 個字元而已。在常用的 x86/x64 組譯程式 (masm.exe) 中，特殊符號"_"(底線, underline) 也可以當作識別語的一個字元。

符號的一般組成規則為：

1. 符號通常使用一些有意義的英文字母 (A-Z 與 a-z)、數字 (0-9)、一些特殊符號 ($、?、_、@) 組成，以增加程式的可讀性。

2. 大部分的組譯程式均不區別英文字母的大、小寫，但是符號的第一個字元通常不能是數字，必須是英文字母或是特殊符號。

3. 符號的長度有些組譯程式限制為 6 個字元，有些則為任意長度，但是只區別前面 31 個字元，有些則只有區別最前面 6 個字元而已。

4. 表示局部記憶器位置的符號 (即局部標記)，其後必須加上 ":"，不是表示記憶器位置的符號則不必。

5. 每一行最多只能定義一個符號。

　　組合語言指令的一般格式為：

Label:	mnemonic	operand, operand	;comments
↑	↑	↑	↑
標記	指令助憶碼	運算元	註解(說明)
START:	MOV	AX,VAR_X[BX]	;載入資料於AX內

其中標記為一個成立的識別語。在其之後是否需要加上 ":"，則由該標記是當作局部 (local) 標記或總體 (global) 標記使用而定。局部標記後面必須加上 ":"，而總體標記則否。註解 (說明) 欄以 ";" 開始而一直延續到該行結束為止。在 ";" 後的文字皆被組譯程式視為註解 (說明) 而與程式無關。指令助憶碼與運算元之間至少必須加上一個空白 (space) 字元，以避免產生組譯錯誤。

2.3.3 組合語言常數與運算子

　　在組合語言程式中，當需要定義一些常數資料時，通常必須指定使用的數系基底。一般常用的基底為 2、10、8、16 等。表示基底的方法為在該常數之後加上下列字元：

　　B — 二進制 (binary)

　　D — 十進制 (decimal)

　　O (或 Q) — 八進制 (octal)

　　H — 十六進制 (hexadecimal)

　　一般的組譯程式之預設基底均為 10，因為我們最習慣的數目系統為十進制。使用十六進制時，第一個字元必須是 0～9 等數字。因此，若最大有效數

字為 A ～ F 時,其前面必須再加上一個數字 0,以避免與識別語混淆不清。例如

10111001B

0AB10H

223D (= 223) (未註明基底時,為十進制)

其中 AB10H 若未冠以數字 "0" 時,將與識別語 AB10H 相混,因為 AB10H 為一個成立的識別語。

字元常數必須以單引號(')括住該常數,例如:'ABCD'。算術運算子包括 ＋、－、×、/等四個;邏輯運算子則有 AND、OR、NOT、XOR 等四個;關係運算子有 EQ (=) (相等)、NE (<>) (不相等)、LT (<) (小於)、LE (<=) (小於或是等於)、GT (>) (大於)、GE (>=) (大於或是等於) 等六個;特殊運算子則有 SHR (右移一個位元位置)、SHL (左移一個位元位置)、HIGH (取出高序位元組)、LOW (取出低序位元組)、() (優先計算) 等五個。由於這些運算子均甚少使用,因此不再贅述。上述運算子歸納如表 2.3-2 所示。

表 2.3-2: 運算表示式中的運算子

算數	邏輯	關係	特殊
＋:加	AND:邏輯 AND	EQ (=):相等	SHR:右移
-:減	NOT:邏輯 NOT	NE (<>):不相等	SHL:左移
*:乘	OR:邏輯 OR	LT (<):小於	HIGH:高序位元組
/:除	XOR:邏輯 XOR	LE (<=):小於或等於	LOW:低序位元組
MOD:餘數		GT(>):大於	():優先計算
		GE (>=):大於或等於	

2.3.4 基本組譯程式假指令

通常一個組合語言程式是由兩種不同性質的指述 (statement) 組成,其中一個為可以執行的指令;另一個為組譯程式的假指令 (assembler directive)。可以執行的指令為微處理器的指令,並且可以由組譯程式轉譯為對應的機器碼。基本上,假指令則是告訴組譯程式,在組譯一個組合語言程式的過程中,該做或是不該做什麼事而已,它並不能被組譯成機器碼(第 6 章中將介紹一些特殊

的假指令,它們可以被組譯成機器碼)。在程式中使用假指令的目的,只是在方便組合語言程式的撰寫或是讓程式較具可讀性。

每一個組譯程式通常都會提供一組豐富的假指令供使用者使用。然而,對於初學者而言,只要能了解下列五種基本的假指令,也就足夠寫出一個可讀性高而且功能完整的組合語言程式了。這些基本的假指令為:定義一個符號的值 (EQU)、表示程式結束 (END)、定義常數資料 (DB、DW、DD、與 DQ)、保留儲存空間 (DB、DW、DD、DQ 等與 DUP 合用) 等,如表 2.3-3 所示。

表 **2.3-3:** 最常用的部分 masm 假指令

假指令	意義	例子
DB <exp>[,<exp>,…]	定義位元組資料	DB 07,0EFH
DB <string>[,<string>,…]		DB 'AB','BOOK'
DW <exp>[,<exp>,…]	定義語句 (2 位元組) 資料	DW 07,0E23FH
DD <exp>[,<exp>,…]	定義雙語句 (4 位元組) 資料	DD 0E23F0011H
DB number DUP(?)	保留位元組儲存空間	DB 5 DUP(0)
DW number DUP(?)	保留語句儲存空間	DW 50 DUP(0)
DD number DUP(?)	保留雙語句儲存空間	DD 25 DUP(0)
DQ number DUP(?)	保留四語句儲存空間	DQ 25 DUP(0)
ORG <exp>	定義機器碼啟始位址	ORG 0100H
<name> EQU <exp>	指定 name 的值為 exp	THREE EQU 3
END [<label>]	表程式到此結束,並且設定	END
	程式的啟始位址為 label (若有)	END START

常用的定義常數資料的假指令有 DB (define byte,定義位元組)、DW (define word,定義語句)、DD (define double word,定義雙語句)、DQ (define quadword,定義四語句) 等。這些假指令除了保留儲存位置之外,也在該位置上設立了初值。例如

DATA1   DB   0AH,07H,05H

為在由 DATA1 開始的連續三個位元組內,依序置入 0AH、07H、05H 的資料,因此 DATA1 一共佔用三個位元組。DW、DD、DQ 等三個假指令的用法與 DB 相似,只是現在是以語句、雙語句、或是四語句方式儲存資料而已。例如

DATA1   DW   0AH,01H

DATA1 佔用兩個語句,第一個語句儲存 0AH,而第二個語句儲存 01H。

保留儲存空間的假指令由上述的 DB、DW、DD 與 DQ 假指令加上屬性運算子 DUP (duplicate) 完成,例如

DATA1　DB　50　DUP(?)

其中 50 表重覆的次數,而 DUP 內的問號 (?) 表示位元組之初值不設定。因此,上述指述表示 DATA1 定義了 50 個未設定初值的連續位元組。當欲設定初值時,可以將初值 (一個或多個而以 " , " 分開) 寫在 "?" 的位置即可。例如

DATA1　DB　50　DUP(0, 1, 2, ?)

DATA1 一共保留了 200 個位元組,而且這些位元組的內容依序為 00、01、02、(未設立初值),00、01、02 ……、重覆 50 次。

DW、DD、DQ 也可以與 DUP 合用,其用法和 DB 相同。不同的只是將位元組換成語句、雙語句或是四語句而已。

注意在 masm (ml) 中允許使用 BYTE、WORD、DWORD、QWORD 等假指令取代上述 DB、DW、DD、DQ 等定義未帶號數資料或是儲存空間;使用 SBYTE、SWORD、SDWORD 等假指令定義帶號數資料或是儲存空間。

ORG (origin) 假指令告訴組譯程式,程式中機器指令的起始位址是由 ORG 後面指定的位址開始。未使用 ORG 假指令指定位址時,組譯程式則假設起始位址為 0。在平坦模式 (使用假指令 .model flat) 中,則不能使用 ORG 假指令定義機器指令的起始位址。平坦模式下的記憶器模式請參考圖 3.3-5。

EQU (equate) 假指令設定一個符號 (即名稱) 為其後面的 exp 值。經過 EQU 假指令定義後的符號,每次在程式中被使用時,都相當於直接使用該 EQU 假指令的表式 (exp) 值。例如

EIGHT　EQU　　8
　　　　...
　　　MOV　CX, EIGHT　　;相當於 MOV CX, 8
　　　　...
　　　ADD　AX, EIGHT　　;相當於 ADD AX, 8

END 假指令是一個組合語言程式的最後一個指令,它告訴組譯程式,該程式

中所有組合語言指令到此結束。因此，組譯程式在遇到 END 假指令之後，即使 END 後面還有一些指令，也不再做組譯的工作了。END 假指令的另外一個用途為指定程式執行時的啟始位址，指定的方式為在 END 後加上該位址的標記，例如 END SWAP。

2.4 組合語言程式的建立與測試

在介紹組譯程式的基本假指令與組合語言程式的基本結構之後，本節中將介紹欲測試與執行一個組合語言程式時，必須歷經那些步驟，即有那些工具可以幫助排除程式設計上的錯誤。目前在 PC 上的組合語言可以分成 16 位元、32 位元、64 位元三種。然而，16 位元的組合語言已經較少使用，而 64 位元組合語言只能在 64 位元的 Windows 作業系統中執行。因此，本書中將以 32 位元的組合語言為主，因為它可以在 32 位元與 64 位元的 Windows 作業系統中執行。

2.4.1 組合語言程式的建立與測試

一般在計算機系統上撰寫、組譯、連結、裝載、執行一個組合語言程式的流程，如圖 2.4-1 所示。程式設計者 (或程式師) (programmer) 在使用簡單的編輯程式輸入組合語言指令於計算機之後，產生一個檔案稱為原始程式 (source program)。接著使用組譯程式組譯該原始程式為機器碼 (或稱機器語言程式)，而產生一個檔案稱為目的程式 (object program)。然後由連結程式 (linker) 將它與其它目的程式或系統程式庫中的目的程式，連結成一個可以執行的目的程式。最後程式設計者或使用者可以藉著作業系統中的載入程式 (loader) 之幫助，將它載入系統的主記憶器中執行。

一個 32/64 位元的組合語言的建立、測試、執行方式有下列兩種：

- 命令行 (command line) 環境：命令行環境為發展大多數嵌入式系統時使用的方式。在 Windows 作業系統下，欲使用此種環境時，必須使用 cmd 指令呼叫出一個終端機，然後使用基本的 DOS 指令為之。雖然此種環境較不易使用，但是瞭解它有助於深入了解圖 2.4-1 所說明的產生與執行一個組合語

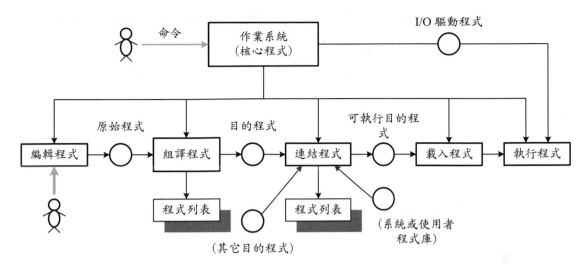

圖 2.4-1: 產生與執行一個組合語言程式的過程

言程式的過程。

☞ GNU 授權的 DOSBox (Windows 與 MacOSX 版本) 提供了一個 DOS 系統的模擬環境，可以使用來產生與執行一個 16 位元的組合語言程式。

- 視窗 (window) 環境：在 Windows 作業系統中，發展、測試、除錯一個組合語言程式的最簡單方法為使用微軟公司的 Visual Studio 軟體。它為一個整體發展環境 (integrated design environment，IDE)，通常用來發展、測試、除錯一個 C 語言、C++ 語言或 C # 語言程式。然而，經由適當的環境設定，Visual Studio 軟體也是撰寫 32/64 位元組合語言程式的利器。

2.4.2 命令行 (command line) 環境

在命令行環境下，執行 x86/x64 組合語言程式時，需要下列軟體：

1. 組譯程式 (assembler)：任何 x86/x64 組譯程式，例如 ml.exe (32 位元) 與 ml64.exe (64 位元) 等；

2. 連結程式 (linker)：通常必須與組譯程式的版本互相配合，例如 link.exe；

3. 除錯程式：由於組合語言程式的執行通常需要觀察暫存器或記憶器的內容，因此必須使用有此種功能的程式幫助程式設計者，執行與尋找程式設計上的錯誤。典型的 32 位元除錯程式如微軟的 WinDbg 或是 OllyDbg。除了上述三個程式之外，在建立組合語言的原始程式時，必須使用編輯程式。在 Windows 系統中，常用的編輯程式有：Notepad++、WordPad、NotePad (記事本)。

> ☞ 組譯程式 (masm.exe) 與連結程式 (link.exe) 兩者版本必須相容，否則會造成程式連結的不必要困擾，甚至錯誤。

在命令行環境下產生與執行一個組合語言程式時，必須執行一連串的步驟，如圖 2.4-1 所示。每一個程式最後都會產生三個磁碟檔案。例如以程式名稱 TEST 為例，在開始時經由編輯程式建立的原始檔案稱為 TEST.ASM (或 test.asm)，這檔案經由組譯程式組譯後，產生另一個磁碟檔案稱為 TEST.OBJ (或 test.obj)。TEST.OBJ 再經由連結程式連結後，才產生可以執行的目的程式 TEST.EXE (或 test.exe)。下列依序說明上述步驟。

2.4.2.1　事前準備 欲組譯、除錯、執行一個 32 位元組合語言程式時，必須準備下列程式與相關檔案：

- masm32 檔案夾

  - bin 檔案夾：置放 ml.exe、link.exe、mspdb50.dll

  - lib 檔案夾：置放 gdi32.lib、user32.lib、kernel32.lib

  - include 檔案夾：置放 gdi32.inc、user32.inc、kernel32.inc、windows.inc、winextra.inc。

在命令行環境下，當一個組合語言的原始程式由編輯程式例如 (Notepad++) 建立完成之後，即可以依據下列步驟產生可以執行的目的程式與執行該程式。假設原始程式為 TEST.ASM，如下所示：

```
;file_name test.asm
        .386
        .model  flat, stdcall
        option  casemap:none
        .data
OPR1    DD      47H
```

```
OPR2       DD      23H
;Exchange two words in memory
;using absolute addressing mode
           .code
SWAP       PROC    NEAR
           MOV     EAX,OPR1 ;get opr1
           MOV     EBX,OPR2 ;get opr2
           MOV     OPR2,EAX ;save opr1
           MOV     OPR1,EBX ;save opr2
           RET
SWAP       ENDP
           END     SWAP
```

2.4.2.2 建立與測試組合語言程式 下列說明組譯、除錯、執行一個 32 位元組合語言程式的步驟：

步驟 1： 在建立好原始程式之後，可以使用 ml.exe (組譯程式) 與 link.exe (連結程式) 建立執行檔 (xxx.exe)，ml.exe 的相關參數設定如下：

```
C:\x86debug\x86asm\examples>SET PATH=..\MASM32\BIN;%PATH%
C:\x86debug\x86asm\examples>ml /c /coff /Zi /Fl test.asm
Microsoft (R) Macro Assembler Version 6.14.8444
Copyright (C) Microsoft Corp 1981-1997. All rights reserved.

 Assembling: test.asm
```

其中 /c 表示只做組譯的工作；/coff 表式產生共同機器碼檔案格式 (common object file format)；/Fl 表示產生組譯程式列表 (xxx.lst)；/Zi 表示產生符號除錯程式 (symbolic debugger，例如 WinDbg) 需要的符號資訊；test.asm 表示原始程式。

執行 ml.exe 後，最多能產生三個磁碟檔：目的程式檔 (.OBJ)、列表輸出檔 (.LST)、交互參考符號表 (.CRF)，其中目的程式檔係作為連結程式的輸入檔。列表輸出檔則安插指令機器碼於每一個指令前，而後可以直接送往列表機。典型的列表檔輸出 (TEST.LST) 如下所示。表中的 R 表示該位址是可重置位 (relocatable) 的，它於記憶器中的實際位址必須由連結程式 (link.exe) 及載入程式決定。

```
Microsoft (R) Macro Assembler Version 6.14.8444     06/27/12 22:09:25
test.asm                                            Page 1 - 1
```

```
                                    ;file_name test.asm
                                        .386
                                        .model  flat, stdcall
                                        option  casemap:none
00000000                                .data
00000000 00000047            OPR1        DD    47H
00000004 00000023            OPR2        DD    23H
                                    ;Exchange two words in memory
                                    ;using absolute addressing mode
00000000                                .code
00000000                     SWAP       PROC  NEAR
00000000  A1 00000000 R                 MOV   EAX,OPR1 ;get opr1
00000005  8B 1D 00000004 R              MOV   EBX,OPR2 ;get opr2
0000000B  A3 00000004 R                 MOV   OPR2,EAX ;save opr1
00000010  89 1D 00000000 R              MOV   OPR1,EBX ;save opr2
00000016  C3                            RET
00000017                     SWAP       ENDP
                                        END   SWAP
```

Microsoft (R) Macro Assembler Version 6.14.8444　　　06/27/12 22:09:25
test.asm　　　　　　　　　　　　　　　　　　　　　Symbols 2 − 1

Segments and Groups:

	N a m e	Size	Length	Align	Combine	Class
FLAT	GROUP					
_DATA	32 Bit	00000008	DWord	Public	'DATA'
_TEXT	32 Bit	00000017	DWord	Public	'CODE'

Procedures, parameters and locals:

N a m e	Type	Value	Attr			
SWAP	P Near	00000000	_TEXT	Length= 00000017 Public STDCALL

Symbols:

N a m e	Type	Value	Attr
@CodeSize	Number	00000000h	
@DataSize	Number	00000000h	
@Interface	Number	00000003h	
@Model	Number	00000007h	
@code	Text	_TEXT	
@data	Text	FLAT	

@fardata?	Text	FLAT	
@fardata	Text	FLAT	
@stack	Text	FLAT	
OPR1	DWord	00000000	_DATA
OPR2	DWord	00000004	_DATA

```
        0 Warnings
        0 Errors
```

在組譯過程中若有錯誤，則記錄這些錯誤訊息下來，利用編輯程式回到原始程式中進行修改，然後再執行上述步驟，直到沒有錯誤發生為止。

　　步驟 2：當組譯成功 (即沒有錯誤發生) 後，即可以進行下述連結步驟：

```
C:\x86debug\x86asm\examples>SET LIB=..\MASM32\LIB
C:\x86debug\x86asm\examples>link /debug /SUBSYSTEM:WINDOWS
    /OPT:NOREF /out:test.exe test.obj
Microsoft (R) Incremental Linker Version 5.12.8078
Copyright (C) Microsoft Corp 1992-1998. All rights reserved.
```

其中 /debug 表示需要產生符號除錯程式 (例如 WinDbg) 需要的符號資訊；/subsystem:console 表示使用 win32 API 開啟一個文字視窗，程式執行時，需要的資料或是產生的輸出均由此視窗輸入或是顯示；test.obj 為 test.asm 的目的程式。

　　綜合步驟：上述組譯與連結步驟可以使用一個 batch 檔執行。作者使用的 batch 檔稱為 make32.bat，其內容如下：

```
SET PATH=..\MASM32\BIN;%PATH%
SET LIB=..\MASM32\LIB
ml /c /coff /Zi /Fl %1.asm
link /debug /SUBSYSTEM:WINDOWS /opt:noref  /out:%1.exe %1.obj
```

使用 make32.bat 的組譯與連結動作如下：

```
C:>make32 test
C:\x86debug\x86asm\examples>ml /c /coff /Fl test.asm
Microsoft (R) Macro Assembler Version 6.14.8444
Copyright (C) Microsoft Corp 1981-1997. All rights reserved.

 Assembling: test.asm

C:\x86debug\x86asm\examples>link/SUBSYSTEM:WINDOWS/OPT:NOREF test.obj
Microsoft (R) Incremental Linker Version 5.12.8078
Copyright (C) Microsoft Corp 1992-1998. All rights reserved.
```

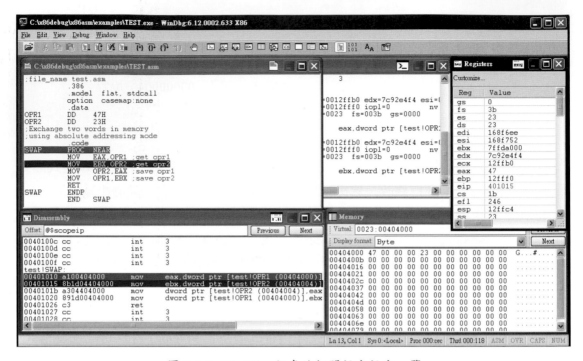

圖 **2.4-2:** WinDbg 程式的相關視窗視窗一覽

　　測試與除錯： 在連結步驟中若沒有錯誤，則產生一個 test.exe 的磁碟檔。這個磁碟檔就可以由符號除錯程式 (WinDbg 或是 OllyICE，可以由網路中下載) 載入記憶器中執行了。

　　在 Windows 中，欲除錯一個組合語言程式時，可以使用 WinDbg.exe (可以由微軟公司網站下載)。在啟動 WinDbg 程式後，將出現圖 2.4-2 的 WingDbg 視窗，但是此時在 WingDbg 視窗中，只出現一個空的 command 視窗，由 File→Open Executable 開啟 test.exe 檔後，再由 File→Open Source File 開啟 test.asm 檔。接著可以由 menu bar 中的 View 中打開 Registers、Memory、Disassembly 視窗。

　　欲使用單步 (single step) 執行方式除錯載入的組合語言程式時，首先必須在原始程式中設立一個斷點 (break point) 或是將游標移至斷點處 (假設為第一個指令)，然後由 Menu bar 的 Debug 中選取 Go (或按 F5) (有時需要執行兩次 Go) 或是執行到游標處 (run to cursor，ctrl+F10 或 F7)，進入待測程式中。接著即可以依一般的方式，以步進進入 (step into，F11 或 F8)、步進跨越 (step over，F10)、

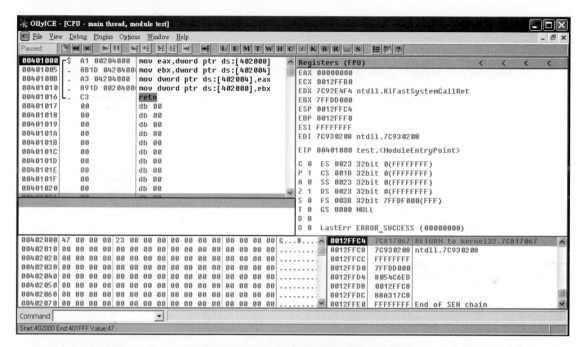

圖 **2.4-3:** OllyICE 除錯程式的視窗一覽

步進越出 (step out，shift+F11)、執行到游標處等方式執行與測試該程式。經由 Registers、Memory、Disassembly 觀測視窗，可以觀察每一個指令執行時的暫存器與記憶器內容及指令執行後的狀態。

　　在連續使用步進進入 (F11 或 F8) 按鈕，即可以依序執行程式中的每一個指令，並且可以由 Watch 視窗與 Registers 視窗分別觀察到相關的運算元值與暫存器值的變化。其它相關的 WinDbg 功能可以參考 Help 按鈕中的說明。

　　圖 2.4-3 所示為使用 OllyICE 除錯程式的視窗一覽。基本上，OllyICE 除錯程式的使用方式與 WinDbg 大致上相同。因此，不再贅述。

2.4.3 視窗 **(window)** 環境

　　在視窗環境中發展、除錯、執行一個 32 位元的組合語言程式有下列兩種常用的方法：

- 使用 masm32+WinDbg (或是 OllyICE)
- 使用 Visual Studio IDE

2.4.3.1 使用 masm32+WinDbg/OllyICE 在命令行環境中的組譯與連結動作可以使用 masm32 視窗程式 (可以由網路中下載) 取代。圖 2.4-4 所示為 masm32 組譯程式的視窗。欲組譯一個組合語言程式時，首先由 File→Open 開啟欲組譯的原始檔案或是由 File→New 建立一個新的原始檔案，然後使用 Project→Build All 建立與連結需要的可執行檔 (***.exe)。若希望該可執行檔可以在 WinDbg 或是 OllyICE 除錯程式中除錯與執行時，必須將 /Zi 與 /debug 兩個選項分別加入 C:\masm32\bin 中的 bldall.bat 檔中的 ml 與 link 兩個命令行中。由 masm32 視窗程式建立的可執行檔 (***.exe)，可以使用 WinDbg 或是 OllyICE 除錯程式測試與除錯。

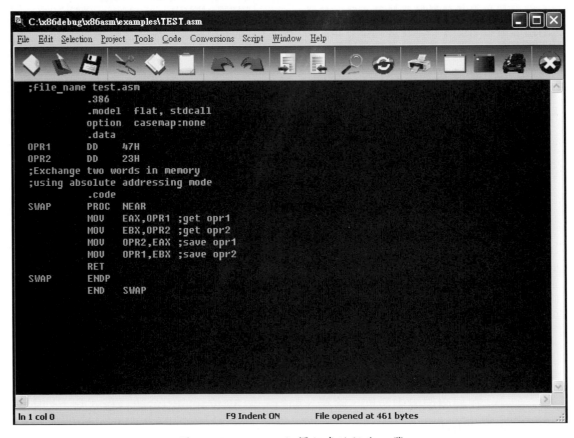

圖 **2.4-4:** masm32 組譯程式的視窗一覽

圖 2.4-5: Visual Studio 步驟 1 的空方案視窗一覽

2.4.3.2　使用 Visual Studio IDE　使用微軟公司的 Visual Studio 發展、測試、除錯一個 32 位元 (64 位元亦可) 組合語言程式時，在安裝完成 Visual Studio 程式之後，可以依據下列步驟建立一個組合語言程式的專案環境。

　　步驟 1：產生一個空專案：使用檔案 (F)→ 新增 (N)→ 專案 (P)，新增一個空方案。由彈出的視窗 (圖 2.4-5) 中打開「其它專案類型」，然後選取「Visual Studio 方案」與產生一個空方案，並填妥視窗下方的「名稱 (N)」、「位置 (L)」、「方案名稱 (M)」，最後按下「確定」。

　　使用檔案 (F)→ 新增 (N)→ 專案 (P)，產生一個新的空專案。由彈出的視窗 (圖 2.4-6) 中的 Visual C++ 中選取「一般」與產生一個空專案，並填妥視窗下方的「名稱 (N)」、「位置 (L)」、「方案 (S)」與「方案名稱 (M)」，最後按下「確定」。

　　步驟 2：建立 MASM 選項：將滑鼠游標移至專案 (Test) 並按右鍵，選取「組建自訂 (B)」。在彈出的視窗中，選取 masm 然後按確定，如圖 2.4-7 所示。

　　將滑鼠游標移至專案 (Test) 並按右鍵，選取「加入 (D)」與「新增項目 (W)」。

圖 2.4-6: Visual Studio 步驟 1 的空專案視窗一覽

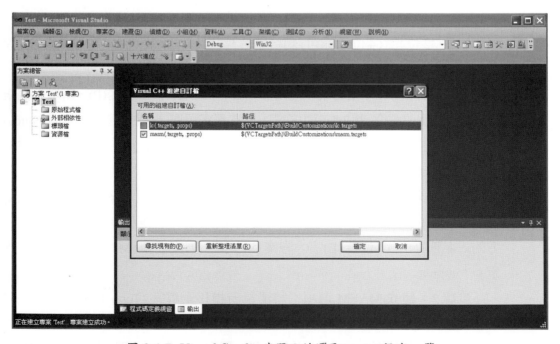

圖 2.4-7: Visual Studio 步驟 2 的選取 masm 視窗一覽

圖 2.4-8: Visual Studio 步驟 2 的新增 .asm 檔視窗一覽

在彈出的視窗中，選取「文字檔 (.txt)」。在視窗下方的「名稱 (N)」中填入一個 .asm 的檔名 (例如 Test.asm)，然後按確定，如圖 2.4-8 所示。

若上述步驟沒有錯誤，則將滑鼠游標移至專案 (Test) 並按右鍵，選取「屬性 (R)」後的彈出視窗中，可以看到「Microsoft Macro Assembler]，如圖 2.4-9 所示。若沒有看到上述屬性，則此步驟必須重新來過。

　　步驟 3：設立連結程式選項：將滑鼠游標移至專案 (Test) 並按右鍵，選取「屬性 (R)」。在彈出的視窗中，選取「連結器」中「系統」的「子系統」。然後選取「Windows (\SUBSYSTEM:WINDOWS)」，並按下確定，如圖 2.4-10 所示。

　　將滑鼠游標移至專案 (Test) 並按右鍵，選取「屬性 (R)」。在彈出的視窗中，選取「連結器」中「進階」的「進入點」。然後鍵入「main」，並按下確定，如圖 2.4-11 所示。至此組合語言程式的發展環境已經建立完成。可以在「Test.asm」中建立新的組合語言程式或是將一個現有的組合語言程式加入專案中。

　　步驟 4：測試與除錯：完成上述步驟後，一個完整的組合語言發展環境已

圖 2.4-9: Visual Studio 步驟 2 的驗證視窗一覽

圖 2.4-10: Visual Studio 步驟 3 的連結器中的子系統設定視窗一覽

圖 2.4-11: Visual Studio 步驟 3 的連結器中的進入點設定視窗一覽

經建立了。接著可以在產生的.asm 檔中編輯需要的組合語言程式或是將一個已經編輯完成或未完成的組合語言程式加入專案中。欲加入一個組合語言程式到專案中，可以依據下列步驟完成：將滑鼠游標移至專案 (Test) 並按右鍵，選取「加入 (D)」與「現有項目 (G)」，然後在彈出的視窗中，選取欲加入的檔案。結果的視窗一覽如圖 2.4-12 所示。

完成組合語言程式的編輯之後，可以使用 Menu bar 中的「建置 (B)」選項中的「建置 (U)」、「重建 (E)」、或「清除 (N)」完成組譯與連結動作。當成功建置一個專案之後，可以進行偵錯。選取 Menu bar 中的「偵錯 (D)」選項中的「開始偵錯 (S)」進入偵錯程序，其視窗一覽如圖 2.4-13 所示。經由執行第一個指令進入待測程式之後，可以由「偵錯 (D)」選項中的「視窗 (W)」中呼叫出記憶器視窗、反組譯視窗、暫存器視窗，因此可以觀察程式中的執行狀態。

圖 2.4-12: Visual Studio 步驟 4 的編輯器視窗一覽

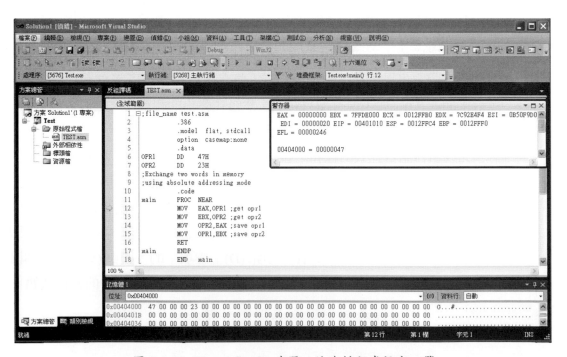

圖 2.4-13: Visual Studio 步驟 4 的除錯程式視窗一覽

2.4.4 64 位元組合語言程式的建立與除錯

　　基本上，64 位元組合語言程式的建立與除錯程序與 32 位元相同，唯一要注意的是必須使用 64 位元的執行環境。下列將分成命令行環境與視窗環境分別說明。

2.4.4.1 命令行環境 欲組譯、除錯、執行一個 64 位元組合語言程式時，必須準備下列程式與相關檔案：

- masm64 檔案夾

    - bin 檔案夾：置放 ml64.exe、link.exe、msobj100.dll、mspdb100.dll、mspdb-core.dll、與 mspdbsrv。

    - lib 檔案夾：置放 gdi32.lib、user32.lib、kernel32.lib

    - include 檔案夾：置放 gdi32.inc、user32.inc、kernel32.inc。

上述檔案可以由 Visual Studio 10.0\VC\Bin\amd64 檔案夾中取得。

　　在命令行環境下，當一個組合語言的原始程式由編輯程式例如(Notepad++)建立完成之後，即可以依據與 32 位元組合語言程式相同的步驟產生可以執行的目的程式與執行該程式。64 位元組合語言程式的基本樣式如下列 test64.asm 所示：

```
;file_name test64.asm
        option  casemap:none
        .data
OPR1    DQ    47H
OPR2    DQ    23H
;Exchange two words in memory
;using absolute addressing mode
        .code
main    PROC
        MOV   RAX,OPR1 ;get opr1
        MOV   RBX,OPR2 ;get opr2
        MOV   OPR2,RAX ;save opr1
        MOV   OPR1,RBX ;save opr2
        RET
main    ENDP
        END
```

圖 **2.4-14:** Visual Studio 步驟 2 的驗證視窗一覽

　　注意在 64 位元組合語言程式的原始檔案中，並不需要使用 .model flat, stdcall 宣告一個組合語言程式為平坦模式。此外，在 END 假指令之後，也不需要置放表示程式執行的啟始位址之標記。

　　在組譯與連結完成上述 64 位元組合語言程式之後，則產生一個 test64.exe 的磁碟檔。這個磁碟檔就可以由符號除錯程式 (WinDbg 或是 OllyICE) 載入記憶器中，使用與 32 位元組合語言程式的相同程序執行與除錯。

2.4.4.2　視窗環境　基本上，使用微軟的 Visual Studio 發展、測試、除錯一個 64 位元組合語言程式時，必須選擇 x64 模式。其方法為將滑鼠游標移至專案 (x64asm) 並按右鍵，在選取「屬性 (R)」後的彈出視窗中，可以看到「組態管理員]，如圖 2.4-14 所示。選取「x64」模式，然後進行與 32 位元組合語言程式相同的程序即可。

　　　雖然本節中介紹的程式發展環境可以設計與驗證 32 及 64 位元的組合語言程式，為了減低初學者之負擔，本書中的組合語言程式例題

☞　將以 32 位元的組合語言指令為主。

2.5 組譯程式與組譯程序

為使讀者對組合語言程式結構有一個較清楚而完整的概念，在這一節中，我們討論組譯程式的動作，並以實例說明如何組譯一個組合語言程式為機器語言程式。

2.5.1 組譯程式

由於大部分組譯程式在組譯一個組合語言程式為機器語言程式時，均掃瞄原始程式兩次，因此它們常稱為兩回合組譯程式 (two-pass assembler)。第一個回合 (pass) 的主要功能為從原始程式中找出所有的變數與標記，並計算其相對位置，然後儲存於符號表 (symbol table，ST) 中。第二個回合則依據第一個回合建立的符號表、組譯程式的假指令表 (assembler directive table，ADT)、機器語言指令表 (machine language opcode，MCT)，產生機器語言程式。

組譯程式相關的資料結構如圖 2.5-1 所示。在第一個回合中，使用位置計數器 (location counter，LC)、機器語言指令表 (MCT)、假指令表 (ADT)，產生了符號表 (ST)；第二個回合則使用符號表 (ST)、位置計數器 (LC)、機器語言指令表 (MCT)、假指令表 (ADT) 產生目的程式。

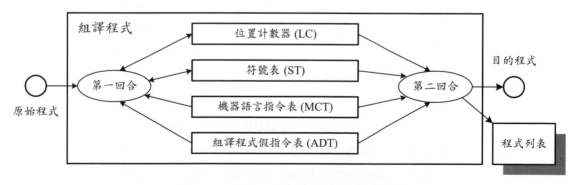

圖 2.5-1: 組譯程式與其相關的資料結構

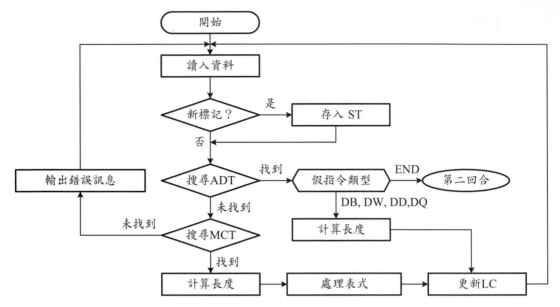

圖 2.5-2: 組譯程式第一個回合概觀：建立 ST 表

2.5.1.1 第一回合 為了能夠計算變數或標記的相對位置，組譯程式使用位置計數器 (LC)，記錄到目前為止，已經使用的記憶器位元組數目。LC 值隨著指令或假指令需要的位元組數目而增加。當遇到一個變數或標記時，組譯程式即依據符號表上的資料，決定變數或標記是新定義的，或是已經定義的。若是新定義的，則連同目前的 LC 值存入 ST 中；若是已經定義的，則決定是否有重新定義的情形，若有，則產生一個錯誤訊息。

組譯程式中第一個回合的詳細動作如圖 2.5-2 所示。組譯程式首先清除 LC 為 0，然後依序讀入等待組譯的組合語言程式。若遇到一個新的標記時，它即儲存該標記與相關的位置計數器 (LC) 值於符號表 (ST) 內；否則，找尋假指令表 (ADT)。若找到，則決定是否為 END。若是，則結束第一回合的組譯工作；若不是，則決定該假指令的類型 (例如 DB、DW、DD、DQ)，並計算需要的長度，然後更新位置計數器 (LC) 的內容，繼續處理下一行指令。

當未在假指令表 (ADT) 中找到該符號時，則找尋機器語言指令表 (MCT)。若找到，則計算指令的長度，並且處理相關的表式，然後更新位置計數器 (LC) 內容，繼續處理下一行指令；若未找到，則為錯誤的符號，產生錯誤訊息，繼

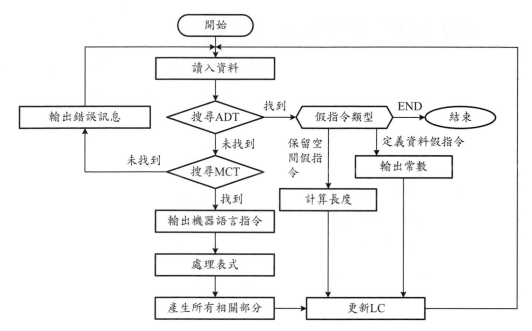

圖 2.5-3: 組譯程式第二個回合概觀：計值與產生目的程式

續處理下一行指令。

2.5.1.2　第二回合 組譯程式中第二個回合的詳細動作如圖 2.5-3 所示。程式首先清除位置計數器 (LC) 為 0，然後依序讀入等待組譯的組合語言程式。當遇到一個標記時，即找尋假指令表 (ADT)。若找到，則決定是否為 END。若是，則結束第二回合的組譯工作；若不是，則依據該假指令的類型，計算需要的長度 (定義資料假指令)，或轉換與輸出常數 (保留空間假指令)，然後更新位置計數器 (LC) 的內容，繼續處理下一行指令。

　　當未在假指令表 (ADT) 中找到該符號時，則找尋機器語言指令表 (MCT)。若找到，則給予指令的長度、格式及二進碼，並且計算運算元表式，及產生組合語言指令的各個部分，然後更新位置計數器 (LC) 內容，繼續處理下一行指令；若未找到，則為錯誤的符號，產生錯誤訊息，繼續處理下一行指令。

2.5.2 組譯程序與實例

在 x86 組譯程式中，除了 ORG 會設定 LC 值外，每次遇到 .code 假指令，均會設定 LC 值為 0。在下列程式列表中，假指令 EQU 並不影響 LC 值。但是 BCOUNT 出現在標記欄，因此將它建立在 ST 中，其 TYPE (類型) 為數值 (number)，所以在 VALUE 欄中，填入 EQU 後面的數值 08H。其次的 TDATA、COUNT 與 EMASK 皆為標記，所以連同其 LC 值建立在 ST 表中。在 ST 中，TYPE 一欄的 L，表示標記 (label)，其次的 BYTE、NEAR 或 FAR 表示該標記的類型。Attr 一欄則表示一個標記是在 DATA (以 _DATA 表示) 或 CODE (以 _TEXT 表示) 節區中定義的。

```
                              ;ex5.1-4.asm
                                     .386
                                     .model flat, stdcall
00000000                             .data
= 00000008                  BCOUNT   EQU    08H          ;bit bumber
00000000 47                 TDATA    DB     47H          ;test data
00000001 00                 COUNT    DB     00H          ;result
00000002 01 02 04 08        EMASK    DB     01H,02H,04H,08H ;mask
00000006 10 20 40 80                 DB     10H,20H,40H,80H
00000000                             .code
                              ;count the number of 1-bit in a given byte
                              ;using MASK and AND instruction.
00000000                    B1CNTS   PROC   NEAR
00000000   66| B9 0008               MOV    CX,BCOUNT    ;put count in CX
00000004   66| BE 0000               MOV    SI,00H       ;zero index
00000008   32 E4                     XOR    AH,AH        ;zero AH
0000000A   A0 00000000 R   BEGIN:    MOV    AL,TDATA     ;get test data
0000000F   22 04 35                  AND    AL,EMASK[SI];test bit value
           00000002 R
00000016   74 02                     JZ     NEXT         ;if not zero
00000018   FE C4                     INC    AH           ;increase count
0000001A   66| 46          NEXT:     INC    SI           ;increase index
0000001C   66| 49                    DEC    CX           ;repeat until
0000001E   75 EA                     JNZ    BEGIN        ;CX = 0
00000020   88 25 00000001 R          MOV    COUNT,AH     ;store result
00000026   C3                        RET
00000027                    B1CNTS   ENDP
                                     END    B1CNTS
```

ST(Symbol Table)

Name	Type	Value	Attr
B1CNTS	P Near	00000000	_TEXT
BEGIN	L Near	0000000A	_TEXT
NEXT	L Near	0000001A	_TEXT
BCOUNT	Number	00000008h	
COUNT	Byte	00000001	_DATA
EMASK	Byte	00000002	_DATA
TDATA	Byte	00000000	_DATA

在 CODE 節區中的.code 假指令告訴組譯程式，在計算運算元的有效位址時，是以那一個節區為主。在程式節區中的 BEGIN 與 NEXT 等為標記，所以連同對應的 LC 值記錄在 ST 表中。LC 值的計算是依據每一個指令或假指令需要的長度而遞增的，如列表中最左邊一欄的位址所示。第一個回合的組譯工作在遇到 END 假指令之後結束。

在第二個回合中，則依 ST 表、MCT 表產生機器碼。指令 MOV CX,BCOUNT 指令，由 MCT 表中查到 opcode 為 0B9H，由 ST 表中查到 BCOUNT 為 00000008H，接著 4 個指令的組譯工作也是如此。

JZ NEXT 指令的 opcode 由 MCT 表得知為 74H，其位移值的計算是由標的位址減去緊臨 JZ NEXT 後的指令 (即 INC AH) 的 LC 值，因此位移 = 0018 - 0016 = 0002 (取一個位元組)，所以儲存 02 於機器碼中。

JNZ BEGIN 指令的 opcode 為 75H，其位移值 = 000AH (BEGIN) - 0020H (MOV COUNT,AH 的 LC 值) = 0FFEAH(取一個位元組)，所以儲存 0EAH 於機器碼中。第二個回合的組譯工作也是在遇到 END 假指令之後結束。

參考資料

1. Barry B. Brey, *The Intel Microprocessors 8086/8088, 80186/80188, 80286, 80386, 80486, Pentium, and Pentium Pro Processor, Pentium II, Pentium III, Pentium 4, and Core 2 with 64-Bit Extensions: Architecture, Programming, and Interfacing*, 8th. ed., Englewood Cliffs, N. J.: Prentice-Hall, 2009.

2. Intel, *Intel 64 and IA-32 Architectures Software Developer's Manual, Volume 1: Basic Architecture*, 2011. (http://www.intel.com)

3. Intel, *Intel 64 and IA-32 Architectures Software Developer's Manual,* Volume 2, 2011. (http://www.intel.com)

4. Kip R. Irvine, *Assembly Language for Intel-Based Computers*, 4th ed., Englewood Cliffs, N. J.: Prentice-Hall, 2003.

5. Microsoft Inc., windbg.exe, http://www.microsoft.com.

6. Microsoft Inc., *Macro Assembler Reference*, 2017, http://www.microsoft.com.

習題

2-1 定義下列各名詞：

　　(1) 機器語言　　　　　　　　　**(2)** 組合語言

　　(3) 組譯程式　　　　　　　　　**(4)** 假指令

2-2 在下列組合語言指令中：

AGAIN: MOV EAX,00000000H ;Clear register EAX

　　(1) 何者為標記？　　　　　　　**(2)** 何者為指令？

　　(3) 何者為註解？

2-3 使用第 2.2.5 節中的組合語言指令，設計一個程式計算下列各式：

　　(1) $1+2+3+4+5$　　　　　　**(2)** 01101110_2 AND 10110110_2

　　(3) 01101110_2 OR 10010111_2　　**(4)** $50-2+3-4+5$

將程式組譯及連結之後，使用除錯程式 (WinDbg) 執行，並且觀察程式中每一個指令的動作與結果。

2-4 使用圖 2.2-2 所示的 x86 簡化 RTL 模型，定義下列各組合語言指令的動作與它們的 RTL 指述，並繪圖說明這些指述的動作：

　　(1) ADD EAX,EBX　　　　　　**(2)** ADC EAX,EBX

　　(3) SUB EAX,EBX　　　　　　**(4)** SBB EAX,EBX

2-5 使用圖 2.2-2 所示的 x86 簡化 RTL 模型，定義下列各組合語言指令的動作與它們的 RTL 指述，並繪圖說明這些指述的動作：

　　(1) XOR EAX,EBX　　　　　　**(2)** AND EAX,EBX

　　(3) OR EAX,EBX　　　　　　**(4)** NOT EAX

3

CPU軟體模式

微處理器本身為一個可規劃的 (programmable) 數位系統，欲了解與能有效地使用此種可規劃的數位系統，設計一個需要的標的系統 (target system)，必須先認識其軟體模式 (software model)。一般而言，任何微處理器的軟體模式均包括：規劃模式 (programming model)、資料格式 (data format)、資料類型 (data type)、定址方式 (addressing mode)、指令編碼方式 (instruction encoding) 與指令組 (instruction set)。其中指令組將在其後各章中介紹，其餘的部分則在本章中依序介紹。

3.1 規劃模式

所謂的規劃模式即是指一個微處理器中能讓使用者利用其提供的指令存取的內部暫存器之集合，有時亦包括指令組。典型的微處理器的內部暫存器可以分成三類：資料暫存器、位址暫存器、特殊用途暫存器。由一般程式設計者的觀點而言，x86/x64 微處理器的規劃模式如圖 3.1-1 所示。這二十四個暫存器可以依其功能分成：通用暫存器 (general-purpose register，GPR)、節區暫存器 (segment register)、狀態與指令暫存器 (status and instruction register) 等部分。

3.1.1 通用暫存器

x86 微處理器一共有八個三種不同長度的通用暫存器：8 位元、16 位元、32 位元。在處理 32 位元的語句資料時的八個 32 位元暫存器為 EAX、EBX、ECX、EDX、EBP、ESP、ESI、EDI 等；在處理 16 位元的語句資料時的八個

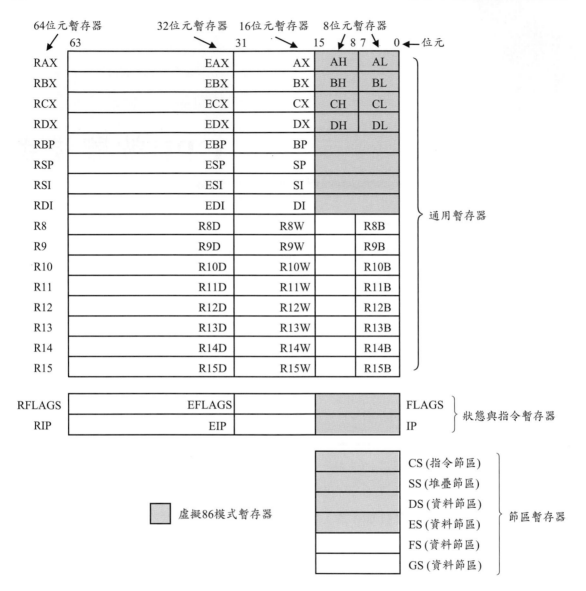

圖 3.1-1: x86/x64 微處理器規劃模式

16 位元暫存器為 AX、BX、CX、DX、BP、SP、SI、DI 等；在處理 8 位元的
位元組資料時的八個 8 位元暫存器為 AH、AL、BH、BL、CH、CL、DH、DL
等，如圖 3.1-1 所示。

　　在 x64 微處理器中，除了擴充 x86 微處理器的 32 位元為 64 位元之外，再

加入八個 64 位元暫存器，稱為 R8 ～ R15。x86/x64 微處理器在不同位址長度下的通用暫存器使用情形歸納如表 3.1-1 所示。注意：在 Intel 文獻中，當 64 位元暫存器 R8 ～ R15 以位元組方式存取時，其尾標為 L 而不是 B，以與 AL 等一致，即使用 R8L ～ R15L 取代表中的 R8B ～ R15B。

表 3.1-1: x86/x64 微處理器不同位址長度的通用暫存器使用

暫存器	16 位元模式	32 位元模式	64 位元模式 (使用 REX 指令前標)
8 位元暫存器	AL, BL, CL, DL, AH, BH, CH, DH	AL, BL, CL, DL, AH, BH, CH, DH	AL, BL, CL, DL, AH, BH, CH, DH
16 位元暫存器	AX, BX, CX, DX, DI, SI, BP, SP	AX, BX, CX, DX, DI, SI, BP, SP	AX, BX, CX, DX, DI, SI, BP, SP, R8W ～ R15W
32 位元暫存器		EAX, EBX, ECX, EDX, EDI, ESI, EBP, ESP	EAX, EBX, ECX, EDX, EDI, ESI, EBP, ESP, R8D ～ R15D
64 位元暫存器			RAX, RBX, RCX, RDX, RDI, RSI, RBP, RSP, R8 ～ R15

在 16 位元位址長度中，AX、BX、CX、DX 等四個為通用的資料暫存器；BP 與 SP 暫存器主要是當做基底暫存器使用；SI 與 DI 暫存器主要是當做指標暫存器使用。

x86 在處理 32 位元的雙語句資料時，可以使用的八個 32 位元通用暫存器為：EAX、EBX、ECX、EDX、EBP、ESP、ESI、EDI 等。這些暫存器除了可以當做資料暫存器之外，也可以當做位址暫存器 [即基底暫存器 (base register) 或指標暫存器 (index register)(ESP 除外)] 使用。

EAX、EBX、ECX、EDX 等四個一般稱為通用資料暫存器；EBP 及 ESP 等兩個為指示器暫存器 (pointer register)；ESI 及 EDI 等兩個為指標暫存器。注意：EBP、ESP、ESI、EDI 等四個暫存器在當做資料暫存器時，只能儲存語句 (16 位元) (即 BP、SP、SI、DI 等) 或雙語句 (32 位元) 資料 (即 EBP、ESP、ESI、EDI 等)。

為了讓 x86 微處理器在指令的編碼上較有效率，Intel 保留了某些暫存器予某些指令使用，即在執行這些指令時，只能使用某些特定的暫存器而不能指定任意的暫存器。這些指令包括：雙精確制乘法與除法、I/O、字元串、表格

表 3.1-2: x86/x64 通用暫存器的特殊功能

暫存器	一般功能	特殊功能
RAX, EAX, AX, AL	累積器 (ACC)	乘、除與 I/O；表格轉換 (AL)；十進制算術
RBX, EBX, BX	基底暫存器	表格轉換
RCX, ECX, CX, CL	計數器	字元串運算；迴路計數器；動態與循環移位
RDX, EDX, DX	資料暫存器	乘、除與間接 I/O 定址
RSP, ESP, SP	堆疊指示器	堆疊運算；指標暫存器
RBP, EBP, BP	基底指示器	基底暫存器；指標暫存器
RSI, ESI, SI	來源指標	字元串來源；指標暫存器
RDI, EDI, DI	標的指標	字元串標的；指標暫存器

轉換、迴路、動態移位與循環移位、堆疊運算等。這些通用暫存器的特殊功能列於表 3.1-2 中。

一般而言，EBP 與 ESP 等暫存器均保留予與堆疊 (stack) 運算有關的指令使用 (將於第 6 章中討論)；ESI 與 EDI 則為字元串運算指令的專用暫存器，其中 ESI 稱為來源運算元指標，而 EDI 則稱為標的運算元指標。

3.1.2 節區暫存器

在 x86/x64 微處理器中，一共有六個節區暫存器：CS (code segment)、SS (stack segment)、DS (data segment)、ES (extra segment)、FS (flag segment)、GS (global segment)。其中 CS 為指令節區暫存器，SS 為堆疊節區暫存器，其它四個則為資料節區暫存器。有關節區暫存器與記憶器位址空間的對應關係，請參閱定址方式一節。

3.1.3 狀態暫存器與指令指示器

在 x86 中的程式計數器 (program counter，PC) 稱為指令指示器 (instruction pointer，IP/EIP)；在 x64 中，則為 RIP。由於 CPU 內部使用指令預先讀取 (instruction prefectch) 策略以提高工作性能，EIP 值並不能真正指於下一個欲執行的指令上。此外，EIP 暫存器也不能由使用者任意讀取或設定。

				15	14	13	12	11	10	9	8	7	6	5	4	3	2	1	0
(a)				0	0	0	0	OF	DF	IF	TF	SF	ZF	0	AF	0	PF	0	CF

31	30	29	28	27	26	25	24	23	22	21	20	19	18	17	16	15	14	13	12	11	10	9	8	7	6	5	4	3	2	1	0
0	0	0	0	0	0	0	0	0	0	ID	VIP	VIF	AC	VM	RF	0	NT	IOPL		OF	DF	IF	TF	SF	ZF	0	AF	0	PF	1	CF

(b)

圖 3.1-2: x86 狀態暫存器:(a) FLAGS 暫存器；(b) EFLAGS 暫存器

3.1.3.1　狀態暫存器 (FLAGS) x86/x64的16位元狀態暫存器(稱為FLAGS)如圖 3.1-2(a) 所示。它一共有九個位元，其中CF (carry flag)、PF (parity flag)、AF (auxiliary carry flag)、ZF (zero flag)、SF (sign flag)、OF (overflow flag)等六個旗號稱為狀態旗號 (status flag)；而 IF (interrupt flag)、TF (trap flag)、DF (direction flag) 等三個旗號則稱為控制旗號 (control flag)。

狀態旗號指示一個指令執行後的結果之狀態，這些旗號的動作(或意義)如下：

CF (進位旗號)：在執行一個指令後，若結果的MSB (最大有效位元) 有進位輸出或借位輸入則CF設定為1；否則，CF清除為0。

PF (同位旗號)：當一個指令執行後，若其結果中的1位元的個數為偶數(稱為 even parity，偶同位)，則PF設定為1；否則，PF清除為0。

AF (輔助進位旗號)：當位元3有進位輸出或借位輸入時，AF設定為1；否則，AF清除為0。

ZF (零旗號)：當一個指令執行之後的結果為0時，ZF設定為1；否則，ZF清除為0。

SF (符號旗號)：當一個指令執行之後的結果為負時，SF設定為1；否則，SF清除為0。SF的值永遠等於結果的MSB值。

OF (溢位旗號)：當一個指令執行後，若其結果中MSB的進位輸入與進位輸出數目不相等時，OF設定為1；否則，OF清除為0。所謂的進位輸入(出)數目定義為當進位為0時為0；當進位為1時為1。OF旗號指示在2補數算術運算中,是否有溢位發生。

控制旗號控制指令的執行動作或執行次序。這些旗號的動作 (或意義) 如下:

TF (TRAP 旗號):設定 (為 1) 時,在每一個指令執行之後,CPU 即產生 TRAP。因此,允許程式做線上 (on-line) 除錯或單步 (single-step) 執行。

DF (方向旗號):當 DF = 1 時,字元串運算指令使用自動減量定址方式;否則,它們使用自動增量定址方式。

IF (中斷致能/控制旗號):當 IF = 1 時,致能罩網式中斷要求 (INTR);IF = 0 時,則抑制罩網式中斷要求 (INTR)。

3.1.3.2 擴充狀態暫存器 (EFLAGS) 圖 3.1-2(b) 所示為 32 位元的擴充狀態暫存器 (稱為 EFLAGS),它增加了六個位元,這些位元對於本書的讀者而言並不重要,因此省略,以避免造成讀者之負擔。

3.2 資料類型與記憶器組織

資料類型 (data type) 為一個微處理器內部指令能夠處理的資料型式,例如:整數、BCD 數字、浮點數等;記憶器組織 (memory organization) 則是指 CPU 的位址線實際上與記憶器的連接結構。以邏輯的觀點而言,記憶器為一個由許多位元組組成的一維陣列,如圖 2.1-4 或圖 3.2-2(a) 所示;在實際的系統中,記憶器則依 CPU 的不同而有不同的組織方式,如圖 3.2-2 所示。各種不同的資料類型存放在記憶器中時的實際排列情形,將影響到記憶器的存取效率因而系統的性能。因此,在設計組合語言程式時應該考慮到這些問題。

3.2.1 資料格式與記憶器組織

目前微處理器中資料的儲存方式分成:大頭順序 (big endian) (或稱順語句,forward word) 與小頭順序 (little endian) (或稱反語句,backward word) 兩種方式。在大頭順序方式中,語句 (word = 16 位元)、雙語句 (32 位元)、四語句 (64 位元) 資料中的高序位元組儲存於低序位址,而低序位元組則儲存於高序位址的記憶器中。在小頭順序方式中,語句、雙語句、四語句資料中的高序位元組儲存

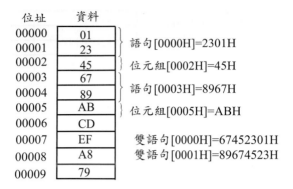

圖 3.2-1: 大頭與小頭順序示意圖

於高序位址,而低序位元組儲存於低序位址的記憶器中,即與順語句的儲存方式恰好相反。x86/x64 的記憶器儲存資料的方式使用小頭順序。

■ 例題 3.2-1: 大頭與小頭順序

在小頭順序中,低序位元組儲存於低序位址而高序位元組儲存於高序位址,如圖 3.2-1 所示。位址為 00000H 的語句 (2301H),其低序位元組 01H 存於位址為 00000H 的位元組中,而高序位元組 23H 則存於位址為 00001H 的位元組內。對於位址為 00003H 的語句,若以大頭順序的方式讀出,其值為 6789H,但是以小頭順序的方式讀出時,其值為 8967H。

圖 3.2-2 為 x86 微處理器的記憶器組織圖。圖 3.2-2(a) 為 8086 的記憶器實際結構;圖 3.2-2(b) 與 (c) 則分別 80386/80486 與 Pentium 微處理器的實際結構。在 x86 微處理器中,每一個語句或雙語句 (註:雙語句只存在於 80386↑CPU 中) 資料都可以由任何一個位址 (即不管為奇數或偶數、或是否為 2 或 4 的倍數) 開始儲存,例如在圖 3.2-1 中所示的語句 8967H,其位址為 00003H;雙語句 89674523H,其位址為 00001H。然而,為使 CPU 存取記憶器時較有效率,一般均依照圖 3.2-2(b) ~ (e) 所示方式,儲存語句資料或雙 (四) 語句資料,即語句資料都儲存於偶數位址、雙語句資料儲存於位址為 4 的整數倍之位置中、而四語句資料則儲存於位址為 8 的整數倍之位置中。這種儲存方式分別稱為對正語句 (aligned word)、對正雙語句 (aligned double word)、對正四語句 (aligned

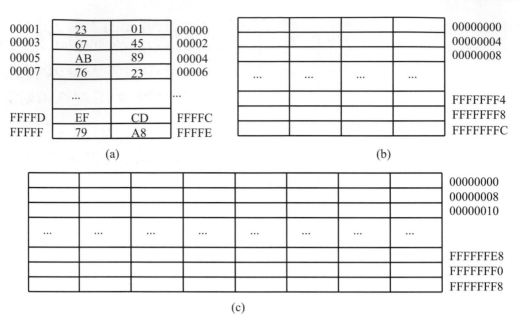

圖 3.2-2: x86 處理器記憶器組織：(a) 8086；(b) 80386/80486；(c) Pentium

quadruple word)。

　　當 CPU 存取一個對正語句 (8086/80286)、對正雙語句 (80386/80486)、對正四語句 (Pentium↑) 時，只需要一個記憶器存取週期 (memory access cycle)；對於非對正語句或非對正雙 (四) 語句則需要兩個記憶器存取週期。因此，若欲提高 CPU 對語句或雙 (四) 語句資料的存取效率，則需要使用對正語句或對正雙 (四) 語句的儲存方式。在撰寫組合語言程式時，可以使用假指令 ALIGN 2 (即 EVEN) 與 ALIGN 4 (8)，儲存語句與雙 (四) 語句資料為對正語句與對正雙 (四) 語句的方式。

■ 例題 3.2-2: 對正與非對正語句

　　表示圖 3.2-3(a) 與 (b) 所示的語句資料為十六進制，該語句是否為對正語句？

解：圖 3.2-3(a) 所示語句資料 956BH 為一個對正語句，因其位址 002CCH 為 2 的整數倍。圖 3.2-3(b) 所示語句資料 B171H 為一個非對正語句，因其位址 030CBH 並非 2 的整數倍。

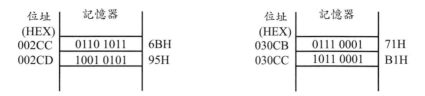

圖 3.2-3: 例題 3.2-2 的說明圖：(a) 位址 = 002CCH；(b) 位址 = 030CBH

■ **例題 3.2-3: 對正與非對正雙語句**

雙語句 A764521BH 分別儲存於位址為 (a) 020CBH 與 (b) 020ACH 的記憶器位置中，這種儲存方式是否為對正雙語句？

解：儲存雙語句 A764521BH 於指定位址的記憶器分佈圖如圖 3.2-4(a) 與 (b) 所示。由於位址 020CBH 不是 4 的整數倍，因此圖 3.2-4 (a) 的儲存方式不是對正雙語句；位址 020ACH 為 4 的整數倍，因此圖 3.2-4(b) 的儲存方式為對正雙語句。

3.2.2 資料類型

前面小節中討論 x86 的三種基本的資料格式：位元組、語句、雙語句，及其如何儲存記憶器中。這一小節介紹四種基本的資料類型：整數 (integer)、字元串 (string)、ASCII、BCD (binary-coded decimal)，及它們的基本儲存格式。至於浮點運算的資料類型將於浮點數與多媒體運算指令組 (FPU 與 SIMD) 一章中，再予討論。

位址 (HEX)	記憶器			位址 (HEX)	記憶器	
020CB	0001 1011	1BH		020AC	0001 1011	1BH
020CC	0101 0010	52H		020AD	0101 0010	52H
020CD	0110 0100	64H		020AE	0110 0100	64H
020CE	1010 0111	A7H		020AF	1010 0111	A7H

圖 3.2-4: 例題 3.2-3 的說明圖：(a) 位址 = 020CBH；(b) 位址 = 020ACH

　　x86 的整數資料類型可以分成帶號整數 (signed integer) 與未帶號整數 (unsigned integer) 兩種，而且都有位元組、語句、雙語句等三種長度。圖 3.2-5 所示為未帶號整數資料類型。圖 3.2-5(a) 為未帶號位元組整數 (unsigned-byte integer)；圖 3.2-5(b) 為未帶號語句整數 (unsigned-word integer)；圖 3.2-5(c) 為未帶號雙語句整數 (unsigned-double-word integer)。

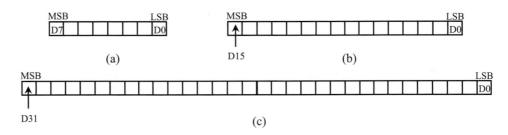

圖 3.2-5: x86 未帶號整數：(a) 位元組；(b) 語句；(c) 雙語句

■ 例題 3.2-4: 未帶號整數

　　試回答下列問題：

(a) 未帶號位元組整數 01101101B 之值為何？

(b) 未帶號語句整數 047BH 之值為何？

(c) 未帶號雙語句整數 0B2451H 之值為何？

解：結果如下：

(a) $01101101B = 109$

(b) $047BH = 4 \times 16^2 + 7 \times 16 + 11 \times 16^0 = 1147$

(c) $0B2451H = 11 \times 16^4 + 2 \times 16^3 + 4 \times 16^2 + 5 \times 16 + 1 \times 16^0 = 730193$

　　x86 微處理器的帶號整數均為 2 補數型式。帶號整數也有帶號位元組整數、帶號語句整數、帶號雙語句整數等三種，如圖 3.2-6 所示。圖 3.2-6(a) 為帶號位元組整數；圖 3.2-6(b) 為帶號語句整數；圖 3.2-6(c) 為帶號雙語句整數。

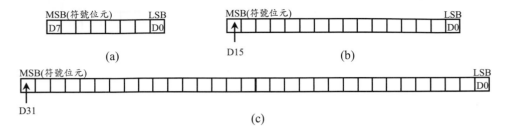

圖 3.2-6: x86 微處理器的帶號整數：(a) 位元組；(b) 語句；(c) 雙語句

■ 例題 3.2-5: 帶號整數

試回答下列問題：

(a) 帶號位元組整數 11101101B 之值為何？

(b) 帶號語句整數 0110101101101110B 之值為何？

(c) 帶號雙語句整數 00000000110010110101000011001110B 之值為何？

解： 結果如下：

(a) 因 MSB＝1，所以為負數，取其 2 補數後，得 00010011 ＝ 19，所以 11101101B ＝ −19。

(b) 因 MSB ＝ 0，所以為正數，其值(先換成十六進制) 為
6B6EH ＝ $6 \times 16^3 + 11 \times 16^2 + 6 \times 16 + 14 = 27502$。

(c) 因 MSB ＝ 0，所以為正數，其值(先轉換成十六進制) 為
0CB50CEH ＝ $12 \times 16^5 + 11 \times 16^4 + 5 \times 16^3 + 12 \times 16 + 14 = 13324494$。

---

　　x86 微處理器的 BCD 資料類型可以分成併裝 BCD (packed BCD) 與未併裝 BCD (unpacked BCD) 兩種，如圖 3.2-7 所示。圖 3.2-7(a) 為併裝 BCD，在這種資料類型中，每一個位元組可以儲存兩個 BCD 數字，每一個數字佔用 4 個位元。圖 3.2-7(b) 為未併裝 BCD，在這種資料類型中，每一個位元組儲存一個 BCD 數字，該 BCD 數字佔用位元組的低序 4 個位元，高序 4 個位元則清除為 0。

圖 3.2-7: 微處理器的 BCD 資料類型：(a) 併裝 BCD 位元組；(b) 未併裝 BCD 位元組

■ 例題 **3.2-6: BCD** 資料類型

試回答下列問題：

(a) 假設一個併裝 BCD 位元組為 10010111B，其十進制值為何？

(b) 假設一個未併裝 BCD 位元組為 00001001B，其十進制值為何？

解：結果如下：

(a) $10010111B = 1001_{BCD}0111_{BCD} = 97$

(b) $00001001B = 1001_{BCD} = 9$

微處理器的字元串資料類型是由一連串的 ASCII 字元組成，每一個 ASCII 字元佔用 7 個位元，因此共有 128 個字元，如表 1.3-1 所示。一般在電腦中均使用一個位元組儲存一個 ASCII 字元，而設定 MSB 為 0。

■ 例題 **3.2-7:** 字元串資料類型

由表 1.3-1 所示的 ASCII 字元，找出代表下列字元串的 ASCII 字元："Microprocessor Principles"。

解：以十六進制表示 ASCII 字元，則該字元串與 ASCII 字元的對應關係如下：

M	i	c	r	o	p	r	o	c	e	s	s	o
4D	69	63	72	6F	70	72	6F	63	65	73	73	6F
r		P	r	i	n	c	i	p	l	e	s	
72	20	50	72	69	6E	63	69	70	6C	65	73	

3.3 x86 實際位址的產生

在 x86/x64 微處理器中，常常用到的兩個與定址方式及記憶器相關的名詞為：有效位址 (effective address，EA) 與線性位址 (linear address)。有效位址即是由各種記憶器定址方式中，獲得的節區位移位址 (segment offset)；線性位址則是組合有效位址與節區暫存器 (CS、DS、ES、SS) 中的節區基底位址 (segment base address) 後，形成的位址。線性位址可以直接當作記憶器的實際位址 (physical address) 或是再經由一層的位址轉換後，才送到記憶器當作實際位址。本節中，首先介紹 x86 微處理器的記憶器管理架構，其次討論有效位址與實際位址的轉換，最後論述 x86 微處理器的記憶器模式。

3.3.1 x86 微處理器記憶器管理概觀

在 x86/x64 微處理器中，有兩個與轉換一個有效位址為實際位址息息相關的記憶器管理單元：節區記憶器管理單元 (segmentation memory management unit) 與分頁記憶器管理單元 (paging memory management unit)。節區記憶器管理單元提供一個機制，隔絕指令碼、資料、堆疊模組。因此，在同一個微處理器上執行的多個程式或是工作 (task) 可以隔離而不互相干擾。分頁記憶器管理單元提供一個機制，以執行傳統的分頁與虛擬記憶器系統，並依實際上的需要將程式執行環境映至實際記憶器中。分頁記憶器管理單元亦可提供多個工作之間的隔絕作用。由於沒有模式選擇位元可以選取不啟用節區記憶器管理單元，所以當 x86 微處理器操作於保護模式時，節區記憶器管理單元必然啟動，但是分頁記憶器管理單元則可以選擇不啟用。

3.3.1.1 節區記憶器管理單元 節區記憶器管理單元提供一個機制，分割微處理器的線性位址空間為多個較小的保護位址空間，稱為節區 (segment)，如圖 3.3-1 所示。節區可以是指令碼、資料、堆疊，或是系統資料結構 (TSS 或是 LDT)。每一個程式或是工作均可以擁有自己的一組節區，並將之儲存於稱為局部描述子表 (local descriptor table，LDT) 的系統資料結構裡。因此，多個程式 (或工作) 可以同時在相同的微處理器中執行而不互相干擾。在一個系統中

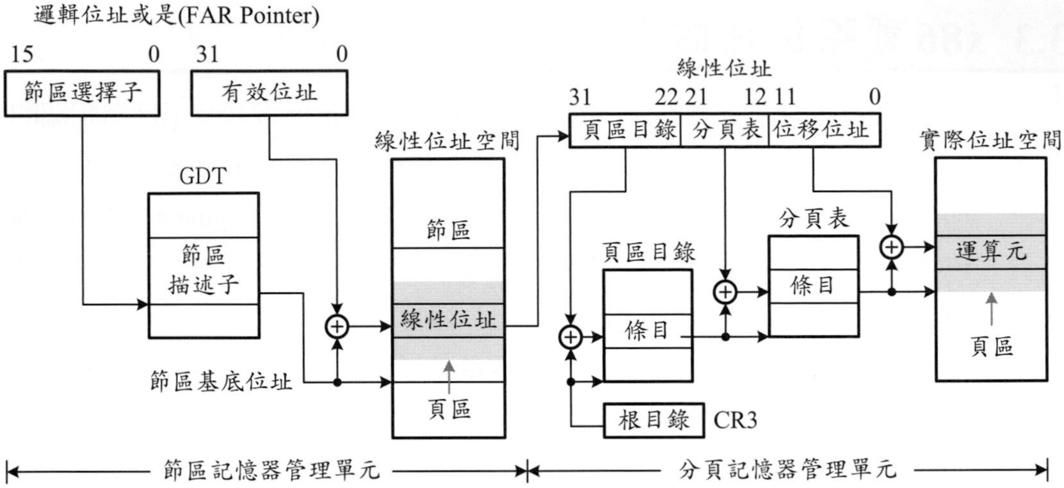

圖 3.3-1: x86 微處理器記憶器管理概觀

的所有節區均位於微處理器的線性位址空間中。

　　欲存取一個節區中的位元組時，必須使用由節區選擇子[1](segment selector)
與有效位址(或稱為節區位移位址)組成的邏輯位址(logical address)。節區選擇
子自 GDT (或 LDT) 中選取一個節區描述子(segment descriptor)，以獲取該節區
的基底位址、節區長度、存取權。有效位址與節區的基底位址相加後即為欲
存取位元組在微處理器的線性位址空間中的線性位址。若未啟動分頁記憶器
管理單元，則此線性位址直接映至記憶器的實際位址空間。在此，實際位址
空間意為微處理器可以在其位址匯流排(address bus)上產生的位址範圍。

3.3.1.2 分頁記憶器管理單元 分頁記憶器管理單元分割每一個節區為數個固
定長度(一般為 4k 位元組)的頁區 (page)，這一些頁區可以儲存在實際記憶器或
是磁碟中。作業系統則維持一個頁區目錄 (page directory) 與多個分頁表 (page
table)，如圖 3.3-1 所示。當一個程式試圖存取線性位址空間中的一個位址位置
時，微處理器使用頁區目錄與分頁表轉換該線性位址為一個實際位址，然後
自實際記憶器中存取該記憶器位置。若欲存取的頁區不在實際記憶器中，微
處理器產生頁區錯誤例外 (page-fault exception)，而自磁碟中載入該頁區，然後

---

[1]在保護模式中，節區暫存器稱為節區選擇子，因其用以自一表格中，選取一個節區描述子，以定義該節區在實際
記憶器中的基底位址、節區長度、存取權。

微處理器繼續執行該程式。

當使用分頁記憶器管理單元時，x86 微處理器的 4G 位元組實際記憶器位址空間分成 1048496 (2^{20}) 個 4k 位元組的頁區。若每一個頁區使用一個 32 個位元的資料結構記錄，則記錄整個 4G 個位元組空間需要的分頁表，一共需要 4M ($= 2^{20} \times 4$) 個位元組，相當浪費主記憶器的空間。所幸在實際應用中，大部分程式執行時均只侷限於一個小位址空間而已，因此只需要儲存使用到的頁區之資料結構於主記憶器中即可。基於上述兩項理由，一個較有效率的分頁記憶器管理單元為使用多層次分頁方法 (multi-level paging mechanism)。圖 3.3-1 所示為 x86 微處理器的雙層次分頁系統 (two-level paging system)。在此系統中，一共有三個主要的組成單元：頁區目錄、分頁表、頁區等。

頁區目錄佔用 4k 個位元組，由於每一個條目均為 4 個位元組，因此一共可以容納 1024 個條目 (entry)。每一個條目指定一個分頁表的基底位址與相關的存取資訊。線性位址中的位元 A31 ~ A22 自目前的頁區目錄中選取適當的頁區目錄條目，以指定欲使用的分頁表。

每一個分頁表均佔用 4k 個位元組，因此一共可以容納 1024 個定義頁區的條目。每一個條目定義一個頁區的基底位址與相關的存取統計資訊。線性位址中的位元 A21 ~ A12 自目前的分頁表中選取適當的分頁表條目，因而指定欲使用的頁區之基底位址。此基底位址與線性位址中的位元 A11 ~ A0 (位移位址) 相加之後，即為運算元的實際位址。若使用 4M 位元組的頁區時，則沒有分頁表，頁區目錄條目直接指定頁區的基底位址。

由圖 3.3-1 所示的線性位址對實際位址的轉換系統可以得知，每一個線性位址都必須經過兩次的記憶器存取之後，才可以得到欲存取的記憶器位置的實際位址，相當費時。解決的方法為儲存取得的頁區基底位址在 CPU 內部的快取暫存器稱為轉換旁瞻緩衝器 (translation lookaside buffer，TLB) 中，因此 CPU 可以直接將指令中的有效位址在內部與頁區的基底位址相加之後，形成記憶器的實際位址，送往記憶器，存取需要的資料。由於頁區的大小一般均只有 4k 個位元組，為了達到較大的存取範圍，因而提高系統性能，x86 微處理器的 TLB 包含了 32 個條目，以涵蓋 128k 個位元組的記憶器存取範圍。

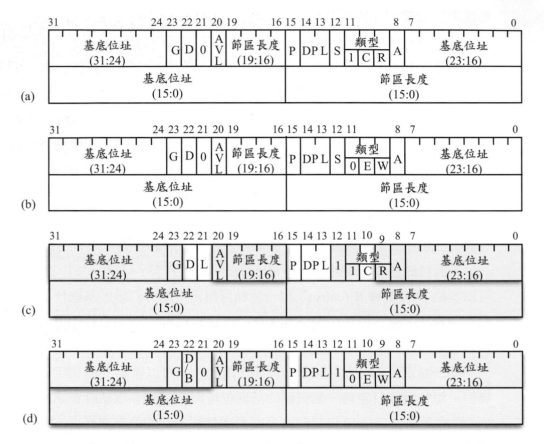

圖 3.3-2: x86 微處理器節區描述子：(a) x86 指令碼節區 (CS) 描述子；(a) x86 資料節區 (DS) 描述子；(c) x64 長位址 (L) 模式指令碼節區 (CS) 描述子；(d) x64 長位址 (L) 模式資料節區 (DS) 描述子 (陰影部分表示未使用)

3.3.1.3　節區描述子 在 x86 微處理器的保護模式中，每一個節區均附屬一個節區描述子以定義該節區的長度、基底位址、相關的狀態與控制位元。節區描述子的一般格式如圖 3.3-2(a) 與 (b) 所示，節區長度為 20 個位元，配合描述子中的 G (granularity) 位元的值後，決定節區的真正大小。當 G = 0 時，每一個節區的長度可以由 1 到 1M 個位元組；當 G = 1 時，每一個節區的長度可以由 4k 到 4G 個位元組。任何一個節區均可以透過描述子中的 32 個位元的基底位址，對應到其 4G 位元組的實際記憶器中的任何一個位置上。

節區描述子中的另外兩個位元為 AVL (available) 與 D (default operation size)，其功能如下。AVL 為使用者自由定義的位元，在某些作業系統中，使用此位元表示該節區為可以使用或不可以使用 (AVL = 0)。D 位元表示該節區預設的運算元大小：當 D = 0 時，表示該節區使用 16 位元的運算元大小；當 D = 1 時，表示該節區使用 32 位元的運算元大小。

　　節區描述子中的相關的狀態與控制位元，合稱為存取權控制位元組 (access rights byte)，控制該節區的存取方式。基本上，存取權控制位元組可以分成：P (present) (存在)、DPL (descriptor privilege level) (描述子優先權層次)、S (segment) (節區)、TYPE (類型)、A (access) (存取) 等部分。

　　P 位元表示該節區是否實際上對應到實際的記憶器位址上：若是，則設定 P 為 1；否則，清除 P 為 0。DPL 指示該節區的優先權層次 (0 到 3，0 表示優先權最高，而 3 表示優先權最低)。S 位元指示該描述子為一個資料或指令碼節區描述子 (S = 1) 或是系統描述子 (system descriptor) (S = 0 時)。系統描述子的功能為定義作業系統中需要的各種資料結構，例如 LDT。A 位元指示該節區是否已經被存取過 (A = 1)，當 CPU 存取該描述子時，即設定此位元。

　　TYPE 決定節區的類型及特性。當位元 11 = 0 時，為資料節區；當位元 11 = 1 時，為指令碼節區。在指令碼節區 (CS) 描述子中，C 位元表示該節區的存取必須遵循 DPL 規則 (C = 1) 或是忽略 DPL 規則 (C = 0)。R 位元表示該指令碼節區只能執行 (R = 0) 或是能讀取與執行 (R = 1)。在資料節區 (DS) 描述子中，E 位元表示該節區的長度是向上增長 (E = 0) 或是向下增長 (E = 1)。W 位元表示該資料節區允許寫入 (W = 1) 或是只能讀取 (W = 0)。

　　x64 微處理器依然需要指令碼節區選擇子與節區描述子，以建立微處理器的操作模式與執行優先權，指令碼節區描述子的格式如圖 3.3-2(c) 所示，其中節區長度與基底位址均清除為 0。指令碼節區描述子的 L 位元表示該指令碼節區是以 64 位元模式 (L = 1) 或是 32 位元相容模式 (L = 0) 執行。當 L 位元清除為 0 時，D 位元表示使用預設的運算元與有效位址為 16 位元 (D = 0) 或是 32 位元 (D = 1)。當 L 位元設定為 1 時，D 位元必須清除為 0。此外，對於不是 x64 模式或是非指令碼的節區，位元 21 (L 位元) 必須清除為 0。x64 微處理器的資料節區描述子的格式如圖 3.3-2(d) 所示，只使用 P 位元。注意圖 3.3-2(c) 與 (d) 中的陰影部分表示未使用。

3.3.2　x86/x64 有效位址與實際位址轉換

如前所述，x86 微處理器使用節區記憶器管理單元與分頁記憶器管理單元轉換一個有效位址為實際位址。然而節區記憶器管理單元的功能與分頁記憶器管理單元的啟用與否與微處理器的操作模式息息相關。下列將介紹在不同的操作模式下，程式產生的有效位址如何透過這兩個記憶器管理單元產生存取記憶器的實際位址。

3.3.2.1　x86 微處理器的工作模式與記憶器管理　x86 微處理器有三種操作模式：實址模式、虛擬 86 模式、保護模式。在三種操作模式下，節區記憶器管理單元的功能與分頁記憶器管理單元的啟用與否相當不同，下列將一一說明。

x86 微處理器在實址模式下，所有程式的有效位址 (經由定址方式所獲得的運算元位址) 均為 16 位元。16 位元的有效位址與左移 4 個位元的 16 位元節區基底位址 (即節區暫存器內容) 相加之後，形成 20 位元的線性位址，此位址再經由 0 位元擴充為 32 位元的實際位址，以存取最大為 1M 位元組的記憶器空間，如圖 3.3-3(a) 所示。

在虛擬 86 模式下，16 位元的程式以工作的方式在保護模式中執行。16 位元有效位址形成 20 位元線性位址的方式與實址模式相同。但是，20 位元的線性位址可以再由分頁記憶器管理單元轉換為 32 位元實際位址。因此，16 位元的程式與資料可以置於 4G 位元組的任何記憶器位置中。在虛擬 86 模式下，有效位址與實際位址的轉換示意圖如圖 3.3-3(b) 所示。

x86 微處理器的保護模式可以同時支援 16 位元與 32 位元的程式，同時使用表格為基礎的節區記憶器管理、分頁記憶器管理、優先權檢查等以保護程式不受非法的存取。節區記憶器管理單元接收 32 位元有效位址與 16 位元節區選擇子產生 32 位元線性位址，此 32 位元線性位址可以直接當作實際位址或是再經由分頁記憶器管理單元轉換為 32 位元實際位址。在保護模式下，有效位址與實際位址的轉換示意圖如圖 3.3-3(c) 所示。

3.3.2.2　x64 微處理器的工作模式與記憶器管理　x64 微處理器有兩種工作模式：相容模式 (compatible mode) 與 64 位元模式 (或稱為長位址模式) (64-bit

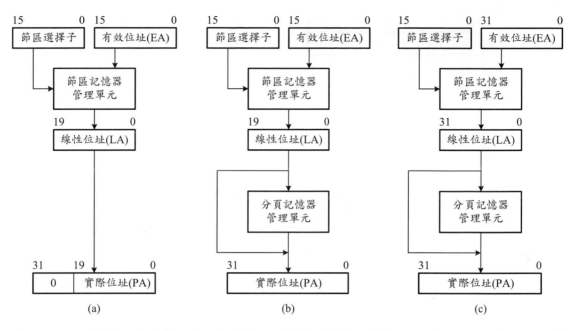

圖 3.3-3: x86 微處理器的有效位址與實際位址轉換：(a) 實址模式；(b) 虛擬 86 模式；(c) 保護模式

mode)。在相容模式中，傳統的 16 位元與 32 位元程式以 x86 微處理器的保護模式執行。程式產生的 16 位元與 32 位元有效位址由節區記憶器管理單元處理後成為 32 位元線性位址，再經由零位元擴充 (zero extension) 為 64 位元的線性位址位址，最後經由分頁記憶器管理單元轉換為 52 (或更多) 位元的實際位址，如圖 3.3-4(a) 所示。

　　x64 微處理器在 64 位元模式中，程式產生的 64 位元線性位址，直接經由分頁記憶器管理單元轉換為 52 (或更多) 位元的實際位址，如圖 3.3-4(b) 所示。這裡的 52 位元在不同的 x64 微處理器序列中會有不同的值，例如 40 位元、48 位元、甚至 64 位元。

3.3.3　x86 微處理器的記憶器模式

　　在瞭解 x86 微處理器的記憶器管理與有效位址對實際位址的轉換機制之後，本節中將以程式設計者的觀點，檢視 x86 微處理器的記憶器模式。在 x86 微處理器的保護模式中，若適當的設定節區描述子的內容，則可以產生下列

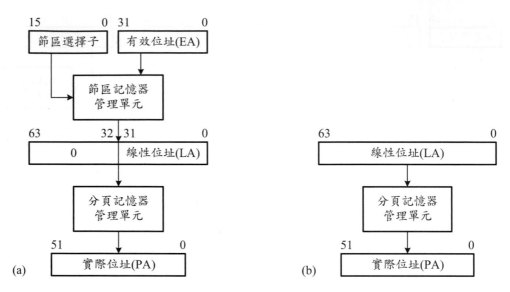

圖 3.3-4: x64 微處理器的有效位址與實際位址轉換：(a) 相容模式；(b) 長位址模式

三種不同的記憶器模式：平坦模式 (flat model)、保護平坦模式 (protected flat model)、多節區模式 (multi-segment model)。本小節中，將依序介紹實址模式與及這三種記憶器模式，如圖 3.3-5 所示。由於分頁記憶器管理單元僅將線性位址映至實際位址，對於程式設計者而言，它的存在與否並不重要，因此圖中並未繪出。

3.3.3.1 實址模式 在實址模式下，微處理器只能存取 1M 位元組的記憶器位址空間，傳統的 MS-DOS 作業系統即是操作於此種模式。1M 位元組的記憶器空間分成若干個最大為 64k 個位元組的節區，如圖 3.3-5(a) 所示。記憶器的實際位址由兩部分組成：節區基底位址與有效位址，其中節區基底位址儲存於節區暫存器 (CS、DS、ES、FS、GS、SS) 內，其值乘以 16 後，提供一個節區在記憶器中的基底位址，而有效位址則為在指定節區中的相對位移，即

實際位址＝節區位址 × 16 ＋ 有效位址

如圖 3.3-6(a) 所示。圖 3.3-6(b) 所示為節區基底位址與有效位址在記憶器中的儲存格式。由於節區基底位址左移了 4 個位元位置，產生了 20 個位元的節區起始位址，因此所有節區的基底位址皆為 16 個位元組的整數倍。

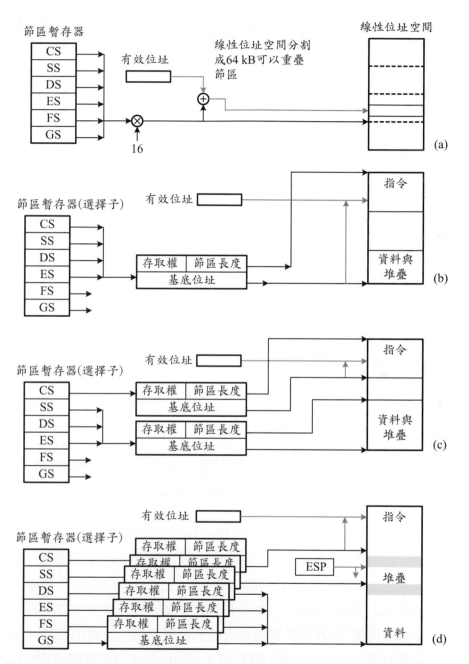

圖 3.3-5: x86 四種不同的記憶器模式：(a) 實址模式；(b) 平坦模式；(c) 保護平坦模式；(d) 多節區模式

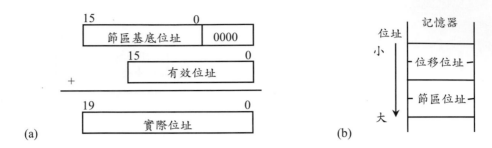

圖 3.3-6: 實址模式的邏輯對實際位址轉換：(a) 實際位址計算；(b) 節區：位移的儲存格式

當轉換一個邏輯位址 (即節區選擇子：有效位址) 為實際位址時，x86/x64 微處理器會自動地依據每一個記憶器存取的目的，選擇預設的節區暫存器，如表 3.3-1 所示。指令都固定由 CS 節區讀取。IP 包含指令的 16 位元有效位址，與 CS 暫存器內容組合之後，獲得指令的 20 位元實際位址；堆疊的運算則永遠使用 SS 節區暫存器與 SP 暫存器存取資料。

表 3.3-1: 記憶器參考類型的預設節區暫存器

參考類型	節區暫存器	另外節區	有效位址
指令讀取	CS (指令碼節區)	沒有	IP (EIP)
堆疊運算	SS (堆疊節區)	沒有	SP (ESP)
變數 (除了下項)	DS (資料節區)	CS, ES, FS, GS, SS	有效位址
BP 作為基底暫存器	SS (堆疊節區)	CS, ES, DS, FS, GS	有效位址
字元串來源	DS (資料節區)	CS, ES, FS, GS, SS	SI (ESI)
字元串標的	ES (資料節區)	沒有	DI (EDI)

大多數資料運算指令皆在 DS 節區內存取變數，利用適宜的定址方式 (如下一小節所述) 獲得的有效位址與 DS 的節區基底位址結合後，產生 20 位元的實際位址。副程式參數與在堆疊中的其它資料，必須在 SS 節區內存取，因此，運算元的存取必須使用 BP 為基底暫存器，並且使用 SS 為節區暫存器。字元串運算則使用 DS 為來源運算元的節區暫存器，而使用 ES 為標的運算元的節區暫存器，以允許有效的轉移兩個相同或是不同節區間的資料區段。

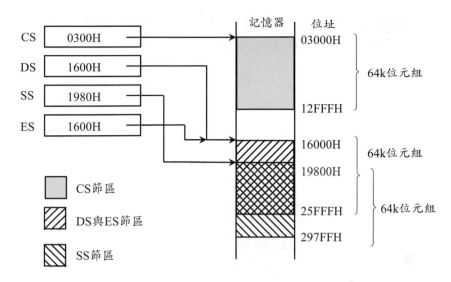

圖 **3.3-7:** 實址模式記憶器節區分配例

■ 例題 3.3-1: 實址模式記憶器節區分配例

因為有效位址只有 16 個位元，而 CPU 中一共有六個節區暫存器，因此任何時候，一個程式最多可以隨意地存取記憶器中的六個 64k 位元組區域。但是，這些區域並沒有任何限制不可以全部重疊或部分重疊。例如在圖 3.3-7 中，CS 節區與其它三個節區完全不相鄰；DS 節區與 ES 節區相同，並且部分與 SS 節區重疊。FS 與 GS 兩個節區則未使用。

在程式中，若希望資料運算指令能夠暫時離開預設的節區做資料的存取，則必須在指令運算碼之前，加上一個節區超越前標位元組 (3EH)，告知 CPU 使用特定的節區暫存器存取資料，而不使用預設的節區暫存器。例如，在正常情況下，所有資料運算元都由 DS 節區存取，因此指令

```
MOV    AL,OPR1
```

的動作為載入 DS 節區中的記憶器位置為 OPR1 的內容於暫存器 AL 內；而

```
MOV    AL,ES:OPR1
```

指令則載入 ES 節區中的記憶器位置為 OPR1 的內容於暫存器 AL 內。但是不

管超越前標如何,所有的指令讀取、堆疊資料的存取、字元串標的運算元等運算都使用預設節區暫存器。節區超越前標位元組的使用,請參考例題 4.2-7。

3.3.3.2　保護模式　在 x86 微處理器的保護模式中,將節區選擇子選取的節區描述子(例如圖 3.3-2)中的節區基底位址與有效位址 (EA) 相加後得到線性位址,如圖 3.3-1 所示。線性位址可以直接當作記憶器的實際位址或是再經由分頁記憶器管理單元的處理,才送到記憶器上成為實際位址。

在保護模式中,依據系統對於節區記憶器管理單元的使用方式之不同可以衍生出三種可能的記憶器模式:平坦模式、保護平坦模式、多節區模式。

3.3.3.3　平坦模式　在 x86 微處理器的平坦模式中,所有程式均可以存取一個最大可以達到 4G 位元組的連續線性位址空間,如圖 3.3-5(b) 所示。在此模式中,至少必須產生指令碼 (CS) 與資料 (DS) 兩個節區描述子。這兩個節區描述子均指於相同的基底位址 0,且其節區長度亦相同,均設定為最大值 4G 位元組,因而可能包含未配置實際記憶器的區域。ROM (Flash) 元件位址區通常配置於最頂端位址,即必須包含位址 0FFFF_FFF0H 而 RAM (DDR SDRAM) 則配置於最小位址區,因為 DS 資料節區描述子的基底位址在系統重置之後被清除為 0。

3.3.3.4　保護平坦模式　x86 微處理器的保護平坦模式基本上與平坦模式相同,但是節區長度不預設為最大的 4G 位元組,同時節區基底位址亦不預設為固定的 0。因此,可以避免包含實際上未配置實際記憶器的位址區,如圖 3.3-5(c)所示。保護平坦模式可以提供程式最小層次的硬體保護,以減少某些程式錯誤。較多的保護可以經由加入較多的複雜性達成,例如使用分頁記憶器管理單元提供使用者與系統的隔離。

在保護平坦模式中,至少必須定義四個節區:優先權層次 3 的使用者資料與指令碼節區及優先權層次 0 的系統資料與指令碼節區。通常這些節區均由基底位址為 0 的記憶器位置開始而且重疊。藉由保護平坦模式與簡單的分頁結構,可以保護作業系統避免受到應用程式之干擾。若對於每一個工作加入各自的分頁結構,則亦可以保護及避免應用程式彼此之間的互相干擾。類似的結構已由許多多工 (multi-tasking) 作業系統採用。

3.3.3.5　多節區模式　在多節區模式中，每一個節區在記憶器中的基底位址、節區長度、節區存取權均由各自的節區描述子定義，如圖 3.3-5(d) 所示。當然多個節區的區間可以部分或是全部相互重疊。每一個程式 (或工作) 均擁有其各自的節區描述子表 (即 LDT) 與各自的節區。多節區模式可以發揮節區保護機制到最大程度，即提供硬體對於程式碼、資料結構、程式、工作等之保護。多節區可以完全專屬於各自指定的程式或是由許多不同的程式公用。對於一個節區之存取與各自程式的執行環境完全由硬體掌控。

藉由節區描述子中的存取權位元組的檢查，不僅可以防止存取一個節區之外的資料，亦可以防止對某些節區的不合法動作。例如，硬體可以防止對於僅能讀取的指令碼節區的寫入動作。

3.4　定址方式

一個指令通常分成兩大部分：其中一部分為運算碼 (operation code，簡稱 opcode)，指示計算機中的控制單元應該如何動作；另一部分則為運算元 (operand) 或是提供獲取運算元時需要的相關訊息，以提供完成該指令動作的所有資訊。在 x86/x64 微處理器中，運算元的來源有三種可能：位於指令中 (立即資料)、位於暫存器中、位於記憶器中。

當然一個指令可能需要兩個運算元 (例如 ADD 指令)，這時指令需要耗費更多的時間來獲取運算元。為了使指令在應用上較有彈性，一般微處理器通常在運算元的取得方式 (稱為定址方式) 上提供了多樣性的變化，以滿足下列需求：

1. 使用一個數目較少的位元 (因而指令長度較短)，指定全區位址 (即整個記憶器區空間)。

2. 允許一個指令存取記憶器，而其有效位址 (EA) 是在程式執行期間再予決定，以有效的存取陣列資料。

3. 能相對於指令位置計算運算元的有效位址，使程式能夠置於記憶器中任何位置，皆能正確地執行。

4. 能有效的使用堆疊 (stack，將於第 6.3.1 節討論) 的特性。

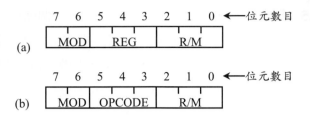

圖 3.4-1: MOD R/M 位元組:(a) 雙運算元指令;(b) 單運算元 (或另一運算元由 opcode 指定的雙運算元) 指令

3.4.1 16 位元定址方式

在 16 位元定址方式,x86 的基本指令與定址方式皆指定一個 16 位元有效位址。當此位址決定後,再與 16 位元的節區暫存器內容組合成 20 位元的實際位址 (即送到 CPU 的 A0 ～ A19 的接腳上)。下列分別介紹在 x86 中,產生這 16 位元有效位址的各種定址方式。

3.4.1.1 MOD R/M 位元組 在 x86 指令中,某些指令 opcode 為單位元組,而某些指令則為雙位元組或三位元組 (在 80386↑CPU 的 32 位元定址方式中)。當一個指令的 opcode 為雙位元時,其第二個位元組稱為一個 MOD R/M 位元組,其格式如圖 3.4-1 所示。MOD R/M 位元組可以指定一個或兩個運算元。MOD R/M 位元組中的 MOD 與 R/M 區合併指定一個運算元。若該 2 位元的 MOD 區為 11_2,則該運算元為一個暫存器,此時 3 位元的 R/M 區則包含此暫存器號碼。其它情況,則 MOD 與 R/M 聯合指定下列定址方式:直接定址、暫存器間接定址、暫存器相對定址、基底指標定址、基底指標相對定址。這些定址方式指定的運算元均位於記憶器中,因此也稱為記憶器定址 (memory addressing)。若選取的方式需要其它額外的定址資訊,則此資訊包含於緊接 MOD R/M 位元組後的一個位元組或兩個位元組內。

暫存器 (REG) 區的使用,由使用它的指令需要 MOD R/M 位元組指定一個運算元或兩個運算元而定。在需要兩個運算元的指令中,例如 ADD dst,reg 指令,REG 區指定第二個運算元;在只需要一個運算元的指令中,REG 區則當作 opcode 使用,輔助決定不同的指令,例如在指令 ROL dst 中,其 MOD R/M

位元組的 REG 區為 000；而在指令 ROR dst 中，REG 區則為 001，即圖 3.4-1(b) 的格式。由於 MOD R/M 位元組最多只能指定一個記憶器運算元，而且每一個指令最多只有一個 MOD R/M 位元組，因此 x86 的雙運算元指令最多只能有一個記憶器運算元。詳細的 MOD R/M 位元組編碼方式留待下一小節再予討論。

3.4.1.2　暫存器定址　在這定址方式中，運算元直接隱含於通用暫存器中。在 x86 中，暫存器定址方式可以由指令位元組指定，或由 MOD R/M 位元組指定。

暫存器號碼包含於一個 3 位元區內，在語句指令中，暫存器號碼指定 16 位元暫存器 AX、BX、CX、DX、SP、BP、SI、DI (圖 3.1-1)；在位元組指令中，暫存器號碼則指定 8 位元暫存器 AL、AH、BL、BH、CL、CH、DL、DH。

暫存器定址的指令例如下：

```
0100   8A C4         MOV    AL,AH     ;copy AH to AL
0102   8B C3         MOV    AX,BX     ;copy BX to AX
0104   8B EF         MOV    BP,DI     ;copy DI to BP
0106   8B F1         MOV    SI,CX     ;copy CX to SI
```

3.4.1.3　立即資料定址　在立即資料定址中，指令本身即包含了運算元。在 x86 中，立即資料定址是由一個特殊的 opcode 組合指定，並且是大多數雙運算元指令皆有的定址方式。立即資料定址指令包括一個 MOD R/M 位元組，因此，允許立即資料對記憶器及立即資料對暫存器等運算，但是節區暫存器則不允許立即資料定址方式的運算。

在位元組指令中，立即資料運算元為一個位元組長度，而且直接出現於指令尾端；在語句指令中，立即資料運算元為兩個位元組長度；在雙語句指令中，立即資料運算元為四個位元組長度。部分語句 (或雙語句) 指令也允許使用只有一個位元組的立即資料運算，而由一個 S 位元識別。若 S 位元為 1，則該位元組的立即資料在使用於語句運算前，先做符號擴展為 16 位元，因此允許任何語句 (雙語句) 運算元與介於 -128 到 +127 的立即資料值做加、減、比較運算時，只需要使用一個位元組的資料，而不需要使用兩個 (四個) 位元組。

立即資料定址的指令例如下：

```
0100   BO 00         MOV    AL,00H    ;clear AL
0102   B8 0001       MOV    AX,0001H  ;load 01H into AX
0105   BD 0100       MOV    BP,0100H  ;load 100H into BP
```

■ 例題 3.4-1: 暫存器與立即資料定址

指令 MOV AX,BX 中的兩個運算元 AX 與 BX 均為暫存器定址方式；指令 MOV AX,0105H 中的標的運算元 AX 為暫存器定址，而來源運算元 (0105H) 為立即資料定址。

3.4.1.4 直接定址 在直接定址中，指令本身即包含運算元的 16 位元有效位址。這種定址方式也屬於 MOD R/M 位元組定址方式的一種。16 位元的有效位址直接位於 MOD R/M 位元組後，低序位元組在前，高序位元組在後。

直接定址的指令例如下：

```
0000  45                OPR1    DB      45H
0001  0047              OPR2    DW      0047H
0003  00                OPR3    DB      00H
0004  0000              OPR4    DW      0000H

0100  A0 0000 R                 MOV     AL,OPR1 ;copy 45H to AL
0103  8B 3E 0001 R              MOV     DI,OPR2 ;copy 0047H to DI
0107  A2 0003 R                 MOV     OPR3,AL ;store AL to OPR3
010A  89 3E 0004 R              MOV     OPR4,DI ;store DI to OPR4
```

注意：在 JMP 與 CALL 指令中，有一個長程直接定址方式。指令中包含一個 16 位元節區基底位址與一個 16 位元有效位址，如圖 3.3-6(b) 所示，允許程式直接跳躍或呼叫任何記憶器位址上的指令。不過，這種定址方式並不提供予資料運算指令，因此，在某些程式中，顯得相當不方便。

■ 例題 3.4-2: 直接定址

在圖 2.2-1 所示的組合語言程式中，指令 MOV AX,OPR1 的兩個運算元，分別使用了暫存器定址 (AX) 與直接定址 (OPR1)。

3.4.1.5 暫存器間接定址 在暫存器間接定址中，指定的暫存器包含了運算元的 16 位元有效位址。這也是 MOD R/M 位元組能夠指定的另一種定址方式。這種定址方式的運算元有效位址為指定暫存器的內容：

$$EA = \begin{Bmatrix} BX \\ DI \\ SI \end{Bmatrix} \quad (註：\{\}表示裡面所列項目選擇一個)$$

　　x86 包含四個基底暫存器：BX、BP、SI、DI。但是，暫存器間接定址只能使用 BX、SI、DI 等三個暫存器；使用暫存器 BP 的間接定址方式，必須使用位移為 0 的暫存器相對定址方式模擬。

　　圖 3.4-2 說明使用暫存器間接定址時 MOD R/M 位元組的編碼方式與實際位址的產生方法。在此例中假設有效位址存於 SI 暫存器內。

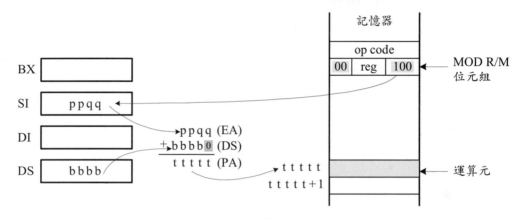

圖 3.4-2: 暫存器間接定址

　　暫存器間接定址的指令例如下：

```
0100    8A 0            MOV    AL,[BX]     ;copy mem[BX] to AL
0102    8B 0C           MOV    CX,[SI]     ;copy mem[SI] to CX
0104    88 46 00        MOV    [BP],AL     ;store AL to mem[BP]
0107    88 25           MOV    [DI],AH     ;store AH to mem[DI]
```

■ 例題 3.4-3: 暫存器間接定址

　　假設 SI = 0357H，DS = 5244H，則在使用暫存器 (SI) 間接定址方式下的運算元有效位址為

$$EA = 0357H$$

而實際位址為

$$PA = DS \times 16 + EA$$
$$= 52440H + 0357H$$
$$= 52797H$$

3.4.1.6 暫存器相對定址 暫存器相對定址(register relative addressing，或稱基底定址，based addressing)允許存取一個陣列的資料項或其它資料結構。資料項的位移位址必須在組譯期間即得知，而該資料項的基底位址則於執行時間中計算。暫存器相對定址也是 x86 微處理器的 MOD R/M 位元組定址方式之一。BX、BP、SI、DI 暫存器中的任何一個皆可以當作基底暫存器。運算元的有效位址由指定的基底暫存器中的 16 位元位址與一個 8 位元或 16 位元的位移位址(含於指令中而且為 2 補數形式)相加而得。在指令格式中，此 8 位元或 16 位元的位移位址緊接於 MOD R/M 位元組之後，如圖 3.4-3 所示。

在 8 位元位移位址方式中，該位移位址的範圍由 -128 到 +127；在 16 位元位移位址方式中，位移位址的範圍則由 -32768 到 +32767。暫存器相對定址的有效位址為：

$$EA = \begin{Bmatrix} BX \\ BP \\ DI \\ SI \end{Bmatrix} + \begin{Bmatrix} d8 \\ d16 \end{Bmatrix}$$

其中 d8 與 d16 分別為 8 位元與 16 位元的 2 補數位移位址。

暫存器相對定址的指令例如下：

```
0000   0008 [00]       ARRAY  DB    8 DUP(?) ;setup an array

0100   BE 0005             MOV   SI,05H  ;address the 5th element
0103   8A 84 0000 R        MOV   AL,ARRAY[SI] ;copy the 5th element to AL
0107   88 84 0002 R        MOV   ARRAY+2[SI],AL;store AL to the 7th element
```

■ 例題 3.4-4: 暫存器相對定址

假設 BP = 02A8H，SS = 0356H，位移位址為 -65，則在使用暫存器相對定址方式下的運算元有效位址為

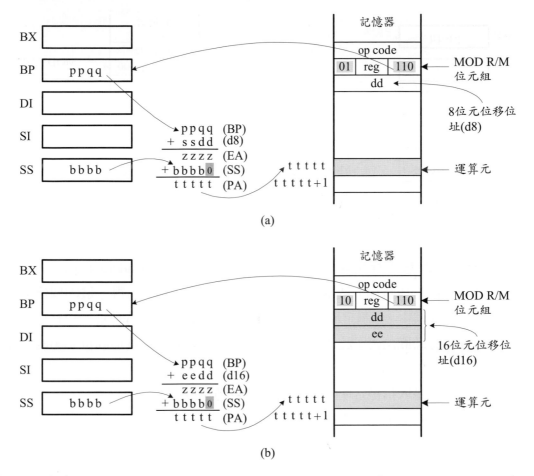

圖 3.4-3： 暫存器相對定址：(a) 使用 8 位元位移位址 (MOD = 01) 時；(b) 使用 16 位元位移位址 (MOD = 10) 時

$$EA = 02A8H + (-65)$$
$$= 02A8H + FFBFH$$
$$= 0267H$$

而實際位址為

$$PA = SS \times 16 + EA$$
$$= 03560H + 0267H$$
$$= 037C7H$$

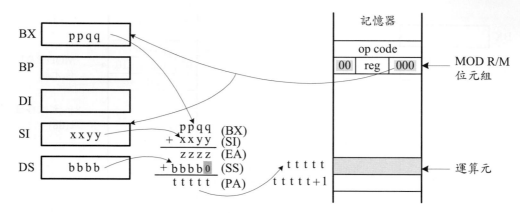

圖 3.4-4: 基底指標定址

3.4.1.7 基底指標定址 在基底指標定址 (based indexed addressing) 方式中，有效位址的形成是由一個基底位址與一個位移位址相加而得，這兩個位址皆包含於暫存器中。這種定址方式，允許一個資料結構的基底位址與位移位址皆可以在執行時間內再予計算。基底指標定址也是 x86 MOD R/M 位元組的一種定址方式。BX 與 BP 可以當作基底暫存器，而 SI 或 DI 則可以當作指標暫存器。因此，在基底指標定址方式，共有四種不同的組合。

基底指標定址方式的有效位址為：

$$EA = \begin{Bmatrix} BX \\ BP \end{Bmatrix} + \begin{Bmatrix} DI \\ SI \end{Bmatrix}$$

其動作示意圖如圖 3.4-4 所示。

基底指標定址的指令例如下：

```
0100   8A 02        MOV    AL,[BP][SI] ;copy mem[BP+SI] to AL
0102   8B 01        MOV    AX,[BX][DI] ;copy mem[BX+DI] to AX
0104   88 00        MOV    [BX][SI],AL ;store AL to mem[BX+SI]
0106   89 0B        MOV    [BP][DI],CX ;store CX to mem[BP+DI]
```

■ **例題 3.4-5: 基底指標定址**

假設 BX = 015AH，SI = 372AH，DS = 0542H，則在使用基底指標定址方式下的運算元有效位址為

$$EA = BX + SI$$
$$= 015AH + 372AH$$
$$= 3884H$$

而實際位址

$$PA = DS \times 16 + EA$$
$$= 05420H + 3884H$$
$$= 08CA4H$$

3.4.1.8 基底指標相對定址 基底指標相對定址 (based-indexed-relative address-ing) 為一個具有 8 位元或 16 位元 2 補數位移位址的基底指標定址。這種方式的有效位址為：

$$EA = \begin{Bmatrix} BX \\ BP \end{Bmatrix} + \begin{Bmatrix} DI \\ SI \end{Bmatrix} + \begin{Bmatrix} d8 \\ d16 \end{Bmatrix}$$

其中 d8 與 d16 分別為 8 位元與 16 位元的 2 補數位移位址。基底指標相對定址的動作示意圖如圖 3.4-5 所示。

　　基底指標相對定址的指令例如下：

```
0000   0008 [00]      ARRAY    DB    8 DUP(?) ;setup an array
0100   8A 82 0000 R            MOV   AL,ARRAY[BP+SI]
0104   8A A1 0001 R            MOV   AH,ARRAY+1[BX+DI]
0108   88 80 0000 R            MOV   ARRAY[BX+SI],AL
010C   88 AB 0003 R            MOV   ARRAY+3[BP+DI],CH
```

■ **例題 3.4-6: 基底指標相對定址**

　　假設 BX = 05A4H，SI = 73A2H，DS = 5542H，而位移位址為 -5，則在使用基底指標相對定址方式下的運算元有效位址為

$$EA = 05A4H + 73A2H + (-5)$$
$$= 7941H$$

而實際位址為

$$PA = DS \times 16 + EA$$
$$= 55420H + 7941H$$
$$= 5CD61H$$

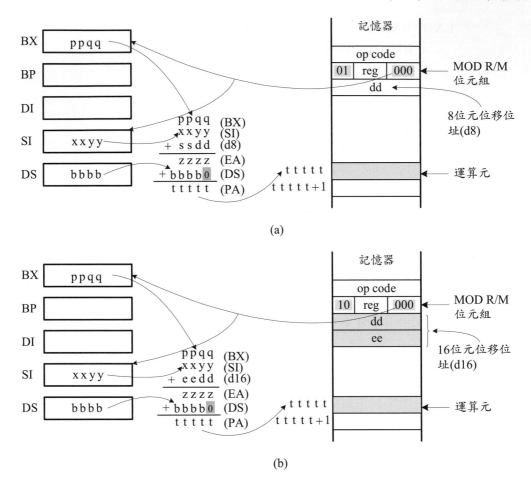

圖 3.4-5: 基底指標相對定址：(a) 使用 8 位元位移位址 (MOD = 01) 時；(b) 使用 16 位元位移位址 (MOD = 10) 時

3.4.1.9 IP 相對定址 在 x86 中，相對定址方式只使用於跳躍、呼叫、條件、分歧、迴路控制指令中。有效位址是由 IP 與一個包含於指令中的 8 位元或 16 位元 2 補數位移位址相加而得。使用的 IP 值為緊接於目前指令後的位元組之位址，其動作示意圖如圖 3.4-6 所示。

IP 相對定址的指令例如下：

```
0100    EB  FE              JMP     $
0102    EB  04              JMP     HERE
0104    75  02              JNZ     HERE
0106    7F  00              JG      HERE
```

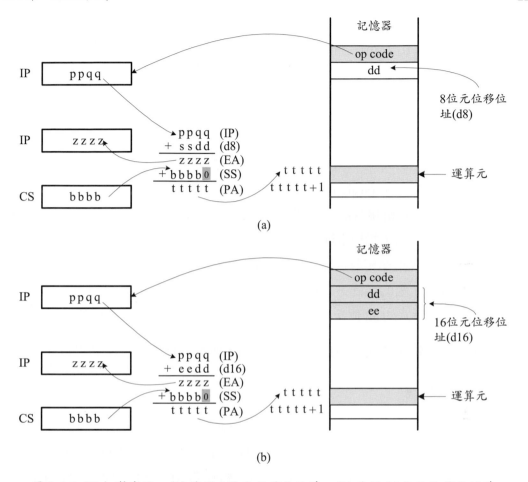

圖 3.4-6: IP 相對定址：(a) 使用 8 位元位移位址時；(b) 使用 16 位元位移位址時

```
0108    C3              HERE:      RET
```

■ 例題 3.4-7: **IP** 相對定址

　　假設 IP = 001EH，CS = 012AH，位移位址為 EFH (-17)，則在使用 IP 相對定址方式下，運算元的有效位址為

EA = 001EH + FFEFH

　　= 000DH

而實際位址為

$$PA = CS \times 16 + EA$$
$$= 012A0H + 000DH$$
$$= 012ADH$$

3.4.2 32 位元定址方式

16 位元定址方式由 MOD R/M 位元組指定；32 位元定址方式則由 MOD R/M 位元組與 SIB (scale/index/base) 位元組兩個位元組共同決定。MOD R/M 與 SIB 兩個位元組聯合指定下列定址方式：直接定址、暫存器間接定址、暫存器相對定址、倍率指標定址、倍率指標相對定址、倍率基底指標定址、基底指標定址、基底指標相對定址、倍率基底指標相對定址。詳細的 MOD R/M 位元組與 SIB 位元組的編碼方式與定址方式的對應關係，請參考第 3.5 節。注意：在 x86 微處理器的 32 位元模式中，有效位址與實際位址均為 32 位元。

3.4.2.1 暫存器定址 在這定址方式中，運算元直接隱含於通用暫存器中。在 x86 微處理器中，暫存器定址方式可以由指令位元組指定，或由 MOD R/M 位元組指定。

暫存器號碼 (位址) 包含於一個 3 位元區內，在語句指令中，暫存器號碼指定 16 位元暫存器 AX、BX、CX、DX、SP、BP、SI、DI (圖 3.1-1) 等；在位元組指令中，暫存器號碼則指定 8 位元暫存器 AL、AH、BL、BH、CL、CH、DL、DH 等；在雙語句指令中，暫存器號碼則指定 32 位元暫存器 EAX、EBX、ECX、EDX、ESP、EBP、ESI、EDI 等。

暫存器定址的指令例如下：

```
00000000    8A C4        MOV    AL,AH     ;copy AH to AL
00000002    8B C3        MOV    EAX,EBX   ;copy EBX to EAX
00000004    66| 8B EF    MOV    BP,DI     ;copy DI to BP
00000007    8B F1        MOV    ESI,ECX   ;copy ECX to ESI
```

3.4.2.2 立即資料定址 在立即資料定址中，指令本身即包含了運算元。在 x86 微處理器中，立即資料定址是由一個特殊的 opcode 組合指定，並且是大多數雙運算元指令皆有的定址方式。立即資料定址指令包括一個 MOD R/M 位元組，因此，允許立即資料對記憶器及立即資料對暫存器等運算，但是節區暫存器則不允許立即資料定址方式的運算。

在位元組指令中，立即資料運算元為一個位元組長度，而且直接出現於指令尾端；在語句指令中，立即資料運算元為兩個位元組長度；在雙語句指令中，立即資料運算元為四個位元組長度。部分語句(或雙語句)指令也允許使用只有一個位元組的立即資料運算，而由一個 S 位元識別。若 S 位元為 1，則該位元組的立即資料在使用於語句運算前，先做符號擴展為 16 (32) 位元，因此允許任何語句 (雙語句) 運算元與介於 -128 到 +127 的立即資料值做加、減、比較運算時，只需要使用一個位元組的資料，而不需要使用兩個(四個)位元組。

立即資料定址的指令例如下：

```
00000000   B0 00            MOV    AL,00H     ;clear AL
00000002   66| B8 0001      MOV    AX,0001H   ;load 01H into AX
00000006   BD 00000100      MOV    EBP,0100H  ;load 100H into EBP
0000000B   B9 00002000      MOV    ECX,2000H  ;load 2000H to ECX
```

■ 例題 3.4-8: 暫存器與立即資料定址

指令 MOV EAX,EBX 中的兩個運算元 EAX 與 EBX 均為暫存器定址方式；指令 MOV EAX,00000105H 中的標的運算元 EAX 為暫存器定址而來源運算元 (00000105H) 為立即資料定址。

在 x86 中，32 位元的有效位址是由各種 32 位元位址成分：基底位址、指標位址、位移位址等組成。與 16 位元定址方式比較下，基底與指標暫存器的使用情況如表 3.4-1 所示。在 16 位元定址方式中，基底與指標暫存器只能分別使用固定的 BP、BX 與 SI、DI；在 32 位元定址方式中，任何 32 位元通用暫存器均可以當做基底暫存器使用；除了 ESP 外的任何 32 位元通用暫存器均可以當做指標暫存器使用。基本上 32 位元定址方式除了增加了倍率因數 (scaled factor，SF) 與允許較有彈性的使用位址暫存器外，大致上與 16 位元定址方式相同。

x86 的 32 位元有效位址是由下列成分組合而成的：基底位址、指標位址、倍率因素、位移位址等，即有效位址 (EA) 可以表示為：

表 3.4-1: 16 位元與 32 位元定址方式的指標與基底暫存器

定址方式	16 位元	32 位元
基底暫存器	BX, SP	任何 32 位元通用暫存器
指標暫存器	SI, DI	除了 ESP 外的任何 32 位元通用暫存器
倍率因數	無 (皆為 1)	1, 2, 4, 8
位移位址	0, 8, 16 位元	0, 8, 32 位元

$$EA = 基底位址 + 指標位址 \times SF + 位移位址$$

其中基底位址儲存於 8 個 32 位元暫存器 (EAX、EBX、ECX、EDX、ESP、EBP、ESI、EDI) 內；指標位址則儲存於 7 個 32 位元暫存器 (除了 ESP 外的任何 32 位元通用暫存器) 內；SF (倍率因素) 可以為 ×1、×2、×4、×8 等；位移位址則為 8 位元或 32 位元的 2 補數位址。

有效位址的計算方式如下所示：

$$EA = \begin{Bmatrix} EAX, ESP \\ EBX, EBP \\ ECX, EDI \\ EDX, ESI \end{Bmatrix} + \begin{Bmatrix} EAX, - \\ EBX, EBP \\ ECX, EDI \\ EDX, ESI \end{Bmatrix} \times \begin{Bmatrix} 1 \\ 2 \\ 4 \\ 8 \end{Bmatrix} + \begin{Bmatrix} - \\ d8 \\ d32 \end{Bmatrix}$$

基底位址   指標位址   SF   位移位址

其中 d8 與 d32 分別為 8 位元與 32 位元的 2 補數位移位址；上式中 { } 表示該 { } 中各項可以任選一項或不選任何項，即基底位址、指標位址、是位移位址等三個位址成分均可以任意選用，但是倍率因素 (SF) 必須在使用指標暫存器時才有效。選用不同的位址成分組合產生了不同的定址分式，這些組合如下：

1. 直接定址：只使用 d32 的位址成分。

2. 暫存器間接定址：只使用基底暫存器指定位址成分。

3. 暫存器相對定址 (或稱為基底定址)：使用基底暫存器與 d8/d32 組合位址成分。

4. 倍率指標定址：只使用指標暫存器與倍率因素 (SF) 組合位址成分。當倍率因素 (SF) 為 1 時，其效果與暫存器間接定址相同，但是不能使用 ESP 暫存器。

5. 倍率指標相對定址：使用指標暫存器、倍率因素 (SF)、d8/d32 組合位址成分。

6. 基底指標定址：使用基底暫存器與指標暫存器組合位址成分。

7. 基底指標相對定址：使用基底暫存器、指標暫存器、d8/d32 組合位址成分。

8. 倍率基底指標定址：使用基底暫存器、指標暫存器、倍率因素 (SF) 組合位址成分。當倍率因素 (SF) 為 1 時，其效果與基底指標定址相同。

9. 倍率基底指標相對定址：使用基底暫存器、指標暫存器、倍率因素 (SF)、d8/d32 組合位址成分。當倍率因素 (SF) 為 1 時，其效果與基底指標相對定址相同。

因此，32 位元定址方式除了涵蓋原有的所有 16 位元定址方式之外，又加入下列定址方式：倍率指標定址、倍率指標相對定址、倍率基底指標定址、倍率基底指標相對定址。

x86 微處理器在保護模式中，可以使用 32 位元定址方式，產生 32 位元有效位址；在實址模式中，為了與 8086 微處理器相容，使用 32 位元定址方式時，產生的有效位址長度，必須為 16 位元 (即高序 16 個位元必須為 0)，以保持在 64k 位元組的節區範圍內。在實址模式中，使用 32 位元定址方式，可以允許使用較多的定址方式，但是結果的指令長度也較長。因此，若希望產生的程式，也能在 8086 微處理器系統中執行，則應該只使用 16 位元定址方式。

3.4.2.3　直接定址　在直接定址方式中，指令本身即包含運算元的 32 位元有效位址，即

$$EA = 32\ 位元位移位址$$

直接定址的指令例如下：

```
00000000 45                  OPR1   DB    45H
00000001 00000047            OPR2   DD    0047H
00000005 00                  OPR3   DB    00H
00000006 00000000            OPR4   DD    0000H

00000000  A0 00000000 R             MOV   AL,OPR1      ;copy 45H to AL
00000005  8B 3D 00000001 R          MOV   EDI,OPR2     ;copy 0047H to EDI
0000000B  A2 00000005 R             MOV   OPR3,AL      ;store AL to OPR3
```

```
00000010   89 3D 00000006 R              MOV    OPR4,EDI    ;store EDI to OPR4
```

3.4.2.4 暫存器間接定址 在 32 位元定址方式中，任何 32 位元通用暫存器都可以當做位址暫存器儲存運算元的有效位址，即運算元的有效位址儲存於指定的暫存器中：

$$EA = \begin{Bmatrix} EAX,\ ESP \\ EBX,\ EBP \\ ECX,\ EDI \\ EDX,\ ESI \end{Bmatrix}$$

使用暫存器間接定址方式的指令例如下：

```
00000000   8A 03           MOV    AL,[EBX]       ;copy mem[EBX] to AL
00000002   66| 8B 0E       MOV    CX,[ESI]       ;copy mem[ESI] to CX
00000005   88 45 00        MOV    [EBP],AL       ;store AL to mem[EBP]
00000008   88 27           MOV    [EDI],AH       ;store AH to mem[EDI]
```

■ **例題 3.4-9: 暫存器間接定址**

假設 EBX = 00002471H，則使用暫存器間接定址方式的運算元有效位址為

EA = 00002471H

3.4.2.5 暫存器相對定址 (基底定址) 在 32 位元的暫存器相對定址 (也稱基底定址) 方式中，運算元的有效位址由基底暫存器中的 32 位元基底位址與指令中的位移位址相加而得。任何一個 32 位元通用暫存器都可以當做基底暫存器儲存基底位址。運算元有效位址的計算如下：

$$EA = \underbrace{\begin{Bmatrix} EAX,\ ESP \\ EBX,\ EBP \\ ECX,\ EDI \\ EDX,\ ESI \end{Bmatrix}}_{基底位址} + \underbrace{\begin{Bmatrix} d8 \\ d32 \end{Bmatrix}}_{位移位址}$$

其中 d8 與 d32 分別為 8 位元與 32 位元的 2 補數位移位址。

使用暫存器相對定址方式的指令例如下：

```
00000000    BE 00000005                 MOV    ESI,05H
00000005    8A 86 00000000 R            MOV    AL,ARRAY[ESI]
0000000B    88 86 00000002 R            MOV    ARRAY+2[ESI],AL
```

■ 例題 3.4-10: 暫存器相對定址

假設 EBX = 0000247H，位移位址為 22ADH，則在使用暫存器相對定址方式下的運算元有效位址為

$$EA = EBX + 000022ADH$$
$$\quad\ \ = 000024F4H$$

3.4.2.6 倍率指標定址 倍率指標定址 (scaled-indexed addressing) 與暫存器間接定址方式類似，可以使用任何一個 32 位元指標暫存器儲存指標值，但是在每次計算運算元的有效位址時，該指標值都先乘上運算元的長度(即倍率因素，SF)。運算元的有效位址的計算方式如下：

$$EA = \begin{Bmatrix} EAX, \text{-} \\ EBX, EBP \\ ECX, EDI \\ EDX, ESI \end{Bmatrix} \times \begin{Bmatrix} 1 \\ 2 \\ 4 \\ 8 \end{Bmatrix}$$
$$\qquad\quad \text{指標位址} \qquad \text{SF}$$

使用倍率指標定址方式的指令例如下：

```
00000000    BE 00000005                 MOV    ESI,05H
00000005    8A 04 75 00000000           MOV    AL,[ESI*2]
0000000C    66| 89 04 9D 00000000       MOV    [EBX*4],AX
00000014    89 14 FD 00000000           MOV    [EDI*8],EDX
```

■ 例題 3.4-11: 倍率指標定址

假設 ESI = 00000521H，SF 為 2，則在使用倍率指標定址方式下的運算元有效位址為

$$EA = 00000521H \times 2$$
$$\quad\ \ = 00000A42H$$

3.4.2.7 倍率指標相對定址 倍率指標相對定址 (scaled-indexed-relative addressing) 與暫存器相對定址方式類似，但是使用位移位址為資料陣列的起始點，而以指定的指標暫存器內容為指標值存取陣列中的資料。在這種定址方式中，運算元的有效位址由指標值乘上運算元的長度 (即倍率因素，SF) 後，與指令中的位移位址相加而得。運算元的有效位址的計算方式如下：

$$
EA = \begin{Bmatrix} EAX, - \\ EBX, EBP \\ ECX, EDI \\ EDX, ESI \end{Bmatrix} \times \begin{Bmatrix} 1 \\ 2 \\ 4 \\ 8 \end{Bmatrix} + \begin{Bmatrix} d8 \\ d32 \end{Bmatrix}
$$

指標位址　　　　　SF　　位移位址

其中 d8 與 d32 分別為 8 位元與 32 位元的 2 補數位移位址。

　　使用倍率指標相對定址方式的指令例如下：

```
00000000    BE 00000005                    MOV    ESI,05H
00000005    66| 8B 04 75 00000000 R        MOV    AX,ARRAY[ESI*2]
0000000D    66| 89 34 9D 00000002 R        MOV    ARRAY+2[EBX*4],SI
00000015    66| 89 2C FD 00000000 R        MOV    ARRAY[EDI*8],BP
```

■ 例題 3.4-12: 倍率指標相對定址

　　假設 ESI = 00000521H，SF 為 2，位移位址為 0105H，則在使用倍率指標相對定址方式下的運算元有效位址為

$$
EA = 00000521H \times 2 + 00000105H
$$
$$
= 00000B47H
$$

3.4.2.8 基底指標定址 在基底指標定址 (based-indexed addressing) 方式中，一共使用兩個位址暫存器，其中一個為基底暫存器儲存基底位址；另一個為指標暫存器儲存指標值。運算元的有效位址由基底位址與指標值相加而得，即運算元的有效位址為：

$$
EA = \begin{Bmatrix} EAX, ESP \\ EBX, EBP \\ ECX, EDI \\ EDX, ESI \end{Bmatrix} + \begin{Bmatrix} EAX, - \\ EBX, EBP \\ ECX, EDI \\ EDX, ESI \end{Bmatrix}
$$

基底位址　　　　指標位址

　　　使用基底指標定址方式的指令例如下：

```
00000000   8A 04 2E           MOV   AL,[EBP][ESI]  ;copy mem[EBP+ESI] to AL
00000003   66| 8B 04 1F       MOV   AX,[EBX+EDI]   ;copy mem[EBX+EDI] to AX
00000007   88 04 1E           MOV   [EBX][ESI],AL  ;store AL to mem[EBX+ESI]
0000000A   66| 89 0C 2F       MOV   [EBP+EDI],CX   ;store CX to mem[EBP+EDI]
```

■ 例題 **3.4-13**: 基底指標定址

　　　假設基底暫存器 EBX = 00004321H，指標暫存器 ECX = 000025A6H，則在使用基底指標定址方式下的運算元有效位址為：

$$EA = 00004321 + 000025A6H$$
$$= 000068C7H$$

3.4.2.9　基底指標相對定址　在基底指標相對定址 (based-indexed relative addressing) 方式中，運算元的有效位址共由三個 32 位元位址成分組成：基底位址、指標值、位移位址，其中基底位址與指標值分別儲存於位址暫存器中。在這種定址方式中，運算元的有效位址的計算方式如下：

$$EA = \begin{Bmatrix} EAX, ESP \\ EBX, EBP \\ ECX, EDI \\ EDX, ESI \end{Bmatrix} + \begin{Bmatrix} EAX, - \\ EBX, EBP \\ ECX, EDI \\ EDX, ESI \end{Bmatrix} + \begin{Bmatrix} d8 \\ d32 \end{Bmatrix}$$

$$\text{基底位址} \qquad \text{指標位址} \qquad \text{位移位址}$$

其中 d8 與 d32 分別為 8 位元與 32 位元的 2 補數位移位址。

　　　使用基底指標相對定址方式的指令例如下：

```
00000000   8A 84 2E 00000000 R     MOV   AL,ARRAY[EBP+ESI]
00000007   8A A4 1F 00000001 R     MOV   AH,ARRAY+1[EBX+EDI]
0000000E   88 84 1E 00000000 R     MOV   ARRAY[EBX][ESI],AL
00000015   88 AC 2F 00000003 R     MOV   ARRAY+3[EBP][EDI],CH
```

■ 例題 **3.4-14**: 基底指標相對定址

　　　假設基底暫存器 ECX = 0000278AH，指標暫存器 ESI = 00004726H，d32 = 00002371H，則在使用基底指標相對定址方式下的運算元有效位址為

$$EA = 0000278AH + 00004726H + 00002371H$$
$$= 00009221H$$

3.4.2.10 倍率基底指標定址 在倍率基底指標定址 (scaled-based-indexed addressing) 方式中，一共使用兩個位址暫存器，其中一個為基底暫存器儲存基底位址；另一個為指標暫存器儲存指標值。在這種定址方式，於每次計算運算元的有效位址時，指標值都先乘上運算元的長度 (即倍率因素，SF) 後，才與基底暫存器中的基底位址相加，即運算元的有效位址為：

$$
EA = \begin{Bmatrix} EAX, ESP \\ EBX, EBP \\ ECX, EDI \\ EDX, ESI \end{Bmatrix} + \begin{Bmatrix} EAX, - \\ EBX, EBP \\ ECX, EDI \\ EDX, ESI \end{Bmatrix} \times \begin{Bmatrix} 1 \\ 2 \\ 4 \\ 8 \end{Bmatrix}
$$

基底位址　　　　　指標位址　　　　SF

使用倍率基底指標定址方式的指令例如下：

```
00000000    8A 44 75 00        MOV    AL,[EBP][ESI*2]
00000004    66| 8B 04 9F       MOV    AX,[EDI+EBX*4]
00000008    88 04 9E           MOV    [EBX*4][ESI],AL
0000000B    66| 89 4C FD       MOV    [EBP+EDI*8],CX
```

■ **例題 3.4-15: 倍率基底指標定址**

假設基底暫存器 EBX = 00004321H，指標暫存器 ECX = 000025A6H，SF = 4，則在使用倍率基底指標定址方式下的運算元有效位址為：

$$EA = 00004321 + 000025A6H \times 4$$
$$= 0000D9B9H$$

3.4.2.11 倍率基底指標相對定址 在倍率基底指標相對定址 (scaled-based-indexed relative addressing) 方式中，運算元的有效位址共由三個 32 位元位址成分組成：基底位址、指標值、位移位址，其中基底位址與指標值分別儲存於位址暫存器中。在這種定址方式中，於每次計算運算元的有效位址時，指標值都先乘上運算元的長度 (即倍率因素，SF) 後，才與基底暫存器中的基底位址及位移位址相加。運算元的有效位址的計算方式如下：

$$
EA = \begin{Bmatrix} EAX, ESP \\ EBX, EBP \\ ECX, EDI \\ EDX, ESI \end{Bmatrix} + \begin{Bmatrix} EAX, - \\ EBX, EBP \\ ECX, EDI \\ EDX, ESI \end{Bmatrix} \times \begin{Bmatrix} 1 \\ 2 \\ 4 \\ 8 \end{Bmatrix} + \begin{Bmatrix} d8 \\ d32 \end{Bmatrix}
$$

　　　　　　　基底位址　　　　　指標位址　　　SF　　位移位址

其中 d8 與 d32 分別為 8 位元與 32 位元的 2 補數位移位址。

　　使用倍率基底指標相對定址方式的指令例如下：

```
00000000   8A 84 F5  00000000 R        MOV    AL,ARRAY[EBP+ESI*8]
00000007   8A A4 1F  00000001 R        MOV    AH,ARRAY+1[EBX+EDI]
0000000E   88 84 B3  00000000 R        MOV    ARRAY[EBX][ESI*4],AL
00000015   88 AC 6F  00000003 R        MOV    ARRAY+3[EBP*2][EDI],CH
```

■ 例題 3.4-16: 倍率基底指標相對定址

　　假設基底暫存器 ECX = 0000278AH，指標暫存器 ESI = 00004726H，SF = 2，d32 = 00002371H，則在使用倍率基底指標相對定址方式下的運算元有效位址為

$$
\begin{aligned}
EA &= 0000278AH + 00004726H \times 2 + 00002371H \\
&= 0000D947H
\end{aligned}
$$

3.4.2.12　EIP 相對定址　在 x86 中，相對定址方式只使用於跳躍、呼叫、條件、分歧、迴路控制指令中。有效位址是由 EIP 與一個包含於指令中的 8 位元或 16 位元 2 補數位移位址相加而得。使用的 EIP 值為緊接於目前指令後的位元組之位址，其動作示意圖如下所示：

　　EIP 相對定址的指令例如下：

```
00000000   EB FE                       JMP    $
00000002   EB 04                       JMP    HERE
00000004   75 02                       JNZ    HERE
00000006   7F 00                       JG     HERE
00000008   C3                  HERE:   RET
```

3.4.3 64 位元定址方式

在 64 位元模式中，有效位址預設為 64 位元而運算元長度則預設為 32 位
元。若欲改變運算元長度為 64 位元，則可以設定 REX.W 位元為 1，在 64 位元
定址模式下，可以使用 REX.R 位元存取額外的八個通用暫存器 (R8 ～ R15)。
如圖 3.4-7 所示，REX 指令前標一共有四個可以設定的位元：W、R、X、B。
其功能如下：

W (位元 3)：當 W 位元清除為 0 時，運算元長度由 CS 描述子的 D 位元決
定。當 W 位元設定為 1 時，運算元長度為 64 位元，但不影響位元組的運算。
對於非位元組的運算元而言，當 66H 指令前標與 REX.W = 1 共同使用時，66H
指令前標將被忽略；當 66H 指令前標與 REX.W = 0 共同使用時，運算元長度
為 16 位元。

R (位元 2)：R 位元擴充 ModR/M 位元組中的 Reg 欄為 4 個位元。

X (位元 1)：X 位元擴充 SIB 位元組中的 Index 欄為 4 個位元。

B (位元 0)：B 位元擴充 ModR/M 位元組中的 Reg 欄、SIB 位元組中的 Base
欄、是 opcode 位元組中的 Reg 欄為 4 個位元。

$$
\begin{array}{|c c c c c c c c|}
\hline
7 & 6 & 5 & 4 & 3 & 2 & 1 & 0 \\
\hline
0 & 1 & 0 & 0 & W & R & X & B \\
\hline
\end{array}
$$

圖 3.4-7: REX 指令前標位元組

64 位元模式除了增加 RIP 相對定址 (RIP-relative addressing) 與使用 16 個 64
位元的暫存器而不是 8 個 32 位元暫存器之外，定址方式與 32 位元模式相同。

在 64 位元模式中，有效位址可以使用直接定址或是下列的組合方式獲得：

$$
EA = \begin{Bmatrix} RAX, RSP \\ RBX, RBP \\ RCX, RDI \\ RDX, RSI \\ R8 \sim R15 \end{Bmatrix} + \begin{Bmatrix} RAX, - \\ RBX, RBP \\ RCX, RDI \\ RDX, RSI \\ R8 \sim R15 \end{Bmatrix} \times \begin{Bmatrix} 1 \\ 2 \\ 4 \\ 8 \end{Bmatrix} + \begin{Bmatrix} d8 \\ d16 \\ d32 \end{Bmatrix}
$$

基底位址　　　　　指標位址　　　　SF　位移位址

其中基底位址與 2 補數指標位址在大多數情況下可以各自由 16 個通用暫存器

中的任何一個指定；2 補數位移位址可以是 8 位元、16 位元、32 位元等；倍率因素則可以是 1、2、4、8 等。

　　RIP 相對定址 (RIP-relative addressing)：在 RIP 相對定址中，有效位址係由 RIP 內容與一個 32 位元 2 補數位移位址先經符號擴展然後相加而得。RIP 相對定址允許撰寫位置獨立程式碼 (position-independent code)，它允許使用 32 位元位移位址的方式相對於 RIP 使用特定的 Mod R/M 位元組模式存取記憶器運算元。存取的範圍為相對於 RIP ±2 GB。

　　各種 64 位元定址方式的指令例如下：

```
00000000   B0 00                        MOV    AL,00H      ;immediate
00000002   49/ 8B C7                    MOV    RAX,R15     ;register
00000005   8B C1                        MOV    EAX,ECX
00000007   41/ 8B D8                    MOV    EBX,R8D
0000000A   48/ 8B 05 00000000 R         MOV    RAX,ARRAY ;direct
00000011   45/ 8A 0A                    MOV    R9B,[R10] ;register indirect
00000014   4C/ 89 A0 00000000 R         MOV    ARRAY[RAX],R12;register relative
0000001B   89 14 7D 00000000            MOV    [RDI*2],EDX ;scaled index
                                        ;scaled index relative
00000022   48/ 89 14 FD 00000000 R MOV  ARRAY[RDI*8],RDX
0000002A   4C/ 8B 04 1F                 MOV    R8,[RBX+RDI] ;base index
                                        ;base index relative
0000002E   48/ 89 84 1E 00000000 R MOV  ARRAY[RBX][RSI],RAX
00000036   48/ 89 04 B3                 MOV    [RBX][RSI*4],RAX;scaled base index
                                        ;scaled base index relative
0000003A   48/ 89 84 B3 00000000 R MOV  ARRAY[RBX][RSI*4],RAX
00000042   EB FE                        JMP    $               ;RIP relative
00000044   EB 02                        JMP    DONE
00000046   75 E2                        JNZ    HERE
```

　　在本章中，為了讓讀者感受 64 位元 x64 微處理器的特性，我們介紹了 64 位元的定址模式及指令格式與編碼。然而，對於初學者而言，尤其是組合語言，處理一個 64 位元的數量，遠較一個 32 位元複雜。因此，在本書中其次各章的組合語言指令介紹及組合語言程式設計範例說明，均以 32 位元 (即 x86) 為主。當然，這並不影響讀者對於組合語言程式的學習，因為 32 位元與 64 位元的組合語言指令具有相同的定址模式。

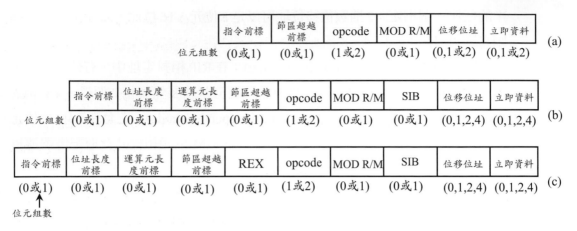

圖 3.5-1: x86/x64 基本指令格式：(a) 16 位元模式；(b) 32 位元模式；(c) 64 位元模式

3.5 指令格式與編碼

在了解 x86 的各種 16 位元與 32 位元定址方式與 x64 的 64 位元定址方式後，本節中進一步探討 x86 與 x64 的各種指令格式及其編碼規則，即它們如何產生機器碼。雖然指令的機器碼可以由組譯程式自動產生，但是熟悉編碼規則有助於更進一步的了解 CPU 的動作原理及幫助組合語言程式的撰寫，因此本節中詳細的探討 x86 與 x64 的指令編碼方法與各種定址方式之間的關係。

3.5.1 基本指令格式

x86 與 x64 微處理器的基本指令格式如圖 3.5-1 所示，圖 3.5-1(a) 為 16 位元的基本指令格式；圖 3.5-1(b) 為 32 位元的基本指令格式；圖 3.5-1(c) 為 64 位元的基本指令格式。

由於 x86 微處理器指令組完全包含 8086 的 16 位元指令組，因此那些與 8086 相同的指令也完全具有相同的機器碼。在 x86 微處理器的 16 位元指令組中，運算元長度有 8 位元與 16 位元兩種，因此在指令碼 (opcode) 中以一個位元區別這兩種長度；這個位元在 32 位元指令組中，則用來區別 8 位元與 32 位元等兩個運算元長度。

一般而言，x86 微處理器的指令組可以視為兩組指令組的正交集合，即一組為 16 位元指令組；另一組則為 32 位元指令組。這兩組指令組中，兩個具有相同的動作但是不同長度運算元的指令，其機器碼是相同的。例如：

　　MOV　　AX,[EBX]　 與

　　MOV　　EAX,[EBX]

具有相同的機器碼 8B03H，但是在 x86 CPU 中，為了區別這兩個指令，則在機器碼前加上一個 "運算元長度前標"(operand size prefix) 位元組 "66H"。

　　　單獨的運算元長度前標並不能確定目前運算元的真正長度。在 x86 CPU 的實址模式中，均假設運算元與位址長度為 16 位元，因此可以與 8086 相容；在保護模式中，每一個可以執行節區的運算元長度與位址長度，則由該節區描述子 (如圖 3.3-2 所示) 中的 D 位元指定：當 D 位元為 0 時，為 16 位元；當 D 位元為 1 時，則為 32 位元。任何指令欲改變此種預設的運算元長度與位址長度，則必須在其之前冠上 "運算元長度前標"(66H) 或 "位址長度前標"(67H) 或兩者。

■ 例題 3.5-1: 位址長度前標與運算元長度前標

　　　假設 x86 微處理器工作於實址模式 (D 位元為 0)，則下列兩個指令：
　　MOV　　AX,[EBX]
　　MOV　　EAX,[EBX]

在組譯之後，其機器碼分別為：

　　67 | 8B 03　　MOV AX,[EBX]

與

　　67 | 66 | 8B 03　　MOV EAX,[EBX]

因為在 MOV　AX,[EBX] 指令中，[EBX] 為 32 位元位址，因此使用位址長度前標 (67H) 改變預設的 16 位元位址為 32 位元有效位址；MOV　EAX,[EBX] 指令的運算元與位址長度均指定為 32 位元，因此位址長度前標 (67H) 與運算元長度前標 (66H) 均必須使用，以改變預設狀態 (D = 0) 的 16 位元運算元與位址長度。

3.5.2　MOD R/M 位元組

　　　在 16 位元定址方式中，MOD R/M 位元組中的 MOD 與 R/M 組合之後，指定下列定址方式：直接定址、暫存器間接定址、暫存器相對定址、基底指標定

表 3.5-1: 16 位元 MOD R/M 位元組定址方式

Mod R/M	00	01	10	11 w = 0	11 w = 1
000	BX+SI (DS)	BX+SI+d8 (DS)	BX+SI+d16 (DS)	AL	AX (EAX)
001	BX+DI (DS)	BX+DI+d8 (DS)	BX+DI+d16 (DS)	CL	CX (ECX)
010	BP+SI (SS)	BP+SI+d8 (SS)	BP+SI+d16 (SS)	DL	DX (EDX)
011	BP+DI (SS)	BP+DI+d8 (SS)	BP+DI+d16 (SS)	BL	BX (EBX)
100	SI (DS)	SI+d8 (DS)	SI+d16 (DS)	AH	SP (ESP)
101	DI (DS)	DI+d8 (DS)	DI+d16 (DS)	CH	BP (EBP)
110	Addr (DS)	BP+d8 (DS)	BP+d16 (DS)	DH	SI (ESI)
111	BX (DS)	BX+d8 (DS)	BX+d16 (DS)	BH	DI (EDI)

Reg	節區暫存器
00	ES
01	CS
10	SS
11	DS

(a)

Reg	通用暫存器 w = 0	通用暫存器 w = 1
000	AL	AX (EAX)
001	CL	CX (ECX)
010	DL	DX (EDX)
011	BL	BX (EBX)
100	AH	SP (ESP)
101	CH	BP (EBP)
110	DH	SI (ESI)
111	BH	DI (EDI)

(b)

圖 3.5-2: MOD R/M 位元組的編碼：(a) 節區暫存器；(b) 通用暫存器

址、基底指標相對定址，若該指令為雙運算元指令，則另一個運算元為暫存器而且由 MOD R/M 位元組中的 REG 指定，此外在 MOD = 11 時，R/M 區也指定一個暫存器運算元。

MOD R/M 位元組的格式如表 3.5-1 與圖 3.5-2 所示。在運算元長度為 32 位元而且 w 位元為 1 時，則 R/M 區指定 32 位元通用暫存器而不是 16 位元通用暫存器。

下列例題說明 MOD R/M 位元組的編碼規則。

■ 例題 3.5-2: 指令編碼

指令的機器碼格式如下：

| 1000 100w | MOD | REG | R/M |

MOV mem,reg

分別求出下列各指令的機器碼：

(a) MOV [BX],AL

(b) MOV [BX],AX

(c) MOV [BX][SI],CX

解：結果如下：

(a) 因為運算元 AL 為位元組，所以 w 位元為 0，由第 3.4.2 節的討論得知：指令的第二個運算元 AL 是由 MOD R/M 位元組中的 REG 區指定的，因此由圖 3.5-2(b) 得到 REG = 000；另外由表 3.5-1 得到 MOD = 00、R/M = 111，所以機器碼為 1000 1000 00 000 111 = 88 07H。

(b) 因為運算元 AX 與 BX 均為語句，所以 w 位元為 1，由圖 3.5-2(b) 得知 REG = 000；另外由表 3.5-1 得到 MOD = 00、R/M = 111，所以機器碼為：1000 1001 00 000 111 = 89 07H。

(c) 因為運算元 CX 為語句，所以 w 位元為 1，由圖 3.5-2(b) 得知 REG = 001；另外由表 3.5-1 得到 MOD = 00、R/M = 000，所以機器碼為：1000 1001 00 001 000 = 89 08H。

3.5.3 SIB 位元組

x86 微處理器的 32 位元定址方式是由 MOD R/M 位元組與 SIB 位元組組合而成的。在 32 位元定址方式中，MOD R/M 位元組與 16 位元定址方式具有不同的編碼方式，如表 3.5-2 所示。其中 MOD = 00 時，相當於暫存器間接定址與直接定址 (當 R/M = 101 時)；MOD = 01 或 10 則相當於暫存器相對定址方式；在 MOD = 11 時，R/M 區則指定通用暫存器。此外，當 MOD 區為 00、01、10 而 R/M 區為 100 時，則使用 SIB 位元組指定其它定址方式。

SIB 位元組的格式如圖 3.5-3 所示，它一共分為三個位元區：SS 區、Index 區、Base 區。其中 Base 區指定基底暫存器；Index 區則指定指標暫存器；而 SF 區則指定倍率因素 (SF)。

表 **3.5-2:** 32 位元 MOD R/M 位元組定址方式

Mod R/M	00	01	10	11 w = 0	11 w = 1
000	EAX (DS)	EAX+d8 (DS)	EAX+d32 (DS)	AL	EAX (AX)
001	ECX (DS)	ECX+d8 (DS)	ECX+d32 (DS)	CL	ECX (CX)
010	EDX (DS)	EDX+d8 (DS)	EDX+d32 (DS)	DL	EDX (DX)
011	EBX (DS)	EBX+d8 (DS)	EBX+d32 (DS)	BL	EBX (BX)
100	SIB位元組定址	SIB位元組定址	SIB位元組定址	AH	ESP (SP)
101	d32 (DS)	EBP+d8 (SS)	EBP+d32 (SS)	CH	EBP (BP)
110	ESI (DS)	ESI+d8 (DS)	ESI+d32 (DS)	DH	ESI (SI)
111	EDI (DS)	EDI+d8 (DS)	EDI+d32 (DS)	BH	EDI (DI)

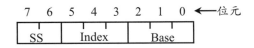

圖 **3.5-3:** SIB 位元組

SIB 位元組與 MOD R/M 位元組組合後的 32 位元定址方式如表 3.5-3 所示。在 MOD = 00：若 SF = 1 而 Base ≠ 101 時，相當於基底指標定址；若 SF ≠ 1 而 Base ≠ 101 時，相當於倍率基底指標定址；若 SF = 1 而 Base = 101 時，相當於暫存器相對定址；當 base = 101 時，若不使用指標暫存器，則相當於直接定址，若不使用位移位址，則相當於倍率指標定址。在 MOD = 01 或 10：若 SF = 1 時，相當於基底指標相對定址方式；若 SF ≠ 1 時，相當於倍率基底指標相對定址方式。

下列例題說明 MOD R/M 位元組與 SIB 位元組組合的定址方式的編碼規則。

■ 例題 3.5-3: MOD R/M 與 SIB 位元組定址方式

指令 MOV mem,reg 的機器碼為：

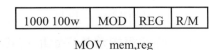

MOV mem,reg

求出下列各指令的機器碼：

(a) MOV [EAX],ECX

(b) MOV [EBX],EDI

表 3.5-3: SIB 位元組定址方式

Mod / Base	00	01	10
000	EAX+SF*XR (DS)	EAX+SF*XR+d8 (DS)	EAX+SF*XR+d32 (DS)
001	ECX+SF*XR (DS)	ECX+SF*XR+d8 (DS)	ECX+SF*XR+d32 (DS)
010	EDX+SF*XR (DS)	EDX+SF*XR+d8 (DS)	EDX+SF*XR+d32 (DS)
011	EBX+SF*XR (DS)	EBX+SF*XR+d8 (DS)	EBX+SF*XR+d32 (DS)
100	ESP+SF*XR (SS)	ESP+SF*XR+d8 (SS)	ESP+SF*XR+d32 (SS)
101	d32+SF*XR (DS)	EBP+SF*XR+d8 (DS)	EBP+SF*XR+d32 (DS)
110	ESI+SF*XR (DS)	ESI+SF*XR+d8 (DS)	ESI+SF*XR+d32 (DS)
111	EDI+SF*XR (DS)	EDI+SF*XR+d8 (DS)	EDI+SF*XR+d32 (DS)

註：1. Mod為Mod R/M位元組中的Mod位元。

    2. 當index＝100時，SF必須為00。

    3. SS與指標暫存器(XR)的編碼如下：

SS =	00	01	10	11	Index =	000	001	010	011	100	101	110	111
SF =	1	2	4	8	XR =	EAX	ECX	EDX	EBX	-	EBP	ESI	EDI

(c) MOV   [EDX][EAX],ESI

(d) MOV   [EDX][EAX×4],CL

解： 結果如下：

(a) 因為運算元 EAX 與 ECX 等均為 32 位元，所以 w 位元為 1，由圖 3.5-2(b) 得知 REG＝001；另外由表 3.5-2 得到 MOD＝00、R/M＝000，所以機器碼為：10001001 00 001 000＝89 08H。

(b) 因為運算元 EDI 為 32 位元，所以 w 位元為 1，由圖 3.5-2(b) 得知 REG＝111；另外由表 3.5-2 得到 MOD＝00、R/M＝011，所以機器碼為：1000 1001 00 111 011＝89 3BH。

(c) 因為運算元 ESI 為 32 位元所以 w 位元為 1，由圖 3.5-2(b) 得知 REG＝110；另外由表 3.5-2 得到 MOD＝00、R/M＝100，所以 MOD R/M 位元組為 00 110 100＝34H；由表 3.5-3 得到 SIB 位元組＝00 010 000＝10H，所以機器碼為：89 34 10H。

(d) 因為運算元 CL 為位元組，所以 w 位元 0，由圖 3.5-2(b) 得知 REG＝001；另外由表 3.5-2 得到 MOD＝00、R/M＝100，所以 MOD R/M 位元組為：00 001 100＝0CH；由表 3.5-3 得到 SIB 位元組＝10 000 010＝82H，所以機器碼為：88 0C 82 H。

3.5.4 REX 指令前標

REX 指令前標使用在 64 位元模式中，指定通用暫存器 (GPR) 與 SSE 暫存器、指定 64 位元運算元、指定擴充的控制暫存器。當然不是所有 64 位元模式中的指令均需使用 REX 指令前標，它只使用在指令需要存取擴充暫存器或是使用 64 位元的運算元時。每一個指令最多僅需要一個 REX 指令前標，且必置緊鄰於 opcode 或是 ESC (0FH) 位元組之前，如圖 3.5-1(c) 所示。

如同 x86 微處理器一樣，x64 微處理器的指令編碼格式依然使用 MOD R/M 位元組與 SIB 位元組的組合來完成。但是當需要 64 位元的內容時，則使用 REX 指令前標輔助完成。圖 3.5-4(a) 所示為 64 位元暫存器-暫存器定址的 MOD R/M 位元組編碼。REX 指令前標中的 R 與 B 兩個位元與 MOD R/M 位元組中的 Reg 與 R/M 欄結合後，分別指定通用暫存器與基底暫存器；圖 3.5-4(b) 所示為 64 位元記憶器定址的 MOD R/M 位元組編碼；圖 3.5-4(c) 所示為使用 SIB 位元組的記憶器定址的 Mod R/M 與 SIB 位元組編碼；圖 3.5-4(d) 所示為由 opcode 位元組指定的暫存器運算元編碼。

參考資料

1. AMD, *AMD64 Architecture Programmer's Manual Volume 1: Application Programming,* 2012 (http://www.amd.com)

2. AMD, *AMD64 Architecture Programmer's Manual Volume 2: System Programming,* 2012 (http://www.amd.com)

3. Intel, *Intel 64 and IA-32 Architectures Software Developer's Manual, Volume 1: Basic Architecture,* 2011. (http://www.intel.com)

4. Intel, *Intel 64 and IA-32 Architectures Software Developer's Manual,* Volume 2, 2011. (http://www.intel.com)

5. Intel, *Intel 64 and IA-32 Architectures Software Developer's Manual,* Volume 3, 2011. (http://www.intel.com)

6. Yu-Cheng Liu and Glenn A. Gibson, *Microcomputer Systems : The 8086/8088 Family Architecture, Programming and Design,* 2nd. ed., Englewood Cliffs, N. J.: Prentice-Hall,1986.

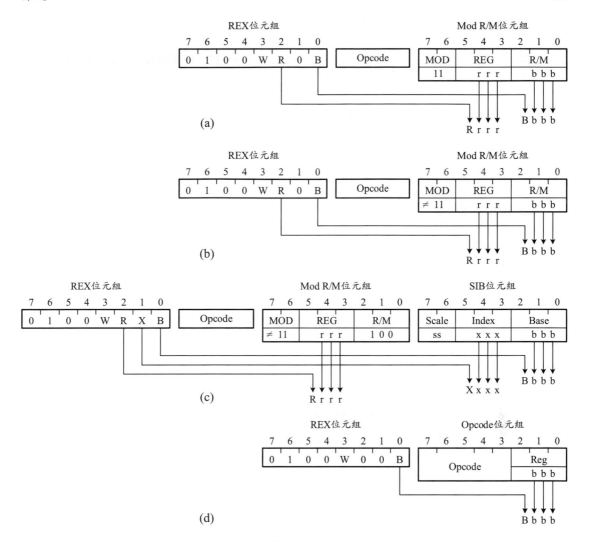

圖 3.5-4: REX 指令前標使用：(a) 64 位元暫存器 -暫存器定址的 MOD R/M 位元組編碼；(b) 64 位元記憶體定址的 Mod R/M 位元組編碼；(c) 使用 SIB 位元組的記憶體定址的 Mod R/M 與 SIB 位元組編碼；(d) 由 opcode 位元組指定的暫存器運算元編碼

習 題

3-1 何謂微處理器的規劃模式？在 x86 微處理器的規劃模式中，共有三個主要類型 的暫存器，試說明這些暫存器的主要功能與用途？

3-2 在 x86 微處理器中，若工作於實址模式下則其記憶體位址空間有多少個位元組？

3-3 假設記憶器位址為 0B00CH、0B00DH、0B00EH、0B00FH、0B010H 等位置的
內容分別為 15H，16H，17H，20H，與 11H，則

(1) 位址為 0B00DH 的資料語句為多少？

(2) 位址為 0B00CH 的雙語句資料為多少？

(3) 上述語句或雙語句是否為對正語句或對正雙語句？

3-4 求出下列各帶號整數 (2 補數) 的值：

(1) 0111011B (8 位元)　　　　　　　**(2)** 057ABH (32 位元)

(3) 147ABH (32 位元)　　　　　　　**(4)** 11011011B (8 位元)

(5) F47BH (16 位元)　　　　　　　　**(6)** FAB7H (16 位元)

3-5 儲存下列各資料於位址為 0A01H 開始的記憶器位置中：

(1) 1234H (語句)

(2) 0723145AH (雙語句)

上述語句或雙語句是否為對正語句或對正雙語句？

3-6 儲存下列各資料於位址為 0C02H 開始的記憶器位置中：

(1) 764AH (語句)

(2) 576142H (雙語句)

上述語句或雙語句是否為對正語句或對正雙語句？

3-7 由表 1.3-1 所示的 ASCII 碼，找出下列各字元串的 ASCII 碼：

(1) x86/x64 processors　　　　　　**(2)** study hard

(3) 2012　　　　　　　　　　　　　**(4)** Core i7

3-8 表示下列各數為併裝 BCD 位元組：

(1) 8725　　　　　　　　　　　　　**(2)** 1279

(3) 4728　　　　　　　　　　　　　**(4)** 20121221

3-9 表示下列各數為未併裝BCD位元組：

(1) 1789　　　　　　　　　　**(2)** 2012

(3) 1221　　　　　　　　　　**(4)** 2489

3-10 解釋或定義下列各名詞：

(1) 記憶器節區　　　　　　　**(2)** 有效位址

(3) 實際位址　　　　　　　　**(4)** 記憶器映成單元

3-11 x86微處理器在實址模式與保護模式下，轉換一個有效位址為實際位址的方法有何不同？

3-12 為何x86微處理器在保護模式下的分頁記憶器管理單元，使用多層次分頁方法轉換線性位址為實際位址？

3-13 當x86微處理器在保護模式下，不使用分頁記憶器管理單元時，它們如何轉換有效位址為實際位址？

3-14 在x86的實址模式中，若DS內容為5422H而運算元的有效位址為2A79H，則送到記憶器的實際位址為多少？

3-15 在x86的實址模式中，與記憶器有關的定址方式(即指定在記憶器中的運算元的方式)有那些？試簡述之。

3-16 在16位元定址方式中，假設DS = 5422H，SI = 4076H，則在使用SI為位址暫存器的暫存器間接定址方式中的運算元有效位址及實際位址各為多少？

3-17 在16位元定址方式中，假設DS = 5422H，BX = 41A7H，位移位址為-23，則在使用BX為位址暫存器的暫存器相對定址方式中的運算元有效位址與實際位址各為多少？

3-18 在16位元定址方式中，假設基底暫存器BX = 0278H，指標暫存器SI = 1475H，DS = 0A90H，則在使用基底指標定址方式下的運算元有效位址與實際位址各為多少？

3-19 在16位元定址方式中，假設基底暫存器BX = 0293H，DI = 175BH，DS = 5420H，位移位址為-49，則在使用基底指標相對定址方式下的運算元有效位址與實際位址各為多少？

3-20 在 x86 微處理器的 16 位元與 32 位元定址方式中，對於位址暫存器的使用方式有何不同？試說明其差異？

3-21 在 x86 微處理器的 32 位元定址方式中，若 SF = 4，指標暫存器 EDI = 00004213H，位移位址為 -2AH，則在使用倍率指標定址方式下的運算元有效位址為多少？

3-22 在 x86 微處理器的 32 位元定址方式中，若 SF = 8，基底暫存器 EBX = 000042A8H，指標暫存器 ECX = 00002489H，則在使用倍率基底指標定址方式下的運算元有效位址為多少？

3-23 在 x86 微處理器的 32 位元定址方式中，若 SF = 4，基底暫存器 EBX = 00002A86H，指標暫存器 EDX = 00001234H，位移位址為 +27，則在使用倍率基底指標相對定址方式下的運算元有效位址為多少？

3-24 指令 ADD reg,mem 的機器碼格式如下：

00 00001w MOD REG R/M

分別求出下列各個指令的機器碼：

(1) ADD AX,[SI]   **(2)** ADD AX,[BX]

(3) ADD DX,[BX][SI]   **(4)** ADD CX,[SI][BP]

3-25 指令 ADC mem,reg 的機器碼格式如下：

00 010 00W MOD REG R/M

分別求出下列各個指令的機器碼：

(1) ADC [ESI],EAX   **(2)** ADC [EBX],ESI

(3) ADC [EAX][EBX],EDI   **(4)** ADC [EAX][ESI*4],EDX

3-26 為何 x86 微處理器中的雙運算元指令不能同時兩個運算元均位於記憶器內？

3-27 在 x86 微處理器中，指令組可以視為兩組不同的指令組：一為 16 位元指令；另一則為 32 位元指令，試問它如何區別這兩組指令？

4 基本組合語言程式設計

在 了解 x86 微處理器的軟體模式後，接著便是學習如何使用其提供的組合語言指令，撰寫組合語言程式，以指揮 CPU 的動作，完成標的系統 (target system) 需求的工作。為了達到此目標，本章中，將以由淺入深、循序漸進的方式，依序介紹 x86 微處理器的組合語言指令中，最常用的資料轉移指令組、算數運算指令組與分歧指令組中的各個指令之動作，與其相關的組合語言程式設計。在完成這些指令的學習之後，讀者即可以據以組合與完成高階語言中的三種基本程式指述結構：循序結構 (sequential structure)、選擇性結構 (selection structure)、重複結構 (iteration structure)。這些結構的詳細討論，請參閱第 6.1.2 節。

4.1 定址方式與指令使用

在第 3.4 節中已經討論過各種定址方式，即指令獲取運算元的方法。這一節中，將考慮各種定址方式在組合語言中的表示方法，與使用組合語言指令設計程式時的一些基本觀念。

4.1.1 定址方式格式

x86 微處理器的各種定址方式的組合語言表示方法如表 4.1-1 所示，其中倍率指標、倍率指標相對、倍率基底指標、倍率基底指標相對定址等四種定址方式，只能在 32 位元的定址方式中使用；其它各種定址方式則可以應用於 16 位元或是 32 位元定址方式中。在 16 位元定址方式中，運算元的有效位址必

表 4.1-1: x86 微處理器的各種定址方式的格式

定址方式	格式	有效位址
立即資料定址	exp	
暫存器定址	reg	
直接定址	Var + exp/Var-exp	Var + exp/Var-exp
暫存器間接定址	[reg]	reg
暫存器相對定址	Var[reg + disp] 或 [reg + disp]	Var + reg + disp 或 reg + disp
基底指標定址	[reg1][reg2]	reg1 + reg2
基底指標相對定址	Var[reg1 + disp1][reg2 + disp2] 或 [reg1 + disp1][reg2 + disp2]	Var + reg1 + disp1 + reg2 + disp2 或 reg1 + disp1 + reg2 + disp2
倍率指標定址	[reg*SF]	reg*SF
倍率指標相對定址	Var[reg*SF + disp]	Var + reg*SF + disp
倍率基底指標定址	[reg1][reg2*SF]	reg1 + reg2*SF
倍率基底指標相對定址	Var[reg1 + dsip1][reg2*SF + disp2] 或 [reg1 + dsip1][reg2*SF + disp2]	Var + reg1 + disp1 + reg2*SF + disp2 或 reg1 + disp1 + reg2*SF + disp2

註: 1. disp, disp1, disp2 在 16 位元有效位址時可以為 8 位元或 16 位元；
　　　在 32 位元有效位址時可以為 8 位元或 32 位元。
　　2. SF 可以為 1, 2, 4, 或 8。　3. reg, reg1, 與 reg2 之選用，請參第 3.4 節。

須是 16 位元，但是可以使用 8 位元或 16 位元的運算元或暫存器；在 32 位元定址方式中，運算元的有效位址必須是 32 位元，但是可以使用 8 位元、16 位元、32 位元的運算元或暫存器。

　　表 4.1-1 中第一組的四個定址方式：立即資料定址、暫存器定址、直接定址、暫存器間接定址，為任何電腦或微處理器均具有的基本定址方式，有了這些定址方式已經足夠撰寫任何組合語言程式了。這些定址方式也稱為單位址定址方式 (single-component addressing mode)，因為它們只使用單一的位址成分；其它的七個定址方式至少都由兩個以上的位址成分組成，因此稱為合成定址方式 (composite addressing mode)，這些定址方式的設立通常是為了方便使用者存取某些資料結構，例如陣列資料。

　　依據運算元所在位置區分，表 4.1-1 的定址方式可以分成三類：立即資料定址、暫存器定址、記憶器定址。其中記憶器定址方式包括表 4.1-1 中除了立即資料與暫存器定址之外的其它所有定址方式，因為它們均指定一個記憶器的運算元。

■ 例題 4.1-1: 定址方式與各種運算元長度

下列程式為 x86 微處理器在 32 位元定址方式下，各種定址方式的組合語言表示方法及在此種定址方式中使用 8 位元、16 位元、32 位元運算元長度時，組譯程式產生的指令碼。由於在 32 位元定址方式下，預設的運算元長度為 8 位元與 32 位元，若使用 16 位元的運算元時，必須加上運算元長度前標(66H)，例如程式中的最後一個指令。

```
                            ;ex4.1-2.asm
                            ;Some examples of the notation of
                            ;addressing modes
                                    .386
                                    .model flat, stdcall
                            ;32-bit operand size data segment
00000000                            .data
00000000 00000047           OPR2    DD      0047H
                            ;32-bit addressing size code segment
00000000                            .code
00000000                    ADD_MODE PROC   NEAR
                            ;32-bit addressing and 32-bit operand size.
00000000  B8 00000034               MOV     EAX,034H ;immediate
00000005  8B D8                     MOV     EBX,EAX    ;register
00000007  A1 00000000 R             MOV     EAX,OPR2;direct
0000000C  8B 1B                     MOV     EBX,[EBX] ;register indirect
0000000E  8B 9B 00000000 R          MOV     EBX,OPR2[EBX];register-relative
00000014  8B 1C 07                  MOV     EBX,[EAX][EDI] ;based-indexed
                            ;based-indexed-relative
00000017  8B 9C 0F                  MOV     EBX,OPR2[ECX][EDI]
          00000000 R
0000001E  8B 1C CD                  MOV     EBX,[ECX*8] ;scaled-indexed
          00000000
                            ;scaled-based-indexed
00000025  8B 1C 78                  MOV     EBX,[EAX][EDI*2];based-indexed
                            ;scaled-based-indexed-relative
00000028  8B 9C B9                  MOV     EBX,OPR2[ECX][EDI*4]
          00000000 R
                            ;8-bit operand size
0000002F  8A 03                     MOV     AL,[EBX]
                            ;16-bit operand size
00000031  66| 8B 03                 MOV     AX,[EBX]
00000034                    ADD_MODE ENDP
                                    END     ADD_MODE
```

4.1.2 使用指令的基本概念

使用一個指令時，通常必須把握下列幾項原則：

1. 瞭解該指令的動作；

2. 注意該指令與旗號位元的關係；

3. 比較該指令使用各種定址方式時的執行速度 (即需要的時脈週期數目) 與佔用的記憶器空間。

當然，對一個初學者而言，第一項與第二項原則是最重要的，因為它們能使一個程式正確地執行，程式能正確地執行需要的動作後，再考慮程式的效率才有意義。第三項原則即是針對程式效率考慮，一個較有效率的程式應該是佔用的記憶器空間少 (指令部分) 而執行速度快 (即需要的時脈週期數少)。在目前的 x86 與 x64 微處理器中，由於內部使用管線處理與快取 (隱藏式) 記憶器 (cache memory) 加強指令的執行速度，使得每一個指令執行時，需要的時脈週期數目的計算變得較為複雜。因此，本書中在討論指令時，只列出指令的格式、動作、對旗號位元的影響。指令在各種定址方式下的長度 (佔用的記憶空間) 與執行時，需要的時脈週期數，請參閱參考資料 [4, 6]。

在 x86 微處理器中，最常用的指令格式為單位址與雙位址指令。由於位址的目的主要在獲取運算元，所以單位址指令也稱為單運算元 (single operand) 指令；雙位址指令稱為雙運算元 (double operands) 指令。單運算元指令，通常具有下列格式 (組合語言)：

運算碼　　運算元　　說明

Opcode　　dst　　;dst←F(dst)

這種指令通常在讀取標的運算元 (destination operand，dst) 的值，並且執行某些函數 (F) 運算後，再儲存其結果於 dst 中。依微處理器而定，dst 是由一個允許的定址方式指定的暫存器或記憶器位置。

雙運算元指令的組合語言格式為：

Opcode　　dst, src　　;dst←F(src, dst)

這種指令通常在讀取 dst 與來源運算元 (source operand，src) 的值，並且執行某種函數 (F) 的組合後，再儲存其結果於 dst 中。當 dst 為累積器而 src 為暫存器或由一個定址方式指定的記憶器位置時，其組合語言格式為：

$\qquad$ Opcode　ACC, src　;ACC←F(ACC, src)

上述指述可以更簡化的表示為：

$\qquad$ Opcode　src　; ACC←F(ACC, src)

其中 dst 隱含於運算碼中。相同地，當 dst 為一個通用暫存器，而 src 為任意的通用暫存器或是一個允許的定址方式指定的記憶器位置時，其組合語言格式為：

$\qquad$ Opcode　reg, src　;reg←F(reg, src)

　　大多數的 16 位元或 32 位元微處理器也都提供位元組的運算能力，因此，典型的資料轉移指令與資料處理指令，通常同時顯現運算元與運算的長度，同時在雙運算元指令中 src 與 dst 必須具有相同的長度。在 x86 微處理器中，當一個指令工作在位元組、語句、或雙語句時，指令助憶碼本身並未指明位元組運算、語句、或雙語句運算。相反地，在運算元中以一個屬性運算子 (PTR) 指明。例如：

$\qquad$ INC　DWORD PTR [ESI]　;將 ESI 指定的記憶器雙語句內容加 1

$\qquad$ INC　WORD PTR [ESI]　;將 ESI 指定的記憶器語句內容加 1

$\qquad$ INC　BYTE PTR [ESI]　;將 SI 指定的記憶器位元組內容加 1

　　但是當指令運算元已經很明顯地表示出運算的長度時，則可以不用 PTR。例如：

$\qquad$ MOV　AL, [EBX]　;為位元組運算

$\qquad$ MOV　AX, [EBX]　;為語句運算

$\qquad$ MOV　EAX, [BX]　;為雙語句運算

當然上述兩個指令也可以使用 PTR 寫成如下的語法：

$\qquad$ MOV　AL, BYTE PTR[EBX]

$\qquad$ MOV　AX, WORD PTR[EBX]

$\qquad$ MOV　EAX, DWORD PTR[EBX]

4.2 資料轉移指令

資料轉移指令可以說是微處理器(電腦)中最常用的指令，這類型指令的功能是轉移一個位置(暫存器或記憶器)中的資料(實際上為複製)到另外一個位置(暫存器或記憶器)內。

4.2.1 基本資料轉移指令

x86 微處理器資料轉移指令如表 4.2-1 所示。這些指令可以轉移一個指定的記憶器位置內的一個位元組、語句、或雙語句(在 x64 微處理器中，加入四語句資料)的資料到指定的 CPU 的暫存器內，或是轉移一個 CPU 的暫存器內容到指定的記憶器位置中。MOV 指令，除了 src 為立即資料外，src 與 dst 中至少必須有一個為暫存器。這些資料轉移指令均不會影響任何旗號位元。資料轉移指令的動作其實是複製一份 src 的內容後，儲存在 dst 內，即在資料轉移指令執行後，src 與 dst 的內容是相同的。

表 4.2-1: x86 微處理器最常用的資料轉移指令

指令	動作	OF	SF	ZF	AF	PF	CF
MOV　mem, ACC	(mem) ← ACC;	-	-	-	-	-	-
MOV　ACC, mem	ACC ← (mem);	-	-	-	-	-	-
MOV　reg1, reg2	reg1 ← reg2;	-	-	-	-	-	-
MOV　mem, reg	(mem)← reg;	-	-	-	-	-	-
MOV　reg, mem	reg ← (mem);	-	-	-	-	-	-
MOV　reg, data	reg ← data;	-	-	-	-	-	-
MOV　mem, data	(mem) ← data;	-	-	-	-	-	-
XCHG　ACC, reg	ACC ↔ reg;	-	-	-	-	-	-
XCHG　mem, reg	(mem) ↔ reg;	-	-	-	-	-	-
XCHG　reg1, reg2	reg1 ↔ reg2;	-	-	-	-	-	-
LEA　r16/32, m16/32	r16/32 ← (m16/32);	-	-	-	-	-	-

註: 1. ACC, data, (mem), reg, reg1, 與 reg2 可以是 8, 16, 或 32 位元。
　　2. r16/r32 為任何 16/32 位元暫存器。
　　3. m16/m32 為任何 16/32 位元的有效位址。
　　4. mem 為任何有效位址 (定址方式)。
　　5. 在旗號欄中的 "-" 表示該旗號之狀態不受該指令的影響。

■ 例題 4.2-1: MOV 指令的動作

假設 OPR1 與 OPR2 為兩個記憶器位址，則下列指令片段可以交換 OPR1 與 OPR2 指定的記憶器位置內容：

```
MOV    EAX,OPR1
MOV    EBX,OPR2
MOV    OPR1,EBX
MOV    OPR2,EAX
```

第一個指令轉移 OPR1 內容到暫存器 EAX 內，因此 EAX 與 OPR1 位置有相同的內容；第二個指令轉移 OPR2 內容到暫存器 EBX 中，因此 EBX 與 OPR2 位置存有相同的內容；第三個指令與第四個指令則分別儲存 EAX 與 EBX 內容於 OPR2 與 OPR1 指定的記憶器位置中，因而完成 OPR1 與 OPR2 內容交換的動作。

下列例題組合上述指令片段為一個完整的程式。第 2.4 節已經介紹過如何在 PC 系統中編輯、組譯、執行或除錯一個組合語言程式。

■ 例題 4.2-2: MOV 指令與直接定址

使用 MOV 指令寫一個程式，交換記憶器中兩個 32 位元語句位置的內容。

解：假設使用直接定址方式。程式中使用暫存器 EAX 與 EBX 做為 OPR1 與 OPR2 的暫時儲存位置。程式的動作如前述例題所述。

```
                              ;ex4.2-2.asm
                              .386
                              .model flat, stdcall
00000000                      .data
00000000  00000047    OPR1    DD    0047H
00000004  00000023    OPR2    DD    0023H
00000000                      .code
                      ;Exchange two double words in memory
                      ;using absolute addressing mode
00000000              SWAP    PROC  NEAR
00000000  A1 00000000 R       MOV   EAX,OPR1 ;get opr1
00000005  8B 1D 00000004 R    MOV   EBX,OPR2 ;get opr2
0000000B  A3 00000004 R       MOV   OPR2,EAX ;save opr1
00000010  89 1D 00000000 R    MOV   OPR1,EBX ;save opr2
```

```
00000016    C3                              RET
00000017                      SWAP          ENDP
                                            END    SWAP
```

讀者可以使用除錯程式 (WinDbg.exe)，依照第 2.4 節介紹的方法，輸入上述例題的程式於 PC 系統中，然後執行與觀察每一個指令的動作及結果。

記憶器運算元，除了利用直接定址方式存取之外，也可以使用暫存器間接定址方式取得。當然這個時候，必須先載入運算元的位址於適當的位址暫存器中。

■ 例題 4.2-3: MOV 指令與暫存器間接定址

使用 MOV 指令與暫存器間接定址方式，寫一個程式，交換記憶器中的兩個 16 位元語句位置的內容。

解：程式中第一個與第二個指令

> LEA   ESI,OPR1
> LEA   EDI,OPR2

分別載入運算元 OPR1 與 OPR2 的有效位址於暫存器 ESI 與 EDI 中，因此在這兩個指令執行之後，ESI 與 EDI 分別存有運算元 OPR1 與 OPR2 的位址，其次的四個指令則是利用暫存器間接定址方式，分別讀入運算元 OPR1 與 OPR2 於暫存器 AX 與 BX 中，然後分別存入 OPR2 與 OPR1 內，完成交換的動作。注意由於資料節區預設為 32 位元，因此組譯程式產生 66H 運算元長度前標，表示資料運算元為 16 位元。

```
                              ;ex4.2-3.asm
                                      .386
                                      .model flat, stdcall
00000000                              .data
00000000 0047         OPR1            DW     0047H
00000002 0023         OPR2            DW     0023H
00000000                              .code
                              ;Exchange two words in memory
                              ;using register-indirect addressing mode
00000000              SWAP            PROC   NEAR
00000000  8D 35 00000000 R            LEA    ESI,OPR1  ;set up pointers
00000006  8D 3D 00000002 R            LEA    EDI,OPR2
0000000C  66| 8B 06                   MOV    AX,[ESI]  ;get opr1
```

```
0000000F    66| 8B 1F                    MOV    BX,[EDI] ;get opr2
00000012    66| 89 07                    MOV    [EDI],AX ;save opr1
00000015    66| 89 1E                    MOV    [ESI],BX ;save opr2
00000018    C3                           RET
00000019                        SWAP     ENDP
                                         END    SWAP
```

　　當然，其它定址方式亦可以使用來指定記憶器運算元，唯一要注意的是使用較複雜的定址方式，需要做的初值設定(例如使用暫存器間接定址方式時，需要先設定位址暫存器的值，然後該位址暫存器才可以使用)工作就較複雜。下列列舉兩例說明如何使用較複雜的定址方式指定記憶器運算元與必須付出的代價。

■ 例題 4.2-4: MOV 指令與暫存器相對定址

　　使用 MOV 指令與暫存器相對定址，寫一個程式，交換記憶器中的兩個 32 位元語句位置 OPR1 與 OPR2 的內容。

解：由於暫存器相對定址中的位址是由兩個成分組合而成的：暫存器內容與位移位址。因此，本程式中假設使用暫存器 ESI 為位址暫存器；OPR1 與 OPR2 位址為位移位址。程式中的第一個指令清除 ESI 內容為 0；第二個到第五個等四個指令，則是使用暫存器相對定址方式，分別讀入運算元 OPR1 與 OPR2 於暫存器 EAX 與 EBX 中，然後分別存入 OPR2 與 OPR1 內，完成交換的動作。

```
                                  ;ex4.2−4.asm
                                          .386
                                          .model flat, stdcall
00000000                                  .data
00000000  00000047            OPR1        DD     0047H
00000004  00000023            OPR2        DD     0023H
00000000                                  .code
                                  ;Exchange two double words in memory
                                  ;using register−relative addressing mode
00000000                        SWAP      PROC   NEAR
00000000  BE 00000000                     MOV    ESI,00H  ;zero ESI
00000005  8B 86 00000000 R                MOV    EAX,OPR1[ESI] ;get opr1
0000000B  8B 9E 00000004 R                MOV    EBX,OPR2[ESI] ;get opr2
00000011  89 86 00000004 R                MOV    OPR2[ESI],EAX ;save opr1
00000017  89 9E 00000000 R                MOV    OPR1[ESI],EBX ;save opr2
0000001D  C3                              RET
```

```
0000001E                          SWAP    ENDP
                                  END     SWAP
```

　　暫存器間接定址方式適合於存取陣列 (一維表格) 中連續位置的資料，因為資料的指標 (index) 值可以在程式執行時再予決定。使用暫存器相對定址的好處為除了具有前述定址方式的好處之外，也可以存取陣列中相對位置的資料，因為在這種定址方式中，多了一個固定的位移位址。下列例題說明如何使用基底指標定址方式，完成與前述例題相同的動作。

■ 例題 4.2-5: MOV 指令與基底指標定址

　　使用 MOV 指令與基底指標定址方式，寫一個程式，交換記憶器中的兩個 32 位元語句位置 OPR1 與 OPR2 的內容。

解：由於基底指標定址方式中需要兩個位址暫存器，因此在這程式中使用暫存器 EBX 為共同的基底暫存器；ESI 與 EDI 暫存器分別為 OPR1 與 OPR2 的指標暫存器。程式中第一個與第二個指令 (LEA) 分別載入 OPR1 與 OPR2 的有效位址於暫存器 ESI 與 EDI 內；第三個指令則清除暫存器 EBX 為 0；其次四個指令則使用 MOV 指令與基底指標定址方式，完成交換運算元 OPR1 與 OPR2 內容的動作。

```
                              ;ex4.2-5.asm
                                  .386
                                  .model flat, stdcall
00000000                          .data
00000000 00000047                OPR1    DD   0047H
00000004 00000023                OPR2    DD   0023H
00000000                          .code
                              ;Exchange two double words in memory
                              ;using based-indexed addressing mode
00000000                        SWAP    PROC  NEAR
00000000 8D 35 00000000 R               LEA   ESI,OPR1 ;set up pointers
00000006 8D 3D 00000004 R               LEA   EDI,OPR2
0000000C BB 00000000                    MOV   EBX,00H  ;zero BX
00000011 8B 04 1E                       MOV   EAX,[EBX][ESI] ;get opr1
00000014 8B 0C 1F                       MOV   ECX,[EBX][EDI] ;get opr2
00000017 89 04 1F                       MOV   [EBX][EDI],EAX ;save opr1
0000001A 89 0C 1E                       MOV   [EBX][ESI],ECX ;save opr2
0000001D C3                             RET
0000001E                        SWAP    ENDP
```

```
                          END    SWAP
```

　　一般而言，較複雜的定址方式較適合使用於存取較複雜的資料結構或表格，例如暫存器間接定址方式適合於存取一維表格；基底指標定址方式則適合於存取二維表格或矩陣資料。對於簡單的資料則應使用簡單的定址方式，以方便程式撰寫及加快程式的執行速度，因為複雜的定址方式是由較多的位址成分組成，因而其有效位址必須經過較長的計算時間才能產生。

■ 例題 4.2-6: MOV 指令與基底指標相對定址

　　使用 MOV 指令與基底指標相對定址，寫一個程式，交換記憶器中的兩個 32 位元語句位置的內容。

解：由於基底指標相對定址的有效位址是由三個位址成分組成：基底位址、指標位址、位移位址，其中前兩個位址成分儲存在位址暫存器中。在此程式中假設使用 EBX 為基底暫存器而 ESI 為指標暫存器。程式中第一個與第二個指令分別清除暫存器 ESI 與 EBX 為 0；其次四個指令則是使用基底指標相對定址方式分別讀入運算元 OPR1 與 OPR2 於暫存器 EAX 與 ECX 內，然後分別存入 OPR2 與 OPR1 中，完成交換的動作。

```
                          ;ex4.2-6.asm
                                  .386
                                  .model flat, stdcall
00000000                          .data
00000000  00000047        OPR1    DD     0047H
00000004  00000023        OPR2    DD     0023H
00000000                          .code
                          ;Exchange two double words in memory
                          ;using based-indexed-relative addressing
00000000                  SWAP    PROC   NEAR
00000000  BE 00000000             MOV    ESI,00H  ;zero ESI
00000005  8B DE                   MOV    EBX,ESI   ;zero EBX
00000007  8B 84 1E                MOV    EAX,OPR1[EBX][ESI] ;get opr1
      00000000 R
0000000E  8B 8C 1E                MOV    ECX,OPR2[EBX][ESI] ;get opr2
      00000004 R
00000015  89 84 1E                MOV    OPR2[EBX][ESI],EAX ;save opr1
      00000004 R
0000001C  89 8C 1E                MOV    OPR1[EBX][ESI],ECX ;save opr2
      00000000 R
```

```
00000023   C3                          RET
00000024                    SWAP       ENDP
                                       END    SWAP
```

在以上例題中，位址暫存器 (EBX、ESI、EDI) 均使用預設的 DS (資料) 節
區。在 x86 的 32 位元定址方式中，當使用暫存器 EBP (或 ESP) 為位址暫存器
時，其預設節區為 SS (堆疊節區)，若希望在 DS 節區中使用暫存器 EBP 為位址
暫存器，則必須在指令之前加上一個節區超越前標 (DS:) (值為 3EH)，例如下
述例題。

■ 例題 4.2-7: 節區超越前標的使用

使用 MOV 指令與暫存器 (EBP) 相對定址，寫一個程式，交換記憶器中的
兩個 32 位元語句位置 OPR1 與 OPR2 的內容。

解: 此程式除了使用暫存器 EBP 與節區超越前標 (DS:) 外，其它的指令與動作
與前述例題相同。但是在使用暫存器 ESP 為位址暫存器時不管有無節區超越前
標，x86 微處理器均使用預設的堆疊節區。

```
                         ;ex4.2-7.asm
                                 .386
                                 .model flat, stdcall
00000000                         .data
00000000  00000047       OPR1    DD     0047H
00000004  00000023       OPR2    DD     0023H
00000000                         .code
                         ;Exchange two double words in memory
                         ;using register-relative addressing mode
                         ;(The register is EBP).
00000000                 SWAP    PROC   NEAR
00000000   BD 00000000           MOV    EBP,00H  ;zero EBP
00000005   3E: 8B 85             MOV    EAX,DS:OPR1[EBP] ;get opr1
        00000000 R
0000000C   3E: 8B 9D             MOV    EBX,DS:OPR2[EBP] ;get opr2
        00000004 R
00000013   3E: 89 85             MOV    DS:OPR2[EBP],EAX ;save opr1
        00000004 R
0000001A   3E: 89 9D             MOV    DS:OPR1[EBP],EBX ;save opr2
        00000000 R
00000021   C3                    RET
00000022                 SWAP    ENDP
```

　　　　　　　　　　　　　　　　　　END　　SWAP

　　表 4.2-1 中的第二個指令為 XCHG (exchange)。XCHG 指令的動作為直接
交換兩個暫存器或暫存器與記憶器位置的內容。例如：設 AX = 1234H 而 BX =
4567H，則在指令：

　　　　XCHG　　AX,BX

執行後，AX = 4567H 而 BX = 1234H。

■ 例題 4.2-8: XCHG 指令

　　　使用 XCHG 指令，寫一個程式，交換記憶器中的兩個 16 位元語句位置
OPR1 與 OPR2 的內容。

解：由於 XCHG 指令中的兩個運算元至少有一個必須是暫存器，即它不能直
接交換兩個記憶器位置的內容，因此需要利用一個暫存器 (AX) 做為媒介。程
式中的第一個指令載入運算元 OPR1 於暫存器 AX 中；第二個指令交換暫存器
AX (OPR1) 與 OPR2 的內容；第三個指令儲存 AX 內容 (OPR2) 於 OPR1 中，完
成交換的動作。

```
                              ;ex4.2-8.asm
                                      .386
                                      .model flat, stdcall
00000000                              .data
00000000  0047            OPR1        DW      0047H
00000002  0023            OPR2        DW      0023H
00000000                              .code
                              ;Exchange two words in memory
                              ;using absolute addressing mode and
                              ;XCHG  instruction.
00000000                SWAP          PROC    NEAR
00000000   66| A1                     MOV     AX,OPR1 ;get opr1
      00000000 R
00000006   66| 87 05                  XCHG    OPR2,AX ;opr2 in AX
      00000002 R
0000000D   66| A3                     MOV     OPR1,AX ;save opr2
      00000000 R
00000013   C3                         RET
00000014                SWAP          ENDP
                                      END     SWAP
```

表 4.2-1 中的第三個指令為載入有效位址 (LEA，load effective address)。LEA 指令是載入第二個運算元的有效位址於指定的 16 位元或 32 位元暫存器 (第一個運算元) 中。因此

　　MOV　EBX,VALUE

與

　　LEA　EBX,VALUE

是不同的，前者載入 VALUE 指定的記憶器位置內容於 EBX 暫存器內；後者載入 VALUE 指定的記憶器位置之位址於 EBX 暫存器內。在直接定址方式中，組譯程式也提供一個假指令 OFFSET 完成上述的載入有效位址動作，若在前述第一個指令的 VALUE 之前加上這個假指令後，下列兩個指令的結果是相同的：

　　MOV　EBX,OFFSET VALUE

　　LEA　EBX,VALUE

事實上，MOV　EBX,OFFSET VALUE 指令在組譯過程中，組譯程式先組譯 VALUE 為一個立即資料值，然後以立即資料定址方式，傳遞該立即資料值予第一個運算元。OFFSET 只能與直接定址方式合用；LEA 指令則可以使用各種記憶器定址方式，決定運算元的有效位址。例如

　　LEA　EBX,ARRAY[ESI]

　　LEA　EBX,ES:NUMBER

　　LEA　EBX,[EBP][ESI]

4.2.2 節區暫存器相關指令

x86 微處理器的節區暫存器相關指令如表 4.2-2 所示，共有兩個指令：MOV 與 Lsreg。

節區資料轉移指令 (MOV) 可以自記憶器或是暫存器中載入資料於指定的節區暫存器中，或是儲存指定的節區暫存器內容於暫存器或是記憶器位置中。

載入節區暫存器 (LDS、LES、LFS、LGS 與 LSS) 指令為一個綜合性指令，它可以同時將運算元的節區位址與有效位址同時載入指定的節區暫存器與位址暫存器中。換言之，Lsreg 指令可以分別載入一個 32 位元 (使用 DD 定義) 或

表 4.2-2: x86 微處理器的節區暫存器相關指令

指令	動作	OF	SF	ZF	AF	PF	CF
MOV sreg, r16	sreg ← r16;	-	-	-	-	-	-
MOV sreg, m16	sreg ← (m16);	-	-	-	-	-	-
MOV r16, sreg	r16 ← sreg;	-	-	-	-	-	-
MOV m16, sreg	(m16) ← sreg;	-	-	-	-	-	-
Lsreg r16, m16:16	r16 ← (m16:16);	-	-	-	-	-	-
	sreg ← (m16:16+2);						
Lsreg r32, m16:32	r32 ← (m16:32);	-	-	-	-	-	-
	sreg ← (m16:16+4);						

註: 1. r16/r32 為任何 16/32 位元暫存器。
2. m16 為任何有效位址 (定址方式)。
3. sreg 可以是 DS, ES, FS, GS, 或是 SS。
4. m16:16 為運算元的 16 位元節區位址與 16 位元有效位址。
5. m16:32 為運算元的 16 位元節區位址與 32 位元有效位址。

48 位元 (使用 DF 定義) 的運算元於一個指定的 16 位元或 32 位元暫存器與 DS 或 ES 暫存器中。例如:

      VARX　　　DB　　00H　　　;定義 VARX

      VARPTR　　DD　　VARX　　;VARPTR 內存放 VARX 的位址

此時,若希望載入 VARX 的有效位址於 SI 中,而其節區位址載入 DS 內,可以寫成:

      LDS　SI,VARPTR

若不用 LDS 指令,則必須使用下列三個指令完成:

      MOV　SI,OFFSET VARX

      MOV　AX,SEG VARX

      MOV　DS,AX

第二個 MOV 指令中的 SEG 為組譯程式的假指令,它引導組譯程式取出 VARX 的節區位址,而以立即資料定址方式載入 AX 暫存器中。

    其它指令 (LES、LFS、LGS 與 LSS) 的用法和 LDS 指令類似,只不過更改 DS 為指定的節區暫存器而已。

☞ 注意在 Window 系統中，節區暫存器內容並不能隨便更改。因此，使用 MOV sreg,r16/m16 與 Lsreg 指令時，必須非常謹慎。

4.2.3 其它資料轉移指令

x86 微處理器亦包含兩個較特殊的資料轉移指令：BSWAP 與 CMOVcc，如表 4.2-3 所示。CMOVcc (conditional move) 為 P6 微處理器族系新加入的指令 (但不是之後的微處理器均有此指令)，它依據指定的條件 (cc) 決定是否將記憶器中的 16 位元、32 位元運算元轉移到通用暫存器中，或是轉移通用暫存器的內容到記憶器中。

表 4.2-3: x86 微處理器特殊的資料轉移指令

指令	動作	OF	SF	ZF	AF	PF	CF
CMOVcc　r16, r/m16	cc: r16 ← r/m16;	-	-	-	-	-	-
CMOVcc　r32, r/m32	cc: r32 ← r/m32;						
BSWAP　r32	TEMP ← r32; r32(7:0) ↔ TEMP(31:24); r32(15:8) ↔ TEMP(23:16);	-	-	-	-	-	-

註：cc = Z/E, NZ/NE, S, NS, O, NO, P/PE, NP/PO, B/NAE, C, NB/AE, L/NGE,
　　GE/NL, LE/NG, G/NLE, NC, BE/NA, NBE/A。

CMOVcc 指令檢查單一的旗號位元 CF、OF、PF、SF、ZF，或是旗號位元 CF、OF、SF、ZF 等四個旗號位元的適當組合。詳細的 cc 條件與旗號位元的關係，將於第 4.4.1 節中介紹，請參考表 4.4-2。

BSWAP (byte swap) 指令為 80386 微處理器新增加的指令，它交換位元組 (位元 31:24) 與位元組 (位元 7:0)；位元組 (位元 23:16) 與位元組 (位元 15:8) 交換，如圖 4.2-1 所示。這個指令一般用來執行大頭順序與小頭順序之間的資料格式轉換 (第 3.2.1 節)。由圖 4.2-1 可以得知，指令 BSWAP 連續執行兩次之後，將還原原來的資料。

4.3 算術運算指令

在微處理器中，算術運算指令通常可以分成下列三類：

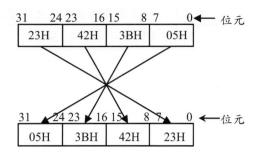

圖 4.2-1: 指令 BSWAP 的動作

1. 二進制算術運算指令；

2. 併裝 BCD (packed BCD) 算術運算指令；

3. 未併裝 BCD (unpacked BCD) 算術運算指令。(由於此種算術運算指令鮮少使用，本書將不介紹。)

　　在 8 位元微處理器中二進制算術運算通常只有加法與減法；在 16 位元以上微處理器中，除了加法與減法外，則又包括乘法與除法。併裝 BCD 算術和未併裝 BCD 算術通常都為位元組運算。前者一個位元組中含有兩個 BCD 數字，這類型的算術運算只有加法和減法；後者則每一個位元組中只含有一個 BCD 數字 (低序 4 個位元；高序 4 個位元清除為 0)，這類型的算術運算有加法、減法、乘法、除法。

4.3.1 二進制算術運算

　　二進制算術運算指令中的加法和減法指令一般均分成兩種：未聯結進位與聯結進位，這類型指令均會影響旗號位元。未聯結進位的加法指令的一般格式為：

　　　　ADD　　dst, src　　;dst←dst + src

這指令以 n 位元的二進位加法，將兩個 n 位元的運算元相加後，結果存在 dst 內，同時設定相關的旗號位元 (SF、ZF、OF、CF)。表 4.3-2 列舉數例說明兩數相加時，對旗號位元的設定情形。注意：ALU 執行加法 (或減法) 運算時，並未分辨兩個運算元代表的數是帶號數或未帶號數，而一律視為未帶號數處理。

表 4.3-1: 加法運算與旗號位元的關係

運算	SF	ZF	OF	CF	帶號數		未帶號數	
0100 0000						+64		64
+ 0010 1110	0	0	0	0	+	+46	+	46
0110 1100						+110		110
0100 0110						+70		70
+ 0101 0000	1	0	1	0	+	+80	+	80
1001 0110						-106 (OF=1)		150
0100 1110						+78		78
+ 1011 0010	0	1	0	1	+	-78	+	178
10000 0000						+0		0 (CF=1)
1011 0010						-78		178
+ 1010 0000	0	0	1	1	+	-96	+	160
10101 0010						+82 (OF=1)		82 (CF=1)

事實上，帶號數與未帶號數是我們代表資料時才加以區分的。

x86 微處理器的二進制加法與減法指令如表 4.3-2 所示，加法與減法指令分成兩種：未聯結進位 (減法指令為借位) 與聯結進位，這些指令均會影響旗號位元。表中最後一個指令為比較指令 (CMP)。

表中所列指令均為兩個運算元指令，除了有立即資料運算元的指令外，兩個運算元中必須至少有一個是暫存器，因為在 x86 微處理器指令中，記憶器運算元是由 MOD R/M 位元組指定，而每一個指令最多只有一個此種位元組 (第 3.4.1 節)。下列例題說明 ADD 指令的簡單應用。

■ 例題 4.3-1: 單精確制加法

寫一個程式，將記憶器中的兩個語句相加後，結果再存回記憶器中的另一個語句內。

解: 程式中第一個指令載入加數 (addend) 於暫存器 AX 中；第二個指令則將 AX 中的加數與被加數 (augend) 相加後，結果再存回 AX 內；第三個指令則儲存 AX 中的結果於記憶器 RESULT 內。若設 ADDEND = 47H 而 AUGEND = 23H，則最後的結果 RESULT = 6AH。

表 4.3-2: x86 微處理器的二進制加法與減法指令

指令	動作	OF	SF	ZF	AF	PF	CF
ADD reg1,reg2	reg1 ← reg1 + reg2;	*	*	*	*	*	*
ADD reg,mem	reg ← reg + (mem);	*	*	*	*	*	*
ADD mem,reg	(mem) ← reg + (mem);	*	*	*	*	*	*
ADD reg,data	reg ← reg + data;	*	*	*	*	*	*
ADD mem,data	(mem) ← (mem) + data;	*	*	*	*	*	*
ADD ACC,data	ACC ← ACC + data;	*	*	*	*	*	*
ADC reg1,reg2	reg1 ← reg1 + reg2 + C;	*	*	*	*	*	*
ADC reg,mem	reg ← reg + (mem) + C;	*	*	*	*	*	*
ADC mem,reg	(mem) ← reg + (mem) + C;	*	*	*	*	*	*
ADC reg,data	reg ← reg + data + C;	*	*	*	*	*	*
ADC mem,data	(mem) ← (mem) + data + C;	*	*	*	*	*	*
ADC ACC,data	ACC ← ACC + data + C;	*	*	*	*	*	*
SUB reg1,reg2	reg1 ← reg1 - reg2;	*	*	*	*	*	*
SUB reg,mem	reg ← reg - (mem);	*	*	*	*	*	*
SUB mem,reg	(mem) ← (mem) - reg;	*	*	*	*	*	*
SUB reg,data	reg ← reg - data;	*	*	*	*	*	*
SUB mem,data	(mem) ← (mem) - data;	*	*	*	*	*	*
SUB ACC,data	ACC ← ACC - data;	*	*	*	*	*	*
SBB reg1,reg2	reg1 ← reg1 - reg2 - C;	*	*	*	*	*	*
SBB reg,mem	reg ← reg - (mem) - C;	*	*	*	*	*	*
SBB mem,reg	(mem) ← (mem) - reg - C;	*	*	*	*	*	*
SBB reg,data	reg ← reg - data - C;	*	*	*	*	*	*
SBB mem,data	(mem) ← (mem) - data - C;	*	*	*	*	*	*
SBB ACC,data	ACC ← ACC - data - C;	*	*	*	*	*	*
CMP reg1,reg2	reg1 - reg2;	*	*	*	*	*	*
CMP reg,mem	reg - (mem);	*	*	*	*	*	*
CMP mem,reg	(mem) - reg;	*	*	*	*	*	*
CMP reg,data	reg - data;	*	*	*	*	*	*
CMP mem,data	(mem) - data;	*	*	*	*	*	*
CMP ACC,data	ACC - data;	*	*	*	*	*	*

註: 在旗號欄中的 "*" 表示該旗號的狀態會受指令的影響。

```
                            ;ex4.3-1.asm
                                .386
                                .model flat, stdcall
00000000                        .data
00000000 0047          ADDEND    DW    0047H      ;addend
00000002 0023          AUGEND    DW    0023H      ;augend
00000004 0000          RESULT    DW    0000H      ;result
00000000                        .code
                            ;single-precision addition
00000000               ADD16     PROC  NEAR
```

```
00000000   66| A1                          MOV    AX,ADDEND   ;get addend
     00000000 R
00000006   66| 03 05                       ADD    AX,AUGEND   ;add them
     00000002 R
0000000D   66| A3                          MOV    RESULT,AX   ;store result
     00000004 R
00000013   C3                              RET
00000014                        ADD16      ENDP
                                           END    ADD16
```

　　上述例題的加法動作稱為單精確制 (single precision) 加法。一般而言，當一個算術運算只涉及單一語句長度時稱為單精確制；若該算術運算涉及兩個語句長度時稱為雙精確制 (double precision)；多於兩個語句長度以上的算術運算則稱為多精確制 (multiple precision)。注意：在這裡所說的語句長度係指一個微處理器在該算術運算下，每次能夠理的最大資料長度，這與 PC 術語中的語句定義稍有不同：在 PC 術語中，16 位元微處理器中的語句為 16 位元；32 位元微處理器中的語句也為 16 位元。在 x86 微處理器中，16 位元稱為語句；32 位元稱為雙語句；64 位元稱為四語句。

　　聯結進位的加法指令格式為：

　　　　ADC　　dst,src　　;dst←dst + src + CF

這個指令通常使用在多精確制的加法運算中。

　　在 16 位元定址方式中，算術運算指令(加法與減法)只能執行 8 位元或 16 位元的運算。若欲執行 32 位元的加法或減法時，必須分兩次執行，第一次先對低序語句運算，第二次使用聯結進 (借) 位指令對高序語句運算，即執行雙精確制 (double precision) 算術運算。下列例題說明如何利用 ADD 與 ADC 指令執行多精確制的加法運算。

■ 例題 4.3-2: 雙精確制加法

　　寫一個程式，將記憶器中的兩個 32 位元數目相加，結果再存回記憶器中的另一個 32 位元位置中。

解：雙精確制加法動作如圖 4.3-1 所示。低序語句 (ADDEND 與 AUGEND) 部分的加法需要採用未聯結進位加法指令 (ADD)，因為此時並未有任何進位輸入；

高序語句 (ADDEND+2) 與 (AUGEND+2) 部分的加法則需要採用聯結進位的加法指令 ADC (add with carry)，因為此時可能有低序語句部分結果的進位輸入。程式中的加法動作由兩個部分組成：第一個到第三個指令組成低序語句部分的加法；第四個到第六個指令組成高序語句部分的加法。

```
                              ;ex4.3-2.asm
                                  .386
                                  .model flat, stdcall
00000000                          .data
00000000 0047          ADDEND     DW      0047H         ;addend
00000002   0023                   DW      0023H
00000004 0023          AUGEND     DW      0023H         ;augend
00000006   0065                   DW      0065H
00000008 0000          RESULT     DW      0000H         ;result
0000000A   0000                   DW      0000H
00000000                          .code
                              ;
                              ;multi-precision addition (32-bit)
00000000              ADD32      PROC    NEAR
00000000   66| A1                MOV     AX,ADDEND ;get addend(lo)
         00000000 R
00000006   66| 03 05             ADD     AX,AUGEND ;add them
         00000004 R
0000000D   66| A3                MOV     RESULT,AX ;store result(lo)
         00000008 R
00000013   66| A1                MOV     AX,ADDEND+2;get addend(hi)
         00000002 R
00000019   66| 13 05             ADC     AX,AUGEND+2;add them
         00000006 R
00000020   66| A3                MOV     RESULT+2,AX;save result(hi)
         0000000A R
00000026   C3                    RET
00000027              ADD32      ENDP
                                 END     ADD32
```

　　上述例題的主要目的在說明如何使用 ADD 與 ADC 等兩個指令，完成多精確制加法。有些微處理器只提供 ADC 指令而沒有 ADD 指令，在此情況下，每次欲執行單精確制加法(即 ADD 指令的動作)時，必須先清除進位旗號位元 CF 為 0。

　　在 32 位元定址方式中，因為可以直接使用 32 位元運算元，上述 32 位元的加法運算只需要使用單精確制的加法指令 ADD 即可以完成，即更改上述程式

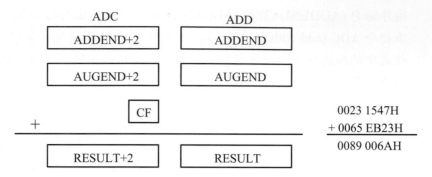

圖 4.3-1: 雙精確制加法動作

中的六個指令為下述三個指令即可：

  MOV EAX,ADDEND

  ADD EAX,AUGEND

  MOV RESULT,EAX

  未聯結借位 (有時也含混地稱為進位，因它和加法指令共用一個旗號位元) 的減法指令格式為：

  SUB dst,src ;dst←dst － src

  在微處理器中，減法運算通常是將減數取 2 補數，再加到被減數中而完成。進位位元在加法運算中，最初均假設為 0；借位位元在減法運算中則假設為 1，其理由為在減法運算中，當減數取 1 補數後，加上借位位元 (=1) 即形成 2 補數，執行減法運算指令後，若借位位元值為 1 則相當於沒有借位一樣，否則有借位，所以借位位元相當於進位位元的補數。表 4.3-3 列舉一些例子說明減法運算後旗號位元的設定情形。

■ 例題 4.3-3: 單精確制減法

  寫一個程式，將記憶器中的兩個語句相減，結果再存回記憶器的另一個語句 (RESULT) 內。

解：程式中的第一個指令載入被減數 (MINUEND) 於暫存器 AX 內；第二個指令將 AX 中的被減數值減去減數 (SUBEND) 後，結果再存回 AX 中；第三個指令

表 4.3-3: 減法運算與旗號位元的關係

運算	SF	ZF	OF	CF	帶號數	未帶號數
0100 0000					+64	64
− 0010 1110	0	0	0	0	− +46	− 46
10001 0010					+18	18
0100 0110					+70	70
− 0101 0000	1	0	0	1	− +80	− 80
01111 0110					-10	246 (BF=1)
0100 1110					+78	78
− 1011 0010	1	0	1	1	− -78	− 178
01001 1100					-100 (OF=1)	156 (BF=1)
1011 0010					-78	178
− 1010 0000	0	0	0	0	− -96	− 160
10001 0010					+18	18
1011 0010					-78	178
− 1100 0100	1	0	0	1	− -60	− 196
01110 1110					-18	238 (BF=1)
0110 0000					+96	96
− 1011 0010	1	0	1	1	− -78	− 178
01010 1110					-82 (OF=1)	238 (BF=1)
1011 0010					-78	178
− 0111 1111	0	0	1	0	− +127	− 127
10011 0011					+51 (OF=1)	51

　　　　則儲存 AX 中的結果於記憶器 RESULT 內。現在舉一個數值例，設 MINUEND
　　　　= 006AH 而 SUBEND = 0021H，則最後的結果 RESULT = 0049H。

```
                    ;ex4.3-3.asm
                            .386
                            .model flat, stdcall
00000000                    .data
00000000 0023       MINUEND   DW    0023H      ;minuend
00000002 0047       SUBEND    DW    0047H      ;subend
00000004 0000       RESULT    DW    0000H      ;result
00000000                    .code
                    ;single-precision subtraction
```

```
00000000                              SUB16      PROC   NEAR
00000000   66| A1                                MOV    AX,MINUEND  ;get minuend
           00000000 R
00000006   66| 2B 05                             SUB    AX,SUBEND   ;subtract them
           00000002 R
0000000D   66| A3                                MOV    RESULT,AX   ;store result
           00000004 R
00000013   C3                                    RET
00000014                              SUB16      ENDP
                                                 END    SUB16
```

在 x86 微處理器中，聯結借位的減法指令 SBB (subtraction with borrow) 的格式為

```
SBB    dst,src    ;dst←dst - src - CF
```

這個指令通常使用在多精確制減法運算中。下列例題說明如何利用 SUB 與 SBB 指令執行多精確制的減法運算。

■ 例題4.3-4: 雙精確制減法

寫一個程式，將記憶器中的兩個 32 位元數目相減，結果再存回記憶器中的另一個 32 位元位置中。

解：雙精確制減法動作如圖 4.3-2 所示。低序語句 (MINUEND 與 SUBEND) 部分的減法需要採用未聯結借位減法指令 SUB，因為此時並未有任何借位輸入；高序語句 (MINUEND+2 與 SUBEND+2) 部分的減法則需要採用聯結借位的減法指令 SBB，因為此時可能有低序語句部分結果的借位輸入。程式中的減法動作由兩個部分組成：第一個到第三個指令組成低序語句部分的減法；第四個到第六個指令組成高序語句部分的減法。

```
                    ;ex4.3-4.asm
                            .386
                            .model flat, stdcall
00000000                    .data
00000000 0023       MINUEND   DW     0023H      ;minuend
00000002   0065               DW     0065H
00000004 0047       SUBEND    DW     0047H      ;subtrahend
00000006   0023               DW     0023H
00000008 0000       RESULT    DW     0000H      ;result
0000000A   0000               DW     0000H
```

```
00000000                                .code
                                        ;multi-precision subtraction (32-bit)
00000000                SUB32   PROC    NEAR
00000000   66| A1               MOV     AX,MINUEND;get minuend(lo)
        00000000 R
00000006   66| 2B 05            SUB     AX,SUBEND ;subtract them
        00000004 R
0000000D   66| A3               MOV     RESULT,AX ;store result(lo)
        00000008 R
00000013   66| A1               MOV     AX,MINUEND+2;get minuend(hi)
        00000002 R
00000019   66| 1B 05            SBB     AX,SUBEND+2 ;subtract them
        00000006 R
00000020   66| A3               MOV     RESULT+2,AX;save result(hi)
        0000000A R
00000026   C3                   RET
00000027                SUB32   ENDP
                                END     SUB32
```

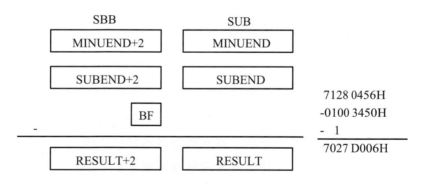

圖 4.3-2: 雙精確制減法動作

　　上述例題的主要目的在說明如何使用 SUB 與 SBB 等兩個指令，完成多精確制減法。有些微處理器只提供 SBB 指令而沒有 SUB 指令，在此情況下，每次欲執行單精確制減法 (即 SUB 指令的動作) 時，必須先清除借位為 0。

　　在 32 位元定址方式中，因為可以直接使用 32 位元運算元，上述 32 位元的減法運算只需要使用單精確制的減法指令 SUB 即可以完成，即以下述三個指令：

```
MOV     EAX,MINUEND
SUB     EAX,SUBEND
MOV     RESUTL,EAX
```

取代上述程式中的六個指令。

　　減法運算也是一個比較兩數大小的有效動作。例如當 $X < Y$，則 $X - Y$ 必定小於 0，因此在執行 SUB X,Y 後，設定 SF 位元為 1，但是在比較兩數時，一般均不需要儲存運算後的結果 ($X - Y$ 的值)，因此產生一個專用的指令 CMP (compare)，其格式為：

```
CMP     src1,src2     ; 依 src1 - src2 的結果設定旗號位元
```

CMP 指令的動作除了不儲存相減後的結果之外，其動作與 SUB 指令相同。這個指令通常與其它指令聯合使用，以執行條件性測試或資料的尋找等運算。CMP 指令的應用請參考第 4.4.1 節。

4.3.2 單運算元指令

　　x86 微處理器的單運算元指令如表 4.3-4 所示，這些指令共有四個：

```
INC     dst     (將記憶器或暫存器內容加 1)
DEC     dst     (將記憶器或暫存器內容減 1)
NEG     dst     (將記憶器或暫存器內容取 2 補數)
NOT     dst     (將記憶器或暫存器內容取 1 補數)
```

表 4.3-4: x86 微處理器的單運算元指令

指令		動作	OF	SF	ZF	AF	PF	CF
INC	reg	reg ← reg + 1;	*	*	*	*	*	-
INC	mem	(mem) ← (mem) + 1;	*	*	*	*	*	-
DEC	reg	reg ← reg-1;	*	*	*	*	*	-
DEC	mem	(mem) ← (mem) - 1;	*	*	*	*	*	-
NEG	reg	reg ← 0 - reg;	*	*	*	*	*	*
NEG	mem	(mem) ← 0 - (mem);	*	*	*	*	*	*
NOT	reg	reg ← $\overline{\text{reg}}$;	-	-	-	-	-	-
NOT	mem	(mem) ← $\overline{\text{(mem)}}$;	-	-	-	-	-	-

這些指令均為標準的單運算元指令，除了 NOT 指令外，均會影響旗號位元，但是 INC 與 DEC 指令並不影響進位旗號位元 CF。

4.3.3 乘法與除法運算

一般而言，8 位元微處理器通常沒有乘法與除法指令，而 16 位元以上的微處理器則同時具備有這兩種指令，並且又分成帶號數與未號數兩類。帶號數與未帶號數的乘法和除法運算方法並不相同，所以必須分成兩類的指令執行。

x86 微處理器的二進制乘法與除法指令如表 4.3-5 所示，MUL 與 DIV 分別為未帶號數的乘法與除法指令；而 IMUL 與 IDIV 則分別為帶號數的乘法與除法指令。x86 微處理器的乘法運算有三種運算的長度：

$$8 \text{ 位元 (AL)} \times 8 \text{ 位元 (r8/(m8))} \rightarrow 16 \text{ 位元結果 (AX)}$$

$$16 \text{ 位元 (AX)} \times 16 \text{ 位元 (r16/(m16))} \rightarrow 32 \text{ 位元結果 (DX:AX)}$$

$$32 \text{ 位元 (EAX)} \times 32 \text{ 位元 (r32/(m32))} \rightarrow 64 \text{ 位元結果 (EDX:EAX)}$$

下列例題說明 MUL 指令的簡單應用。

表 4.3-5: x86 微處理器的乘法與除法運算指令

指令	動作	OF	SF	ZF	AF	PF	CF
MUL　r8/m8	AX ← AL×r8/(m8);	*	U	U	U	U	*
MUL　r16/m16	DX:AX← AX×r16/(m16);	*	U	U	U	U	*
MUL　r32/m32	EDX:EAX← EAX×r32/(m32);	*	U	U	U	U	*
IMUL　r8/m8	AX← AL×r8/(m8);	*	U	U	U	U	*
IMUL　r16/m16	DX:AX← AX×r16/(m16);	*	U	U	U	U	*
IMUL　r32/m32	EDX:EAX← EAX×r32/(m32);	*	U	U	U	U	*
IMUL　r16,r16/m16/imm16	r16← r16×r16/(m16)/imm16;	*	U	U	U	U	*
IMUL　r32,r32/m32/imm32	r32← r32×r32/(m32)/imm32;	*	U	U	U	U	*
IMUL　r16,r16/m16,imm16	r16← r16/(m16)×imm16;	*	U	U	U	U	*
IMUL　r32,r32/m32,imm32	r32← r32/(m32)×imm32;	*	U	U	U	U	*
DIV　r8/m8	AH:AL← AX÷r8/(m8);	U	U	U	U	U	U
DIV　r16/m16	DX:AX← DX:AX÷r16/(m16);	U	U	U	U	U	U
DIV　r32/m32	EDX:EAX← EDX:EAX÷r32/(m32);	U	U	U	U	U	U
IDIV　r8/m8	AH:AL← AX÷r8/(m8);	U	U	U	U	U	U
IDIV　r16/m16	DX:AX← DX:AX÷r16/(m16);	U	U	U	U	U	U
IDIV　r32/m32	EDX:EAX← EDX:EAX÷r32/(m32);	U	U	U	U	U	U

註: 在旗號欄中的 "U" 表示在指令執行後該旗號為不確定狀態。

■ 例題 4.3-5: 16 位元乘法

設計一個程式,將記憶器中的兩個數目相乘,並將結果存回記憶器中。

解: 設乘數 MULTER 與被乘數 MULTEND 皆佔用一個語句;由於 16 位元 ×16 位元可能得到 32 位元的乘積,因此結果 RESULT 使用兩個語句。由於 MUL 指令至少必須有一個運算元是在暫存器 AX 中,因此在 MUL 指令之前先使用 MOV 指令載入乘數 (MULTER) 於 AX 內。在 MUL 指令執行後,乘積 (32 位元) 在於 DX:AX 暫存器對中,再使用兩個 MOV 指令分別儲存 AX 與 DX 內的部分積於記憶器 RESULT 內。

```
                              ;ex4.3-5.asm
                                      .386
                                      .model flat, stdcall
00000000                              .data
00000000 0047              MULTER    DW     0047H      ;multer
00000002 0023              MULTEND   DW     0023H      ;multend
00000004 0000              RESULT    DW     0000H      ;result(lo)
00000006 0000                        DW     0000H      ;result(hi)
00000000                              .code
                          ;single-precision multiplication
00000000                  MUL16     PROC   NEAR
00000000   66| A1                    MOV    AX,MULTER   ;get multer
       00000000 R
00000006   66| F7 25                 MUL    MULTEND     ;multiply them
       00000002 R
0000000D   66| A3                    MOV    RESULT,AX   ;save result(lo)
       00000004 R
00000013   66| 89 15                 MOV    RESULT+2,DX ;save result(hi)
       00000006 R
0000001A   C3                        RET
0000001B                  MUL16     ENDP
                                      END    MUL16
```

在未帶號數乘法運算中,若乘積需要佔用兩個位元組 (語句) 時,則旗號位元 OF 與 CF 皆設定為 1;否則皆清除為 0。在帶號數乘法運算中,若乘積的高序位元組 (語句) 不只是低序位元組 (語句) 的符號擴展時,旗號位元 OF 與 CF 皆設定為 1;否則它們均清除為 0。所以經由這兩個旗號位元的狀態可以得知乘積的長度是否為單一位元組 (語句) 或雙位元組 (語句)。

x86 微處理器的除法運算也一樣有三種運算元長度:

16 位元 (AX) ÷ 8 位元 (r8/(m8)) → 8 位元餘數 (AH) 與商數 (AL)

32 位元 (DX:AX) ÷ 16 位元 (r16/(m16)) → 16 位元餘數 (DX) 與商數 (AX)

64 位元 (EDX:EAX) ÷ 32 位元 (r32/(m32)) → 32 位元餘數 (EDX) 與商數 (EAX)

由於除法指令中的被除數長度均為除數的兩倍，所以有溢位的可能發生，但是當發生溢位時，旗號位元並沒有任何指示，不過當溢位發生時，累積器的高序位元組 (語句) 依然存放結果的餘數；而低序位元組 (語句) 則存放商數的低序位元組 (語句) 部分。除了在乘法指令中旗號位元的 OF 與 CF 有定義外，旗號位元均會受影響，但是都沒有定義，如表 4.3-5 所示。下列例題說明 DIV 指令的簡單應用。

■ 例題 4.3-6: 16 位元除法

設計一個 16 位元除法程式，將記憶器中的一個雙語句 (被除數) 除以一個語句 (除數) 後，再將結果的商數與餘數存回記憶器中。

解：假設被除數 (DIVIDEND) 為 32 位元，除數 (DIVISOR) 為 16 位元，結果的商數 (QUOTIENT) 與餘數 (REMAINDER) 各為 16 位元。程式中首先利用 MOV 指令分別載入被除數的兩個語句於暫存器 DX 與 AX 內，然後執行 DIV 指令，最後儲存結果的商數 (AX) 與餘數 (DX) 於記憶器的 QUOTIENT 與 REMAINDER 語句中。

```
                              ;ex4.3-6.asm
                                   .386
                                   .model flat, stdcall
00000000                           .data
00000000 0023           DIVIDEND   DW      0023H  ;dividend
00000002 0010                      DW      0010H
00000004 0047           DIVISOR    DW      0047H  ;divisor
00000006 0000           QUOTIENT   DW      0000H  ;result——quotient
00000008 0000           REMAINDER  DW      0000H  ;result——remainder
00000000                           .code
                        ;single-precision division
00000000                DIV16      PROC    NEAR
00000000  66| 8B 15                MOV     DX,DIVIDEND+2 ;get dividend
       00000002 R
00000007  66| A1                   MOV     AX,DIVIDEND    ;
       00000000 R
0000000D  66| F7 35                DIV     DIVISOR        ;divide
```

```
        00000004  R
00000014   66| A3                              MOV    QUOTIENT,AX ;save quotient
        00000006  R
0000001A   66| 89 15                           MOV    REMAINDER,DX;save remainder
        00000008  R
00000021   C3                                  RET
00000022                          DIV16        ENDP
                                               END    DIV16
```

帶號數乘法指令(IMUL)的另外兩種格式：

16 位元 (r16) × 16 位元 (r16/(m16)/imm16) → 16 位元 (r16)

32 位元 (r32) × 32 位元 (r32/(m32)/imm32) → 32 位元 (r32)

在這種乘法指令中，標的暫存器 (destination register) 與來源暫存器 (source register) 的長度是相同的而且標的暫存器必須也是一個來源暫存器。

帶號數乘法指令(IMUL)也有一個3位址的指令格式：IMUL　dst, srcl, src2，其動作為：

16 位元 (r16/(m16)) × 16 位元 (imm16) → 16 位元 (r16)

32 位元 (r32/(m32)) × 32 位元 (imm32) → 32 位元 (r32)

在這個指令中，標的暫存器就可以不是來源暫存器，因此來源暫存器的內容可以不受IMUL指令改變，這對於某些運算而言相當的方便。

4.3.4 併裝 BCD 算術

在併裝BCD數目中，每一個位元組都含有兩個BCD數字。若希望使用二進制算術的 ALU 電路，對這些併裝BCD數目的執行算術運算，通常必須加上一些校正程序，才可以完成需要的動作。然而每一個算術運算：加與減，都有其不同的校正程序，因此下列分別說明這些程序。

4.3.4.1　加法 當兩個BCD數字相加後，得到的總和數字在 1010 與 1111 之間或有進位傳播到下一個BCD數字時，該總和數字必須加上 0110。

下列例題說明併裝BCD加法的調整程序。

■ 例題 4.3-7: 併裝 **BCD** 加法的調整程序

試以 49 (0100 1001) + 58 (0101 1000) 為例，說明 BCD 加法運算的校正程序。

解：詳細的計算過程如下所示：

$$AC = 1$$

```
        49        0 1 0 0   1 0 0 1
     +  58     +  0 1 0 1   1 0 0 0
     ──────     ──────────────────
       107        1 0 1 0   0 0 0 1
                +     0 1 1 0   0 1 1 0   ◄── 因AC = 1所
               ┌─1 0 0 0 0   0 1 1 1        以加0110
     因1010大於1001
     所以加0110    進位   1    0      7   ◄── 總和(有進位)
```

4.3.4.2 減法　當兩個 BCD 數字相減後，得到的差數字在 1010 與 1111 之間或有借位發生時，必須將差數字減去 0110。

下列例題說明併裝 BCD 減法的調整程序。

■ 例題 4.3-8: 併裝 **BCD** 減法的調整程序

試以 51 (0101 0001) - 69 (0110 1001) 為例，說明 BCD 減法運算的校正程序。

解：詳細的計算過程如下所示：

$$AC = 0$$

```
        51        0 1 0 1   0 0 0 1
     -  69     +  1 0 0 1   0 1 1 1   ◄── (69取2補數)
     ──────     ──────────────────
        82        1 1 1 0   1 0 0 0
                +  1 0 1 0   1 0 1 0   ◄── 因AC = 0所
               ┌─1 1 0 0 0   0 0 1 0        以減0110
     因1110大於1001
     所以減0110   借位 = 0     8        2   ◄── 差(有借位)
```

在微處理器中，一般在執行併裝 BCD 算術時，通常也是先利用二進制的加法或減法指令執行運算，然後再使用十進制調整指令 (DAA、DAS) 調整結果為正確的併裝 BCD 數目。

表 4.3-6: x86 微處理器的併裝 BCD 調整指令

指令	動作	OF	SF	ZF	AF	PF	CF
DAA	在加算之後調整 AL 內容為十進制。	U	*	*	*	*	*
DAS	在減算之後調整 AL 內容為十進制。	U	*	*	*	*	*

由於加法與減法的調整程序並不相同，一般微處理器都使用各別的指令調整，例如在 x86 微處理器中的 DAA (加法) 與 DAS (減法)。x86 微處理器的併裝 BCD 算術指令如表 4.3-6 所示，這兩個指令分別調整加法與減法運算後的結果為正確的 BCD 數字。DAA 為加法運算的調整指令，而 DAS 為減法運算的調整指令，這兩個指令都只能調整 AL 的內容而已，所以欲執行併裝 BCD 算術時，必須以 AL 為累積器，並且每次只能執行一個位元組的運算。注意：這些調整指令通常都只能做位元組運算而已。

下列例題說明如何使用 DAA 指令，執行單精確制併裝 BCD 加法運算。

■ 例題 4.3-9: 單精確制併裝 BCD 加法

設計一個程式，執行單一位元組的併裝 BCD 加法運算。

解：程式中被加數 (ADDEND) 與加數 (AUGEND) 各佔用一個位元組；結果 (RESULT) 則使用兩個位元組。由於一個 BCD 位元組可以儲存的數目為 00 到 99，因此兩個 BCD 位元組相加後結果可能大於 99 (例如：99＋99＝198)，其中的 1 必須儲存在另外一個位元組中。在運算中，此 1 是儲存在進位旗號位元中，所以程式中使用指令 ADC AH,00H，檢出此 1，然後儲存在高序位元組 (RESULT+1) 內。

```
                          ;ex4.3−9.asm
                                  .386
                                  .model flat, stdcall
00000000                          .data
00000000 47               ADDEND   DB    47H        ;addend
00000001 23               AUGEND   DB    23H        ;augend
00000002 00 00            RESULT   DB    00H,00H    ;result
00000000                          .code
                          ;single−precision BCD addition
00000000                 BCDADD   PROC  NEAR
00000000  A0 00000000 R           MOV   AL,ADDEND   ;get addend
00000005  B4 00                   MOV   AH,00H      ;clear AH
00000007  02 05 00000001 R        ADD   AL,AUGEND   ;add them
```

```
0000000D  27                              DAA              ;decimal adjust
0000000E  A2 00000002 R                   MOV   RESULT,AL  ;save result(lo)
00000013  80 D4 00                        ADC   AH,00H     ;get carry
00000016  88 25 00000003 R                MOV   RESULT+1,AH;save result(hi)
0000001C  C3                              RET
0000001D                    BCDADD        ENDP
                                          END   BCDADD
```

下列例題說明如何使用 DAS 指令，執行單精確制併裝 BCD 減法運算。

■ 例題 4.3-10: 單精確制併裝 BCD 減法

設計一個程式，執行單一位元組的併裝 BCD 減法運算。

解：程式中被減數 (MINUEND)、減數 (SUBEND)、結果 (RESULT) 各佔用一個位元組。在此例中，假設被減數大於或等於減數；否則，將得到一個不正確的結果，例如：MINUEND = 50；SUBEND = 60，則 RESULT = 90。

```
                                ;ex4.3-10.asm
                                      .386
                                      .model flat, stdcall
00000000                              .data
00000000 47           MINUEND  DB     47H        ;minuend
00000001 23           SUBEND   DB     23H        ;subend
00000002 00           RESULT   DB     00H        ;result
00000000                              .code
                                ;single-precision BCD subtraction
00000000             BCDSUB    PROC   NEAR
00000000  A0 00000000 R           MOV   AL,MINUEND ;get minuend
00000005  2A 05 00000001 R        SUB   AL,SUBEND  ;subtract them
0000000B  2F                      DAS              ;decimal adjust
0000000C  A2 00000002 R           MOV   RESULT,AL  ;store result
00000011  C3                      RET
00000012             BCDSUB    ENDP
                               END   BCDSUB
```

4.4 分歧(跳躍) 指令

在任何程式中，分歧 (branch) 或稱跳躍 (jump) 指令相當的重要，因為它們允許機器語言程式產生條件性的重覆執行某一段程式。分歧 (跳躍) 指令一般

表 **4.4-1**: x86 微處理器的條件性分歧指令

指令	動作	OF	SF	ZF	AF	PF	CF
Jcc d8	在 cc 條件成立時	-	-	-	-	-	-
Jcc d16	IP ← IP + 符號擴展 (d8)　　(16 位元定址)						
Jcc d32	EIP ← EIP + 符號擴展 (d8/16/32)						
	否則繼續執行下一個指令。						

註：cc = Z/E, NZ/NE, S, NS, O, NO, P/PE, NP/PO, B/NAE, C, NB/AE, L/NGE, GE/NL,
　　LE/NG, G/NLE, NC, BE/NA, NBE/A。

分成條件性分歧 (跳躍) 與無條件分歧 (跳躍) 兩種，前者係依據某些條件的狀態決定分歧與否；後者則直接分歧至指定的位置上。

　　一般而言，使用 EIP (IP) 相對定址方式的跳躍指令稱為分歧指令；採用直接定址方式的跳躍指令則稱為跳躍指令。分歧指令與跳躍指令通常不會影響旗號位元。

4.4.1 條件性分歧 (跳躍) 指令

　　條件性分歧 (跳躍) 指令一般都是以某些旗號位元的狀態做為分歧 (或跳躍) 的條件，當指定的條件成立時，則做分歧 (或跳躍) 的動作；否則繼續執行下一個指令。

　　x86 微處理器的條件性分歧指令如表 4.4-1 所示。在 16 位元定址方式中，Jcc 指令為兩個位元組，其中第一個位元組為 opcode，而第二個位元組為 8 位元的 2 補數位移位址。8 位元的位移位址做符號擴展為 16 位元後，加到 IP (IP 指於下一個指令) 中，形成有效位址，因此有效的分歧範圍由 -128 到 +127。注意：往前分歧時，位移值為正數；往回分歧時，位移值為負。在 32 位元定址方式中，Jcc 指令除了可以使用 8 位元位移位址外，也可以使用 16 位元或 32 位元位移位址。

　　條件性分歧指令的一般格式為：

　　　Jcc　disp　;cc: (E)IP ← (E)IP + disp (2 補數位移位址)

cc 為希望測試的條件，包括單一的旗號位元 (S/NS、Z/NZ、C/NC、O/NO) 狀態與帶號數與未帶號數的六種關係條件 (>、≥、<、≤、=、≠) 測試，如表 4.4-2

表 4.4-2: 條件性分歧指令的測試條件 (cc)

類型	符號	若…則分歧	條件
單一位元	C	進位	CF = 1
	NC	未進位	CF = 0
	S	為負	SF = 1
	NS	為正	SF = 0
	E/Z	相等 (=)/為零	ZF = 1
	NE/NZ	不相等 (≠)/不為零	ZF = 0
	O	溢位	OF = 1
	NO	未溢位	OF = 0
	P/PE	偶同位	PF = 1
	NP/PO	奇同位	PF = 0
帶號數	L/NGE	<	SF ⊕ OF = 1
	NL/GE	≥	SF ⊕ OF = 0
	LE/NG	≤	(SF ⊕ OF) ∨ ZF = 1
	NLE/G	>	(SF ⊕ OF) ∨ ZF = 0
未帶號數	B/NAE	<	CF = 1
	NB/AE	≥	CF = 0
	BE/NA	≤	CF ∨ ZF = 1
	NBE/A	>	CF ∨ ZF = 0

所示。

　　Jcc 指令的測試條件 (cc) 共分成三組：單位元測試、帶號數測試、未帶號測試等三種，其中帶號數與未帶號數中的 = 與 ≠ 的測試條件與單位元中的 (ZF = 1) 和 (ZF = 0) 相同。測試條件是由旗號位元 (SF、ZF、OF、CF) 的狀態組合而成的，而旗號位元的設定與兩數的大小關係如表 4.3-3 所示。

4.4.1.1　迴路觀念 條件性分歧指令通常與 DEC 指令合用，形成一個程式迴路，重覆執行某一段程式一個指定的次數。程式迴路的一般形式如下：

```
        MOV   (E)CX,LENGTH    ;設定迴路重複次數
MainLoop:  ...                ;迴路主體
        ...
        DEC   (E)CX           ;測試迴路計數器
        JNZ   MainLoop        ;若不等於 0，則繼續執行
```

　　在介紹使用條件性分歧指令與 DEC 指令形成一個程式迴路之前，讓我們先考慮一個簡單的問題：將一個記憶器的資料區段由一個位置搬移到另外一

個位置。

■ 例題4.4-1: 陣列資料搬移

設計一個程式,搬移記憶體中以 SRCA 開始的 8 個位元組資料到以 DSTA 開始的區域內。

解:利用簡單的資料轉移指令,以一個位元組一個位元組的方式,一一地搬移 SRCA 中的資料到 DSTA 內,如下列程式所示。這種方法的缺點是當欲搬移的 資料量很大時,程式變得冗長而且笨拙;另一方面,若資料區段大小不固定 時,則每當資料區段大小改變時,程式必須重寫,因此相當沒有彈性。

```
                            ;ex4.4-1.asm
                            .386
                            .model flat, stdcall
00000000                    .data
00000000 12 23      SRCA     DB    12H,23H ;source array
00000002 24 67               DB    24H,67H
00000004 76 98               DB    76H,98H
00000006 23 45               DB    23H,45H
00000008 00000008 [00]  DSTA DB    8 DUP(00);destination array
00000000                    .code
                            ;
                            ;block data move using a byte-by-byte
                            ;transfer
00000000            BLKMOV   PROC  NEAR
00000000 A0 00000000 R       MOV   AL,SRCA ;transfer 1st byte
00000005 A2 00000008 R       MOV   DSTA,AL
0000000A A0 00000001 R       MOV   AL,SRCA+1;transfer 2nd byte
0000000F A2 00000009 R       MOV   DSTA+1,AL
00000014 A0 00000002 R       MOV   AL,SRCA+2;transfer 3rd byte
00000019 A2 0000000A R       MOV   DSTA+2,AL
0000001E A0 00000003 R       MOV   AL,SRCA+3;transfer 4th byte
00000023 A2 0000000B R       MOV   DSTA+3,AL
00000028 A0 00000004 R       MOV   AL,SRCA+4;transfer 5th byte
0000002D A2 0000000C R       MOV   DSTA+4,AL
00000032 A0 00000005 R       MOV   AL,SRCA+5;transfer 6th byte
00000037 A2 0000000D R       MOV   DSTA+5,AL
0000003C A0 00000006 R       MOV   AL,SRCA+6;transfer 7th byte
00000041 A2 0000000E R       MOV   DSTA+6,AL
00000046 A0 00000007 R       MOV   AL,SRCA+7;transfer 8th byte
0000004B A2 0000000F R       MOV   DSTA+7,AL
00000050 C3                  RET
00000051            BLKMOV   ENDP
```

```
                        END     BLKMOV
```

　　上述例題中，程式中連續使用了 8 組 MOV AL,SRC 與 MOV DST,AL 指令，唯一不同的是 SRC 與 DST 位址均持續地增加 1。為使程式能縮短長度，對於這種重複執行相同指令但是不同資料的動作，若該資料是儲存於一個連續位址區域 (即陣列方式) 時，可以使用位址暫存器儲存資料的位址，然後使用暫存器間接定址方式存取該資料。

　　儲存運算元位址於位址暫存器中的好處是該位址可以在程式執行時，再予以改變，而使暫存器指向下一個欲做運算的資料上。利用這種特性，程式中需要重複執行的指令部分，只需要一份即可，但是程式中必須有一個計數器 (稱為迴路計數器，loop counter)，以控制該段指令需要執行的次數。結合了迴路計數器、條件性分歧指令、暫存器間接定址方式，上述例題可以改寫如下述例題。

■ 例題 4.4-2: 利用迴路的陣列資料搬移

　　利用迴路方式，設計一個程式，搬移記憶器中以 SRCA 開始的 8 個位元組資料到以 DSTA 開始的區域內。

解: 由於 8 個位元組的搬移動作是相同的，因此可以使用一個迴路重覆執行 8 次，完成需要的動作，如下列程式所示。程式一開始首先設定一個迴路計數器 CX，以記錄迴路主體執行的次數，並分別載入 SRCA 與 DSTA 等位址於 ESI 與 EDI 暫存器中，然後利用暫存器間接定址方式，自 ESI 指定的位置中讀取資料，並儲存到 EDI 指定的位置中，並使用 INC 指令，將 ESI 與 EDI 內容各加 1，指到下一個位置上，接著將暫存器 CX 內容減 1，並使用 JNZ MLOOP 指令檢查 CX 是否為 0，若不為 0，則回到 MLOOP 繼續執行，直到 CX 等於 0 為止。

```
                          ;ex4.4-2.asm
                          .386
                          .model flat, stdcall
00000000                  .data
= 00000008       LENTH    EQU     08H      ;bytes of array
00000000  12 23  SRCA     DB      12H,23H  ;source array
00000002  24 67           DB      24H,67H
00000004  76 98           DB      76H,98H
00000006  23 45           DB      23H,45H
```

```
00000008    00000008 [00]          DSTA      DB    8 DUP(00);destination array
00000000                                     .code
                                   ;block data move with counter
00000000                           BLKMOV    PROC  NEAR
00000000    66| B9 0008                      MOV   CX,LENTH;set count
00000004    8D 35 00000000 R                 LEA   ESI,SRCA ;set source pointer
0000000A    8D 3D 00000008 R                 LEA   EDI,DSTA ;set dest. pointer
00000010    8A 06              MLOOP:         MOV   AL,[ESI] ;transfer them
00000012    88 07                             MOV   [EDI],AL
00000014    46                                INC   ESI      ;point to next
00000015    47                                INC   EDI      ;entry
00000016    66| 49                            DEC   CX
00000018    75 F6                             JNZ   MLOOP    ;repeat count times
0000001A    C3                                RET
0000001B                           BLKMOV    ENDP
                                             END   BLKMOV
```

4.4.1.2 迴路結構 大致上，迴路結構可以分成兩種：計數迴路 (counting loop) 與旗標迴路 (sentinel loop)。計數迴路意即迴路主體的重複次數在進入迴路時即已經知道，因此可以使用一個迴路計數器紀錄截至目前為止已經執行的次數。前述例題屬於此種迴路。設置一個計數迴路的程式結構時，通常遵行下列基本步驟：

1. 設定位址暫存器使其指於需要做運算的第一個資料上；
2. 設定迴路計數器的值 (即需要執行的次數)；
3. 執行需要的運算；
4. 增加位址暫存器的值使其指於下一個資料上；
5. 迴路計數器減 1，若該計數器值為 0 則結束此迴路，否則回到 3. 繼續執行。

步驟 1 與 2 為迴路運算的初值設定程序；而步驟 3 到 5 則為迴路的主體。

下列例題說明如何使用簡單的迴路技巧，完成多精確制的 BCD 加法運算。

■ 例題 4.4-3: 多精確制 BCD 加法

設計一個多精確制併裝 BCD 加法程式，所有運算元與結果均存於記憶器中。

解：由於併裝 BCD 加法運算只能對一個位元組做運算，因此在多精確制中最好是以一個程式迴路執行，如下列程式所示。加數、被加數、結果均存於記憶器中，然後使用暫存器相對定址方式存取這些運算元。程式迴路由 BEGIN 開始，直到 JNZ 指令為止。迴路終止條件由將計數器 ECX 內容減 1 (DEC ECX) 後，判別其值是否為 0 構成，若尚未為 0，則分歧到 BEGIN 繼續執行，直到 ECX 值等於 0 為止。在程式中，由於使用 ADC 指令而不是 ADD 指令，因此在進入迴路之前，必須先清除進位旗號位元 (CF) 為 0。清除進位旗號位元 CF 的指令有很多，但是最簡單的為 CLC (第 5.6.2 節) 與 SUB AH,AH (第 4.3.1 節) 等兩個指令。

```
                              ;ex4.4-3.asm
                                    .386
                                    .model flat, stdcall
00000000                            .data
= 00000004              COUNT   EQU     04H            ;repeat times
00000000 47 45 23 00    ADDEND  DB      47H,45H,23H,00H ;addend
00000004 23 12 12 78    AUGEND  DB      23H,12H,12H,78H ;augend
00000008 00 00 00 00    RESULT  DB      00H,00H,00H,00H ;result
00000000                            .code
                              ;multi-precision BCD addition
00000000                MBCDADD PROC    NEAR
00000000  B9 00000004           MOV     ECX,COUNT      ;put count in ECX
00000005  BE 00000000           MOV     ESI,00H        ;zero index
0000000A  2A E4                 SUB     AH,AH          ;clear carry
0000000C  8A 86 00000004 R BEGIN: MOV   AL,AUGEND[ESI] ;add them
00000012  12 86 00000000 R      ADC     AL,ADDEND[ESI]
00000018  27                    DAA                    ;decimal adjust
00000019  88 86 00000008 R      MOV     RESULT[ESI],AL ;store result
0000001F  46                    INC     ESI            ;increase index
00000020  49                    DEC     ECX            ;repeat until
00000021  75 E9                 JNZ     BEGIN          ;ECX = 0
00000023  C3                    RET
00000024                MBCDADD ENDP
                                END     MBCDADD
```

旗號迴路則是指一個程式迴路，其欲重複執行的次數在進入該迴路之前，尚無法得知，因此無法使用計數器計數已經執行或尚未執行的次數。欲使旗號迴路正確地執行，必須使用一個特殊 (與正常資料相異) 的資料項當作程式迴路結束的旗號 (sentinel)。而在程式迴路中，若發現此旗號，則跳出迴路，否則，繼續執行該程式迴路。

旗號迴路的一般標型如下：

```
MLOOP:        MOV    AL, [ESI]    ;讀取資料
              CMP    AL, flag     ;偵測是否為旗號
              JE     DONE         ;找到旗號，跳出迴路
              ...                 ;未找到旗號，繼續執行
              INC    ESI          ;指到下一個資料項
              JMP    MLOOP        ;重複迴路
DONE:         ...
```

下列例題說明如何使用簡單的旗號迴路技巧，完成記憶器的資料區段搬移。

■ 例題 4.4-4: 旗號迴路

設計一個程式，搬移記憶器中以 SRCA 位址開始的位元組資料區段到以 DSTA 位址開始的區域內。欲搬移的資料區段中的最後一個位元組為旗號位元組而且值為 0FFH。

解：由於事先並未知道資料區段中共有多少個位元組欲做搬移，只知道該資料區段的結束旗號位元組為 0FFH，因此在程式中，每次讀取一個位元組後，均需要檢查該位元組是否為旗號位元組(即 0FFH)，若是則資料搬移動作已完成，否則搬移該位元組到標的區段中，並且繼續執行程式。讀者請與例題 4-21 做比較。注意：欲搬移的資料位元組均假設值不為 0FFH。

```
                              ;ex4.4－4.asm
                                   .386
                                   .model flat, stdcall
00000000                           .data
00000000  12 23           SRCA     DB     12H,23H ;source array
00000002  24 67                    DB     24H,67H
00000004  76 98                    DB     76H,98H
00000006  23 45                    DB     23H,45H
00000008  FF                       DB     0FFH     ;end flag
00000009  00000008 [00]   DSTA     DB     8 DUP(00);destination array
00000000                           .code
                              ;block data move with general exit
00000000                  BLKMOV   PROC   NEAR
00000000  8D 35 00000000 R         LEA    ESI,SRCA ;set source pointer
00000006  8D 3D 00000009 R         LEA    EDI,DSTA ;set dest. pointer
0000000C  8A 06           MLOOP:   MOV    AL,[ESI] ;transfer them
```

表 4.4-3: x86 微處理器的無條件分歧與跳躍指令

指令	動作	OF	SF	ZF	AF	PF	CF
(直接定址)	IP ← IP + 符號擴展 (d8/16) (16 位元定址)	-	-	-	-	-	-
JMP　d8	EIP ← EIP + 符號擴展 (d8/16/32) (32 位元定址)						
JMP　d16	若運算元長度為 16 位元則						
JMP　d32	EIP←EIP AND 0000FFFFH						
(間接定址)	IP ← r16/(m16) (16 位元定址)	-	-	-	-	-	-
JMP r16/m16	若運算元長度為 16 位元則 (32 位元定址)						
JMP r32/m32	EIP← r16/(m16) AND 0000FFFFH						
	否則 EIP← r32/(m32)						

```
0000000E    3C FF                          CMP    AL,0FFH   ;end ?
00000010    74 06                          JE     DONE      ;yes, done
00000012    88 07                          MOV    [EDI],AL
00000014    46                             INC    ESI       ;point to next
00000015    47                             INC    EDI       ;entry
00000016    EB F4                          JMP    MLOOP     ;continue
00000018    C3            DONE:            RET
00000019                  BLKMOV           ENDP
                                           END    BLKMOV
```

4.4.2　無條件分歧(跳躍) 指令

　　無條件性分歧 (或跳躍) 指令並不需要測試某一個條件，再決定分歧 (跳躍) 與否，相反地，它直接產生分歧或跳躍。無條件性分歧指令的一般格式為：

　　　　JMP　　disp　　; (E)IP ← (E)IP + disp

而跳躍指令一般格式為：

　　　　JMP　　addr　　; IP/EIP ← addr16/addr32

　　x86 微處理器的無條件跳躍 (分歧) 指令如表 4.4-3 所示。分歧指令與跳躍指令皆採用相同的助憶碼 (JMP)。表中第一個指令為分歧指令；第二個指令則為跳躍指令。

　　在 x86 微處理器的 16 位元定址方式下，分歧指令可以使用 8 位元 (即短程) 或 16 位元 (即長程) 位移，其分歧範圍最多為 64k 位元組 (即在同一個節區內)；在 32 位元定址方式下，分歧位址也可以為 32 位元。

　　跳躍指令可以使用直接定址、暫存器間接定址、或任何記憶器定址。由於

無條件性分歧與跳躍指令的組合語言指令助憶符號均相同,所以一般在直接
定址中均加上屬性運算子 SHORT 或 NEAR PTR 加以區別。例如:

　　　　JMP　　SHORT BEGIN　　　(短程分歧)

　　　　JMP　　NEAR PTR BEGIN　(長程分歧)

　　　下列以一個有趣的程式例題:求一個數目的整數平方根,說明 JMP 與 JB
兩個指令的使用方法。

■ 例題 4.4-5: 整數平方根

　　　利用連減法,求一個整數的近似整數平方根。在這方法中,將該數以連續
的奇整數(由 1 開始)去減,直到結果為 0 或不夠減為止,在運算過程中,執行
的減法運算次數,即為該數的近似整數平方根。兩個數值例如圖 4.4-1 所示。

解:程式中使用暫存器 CX 儲存連續的奇數而 BX 儲存減法運算的次數。在進
入迴路 AGAIN 之前,先清除 BX 為 0,迴路 AGAIN 為旗號迴路,其結束的條
件為 AX < CX。在迴路中若 AX - CX > 0,則 BX 加 1,並且 CX 加 2 (下一個
奇數)而重複執行該迴路,直到 AX < CX 為止,此時的 BX 內容即為所求的整
數平方根。

```
                                ;ex4.4-6.asm
                                       .386
                                       .model flat, stdcall
00000000                               .data
00000000 0000007B         NUMBER    DD      123      ;test number
00000004 00000000         SQRT      DD      ?        ;square root value
00000000                               .code
                          ;program to find the approximate square
                          ;root of a given number by successive
                          ;subtraction.
00000000                  SQRT_FD   PROC    NEAR
00000000  A1 00000000 R             MOV     EAX,NUMBER ;get test number
00000005  B9 00000001               MOV     ECX,01H ;start value
0000000A  BB 00000000               MOV     EBX,00H ;clear count
0000000F  2B C1           AGAIN:    SUB     EAX,ECX ;we have done it
00000011  72 06                     JB      DONE    ;when AX < CX
00000013  43                        INC     EBX     ;increase count
00000014  83 C1 02                  ADD     ECX,02H ;get next odd number
00000017  EB F6                     JMP     AGAIN   ;continue
00000019  89 1D 00000004 R DONE:    MOV     SQRT,EBX;save result
0000001F  C3                        RET
```

```
        2  5                            3  5
     -     1      1                  -     1      1
        2  4                            3  4
     -     3      2                  -     3      2
        2  1                            3  1
     -     5      3                  -     5      3
        1  6                            2  6
     -     7      4                  -     7      4
           9                            1  9
     -     9      5  ← 結果          -     9      5  ← 結果
           0                            1  0
                                     -  1  1
                                     -     1
```

圖 4.4-1: 例題 4-24 的數值例

```
00000020                    SQRT_FD    ENDP
                            END    SQRT_FD
```

4.4.3　迴路指令

在例題 4.4-2 與 4.4-3 中，使用計數器 (CX) 計算迴路的執行次數，而後該迴路每執行一次，計數器值即減 1，直到計數器值為 0 時，才跳出迴路。這兩個例題中均使用了 DEC 與條件性分歧指令。即：

```
        MOV    CX,COUNT    ;設定計數器值
BEGIN:

               ...

        DEC    CX          ;計數器減 1
        JNZ    BEGIN       ;若不等於 0，則繼續執行迴路指令
```

其中 DEC 指令與 JNZ 指令構成了迴路的計數器減 1、測試、分歧等動作。

x86 微處理器設有一個迴路指令 (loop instruction) 以簡化上述的迴路動作，這個迴路指令直接取代 DEC 與 JNZ 兩個指令，並且使用 EIP 相對定址 (8 位元位移) 且不影響任何旗號位元。x86 微處理器迴路指令共有四個，如表 4.4-4 所

表 4.4-4: x86 微處理器的迴路指令

指令	動作	OF	SF	ZF	AF	PF	CF
LOOP d8 LOOPW d8 LOOPD d8	計數器 計數器 - 1; 若計數器不為零則 　EIP ← EIP + 符號擴展 (d8) 否則繼續執行下一個指令	-	-	-	-	-	-
LOOPE/LOOPZ d8 LOOPEW/LOOPZW d8 LOOPED/LOOPZD d8	計數器 計數器 - 1; 若計數器不為零並且 ZF = 1 則 　EIP ← EIP + 符號擴展 (d8) 否則繼續執行下一個指令	-	-	-	-	-	-
LOOPNE/LOOPNZ d8 LOOPNEW/LLOPNZW d8 LOOPNED/LOOPNZD d8	計數器 計數器 - 1; 若計數器不為零並且 ZF = 0 則 　EIP ← EIP + 符號擴展 (d8) 否則繼續執行下一個指令	-	-	-	-	-	-
JCXZ d8 JECXZ d8	若計數器不為零則 　EIP ← EIP + 符號擴展 (d8) 否則繼續執行下一個指令	-	-	-	-	-	-

註: 在位址長度為 32 位元時，計數器預設為 ECX；在位址長度為 16 位元時，計數器預設為 CX
　；並且表中之 EIP 更改為 IP。欲改變此種預設情形，可以使用 LOOPW (使用 CX) 與 LOOPD
　(使用 ECX)。

示。其中 LOOP 與 JCXZ/JECXZ 兩個指令只偵測一個條件，而 LOOPE/LOOPZ
與 LOOPNE/LOOPNZ 兩個指令則偵測兩個條件，這些迴路指令只能使用 CX
(ECX) 當做計數器。當 x86 微處理器操作於 16 位元定址方式時，LOOP 指令使
用 CX 當做計數器；當操作於 32 位元定址方式的指令模式時，LOOP 指令使用
ECX 當做計數器。若欲改變此種預設的情況，可以使用 LOOPW (使用 CX，W
代表 word) 與 LOOPD (使用 ECX，D 代表 double word) 等指令。LOOPE/LOOPZ
與 LOOPNE/LOOPNZ 指令的衍生指令與此規則相同。

```
        LOOPEW/LOOPZW      d8    ;使用 CX 當作計數器
        LOOPED/LOOPZD      d8    ;使用 ECX 當作計數器
        LOOPNEW/LLOPNZW    d8    ;使用 CX 當作計數器
        LOOPNED/LOOPNZD    d8    ;使用 ECX 當作計數器
```

　　LOOP 指令相當於 DEC ECX 與 JNZ 兩個指令的組合。下列例題說明如何
使用 LOOP 指令取代 DEC 與 JNZ 兩個指令。

■ 例題 4.4-6: LOOP 指令的使用例

使用 LOOP 指令重寫例題 4.4-2 中的程式。

解： 使用 LOOP MLOOP 指令取代程式中的 DEC CX 與 JNZ MLOOP 兩個指令，並將 MOV CX,LENTH 改為 MOV ECX,LENTH 後即可。

```
                              ;ex4.4-7.asm
                                  .386
                                  .model flat, stdcall
00000000                          .data
= 00000008            LENTH      EQU   08H      ;bytes of array
00000000   12 23      SRCA       DB    12H,23H ;source array
00000002   24 67                 DB    24H,67H
00000004   76 98                 DB    76H,98H
00000006   23 45                 DB    23H,45H
00000008   00000008 [00]  DSTA   DB    8 DUP(00);destination array
00000000                          .code
                              ;the use of LOOP instruction
                              ;(block data move with counter)
00000000              BLKMOV     PROC  NEAR
00000000   B9 00000008           MOV   ECX,LENTH;set count
00000005   8D 35 00000000 R      LEA   ESI,SRCA ;set source pointer
0000000B   8D 3D 00000008 R      LEA   EDI,DSTA ;set dest. pointer
00000011   8A 06      MLOOP:     MOV   AL,[ESI] ;transfer them
00000013   88 07                 MOV   [EDI],AL
00000015   46                    INC   ESI      ;point to next
00000016   47                    INC   EDI      ;entry
00000017   E2 F8                 LOOP  MLOOP     ;repeat count times
00000019   C3                    RET
0000001A              BLKMOV     ENDP
                                 END   BLKMOV
```

JCXZ/JECXZ 指令實際上為一個條件性分歧指令，只不過其測試的條件不是旗號位元而是暫存器 CX/ECX 之值。LOOPE/LOOPZ 與 LOOPNE/LOOPNZ 兩個指令在決定分歧與否之前先測試兩個條件：CX (ECX) 值與 ZF 旗號位元值，只要其中有一個條件不成立，迴路即告終止，這兩個指令典型應用在由一個區段資料中尋找一個資料項的程式中。注意 ECX 為只能在 32 位元定址方式中使用。

■ 例題 4.4-7: LOOPNE 指令的使用例

利用 LOOPNE 指令，設計一個程式，自一個表格中尋找一個位元組資料。

解：由於自表格中尋找一個資料時有兩種情形可能發生：一是該位元組可以在表格中找到；二是該位元組不在表格中。若給定的位元組在表格中，則在找到該位元組後，立即停止尋找的動作；但是若該位元組不在表格中時則必須整個表格都找過後，才可以確定此一事實。這兩種情形恰好符合 LOOPNEW 的執行條件：當 ZF≠1 且 CX 值不為 0。因此程式開始時，先設定 CX 為表格長度，接著在 MLOOP 中，以 CMP 與 LOOPNEW 兩個指令完成資料尋找的動作。在跳出 MLOOP 後，必須緊接著以指令 JNE RETURN 判別迴路終止的原因：找到 (ZF = 1) 或未找到 (ZF = 0)，而據以設定 INDEX 的值。

```
                                ;ex4.4-8.asm
                                        .386
                                        .model flat, stdcall
00000000                                .data
= 00000008              LENTH    EQU    08H        ;bytes of array
00000000 12 23         TABLE    DB     12H,23H    ;data table
00000002 24 67                  DB     24H,67H
00000004 76 98                  DB     76H,98H
00000006 23 45                  DB     23H,45H
00000008 76             KEY      DB     76H        ;test data
00000009 00             INDEX    DB     00H        ;data index
00000000                                .code
                                ;linear search using LOOPNE instruction
00000000                LSEARCH  PROC   NEAR
00000000  66| B9 0008            MOV    CX,LENTH   ;set count
00000004  8D 35 FFFFFFFF R       LEA    ESI,TABLE-1;set table pointer
0000000A  B4 FF                  MOV    AH,-1      ;assume not find
0000000C  A0 00000008 R          MOV    AL,KEY     ;get test data
00000011  46            MLOOP:   INC    ESI        ;point to next entry
00000012  3A 06                  CMP    AL,[ESI]   ;search the table
00000014  67& E0 FA              LOOPNEW  MLOOP
00000017  75 04                  JNE    RETURN     ;not found
00000019  B4 07         FOUND:   MOV    AH,LENTH-1 ;if found then
0000001B  2A E1                  SUB    AH,CL      ;evalute the index
0000001D  88 25 00000009 R RETURN: MOV   INDEX,AH  ;else set index=-1
00000023  C3                     RET
00000024                LSEARCH  ENDP
                                        END    LSEARCH
```

參考資料

1. AMD, *AMD64 Architecture Programmer's Manual Volume 1: Application Programming,* 2012 (http://www.amd.com)

2. AMD, *AMD64 Architecture Programmer's Manual Volume 2: System Programming,* 2012 (http://www.amd.com)

3. Barry B. Brey, *The Intel Microprocessors 8086/8088, 80186/80188, 80286, 80386, 80486, Pentium, and Pentium Pro Processor, Pentium II, Pentium III, Pentium 4, and Core 2 with 64-Bit Extensions: Architecture, Programming, and Interfacing,* 8th. ed., Englewood Cliffs, N. J.: Prentice-Hall, 2009.

4. Intel, *i486 Microprocessor Programmer's Reference Manual,* Berkeley, California: Osborne/McGraw-Hill Book Co., 1990.

5. Intel, *Intel 64 and IA-32 Architectures Software Developer's Manual, Volume 1: Basic Architecture,* 2011. (http://www.intel.com)

6. Intel, *Intel 64 and IA-32 Architectures Software Developer's Manual,* Volume 2, 2011. (http://www.intel.com)

7. Intel, *Intel 64 and IA-32 Architectures Software Developer's Manual,* Volume 3, 2011. (http://www.intel.com)

習題

4-1 在 x86 微處理器的組合語言程式中,為何有時非用 PTR 屬性運算子不可?試舉例說明。

4-2 設計一個程式片段將 ARRAY 到 ARRAY + 3 等 4 個位元組內容依相反的次序儲存。

4-3 設計一個程式片段,執行下列各表式的運算:

(1) $X \leftarrow W + Y + Z$

(2) $X \leftarrow W + Y - Z$

(3) $Y \leftarrow (W + 5) - (Z + 3)$

(4) $Z \leftarrow (W \times 5) / (Z + 6)$

其中 W、X、Y、Z 均為記憶器的位元組運算元。

4-4 試比較下列指令的動作：

(1) AND 與 TEST　　　　　　　　　　**(2)** NOT 與 NEG

(3) SUB 與 CMP　　　　　　　　　　**(4)** SBB 與 CMP

4-5 何謂符號擴展，試舉例說明當一個單一位元組的帶號數 (2 補數) 擴展為一個語句時的情形 (正數與負數分別舉例)。

4-6 討論下列指令的動作，並舉例說明在除法運算中，何種情況下會產生溢位。

(1) MUL 與 IMUL

(2) DIV 與 IDIV

4-7 在併裝 BCD 算術運算中，加法與減法的調整程序有何不同？試舉例討論。

4-8 設計一個程式片段，以 2 個數字的 BCD 運算計算下列各表式：

(1) W ← X + (Y - 7)

(2) X ← (X - 5) + Y

(3) X ← (X - Y) + (W - Z)

其中 W、X、Y、Z 均為記憶器的位元組運算元。

4-9 試寫出三個 (至少) 可以將一個記憶器位元組內容加 1 的方法。假設位元組位址為 X。

4-10 試寫出三個 (至少) 可以將一個記憶器位元組內容清除為 0 的方法。假設位元組位址為 X。

4-11 設計一個程式，將一個帶號數 (2 補數) 取其絕對值。假設該數儲存於記憶器位元組 X 中。

4-12 設計一個程式，清除一段以位址 ARRAY 開始的記憶器位元組區段。區段的長度存於 LENGTH 位元組中。

4-13 設計一個程式，計算 N 個未帶號數的和。假設每一個數均佔用一個位元組，這些數分別儲存於記憶器中以 NUMBER+3 位址開始的區域，NUMBER 存放 N 值，而 NUMBER+1 與 NUMBER+2 則存放結果。

4-14 設計一個多精確制 BCD 加法程式，其 BCD 數字位元組數目儲存於 LENGTH，而加數與被加數分別存於由 ADDEND 與 AUGEND 開始的位置中，結果則存回被加數 AUGEND 中。

4-15 設計一個程式，將 ARRAY 到 ARRAY+N-1 等 N 個位元組內容依相反的次序儲存。

4-16 設計一個程式，計算由 ARRAY 開始的 N 個帶號數 (2 補數) 中，共有幾個負數。假設每一個數均佔用一個位元組，而 N 儲存於 LENGTH 中。

4-17 利用迴路的程式設計技巧，計算下列各式：

(1) $S = 1 + 3 + 5 + 7 + \cdots + 99$ **(2)** $S = 2 + 4 + 6 + 8 + \ldots + 100$

(3) $S = 7 + 14 + 21 + 28 + \ldots + 98$ **(4)** $S = 5 + 10 + 15 + 20 + \ldots + 100$

4-18 依據下列指定的數目類型，設計一個程式，由 N 個數中，找出最大值：

(1) 帶號數 (2 補數)   **(2)** 未帶號數

假設每一個數均佔用一個位元組，數目由記憶器位置 NUMBER 開始，數目長度 N 則存於 LENGTH 中。

4-19 依據下列指定的數目類型，設計一個程式，由 N 個數中，找出最小值：

(1) 帶號數 (2 補數)   **(2)** 未帶號數

假設每一個數均佔用一個位元組，數目由記憶器位置 NUMBER 開始，數目長度 N 則存於 LENGTH 中。

4-20 設計一個程式，分別計算由 ARRAY 位置開始的 N 個位元組的未帶號數中，奇數與偶數數目的和，然後分別儲存結果於 ODD 與 EVEN。假設 N 存於 LENGTH，而 ODD 與 EVEN 分別佔用兩個位元組。

4-21 寫一個程式片段，執行圖 P4.1 所示的流程圖。

4-22 寫一個程式片段，執行下列 CASE i 指述：

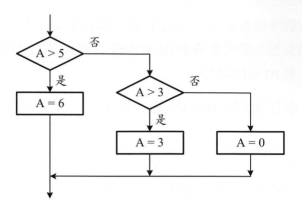

圖 P4.1: 習題 4-21 的流程圖

```
CASE    i
    1:    GO TO 3000H
    2:    GO TO 2000H
    3:    GO TO 2270H
    4:    GO TO 6700H
```

4-23 在例題 4.4-6 中，若堅持使用 CX 當作計數器，則程式應如何修改？

4-24 在例題 4.4-7 中，若不使用 LOOPNEW 指令時，則程式應如何修改？

5

組合語言程式設計

在 了解基本組合語言指令與程式設計之後，本章中，繼續介紹一些較進階的組合語言指令，並且以程式例說明它們的動作及用途。這些指令包括邏輯運算指令、位元運算指令、移位與循環移位指令、符號擴展與其相關指令、字元串運算指令、CPU控制與旗號位元指令等。此外，前一章中學到的組合語言指令及程式設計方法亦融入範例程式中，以達到循序漸進的學習目標。

5.1 邏輯運算指令

邏輯運算指令(logic manipulation instruction)是以位元序列(bitwise)的方式處理資料位元組、語句或是雙語句，其動作是針對每一個位元做獨立的處理。本節中，將詳細討論在微算機中的基本邏輯運算指令的動作與x86微處理器中的相關邏輯運算指令。

5.1.1 基本動作

典型的邏輯運算指令有 AND、OR、XOR 等三個，其一般格式為：

    AND   dst,src   ;dst← dst ∧ src

    OR   dst,src   ;dst← dst ∨ src

    XOR   dst,src   ;dst← dst ⊕ src

在某些微處理器中，當 dst 為累積器 ACC 時，上述格式更簡化為：

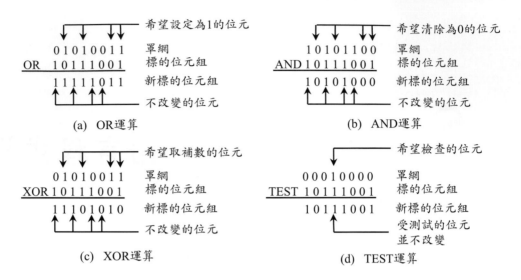

圖 5.1-1: 邏輯運算指令的動作說明例

AND   src   ; ACC ← ACC ∧ src

OR   src   ;ACC ← ACC ∨ src

XOR   src   ;ACC ← ACC ⊕ src

邏輯運算指令通常依運算後的結果設定 SF 與 ZF 等旗號位元，並清除溢位 (OF) 旗號與進位 (CF) 旗號位元。在某些微處理器中進位旗號並不受邏輯運算指令的影響；某些微處理器則有一個同位旗號位元 (PF) 以指示運算元中的同位情形。

邏輯運算指令的應用相當廣泛，但是歸納起來不外乎是依據 src 運算元給定的位元圖案 (bit pattern) 選擇性地設定、清除、改變、測試 dst 運算元中的位元。

OR 運算指令可以選擇性地設定 dst 運算元中的某些位元；AND 指令則選擇性地清除 dst 運算元中的某些位元；XOR 指令則選擇性地將 dst 運算元中的位元取補數，或測試兩個運算元的位元圖案是否完全相同。例如若希望設定標的位元組 10111001 的第 0 個、第 1 個、第 4 個及第 6 個位元為 1，則可以使用另外一個位元組 01010011，稱為罩網 (mask)，與標的位元組執行 OR 運算即可，如圖 5.1-1(a) 所示。

若希望清除標的位元組 10111001 的第 0 個、第 1 個、第 4 個及第 6 個位元為 0，則可以使用一個罩網位元組 10101100，與標的位元組執行 AND 運算即可，如圖 5.1-1(b) 所示。

若希望將標的位元組 10111001 的第 0 個、第 1 個、第 4 個及第 6 個位元取補數，則可以使用一個罩網位元組 01010011，與標的位元組執行 XOR 運算即可，如圖 5.1-1(c) 所示。有時測試一個運算元的狀態時，只需設定相關的位元，並不需要儲存其運算後的結果，這時可以使用邏輯測試指令 TEST。TEST 指令的一般格式為

　　　　TEST　　src1,src2　　; 依 src1 - src2 設定相關的旗號位元

在使用累積器為主要運算暫存器的微處理器中，上述指令格式可以簡化為：

　　　　TEST　　src　　; 依 ACC - src 設定相關的旗號位元

例如若希望測試標的位元組 dst (假設為 10111001) 的第 4 個位元是否為 1，則可以使用一個罩網位元組 00010000，與標的位元組執行 TEST 運算，然後檢查 ZF 旗號位元是否為 0 (0 表示該位元為 1；1 表示該位元為 0) 即可，如圖 5.1-1(d) 所示。TEST 指令也是執行 AND 指令的動作，但是它只設定相關的旗號位元，並不儲存運算之後的結果。

5.1.2　邏輯運算指令

x86 微處理器的邏輯運算指令如表 5.1-1 所示，除了三個標準的邏輯運算指令外，還包括 TEST 指令。這些指令的定址方式與 ADD 指令相同，除了兩個運算元不能同時使用記憶器相關的定址方式之外，它們的來源運算元可以使用任何定址方式，而標的運算元除了立即資料定址方式外，其它定址方式都可以使用。

TEST 指令除了不儲存運算後的結果外，動作與 AND 指令相同。這些指令都會影響旗號位元：SF、ZF、PF，並清除 CF 與 OF (溢位) 兩個旗號位元為 0。

下列例題說明典型的三個邏輯運算指令：AND、OR、XOR 等的使用方法。

表 5.1-1: x86 微處理器的邏輯運算指令

指令	動作	OF	SF	ZF	AF	PF	CF
AND　reg1,reg2	reg1 ← reg2 ∧ reg1;	0	*	*	U	*	0
AND　reg,mem	reg ← reg ∧ (mem);	0	*	*	U	*	0
AND　mem,reg	(mem) ← reg ∧ (mem);	0	*	*	U	*	0
AND　reg,data	reg ← reg ∧ data;	0	*	*	U	*	0
AND　mem,data	(mem) ← (mem) ∧ data;	0	*	*	U	*	0
AND　ACC,data	ACC ← ACC ∧ data;	0	*	*	U	*	0
OR　reg1,reg2	reg1 ← reg2 ∨ reg1;	0	*	*	U	*	0
OR　reg,mem	reg ← reg ∨ (mem);	0	*	*	U	*	0
OR　mem,reg	(mem) ← reg ∨ (mem);	0	*	*	U	*	0
OR　reg,data	reg ← reg ∨ data;	0	*	*	U	*	0
OR　mem,data	(mem) ← (mem) ∨ data;	0	*	*	U	*	0
OR　ACC,data	ACC ← ACC ∨ data;	0	*	*	U	*	0
XOR　reg1,reg2	reg1 ← reg2 ⊕ reg1;	0	*	*	U	*	0
XOR　reg,mem	reg ← reg ⊕ (mem); 0	0	*	*	U	*	0
XOR　mem,reg	(mem) ← reg ⊕ (mem);	0	*	*	U	*	0
XOR　reg,data	reg ← reg ⊕ data; 0	0	*	*	U	*	0
XOR　mem,data	(mem) ← (mem) ⊕ data;	0	*	*	U	*	0
XOR　ACC,data	ACC ← ACC ⊕ data; 0	0	*	*	U	*	0
TEST　reg1,reg2	reg1 ∧ reg2;	0	*	*	U	*	0
TEST　reg,mem	reg ∧ (mem);	0	*	*	U	*	0
TEST　mem,reg	(mem) ∧ reg;	0	*	*	U	*	0
TEST　reg,data	reg ∧ data;	0	*	*	U	*	0
TEST　mem,data	(mem) ∧ data;	0	*	*	U	*	0
TEST　ACC,data	ACC ∧ data;	0	*	*	U	*	0

■ 例題 5.1-1: 布林表式

設計一個程式，計算下列布林表示式：

$$F = \overline{A}B \oplus (C+D)$$

其中每一個變數均為一個位元，但是為了方便，將八組測試資料置於一個位元組中，因此在程式執行完後，結果為八組資料的結果。

解：程式的指令安排方式完全依照上述布林表示式由左而右的計算次序。

```
                    ;ex5.1-1.asm
                            .386
                            .model flat, stdcall
00000000                    .data
00000000 7B         INPUT_A    DB   01111011B ;input a
00000001 9D         INPUT_B    DB   10011101B ;input b
00000002 92         INPUT_C    DB   10010010B ;input c
```

```
00000003 F1                      INPUT_D   DB  11110001B ;input d
00000004 00                      RESULT_F  DB  ?         ;result f
00000000                                   .code
                                 ;program to evalute the boolean
                                 ;                      _
                                 ;expression --->F = AB XOR (C+D)
                                 ;
00000000                LGSML    PROC   NEAR
00000000  A0 00000000 R          MOV    AL,INPUT_A;get INPUT_A
00000005  F6 D0                  NOT    AL      ;complement it
00000007  22 05 00000001 R       AND    AL,INPUT_B;AND INPUT_B
0000000D  8A 0D 00000002 R       MOV    CL,INPUT_C;get INPUT_C
00000013  0A 0D 00000003 R       OR     CL,INPUT_D;OR INPUT_D
00000019  32 C1                  XOR    AL,CL   ;XOR AL with CL
0000001B  A2 00000004 R          MOV    RESULT_F,AL;save result
00000020  C3                     RET
00000021                LGSML    ENDP
                                 END    LGSML
```

　　下列例題說明如何善用 TEST 指令的非破壞性特性測試一個位元的值，AND 指令的選擇性清除位元值，與 OR 指令的選擇性設定位元值等三個指令的功能，設定一個位元組 (BYTE1) 的位元 3 為另一個位元組 (BYTE2) 的位元 5 之值。

■ 例題 5.1-2: 邏輯運算指令

　　使用邏輯運算指令，設定一個位元組 (BYTE1) 的位元 3 為另一個位元組 (BYTE2) 的位元 5 之值。

解：程式首先使用 TEST 指令測試 BYTE2 位元 5 的值，若為 1 則利用 OR 指令設定 BYTE1 位元 3 為 1；否則，使用 AND 指令清除 BYTE1 位元 3 為 0。

```
                                 ;ex5.1-2.asm
                                      .386
                                      .model flat, stdcall
00000000                              .data
00000000 05                      BYTE1   DB    05H     ;bit number
00000001 01                      BYTE2   DB    01H     ;bit value
00000000                              .code
                                 ;program to set the value of byte1
                                 ;bit 3 with the value of byte2 bit 5
                                 ;using logical instructions.
```

```
00000000                          SETBTV    PROC    NEAR
00000000  F6 05 00000001 R        TEST    BYTE2,20H ;test the bit 5
          20
00000007  74 09                   JZ      CLRBIT    ;of byte2
00000009  80 0D 00000000 R  SETBIT:  OR      BYTE1,08H ;set the bit 3
          08
00000010  EB 07                   JMP     SHORT RETURN;of byte1
00000012  80 25 00000000 R  CLRBIT:  AND      BYTE1,0F7H ;clear the bit 3
          F7
00000019  C3              RETURN:  RET                   ;of byte1
0000001A                          SETBTV    ENDP
                                  END     SETBTV
```

　　下列例題說明如何利用罩網位元組，取出一個位元組中的個別位元，執行需要的運算，而不影響該位元組中的其它位元。

■ 例題 5.1-3: 邏輯運算指令

　　假設欲被改變位元值的位元組 (MEMORY) 與指定該位元的位元數 (BITNO) 均為變數，即只能在程式執行時才可以獲得其值時，設計一個程式，設定 MEM-ORY 位元組中的位元數 BITNO 為指定的值 VALUE (這個程式為 CRT 繪圖模式推動程式中的基本程式)

解：在這程式中，首先定義一個罩網 (BMASK)，它共有八個位元組 (01H、02H、04H、08H、10H、20H、40H、80H)，利用此罩網即可以各別取出一個位元組中的任何一個位元執行運算。欲做運算的位元 (存於 BITNO 內) 當做此罩網陣列的指標而取出對應的罩網位元組，將此位元組與標的位元組 OR 後，即設定該標的位元組中的 BITNO 位元為 1；將此位元組取 1 補數 (NOT) 後與標的位元組 AND 後，即清除該標的位元組的 BITNO 位元為 0。

　　程式中首先載入 BITNO 於暫存器 BL 內，並清除 BH 為 0，接著使用指令 MOV DL,BMASK[BX] 取得罩網位元組，並存入暫存器 DL 內。其次，判別 VALUE 為 1 或為 0，而設定 MEMORY 中，由 BITNO 指定的位元為 1 或 0。

```
                                  ;ex5.1-3.asm
                                  .386
                                  .model flat, stdcall
00000000                          .data
00000000  05                      BITNO   DB    05H    ;bit number
00000001  01                      VALUE   DB    01H    ;bit value
```

```
00000002 00                      MEMORY    DB    00H        ;memory location
00000003 01 02 04 08             BMASK     DB    01H,02H,04H,08H
00000007  10 20 40 80                      DB    10H,20H,40H,80H
00000000                                   .code
                                 ;program to set a given bit of MEMORY
                                 ;byte with VALUE.
00000000                         SETMBT    PROC  NEAR
00000000  33 DB                            XOR   EBX,EBX       ;zero EBX
00000002  8A 1D 00000000 R                 MOV   BL,BITNO   ;get bit number
00000008  8A 93 00000003 R                 MOV   DL,BMASK[EBX];get mask entry
0000000E  80 3D 00000001 R                 CMP   VALUE,00H  ;test value
          00
00000015  74 08                            JZ    CLRBIT
00000017  08 15 00000002 R       SETBIT:   OR    MEMORY,DL  ;set the MEMORY
0000001D  EB 08                            JMP   SHORT RETURN ;bit
0000001F  F6 D2                  CLRBIT:   NOT   DL          ;clear the MEMORY
00000021  20 15 00000002 R                 AND   MEMORY,DL ;bit
00000027  C3                     RETURN:   RET
00000028                         SETMBT    ENDP
                                           END   SETMBT
```

　　利用罩網位元組，可以取出一個位元組中的個別位元，執行需要的運算，而不影響該位元組中的其它位元。下列例題再度說明這個方法的另外一種應用：利用罩網位元組——檢出欲測試的位元組中的位元狀態之後，計數一個位元組中含有 "1" 位元的個數。在位元運算指令及移位與循環移位指令兩小節中，將討論如何避免使用罩網位元組而且可以完成相同的動作。

■ 例題 **5.1-4:** 計數一個位元組中 "1" 的個數

　　設計一個程式，計數一個位元組中含有 "1" 位元的個數。

解：程式中使用暫存器 AH 為 1 位元數目計數器，CX 為迴路計數器，SI 為罩網位元組的指標暫存器。在進入迴路 BEGIN 之前的三個指令為初值設定指令，分別設定暫存器 CX、SI、AH 等之初值。由於每一個罩網位元組可以測試一個位元值，若依序使用八個罩網位元組測試欲計數的資料位元組 (TDATA) 的位元值而記錄其不為 0 的數目，即為所求。迴路 BEGIN 中的指令即是執行這些動作。在每次執行迴路時，需要重新載入 TDATA 於暫存器 AL 內，因為 AND AL,EMASK[SI] 指令會破壞 AL 中，其它未經測試的位元值。

;ex5.1—4.asm

```
                                          .386
                                          .model flat, stdcall
00000000                                  .data
= 00000008               BCOUNT   EQU    08H            ;bit bumber
00000000 47              TDATA    DB     47H            ;test data
00000001 00              COUNT    DB     00H            ;result
00000002 01 02 04 08     EMASK    DB     01H,02H,04H,08H ;mask
00000006 10 20 40 80              DB     10H,20H,40H,80H
00000000                                  .code
                         ;count the number of 1-bit in a given byte
                         ;using MASK and AND instruction.
00000000                 B1CNTS   PROC   NEAR
00000000 66| B9 0008              MOV    CX,BCOUNT    ;put count in CX
00000004 BE 00000000              MOV    ESI,00H       ;zero index
00000009 32 E4                    XOR    AH,AH         ;zero AH
0000000B A0 00000000 R   BEGIN:   MOV    AL,TDATA     ;get test data
00000010 22 86 00000002 R         AND    AL,EMASK[ESI];test bit value
00000016 74 02                    JZ     NEXT          ;if not zero
00000018 FE C4                    INC    AH            ;increase count
0000001A 46              NEXT:    INC    ESI           ;increase index
0000001B 66| 49                   DEC    CX            ;repeat until
0000001D 75 EC                    JNZ    BEGIN         ;CX = 0
0000001F 88 25 00000001 R         MOV    COUNT,AH      ;store result
00000025 C3                       RET
00000026                 B1CNTS   ENDP
                                  END    B1CNTS
```

下列例題說明如何使用 TEST 指令的非破壞性位元測試特性，簡化上述例題的程式並且加快程式的執行。

■ 例題 5.1-5: TEST 指令

使用 TEST 指令與 LOOP 指令，重新設計例題 5.1-4 的程式。

解：由於 TEST 指令與 AND 指令的動作相同，但是不儲存結果於標的運算元中，因此在迴路 BEGIN 的 MOV AL,TDATA 指令可以移到迴路之前，不需要在迴路中。此外，在例題 5.1-4 的程式中的 DEC CX 與 JNZ BEGIN 等兩個指令也以 LOOPW BEGIN 指令取代。結果的程式具有較快的執行速度與較少的指令也因此佔用較少的記憶器空間。

```
;ex5.1-5.asm
.386
```

```
                                              .model flat, stdcall
00000000                                      .data
= 00000008                    BCOUNT    EQU   08H          ;bit number
00000000 47                   TDATA     DB    47H          ;test data
00000001 00                   COUNT     DB    00H          ;result
00000002 01 02 04 08          EMASK     DB    01H,02H,04H,08H ;mask
00000006  10 20 40 80                   DB    10H,20H,40H,80H
00000000                                      .code
                      ;count the number of 1-bit in a given byte
                      ;using MASK and TEST instruction.
00000000                      B1CNTS    PROC  NEAR
00000000  66| B9 0008                   MOV   CX,BCOUNT   ;put count in CX
00000004  BE 00000000                   MOV   ESI,00H      ;zero index
00000009  32 E4                         XOR   AH,AH        ;zero AH
0000000B  A0 00000000 R                 MOV   AL,TDATA     ;get test data
00000010  84 86 00000002 R   BEGIN:     TEST  AL,EMASK[ESI];test bit value
00000016  74 02                         JZ    NEXT         ;if not zero
00000018  FE C4                         INC   AH           ;increase count
0000001A  66| 46             NEXT:      INC   SI           ;increase index
0000001C  67& E2 F1                     LOOPW BEGIN        ;repeat until CX=0
0000001F  88 25 00000001 R              MOV   COUNT,AH     ;store result
00000025  C3                            RET
00000026                      B1CNTS    ENDP
                                        END   B1CNTS
```

5.2 位元運算指令

在 8086 微處理器中，沒有位元運算指令 (bit manipulation instruction)，但是在 80386 以後的微處理器則加入此種指令。基本上，位元運算指令與邏輯運算指令類似，為一種以位元的方式處理資料語句的指令，而且此種指令的功能都可以使用邏輯運算指令模擬或取代。但是在邏輯運算指令中，每次都以位元並列方式處理整個資料語句，其中每一個位元的值都可能被改變；在位元運算指令中，則只有指定的位元 (單一個位元) 的值可能被改變，在同一個資料語句中的其它位元則不受任何影響，因此使用上較邏輯運算指令方便而且簡單。

5.2.1 基本位元運算指令

位元運算指令一般可以分成下列四種類型：位元測試、位元測試與設定 (為 1)、位元測試與清除 (為 0)、位元測試與取補數。因為運算元只為一個位元，一般而言，這種位元運算指令只會影響一個旗號位元 CF 或 ZF。在 x86 微處理器中，使用進位旗號位元 CF 儲存。一旦受測試位元值進入 CF 位元內，程式中即可以使用條件性分歧指令 JNC (CF = 0) 與 JC (CF = 1) 決定適當的後續動作。

位元運算指令依受測試位元的指定方式可以分成：靜態位元指令 (static bit instruction) 與動態位元指令 (dynamic bit instruction) 兩種。在靜態位元指令中，使用常數指定受測試的位元，因此在程式執行中無法任意改變受測試的位元；在動態位元指令中，則以暫存器內容指定受測試的位元，因此實際受測試的位元是在程式執行時才決定的。

x86 微處理器的位元運算指令如表 5.2-1 所示，其中 BT (bit test) 為位元測試指令；BTC (bit test and complement) 為位元測試與取補數指令；BTR (bit test and reset) 為位元測試與清除指令；BTS (bit test and set) 指令為位元測試與設定指令。這些指令的動作如表 5.2-1 所示，它們同時具有靜態與動態兩種類型，而且運算元可以為 16 位元的語句或 32 位元的雙語句，但是不能為位元組。這些指令的第二個運算元指定欲運算的位元之位址。在 16 位元運算元的指令中，此位址的範圍為 0 到 15 (即只取低序 4 位元，即除以 16 後的餘數)；在 32 位元運算元的位元運算指令中，則為 0 到 31 (即只取低序 5 個位元)。

下列例題說明如何使用位元運算指令：BT、BTR、BTS 等取代例題 5.1-2 中的 TEST、AND、OR 等指令，設定一個位元組 (BYTE1) 的位元 3 為另一個位元組 (BYTE2) 的位元 5 之值。

■ 例題 5.2-1: 靜態位元運算指令使用例

使用位元運算指令重新設計例題 5.1-2 的程式。

解： 程式中的第一個指令 BT 測試 BYTE2 語句中的第 5 個位元的值，接著使用 JNC 指令判別 CF 值是否為 0，若是則分歧到 CLRBIT 執行指令 BTS，清除

表 5.2-1: x86 微處理器的位元運算指令

指令	動作	OF	SF	ZF	AF	PF	CF
BT r16/m16,r16	CF ← r16/(m16) 中的第 r16 個位元值。	-	-	-	-	-	*
BT r32/m32,r32	CF ← r32/(m32) 中的第 r32 個位元值。	-	-	-	-	-	*
BT r16/m16,imm8	CF ← r16/(m16) 中的第 imm8 個位元值。	-	-	-	-	-	*
BT r32/m32,imm8	CF ← r32/(m32) 中的第 imm8 個位元值。	-	-	-	-	-	*
BTC r16/m16,r16	CF ← r16/(m16) 中的第 r16 個位元值；並將該位元取補數。	-	-	-	-	-	*
BTC r32/m32,r32	CF← r32/(m32) 中的第 r32 個位元值；並將該位元取補數。	-	-	-	-	-	*
BTC r16/m16,imm8	CF ← r16/(m16) 中的第 imm8 個位元值；並將該位元取補數。	-	-	-	-	-	*
BTC r32/m32,imm8	CF ← r32/(m32) 中的第 imm8 個位元值；並將該位元取補數。	-	-	-	-	-	*
BTR r16/m16,r16	CF← r16/(m16) 中的第 r16 個位元值；並清除該位元為 0。	-	-	-	-	-	*
BTR r32/m32,r32	CF← r32/(m32) 中的第 r32 個位元值；並清除該位元為 0。	-	-	-	-	-	*
BTR r16/m16,imm8	CF← r16/(m16) 中的第 imm8 個位元值；並清除該位元為 0。	-	-	-	-	-	*
BTR r32/m32,imm8	CF← r32/(m32) 中的第 imm8 個位元值；並清除該位元為 0。	-	-	-	-	-	*
BTS r16/m16,r16	CF← r16/(m16) 中的第 r16 個位元值；並設定該位元為 1。	-	-	-	-	-	*
BTS r32/m32,r32	CF← r32/(m32) 中的第 r32 個位元值；並設定該位元為 1。	-	-	-	-	-	*
BTS r16/m16,imm8	CF← r16/(m16) 中的第 imm8 個位元值；並設定該位元為 1。	-	-	-	-	-	*
BTS r32/m32,imm8	CF← r32/(m32) 中的第 imm8 個位元值；並設定該位元為 1。	-	-	-	-	-	*

BYTE1 語句中的第 3 位元；否則，CF = 1 則執行指令 BTS，設定 BYTE1 語句中的第 3 個位元為 1。程式中使用 JMP RETURN 而不直接使用指令 RET 的目的只在維持程式只有一個入口與一個出口的特性，以使程式較具可讀性。這種設計方式屬於結構化的程式設計。有關結構化程式設計的基本方法，請參閱第 6 章。

```
                           ;ex5.2-1.asm
                           .386
                           .model flat, stdcall
00000000                   .data
00000000           DATA    SEGMENT PUBLIC 'DATA' USE16
00000000 0005      BYTE1   DW    0005H  ;control word 1
```

```
00000002 00FF                          BYTE2    DW    00FFH   ;control word 2
00000000                                        .code
                                        ;program to set the value of bit 3 of
                                        ;byte1 with the value of bit 5 of byte2
                                        ;using bit manipulation instructions
00000000                               SETBTV   PROC  NEAR
00000000   66| 0F BA 25                         BT    BYTE2,5 ;test bit 5
      00000002 R 05
00000009   73 0B                                JNC   CLRBIT  ;of byte2
0000000B   66| 0F BA 2D                         BTS   BYTE1,3 ;set bit 3 of
      00000000 R 03
00000014   EB 09                                JMP   RETURN  ;byte1
00000016   66| 0F BA 35                CLRBIT:   BTR   BYTE1,3 ;clear bit 3
      00000000 R 03
0000001F   C3                          RETURN:   RET           ;of byte1
00000020                               SETBTV   ENDP
                                                END   SETBTV
```

設計程式時，若能嘗試不同的思考方式，則常常有意想不到的效果，下列例題說明了例題 5.2-1 程式的另外一種使用較少指令的設計方法。

■ 例題 5.2-2: 靜態位元運算指令使用例

例題 5.2-1 程式的另外一種程式設計方法。

解： 在前述例題中，由於 BYTE1 語句中的第 3 個位元不是設定為 1 就是清除為 0，因此先假設它應該為 1，然後判別 BYTE2 語句中的第 5 個位元，若為 1 則不需要再做任何事，但是若為 0 則原先的假設是錯的，此時必須清除 BYTE1 語句中的第 3 個位元。與例題 5.2-1 的程式設計方法比較之下，可以節省一個 JMP 指令。

```
                                        ;ex5.2−2.asm
                                                .386
                                                .model flat, stdcall
00000000                                        .data
00000000 0005                          BYTE1    DW    05H     ;control word 1
00000002 0001                          BYTE2    DW    01H     ;control word 2
00000000                                        .code
                                        ;program to set the value of bit 3 of
                                        ;byte1 with the value of bit 5 of byte2
                                        ;using bit manipulation instructions
00000000                               SETBTV   PROC  NEAR
```

```
00000000   66| 0F BA 2D              BTS     BYTE1,3;set byte1 bit 3
       00000000 R 03
00000009   66| 0F BA 25              BT      BYTE2,5;test bit 5
       00000002 R 05
00000012   72 09                     JC      RETURN   ;of byte2
00000014   66| 0F BA 35              BTR     BYTE1,3 ;clear bit 3
       00000000 R 03
0000001D   C3             RETURN:    RET               ;of byte1
0000001E                  SETBTV     ENDP
                                     END     SETBTV
```

　　所謂的動態位元運算指令，即是其欲運算的位元，必須在程式執行中，才能決定，而靜態位元運算指令則是其欲運算的位元在程式執行前既已決定。下列例題說明如何利用動態位元運算指令取代例題 5.1-3 中的罩網位元組的方法，達到相同的功能。

■ 例題 5.2-3: 動態位元運算指令使用例

　　使用動態位元運算指令重新設計例題 5.1-3 的程式。

解：程式中，首先儲存欲改變位元值的記憶器語句的位元指標 (BITNO) 於暫存器 AX 內，然後使用位元測試指令 BT 測試 VALUE 的值，據以設定或清除記憶器語句 (MEMORY) 的 BITNO 位元。若 VALUE 值為 0，則分歧到 CLRBIT 位置，執行位元測試與清除指令 BTR；否則，執行位元測試與設定指令 BTS。在此 BTR 與 BTS 兩個為動態位元運算指令，因其位元指標係由暫存器 AX 指定；指令 BT 則為靜態位元運算指令，因其位元指標為常數 0。

```
                              ;ex5.2-3.asm
                                     .386
                                     .model flat, stdcall
00000000                             .data
00000000 0005        BITNO     DW     0005H   ;bit number
00000002 0001        VALUE     DW     0001H   ;bit value
00000004 0000        MEMORY    DW     0000H   ;memory location
00000000                             .code
                              ;program to set a given bit of MEMORY
                              ;byte with VALUE using dynamic bit
                              ;manipulation instructions.
00000000             SETMBT    PROC   NEAR
00000000   66| A1              MOV    AX,BITNO ;get bit number
       00000000 R
```

```
00000006   66| 0F BA 25              BT     VALUE,0   ;test bit 0 of value
      00000002 R 00
0000000F   73 0A                     JNC    CLRBIT
00000011   66| 0F AB 05    SETBIT:   BTS    MEMORY,AX ;set the MEMORY
      00000004 R
00000019   EB 08                     JMP    SHORT RETURN ;bit
0000001B   66| 0F B3 05    CLRBIT:   BTR    MEMORY,AX ;clear the MEMORY
      00000004 R
00000023   C3             RETURN:    RET                ;bit
00000024                  SETMBT     ENDP
                          END    SETMBT
```

由上述例題可以得知動態位元運算指令不但可以簡化程式的長度而且使
程式的設計更加容易。下列例題為另外一種設計方法。

■ 例題 5.2-4: 動態位元運算指令使用例

例題 5.2-4 程式的另外一種設計方式。

解：理由與例題類似。完整的程式如下所示。

```
                          ;ex5.2-4.asm
                                  .386
                                  .model flat, stdcall
00000000                          .data
00000000 0005            BITNO    DW     0005H   ;bit number
00000002 0001            VALUE    DW     0001H   ;bit value
00000004 0000            MEMORY   DW     0000H   ;memory location
00000000                          .code
                          ;program to set a given bit of MEMORY
                          ;byte with VALUE using dynamic bit
                          ;manipulation instructions.
00000000                 SETMBT   PROC   NEAR
00000000   66| A1                 MOV    AX,BITNO  ;get bit number
      00000000 R
00000006   66| 0F AB 05           BTS    MEMORY,AX ;set the MEMORY
      00000004 R
0000000E   66| 0F BA 25           BT     VALUE,0   ;test the value
      00000002 R 00
00000017   72 08                  JC     SHORT RETURN
00000019   66| 0F B3 05           BTR    MEMORY,AX ;clear the MEMORY
      00000004 R
00000021   C3             RETURN:  RET                ;bit
00000022                 SETMBT   ENDP
```

```
                              END    SETMBT
```

　　利用動態位元運算指令不但可以省略使用邏輯運算指令時，需要的罩網位元組，而且使程式的設計更加輕鬆與容易。下列例題說明如何使用動態位元運算指令 BT 與計數器，計數一個位元組中 "1" 位元的個數。

■ 例題 5.2-5: 計數一個位元組中 "1" 位元的個數

　　使用動態位元測試指令 BT，重新設計例題 5.1-4 的程式。

解： 由於位元測試指令 BT 可以直接測試一個語句中的任何一個位元的值，因此不需要使用任何罩網位元組。程式中使用暫存器 CX 為迴路計數器及指令 BT 的位元指標暫存器；BX 為 1 位元數目的計數器。迴路由 AGAIN 開始到 JNE AGAIN 為止，迴路中使用 BT 指令測試 TDATA 中由 CX 指定的位元值，若為 1 則 BX 加 1，否則 BX 維持原來的值，然後增加 CX，並測試 CX = BCOUNT，若此條件成立，則已經完成需要的工作；否則，繼續執行迴路，直到該條件成立為止。(為何在此程式中，不能設定 CX = BCOUNT，然後在迴路中使用 LOOPW AGAIN 指令？)

```
                          ;ex5.2-5.asm
                              .386
                              .model flat, stdcall
00000000                      .data
00000000  0047        TDATA   DW      0047H    ;test data
00000002  0000        COUNT   DW      0000H    ;result
= 00000008            BCOUNT  EQU     08H      ;bit bumber
00000000                      .code
                      ;count the number of l-bit in a given byte
                      ;using bit-test instruction.
00000000              B1CNTS  PROC    NEAR
00000000  66| 33 DB           XOR     BX,BX       ;zero result
00000003  66| 8B CB           MOV     CX,BX       ; and counter
00000006  66| A1             MOV     AX,TDATA    ;get test data
       00000000 R
0000000C  66| 0F A3 C8 AGAIN:  BT      AX,CX       ;test bit value
00000010  73 04               JNC     NEXT        ;if not zero
00000012  66| 83 C3 01        ADD     BX,l      ;increase result
00000016  66| 41      NEXT:   INC     CX        ;repeat until
00000018  66| 83 F9 08        CMP     CX,BCOUNT ;CX=BCOUNT
0000001C  75 EE               JNE     AGAIN
```

表 5.2-2: x86 微處理器的位元掃描運算指令

指令	動作	OF	SF	ZF	AF	PF	CF
BSF r16,r16/m16	若 r16/(m16) 不為 0，則 ZF = 0 並儲存其最右邊 1 位元之位元位址於 r16 內；否則設定 ZF = 1。	-	-	*	-	-	-
BSF r32,r32/m32	若 r32/(m32) 不為 0，則 ZF = 0 並儲存其最右邊 1 位元之位元位址於 r32 內；否則設定 ZF = 1。	-	-	*	-	-	-
BSR r16,r16/m16	若 r16/(m16) 不為 0，則 ZF = 0 並儲存其最左邊 1 位元之位元位址於 r16 內；否則設定 ZF = 1。	-	-	*	-	-	-
BSR r32,r32/m32	若 r32/(m32) 不為 0，則 ZF = 0 並儲存其最左邊 1 位元之位元位址於 r32 內；否則設定 ZF = 1。	-	-	*	-	-	-

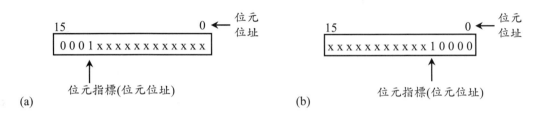

圖 5.2-1: 指令 (a) BSR 與 (b) BSF 的動作

```
0000001E  66| 89 1D              MOV    COUNT,BX   ;store result
     00000002 R
00000025  C3            RETURN:   RET
00000026                B1CNTS    ENDP
                                  END    B1CNTS
```

5.2.2 位元掃描運算指令

在 80386 以後的微處理器中，還有兩個較特殊的位元掃描運算指令 BSF (bit scan forward) 與 BSR (bit scan reverse)，如表 5.2-2 所示。

指令 BSR 的動作如圖 5.2-1(a) 所示，它由左而右依序檢查第二個運算元中的位元值，若所有位元均為 0，則設定 ZF 為 1；否則清除 ZF 為 0，並儲存第一個為 1 的位元之位元指標 (位元位址) 於第一個運算元中。指令 BSF 的動作如圖 5.2-1(b) 所示，它與 BSR 指令的動作相同但是掃描的方向相反，即 BSF 指令係由右而左依序檢查第二個運算元中的位元值，並儲存第一個為 1 的位元之位元指標 (位元位址) 於第一個運算元中。

在 BSF 與 BSR 兩個指令中，第一個運算元只能為暫存器而且兩個運算元

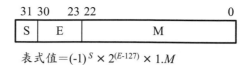

$$表式值 = (-1)^S \times 2^{(E-127)} \times 1.M$$

圖 5.2-2: IEEE 754 單精確制實數格式

必須為相同長度的運算元 (請回顧第 4.1.2 節)。

　　下列例題說明如何應用 BSR 指令，轉換一個 32 位元 (即雙語句) 2 補數整數為 IEEE 754 單精確制實數的表示方法。

■ 例題 5.2-6: BSR 指令與 SHL/SHR 指令

　　設計一個程式，轉換一個 32 位元 (即雙語句) 2 補數整數為 IEEE 754 單精確制實數的表示方法。

解：為方便討論，IEEE 754 單精確制實數格式重新繪製如圖 5.2-2 所示。在這個格式中，使用 23 個位元表示小數部分 (M)；8 個位元表示指數 (E)；一個位元表示小數部分的正負 (sign，S)。指數的正負表示方法為：大於 127 者為正；小於 127 者為負；等於 127 者為 0。詳細的 IEEE 754 格式及相關的討論，請參考第 1.6.1 節。

　　程式首先載入待轉換的整數於暫存器 EAX 內，並且取其正數值 (因該整數為 2 補數整數)，然後使用 BSR 指令找出最左邊的 1 位元值之位元位址 (即位元指標)，此位元指標加上 127 即為所求的指數值 E。將指數 E (存於 EDX 低序 8 個位元內) 左移 23 個位元位置使其落於圖 5.2-2 中所示的 E 位置上。接著調整 M 部分，使其成為 1.M，其中 M 部分存於位元 22 到 0 中。將指數部分、小數部分、符號位元等三個部分組合之後，即為所求的結果。

```
                        ;ex5.2-6.asm
                        ;for 80386 and up processors only
                                .386
                                .model flat, stdcall
00000000                        .data
00000000 FFF23456        INT_DATA  DD    0FFF23456H;test data
00000004 00000000        S_REAL    DD    00H ;result
00000000                        .code
                        ;program to illustrate how to use bit
                        ;manipulation instructions for
                        ;converting a double word integer into
```

```
                                      ;its IEEE 754 single-precision real.
00000000                              CONVERT   PROC  NEAR
00000000  A1 00000000 R    START:     MOV   EAX,INT_DATA;get test data
00000005  50                          PUSH  EAX   ;save EAX for later use
00000006  0F BA E0 1F                 BT    EAX,31;test sign bit
0000000A  73 02                       JNC   POSITIVE
0000000C  F7 D8                       NEG   EAX   ;make positive
0000000E  0F BD D8       POSITIVE:    BSR   EBX,EAX; find the leftmost 1
00000011  74 1A                       JZ    DONE
00000013  8B D3          NOZERO:      MOV   EDX,EBX ;form exponent
00000015  83 C2 7F                    ADD   EDX,007FH;add bias (127)
                                      ;position biased exponent
00000018  C1 E2 17                    SHL   EDX,23
                                      ;shift the mantissa into its proper position.
0000001B  83 C3 E1                    ADD   EBX,-31 ;get shift count
0000001E  F7 DB                       NEG   EBX
00000020  8A CB                       MOV   CL,BL
00000022  D3 E0                       SHL   EAX,CL ;position mantissa
00000024  C1 E8 08                    SHR   EAX,8
00000027  0F BA F0 17                 BTR   EAX,23 ;clear 23th bit
0000002B  03 C2                       ADD   EAX,EDX;combine the exponent
                                      ;restore the original data, extract
                                      ; the sign bit and form the sign into the
                                      ; the final result.
0000002D  5B             DONE:        POP   EBX
0000002E  81 E3 80000000              AND   EBX,80000000H
00000034  0B C3                       OR    EAX,EBX
00000036  A3 00000004 R               MOV   S_REAL,EAX
0000003B  C3                          RET
0000003C                 CONVERT      ENDP
                                      END   CONVERT
```

5.3 移位與循環移位指令

移位運算指令組為任何電腦都具有的基本指令組之一，這一些指令的基本功能為幫助程式設計者達成資料的位元位置移動，或是達成某些算術的運算 (例如乘 2 與除 2)。本節中，將介紹這一類的組合語言指令，並且列舉一些實例，比較在實際應用上，它們與前述的邏輯運算指令及位元運算指令上的差異。

5.3.1 移位與循環移位指令基本動作

　　基本上，微處理器的移位運算可以分成兩大類：單純的移位指令(例如 SHR 與 SHL 指令) 與循環移位指令 (例如 ROR 與 ROL 指令)。前者又分成算術移位運算與邏輯移位運算兩種，而且它們各自有向左移位與向右移位兩種，因此一共可以組合成四種不同的指令：

1. 算術右移位 (arithmetic right shift)

2. 算術左移位 (arithmetic left shift)

3. 邏輯右移位 (logic right shift)

4. 邏輯左移位 (logic left shift)

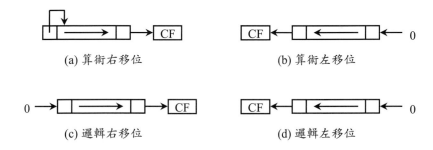

(a) 算術右移位　　　　　　　　(b) 算術左移位

(c) 邏輯右移位　　　　　　　　(d) 邏輯左移位

圖 5.3-1: 算術與邏輯移位

　　邏輯移位與算術移位的動作均是向左或是向右移動運算元一個指定的位元數目，如圖 5.3-1 所示，其主要差異是：在邏輯移位中，其空缺的位元位置 (MSB 或 LSB) 是填入 0；在算術移位中，其空缺的位元位置在左移時 (為 LSB) 必須填入 0，在右移時 (為 MSB) 必須填入移位前的符號位元值。因為算術移位通常是以帶號 2 補數的資料表示方式處理其運算元，所以向右移位時必須做符號擴展 (sign extension)，即擴展符號位元值至其次的位元，以維持除 2 的特性；向左移位時只需在最低有效位元 (LSB) 處填入 0，即可以維持乘以 2 的特性。

　　由上述討論可以得知，算術左移位與邏輯左移位兩種指令的動作完全相同，所以在一般微處理器中，這兩個指令其實是一個指令，但是在多數微處理器中，仍然使用各別的指令助憶碼，以幫助使用者在使用上較不易產生混淆。移位指令通常與加法或是減法算術指令組合使用，完成多精確制的乘法與除法運算。循環移位也可以分成左循環移位與右循環移位兩種，並且它們可以與進位旗號位元 CF 連結使用或不連結使用，因此可以組合成四種不同的指令：

1. 右循環移位 (rotate right)
2. 左循環移位 (rotate left)
3. 連結進位右循環移位 (rotate right with carry)
4. 連結進位左循環移位 (rotate left with carry)

　　邏輯移位與循環移位的動作均是向左或是向右移動運算元一個指定的位元數目，如圖 5.3-2 所示，它們的主要差異是：在邏輯移位中，其空缺的位元位置 (MSB 或 LSB) 是依序填入 0；在循環移位中，其空缺的位元位置 (MSB 或 LSB) 則是依序填入被移出的位元。

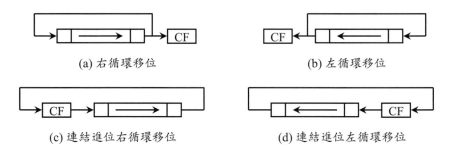

(a) 右循環移位　　　　　　　　　　　　(b) 左循環移位

(c) 連結進位右循環移位　　　　　　　　(d) 連結進位左循環移位

圖 5.3-2: 循環移位與連結進位循環移位

　　連結進位的循環移位的動作通常使用在多精確制的循環移位運算中，其動作依然是先向左或是向右移動運算元一個指定的位元數目，被移出的位元，則填入進位旗號位元 CF 中，其空缺的位元位置 (MSB 或 LSB)，則是填入未移位前的進位旗號位元 CF 值。移位與循環移位指令中，若每次移動的位元數都是固定為 1 或常數時稱為靜態指令，因為移動的位元數在程式執行前已經確定；否則若每次移動的位元數可以由暫存器指定時，則稱為動態指令，因為移動的位元數必須等到程式執行時才能決定。

表 5.3-1: x86 微處理器的移位與循環移位指令

指令	動作	OF	SF	ZF	AF	PF	CF
SHR r/m,1	邏輯右移 r/(m) 一個位元數目	*	*	*	U	*	*
SHR r/m,imm8	邏輯右移 r/(m) imm8 個位元數目	U	*	*	U	*	*
SHR r/m,CL	邏輯右移 r/(m) CL 個位元數目	U	*	*	U	*	*
SHL/SAL r/m,1	邏輯/算數左移 r/(m) 一個位元數目	*	*	*	U	*	*
SHL/SAL r/m,imm8	邏輯/算數左移 r/(m) imm8 個位元數目	U	*	*	U	*	*
SHL/SAL r/m,CL	邏輯/算數左移 r/(m) CL 個位元數目	U	*	*	U	*	*
SAR r/m,1	算數右移 r/(m) 一個位元數目	*	*	*	U	*	*
SAR r/m,imm8	算數右移 r/(m) imm8 個位元數目	U	*	*	U	*	*
SAR r/m,CL	算數右移 r/(m) CL 個位元數目	U	*	*	U	*	*
ROL r/m,1	左循環移位 r/(m) 一個位元數目	*	-	-	-	-	*
ROL r/m,imm8	左循環移位 r/(m) imm8 個位元數目	U	-	-	-	-	*
ROL r/m,CL	左循環移位 r/(m) CL 個位元數目	U	-	-	-	-	*
ROR r/m,1	右循環移位 r/(m) 一個位元數目	*	-	-	-	-	*
ROR r/m,imm8	右循環移位 r/(m) imm8 個位元數目	U	-	-	-	-	*
ROR r/m,CL	右循環移位 r/(m) CL 個位元數目	U	-	-	-	-	*
RCL r/m,1	連結進位左循環移位 r/(m) 一個位元數目	*	-	-	-	-	*
RCL r/m,imm8	連結進位左循環移位 r/(m) imm8 位元數目	U	-	-	-	-	*
RCL r/m,CL	連結進位左循環移位 r/(m) CL 個位元數目	U	-	-	-	-	*
RCR r/m,1	連結進位右循環移位 r/(m) 一個位元數目	*	-	-	-	-	*
RCR r/m,imm8	連結進位右循環移位 r/(m) imm8 個位元數目	U	-	-	-	-	*
RCR r/m,CL	連結進位右循環移位 r/(m) CL 個位元數目	U	-	-	-	-	*

5.3.2 移位與循環移位指令

　　x86 微處理器的移位與循環移位指令如表 5.3-1 所示，這些為前面所述的八個標準的移位與循環移位指令。這些指令可以是靜態的或是動態的，由運算元移位的位元數目是 1、常數，或是由暫存器 CL 指定而決定。例如：

　　　　MOV　　CL,7

　　　　SHR　　AX,CL

往右移位暫存器 AX 的內容 7 個位元 (MSB 依序填入 0) 位置。

　　移位與循環移位指令中，若每次移動的位元數都是固定為 1 或常數時稱為

靜態指令；否則若每次移動的位元數可以由暫存器 (CL) 指定時，則稱為動態
指令，因為移動的位元數必須等到程式執行時才能決定。下列例題以 ROR 指
令說明靜態與動態右循環移位指令的不同及其使用方法。

■ 例題 5.3-1: ROR 指令

設計一個程式，交換暫存器 AL 的高序與低序 4 個位元 (即 nible)。

解： 下列列舉三個方法：

(a) 利用靜態的循環移位指令 (ROR AL,1)，連續執行 4 次，完成需要的動作。

```
                              ;ex5.3-1a.asm
                              .386
                              .model flat, stdcall
00000000                      .code
                              ;swap two nibbles in register AL
                              ;using static rotation instruction
00000000              SWAP4B    PROC   NEAR
00000000   D0 C8                ROR    AL,1      ;rotate register
00000002   D0 C8                ROR    AL,1      ;AL right 4 bits
00000004   D0 C8                ROR    AL,1
00000006   D0 C8                ROR    AL,1
00000008   C3                   RET
00000009              SWAP4B    ENDP
                              END    SWAP4B
```

(b) 利用動態的循環移位指令 (ROR AL,CL)，完成需要的動作，由於這個指
令執行時，是以 CL 內容決定欲移位的次數，因此必須先設定 CL 為 4。

```
                              ;ex5.3-1b.asm
                              .386
                              .model flat, stdcall
00000000                      .code
                              ;swap two nibbles in register AL
                              ;using dynamic rotation instruction
00000000              SWAP4B    PROC   NEAR
00000000   B1 04                MOV    CL,4      ;rotate register
00000002   D2 C8                ROR    AL,CL     ;AL right 4 bits
00000004   C3                   RET
00000005              SWAP4B    ENDP
                              END    SWAP4B
```

(c) 直接使用指令 ROR AL,4 (在 80386 以後的微處理器) 執行需要的動作。

　　　下列例題說明如何使用循環移位指令 (ROR) 與計數器，計數一個位元組中 "1" 位元的個數。與使用邏輯運算指令的程式 (例題 5.1-4) 比較下，在此程式中並不需要使用罩網位元組；與使用位元運算指令 BT 的程式 (例題 5.2-5) 比較下，兩個程式頗有異曲同工之妙。`

■ 例題 5.3-2: 循環移位指令使用例

　　　使用循環移位指令，重新設計例題 5.1-4 的程式。

　　解：利用循環移位指令的基本觀念為可以將欲測試的位元移入進位旗號位元 CF 內，然後利用條件分歧指令 JNC 判別位元的值，若為 1 則增加 1 位元數目計數器的值，否則該計數器不做加 1 的動作。若使用循環移位指令與計數迴路技術，依序由最小 (或最大) 有效位元開始一個一個移入 CF 內，然後判別其值以做為 1 位元計數器加 1 或不加 1 的依據，則在執行 8 (BCOUNT) 次迴路之後，即完成了需要的運算。

```
                              ;ex5.3 − 2.asm
                                     .386
                                     .model flat, stdcall
00000000                             .data
= 00000008            BCOUNT    EQU    08H          ;bit number
00000000 47           TDATA     DB     47H          ;test data
00000001 00           COUNT     DB     00H          ;result
00000000                             .code
                      ;
                      ;count the number of 1−bit in a given byte
                      ;using rotation instruction.
00000000              B1CNTS    PROC   NEAR
00000000  B9 00000008           MOV    ECX,BCOUNT   ;put count in CX
00000005  32 E4                 XOR    AH,AH        ;zero AH
00000007  A0 00000000 R         MOV    AL,TDATA     ;get test data
0000000C  D0 C8       BEGIN:    ROR    AL,1         ;test bit value
0000000E  73 02                 JNC    NEXT         ;if not zero
00000010  FE C4                 INC    AH           ;increase count
00000012  E2 F8       NEXT:     LOOP   BEGIN        ;loop BCOUNT times
00000014  88 25 00000001 R      MOV    COUNT,AH     ;store result
0000001A  C3                    RET
0000001B              B1CNTS    ENDP
                                END    B1CNTS
```

　　　下列例題說明如何利用動態循環移位運算指令取代例題 5.1-3 中的罩網位

元組的方法，達到相同的功能。

■ 例題 5.3-3: 動態循環移位指令使用例

使用動態循環移位指令，重新設計例題 5.1-3 的程式。

解： 程式中使用暫存器 CL 為動態循環移位指令 ROR 的移位計數器。程式中，首先載入 BITNO 於暫存器 CL 內，並取出 VALUE 的第 0 個位元，其次載入 MEMORY 位元組於暫存器 AL 中。ROR 指令將欲做運算的位元 (其位元指標為 BITNO，現在存於 CL 內) 移至第 0 個位元，設定此位元為 VALUE 的第 0 個位元的值之後，再使用 ROL 指令還原 AL 中的位元位置，然後儲存 AL 內容於 MEMORY 中，即完成了需要的動作。為確保 AL 的第 0 個位元，能夠正確地設定為 VALUE 的第 0 個位元之值，程式中使用 AND AL,0FEH 清除 AL 中的第 0 個位元，然後使用指令 OR AL,VALUE 設定該位元。

```
                               ;ex5.3-3.asm
                                       .386
                                       .model flat, stdcall
00000000                               .data
00000000 05                    BITNO   DB    05H      ;bit number
00000001 01                    VALUE   DB    01H      ;bit value
00000002 00                    MEMORY  DB    00H      ;memory location
00000000                               .code
                               ;program to set a given bit of MEMORY
                               ;byte with VALUE using dynamic rotation
                               ;instruction.
00000000                       SETMBT  PROC  NEAR
00000000 8A 0D 00000000 R              MOV   CL,BITNO  ;get bit number
00000006 80 25 00000001 R              AND   VALUE,01H ;extract bit 0
         01
0000000D A0 00000002 R                 MOV   AL,MEMORY  ;get memory
00000012 D2 C8                 SETIT:  ROR   AL,CL  ;rotate the given
00000014 24 FE                         AND   AL,0FEH ;bit to bit 0,
00000016 0A 05 00000001 R              OR    AL,VALUE;set its value,then
0000001C D2 C0                         ROL   AL,CL    ;rotate it back
0000001E A2 00000002 R                 MOV   MEMORY,AL  ;save result
00000023 C3                            RET
00000024                       SETMBT  ENDP
                                       END   SETMBT
```

表 5.3-2: x86 微處理器的雙精確制移位指令

指令		動作	OF	SF	ZF	AF	PF	CF
SHLD	r16/m16,r16,imm8	r16/(m16) 儲存 SHL(r16/m16:r16) 的結果	U	*	*	U	*	*
SHLD	r32/m32,r32,imm8	r32/(m32) 儲存 SHL(r32/m32:r32) 的結果	U	*	*	U	*	*
SHLD	r16/m16,r16,CL	r16/(m16) 儲存 SHL(r16/m16:r16) 的結果	U	*	*	U	*	*
SHLD	r32/m32,r32,CL	r32/(m32) 儲存 SHL(r32/m32:r32) 的結果	U	*	*	U	*	*
SHRD	r16/m16,r16,imm8	r16/(m16) 儲存 SHR(r16/m16:r16) 的結果	U	*	*	U	*	*
SHRD	r32/m32,r32,imm8	r32/(m32) 儲存 SHR(r32/m32:r32) 的結果	U	*	*	U	*	*
SHRD	r16/m16,r16,CL	r16/(m16) 儲存 SHR(r16/m16:r16) 的結果	U	*	*	U	*	*
SHRD	r32/m32,r32,CL	r32/(m32) 儲存 SHR(r32/m32:r32) 的結果	U	*	*	U	*	*

5.3.3　雙精確制移位指令

在 80386 以後的微處理器中，有另外兩個移位指令稱為雙精確制左移位指令 (shift left double，SHLD) 與雙精確制右移位指令 (shift right double，SHRD)，這兩個指令的動作如圖 5.3-3 所示。在這兩個指令中，來源運算元必須存於暫存器內而標的運算元則可以儲存於暫存器或記憶器內；欲移位的位元數目可以使用立即資料或由暫存器 CL 指定，如表 5.3-2 所示。

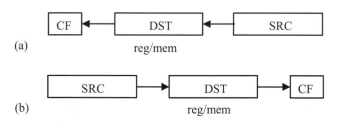

圖 5.3-3: (a) SHLD 與 (b) SHRD 指令的動作

SHLD 與 SHRD 指令的動作相當類似 (除了移位方向相反之外)，來源運算元與標的運算元組成一個雙精確制運算元，在完成指定數目的位元位置移位後，標的運算元儲存最後的結果，但是來源運算元依然維持在指令未執行前之值。

SHLD 與 SHRD 兩個指令一般使用在位元串 (bit string) 運算中，這類型的運算包括位元串資料區段轉移、自一個位元陣列 (bit array) 中取出一個固定長度或可變長度的位元串、使用一個長度相同的位元串取代位元陣列中的一個固定長度或可變長度的位元串等。

　　在這些位元串運算中，基本的資料結構如圖 5.3-4 所示，為一個位元陣列，該位元陣列有一個基底位址 (base address)。欲做運算的位元串則由兩個參數指定：位元位移位址 (bit offset) 與位元串長度。位元位移位址為相對於該位元陣列的基底位址的相對位址但是以位元為單位；位元串長度則為欲做運算的位元串之位元數目。值得注意的是：欲做運算的位元串的位元位移位址是任意的，它並不需要恰為 8 (位元組) 的整數倍；位元串長度也是可變的，它可以為任意值甚至為 0 或等於整個位元陣列的位元長度。

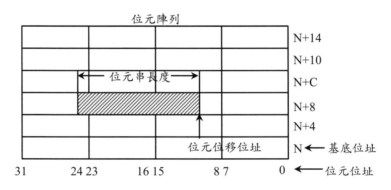

圖 5.3-4: 位元串運算的基本資料結構

　　下列舉一實例說明 SHRD 指令如何在位元串運算中發揮其功能。

▇ 例題 5.3-4: 雙精確制移位指令 —SHRD 指令的應用

　　設計一個程式，以另外一個位元串取代圖 5.3-4 所示的位元陣列中的一個位元串，位元串的長度在 1 到 25 位元之間。假設位元陣列為 BARRAY，位元位移位址為 BOFFSET，位元串長度為 BLENGTH (為一常數)。

解：程式首先將位元位移位址載入 DI 內，然後計算出該位元串的位元組位址 (SHR DI,03H) 與在位元組內的位移位址 (AND CL,07H)。其次自位元陣列中取出由該位元組位址開始的雙語句 (置入 EAX)，並調整為右邊對齊的形式。接著載入欲取代的位元串 (STRING) 於 EBX 內，並且使用指令 SHRD，右移該字元串進入 EAX 內，最後使用指令 ROL 調整為原先的位元位置，存回位元陣列中，而完成需要的動作。

```
                                           ;ex5.3-4.asm
                                           ;for 80386 and up processors only
                                                       .386
                                                       .model flat, stdcall
00000000                                               .data
00000000 FFF23456          BARRAY    DD     0FFF23456H;bit array
00000004   FFFFFFFF                  DD     0FFFFFFFFH;
00000008   43FDECBA                  DD     043FDECBAH;
                                           ;bit string to be inserted.
0000000C 00000000          STRING    DD     00H
                                           ;bit offset of the start of the substring.
00000010 00000039          BOFFSET   DD     39H  ; (57)
= 00000018                 BLENGTH   EQU    18H  ;length of bit string
00000000                                         .code
                                           ;program to illustrate how to use the SHLD
                                           ;instruction for inserting a subtring into
                                           ;a bit array.
00000000                   BIT_INST  PROC   NEAR
00000000  8B 3D 00000010 R           MOV    EDI,BOFFSET ;get bit offset
00000006  8B CF                      MOV    ECX,EDI ;save original offset
00000008  C1 EF 03                   SHR    EDI,03H  ;get byte address
                                           ;get low three bits of offset  and move
                                           ;the string dword into EAX.
0000000B  80 E1 07                   AND    CL,07H
0000000E  8B 87 00000000 R           MOV    EAX,BARRAY[EDI];
00000014  D3 C8                      ROR    EAX,CL;right justify EAX
                                           ;put the string to be inserted into bit array
00000016  8B 1D 0000000C R           MOV    EBX,STRING; get string
0000001C  0F AC D8 18                SHRD   EAX,EBX,BLENGTH
00000020  C1 C0 18                   ROL    EAX,BLENGTH
00000023  D3 C0                      ROL    EAX,CL ;back to its position.
00000025  89 87 00000000 R           MOV    BARRAY[EDI],EAX;put it back
0000002B  C3                         RET
0000002C                   BIT_INST  ENDP
                                           END    BIT_INST
```

5.4 符號擴展與其相關指令

　　在電腦(或微處理器)的帶號數算術運算中，常常需要將一個較小的數(因而使用較少的位元表示)加到另一個較大的數(因而使用較多的位元表示)中，若欲執行正確的加法運算，則較小的數必須先做符號擴展後再行相加才能得到正確的結果。因此，大部分的微處理器均提供相關的符號擴展指令。

5.4.1 基本符號擴展指令

x86 微處理器 (或其它 16/32 位元微處理器) 的算術指令除了執行未帶號數的運算外，也可以執行帶號數的運算。在帶號數的運算中，當一個長度較短 (例如 8 位元) 的數欲加到另一個長度較長的數 (例如 16 位元) 時，較短的數必須先做符號擴展 (即擴展符號位元的值到高序位元組或語句)，再行相加，才可以得到正確的結果。

下列例題說明兩數相加時，做符號擴展與未做符號擴展的差異。

■ 例題 5.4-1: 符號擴展

將下列兩數相加：-28 (8 位元) 與 +96 (16 位元)。

解： 8 位元的 -28 先做符號擴展為 16 位元後，與 16 位元的 +96 相加，得到正確的結果 +68：

```
                            C = 1
      -28        1 1 1 1 1 1 1 1   1 1 1 0 0 1 0 0   (-28) --- 8位元
  +   +96    +   0 0 0 0 0 0 0 0   0 1 1 0 0 0 0 0   (+96) --- 16位元
  ─────────      ─────────────────────────────────
      +68        0 0 0 0 0 0 0 0   0 1 0 0 0 1 0 0   (+68) --- 16位元
```

若 -28 未做符號擴展為 16 位元的值，即其高序位元組視為 0，而直接與 16 位元的 +96 相加，則得到不正確的結果 +324：

```
                            C = 1
      -28        0 0 0 0 0 0 0 0   1 1 1 0 0 1 0 0   (+228) --- 8位元
  +   +96    +   0 0 0 0 0 0 0 0   0 1 1 0 0 0 0 0   (+96) --- 16位元
  ─────────      ─────────────────────────────────
      +68        0 0 0 0 0 0 0 1   0 1 0 0 0 1 0 0   (+324) --- 16位元
```

8086 微處理器中的符號擴展指令有兩個：CBW (擴展單一位元組為一個語句) 與 CWD (擴展單一語句為雙語句)，如表 5.4-1 所示。注意：DX:AX 聯結成雙語句累積器。

在 80386 以後的微處理器中，則另外增加兩個符號擴展指令：CWDE (擴展單一語句為雙語句) 與 CDQ (擴展雙語句為四語句)，如表 5.4-1 所示。CWDE

表 5.4-1: x86 微處理器的符號擴展指令

指令	動作	OF	SF	ZF	AF	PF	CF
CBW	AH ← AL(7);	-	-	-	-	-	-
CWD	DX ← AX(15);	-	-	-	-	-	-
CWDE	EAX(31:16) ← AX(15);	-	-	-	-	-	-
CDQ	EDX ← EAX(31);	-	-	-	-	-	-

指令的動作為儲存暫存器 EAX 中的位元 15 的值於該暫存器的位元 16 到 31；CDQ 指令的動作與 CWD 指令類似，只是在 CDQ 指令中使用 32 位元的暫存器 EAX 與 EDX，而不是 16 位元的 AX 與 DX。

5.4.2 特殊的符號擴展指令

在 x86 微處理器中，有一些較特殊的指令，它們為雙運算元或三運算元指令，但是它們的兩個來源運算元位元長度並不相等，這些指令如表 5.4-2 所示。依據前面的討論得知，在雙運算元的指令中，其兩個運算元位元長度必須相等，否則可能產生錯誤的結果，為避免這種錯誤，較少位元的運算元必須做符號擴展之後，才可以與另外一個運算元做運算。

表 5.4-2 中的前兩個指令分別為 MOVSX (move with sign extension) 與 MOVZX (move with zero extension)。MOVSX dst, src 指令將 src 做符號擴展後，再存入 dst 內；MOVZX　dst,src 指令則將 src 做零位元擴展之後，再存入 dst 內。MOVSX 與 MOVZX 兩個指令的動作如圖 5.4-1 所示。

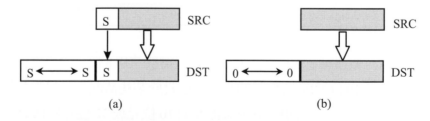

圖 5.4-1: (a) MOVSX 與 (b) MOVZX 指令的動作

表 5.4-2 中的其它十個指令中的一個來源運算元均為 8 位元立即資料而另外一個來源運算元則為 16 位元或 32 位元。在這些指令中，8 位元的立即資料均先做符號擴展為適當的長度 (與另外一個運算元長度相同) 後，再與另外的

表 5.4-2: x86 微處理器的符號擴展相關運算指令

指令	動作	OF	SF	ZF	AF	PF	CF
MOVSX r16,r8/m8	r16 ← r8/(m8) 之符號擴展後。	-	-	-	-	-	-
MOVSX r32,r8/m8	r32 ← r8/(m8) 之符號擴展後。	-	-	-	-	-	-
MOVSX r32,r16/m16	r32 ← r16/(m16) 之符號擴展後。	-	-	-	-	-	-
MOVZX r16,r8/m8	r16 ← r8/(m8) 之零值擴展後;	-	-	-	-	-	-
MOVZX r32,r8/m8	r32 ← r8/(m8) 之零值擴展後;	-	-	-	-	-	-
MOVZX r32,r16/m16	r32 ← r16/(m16) 之零值擴展後;	-	-	-	-	-	-
ADD r16/m16,imm8	r16/(m16)← r16/(m16) + SE(imm8);	*	*	*	*	*	*
ADD r32/m32,imm8	r32/(m32)← r32/(m32) + SE(imm8);	*	*	*	*	*	*
ADC r16/m16,imm8	r16/(m16)← r16/(m16) + SE(imm8) + C;	*	*	*	*	*	*
ADC r32/m32,imm8	r32/(m32)← r32/(m32) + SE(imm8) + C;	*	*	*	*	*	*
SUB r16/m16,imm8	r16/(m16)← r16/(m16) - SE(imm8);	*	*	*	*	*	*
SUB r32/m32,imm8	r32/(m32)← r32/(m32) - SE(imm8);	*	*	*	*	*	*
SBB r16/m16,imm8	r16/(m16)← r16/(m16) - SE(imm8) - C;	*	*	*	*	*	*
SBB r32/m32,imm8	r32/(m32)← r32/(m32) - SE(imm8) - C;	*	*	*	*	*	*
CMP r16/m16,imm8	r16/(m16) - SE(imm8);	*	*	*	*	*	*
CMP r32/m32,imm8	r32/(m32) - SE(imm8);	*	*	*	*	*	*
AND r16/m16,imm8	r16/(m16)← r16/(m16) ∧ SE(imm8);	0	*	*	U	*	0
AND r32/m32,imm8	r32/(m32)← r32/(m32) ∧ SE(imm8);	0	*	*	U	*	0
OR r16/m16,imm8	r16/(m16)← r16/(m16) ∨ SE(imm8);	0	*	*	U	*	0
OR r32/m32,imm8	r32/(m32)← r32/(m32) ∨ SE(imm8);	0	*	*	U	*	0
XOR r16/m16,imm8	r16/(m16)← r16/(m16) ⊕ SE(imm8);	0	*	*	U	*	0
XOR r32/m32,imm8	r32/(m32)← r32/(m32) ⊕ SE(imm8);	0	*	*	U	*	0
IMUL r16,imm8	r16← r16 × SE(imm8);	*	U	U	U	U	*
IMUL r32,imm8	r32← r32 × SE(imm8);	*	U	U	U	U	*
IMUL r16,r16/m16,imm8	r16← r16/(m16) × SE(imm8);	*	U	U	U	U	*
IMUL r32,r32/m32,imm8	r32← r32/(m32) × SE(imm8);	*	U	U	U	U	*

註:SE 表符號擴展 (sign extension)。

運算元做運算。這些指令的好處是只需要使用 8 位元的立即資料運算元,即可以得到 16 位元或 32 位元的結果,這對於某些情況下,只需要指定一個相當小的常數 (8 位元以內),但是又需要與 16 位元或 32 位元的運算元做運算時是相當方便的,而且也有較快的執行速度,因為它們佔用較少的位元組。

5.5 字元串運算指令

在任何微處理器系統中的重要應用之一為文字處理。這類應用主要處理一些由文數字碼組成的位元組資料(或簡稱字元串)，例如在設計編輯程式時，通常需要做的運算為移動字元串與比較兩個字元串資料，或是由一個字元串中尋找一個字元等。因編輯程式是大多數微處理器系統中必要的系統程式，為改進這類程式的執行性能，x86 微處理器亦提供一組字元串運算指令 (string manipulation instruction)。

字元串運算指令通常包括兩種類型：字元串轉移指令與字元串尋找指令。這些指令除了上述的文字處理功能外，當然也可以做一般數目資料的處理。

5.5.1 基本字元串指令

x86 微處理器的字元串運算指令分成兩大類：字元串轉移指令及字元串尋找與比較指令，如表 5.5-1 所示。前者包括 MOVS (MOVSB, MOVSW, MOVSD)，LODS (LODSB, LODSW, LODSD)，與 STOS (STOSB, STOSW, STOSD) 等三個指令，而後者則包括 CMPS (CMPSB, CMPSW, CMPSD) 與 SCAS (SCASB, SCASW, SCASD) 兩個指令。

這些字元串運算指令的運算元是在累積器 (ACC) AL (AX、EAX) 或記憶器中。當運算元是在記憶器中時，指令自動使用 DS:ESI (DS:SI) 指定來源運算元，而以 ES:EDI (ES:DI) 指定標的運算元，並且於資料運算後，使用過的 ESI (SI) 與 EDI (DI) 均自動增加或減少一個運算元的量。ESI (SI) 與 EDI (DI) 的值是增加或減少完全由 DF 控制位元的值而定，當 DF = 0 時，為增加；而當 DF = 1 時，為減少。DF 的值可以由 STD 與 CLD 指令改變 (或設定) (第 5.6.2 節)。

在 MOVS 與 CMPS 兩個指令中兩個運算元都在記憶器中，其中來源運算元隱含由 DS:ESI (DS:SI) 指定，而標的運算元則由 ES:EDI (ES:DI) 指定，因此可以存取兩個不同 (或相同) 的節區。由於使用暫存器間接定址方式存取運算元，因此在使用這些指令之前，必須先設定好 EDI (DI) 與 ESI (SI) 的初值，並且也需確定 ES 節區暫存器的內容。

SCAS、LODS、STOS 三個指令均使用到累積器 ACC (AL、AX、EAX) 與

表 5.5-1: x86 微處理器的字元串運算指令

指令	動作	OF	SF	ZF	AF	PF	CF
MOVS (MOVSB/ MOVSW/MOVSD)	ES:((E)DI) ← DS:((E)SI); (E)SI ← (E)SI ± 運算元長度; (E)DI ← (E)DI ± 運算元長度;	-	-	-	-	-	-
LODS (LODSB/ LODSW/LODSD)	ACC ← DS:((E)SI); (E)SI ← (E)SI ± 運算元長度;	-	-	-	-	-	-
STOS (STOSB/ STOSW/STOSD)	ES:((E)DI) ← ACC; (E)DI ← (E)DI ± 運算元長度;	-	-	-	-	-	-
CMPS (CMPSB/ CMPSW/CMPSD)	DS:((E)SI) - ES:((E)DI); (E)SI ← (E)SI ± 運算元長度; (E)DI ← (E)DI ± 運算元長度;	*	*	*	*	*	*
SCAS (SCASB/ SCASW/SCASD)	ACC - ES:((E)DI); (E)DI ← (E)DI ± 運算元長度;	*	*	*	*	*	*
REP (MOVS, LODS, STOS)	重複執行 (MOVS, LODS, STOS) 指令, 直到 (E)CX = 0。	-	-	-	-	-	-
REPE/REPZ (CMPS SCAS)	重複執行 (CMPS, SCAS) 指令, 直到 (E)CX = 0 或 ZF = 0。	-	-	-	-	-	-
REPNE/REPNZ (CMPS, SCAS)	重複執行 (CMPS, SCAS) 指令, 直到 (E)CX = 0 或 ZF = 1。	-	-	-	-	-	-

註：ACC 為 AL、AX、或 EAX，而運算元長度則為 1、2、或 4。

記憶器，其中只有 SCAS 指令會影響旗號位元。下列例題說明如何使用 MOVSB 指令，完成記憶器的資料區段搬移動作，讀者可以與例題 4.4-2 的程式作一比較。

■ 例題 5.5-1: MOVSB 指令

利用字元串指令設計一個程式，搬移記憶器中以 SRCA 位址開始的 8 個位元組資料到以 DSTA 位址開始的區域內。

解： 由於 MOVSB 指令使用到暫存器 ECX、ESI、EDI，因此程式首先設定 ECX、ESI、與 EDI 的值，然後以 MOVSB 及 LOOP 指令完成需要的動作。注意：在本程式中 ES 與 DS 使用相同的節區。當然，它們也可以使用不同的節區。指令 CLD 清除 DF 位元為 0，因此在每次 MOVSB 指令執行後，ESI 與 EDI 均自動增加 1 而指於下一個位元組上。

```
                                    ;ex5.5−1.asm
                                            .386
                                            .model flat, stdcall
00000000                                    .data
= 00000008                  LENTH   EQU     08H          ;bytes of array
00000000  12 23             SRCA    DB      12H,23H      ;source array
00000002  24 67                     DB      24H,67H
00000004  76 98                     DB      76H,98H
00000006  23 45                     DB      23H,45H
00000008  00000008 [00]     DSTA    DB      8 DUP(00);destination array
00000000                                    .code
                                    ;block data move using MOVSB instruction
00000000                    BLKMOV  PROC    NEAR
00000000  66| 8C D8                 MOV     AX,DS   ;configure ES and DS
00000003  66| 8E C0                 MOV     ES,AX   ;as the same segment
00000006  B9 00000008               MOV     ECX,LENTH ;get length
0000000B  8D 35 00000000 R          LEA     ESI,SRCA ;set source pointer
00000011  8D 3D 00000008 R          LEA     EDI,DSTA ;set dest. pointer
00000017  FC                        CLD     ;set auto−increment mode
00000018  A4                MLOOP:  MOVSB           ;move data
00000019  E2 FD                     LOOP    MLOOP   ;repeat until CX=0
0000001B  C3                        RET
0000001C                    BLKMOV  ENDP
                                    END     BLKMOV
```

　　值得注意的是在.model flat模式下，所有資料節區(DS、ES、SS)均設定為同一個資料節區，因此上述例題程式中的最前面開始兩個設定ES節區暫存器的指令可以省略。然而為了提醒讀者，在使用字元串相關指令時，必須適當地設定ES節區暫存器的初值，在其次的例題程式中依然保留這兩個指令。

　　下列例題說明如何使用字元串尋找指令(SCASW)與迴路指令(LOOPNZ)，自一個資料區中尋找一個語句資料，讀者可以與例題4.4-7的程式作一比較。

■ 例題 5.5-2: 線性搜尋程式

　　使用字元串尋找指令設計一個程式，自一個資料區中尋找一個語句資料，若找到，儲存該語句在資料區中的指標於KEYD中，否則，設定KEYD為-1。

解：自一個表格中尋找一個資料時有兩種可能的結果：一個是在表格中找到了該資料；另一個則是找不到。程式中主要的尋找指令為SCASW與LOOPNZ兩個指令。SCASW比較表格中的資料與欲找尋的資料(KEYD)；LOOPNZ指令停止執行迴路的條件為：ZF = 1 或暫存器 ECX 為 0，因此若設 ECX 內容為表格的長度；則 LOOPNZ 在上述兩種可能的結果產生時，均停止執行迴路。為了判別迴路終止的原因，LOOPNZ 指令之後應該使用 ZF 旗號判別指令 (JE 或 JNE) 以確定其原因，才可以採取對應的動作。

程式中首先設定 ECX 與 EDI 的值，並清除 DF 位元 (CLD) 使 EDI 在每次 SCASW 執行後均會自動加 1。由於 SCASW 指令必須使用 AX 儲存欲尋找的資料，所以儲存 KEYD 於 AX 內。在迴路 MLOOP 結束之後，使用指令 JE 判別迴路終止的原因，若 ZF = 1，表示該 KEYD 存在於表格中，將 LENGTH 減去 ECX 的值，即為 KEYD 資料在表格中的指標值；若 ZF = 0，則表示 KEYD 不在表格中，因此設定 KEYD 為 -1。

```
                              ;ex5.5−2.asm
                                      .386
                                      .model flat, stdcall
00000000                              .data
= 00000008                   LENTH    EQU     08H     ;array size
00000000 0023 0002           TDATA    DW      23H,02H ;data array
00000004   0014 0078                  DW      14H,78H
00000008   0015 0052                  DW      15H,52H
0000000C   0040 0080                  DW      40H,80H
00000010 0040               KEYD     DW      40H  ;data to be searched
00000000                              .code
                             ;linear search using string−compare
                             ;instruction (SCASW).
00000000                     LSEARCH  PROC    NEAR
00000000   66| 8C D8                  MOV     AX,DS   ;configure ES and DS
00000003   66| 8E C0                  MOV     ES,AX   ;as the same segment
00000006   B9 00000008                MOV     ECX,LENTH;get length
0000000B   8D 3D 00000000 R           LEA     EDI,TDATA;set pointer
00000011   66| A1 00000010 R          MOV     AX,KEYD ;get key data
00000017   FC                         CLD         ;set auto−increment mode
00000018   66| AF           MLOOP:    SCASW           ;search key data
0000001A   E0 FC                      LOOPNZ MLOOP
0000001C   74 06            CHECK:    JE      FOUND   ;found ?
0000001E   66| B8 FFFF                MOV     AX,−1   ;no, move −1 to
00000022   EB 07                      JMP     SHORT FOUND1 ;keyd
00000024   66| B8 0008      FOUND:    MOV     AX,LENTH;yes,adjust index
00000028   66| 2B C1                  SUB     AX,CX   ;value
0000002B   66| A3 00000010 R FOUND1:  MOV     KEYD,AX
00000031   C3                         RET
00000032                     LSEARCH  ENDP
                                      END    LSEARCH
```

5.5.2 REP 前標與字元串指令

由於字元串運算常常會使用到迴路，因此 x86 微處理器提供一個 REP 前標，以簡化迴路的設計。REP 前標的機器碼為：$1111001Z_2$。在 CMPS 與 SCAS 指令中，使用 Z 位元輔助迴路的控制；而在 MOVS、LODS、STODS 等指令中，REP 前標為 11110011 (F3)，這時候字元串指令，將重覆執行 ECX (或是 CX) 指定的次數。REP 前標使用的計數暫存器為 ECX 或是 CX，由該節區的位址模式決定：在 16 位元的位址模式中為 CX；在 32 位元的位址模式中為 ECX。事實上，加入 REP 前標控制的字元串指令也可以使用 LOOP 指令取代，但是以使用 REP 前標的方式較節省執行時間。

■ 例題 5.5-3: REP 前標

試計算下列程式片段 (a) 與 (b) 需要的執行時間。

(a) NEXT:　　MOVSB

　　　　　　LOOP NEXT

(b) REP　　　MOVSB

解：以 8086 微處理器為例：

(a) 每次均需 18 (MOVSB) + 17 (LOOP) = 35 個時脈

(b) 第一次需要 9 + 17 = 26 個時脈，而第二次以後則每次僅需 17 個時脈。

所以使用 REP 前標不但簡化機器碼也同時縮短執行時間。

下列例題結合了 REP 指令前標與 MOVSB 指令，完成記憶器中資料區段的搬移動作。讀者可以與例題 5.5-1 的程式作一比較。

■ 例題 5.5-4: REP 前標與 MOVSB 指令

使用 REP 前標取代迴路指令重新設計例題 5.5-1 的程式。

解：直接將 REP 前標置於 MOVSB 指令前並去掉 LOOP 指令，並將暫存器 CX 更改為 ECX 即可。

```
;ex5.5-4.asm
                        .386
```

```
                                                .model flat, stdcall
00000000                                        .data
= 00000008                      LENTH    EQU    08H        ;bytes of array
00000000  12 23                 SRCA     DB     12H,23H    ;source array
00000002  24 67                          DB     24H,67H
00000004  76 98                          DB     76H,98H
00000006  23 45                          DB     23H,45H
00000008  00000008 [00]         DSTA     DB     8 DUP(00)  ;dest. array
00000000                                        .code
                                ;block data move using MOVSB and REP
                                ;instructions.
00000000                        BLKMOV   PROC   NEAR
00000000  66| 8C D8                      MOV    AX,DS   ;configure ES and DS
00000003  66| 8E C0                      MOV    ES,AX   ;as the same segment
00000006  B9 00000008                    MOV    ECX,LENTH;get length
0000000B  8D 35 00000000 R               LEA    ESI,SRCA ;set source pointer
00000011  8D 3D 00000008 R               LEA    EDI,DSTA ;set dest. pointer
00000017  FC                             CLD      ;set auto-increment mode
00000018  F3/ A4                MLOOP:   REP    MOVSB    ;transfer data
0000001A  C3                             RET
0000001B                        BLKMOV   ENDP
                                         END    BLKMOV
```

　　在 CMPS 與 SCAS 指令中，REP 前標 (REPZ/REPNZ) 將使字元串指令執行 ECX (在 16 位元的位址模式中為 CX) 指定的次數，或執行到 Z 位元值不等於旗號位元 ZF 的值為止。Z 位元與旗號位元 ZF 的比較是在每次指令動作執行後。除非因 Z 位元與旗號位元 ZF 的值不一致促使迴路終止，否則則於跳出迴路後，ECX (CX) 值必定為 0，所以於迴路終止後必須判斷旗號位元 ZF 的值，以確定迴路終止的原因。

▉ 例題 5.5-5: REPNZ 前標與 SCASW 指令

　　使用 REPNZ 前標取代迴路指令重新設計例題 5.5-2 的程式。

解：直接將 REPNZ 前標置於 SCASW 指令前並去掉 LOOPNZ 指令即可。

```
                                ;ex5.5-5.asm
                                        .386
                                        .model flat, stdcall
00000000                                .data
= 00000008                      LENTH    EQU    08H      ;array size
00000000  0023 0002             TDATA    DW     23H,02H  ;data array
```

```
00000004  0014 0078                   DW    14H,78H
00000008  0015 0052                   DW    15H,52H
0000000C  0040 0080                   DW    40H,80H
00000010  0040              KEYD      DW    40H  ;data to be searched
00000000                              .code
                            ;linear search using string-compare
                            ;instruction (SCASW).
00000000              LSEARCH  PROC  NEAR
00000000  66| 8C D8                   MOV   AX,DS  ;configure ES and DS
00000003  66| 8E C0                   MOV   ES,AX  ;as the same segment
00000006  B9 00000008                 MOV   ECX,LENTH;get length
0000000B  8D 3D 00000000 R            LEA   EDI,TDATA;set pointer
00000011  66| A1 00000010 R           MOV   AX,KEYD ;get key data
00000017  FC                          CLD      ;set auto-increment mode
00000018  F2/ 66| AF       MLOOP:     REPNZ SCASW  ;search key data
0000001B  74 06            CHECK:     JE    FOUND  ;found ?
0000001D  66| B8 FFFF                 MOV   AX,-1   ;no, move -1 to
00000021  EB 07                       JMP   SHORT FOUND1 ;keyd
00000023  66| B8 0008      FOUND:     MOV   AX,LENTH;yes,adjust index
00000027  66| 2B C1                   SUB   AX,CX   ;value
0000002A  66| A3 00000010 R FOUND1:   MOV   KEYD,AX
00000030  C3                          RET
00000031                   LSEARCH    ENDP
                                      END   LSEARCH
```

字元串指令 LODSB 與 STOSB 的用法，可以使用下列的做密碼轉換程式
加以說明。

■ 例題 5.5-6: 字元串轉換

利用字元串運算指令轉換一組輸入數目為另一組數目 (即做密碼轉換)。

解：程式中，首先設定迴路計數器 ECX 與 EBX、ESI、和 EDI 等暫存器值，使其
分別指於轉換表、輸入數目、和結果等區域。迴路中則由 LODSB、ADD EBX,EAX
與 MOV AL,[EBX]、STOSB 等指令構成。LODSB 自 NUMBER 中載入一個位
元組資料於 AL 中，然後由 ADD EBX,EAX 與 MOV AL,[EBX] 兩個指令轉換為
TABLE 中對應的值後，由 STOSB 儲存到 RESULT 中。因為 LODSB 與 STOSB
兩個指令，每次執行後，均自動將 ESI 與 EDI 內容加 1，因而不需要有 INC ESI
與 INC EDI 等指令。

;ex5.5-6.asm

```
                                          .386
                                          .model flat, stdcall
00000000                                  .data
= 0000000A                STRLEN   EQU    10        ;string length
00000000 3F 06 5B 4F      TABLE    DB     3FH,06H,5BH,4FH
00000004 66 6D 7D 07               DB     66H,6DH,7DH,07H
00000008 7F 6F 77 7C               DB     7FH,6FH,77H,7CH
0000000C 39 5E 79 71               DB     39H,5EH,79H,71H
                          ;number to be converted
00000010 01 02 03 04      NUMBER   DB     01,02,03,04
00000014 05 06 07 08               DB     05,06,07,08
00000018 09 0A                     DB     09,10
                          ;resultant number
0000001A 0000000A [00]    RESULT   DB     10 DUP(?)
00000000                                  .code
                          ;program to convert the incoming number
                          ;into another using the string
                          ;instructions:LODSB and STOSB.
00000000                  STRCVT   PROC   NEAR
00000000 66| 8C D8                 MOV    AX,DS   ;configure ES and DS
00000003 66| 8E C0                 MOV    ES,AX   ;as the same segment
00000006 B9 0000000A               MOV    ECX,STRLEN;set up loop count
0000000B 8D 35 00000010 R          LEA    ESI,NUMBER;get number addr
00000011 8D 3D 0000001A R          LEA    EDI,RESULT;get result addr
00000017 FC                        CLD    ;set auto—increment mode
00000018 33 C0                     XOR    EAX,EAX ;clear register EAX
0000001A 8D 1D 00000000 R BEGIN:   LEA    EBX,TABLE ;load table base
00000020 AC                        LODSB  ;get one char from number
00000021 03 D8                     ADD    EBX,EAX ;convert it
00000023 8A 03                     MOV    AL,[EBX]
00000025 AA                        STOSB  ;save the converted char
00000026 E2 F2                     LOOP   BEGIN
00000028 C3                        RET
00000029                  STRCVT   ENDP
                                   END    STRCVT
```

　　為方便執行表格的資料轉換，x86 微處理器提供一個專為表格轉換功能而
設計的指令 XLATB，如表 5.5-2 所示。這個指令執行時使用暫存器 AL 為指標
暫存器，因此最大的表格長度為 256 個位元組。在使用 XLATB 指令時，必須
儲存表格的基底位址於暫存器 EBX (BX) 內，而希望轉換的數碼載入暫存器
AL 中，在指令執行後，經轉換後的數碼則存回暫存器 AL 內。上述例題中的

BEGIN 迴路可以使用 XLATB 指令改寫,以簡少指令的數目及加快程式的執行時間 (習題 5-12)。

表 5.5-2: x86 微處理器的表格轉換指令

指令	動作	OF	SF	ZF	AF	PF	CF
XLATB	AL ← ((E)BX+ 零位元擴展之 AL)	-	-	-	-	-	-

下列例題說明如何利用字元串指令 CMPSB 與 REPZ 前標,自一個給定的字元串尋找一個特定的字元串,這個功能即是編輯程式中常用的尋找 (search) 功能。

■ 例題 5.5-7: 字元串搜尋

設計一個程式,自一個給定的字元串尋找一個特定的字元串,若找到,則設定 INDEX 為該子字元串在字元串中的起始位置,否則,找不到,則設定 INDEX 為 -1。

解: 程式中,首先找出 TESTSTR 的第一個字元在 MAINSTR 中的位置,並記錄在 EBX 內,然後依據 TESTCNT 指定的字元數,使用字元串比較指令 REPZ CMPSB 搜尋該 TESTSTR 字元串是否出現在 MAINSTR 中,若出現,則儲存 ESI (即 EBX) 於 INDEX 並且歸回,否則由 EBX 指定的下一個字元開始,重覆上述的步驟,直到找到或是 MAINSTR 已抵達終點"$" 字元為止。

```
                              ;ex5.5-7.asm
                                   .386
                                   .model flat, stdcall
00000000                           .data
00000000 54 68 65 20 62    MAINSTR  DB      "The boy is a good student$"
         6F 79 20 69 73
         20 61 20 67 6F
         6F 64 20 73 74
         75 64 65 6E 74
         24
0000001A 6F 64 20          TESTSTR  DB      "od "
                           ;the starting position of teststr in mainstr
0000001D 00000000          INDEX    DD      0
00000021 00000003          TESTCNT  DD      3        ;teststr count
00000000                            .code
                           ;program to locate an ASCII string
```

```
                                        ;from an existed string.
00000000                      STRSRCH   PROC   NEAR
00000000   66| 8C D8                    MOV    AX,DS   ;configure ES and DS
00000003   66| 8E C0                    MOV    ES,AX   ;as the same segment
00000006   C7 05 0000001D R             MOV    INDEX,-1    ;assume not found
           FFFFFFFF
00000010   8D 35 FFFFFFFF R             LEA    ESI,MAINSTR-1;get mainstr addr
00000016   8D 3D 0000001A R             LEA    EDI,TESTSTR  ;get teststr addr
0000001C   FC                           CLD    ;set auto-increment mode
                                        ;search for first character of the teststr.
0000001D   8A 07                        MOV    AL,[EDI]
0000001F   46                  FCHAR:   INC    ESI
00000020   80 3E 24                     CMP    BYTE PTR [ESI],"$"
00000023   74 1E                        JE     RETURN
00000025   3A 06                        CMP    AL,[ESI]
00000027   75 F6                        JNE    FCHAR
00000029   8B DE                        MOV    EBX,ESI;save current position
                                        ;compare the remainder of test string.
0000002B   8D 3D 0000001A R             LEA    EDI,TESTSTR;get teststr addr.
00000031   8B 0D 00000021 R             MOV    ECX,TESTCNT
00000037   F3/ A6                       REPZ   CMPSB   ;if mainstr=teststr
00000039   8B F3                        MOV    ESI,EBX   ;then continue,else
0000003B   75 E2                        JNE    FCHAR   ;resume the search.
0000003D   89 35 0000001D R             MOV    INDEX,ESI
00000043   C3                  RETURN:  RET
00000044                       STRSRCH  ENDP
                                        END    STRSRCH
```

5.6 CPU 控制與旗號位元指令

在本章最後則介紹 CPU 控制與旗號位元指令兩組指令，在大部分情形下，都不會使用到這些指令，然而它們控制了 CPU 的重要動作，因此讀者仍然有必要了解這些指令的動作與用法。

5.6.1 CPU 控制指令

CPU 控制指令通常包括 NOP 與 HLT 指令等。在 Pentium 以後的微處理器中，則又包含一個 CPUID 指令。NOP 指令並未命令 CPU 做任何運算，相反地它只消耗 CPU 的時間而已。這個指令通常用來保留某些記憶器位置，以方便其次加入指令之用，或用在延遲迴路中，增加迴路的延遲。HLT 指令則將 CPU

表 5.6-1: x86 微處理器的 CPU 控制指令

指令	動作	OF	SF	ZF	AF	PF	CF
HLT	令 CPU 停止動作。	-	-	-	-	-	-
NOP	CPU 不做動作。	-	-	-	-	-	-
ESC　data,mem	浮點運算處理器指令。	-	-	-	-	-	-
ESC　data,reg	浮點運算處理器指令。	-	-	-	-	-	-
CPUID	讀取 CPU 相關的識別資訊。	-	-	-	-	-	-

置於暫停的狀態，直到 CPU 被 RESET 或有一個外部的中斷要求被認知為止。
有關中斷要求的相關討論請參閱第 9 章。

　　x86 微處理器的 CPU 控制指令如表 5.6-1 所示。除了 NOP 與 HLT 指令外，
還有一個 ESC 指令。ESC 指令用來讀取一個 opcode 與運算元給外部的協同處
理器 (coprocessor) (例如：x87 浮點運算處理器) 使用。浮點運算處理器的討論
參閱第 11 章。

■ **例題 5.6-1: NOP 指令**

　　設計一個軟體延遲程式。

解：簡單而可行的一個軟體延遲程式如下列程式所示。其延遲時脈週期數之計
算如下：

$$4 + [(3 + 3 + 17)](N - 1) + [(3 + 3 + 5)] + 8 = 23N$$

其中第一個 [] 中的數值為前面 (N-1) 次迴路的時脈週期數，第二個 [] 中的數值
為最後一次迴路的時脈週期數。

```
                        ;ex5.6−1.asm
                        ;subroutine to delay a given clocks.
                        ;the delay time is calculated as follow:
                        ;delay time = 4 + (3+3+17)(N−1)+(3+3+5)+8
                        ;           = 23N (clocks)
                                .386
                                .model flat, stdcall
00000000                        .code
= 00000064              N       EQU   100
00000000                DELAY   PROC  NEAR
00000000   66| B9 0064          MOV   CX,N      ;    4
00000004   90           KTIME:  NOP             ;    3
00000005   90                   NOP             ;    3
00000006   E2 FC                LOOP  KTIME     ;5(B=0);17(B<>0)
```

```
00000008   C3                          RET              ;  8
00000009                   DELAY       ENDP
                                       END    DELAY
```

CPUID 指令讀取 CPU 的識別碼及相關的資訊。在執行 CPUID 指令之前，必須由 EAX 設定一個輸入參數，以決定希望讀取的訊息為 CPU 的廠商識別碼 (EAX = 0) 或是該 CPU 相關的資訊 EAX = 1 ～ 3 與 EAX = 80000000H ～ 80000004H (請詳見參考資料 [5])。

使用 EAX = 0 的輸入參數，執行 CPUID 指令時，CPU 由暫存器 EBX、EDX、及 ECX 等傳回 12 個 ASCII 字元的廠商識別碼。例如在 Intel Pentium 處理器中，將傳回 "GenuineIntel"，其中 "Genu" 存於 EBX、"ineI" 存於 EDX、而 "ntel" 存於 ECX。

使用 EAX = 1 的輸入參數，執行 CPUID 指令時，CPU 由暫存器 EAX、EBX、及 EDX 暫存器傳回該 CPU 相關的識別碼與擴充特性代碼。由暫存器 EDX 傳回的資訊中，最常用者為檢查該 CPU 是否支援下列指令：位元 8 (CMPXCHG8B 指令)；位元 15 (CMOVcc 指令)；位元 17 (PSE-36，32 位元頁區擴展並且使用 36 位元實際位址)；位元 23 (MMX 指令組)；位元 25 (SSE 指令組)；位元 26 (SSE2 指令組)。當指定的位元值為 1 時，表示支援該項特性，否則未支援該項特性。詳細的 CPUID 指令相關資訊，請參閱參考資料 [6]。

■ 例題 5.6-2: CPUID 指令

設計一個程式，讀取 CPU 的廠商識別碼，然後儲存於記憶器中。

解： 程式中，首先設定 EAX 為 0，接著執行 CPUID 指令，然後依序由 EBX、EDX、及 ECX 等暫存器傳回的廠商識別碼 (一共 12 個 ASCII 字元)，儲存於記憶器中。這些廠商識別碼可以使用 WinDbg 除錯程式中的記憶器視窗觀察。

```
                          ;ex5.6-2.asm
                          ;subroutine to display the vender id.
                          ;information of CPU used in your system.
                                  .586
                                  .model flat, stdcall
00000000                          .data
00000000  00000004         CPU_INFO   DD   4 DUP (00)
```

```
                      [00000000]
00000000                                              .code
                                        ;
                                        ;read CPU identification information.
00000000                                MAIN    PROC  NEAR
00000000    B8 00000000                         MOV   EAX,00H
00000005    0F A2                               CPUID
00000007    89 1D 00000000 R                    MOV   CPU_INFO, EBX
0000000D    89 15 00000004 R                    MOV   CPU_INFO+4, EDX
00000013    89 0D 00000008 R                    MOV   CPU_INFO+8, ECX
00000019    C3                                  RET
0000001A                                MAIN    ENDP
                                                END   MAIN
```

5.6.2 旗號位元指令

大多數的算術運算指令都會影響旗號位元(設定或清除)，但是有時候必須直接控制這些旗號位元的狀態，例如：清除或設定進位旗號 CF。因此大多數微處理器都提供有一組旗號位元運算指令。

x86 微處理器的旗號位元運算指令如表 5.6-2 所示。STC、CLC、CMC 指令分別設定、清除，與將進位旗號值取補數，這些指令通常用於多精確制算術運算中。CLD 與 STD 指令分別清除與設定字元串指令中的方向位元 (DF)。CLI 與 STI 指令分別清除與設定中斷致能正反器 (IF) (將在中斷一章中討論)。

LAHF 指令載入 FLAGS 的低序位元組於暫存器 AH 內；而 SAHF 指令載入暫存器 AH 的內容於 FLAGS 低序位元組內。這兩個指令本來是為了方便轉換 8080 的程式為 8086 程式而設計的。事實上，利用這兩個指令也可以完成旗號位元 (SF、ZF、AF、PF、CF) 的設定、清除，或與另外一個旗號位元狀態做比較。

參考資料

1. AMD, *AMD64 Architecture Programmer's Manual Volume 1: Application Programming,* 2012 (http://www.amd.com)

2. AMD, *AMD64 Architecture Programmer's Manual Volume 2: System Programming,* 2012 (http://www.amd.com)

表 5.6-2: x86 微處理器的旗號位元運算指令

指令	動作	DF	TF	IF	OF	SF	ZF	AF	PF	CF
CLC	CF ← 0;	0	-	-	-	-	-	-	-	0
CMC	CF ← $\overline{\text{CF}}$;	-	-	-	-	-	-	-	-	$\overline{\text{CF}}$
STC	CF ← 1;	-	-	-	-	-	-	-	-	1
CLD	DF ← 0;	0	-	-	-	-	-	-	-	-
STD	DF ← 1;	1	-	-	-	-	-	-	-	-
CLI	IF ← 0;	-	-	0	-	-	-	-	-	-
STI	IF ← 1;	-	-	1	-	-	-	-	-	-
LAHF	AH ← 旗號位元組 (7:0);	-	-	-	-	-	-	-	-	-
SAHF	旗號位元組 (7:0)← AH;	-	-	-	-	*	*	*	*	*

3. Barry B. Brey, *The Intel Microprocessors 8086/8088, 80186/80188, 80286, 80386, 80486, Pentium, and Pentium Pro Processor, Pentium II, Pentium III, Pentium 4, and Core 2 with 64-Bit Extensions: Architecture, Programming, and Interfacing,* 8th. ed., Englewood Cliffs, N. J.: Prentice-Hall, 2009.

4. Intel, *i486 Microprocessor Programmer's Reference Manual,* Berkeley, California: Osborne/McGraw-Hill Book Co., 1990.

5. Intel, *Intel 64 and IA-32 Architectures Software Developer's Manual, Volume 1: Basic Architecture,* 2011. (http://www.intel.com)

6. Intel, *Intel 64 and IA-32 Architectures Software Developer's Manual,* Volume 2, 2011. (http://www.intel.com)

7. Intel, *Intel 64 and IA-32 Architectures Software Developer's Manual,* Volume 3, 2011. (http://www.intel.com)

8. Walter A. Triebel and Avtar Singh, *The 8088 and 8086 Microprocessors: Programming, Interfacing, Software, Hardware, and Applications,* 4th ed., Englewood Cliffs, N. J.: Prentice-Hall, 2003.

習題

5-1 設計一個程式，計算下列布林表示式：

(1) F = A(B + $\overline{\text{CD}}$) + $\overline{\text{AB}}$

(2) F = (A + $\overline{\text{B}}$)C ⊕ D

(3) F = $\overline{\text{A}}$B + A$\overline{\text{B}}$C + $\overline{\text{BC}}$

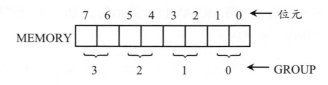

圖 P5.1: 習題 5.7 的圖

5-2 設計一個程式，檢查 BYTE 位元組中有那些位元值為 0，當檢查到一個位元為 0 時，即儲存該位元數目在 BITNO 開始的區域內。例如當 BYTE 值為 11101101 時，BITNO 開始的八個位元組依序儲存：

01H、04H、0FFH、0FFH、0FFH、0FFH、0FFH、0FFH。

5-3 寫出三個可以清除進位旗號為 0 的方法。每一種方法只能使用一個指令。

5-4 試分別以下列方式，設計一個程式將一個 ASCII 字元 (儲存在 ASCII 位元組) 加上奇同位。其中 ASCII 字元佔用一個位元組中的位元 0 到位元 6 等七個位元。奇同位位元則為該位元組的位元 7。

(1) 使用同位旗號位元的狀態與其它指令

(2) 使用邏輯運算指令與其它指令

(3) 使用移位 (或循環移位) 指令與其它指令

5-5 設計一個程式，轉換一個十六進制位元組的數為兩個 ASCII 字元。假設該位元組儲存在 HEXDEC 中；而 ASCII 碼則依序 (先低序後高序) 儲存在 ASCII 開始的兩個連續位元組中。

5-6 設計一個程式，轉換兩個代表十六進制數字的 ASCII 字元為一個十六進制位元組。結果的十六進制位元組儲存在 HEXDEC 中；輸入的兩個 ASCII 字元依序 (先低序後高序) 儲存在 ASCII 開始的兩個連續位元組中。

5-7 假設一個記憶器位元組依照下列方式分為四組，如圖 P5.1 所示。現在欲將該位元組中由 GROUP 指定的組 (GROUP 值為 0 ~ 3)，設定為由 VALUE 指定的值 (VALUE 值為 0 ~ 3)，則此程式該如何設計。注意：GROUP 與 VALUE 的值均在程式執行時才能確定。

5-8 使用字元串指令，將 ARRAY 位址開始的 N 個位元組資料搬到以 ARRAY + N/2 位址開始的區域內。

5-9 使用字元串指令，將 ARRAY 位址開始的 N 個位元組資料搬到以 ARRAY - N/2 位址開始的區域內。

5-10 在例題 5.5-6 中，當欲轉換的數字為十六進制而且以 ASCII 字元 (即 0, 1, 2, …, 9, A, B, C, D, E, 與 F) 表示時，程式應該如何修改？

5-11 在例題 5.5-7 中，若不使用字元串比較指令：REPZ CMPSB 時，程式應如何修改？試重新設計此程式。

5-12 使用 XLATB 指令重新設計例題 5.5-6 的程式。

5-13 在 x86 微處理器中，LAHF 與 SAHF 兩個指令的動作與 CPU 旗號位元有關，試問若使用這兩個指令清除或設定旗號位元的狀態時，與使用單一旗號位元的設定或清除指令比較下，有何優缺點？

5-14 設計一個程式，將圖 5.3-2 所示的位元陣列中的一個位元串以另外一個位元串 (長度為 1 到 31 個位元) 取代。假設位元陣列為 BIT_ARRAY，位元位移位址為 BIT_OFF，位元串長度為 BIT_LEN。

5-15 設計一個程式，自圖 5.3-2 所示的位元陣列中取出一個位元串，其長度可以由 1 位元到 25 個位元，由 BIT_LEN 指定。假設位元陣列為 BIT_ARRAY 而位元位移位址為 BIT_OFF。

5-16 設計一個程式，自圖 5.3-2 所示的位元陣列中取出一個位元串，其長度可以由 1 位元到 32 個位元，由 BIT_LEN 指定。假設位元陣列為 BIT_ARRAY 而位元位移位址為 BIT_OFF。

5-17 下列程式 SEARCH 的功用為自一個資料陣列 (位址存於暫存器 ESI) 中尋找一個位元組資料，欲找尋的資料存於暫存器 AL 內，資料陣列的長度存於暫存器 ECX 內。若欲找尋的資料出現在資料陣列中，則設定位元組 FOUND 為 0FFH；否則清除 FOUND 為 0。

```
SEARCH    PROC  NEAR
          DEC   ESI
```

```
                (A)
AGAIN:          (B)
                CMP    AL,[ESI]
                JZ     DONE
                (C)
                JNZ    AGAIN
                (D)
DONE:           MOV    FOUND,0FFH
RETURN:         RET
SEARCH          ENDP
```

(1) 空格 (A) (D) 應填入什麼指令？

(2) (C) 與其下一個指令可以用什麼指令取代而不影響原來程式的功能？

(3) 使用 SETcc 指令 (第 6.3.6 節) 重新設計上述程式。

5-18 假設 8086 工作於 10 MHz，設計一個軟體延遲副程式 (DELAY1) 產生 1 ms 的延遲。

5-19 利用上題的 DELAY1 延遲副程式，設計一個能夠產生 10 ms 延遲的副程式 (DE-LAY)。

6

副程式與巨集指令

前面兩章討論的程式皆只限於單一模組 (module)，每一個模組都能完成一個獨立的小工作。但是在實際的應用中，一個程式的長度通常都在數百行以上，這時就很難再以單一模組的方式處理了。對於一個大而複雜的程式，一般均以 "各個擊破" (divide and conquer) 的方法，將之分成數個較小的模組處理，這種方式稱為模組化程式設計 (modular programming)。在組合語言中的模組化程式設計的觀念和高階語言是相同的。組合語言的模組化程式設計通常由下列幾個層次輔助完成：

1. 副程式 (subroutine)：由 CPU 的機器語言/組合語言提供。副程式為模組化程式設計中的基本模組，它可以獨力完成一件小工作。

2. 組譯程式假指令：由組譯程式提供一些假指令以輔助完成模組化的程式設計。這類假指令通常可以將程式定義成數個獨立的模組，而這些模組可以各別建立、組譯，然後連結成一個完整而可以執行的系統。

3. 巨集指令 (macro)：這是由組譯程式提供的一種類似於副程式的機構。經由它，也可以達到某些程度的模組化架構。

4. 中斷結構 (interrupt structure)：由 CPU 機器語言/組合語言與硬體直接提供。與副程式類似，它可以當作模組化程式設計中的基本模組，以獨力完成一件與中斷要求相關的小工作。

除了中斷結構留至中斷要求與處理一章 (第 9 章) 中之外，其它各項觀念與程式設計技巧將於本章中討論。

6.1 程式設計技巧

程式設計即是將定義的問題，以公式表示成一個程式的步驟。典型而常用的方法有：

1. 模組化程式設計 (modular programming)；
2. 結構化程式設計 (structural programming)。

這些方法中，均具有一些共同的原則：

1. 以許多較小的步驟處理，並且不要同時處理太多事情；
2. 將大件的工作分成許多小件而且邏輯上可以獨立的工作；
3. 使控制的流程越簡單越好，以易於尋找錯誤；
4. 儘可能使用圖形表示；
5. 使用簡單而一致的術語與方法；
6. 於開始撰寫程式前，先完成以公式表示的設計。

事實上，模組化程式設計與結構化程式設計是相容的，它們可以互相揉合而達到較理想的結構化程式。

6.1.1 模組化程式設計

所謂的模組化程式設計，即是將一個大計劃細分成數個可以自身處理的獨立小事務，而這些事務彼此之間只有資料的轉移。在這種設計方式中，設計者常常面臨的問題是如何將程式 (即計劃) 分成模組，及如何將模組結合在一起。典型的模組如圖 6.1-1 所示。

模組化程式設計的優點：

1. 單獨的模組較一個完整的程式易於編寫、除錯、測試；
2. 可以將模組程式標準化，而建立模組庫；
3. 需要修改時，這些修改只是加於模組中，而非加於整個程式；
4. 錯誤較易分離，並易於決定發生在那一個模組中。

模組化程式設計方法，雖然也有些缺點，例如：如何將各個模組結合；欲將程式模組化時，往往發生分離上的困難等，但是這些並不構成實際應用上

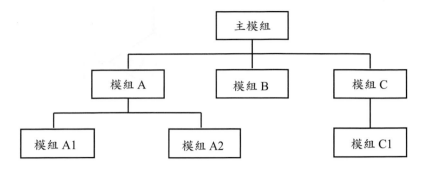

圖 6.1-1: 典型的模組層次圖

的致命傷。模組化程式設計方法是當前許多大系統中，最典型且常用的方法之一。

6.1.2　結構化程式設計

　　在結構化程式設計的方法中，程式內的每一個部分都只由一個結構集之內的幾個基本的模組結構組成，這些結構的基本特性是它們都只有一個入口 (entry) 與一個出口 (exit)。基本的模組結構只有下列三種：

1. 循序結構 (sequential structure)：是一種線性的結構，在此種結構下，指述或指令是依順序執行的。例如：

　　　　P1

　　　　P2

　　　　P3

計算機首先執行P1，其次P2，接著才為P3。P1、P2、P3，可以是單獨的指令，或是整個程式。

2. 選擇性結構 (selection structure)：通常的選擇性結構是 "IF　C　THEN　P1 ELSE　P2 (條件C成立則執行P1；否則，執行P2)"。其流程圖列於圖6.1-2 中。

　　下列例題說明如何執行 IF-THEN-ELSE 的基本結構。

■ 例題 6.1-1: IF-THEN-ELSE 結構

　　試寫一個程式片段執行圖 6.1-2 的 IF-THEN-ELSE 結構。

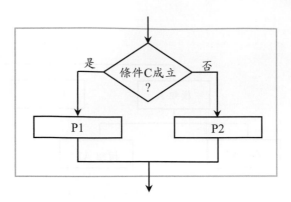

圖 6.1-2: IF-THEN-ELSE 結構流程圖

解：程式片段如下所示。

```
;ex6.1-1
        .code

        CMP     AX,condition
        JE      P1
P2:     .
        .
        JMP     CONT
P1:     .
        .
CONT:       ....
```

3. 重覆結構 (iteration structure)：重覆執行一段指令，即形成一個迴路。兩種基本的重覆結構為：

(1) REPEAT-UNTIL 結構：如圖 6.1-3(a) 所示，其中 REPEAT-P-UNTIL-C 結構是先執行 P 指令 (模組)，然後再測試條件 C，若 C 成立，則終止 P 指令 (或模組) 的執行，否則繼續執行 P 指令 (或模組)，直到條件 C 為滿足為止。

(2) WHILE-DO 結構：如圖 6.1-3(b) 所示，在 WHILE-C-DO-P 結構中，先測試條件 C，若該條件成立則執行 P 指令 (或模組)，否則終止 P 指令 (或模組) 的執行。

注意：在 REPEAT-UNTIL 結構中，P 指令 (或模組) 至少被執行一次；而在 WHILE-DO 結構中則否。值得一提的是在上述三種結構中，均只具有一個入

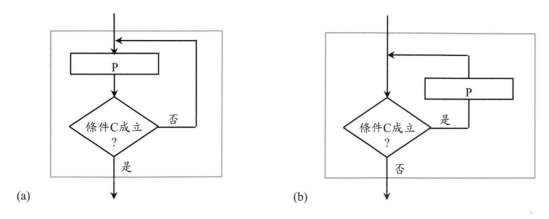

圖 6.1-3: 兩種基本的重覆結構：(a) REPEAT-UNTIL 結構；(b) WHILE-DO 結構

口與一個出口。

結構化程式設計的一些基本特性如下：

1. 只允許三種基本結構(即前述三種)；

2. 結構可以成巢狀 (nested loop) 的，巢數則沒有限制；

3. 每一種結構僅有一個入口與一個出口。

理論證實，任何程式都可以使用結構化程式設計中的三種基本結構完成。

下列例題如何執行 REPEAT-UNTIL 與 WHILE-DO 兩種基本的重覆結構。

■ 例題 6.1-2: 兩種基本的重覆結構

試寫一個程式片段執行圖 6.1-3 的兩種基本的重覆結構。

解： 程式片段如下所示。

```
;ex6.1-2
            .                              .
            . initialization               . initialization
            .                              .
BEGIN:  CMP   AX,COUNT           BEGIN:    .
        JNE   EXIT                         .
            .                              .
            .                       CMP    AX,COUNT
            .                       JNE    BEGIN
        JMP   BEGIN                        .
EXIT:       .                              .
```

(a) WHILE—DO	(b) REPEAT—UNTIL

　　結構化程式設計的優點為：

1. 運算的次序易於追蹤、測試、除錯：

2. 結構種類有限而且術語已經標準化；

3. 程式的結構化說明清楚而且易於閱讀；

4. 容易由流程圖描述；

5. 能增進設計者的生產力。

　　結構化程式設計的缺點：

1. 只有高階語言能直接接受此種結構；

2. 此種結構的程式，執行速度較慢，且耗費記憶器較多；

3. 因只考慮程式運算的順序，並不是資料流程，所以此種結構用於處理資料並不能得心應手。

　　結構化程式設計，雖有其致命的缺點，但是它仍不失為一種有系統性的程式設計方法。

6.1.3 結構化程式假指令

　　在 masm 組譯程式中，提供了上述三種基本的結構化程式設計的假指令，這些假指令為

- .IF-.ENDIF 結構

- .IF-.ELSE-.ENDIF 結構

- .IF-.ELSEIF-.ELSE-.ENDIF 結構

- .REPEAT-.UNTIL 結構

- .WHILE-.ENDW 結構

這些假指令的前面皆加有一個 "."，而且它們不可以使用在巨集指令 (第 6.4 節) 中。

表 6.1-1: masm 結構化程式假指令中的關係與邏輯運算子

運算子	功能	運算子	功能
==	相等	<=	小於或相等
!=	不相等	&	位元測試
>	大於	!	NOT
>=	大於或相等	&&	AND
<	小於	||	OR

由於上述結構化程式假指令均必須使用條件指述以作為迴路終止或指述選擇使用的依據，在 masm 組譯程式中提供的關係運算子與邏輯運算子如表 6.1-1 所示。

6.1.3.1　Win API 簡介　為方便說明這些結構化程式設計的假指令之功能及使用方法，下列先簡介四個 Win API 中的副程式。藉此，讀者亦可以瞭解在組合語言中，如何使用 Win API 建構需要的應用程式。對於 Win API 副程式相關的程式設計與應用有興趣的讀者，可以自行參考相關的參考書。

GetStdHandle 副程式：在 Win32 系統中，欲做輸入或輸出之前必須先取得螢幕與鍵盤等標準輸出與輸入裝置的代碼 (稱為 handle)，這項工作可以使用 GetStdHandle 副程式完成，GetStdHandle 的語法為

GetStdHandle, nStdHandle

其中 nStdHandle 可以是下列任何一種：

STD_INPUT_HANDLE 　　：取得標準輸入裝置代碼

STD_OUTPUT_HANDLE 　：取得標準輸出裝置代碼

STD_ERROR_HANDLE 　　：取得標準錯誤裝置代碼

這個副程式根據 nStdHandle，由 EAX 傳回標準輸出、輸入或錯誤代碼。

ReadConsole 副程式：欲由鍵盤讀取資料，可以用 ReadConsole 副程式。ReadConsole 副程式的語法為：

ReadConsole, hConsoleInput, lpBuffer, nNumberOfCharsToRead,
　　　　　lpNumberOfCharsRead, lpReserved

其中 hConsoleInput 使用前面由 GetStdHandle API 的傳回值，當然此傳回值係以 STD_INPUT_HANDLE 為參數呼叫 GetStdHandle 所得到的結果。lpBuffer 指

緩衝區位址，指示儲存輸入資料的緩衝區，系統亦會在資料的尾端加上換行及歸位控制碼 (0aH，0dH)。nNumberOfCharsToRead 指緩衝區的容量。lpNum-berofCharsRead 為一個雙語句指標，在 ReadConsole 結束時，指示實際儲存於緩衝區的位元組數目 (包含了換行及歸位控制碼兩個位元組)。lpReserved 未使用，設定為 NULL 即可。

WriteConsole 副程式：欲輸出資料於控制台，可以使用 WriteConsole 副程式，其語法為：

WriteConsole, hConsoleOutput, *lpBuffer, nNumberOfCharsToWrite,

lpNumberOfCharsWritten, lpReserved

WriteConsole 的參數與 ReadConsole 類似，因此不再詳述。

ExitProcess 副程式：欲跳出程式回到命令視窗時，可以使用 ExitProcess 副程式，其與法如下：

ExitProcess, uExitCode

其中 uExitCode 為傳回作業系統的返回碼 (return code)。

Win API 副程式的呼叫：呼叫上述 Win API 副程式時必須使用 invoke 假指令，其語法如下：

invoke　副程式名, 參數 1, 參數 2, 參數 3, ……

invoke 假指令之後接上欲呼叫的副程式名稱，然後該副程式相關的參數，副程式與參數之間以及參數與參數之間使用 "," 分隔。若參數太多而無法納入同一行時，可以使用 "\" 表示下一行是這一行的延續。

Win API 引入檔與程式庫：使用 Win API 時，程式中必須加入下列引入檔 (.inc) 與程式庫 (.lib)：

```
include      include\windows.inc
include      include\kernel32.inc
include      include\user32.inc
includelib   lib\kernel32.lib
includelib   lib\user32.lib
```

當然，在使用這一些引入檔 (.inc) 與程式庫 (.lib) 時，必須注意它們的檔案路徑是否正確。

6.1.3.2　選擇性結構　在 masm 中，除了提供基本的選擇性結構：.IF-.ENDIF 之外，也提供巢路的選擇性結構：.IF-.ELSE-.ENDIF 結構與 .IF-.ELSEIF-.ELSE-.ENDIF 等兩個結構。下列例題分別說明這些結構的功能及使用方法。

■ 例題 6.1-3: .IF-.ENDIF 結構的使用例

　　設計一個程式連續的由鍵盤讀取 16 個字元，若讀取的字元為小寫字母，則轉換為大寫字母後顯示於控制台上。

解：程式使用指述：.IF AL >= 'a' && AL <= 'z' 判斷讀取的字元是否為小寫字母，若是則減去 20H，轉換為大寫字母，然後顯示於控制台上。為方便觀察組譯程式對 .IF-.ENDIF 結構的展開工作，在程式一開始的地方使用了另一個假指令 .listall 告訴組譯程式，列出所有產生的指述。程式中註有 "*" 記號者為組譯程式對於 .IF-.ENDIF 結構產生的指令。注意程式列表中的引入檔 (.inc) 由於使用假指令 .nolist 而未列出。使用的程式庫則會依序列出，在本例題中只使用了 kernel32.lib。

```
                          ;ex6.1-3.asm
                          ;the uses of .IF-.ENDIF  structure
                          ;it reads 16 characters at most from the
                          ;console, converts them into upper case,
                          ;and then displays on the console
                                  .386
                                  .model  flat,stdcall
                                  option  casemap:none
                                  .nolist   ;disable the listing
                          includelib c:\masm32\lib\kernel32.lib
                                  .listall  ;enable the listing
00000000                          .data
00000000  00000010 [00]   OUTBUF  DB 16 DUP(?), 0AH, 00H;
          0A 00
00000000                          .code
00000000                  START   PROC
                          ;read characters from console
                                  invoke GetStdHandle,STD_INPUT_HANDLE
00000000  6A F6         *         push    -00000000Ah
00000002  E8 00000000 E  *         call    GetStdHandle
                                  invoke ReadConsole,EAX,ADDR OUTBUF,\
```

```
                                        SIZEOF OUTBUF-2,EBX,NULL
00000007  6A 00          *              push    +000000000h
00000009  53             *              push    ebx
0000000A  6A 10          *              push    +000000010h
0000000C  68 00000000 R  *              push    OFFSET OUTBUF
00000011  50             *              push    eax
00000012  E8 00000000 E  *              call    ReadConsoleA
                        ;convert into upper case
00000017  B9 00000010                   MOV     ECX,10H ;read 16 characters
0000001C  8D 3D 00000000 R              LEA     EDI,OUTBUF
00000022  8A 07          UP_CASE:       MOV     AL,[EDI]
                                        .IF     AL >= 'a' && AL <= 'z'
00000024  3C 61          *              cmp     al, 'a'
00000026  72 06          *              jb      @C0001
00000028  3C 7A          *              cmp     al, 'z'
0000002A  77 02          *              ja      @C0001
0000002C  2C 20                         SUB     AL,20H
                                        .ENDIF
0000002E                 *@C0001:
0000002E  88 07                         MOV     [EDI],AL
00000030  47                            INC     EDI
00000031  E2 EF                         LOOP    UP_CASE
                        ;write to console
                                        invoke GetStdHandle,STD_OUTPUT_HANDLE
00000033  6A F5          *              push     -00000000Bh
00000035  E8 00000000 E  *              call    GetStdHandle
                                        invoke WriteConsole,EAX,ADDR OUTBUF,\
                                        SIZEOF OUTBUF,EBX,NULL
0000003A  6A 00          *              push    +000000000h
0000003C  53             *              push    ebx
0000003D  6A 12          *              push    +000000012h
0000003F  68 00000000 R  *              push    OFFSET OUTBUF
00000044  50             *              push    eax
00000045  E8 00000000 E  *              call    WriteConsoleA
                        ;exit the process and return to system
                                        invoke ExitProcess, 0
0000004A  6A 00          *              push    +000000000h
0000004C  E8 00000000 E  *              call    ExitProcess
00000051                 START          ENDP
                                        END     START
```

　　下列例題說明巢路選擇性結構.IF-.ELSEIF-.ELSE-.ENDIF 的功能及其使用
方法。

■ 例題 6.1-4: .IF-.ELSEIF-.ELSE-.ENDIF 結構的使用例

設計一個程式由鍵盤讀取一個字元，將它轉換為十六進制值後儲存於記憶器的 TEMP 內。

解：程式使用指述：.IF AL >= 'a' && AL <= 'f'，判斷讀取的字元是否為小寫字母，若是則減去 57H，否則使用指述：.ELSEIF AL >= 'A' && AL <= 'F'，判斷讀取的字元是否為大寫字母，若是則減去 37H，若兩者皆不是則視為數字 "0" 到 "9"，因此執行.ELSE 指述中的指令：SUB AL,30H，減去 30H，然後將結果存入 TEMP 內。

```
                          ;ex6.1-4.asm
                          ;the uses of .IF-.ELSEIF-.ELSE-.ENDIF structure
                          ;it reads one character from the console,
                          ;converts it into the hexadecimal value,
                          ;and stores in memory location TEMP
                                    .386
                                    .model  flat,stdcall
                                    option  casemap:none
                                    .nolist ;disable the listing
                          includelib c:\masm32\lib\kernel32.lib
                                    .list   ;enable the listing
00000000                            .data
00000000 00 00 0A 00      INBUF     DB    00H, 00H, 0AH, 00H;
00000004 00               TEMP      DB    00H
00000000                            .code
00000000                  START     PROC
                          ;read one character from console
                                    invoke GetStdHandle,STD_INPUT_HANDLE
                                    invoke ReadConsole,EAX,ADDR INBUF,\
                                           SIZEOF INBUF-2,EBX,NULL
00000017  A0 00000000 R   READ_KBY: MOV   AL,INBUF
                                    .IF   AL >= 'a' && AL <= 'f'
00000024  2C 57                     SUB   AL,57H
                                    .ELSEIF  AL >= 'A' && AL <= 'F'
00000030  2C 37                     SUB   AL,37H
                                    .ELSE
00000034  2C 30                     SUB   AL,30H
                                    .ENDIF
00000036  A2 00000004 R             MOV   TEMP,AL ;store it
                          ;exit the process and return to system
                                    invoke ExitProcess, 0
00000042                  START     ENDP
```

```
                                    END    START
```

6.1.3.3 重複結構 在 masm 中，除了提供基本的選擇性結構之外，也提供前一小節介紹的兩種重複結構。下列例題分別說明這些結構的功能及使用方法。

■ 例題 6.1-5: .WHILE-.ENDW 結構的使用例

設計一個程式連續的由鍵盤讀取字元，並將小寫字母轉換為大寫字母後顯示於控制台上。若讀取的字元為 "enter" (0DH) 鍵，則結束程式的執行並且回到系統。

解：程式中使用指述：.WHILE AL != 0DH 取代例題 6.1-3 中的 LOOP 指令控制迴路的執行與終止條件，當 AL != 0DH 時，迴路持續執行而由鍵盤讀取字元並顯示於控制台上，當若 AL = 0DH 時，則因 .WHILE 結構的控制條件不成立，因而結束執行.WHILE 結構中的指令，回到系統。為確保初次進入 .WHILE 結構時，AL != 0DH，在 .WHILE 結構之前使用指令 XOR AL,AL 將 AL 清除為 0。

```
                              ;ex6.1-5.asm
                              ;the use of .WHILE-.ENDW structure
                              ;it repeats to read characters from
                              ;the console until CR is encountered,
                              ;convert them into capital, and then
                              ;displays on the console
                                      .386
                                      .model  flat,stdcall
                                      option  casemap:none
                                      .nolist  ;disable the listing
                              includelib c:\masm32\lib\kernel32.lib
                                      .list    ;enable the listing
00000000                              .data
00000000   00000010 [00]      OUTBUF  DB 16 DUP(?), 0AH, 00H;
           0A 00
00000000                              .code
00000000                      START   PROC
                              ;read one character from console
                                      invoke GetStdHandle,STD_INPUT_HANDLE
                                      invoke ReadConsole,EAX,ADDR OUTBUF,\
                                             SIZEOF OUTBUF-2,EBX,NULL
00000017   32 C0                      XOR   AL,AL ;guarantee AL != 0DH
00000019   8D 3D 00000000 R           LEA   EDI,OUTBUF
0000001F                      UP_CASE: .WHILE  AL != 0DH
```

```
00000021  8A 07                          MOV   AL,[EDI]  ;
                                         .IF   AL >= 'a' && AL <= 'z'
0000002B  2C 20                          SUB   AL,20H
                                         .ENDIF
0000002D  88 07                          MOV   [EDI],AL
0000002F  47                             INC   EDI
                                         .ENDW
                      ;write to console
                                         invoke GetStdHandle,STD_OUTPUT_HANDLE
                                         invoke WriteConsole,EAX,ADDR OUTBUF,\
                                              SIZEOF OUTBUF,EBX,NULL
                      ;exit the process and return to system
                                         invoke ExitProcess, 0
00000052              START    ENDP
                               END    START
```

　　.WHILE-.ENDW 結構常常與.BREAK 假指令連用，以方便程式的設計。下列例題說明如何使用.BREAK 假指令改寫上述例題的程式結構。

■ 例題 6.1-6: .WHILE-.ENDW 與.BREAK 結構的使用例

　　設計一個程式連續的由鍵盤讀取字元，並將小寫字母轉換為大寫字母後顯示於控制台上。若讀取的字元為 "enter" (0DH) 鍵，則結束程式的執行並且回到系統。

解：程式中使用指述：.WHILE 1 (無窮迴路) 取代例題 6.1-5 中的.WHILE AL ! = 0DH 指述，而於迴路中再使用.BREAK .IF AL == 0DH，判斷讀取的字元是否為 0DH 而據以決定是否結束.WHILE 結構，若為 0DH 則結束.WHILE 結構，回到系統，否則繼續執行.WHILE 結構中的指令。

```
                      ;ex6.1-6.asm
                      ;the use of .WHILE-.ENDW and .BREAK structure
                      ;it repeats to read 16 characters at most
                      ;from the console until until encountering
                      ;a CR, convert them into upper case, and
                      ;then display on the console
                               .386
                               .model  flat,stdcall
                               option  casemap:none
                               .nolist   ;disable the listing
                      includelib c:\masm32\lib\kernel32.lib
                               .list    ;enable the listing
```

```
00000000                                        .data
00000000  00000010 [00      OUTBUF    DB 16 DUP(?),0AH,00H;
    ] 0A 00
00000000                                        .code
00000000                     START    PROC
                             ;read one character from console
                                       invoke GetStdHandle,STD_INPUT_HANDLE
                                       invoke ReadConsole,EAX,ADDR OUTBUF,\
                                              SIZEOF OUTBUF-2,EBX,NULL
00000017  8D 3D 00000000 R             LEA   EDI,OUTBUF
0000001D                     UP_CASE:  .WHILE  1   ;infinite loop
0000001D  8A 07                        MOV   AL,[EDI]  ;
                                       .BREAK .IF  AL == 0DH
                                       .IF    AL >= 'a' && AL <= 'z'
0000002B  2C 20                        SUB   AL,20H
                                       .ENDIF
0000002D  88 07                        MOV   [EDI],AL
0000002F  47                           INC   EDI
                                       .ENDW
                             ;write to console
                                       invoke GetStdHandle,STD_OUTPUT_HANDLE
                                       invoke WriteConsole,EAX,ADDR OUTBUF,\
                                              SIZEOF OUTBUF,EBX,NULL
                             ;exit the process and return to system
                                       invoke ExitProcess, 0
00000050                     START    ENDP
                                       END   START
```

　　程式使用.BREAK假指令在跳出.WHILE結構後,將由.ENDW假指令後的第一個指令繼續執行。

　　重複結構的另外一種指述為.REPEAT-.UNTIL結構,下列例題將說明此種結構的功能與使用方法。

■ 例題6.1-7: .REPEAT-.UNTIL 結構的使用例

　　設計一個程式連續的由鍵盤讀取16個字元,若讀取的字元為小寫字母則轉換為大寫字母後顯示於控制台上。

解: 與例題6.1-3的程式比較之下,可以得知此程式中只是將原來的LOOP指令改用.REPEAT-.UNTIL ECX==0的結構而已。

```
;ex6.1-7.asm
```

```
                              ;the uses of .REPEAT-.UNTIL structure
                              ;it reads 16 characters at most from the
                              ;console, converts them into upper case,
                              ;and then displays on the console
                                      .386
                                      .model  flat,stdcall
                                      option  casemap:none
                                      .nolist   ;disable the listing
                              includelib c:\masm32\lib\kernel32.lib
                                      .list     ;enable the listing
00000000                              .data
00000000  00000010 [00      OUTBUF    DB 16 DUP(?), 0AH, 00H;
    ] 0A 00
00000000                              .code
00000000              START    PROC
                              ;read one character from console
                                      invoke GetStdHandle,STD_INPUT_HANDLE
                                      invoke ReadConsole,EAX,ADDR OUTBUF,\
                                          SIZEOF OUTBUF-2,EBX,NULL
00000017  8D 3D 00000000 R            LEA    EDI,OUTBUF
0000001D  B9 00000010               MOV    ECX,10H  ;loop 16 times
00000022              UP_CASE:   .REPEAT
00000022  8A 07                     MOV    AL,[EDI] ;read a character
                                    .IF    AL >= 'a' && AL <= 'z'
0000002C  2C 20                     SUB    AL,20H
                                    .ENDIF
0000002E  88 07                     MOV    [EDI],AL
00000030  47                        INC    EDI
00000031  49                        DEC    ECX
                                    .UNTIL ECX == 0
                              ;write to console
                                      invoke GetStdHandle,STD_OUTPUT_HANDLE
                                      invoke WriteConsole,EAX,ADDR OUTBUF,\
                                          SIZEOF OUTBUF,EBX,NULL
                              ;exit the process and return to system
                                      invoke ExitProcess, 0
00000054              START    ENDP
                              END    START
```

由於在 x86 的組合語言程式中，.REPEAT-.UNTIL ECX == 0 的情形使用的相當普遍，因此 masm 組譯程式特將上述結構簡化為.REPEAT-.UNTILCXZ。下列例題說明如何使用此種結構改寫例題 6.1-7 的程式。

■ 例題 6.1-8: .REPEAT-.UNTILCXZ 結構的使用例

設計一個程式連續的由鍵盤讀取 16 個字元，若讀取的字元為小寫字母則轉換為大寫字母後顯示於控制台上。

解：讀者可以與例題 6.1-7 的程式作一比較，並仔細的觀察組譯程式對兩種 .RE-PEAT 結構展開後的組合語言指令之動作。

```
                        ;ex6.1-8.asm
                        ;the uses of .REPEAT-.UNTILCXZ structure
                        ;it reads 16 characters at most from the
                        ;console, converts them into upper case,
                        ;and then displays on the console
                                .386
                                .model   flat,stdcall
                                option   casemap:none
                                .nolist  ;disable the listing
                        includelib c:\masm32\lib\kernel32.lib
                                .list    ;enable the listing
00000000                        .data
00000000  00000010 [00  OUTBUF  DB 16 DUP(?), 0AH, 00H;
      ] 0A 00
00000000                        .code
00000000                START   PROC
                        ;read one character from console
                                invoke GetStdHandle,STD_INPUT_HANDLE
                                invoke ReadConsole,EAX,ADDR OUTBUF,\
                                    SIZEOF OUTBUF-2,EBX,NULL
00000017  8D 3D 00000000 R      LEA   EDI,OUTBUF
0000001D  B9 00000010          MOV   ECX,10H  ;loop 16 times
00000022                UP_CASE: .REPEAT
00000022  8A 07                MOV   AL,[EDI]   ;read a character
                                .IF   AL >= 'a' && AL <= 'z'
0000002C  2C 20                SUB   AL,20H
                                .ENDIF
0000002E  88 07                MOV   [EDI],AL
00000030  47                   INC   EDI
                                .UNTILCXZ
                        ;write to console
                                invoke GetStdHandle,STD_OUTPUT_HANDLE
                                invoke WriteConsole,EAX,ADDR OUTBUF,\
                                    SIZEOF OUTBUF,EBX,NULL
                        ;exit the process and return to system
                                invoke ExitProcess, 0
00000051                START   ENDP
```

END　　START

6.2 程式的連結與外部變數

本節中將依序討論程式執行前的處理過程、模組的宣告、外部變數的宣告及使用。

6.2.1 程式的連結與重置位

通常使用者程式必須經過數個步驟後才能夠真正的執行，如圖 6.2-1。組譯程式首先將原始程式組譯為目的程式，其中標記與變數依序被換成可重置位 (relocatable) 位址。其次由連結程式將數個目的程式模組連結成一個模組，這時每一個目的程式中的標記與變數位址皆重新計算過。最後，由載入程式將連結過的目的程式載入記憶器中準備執行。載入程式的一項重要工作是將標記與變數的可重置位址轉換為絕對位址 (absolute address)。因此，標記位址 (事實上包括程式中其它可重置位位址) 的計算 (或稱轉換) 分成三個部分：在組譯時間裡，由組譯程式將符號位址轉換為可重置位位址；在連結時間裏，由連結程式重新計算多個模組中的可重置位位址，並且產生不相衝突的的可重置位位址；在載入時間裡，由載入程式轉換可重置位位址為絕對位址。

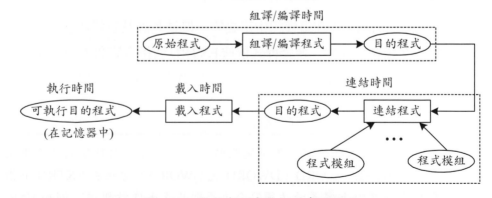

圖 6.2-1: 使用者程式執行的處理過程

注意：上述絕對位址的計算是在程式執行前完成，因此稱為靜態可重置位；若絕對位址的計算必須等到執行時才能決定，則稱為動態可重置位。絕對位址是指該程式實際在記憶器中執行時的位址。

6.2.2 外部變數

由前面討論可以得知：一個目的程式必須先經過連結程序與其它模組連結之後，才能成為一個可以執行的目的程式。因為在組合語言程式或是高階語言 (例如 C) 程式中，為了方便程式設計者，通常允許一個模組中，使用的變數，可以是在另外一個模組中定義。若一個變數定義在本身的模組中，則該變數對本身的模組而言稱為局部變數 (local variable)；否則，當一個變數是定義在其它模組中時，則稱為外部變數 (external variable)。

對於單一模組而言，所有該模組使用到的變數都必須加以定義，否則即產生組譯錯誤；對於多重模組的程式，在組譯其中的任一個模組時，必須告訴組譯程式，有那些變數是在其它模組中定義的，有那些變數是在這一個模組中定義的，但是允許其它模組使用。在 masm 中，這兩種工作是由 EXTRN 與 PUBLIC 兩個假指令完成。

　　　　EXTRN　　<name>[,<name>....]

宣告 <name> 是在其它模組中定義，而

　　　　PUBLIC　　<name>[,<name>....]

則宣告 <name> 是在這模組中定義的，但是允許其它模組使用。

在連結程序中，連結程式依據 EXTRN 假指令宣告的每一個變數，到其它模組中的 PUBLIC 敘述中尋找，若有變數未能找到，則產生連結錯誤的訊息。

■ 例題 6.2-1: 外部變數使用例

在使用 EXTRN 宣告外部變數時，必須一併指出該變數實際上定義的資料類型是 BYTE、WORD、DWORD 或 QWORD。當然在 EXTRN 上指定的變數類型與其實際上定義的必須符合，否則將產生連結錯誤。例如 VAR1 與 VAR2 是在 MODULE 2 中定義，而在 MODULE 1 中使用，所以在 MODULE1 中使用 EXTRN 宣告，而在 MODULE2 中以 PUBLIC 將 VAR1 與 VAR2 宣告給外部模組使用。

```
;ex6.2−1
;——MODULE 1——
;
EXTRN       VAR1:WORD
EXTRN       VAR2:BYTE
            .data   ;local data
BCOUNT      EQU   08H   ;segment
            ...
;
;——MODULE 2——
PUBLIC      VAR1
PUBLIC      VAR2
            .data   ;external data
VAR1        DW    00H
VAR2        DB    00H
            ...
```

6.3 副程式

　　一個副程式是由一組具有可以完成某一個特定功能的指令序列組成，並且能夠以某種方式使一個程式分歧到此副程式中執行，然後返回原程式中，繼續執行該程式。當程式分歧到副程式時，就好像此副程式是插在分歧點一樣。由一個程式中分歧到副程式的動作稱為呼叫 (call) (或稱為副程式呼叫)，而自副程式回到分歧點的動作則稱為歸回 (return) 或稱返回。無論副程式呼叫的位置在什麼地方，當自副程式歸回時，必定回到分歧點的下一個指令上。

　　在處理上述程式與副程式之間的呼叫與歸回的連繫問題時，通常使用堆疊 (stack) 完成。因此，下一小節將先討論堆疊的結構與相關的操作指令。

6.3.1 堆疊

　　堆疊是一個先入後出 (first-in-last-out，FILO) 的資料結構，在微處理器中它通常是記憶器的一部分，而使用一個特殊的暫存器稱為堆疊指示器 (stack pointer，SP) 存取資料。

　　堆疊的動作有兩種：一種是將資料存入堆疊的動作，稱為 PUSH；另一種則將堆疊中最頂端的資料取出，稱為 POP。由於大部分計算機中的堆疊都是由高位址向低位址方向增長的，因此 PUSH 與 POP 的動作可以使用 RTL 語言

描述如下，PUSH 動作

  ESP ← ESP-4　　;以雙語句為單位

  ESP] ← reg32　　;reg32 為 32 位元暫存器

而 POP 動作為

  reg32 ← [ESP]　　;自堆疊取回雙語句並存入 32 位元暫存器

  ESP ← ESP+4　　;以雙語句為單位

 事實上，PUSH 與 POP 均執行兩項動作

1. 經由 ESP 存取記憶器

2. 更新 ESP 的值

■ 例題 6.3-1: PUSH 與 POP 的動作

 試繪圖描述下列 PUSH 與 POP 的動作：

(a) PUSH EAX

(b) POP EAX

解： 如圖 6.3-1 所示。

 x86 微處理器的堆疊操作指令組如表 6.3-1 所示。所有堆疊指令運算元均為 16 或 32 位元，除了 PUSH 指令可以為立即資料之外，PUSH 與 POP 指令可以使用任何其它定址方式；除了 POPF 與 POPFD 兩個指令外，所有指令都不會影響旗號位元。對 PUSH 指令而言，任何暫存器均可以做為運算元；但是對 POP 指令而言，CS 並不能做為有效的運算元。

 在 x86 微處理器中，堆疊的實際存取位址 (即堆疊頂端位址) 由 SS 與 ESP (SP) 或 SS 與 EBP (BP) 組合而成的。其中 SS 為堆疊基底位址；而 ESP (SP) 為堆疊指示器。任何時候，SS 皆指於堆疊區中的最低位址，而 ESP (SP) 則指於堆疊頂端。EBP (BP) 暫存器一般都用來存取堆疊中的任何一個資料項 (語句或雙語句)。

 在使用堆疊之前，必須先由軟體設定一個堆疊區，然後才可以使用。下列例題說明如何宣告一個堆疊區。

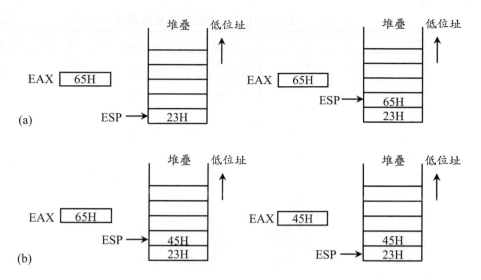

圖 6.3-1: (a) PUSH EAX 與 (B) POP EAX 的動作

■ **例題 6.3-2: 堆疊區宣告**

設計一個程式片段以設定一個 200 個位元組的堆疊區。

解： 如下列程式片段所示。

```
;ex6.3-2.asm
;define a stack of 200 bytes
        .386
        .model flat, stdcall
        option  casemap:none
        .stack 200
;the rest of the program
```

　　假指令 .stack 除了保留堆疊區的空間外，組譯程式展開時，也會加入設定 ESP (SP) 與 SS 等暫存器初值的指令。

■ **例題 6.3-3: 堆疊運算例**

　　寫一個程式片段將下列暫存器存入堆疊與自堆疊取回 (必須保持原來的內容不變)：EAX、EBX、ECX、EDX。

解： 在執行四個 PUSH 指令後堆疊內容如圖 6.3-2 所示，所以自堆疊取回暫存器內容時，其 POP 的次序恰與先前 PUSH 進去者相反，程式片段如下所示。

表 6.3-1: x86 微處理器的堆疊運算指令

指令	動作	OF	SF	ZF	AF	PF	CF
PUSH imm8/16 PUSH imm32 PUSH reg16 PUSH reg32 PUSH m16 PUSH m32	stkptr ← stkptr - 2/4; (stkptr) ← imm8/16/32; stkptr ← stkptr - 2/4; (stkptr)←reg16/reg32; stkptr ← stkptr - 2/4; (stkptr) ← (mem16)/(mem32);	- - -	- - -	- - -	- - -	- - -	- - -
PUSHF	stkptr ← stkptr - 2; (stkptr) ← FLAGS;	-	-	-	-	-	-
PUSHFD	stkptr ← stkptr - 4; (stkptr) ← EFLAGS;	-	-	-	-	-	-
PUSHA	將 AX, CX, DX, BX, 及原先的 SP, BP, SI, DI 存入堆疊。	-	-	-	-	-	-
PUSHAD	將 EAX, ECX, EDX, EBX, 及原先 的 ESP, EBP, ESI, EDI 存入堆疊。	-	-	-	-	-	-
POP reg16 POP reg32 POP m16 POP m32	reg16/reg32 ← (stkptr); stkptr ← stkptr + 2/4; (m16)/(m32) ← (stkptr); stkptr ← stkptr + 2/4;	- -	- -	- -	- -	- -	- -
POPF	FLAGS ← (stkptr); stkptr ← stkptr + 2;	除了 VM 與 RF 兩個旗號位元 外,其他旗號位元均會受影響。					
POPFD	EFLAGS ← (stkptr); stkptr ← stkptr + 4;	除了 VM 與 RF 兩個旗號位元 外,其他旗號位元均會受影響。					
POPA	自堆疊依序取出 DI, SI, BP, SP, 及 BX, DX, CX, AX。	-	-	-	-	-	-
POPAD	自堆疊依序取出 EDI, ESI, EBP, ESP, 及 EBX, EDX, ECX, EAX。	-	-	-	-	-	-

註:stkptr 為 SP 或 ESP,由位址長度為 16 位或 32 位元決定;表中並未列出與節區暫存器
   相關的指令。

```
                    ;ex6.3−3.asm
                            .386
                            .model flat, stdcall
                            option  casemap:none
00000000                    .code
00000000            SRREGS  PROC  NEAR
00000000  50                PUSH  EAX    ;push eax
00000001  53                PUSH  EBX    ;push ebx
00000002  51                PUSH  ECX    ;push ecx
00000003  52                PUSH  EDX    ;push edx
              ;            .
              ;            .
              ;            .
```

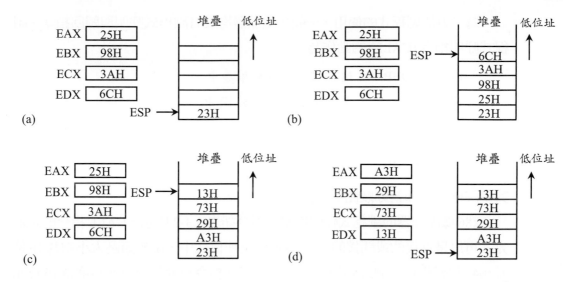

圖 6.3-2: 堆疊內容：(a) 四個 PUSH 指令執行前；(b) 四個 PUSH 指令執行後；(a) 四個 POP 指令執行前；(b) 四個 POP 指令執行後

```
00000004    5A              POP    EDX    ;restore edx
00000005    59              POP    ECX    ;restore ecx
00000006    5B              POP    EBX    ;restore ebx
00000007    58              POP    EAX    ;restore eax
00000008    C3              RET
00000009         SRREGS     ENDP
                            END
```

在 masm 中，上述例題中的動作，可以使用下列假指令 USES

　　　SRREGS　PROC　NEAR　　USES　EAX EBX ECX EDX

取代程式中的四個 PUSH 與 POP 指令及 RET 指令。建議讀者修改上述程式之後，使用 masm 產生程式列表，觀察假指令 USES 的功能。

6.3.2 副程式呼叫與歸回指令

如前所述，每當副程式被呼叫時，EIP 即被載入該副程式的第一個指令位址，因此，下一個指令即由該副程式開始執行，直到副程式執行完畢後，EIP 才被載入原來分歧時，下一個指令的位址 (即歸回位址)，回到原來的程式繼續執行。

為了方便副程式的使用，一般微處理器均設有副程式呼叫與歸回指令。副程式呼叫指令 (CALL) 的動作為

(ESP) ← EIP　　；儲存歸回位址於堆疊中

EIP ← addr　　；載入副程式位址於 IP 中

而歸回指令 (RET) 的動作

EIP ← (ESP)　　；自堆疊取回歸回位址

其中歸回位址即為分歧點下一個指令的位址。

x86 微處理器的副程式呼叫與歸回指令如表 6.3-2 所示。CALL 指令的定址方式可以是直接的或間接的。在 16 位元位址模式中，由於節區大小均為 16 位元 (64k 位元組)，因此這些副程式呼叫與歸回指令只執行運算元長度為 16 位元的部分，在 32 位元位址模式中，整個 4G 位元組記憶器空間只當作一個節區，則執行 32 位元的動作。

■ 例題 6.3-4: 副程式的使用例

使用副程式的方式，設計一個程式計算一個位元組中含有多少個 1 位元。

解：假設主程式由暫存器 AL 傳遞等待計算的位元組資料予副程式，而副程式亦由 AL 傳回計算後的結果。由於使用副程式的呼叫與歸回指令，因此在主程式中必須宣告一個堆疊節區。副程式 B1CNTS 的動作請參閱例題 5.3-2。

```
                        ;ex6.3-5.asm
                                .386
                                .model  flat, stdcall
                        ;data segment starts here
00000000                        .data
= 00000008              BCOUNT    EQU    08H        ;bit number
00000000 47             TDATA     DB     47H        ;test data
00000001 00             COUNT     DB     00H        ;result
                        ;define a stack of 512 bytes
                                .stack 512
                        ;code segment starts here
00000000                        .code
                        ;main program starts here.
00000000                MAIN      PROC
00000000  A0 00000000 R           MOV    AL,TDATA ;pass parameter
00000005  E8 00000006             CALL   B1CNTS   ;to B1CNTS
```

表 6.3-2: x86 微處理器的副程式呼叫與歸回指令

指令	動作	OF	SF	ZF	AF	PF	CF
CALL d16 CALL d32	若運算元長度為 16 位元則 　儲存 IP 於堆疊; 　IP ← IP + d16; 　EIP ← (EIP + d16) ∧ 0000FFFFH; 否則 (運算元長度為 32 位元) 　儲存 EIP 於堆疊; 　EIP ← EIP + d32;	-	-	-	-	-	-
CALL reg16 CALL m16 CALL reg32 CALL m32	若運算元長度為 16 位元則 　儲存 IP 於堆疊; 　IP ← reg16/(m16); 　EIP ← EIP ∧ 0000FFFFH; 否則 (運算元長度為 32 位元) 　儲存 EIP 於堆疊; 　EIP ← reg32/(m32);	-	-	-	-	-	-
RET	若運算元長度為 16 位元則 　自堆疊取回 IP; 　EIP ← EIP ∧ 0000FFFFH; 否則 (運算元長度為 32 位元) 　自堆疊取回 EIP;	-	-	-	-	-	-
RET imm16	若運算元長度為 16 位元則 　自堆疊取回 IP; 　SP ← SP + imm16; 　EIP ← EIP ∧ 0000FFFFH; 否則 (運算元長度為 32 位元) 　自堆疊取回 EIP; 　ESP ← ESP + imm16;	-	-	-	-	-	-

```
0000000A  A2 00000001 R              MOV    COUNT,AL ;save result
0000000F  C3                         RET
00000010                   MAIN      ENDP
                           ;subroutine starts here.
                           ;input parameter: AL
                           ;output parameter: AL
00000010                   B1CNTS    PROC
00000010  B9 00000008                MOV    ECX,BCOUNT;get count
00000015  32 E4                      XOR    AH,AH    ;zero AH
00000017  D0 C8            BEGIN:     ROR    AL,1     ;test bit value
00000019  73 02                      JNC    NEXT     ;if not zero
0000001B  FE C4                       INC    AH       ;increase count
0000001D  E2 F8            NEXT:      LOOP   BEGIN    ;repeat until CX=0
0000001F  8A C4                      MOV    AL,AH    ;return result
00000021  C3                         RET
00000022                   B1CNTS    ENDP
```

```
                      END    MAIN
```

6.3.3 巢路副程式

　　若一個副程式中還包含其它副程式時稱為巢路副程式 (nested subroutine)。現在舉一個實例說明這種觀念。當要計算一個語句中含有多個1的位元時，可以安排程式為：主程式、計算語句中1位元數目 (W1CNTS)、計算位元組中1位元數目 (B1CNTS) 等三個部分，如圖6.3-3 所示，其中主程式傳遞待測的語句資料予 W1CNTS，而 W1CNTS 則分割該語句資料為二個位元組，然後傳遞予 B1CNTS，等 B1CNTS 執行完畢，歸回結果後，再傳遞另外一個位元組予 B1CNTS，如此經過兩次呼叫 B1CNTS 副程式後，即已經分別算出二個位元組中各含有多少個1位元，求出這些結果的總和後，即得到一個語句中的1位元總數，然後歸回主程式，結束整個計算過程。

　　主程式、W1CNTS、B1CNTS 之間的關係圖如圖6.3-3 所示。在這個例子中的巢路稱為二階巢路，因為只有二層的副程式呼叫關係。一般而言，可以允許的巢路深度是取決於堆疊的大小。典型的微算機中，堆疊的大小可以設定為整個記憶器空間，因此巢路的深度幾乎是沒有限制的。

■ 例題 6.3-5: 巢路副程式例

　　利用巢路副程式方式設計一個程式計算一個語句中含有多少個1位元。

解：動作說明如前所述，完整的程式如下列程式所示。

```
                      ;ex6.3－7.asm
                              .386
                              .model flat, stdcall
00000000                      .data
= 00000008            BCOUNT  EQU    08H        ;bit number
00000000 7647         TDATA   DW     7647H      ;test data
00000002 00           COUNT   DB     00H        ;result
                      ;define a stack of 512 bytes
                              .stack 512
                      ;code segment starts here
00000000                      .code
                      ;
                      ;the parameters are passed to and from
```

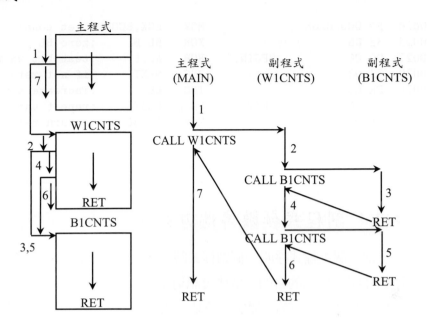

圖 6.3-3: 巢路副程式示意圖

```
                                ;subroutine in registers
00000000                        MAIN     PROC  NEAR
00000000   66| A1               MOV    AX,TDATA ;pass parameter
        00000000 R
00000006   E8 00000006          CALL   W1CNTS    ;to W1CNTS
0000000B   A2 00000002 R        MOV    COUNT,AL  ;save result
00000010   C3                   RET
00000011                        MAIN     ENDP
                                ;subroutine starts here.
                                ;count the number of 1 bits in a word.
                                ;input parameter: AX
                                ;output parameter: AL
00000011                        W1CNTS   PROC  NEAR
00000011   E8 0000000A          CALL   B1CNTS
00000016   86 C4                XCHG   AL,AH      ;exchange AL and AH
00000018   E8 00000003          CALL   B1CNTS
0000001D   02 C4                ADD    AL,AH
0000001F   C3                   RET            ;return to main program
00000020                        W1CNTS   ENDP
                                ;count the number of 1 bits in a byte
                                ;input parameter: AL
                                ;output parameter: AL
00000020                        B1CNTS   PROC  NEAR
```

```
00000020   B9 00000008            MOV    ECX,BCOUNT;get count
00000025   32 DB                  XOR    BL,BL    ;zero BL
00000027   D0 C8        BEGIN:     ROR    AL,1     ;test bit value
00000029   73 02                  JNC    NEXT     ;if not zero
0000002B   FE C3                  INC    BL       ;increase count
0000002D   E2 F8        NEXT:      LOOP   BEGIN    ;repeat until CX=0
0000002F   8A C3                  MOV    AL,BL    ;return result
00000031   C3                     RET
00000032                B1CNTS    ENDP
                                  END    MAIN
```

6.3.4 副程式參數傳遞方式

當一個主程式呼叫一個副程式時，通常皆需要傳遞一些資訊予副程式，以達到呼叫副程式的目的。這些資訊稱為參數 (parameter)，在組合語言中，它可以是常數 (即資料值)、變數的位址、或另一個副程式的位址。為便於區分，一般稱呼主程式傳給副程式的參數為輸入參數 (input parameter)；而稱呼副程式傳回主程式的參數為輸出參數 (output parameter) (或簡稱輸出、結果等)。

在組合語言中，最常用的參數傳遞方式為：

1. 利用微處理器內部的暫存器；
2. 利用共同的記憶器區域；
3. 內線參數區 (in-line parameter area)；
4. 利用堆疊。

6.3.4.1 暫存器 利用微處理器內部暫存器傳遞的方式最為簡單。主程式可以藉由這些暫存器傳遞參數予副程式；相同的，副程式也可以藉由它們傳遞結果回主程式。前面兩小節中的程式例即是此種方式。當然，程式設計者必須確保主、副程式之間，傳遞參數的暫存器能夠一致。分配予參數傳遞的暫存器，通常在程式開頭予以註明。使用暫存器方式傳遞參數的程式例如例題 6.3-4 與 6.3-5 所示。

6.3.4.2 參數區 若微處理器沒有足夠的暫存器，可以儲存副程式的所有輸入與輸出參數時，則可以設定一塊專用的記憶器區 (即參數區) 取代。參數區可以附屬於副程式或主程式。當參數區附屬於副程式時，主程式必須在一些預先排定的位置中填入參數與取回結果。若參數區是屬於主程式，則該參數區亦可以供予其它副程式之用，只要參數彼此間不相干擾即可。若主程式使用單一的參數區取代原有各副程式中各自的參數區時，該參數區必須有足夠的空間，以容納任何一個副程式中最多的參數數目。這種附屬於主程式的參數區主要使用在呼叫儲存於 ROM 中的副程式時，因為參數值不能存入 ROM 中。當然，呼叫 ROM 中的副程式時，以暫存器傳遞參數的方式也是一種有效而常用的方式。

■ 例題 6.3-6: 參數區

更改例題 6.3-4 的參數傳遞方式為參數區方式。

解：主程式與副程式 (B1CNTS) 使用參數區 (TDATA 與 COUNT) 傳遞輸入參數 (TDATA) 與輸出參數 (COUNT)。

```
                              ;ex6.3-8.asm
                                   .386
                                   .model flat, stdcall
00000000                           .data
= 00000008                    BCOUNT    EQU    08H         ;bit number
                              ;common area for passing parameters
                              ;between main routine and subroutine.
00000000  47                  TDATA     DB     47H         ;test data
00000001  00                  COUNT     DB     00H         ;result
                              ;
                              ;define a stack of 512 bytes
                                   .stack 512
                              ;code segment starts here
00000000                           .code
                              ;
                              ;main program starts here.
00000000                      MAIN      PROC   NEAR
                              ;the parameters are passed  to and from
                              ;subroutine in common area
00000000  B0 47                        MOV    AL,47H   ;pass parameter
00000002  A2 00000000 R                MOV    TDATA,AL;to B1CNTS
00000007  E8 00000001                  CALL   B1CNTS
0000000C  C3                           RET
0000000D                      MAIN      ENDP
                              ;
                              ;subroutine starts here.
```

```
                                        ;input parameter: TDATA
                                        ;output parameter: COUNT
0000000D                        B1CNTS  PROC    NEAR
0000000D  B9 00000008                   MOV     ECX,BCOUNT  ;get count
00000012  32 E4                         XOR     AH,AH       ;zero AH
00000014  A0 00000000 R                 MOV     AL,TDATA    ;get test data
00000019  D0 C8                 BEGIN:  ROR     AL,1        ;test bit value
0000001B  73 02                         JNC     NEXT        ;if not zero
0000001D  FE C4                         INC     AH          ;increase count
0000001F  E2 F8                 NEXT:   LOOP    BEGIN       ;repeat until CX=0
00000021  88 25 00000001 R              MOV     COUNT,AH    ;store result
00000027  C3                            RET
00000028                        B1CNTS  ENDP
                                        END     MAIN
```

6.3.4.3　內線參數區　另外一種較特殊的參數區稱為內線 (in-line) 參數區。這種方式中，參數區位於副程式呼叫 (CALL) 指令後的位元組中。由 CALL 指令儲存的歸回位址，實際上即是參數區的起始位址。因此副程式可以經由 POP 此位址而得知參數區所在位址，在歸回之前，副程式必須令其歸回位址越過參數區，即副程式必須正確的知道，該越過多少個記憶器位元組，才能正確地回到主程式中。

■ **例題 6.3-7: 內線參數區**

更改例題 6.3-4 的參數傳遞方式為內線參數區方式。

解：假設主程式由內線參數區傳遞 TDATA 與 COUNT 的有效位址予副程式 B1CNTS。在 B1CNTS 中，首先 POP 歸回位址到 EBP 中，並由 EBP 中取得參數，然後調整 EBP (ADD EBP,08)，獲得真正的歸回位址，再存入堆疊中，以備 RET 指令使用。

```
                                ;ex6.3-9.asm
                                        .386
                                        .model flat, stdcall
00000000                                .data
= 00000008                      BCOUNT  EQU     08H         ;bit number
00000000  47                    TDATA   DB      47H         ;test data
00000001  00                    COUNT   DB      00H         ;result
                                ;
                                ;define a stack of 512 bytes
```

```
                                    .stack 512
                          ;code segment starts here
00000000                          .code
                          ;
                          ;main program starts here.
                          ;
00000000                  MAIN    PROC  NEAR
00000000  E8 00000009             CALL  B1CNTS
                          ;pass parameters to subroutine by using
                          ;in-line method.
00000005  00000000 R              DD    TDATA   ;pass address to
00000009  00000001 R              DD    COUNT   ;the subroutine
0000000D  C3                      RET
0000000E                  MAIN    ENDP
                          ;subroutine starts here.
                          ;input parameter: return address
                          ;output parameter: return address + 4
0000000E                  B1CNTS  PROC  NEAR
0000000E  5D                      POP   EBP             ;get parameters
0000000F  2E: 8B 75 00            MOV   ESI,CS:[EBP]   ;and adjust
00000013  2E: 8B 7D 04            MOV   EDI,CS:[EBP+4];return address
00000017  83 C5 08                ADD   EBP,08
0000001A  55                      PUSH  EBP
0000001B  B9 00000008             MOV   ECX,BCOUNT  ;get count
00000020  32 E4                   XOR   AH,AH       ;zero AH
00000022  8A 06                   MOV   AL,[ESI]    ;get test data
00000024  D0 C8          BEGIN:   ROR   AL,1        ;test bit value
00000026  73 02                   JNC   NEXT        ;if not zero
00000028  FE C4                   INC   AH          ;increase count
0000002A  E2 F8          NEXT:    LOOP  BEGIN       ;repeat until CX=0
0000002C  88 27                   MOV   [EDI],AH    ;store result
0000002E  C3                      RET
0000002F                  B1CNTS  ENDP
                                  END   MAIN
```

6.3.4.4 堆疊 前面所討論的兩種參數區(即參數區與內線參數區)皆固定的保留一些記憶器位置給某一個特定的副程式或主程式的參數使用,而於其它時間,則閒置不用,這種記憶器的使用方式稱為靜態分配(static allocation)。欲更有效率的使用記憶器,必須使用動態分配(dynamic allocation)的方式。

在動態的分配中,參數區是位於堆疊中,而且只當一個副程式被呼叫時,其對應的參數區才產生,此外的其它時間該參數區是不存在的。當副程式執

行時，存取的堆疊區域稱為堆疊框 (stack frame)。在巢路副程式中，每當一個
副程式被呼叫時，即產生一個堆疊框，而自一個副程式歸回時，則消除一個
堆疊框，所以參數區依據實際執行的情況做消長。有關堆疊框的說明例將於
下一節中討論。使用堆疊傳遞參數可以有效地節省記憶器空間，但是這種方
式的使用必須基於微處理器能夠有效地提供堆疊存取 (即 ESP 相對定址或指標
定址) 指令時，才能達成，因為必須自堆疊中直接存取參數，而不是經由正常
的 POP 與 PUSH 指令。

■ 例題 6.3-8: 堆疊

更改例題 6.3-4 的參數傳遞方式為堆疊方式。

解：主程式在呼叫副程式 B1CNTS 之前，先以 PUSH 指令，儲存參數於堆疊，
而由副程式歸回後，再以 POP 指令自堆疊中取回結果。在副程式中，取出參數
與存入結果的指令分別為 MOV AL,[EBP+4] 與 MOV [EBP+4],AH。

```
                            ;ex6.3−10.asm
                                    .386
                                    .model flat, stdcall
00000000                            .data
= 00000008          BCOUNT    EQU    08H        ;bit number
00000000 47         TDATA     DB     47H        ;test data
00000001 00         COUNT     DB     00H        ;result
                    ;define a stack of 512 bytes
                                    .stack 512
                    ;code segment starts here
00000000                            .code
                    ;
                    ;main program starts here.
                    ;
00000000            MAIN      PROC   NEAR
                    ;the parameters are passed  to and from
                    ;subroutine on the stack
00000000  A0 00000000 R              MOV    AL,TDATA ;pass parameter
00000005  32 E4                      XOR    AH,AH      ;to B1CNTS on
00000007  66| 50                     PUSH   AX         ;the stack
00000009  E8 00000008                CALL   B1CNTS
0000000E  66| 58                     POP    AX         ;get result and
00000010  A2 00000001 R              MOV    COUNT,AL ;save it
00000015  C3                         RET
00000016            MAIN      ENDP
```

表 6.3-3: 四種參數傳遞方式特性比較

類型	傳遞方法	特性
暫存器	利用微處理器內部暫存器	1. 參數數目受到限制。 2. 動態方式。
共同記憶器區 (參數區)	利用一塊公用的記憶器區域	1. 靜態方式:若該區域在組譯時，即確定時。 2. 動態方式:若該區域的基底位址 　是由暫存器傳遞時。
內線參數區	參數儲存於 CALL 指令後， 副程式再計算出參數的位址。	1. 靜態方式。 2. 歸回位址必須處理。
堆疊	利用堆疊	動態方式。

```
                        ;
                        ;subroutine starts here.
                        ;input parameter: stack
                        ;output parameter: stack
00000016                B1CNTS  PROC  NEAR
00000016  8B EC                 MOV   EBP,ESP     ;get parameter
00000018  8A 45 04              MOV   AL,[EBP+4]  ;from the stack
0000001B  B9 00000008           MOV   ECX,BCOUNT  ;get count
00000020  32 E4                 XOR   AH,AH       ;zero AH
00000022  D0 C8         BEGIN:  ROR   AL,1        ;test bit value
00000024  73 02                 JNC   NEXT        ;if not zero
00000026  FE C4                 INC   AH          ;increase count
00000028  E2 F8         NEXT:   LOOP  BEGIN       ;repeat until CX=0
0000002A  88 65 04              MOV   [EBP+4],AH  ;store result in
0000002D  C3                    RET               ;stack and return
0000002E                B1CNTS  ENDP
                                END   MAIN
```

上述四種參數傳遞方式的特性歸納如表 6.3-3。

6.3.5 可重入與遞迴副程式

可重入副程式 (reentrant subroutine) 也是副程式的一種，但是它與普通副程式不同，一般副程式呼叫後必須完成它的工作，才可以再由其它程式呼叫。若一個副程式在供給另一個程式呼叫之前，並不需要先完成前面一個程式賦予的工作時，稱為可重入副程式。可重入副程式在由許多程式共用時，只需要一份程式複本即可，這和普通副程式不同，普通副程式在由許多程式使用時，每個程式都必須擁有該副程式的一份複本，如圖 6.3-4 所示。

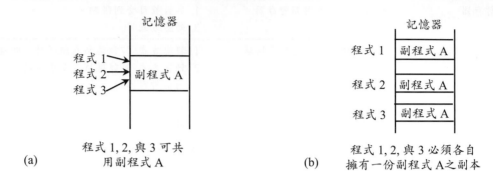

圖 6.3-4: 副程式的共用方法：(a) 可重入副程式；(b) 普通副程式

　　可重入副程式與普通副程式設計上的主要差異是：它只由純碼 (pure code) 組成，即它只包含指令與常數，程式中並無資料區可以供寫入與讀取。因此，成為可重入副程式的條件是它必須是個非自我修飾的程式，即其內部沒有修正程式的有關指令。

　　除了必須只由純碼組成之外，可重入副程式通常也必須與位置無關。這也就是說，不論其程式位於記憶器中的任何一個位置上，都可以正確地執行，其理由是這類副程式通常由許多程式共用，因此，在執行時，它們通常是動態地與各程式連結，若是位址不需要修改，則此項連結可以降至最小程度。由以上討論可以得知：可重入副程式必須是純碼並且與位置無關。為了達成這項要求，在程式設計上必須把握下列原則：

1. 參數的傳遞必須使用暫存器或堆疊的方法；

2. 局部跳躍或副程式呼叫必須使用 EIP 相對定址或基底定址方式；

3. 局部資料的存取必須使用基底定址或 EIP 相對定址方式；

4. 直接定址方式只能使用在參考該程式外面的絕對位置 (例如：呼叫作業系統的庫存副程式等)。

　　可重入副程式的典型應用包括：

1. 共用程式：例如 ASCII 對二進制轉換，與二進制對 ASCII 的轉換程式；

2. 較大而共同性的程式：例如編輯程式 (editor) 與編譯程式；

3. I/O 推動程式。

當然，這些應用都是屬於大系統中的系統程式部分。

　　另外一種有趣而且有用的副程式稱為遞迴 (recursion) 或稱自我重入 (self reentrancy) 副程式。這種副程式因為連續地呼叫自己而形成巢路，因此稱之遞迴副程式，而於呼叫自己時尚未完成前面的工作，因而也為一種可重入副程式，但是因是自己再呼叫本身，所以稱為自我重入。

　　在設計遞迴副程式時必須注意的是，每個連續的呼叫不能破壞參數與由前次呼叫產生的結果，並且必須確認不能修飾它本身，即每次呼叫時必須把它的參數、暫存器以及所有暫時的結果置放在記憶器中不同的位置。為了保證使用各別的記憶區，通常使用堆疊儲存上述的資料。使用堆疊時，每次呼叫時的參數、歸回位址、與局部變數稱為一個堆疊框。在遞迴呼叫時，典型的堆疊框如圖 6.3-5 所示。

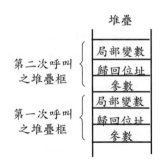

圖 6.3-5: 遞迴呼叫期間堆疊框的增長

　　典型的遞迴副程式設計技巧可以用 N 階乘 (N factorial) 的數學演算法說明：

$$
\begin{aligned}
N! &= N \times (N-1)! \\
&= N \times (N-1) \times (N-2)! \\
&= N \times (N-1) \times (N-2) \times \cdots \times 0!
\end{aligned}
$$

而 $0! = 1$。

　　利用 x86 微處理器指令完成的 $N!$ 計算程式，如下列例題所示。

■ 例題 6.3-9: 遞迴副程式—N! 計算程式

使用堆疊傳遞參數的方式，設計一個計算 N! 的程式，並以 3! 為例，畫出計算過程中的堆疊變化情形。

解： 堆疊變化情形如圖 6.3-6 所示。主程式中，經由暫存器 EAX 儲存欲計算的數目 (N) 於堆疊後，呼叫副程式 (FACTOR)。副程式 FACTOR 首先使用指令 PUSH EBP 與 MOV EBP,ESP 產生一個堆疊框，然後使用指令 MOV EAX,[EBP+8] 自堆疊中取出輸入參數。若此參數減 1 之後不為 0，則跳到 F_CONT 處執行，否則分岐到 RETURN 處執行。在 F_CONT 處使用指令 PUSH EAX，再儲存參數於堆疊中，然後遞迴呼叫 FACTOR 副程式，直到自堆疊中 [EBP+8] 處取出的參數為 1 時，才停止遞迴呼叫。自此之後，則執行 RETURN 處的 POP EBP 與 RET 等指令，但是由於存於堆疊中的歸回位址為 RET_ADDR1，因此實際上是執行 POP EAX 與 MUL [EBP+8] 等指令開始的程式片段，即執行 N 階乘的計算，如圖 6.3-6 所示。在最後一次的歸回時，由於歸回位址為 RET_ADD 不是 RET_ADDR1，因而回到主程式中，結束整個計算過程，並由堆疊帶回結果到主程式中。

```
                        ;ex6.3-11.asm
                        ;recursive and reentrant subroutine example
                        ;————calculates N! (N factorial)
                        ;assumes 0 < N <= 8 (i.e. the length of
                        ;product is less than one word)
                        ;parameters are passed on the stack
                        ;
                                .386
                                .model flat, stdcall
00000000                        .data
00000000  00000006      NUMBER  DD    06H        ;test data
00000004  00000000      RESULT  DD    00H        ;result
                        ;
                        ;define a stack of 512 bytes
                                .stack 512
                        ;code segment starts here
00000000                        .code
                        ;
                        ;main program starts here.
                        ;
00000000                MAIN    PROC  NEAR
                        ;the parameters are passed to and from
                        ;subroutine on the stack
```

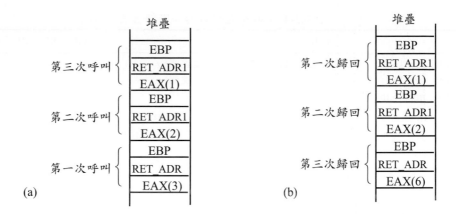

圖 6.3-6: 計算 3! 過程中之堆疊：(a) 遞迴呼叫；(b) 反算過程

```
00000000   A1 00000000 R              MOV    EAX,NUMBER;pass parameter
00000005   50                         PUSH   EAX        ;to FACTOR on the
00000006   E8 00000007                CALL   FACTOR;stack
0000000B   58            RET_ADR:     POP    EAX        ;get result and
0000000C   A3 00000004 R              MOV    RESULT,EAX   ;save it
00000011   C3                         RET
00000012                 MAIN         ENDP
                         ;
                         ;subroutine starts here.
                         ;
00000012                 FACTOR       PROC   NEAR
00000012   55                         PUSH   EBP          ;make a stack frame
00000013   8B EC                      MOV    EBP,ESP      ;and get parameter
00000015   8B 45 08                   MOV    EAX,[EBP+8] ;from the stack
00000018   83 E8 01                   SUB    EAX,01       ;subtract 1
0000001B   75 02                      JNE    F_CONT       ;if zero than
0000001D   EB 0D                      JMP    SHORT RETURN  ;return
0000001F   50            F_CONT:      PUSH   EAX          ;else call FACTOR
00000020   E8 FFFFFFED                CALL   FACTOR
00000025   58            RET_ADR1:    POP    EAX          ;backwards calculate
00000026   F7 65 08                   MUL    DWORD PTR [EBP+8];N! and save
00000029   89 45 08                   MOV    [EBP+8],EAX;result in stack
0000002C   5D            RETURN:      POP    EBP          ;pop BP and return
0000002D   C3                         RET
0000002E                 FACTOR       ENDP
                                      END    MAIN
```

表 6.3-4: x86 微處理器的高階語言支援指令

指令	動作	OF	SF	ZF	AF	PF	CF
ENTER imm16,0	產生副程式堆疊框 (見內文說明)。	-	-	-	-	-	-
ENTER imm16,1	產生副程式堆疊框 (見內文說明)。	-	-	-	-	-	-
ENTER imm16,imm8	產生副程式堆疊框 (見內文說明)。	-	-	-	-	-	-
LEAVE (16 位元定址)	儲存 BP 於 SP，然後自堆疊取回 BP。	-	-	-	-	-	-
LEAVE (32 位元定址)	儲存 EBP 於 ESP，然後自堆疊取回 EBP。	-	-	-	-	-	-
SETcc r8/m8 (cc 條件與 Jcc 相同)	若 cc 條件滿足，則設定 r8/(m8) 為 1； 否則清除 r8/(m8) 為 0。	-	-	-	-	-	-

6.3.6 高階語言支援指令

　　x86 微處理器也提供一些指令以支援高階語言程式結構的執行，這些指令為：ENTER、LEAVE、SETcc 等，如表 6.3-4 所示。其中 ENTER 與 LEAVE 兩個指令使用於產生與消除一個堆疊框；SETcc 指令則依據某些測試條件的結果設定一個指定位元組 (在暫存器或記憶器內) 的值為 0 (若測試條件未滿足) 或 1 (若測試條件滿足)，這些測試條件與 Jcc 指令相同，請參考表 4.4-2。SETcc 指令與 TEST 指令可以用來改變程式執行的順序。典型的 SETcc 指令之應用如下：

　　　　CMP　　　EAX,EBX

　　　　SETcc　　AL

暫存器 AL 的結果將依據 EAX 與 EBX 的比較結果與指定的測試條件，設定為 1 或是清除為 0。

　　ENTER 與 LEAVE 兩個指令主要使用於副程式 (或區段結構的程式語言) 中，產生堆疊框與消除堆疊框，其中 ENTER 指令使用於副程式的開頭；LEAVE 指令則置於副程式的尾端緊接於 RET 指令之前。當 imm8 = 0，指令 ENTER imm16,0 的動作相當於

　　　　PUSH　　EBP

　　　　MOV　　EBP,ESP

　　　　SUB　　　ESP,imm16

LEAVE 指令的動作實際上是由下列兩個指令組合而成的

　　　　　　　MOV　　ESP,EBP
　　　　　　　POP　　EBP

6.4 巨集指令

　　使用副程式的優點是能夠節省記憶器空間與程式設計的時間，並且可以分割一個大程式為數個小程式(即副程式)，因此較容易除錯與修改程式，其缺點則是需要與主程式做連繫的動作。若作為副程式與主程式之間連繫用的指令數目，幾乎與該副程式執行時的指令一樣多時，使用副程式不但浪費記憶器空間，也加長執行時間，因為使用副程式時，每次均執行 CALL 與 RET 兩個指令。這時解決的方法是使用巨集指令 (macro)。

6.4.1 巨集指令定義與擴展

　　巨集指令和副程式一樣也是由許多指令組合而成的，這些指令片段只需要定義一次，但是可以在程式中不同的地方重複地引用它，而且在每次出現的地方只需要以一個敘述取代它即可。它與副程式不同的是：副程式是微處理器指令組的一項特性，而巨集指令則不是。事實上，巨集指令是組譯程式的特性，所以巨集指令能力的提供與否，完全由組譯程式的能力而定。目前絕大多數的組譯程式都提供此項能力，唯一的差別是它們在功能上的強弱之分而已。

　　在巨集指令的定義裏，第一個敘述是巨集指令的名稱與虛擬參數 (dummy argument)，最後一個敘述則表示巨集指令定義的結束，在這兩個敘述之間的指令(或假指令)稱為雛型碼 (prototype code)，如圖 6.4-1 所示。若虛擬參數有許多個時，則以逗點分開，這些虛擬參數在該巨集指令被呼叫時，由呼叫敘述中的真實參數取代。

■ 例題 6.4-1: 巨集指令定義

　　定義一個巨集指令執行下列表式：

$$X \leftarrow X + Y - 3$$

巨集指令名稱 MACRO 虛擬參數

┌─────────────────────────────────────┐
│　　　　　　　　雛型碼　　　　　　　　│
└─────────────────────────────────────┘

ENDM

圖 6.4-1: 巨集指令定義

解：完整的巨集指令定義如下列程式所示，假設變數 X 與 Y 均為 32 位元。

```
            .386
            .model   flat,stdcall
            option   casemap:none
CAL_EXP     MACRO X,Y  ;X <- X+Y-3
            MOV    EAX,X
            ADD    EAX,Y
            SUB    EAX,3
            MOV    X,EAX
            ENDM
;
            END
```

　　定義好巨集指令後，在程式中需要的地方，即可以使用一個敘述呼叫它，這個敘述稱為巨集指令呼叫 (macro call)，它包括巨集指令的名稱與實際的參數。在組譯的過程中，當組譯程式遇到一個巨集指令呼叫時，組譯程式就以該巨集指令的雛型碼取代，並將真實參數依照排定的順序代入虛擬參數中，這種取代的動作稱為巨集展開 (macro expansion)。

■ 例題 6.4-2: 巨集指令使用例

　　定義巨集指令 $X \leftarrow X + Y - 3$ 並且使用此巨集指令為例，說明如何在程式中呼叫它，及組譯程式如何以真實參數取代虛擬參數，做巨集展開。

解：在程式中，首先定義一個巨集指令 (CAL_EXP) 以計算 $X \leftarrow X + Y - 3$ 表式，其中 X 與 Y 為虛擬參數。程式中間一共有兩個地方呼叫 CAL_EXP。第一次為 CAL_EXP OPR1,OPR2，其中 OPR1 與 OPR2 為真實參數，並且分別取代虛擬參數 X 與 Y，組譯程式並插入巨集指令定義中的雛型碼於原始程式中。這些雛型碼為如程式中左邊標示有 "1" 部分的指令。第二次巨集呼叫為 CAL_EXP OPR3,OPR2，使用真實參數 OPR3 與 OPR2 取代虛擬參數 X 與 Y。

```
                                        ;ex6.4-2.asm
                                        .386
                                        .model  flat,stdcall
                                        option  casemap:none
                        CAL_EXP         MACRO X,Y  ;X <- X+Y-3
                                        MOV   EAX,X
                                        ADD   EAX,Y
                                        SUB   EAX,3
                                        MOV   X,EAX
                                        ENDM

00000000                                .data
00000000 00000012    OPR1               DD    12H
00000004 00000034    OPR2               DD    34H
00000008 00000056    OPR3               DD    56H
0000000C 00000000    RESULT             DD    00H
                        ;
00000000                                .code
00000000             START              PROC  NEAR
                                        CAL_EXP OPR1,OPR2
00000000 A1 00000000 R      1           MOV   EAX,OPR1
00000005 03 05 00000004 R   1           ADD   EAX,OPR2
0000000B 83 E8 03          1            SUB   EAX,3
0000000E A3 00000000 R      1           MOV   OPR1,EAX
00000013 A1 00000000 R                  MOV   EAX,OPR1
                                        CAL_EXP OPR3,OPR2
00000018 A1 00000008 R      1           MOV   EAX,OPR3
0000001D 03 05 00000004 R   1           ADD   EAX,OPR2
00000023 83 E8 03          1            SUB   EAX,3
00000026 A3 00000008 R      1           MOV   OPR3,EAX
0000002B 03 05 00000008 R               ADD   EAX,OPR3
00000031 C3                             RET
00000032             START              ENDP
                                        END   START
```

　　注意在巨集指令呼叫中，使用的真實參數必須使敘述有效，否則，將發生組譯錯誤。

■ 例題 6.4-3: 不當的巨集指令使用

　　說明真實參數使巨集指令中敘述無效而產生組譯錯誤的情形。

解：在第二次巨集呼叫中，因為使用立即資料23取代巨集定義中的 X 參數，而產生組譯錯誤。其理由為 X 參數在巨集指令中，也當作 MOV 指令的標的運算元，所以不能為立即資料定址。

```
                            ;ex6.4-3.asm
                            .386
                            .model  flat,stdcall
                            option  casemap:none
                 CAL_EXP    MACRO X,Y      ;X <- X+Y-3
                            MOV    EAX,X
                            ADD    EAX,Y
                            SUB    EAX,3
                            MOV    X,EAX
                            ENDM
                 ;
00000000                    .data
00000000 00000012  OPR1     DD     12H
00000004 00000034  OPR2     DD     34H
00000008 00000056  OPR3     DD     56H
0000000C 00000000  RESULT   DD     00H
                 ;
00000000                    .code
00000000           START    PROC   NEAR
                            CAL_EXP OPR1,54H
00000000  A1 00000000 R    1        MOV    EAX,OPR1
00000005  83 C0 54         1        ADD    EAX,54H
00000008  83 E8 03         1        SUB    EAX,3
0000000B  A3 00000000 R    1        MOV    OPR1,EAX
00000010  A1 00000000 R             MOV    EAX,OPR1
                            CAL_EXP 23,OPR2
00000015  B8 00000017      1        MOV    EAX,23
0000001A  03 05 00000004 R 1        ADD    EAX,OPR2
00000020  83 E8 03         1        SUB    EAX,3
                           1        MOV    23,EAX
C:\temp\x86debug\UpAsm\Chap6.asm\EX643.asm(22) :
error A2001: immediate operand not allowed
CAL_EXP(4): Macro Called From
C:\temp\x86debug\UpAsm\Chap6.asm\EX643.asm(22): Main Line Code
00000023  03 05 00000008 R          ADD    EAX,OPR3
00000029  C3                        RET
0000002A           START    ENDP
                            END    START
```

有些情況，在定義巨集指令時，可能不需要任何參數，例如當定義一個巨集指令，儲存微處理器中的暫存器內容於堆疊中時，呼叫此巨集指令的敘述，並不需要任何參數，只需要包括巨集指令的名稱即可。

■ 例題 6.4-4: 不需要參數的巨集指令

不需要任何參數的巨集指令呼叫。

解：SAV_REG 與 POP_REG 定義的巨集指令並不需要任何參數，因此呼叫時只需要列出該巨集指令的名字即可，不需要賦予任何參數。

```
                             ;ex6.4-4.asm
                             .386
                             .model  flat,stdcall
                             option  casemap:none
                   SAV_REG   MACRO        ;save registers
                             PUSH  EAX
                             PUSH  EBX
                             PUSH  ECX
                             ENDM
                   POP_REG   MACRO        ;save registers
                             POP   ECX
                             POP   EBX
                             POP   EAX
                             ENDM
                   ;
00000000                     .data
00000000 00000000  OPR       DD    00H
                   ;
00000000                     .code
00000000           START     PROC  NEAR
                             SAV_REG      ;macro call
00000000  50             1    PUSH  EAX
00000001  53             1    PUSH  EBX
00000002  51             1    PUSH  ECX
00000003  03 05 00000000 R    ADD   EAX,OPR
                             POP_REG
00000009  59             1    POP   ECX
0000000A  5B             1    POP   EBX
0000000B  58             1    POP   EAX
0000000C  C3                  RET
0000000D           START     ENDP
                             END   START
```

6.4.2 標記問題與局部標記

定義巨集指令時，常常需要包含標記。但是這標記當該巨集指令重複被呼叫時，將重複地出現於程式中，造成標記重複定義的問題，而產生組譯錯誤。

■ 例題 6.4-5: 標記重複定義問題

說明標記重複定義的問題。

解：由於巨集呼叫是在呼叫的地方展開巨集定義中的程式片段，因此於兩次呼叫之後，造成了兩個相同的標記 NEXT 而產生標記重覆定義的問題。

```
                              ;ex6.4-5.asm
                                      .386
                                      .model   flat,stdcall
                                      option   casemap:none
                              ABS_V   MACRO X         ;find absolute
                                      CMP     X,00H    ;value
                                      JGE     NEXT
                                      NEG     X
                              NEXT:   NOP
                                      ENDM
                              ;
00000000                              .data
00000000 00000025              OPR1    DD      25H
00000004 FFFFFFFF              OPR2    DD      -1H
00000008 00000000              RESULT  DD      00H
                              ;
00000000                              .code
00000000                      START   PROC    NEAR
                                      ABS_V OPR1      ;macro call
00000000 83 3D 00000000 R  1          CMP     OPR1,00H   ;value
         00
00000007 7D 06            1           JGE     NEXT
00000009 F7 1D 00000000 R  1          NEG     OPR1
0000000F 90               1   NEXT:   NOP
00000010 A1 00000000 R              MOV     EAX,OPR1
                                      ABS_V OPR2      ;macro call
00000015 83 3D 00000004 R  1          CMP     OPR2,00H   ;value
         00
0000001C 7D F1            1           JGE     NEXT
0000001E F7 1D 00000004 R  1          NEG     OPR2
00000024 90               1   NEXT:   NOP
C:\temp\x86debug\UpAsm\Chap6.asm\EX645.asm(21) :
```

```
error A2005: symbol redefinition : NEXT
ABS_V(4): Macro Called From
 C:\temp\x86debug\UpAsm\Chap6.asm\EX645.asm(21): Main Line Code
00000025   03 05 00000004 R              ADD    EAX,OPR2
0000002B   A3 00000008 R        MOV      RESULT,EAX
00000030   C3                            RET
00000031                        START    ENDP
                                         END    START
```

解決標記重複定義問題的方法，一般可以遵循下列兩種途徑之一解決：

1. 由程式設計者自行解決：即標記也當作一個虛擬參數處理 (習題 6-21)

2. 由組譯程式解決：這種方式中，組譯程式允許使用者設計特別的標記，稱為局部標記 (local label)。局部標記加上了尾標 (suffix)，每當巨集指令被呼叫時，該尾標即自動增加，因而產生不同的標記，消除了標記重複定義的問題。

局部標記的宣告方式是在巨集指令定義後使用 LOCAL 宣告：

　　　　LOCAL　局部標記序列

■ 例題 6.4-6: 局部標記宣告

以局部標記解決前述例題中標記重複定義的問題。

解：宣告 NEXT 為 LOCAL 後，在巨集指令展開時，這些局部標記依據其巨集指令被呼叫之先後順序，而賦予不同的標記名稱，例如程式中的 NEXT，在 ABS_V 第一次被呼叫時，NEXT 由 ??0000 取代，而第二次再被呼叫時，則由 ??0001 取代，而解決了標記重覆定義的問題。

```
                     ;ex6.4−6.asm
                     .386
                     .model   flat,stdcall
                     option   casemap:none
             ABS_V   MACRO X          ;find absolute
                     LOCAL NEXT
                     CMP   X,00H     ;value
                     JGE   NEXT
                     NEG   X
             NEXT:   NOP
                     ENDM
```

```
                                            ;
00000000                                                    .data
00000000 00000025               OPR1        DD      25H
00000004 FFFFFFFF               OPR2        DD      −1H
00000008 00000000               RESULT      DD      00H
                                            ;
00000000                                                    .code
00000000                        START       PROC    NEAR
                                            ABS_V   OPR1          ;macro call
00000000 83 3D 00000000 R  1                CMP     OPR1,00H      ;value
         00
00000007 7D 06            1                 JGE     ??0000
00000009 F7 1D 00000000 R  1                NEG     OPR1
0000000F 90               1    ??0000:      NOP
00000010 A1 00000000 R                      MOV     EAX,OPR1
                                            ABS_V   OPR2          ;macro call
00000015 83 3D 00000004 R  1                CMP     OPR2,00H      ;value
         00
0000001C 7D 06            1                 JGE     ??0001
0000001E F7 1D 00000004 R  1                NEG     OPR2
00000024 90               1    ??0001:      NOP
00000025 03 05 00000004 R                   ADD     EAX,OPR2
0000002B A3 00000008 R                      MOV     RESULT,EAX
00000030 C3                                 RET
00000031                        START       ENDP
                                            END     START
```

6.4.3 巢路巨集指令

巢路巨集指令 (nested macro) 和巢路副程式一樣，即在一個巨集指令定義中，尚包含另一個巨集指令定義。

■ 例題 6.4-7: 巢路巨集指令

巢路巨集指令定義例。

解： DIF_SQR 巨集指令定義中，包含了另外兩個巨集指令定義 PSH_REG 與 POP_REG，而構成了巢路巨集指令定義。

```
;ex6.4−7.asm
.386
.model   flat,stdcall
option   casemap:none
```

```
                                 PSH_REG    MACRO          ;save registers
                                            PUSH  EAX
                                            PUSH  EDX
                                            ENDM
                                 ;
                                 POP_REG    MACRO          ;restore registers
                                            POP   EDX
                                            POP   EAX
                                            ENDM
                                 ;
                                 DIF_SQR    MACRO X,Y,ERR  ;find SQR(X─Y)
                                            PSH_REG        ;call macro
                                            MOV   EAX,X
                                            SUB   EAX,Y
                                            IMUL  EAX
                                            MOV   ERR,EAX
                                            POP_REG        ;call macro
                                            ENDM
                                 ;
00000000                                    .data
00000000 00000025                OPR1       DD    25H
00000004 00000047                OPR2       DD    47H
00000008 00000000                RESULT     DD    00H
                                 ;
00000000                                    .code
00000000                         START      PROC  NEAR
                                            DIF_SQR OPR1,OPR2,RESULT
00000000  50                2               PUSH  EAX
00000001  52                2               PUSH  EDX
00000002  A1 00000000 R     1               MOV   EAX,OPR1
00000007  2B 05 00000004 R  1               SUB   EAX,OPR2
0000000D  F7 E8             1               IMUL  EAX
0000000F  A3 00000008 R     1               MOV   RESULT,EAX
00000014  5A                2               POP   EDX
00000015  58                2               POP   EAX
00000016  C3                               RET
00000017                         START      ENDP
                                            END   START
```

6.4.4　其它相關假指令

　　在 masm 組譯程式中，除了前述各章中介紹的各種假指令之外，也提供一些條件性組譯假指令 (conditional assembly directive)，以條件性的控制組譯過程

表 6.4-1: IF 假指令的各種預設形式

指述	意義	指述	意義
IF	若表式為真	IFNB	若參數不是空白
IFB	若參數為空白	IFNDEF	若標記尚未定義
IFE	若表式為假	IFIDN	若參數 1 等於參數 2
IFDEF	若標記已經有定義	IFDIF	若參數 1 不等於參數 2

及其產生的目的程式。這些假指令包括：

- IF/ELSE/ENDIF 假指令
- FOR-ENDM 假指令
- REPEAT-ENDM 假指令
- WHILE-ENDM 假指令

其中 IF/ELSE/ENDIF 假指令可以使用在程式中的任何地方，而 FOR-ENDM、REPEAT-ENDM、WHILE-ENDM 等假指令只可以使用在巨集指令中。注意：在這些假指令之前沒有"."，但是第 6.1.3 節中介紹的結構化程式假指令之前則有此"."。此外這些假指令只在組譯時間時有效，而第 6.1.3 節的假指令則控制程式執行時間的流程，因其實際上產生相關的 x86 微處理器的組合語言指令機器碼。

6.4.4.1 IF/ELSE/ENDIF 假指令 選擇性組譯假指令 IF 有兩種結構：IF-ENDIF 及 IF-ELSE-ENDIF 等，IF 後的條件的 TRUE 與 FALSE 分別定義為 1 與 0。IF 的各種預設形式如表 6.4-1 所示。

下列例題說明如何使用 IF 假指令，改變組譯程式產生的目的程式。

■ 例題 6.4-8: IF 假指令的使用

下列程式為一個簡單的資料儲存區宣告，在此宣告中有兩種選擇：80 個位元組或 72 個位元組，如程式 6.4-8(a) 所示。當 WIDTH80 設定為 TRUE 時，組譯程式產生 80 個位元組的空間予 BUFF，如程式 6.4-8(b) 所示；當 WIDTH80 設定為 FALSE 時，則產生 72 個位元組，如程式 6.4-8(c) 所示。

```
;ex6.4−8.asm
;program to illustrate the usage
```

```
                                    ;of IF directive.
                                            .386
                                            .model   flat, stdcall
                                            option   casemap:none
                                            .data
                            TRUE        EQU     1
                            FALSE       EQU     0
                            WIDTH80     EQU     TRUE
                                        IF      WIDTH80
                            BUFF        DB      80 DUP(0)
                                        ELSE
                            BUFF        DB      72 DUP(0)
                                        ENDIF
                                        END
                    (a) Source program
                ;ex6.4—8a.asm
                ;program to illustrate the usage
                ;of IF directive.
                                        .386
                                        .model   flat, stdcall
                                        option   casemap:none
00000000                                .data
= 00000001              TRUE        EQU     1
= 00000000              FALSE       EQU     0
= 00000001              WIDTH80     EQU     TRUE
                                    IF      WIDTH80
00000000   00000050[ 00]  BUFF      DB      80 DUP(0)
                                    ELSE
                                    ENDIF
                                    END

                    (b) WIDTH80 = TRUE

                ;ex6.4—8b.asm
                ;program to illustrate the usage
                ;of IF directive.
                                        .386
                                        .model   flat, stdcall
                                        option   casemap:none
00000000                                .data
= 00000001              TRUE        EQU     1
= 00000000              FALSE       EQU     0
= 00000000              WIDTH80     EQU     FALSE
                                    IF      WIDTH80
                                    ELSE
```

```
00000000   00000048 [00]   BUFF        DB    72 DUP(0)
                            ENDIF
                            END
```

$$(c)\ WIDTH80 = FALSE$$

由以上的例題可以得知：IF 假指令在條件成立時，組譯程式組譯 IF 後面的指述；當條件不成立時，則組譯 ELSE 後面的指述。

6.4.4.2 FOR-ENDM 假指令　在巨集展開時，FOR 假指令計數變數使用的次數，以決定何時停止展開的動作。下列例題說明如何使用此假指令，對一個可變長度的輸入變數做巨集展開。

■ 例題 6.4-9: FOR-ENDM 假指令的使用

下列程式為一個簡單的 FOR-ENDM 宣告，在此宣告中假設希望連續 PUSH 一些指定的暫存器到堆疊中。巨集指令中的 CHARACTER 後面的 VARARG 表示該變數為可變長度。此巨集指令在對所有輸入參數：EAX、ECX、EBX 展開後結束，一共 PUSH 三個暫存器到堆疊中。

```
                    ;ex6.4-9.asm
                    ;program to illustrate the usage
                    ;of FOR directive
                            .386
                            .model  flat,stdcall
                            option  casemap:none
                    PUSH_REG  MACRO CHARACTER:VARARG
                            FOR    ARG,<CHARACTER>;
                              PUSH  ARG
                            ENDM  ;end of FOR loop
                            ENDM  ;end of macro
                    ;
                    ;test macro definition
00000000                    .code
00000000            MAIN     PROC   NEAR
                             PUSH_REG EAX,ECX,EBX
00000000   50   2           PUSH   EAX
00000001   51   2           PUSH   ECX
00000002   53   2           PUSH   EBX
00000003            MAIN     ENDP
                             END    MAIN
```

6.4.4.3 REPEAT-ENDM 假指令 REPEAT-ENDM 假指令控制巨集展開時，由 REPEAT 假指令開始到 ENDM 假指令之間的指述序列重複的次數。下列例題說明如何使用此假指令，對一個指述序列重複的展開預設的次數。

■ 例題 6.4-10: REPEAT-ENDM 假指令的使用

下列程式為一個簡單的 REPEAT-ENDM 宣告，在此宣告中假設希望連續使用 ADD OPR1,X 指令 Y 次。因此使用 REPEAT Y 假指令宣告其後的指令：ADD OPR1,X 連續展開 Y 次。測試此巨集指令的巨集呼叫為：ADD_NUM 23H, 5，在組譯完成後，上述指令一共展開 5 次。

```
                              ;ex6.4-10.asm
                              ;program to illustrate the usage
                              ;of REPEAT directive
                                      .386
                                      .model  flat,stdcall
                                      option  casemap:none
00000000                              .data
00000000 00000000            OPR1     DD      00H
                             ADD_NUM   MACRO   X,Y
                                      REPEAT  Y    ;repeat Y times
                                          ADD OPR1,X
                                      ENDM         ;end of REPEAT
                                      ENDM         ;end of MACRO
                             ;
                             ;test macro definition
00000000                              .code
00000000                     MAIN     PROC    NEAR
                             ;add X to OPR1 Y times
                                      ADD_NUM 23H,5
00000000  83 05 00000000 R  2         ADD     OPR1,23H
          23
00000007  83 05 00000000 R  2         ADD     OPR1,23H
          23
0000000E  83 05 00000000 R  2         ADD     OPR1,23H
          23
00000015  83 05 00000000 R  2         ADD     OPR1,23H
          23
0000001C  83 05 00000000 R  2         ADD     OPR1,23H
          23
00000023                     MAIN     ENDP
                                      END     MAIN
```

6.4.4.4 WHILE-ENDM假指令 另外一種條件式迴路控制組譯假指令為WHILE-ENDM，在此假指令中，緊接於WHILE後的指述為一個關係條件，而不是次數，因此在使用上較有彈性。WHILE-ENDM使用的關係運算子及邏輯運算子的符號與表6.1-1 不同，如表6.4-2 所示。

表 6.4-2: WHILE-ENDM 假指令中的關係與邏輯運算子

運算子	功能	運算子	功能
EQ	相等	LE	小於或相等
NE	不相等	XOR	位元測試
GT	大於	NOT	NOT
GE	大於或相等	AND	AND
LT	小於	OR	OR

■ 例題 6.4-11: **WHILE-ENDM 假指令的使用**

下列程式為一個簡單的WHILE-ENDM宣告，在此宣告中假設希望將Y個X加到OPR1。程式中使用WHILE結構並且使用CNT當作控制變數，CNT的初值設為1，而後於巨集展開時，則每次加1，WHILE迴路中的指述則重複展開，直到CNT的值不小於Y為止，即一共展開Y次。

```
                    ;ex6.4-11.asm
                    ;program to illustrate the usage
                    ;of WHILE directive
                            .386
                            .model   flat, stdcall
                            option   casemap:none
00000000                    .data
00000000 00000000   OPR1    DD       00H
= 00000001          CNT     =        1
                    ADD_NUM MACRO    X,Y
                            WHILE    CNT LE Y;repeat
                                ADD  OPR1,X  ;Y times
                                CNT  = CNT + 1
                            ENDM         ;end of WHILE
                            ENDM         ;end of MACRO
                    ;test macro definition
00000000                    .code
00000000            MAIN    PROC     NEAR
                    ;add X to OPR1 Y times
                            ADD_NUM 13H,4
```

```
00000000   83 05 00000000 R  2              ADD    OPR1,13H
       13
00000007   83 05 00000000 R  2              ADD    OPR1,13H
       13
0000000E   83 05 00000000 R  2              ADD    OPR1,13H
       13
00000015   83 05 00000000 R  2              ADD    OPR1,13H
       13
0000001C                        MAIN        ENDP
                                            END    MAIN
```

參考資料

1. AMD, *AMD64 Architecture Programmer's Manual Volume 1: Application Programming,* 2012 (http://www.amd.com)

2. AMD, *AMD64 Architecture Programmer's Manual Volume 2: System Programming,* 2012 (http://www.amd.com)

3. Barry B. Brey, *The Intel Microprocessors 8086/8088, 80186/80188, 80286, 80386, 80486, Pentium, and Pentium Pro Processor, Pentium II, Pentium III, Pentium 4, and Core 2 with 64-Bit Extensions: Architecture, Programming, and Interfacing,* 8th. ed., Englewood Cliffs, N. J.: Prentice-Hall, 2009.

4. Intel, *i486 Microprocessor Programmer's Reference Manual,* Berkeley, California: Osborne/McGraw-Hill Book Co., 1990.

5. Intel, *Intel 64 and IA-32 Architectures Software Developer's Manual, Volume 1: Basic Architecture,* 2011. (http://www.intel.com)

6. Intel, *Intel 64 and IA-32 Architectures Software Developer's Manual,* Volume 2, 2011. (http://www.intel.com)

7. Intel, *Intel 64 and IA-32 Architectures Software Developer's Manual,* Volume 3, 2011. (http://www.intel.com)

8. Yu-cheng Liu and Glenn A. Gibson, *Microcomputer systems: The 8086/8088 Family: Architecture, Programming, and Design,* 2nd ed., Englewood Cliffs, NJ: Prentice-Hall Inc., 1986.

9. James Martin and Carma Mc Clure, *Structured Techniques for Computing,* Englewood Cliffs, NJ: Prentice-Hall Inc., 1985.

10. Walter A. Triebel and Avtar Singh, *The 8088 and 8086 Microprocessors: Programming, Interfacing, Software, Hardware, and Applications,* 4th ed., Englewood Cliffs, N. J.: Prentice-Hall, 2003.

習題

6-1 在程式設計中常用的方法有那些？試簡述之。

6-2 在結構化程式設計中，有那三種基本的結構？這些結構的基本特性為何？

6-3 CASE i 指述實際上為選擇性結構的連續應用，試寫一段程式執行下列 CASE 指述：

```
             CASE   i
               1:   P1
             2,3:   P2
             4,7:   P3
               6:   P4
             ENDCASE
```

6-4 試說明標記與變數位址在下列三種時間的變化情形：

(1) 組譯時間　　　　　　　　**(2)** 連結時間
(3) 載入時間

6-5 試定義堆疊的資料結構。堆疊有那兩種基本運算？這些運算的動作為何？

6-6 假設堆疊的增長方向是由低位址向高位址增長的(例如：MCS51 微控制器)，則 PUSH 與 POP 兩個動作要如何定義？

6-7 如何可以由堆疊中取出第 i 個資料項而不會破壞原先的堆疊狀態？

6-8 如何可以交換一個暫存器的資料與堆疊中第 i 個位元組資料？

6-9 假如一個微處理器沒有堆疊結構(即 ESP)，則副程式的呼叫問題要如何解決？

6-10 試定義下列名詞：

(1) 副程式　　　　　　　　　　**(2)** 可重入副程式

(3) 巢路副程式　　　　　　　　**(4)** 遞迴副程式

(5) 堆疊框

6-11 在組合語言中，主程式傳遞參數予副程式的方法有那些？各有何特性？

6-12 在設計可重入副程式時，必須注意那些事項？是否每一種微處理器均能提供此種類型的副程式？

6-13 試寫一個程式片段，儲存 X、Y、Z 等三個變數的有效位址於堆疊中。

6-14 在 PROC 假指令後，為何需要加上 FAR 或 NEAR 屬性運算子？它們有何區別？

6-15 求取兩數的 gcd (最大公因數) 時，最常用的方法是利用歐幾里得 (Euclid) 輾轉相除法。若定義 $\text{mod}(m, n)$ 表示 m 除 n 得到的餘數，則 gcd 函數可以定義為：

$$\text{gcd}(m, n) = \begin{cases} \text{gcd}(n, m) & \text{若 } n > m \\ m & n = 0 \\ \text{gcd}(n, \text{mod}(m, n)) & \text{其它情形} \end{cases}$$

試寫一個遞迴程式，計算任何兩正數 m 與 n 的 gcd 值 (設 $m, n \leq 999$)。

6-16 修改第 6.3.5 節中的 $N!$ 計算程式，使其能計算 30!。提示：儲存計算得到的中間結果在堆疊外部。

6-17 討論 ENTER 與 LEAVE 兩個指令的動作與用途。

6-18 試比較巨集指令與副程式的異同？

6-19 在例題 6.4-5 的程式中，若更改下列指令

```
        JGE    NEXT
```
為
```
        JGE    $+4
```

是否就可以消除標記重覆定義的問題？為什麼？

6-20 若巨集指令 ABSDIF 定義為：

```
ABSDIF    MACRO    X, Y, Z
          LOCAL    CONT
          PUSH     EAX
          DIF      X,Y
          CMP      EAX,0
          JGE      CONT
          NEG      EAX
CONT:     MOV      Z,EAX
          POP      EAX

          ENDM
DIF    MACRO    X,Y
       MOV      EAX,X
       SUB      EAX,Y
       ENDM
```

則在下列巨集呼叫後，其巨集指令展開為何？注意：不成立的巨集呼叫。

(1) ABSDIF OPR1,OPR2,DIST

(2) ABSDIF [EBX][ESI],04[EDI],ECX

(3) ABSDIF EAX,EAX,EAX

(4) ABSDIF [EBX][ESI],15[EBP][EDI],190H

6-21 解決巨集指令中標記重覆定義的方法，除了使用局部標記外，也可以將標記當作一個虛擬參數處理，試使用此種方法，解決例題 6.4-5 程式中的標記重覆定義問題。

6-22 佇列 (queue) 為一種非常普遍的資料結構，它的定義為：佇列為一個先入先出的結構，資料項只能由前端 (front end) 移出，欲插入資料項時只能由後端 (rear end) 插入。佇列資料結構的兩種基本動作為：

- 插入 (insertion)：將一個資料項插入佇列中；

• 刪除 (deletion)：自佇列中移出一個資料項；

假設使用 N 個語句的陣列 (array) 執行佇列，試設計上述兩個佇列的基本動作之副程式。

7

CPU 硬體模式

在 瞭解 x86 系列微處理器的軟體模式之後，在本章中將介紹它們的硬體模式。目前 x86 系列微處理器已經由早期的 16 位元版本的 8086 與 32 位元版本的 80386 及 80486，進步到以超純量處理單元為基礎的的多核心處理器，包括 Core i3、Core i5 與 Core i7 系列。由於目前普遍使用的微處理器的功能與複雜度已經遠遠超過個人所能處理之範圍，在本章中我們將分成兩部分：16 位元的 8086 微處理器與 x86/x64 微處理器。對於 16 位元的 8086 微處理器，我們將由使用者的觀點依序介紹其重要特性與使用者界面；對於 32/64 位元的 x86/x64 微處理器，則僅介紹其設計原理與其相關的應用系統的方塊圖，即 PC 系統方塊圖。

7.1 8086 硬體模式

8086 為 Intel 公司繼其成功的 8 位元微處理器 8085A 之後，推出的一個 16 位元微處理器。除了擴充資料匯流排為 16 位元之外，亦將原先 8085A 中的指令執行與讀取重疊的觀念，再加以演化成指令預先讀取技術，提高了執行性能。本節中，將依序討論 8086 CPU 的內部功能、接腳分佈、其各個接腳的意義、基本時序、CPU 基本模組電路。

7.1.1 內部功能

8086 CPU 的內部結構較其它微處理器特殊，它將匯流排控制邏輯與指令執行邏輯分成兩個獨立的單元：匯流排界面單元(bus interface unit，BIU) 與執

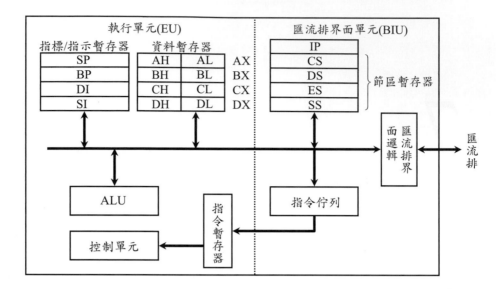

圖 7.1-1: 8086 內部功能方塊圖

行單元 (execution unit，EU)。這兩個單元使用非同步的方式操作。

　　執行單元包括資料與位址暫存器、算術與邏輯單元 (ALU)、控制單元 (CU)；匯流排界面單元則包括匯流排界面邏輯、節區暫存器、記憶器位址邏輯、一個 6 個位元組 (在 8088 中為 4 個位元組) 的指令運算碼佇列 (簡稱指令佇列)，如圖 7.1-1 所示。

　　當執行單元備妥執行一個新的指令時，它即由匯流排界面單元中的指令佇列讀取一個指令 opcode，然後使用一些與匯流排週期 (bus cycle) 無關的時脈週期執行該指令。若指令佇列為空態，則匯流排界面單元執行一個指令讀取 (instruction fetch) 匯流排週期，此時 CPU 則等待該指令 opcode 的讀取。若於執行一個指令的過程中，需要做記憶器或 I/O 裝置的存取時，執行單元即告知匯流排界面單元，然後由匯流排界面單元執行一個適當的匯流排週期，執行需要的動作。

　　匯流排界面單元除了執行執行單元要求的外部匯流排存取動作外，它的另一項重要任務是隨時維持指令佇列於裝滿的狀態。若指令佇列中已經有兩個或更多個位元組被取走，而執行單元並未要求匯流排存取時，匯流排界面單元即連續執行指令讀取匯流排週期，直到該佇列裝滿為止。但是若在匯流排

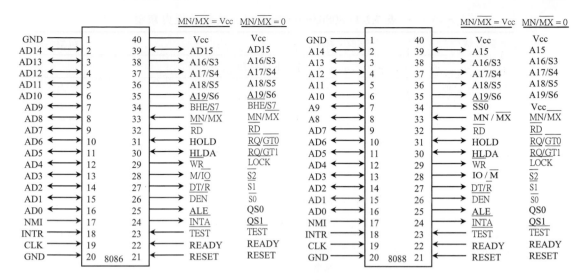

圖 **7.1-2:** 8086/8088 接腳分佈圖

界面單元執行一個指令讀取匯流排週期期間，執行單元要求匯流排存取，則匯流排界面單元將繼續完成該指令摘取匯流排週期，再執行執行單元需要的匯流排週期動作。

依上述討論得知：8086 中指令佇列的主要功用在於消除指令的讀取時間，因而達到較好的操作性能。

7.1.2　硬體界面

8086/8088 CPU 為一個 40 腳包裝的 IC，如圖 7.1-2 所示。8088 微處理器基本上與 8086 相同亦為一個 16 位元微處理器，但是只使用 8 位元的外部資料匯流排。這些接腳可以分成下列六組：系統支援接腳、記憶器界面、DMA 界面、I/O 界面、中斷要求控制、其它特殊功能信號等。這些接腳的功能與類型歸納如表 7.1-1 所示。

7.1.2.1　系統支援接腳　8086/8088 的系統支援接腳包括：電源 (V_{CC} 與 GND)、時脈輸入 (CLK)、RESET。現在分別說明這些接腳的功能如下：

電源 (V_{CC} 與 GND，輸入)：與大多數的 8 位元或 16 位元微處理器一樣，8086 只需要一個 +5.0 V ± 10% 的電源供給，最大的消耗電流為 360 mA (8088

表 7.1-1: 8086/8088 微處理器接腳功能與類型

接腳名稱	功能	類型
基本信號組		
AD15 ~ AD0	資料/位址匯流排	雙向,三態
A16/S3,A17/S4	位址/節區識別碼	輸出,三態
A18/S5	位址/中斷致能旗號狀態	輸出,三態
A19/S6	位址/狀態	輸出,三態
$\overline{BHE}$/S7	高序資料匯流排位元組致能/狀態	輸出,三態
$\overline{RD}$	讀取控制	輸出,三態
READY	WAIT 狀態要求	輸入
$\overline{TEST}$	等待測試控制	輸入
INTR	中斷要求	輸入
NMI	不可抑制中斷要求	輸入
RESET	系統重置	輸入
CLK	系統時脈	輸入
V_{CC}/Gnd	電源/接地	輸入
最大模式系統信號組 (MN/$\overline{MX}$= Gnd)		
$\overline{S2}$,$\overline{S1}$,$\overline{S0}$	匯流排週期狀態	輸出,三態
$\overline{RQ}$/GT1,$\overline{RQ}$/GT0	匯流排優先權控制	雙向
QS1,QS0	指令佇列狀態	輸出
$\overline{LOCK}$	匯流排鎖住控制	輸出,三態
最小模式系統信號組 (MN/$\overline{MX}$= Vcc)		
M/$\overline{IO}$	記憶器/IO 存取控制	輸出,三態
$\overline{WR}$	寫入控制	輸出,三態
ALE	位址鎖住致能	輸出
DT/$\overline{R}$	資料傳送接收	輸出,三態
$\overline{DEN}$	資料致能	輸出,三態
$\overline{INTA}$	中斷要求認知	輸出
HOLD	三態匯流排持住要求	輸入
HLDA	三態匯流排持住認知	輸出

為 340 mA)。CMOS 版本的 80C86/80C88 則只需要 10 mA 的電源電流。

　　時脈輸入 (CLK,輸入):提供 CPU 的基本時序信號。為能提供正確的內部操作時序,CLK 的工作週期 (duty cycle,即為高電位的時脈信號部分除以時脈週期) 必須為 33%。一般均使用一個特殊的時脈產生器 (8284A) 電路,產生此信號。

　　RESET (reset,輸入):為系統重置信號,讓 CPU 回到一個已知的初始狀

態，此信號為高電位啟動並且需要延續四個時脈週期以上，一般皆經過 8284A
時脈產生器，再由 8284A 產生與傳送一個 RESET 信號予 CPU，以獲得同步。
在 8086/8088 重置後：

1. 狀態暫存器清除為 0，因此抑制外部中斷要求。

2. IP、DS、SS、ES 等暫存器均清除為 0。

3. CS 節區暫存區設定為 0FFFFH。因此，在 RESET 後，CPU 將由 0FFFF0H
   (= IP + CS × 16) 的位址開始執行指令。

　　每一個微處理器在重置 (reset) 信號啟動之後，除了抑制所有可抑制式中斷
要求之外，最重要的一件事是決定第一個指令在記憶器中的位置。一般而言，
有兩種方式：直接 (direct) 與間接 (indirect)。在直接方式中，系統在重置之後，
其程式計數器 (program counter，PC；在 8086 中稱為指令指示器，instruction
pointer，IP) 直接指於第一個指令所在的記憶器位置上；在間接方式中，程式
計數器則含有第一個指令所在的記憶器位置之位址。前者通常使用於 Intel 相
關的微處理器中；後者則由 Motorola 公司採用於其生產的微處理器中。

7.1.2.2　記憶器界面　由於 8086/8088 可以直接存取 1 M (2^{20}) 位元組的記憶器
位址空間，而且每次最多可以存取兩個位元組的語句，因此其位址匯流排為
20 位元 (A0 ～ A19)，而資料匯流排為 16 位元 (D0 ～ D15) (8086)/8 位元 (D0 ～
D7) (8088)。為了能夠將所有位址匯流排信號接腳、資料匯流排信號接腳、與
控制信號包裝在標準的 40 腳 DIP 內，低序的 16 條 (8086)/8 條 (8088) 位址匯流
排與資料匯流排以多工方式輸出，如圖 7.1-2 所示。

　　CPU 在存取記憶器的資料時，除了上述的位址匯流排與資料匯流排之外，
必須再配合一些控制資料流動方向的控制信號，才能夠正確地完成需要的動
作。這些控制信號為：$\overline{RD}$、$\overline{WR}$、M/$\overline{IO}$ (8086) 或 IO/$\overline{M}$ (8088)、ALE、DT/$\overline{R}$、
$\overline{BHE}$、$\overline{DEN}$、READY。現在分別敘述如下：

　　$\overline{RD}$ (Read，三態輸出)：(低電位啟動) 啟動時，表示 CPU 欲自資料匯流排
(即記憶器或 IO 裝置) 中讀取資料。

　　$\overline{WR}$ (Write，三態輸出)：(低電位啟動) 啟動時，表示 CPU 正在寫入資料於
資料匯流排 (即記憶器或 IO 裝置) 中。當 $\overline{WR}$ 為低電位時，CPU 的資料匯流排

中含有正確的資料。

IO/$\overline{\text{M}}$ (8088) 或 M/$\overline{\text{IO}}$ (8086) (Memory or Input/Output，三態輸出)：指示 CPU 位址匯流排上的資料為記憶器位址或是 I/O 埠位址。

ALE (Address Latch Enable，輸出)：指示 CPU 的位址/資料匯流排上的資料為成立的位址資料。由於 8086/8088 使用多工的方式將部分資料與位址信號線包裝於相同的接腳上，因此必須使用一個控制信號告知外界電路，這些接腳目前是當作資料信號線或是位址信號線使用。

DT/$\overline{\text{R}}$ (Data Transmit/Receive，三態輸出)：指示 CPU 的資料匯流排的動作方向：輸出資料 (DT/$\overline{\text{R}}$ = 1) 或接收資料 (DT/$\overline{\text{R}}$ = 0)。此信號通常控制外部的雙向資料緩衝器的資料流向。

$\overline{\text{DEN}}$ (Data Bus Enable，三態輸出)：(低電位啟動) 致能外部的雙向資料緩衝器的動作。

8086 CPU 為一個 16 位元的微處理器，其資料匯流排為 16 位元寬度，因此一個 16 位元的語句資料可以在一個匯流排週期內完成轉移。但是為了也能夠處理位元組的資料，8086 微處理器將系統中的記憶器組織分成高、低序兩個位元組記憶器庫，而分別使用信號線 $\overline{\text{BHE}}$ 與 A0 區分，如圖 7.1-3 所示。

$\overline{\text{BHE}}$ (Bus High Enable，三態輸出)：(低電位啟動) 存取高序位元組的資料匯流排 (高序位元組記憶器庫或是 I/O 裝置)。$\overline{\text{BHE}}$ 的另外一個功能為提供狀態位元 S7 的輸出，但是目前的 S7 的值永遠為 1。

在 8088 中，因為資料匯流排只有 8 個位元，因此不需要 $\overline{\text{BHE}}$ 信號。此時這接腳輸出與最大模式系統中的 $\overline{\text{S0}}$ 相同的信號，稱為 $\overline{\text{SS0}}$。組合 IO/$\overline{\text{M}}$、DT/$\overline{\text{R}}$、$\overline{\text{SS0}}$ 等信號之後，可以解出各種匯流排狀態，如表 7.1-2 所示。

典型的 8086 系統的記憶器系統結構如圖 7.1-3 所示。低序位元組記憶器庫連接到資料匯流排 D0 ～ D7；高序位元組記憶器庫則連接到資料匯流排 D8 ～ D15。兩個位元組記憶器庫共同連接於位址匯流排 A1 ～ A19，而以 A0 與 $\overline{\text{BHE}}$ 分別選取低序與高序位元組記憶器庫，因此一共可以存取 512k×2 個位元組資料。

8086 CPU 自記憶器中存取資料時，若欲存取的資料為位元組資料，則如圖 7.1-3 所示，無論資料的位址為奇數或偶數，每一個資料只需要一個匯流排

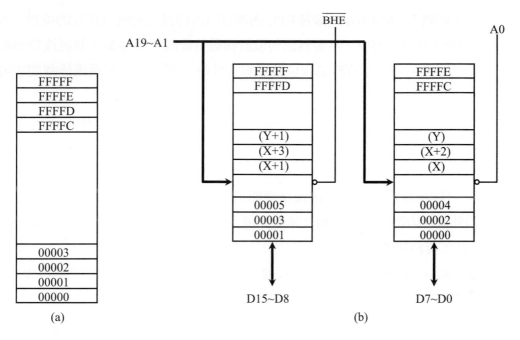

圖 7.1-3: x86 微處理器的記憶器系統結構：(a) 邏輯位址空間；(b) 實際記憶器系統結構

表 7.1-2: IO/$\overline{\text{M}}$、DT/$\overline{\text{R}}$、$\overline{\text{SS0}}$ 的信號組合

IO/$\overline{\text{M}}$	DT/$\overline{\text{R}}$	$\overline{\text{SS0}}$	名稱	功能
0	0	0	INTA	中斷認知
0	0	1	MEMR	記憶器讀取
0	1	0	MEMW	記憶器寫入
0	1	1	HALT	CPU 執行 HLT 指令而且在 HALT 狀態
1	0	0	IFETCH	CPU 正在讀取指令 opcode
1	0	1	IOR	I/O 裝置讀取
1	1	0	IOW	I/O 裝置寫入
1	1	1	NONE	系統匯流排不啟動

週期即可以完成。但是當欲存取的資料為語句資料時，需要的匯流排週期數目，則依據該資料的位址為奇數或偶數而定。當語句位於偶數位址 (例如 Y 的語句) 上時，低序位元組的位址為實際的位址輸出，此時在該位址輸出時，A0 與 $\overline{\text{BHE}}$ 同時為低電位，所以兩個位元組記憶庫同時被選取，如圖 7.1-3(b) 所示；當語句位於奇數位址 (例如 X+1 的語句) 上時，低序位元組 (位址為 X+1) 資料首先由 D8 ～ D15 輸入，然後高序位元組 (位址為 X+2) 資料再由 D0 ～ D7 輸

入，如圖 7.1-3(b) 所示，最後 CPU 內部邏輯再轉換它們成為正確的位置。所以在 8086 微處理器中，當資料語句位於偶數位址時，只需要一個匯流排週期即可以完成；但是當資料語句位於奇數位址時，則需要兩個匯流排週期才可以完成存取的動作。

如圖 7.1-2 所示，位址信號 A19/S6、A18/S5、A17/S4、A16/S3 等除了提供位址信號 A19 ～ A16 等之外，也提供一些 CPU 相關的狀態資訊 S6 ～ S3。狀態位元 S6 永遠為 0；狀態位元 S5 則指示中斷旗號位元 IF 的狀態。狀態位元 S4 與 S3 則指示 CPU 目前的匯流排週期正在存取的記憶器節區類型：S4 S3 = 00：額外資料節區；S4 S3 = 01：堆疊節區；S4 S3 = 10：指令節區或者沒有；S4 S3 = 11：資料節區。

READY (ready，輸入)：(高電位啟動) 控制加入匯流排週期中的 WAIT 狀態數目。

7.1.2.3　DMA 界面　與其它微處理器一樣，8086/8088 CPU 也提供了直接記憶器存取控制器 (direct memory access controller，DMAC) 需要的匯流排控制信號：匯流排要求 (bus request) 與匯流排持住認知 (bus hold acknowledge)。前者在 Intel 的微處理器族系中稱為 HOLD 而後者則稱為 HLDA。

HOLD (hold，輸入)：(高電位啟動) 當外部 DMA 控制器需要使用系統匯流排時，即啟動此信號。CPU 於完成目前的匯流排週期之後，即設定所有三態信號線為高阻抗 (即浮接) 狀態，因此允許 DMA 控制器掌管系統匯流排控制權。

HLDA (hold acknowledge，輸出)：(高電位啟動) 告知外部 DMA 控制器，CPU 已經設定所有三態信號線為高阻抗 (即浮接) 狀態。

7.1.2.4　I/O 界面　8086/8088 CPU 提供獨立式 I/O 結構 (第 10 章)，所以在邏輯上系統使用獨立的 I/O 埠位址與記憶器位址匯流排。在實際上，8086 (8088) 的 I/O 匯流排與記憶器匯流排則使用相同的接腳，而由微處理器產生一個控制信號 M/$\overline{\text{IO}}$ (在 8088 中為 IO/$\overline{\text{M}}$) 區分兩者的動作。詳細的 I/O 結構與相關的應用將於第 10 章中討論。

7.1.2.5　中斷要求控制　8086/8088 微處理器包含一個多層次 (實際上為兩個層次) 導向性優先權中斷系統，其中斷向量則包含於最底端的 1k 位元組記憶器

中 (第 9 章)。相關的信號輸入端有三：INTR (interrupt request)、$\overline{\text{INTA}}$、NMI (non-maskable interrupt)。

INTR (interrupt，輸入)：(高電位啟動) 為一個可抑制式中斷要求輸入線。當 INTR 為高電位，而且 CPU 的 IF = 1 時，CPU 在完成目前的指令執行後，即認知此中斷要求，並且產生一個中斷要求認知匯流排週期 ($\overline{\text{INTA}}$ 為低電位)。

NMI (non-maskable interrupt，輸入)：(高電位啟動) 為一個不可抑制式中斷要求輸入線。當 NMI 為高電位時，CPU 在完成目前的指令執行後，即認知此中斷要求，並且產生一個中斷要求認知匯流排週期 ($\overline{\text{INTA}}$ 為低電位)。注意：NMI 與 INTR 動作相似，但是 NMI 不受 IF 的控制。

$\overline{\text{TEST}}$ (coprocessor test，輸入)：(低電位啟動) 並不是一個中斷要求輸入，當 8086 CPU 內部因執行一個 WAIT 指令而進入 IDLE (閒置) 狀態時，在此輸入端加入一個低電位信號，即可以終止該狀態。

7.1.2.6 其它特殊功能信號 8086/8088 CPU 允許兩種不同的操作模式：最大模式 (maximum mode) 系統與最小模式 (minimum mode) 系統。這兩種模式的選擇由接腳 33 (MN/$\overline{\text{MX}}$) 決定。當 MN/$\overline{\text{MX}}$ = V_{CC} 時，選取最小模式系統 (單一處理器系統)；當 MN/$\overline{\text{MX}}$ = Gnd 時，選取最大模式系統 (多重處理器系統)。在使用 8087 浮點運算處理器時必須選取最大模式系統。這兩種操作模式影響的信號為接腳 24 到 31 等八條信號線。其中最小模式系統的控制信號的意義已如前所述，下列將只考慮最大模式系統的控制信號。最大模式系統的控制信號之功能分別為：

$\overline{\text{S2}}$、$\overline{\text{S1}}$、$\overline{\text{S0}}$ 經解碼後可以提供八條獨立的控制信號，這些組合如表 7.1-3 所示。它們包括了最小模式系統中的 M/$\overline{\text{IO}}$、DT/$\overline{\text{R}}$、$\overline{\text{DEN}}$ 等信號的各種組合。

QS1 與 QS0 (queue status，輸出)：組合後，指示 8086/8088 內部指令佇列的狀況，其組合後的意義如表 7.1-4 所示。

$\overline{\text{LOCK}}$、$\overline{\text{RQ}}$/$\overline{\text{GT0}}$ (request/grant)、與 $\overline{\text{RQ}}$/$\overline{\text{GT1}}$ 等信號提供 8086 CPU 在最大模式系統中的系統匯流排優先權與控制邏輯的控制與指示信號。這些信號的功能為：

$\overline{\text{LOCK}}$ (lock，三態輸出)：(低電位啟動) 防止 8086 在執行一個不能被中斷

表 7.1-3: $\overline{S2}$、$\overline{S1}$、$\overline{S0}$ 的信號組合

$\overline{S2}$	$\overline{S1}$	$\overline{S0}$	名稱	功能
0	0	0	INTA	中斷認知
0	0	1	IOR	I/O 裝置讀取
0	1	0	IOW	I/O 裝置寫入
0	1	1	HALT	CPU 執行 HLT 指令而且在 HALT 狀態
1	0	0	IFETCH	CPU 正在讀取指令 opcode
1	0	1	MEMR	記憶器讀取
1	1	0	MEMW	記憶器寫入
1	1	1	NONE	系統匯流排不啟動

表 7.1-4: QS1 與 QS0 的信號組合

QS1	QS0	名稱	功能
0	0	NOOP	沒有動作
0	1	QB1	在指令佇列中的第一個 opcode 正被執行
1	0	QE	指令佇列為空態
1	1	QBS	在指令佇列中的其它 (第一個除外) opcode 正被執行

的匯流排週期序列時,喪失對匯流排的控制權。這些匯流排週期通常為讀取修飾寫入匯流排週期,若在讀取之後的寫入動作執行時,CPU 喪失其匯流排控制權,則產生錯誤。在每一個具有 LOCK 指令前標的指令執行期間,$\overline{LOCK}$ 輸出信號啟動,因此系統設計者可以利用此信號,鎖住其它欲使用匯流排 (例如 DMA 控制器或是另外一個 CPU) 的要求。

$\overline{RQ}/\overline{GT0}$ 與 $\overline{RQ}/\overline{GT1}$ (request/grant,雙向):(低電位啟動) 為兩個匯流排優先權的雙向控制信號。它們決定在最大模式系統中,那一個 CPU、8087 浮點運算處理器、者 DMA 控制器享有公用匯流排的控制權。

7.1.3 基本時序 (最小模式系統)

本節中,只考慮 8086 在最小模式系統下的基本匯流排週期,至於最大模式系統的匯流排週期,有興趣的讀者可以參考 8086 CPU 的相關資料手冊或是附錄 A。

7.1.3.1 記憶器與 I/O 裝置讀取匯流排週期 8086 CPU 在最小模式系統 (即單一 CPU 模式組態) 下的記憶器讀取匯流排週期由四個時脈週期組成,如圖

7.1-4 所示。這些時脈週期分別標示為 T1、T2、T3、T4。每一個匯流排週期均由 T1 開始。在 T1 為低電位時，CPU 在送出 ALE 信號之後，緊接著由 A19/S6 ～ A16/S3 及 AD15 ～ AD0 送出位址信號，約持續一個時脈週期後，AD15 ～ AD0 則轉為浮接狀態，然後在 T3 為低電位時，當作資料匯流排使用。A19/S6 ～ A16/S3 在送出位址信號約一個時脈週期後，在 T2 為低電位時，則緊接著送出 CPU 的狀態資訊。

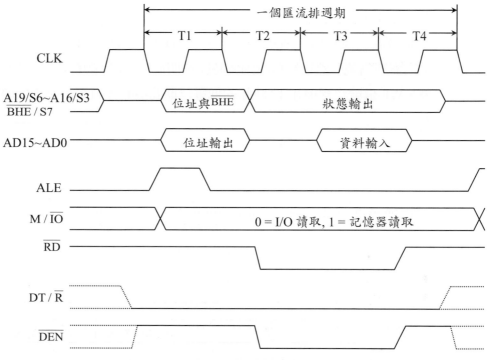

圖 7.1-4: 最小模式系統記憶器與 I/O 讀取匯流排週期時序圖

$\overline{\text{RD}}$ 信號約在 T2 時脈的前緣啟動而後一直延續到 T3 負緣為止。$\overline{\text{RD}}$ 信號在 T2 時脈的前緣才啟動的理由為允許位址門閂電路有足夠的時間，鎖住 CPU 先前由多工的位址/資料匯流排中送出的位址信號，然後驅動欲存取的記憶器或 I/O 裝置。

$\overline{\text{DEN}}$ 信號啟動的時間約略與 $\overline{\text{RD}}$ 信號相同，致能雙向資料緩衝器的動作；DT/$\overline{\text{R}}$ 信號指示 CPU 資料匯流排的動作流向，因為此時為讀取匯流排週期，所以 DT/$\overline{\text{R}}$ 為低電位。DT/$\overline{\text{R}}$ 信號一般控制雙向資料緩衝器的動作方向。

　　M/$\overline{\text{IO}}$ 信號區別上述讀取匯流排週期為記憶器讀取匯流排週期或是 I/O 裝置讀取匯流排週期。當 M/$\overline{\text{IO}}$ 信號為高電位時為記憶器讀取匯流排週期；當 M/$\overline{\text{IO}}$ 信號為低電位時為 I/O 裝置讀取匯流排週期。

　　注意：對 8088 而言，M/$\overline{\text{IO}}$ 為 IO/$\overline{\text{M}}$ 而 $\overline{\text{BHE}}$/S7 為 $\overline{\text{SS0}}$。此外，只有 AD7 ～ AD0 載有資料。

7.1.3.2 記憶器與 I/O 裝置寫入匯流排週期　8086 CPU 在最小模式系統 (即單一 CPU 模式組態) 下的記憶器寫入匯流排週期大致上與記憶器讀取匯流排週期相同，如圖 7.1-5 所示。CPU 在由 AD15 ～ AD0 送出位址信號後即緊接著送出資料信號，然後約持續兩個時脈週期後於 T4 時脈的高電位期間結束。此外，$\overline{\text{WR}}$ 信號也提前在 T2 時脈的低電位期間啟動並且延續到 T4 前緣為止。

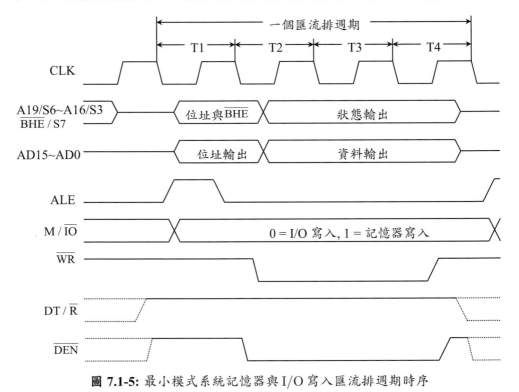

圖 7.1-5: 最小模式系統記憶器與 I/O 寫入匯流排週期時序

　　$\overline{\text{DEN}}$ 信號啟動的時間約略較 $\overline{\text{WR}}$ 信號為早而且較晚結束，以提前致能及較晚結束雙向資料緩衝器的動作；DT/$\overline{\text{R}}$ 信號指示 CPU 資料匯流排的動作流向，因為此時為寫入匯流排週期，所以 DT/$\overline{\text{R}}$ 為高電位。

　　M/$\overline{\text{IO}}$ 信號區別上述寫入匯流排週期為記憶器寫入匯流排週期或是 I/O 裝置寫入匯流排週期。當 M/$\overline{\text{IO}}$ 信號為高電位時為記憶器寫入匯流排週期；當 M/$\overline{\text{IO}}$ 信號為低電位時為 I/O 裝置寫入匯流排週期。

　　注意：對 8088 而言，M/$\overline{\text{IO}}$ 為 IO/$\overline{\text{M}}$ 而 $\overline{\text{BHE}}$/S7 為 $\overline{\text{SS0}}$。此外，只有 AD7 ～ AD0 載有資料。

7.1.3.3　WAIT 狀態　8086 CPU 的 WAIT 狀態與 MN/$\overline{\text{MX}}$ 輸入狀態無關。8086 在每一個 T3 時脈正緣時，均會檢查 READY 信號的狀態，若 READY 為高電位，則不產生 WAIT 狀態；否則，則產生 WAIT 狀態(時脈)。

　　若加入 WAIT 狀態，則 CPU 在每個 TW 時脈正緣時，皆會再對 READY 輸入端取樣，直到偵測到一個高電位輸入才停止插入 WAIT 狀態，而進入 T4 時脈，結束該匯流排週期，如圖 7.1-6 所示。在 WAIT 狀態時，所有輸出信號位準仍然維持於先前的狀態。

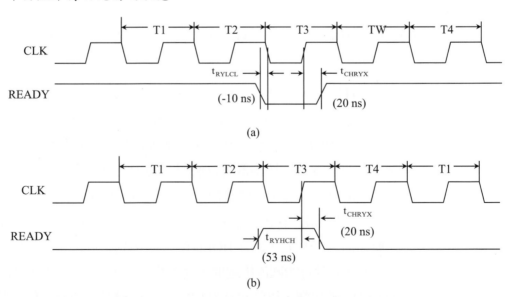

圖 7.1-6: WAIT 狀態時序：(a) 產生 WAIT 狀態；(b) 不產生 WAIT 狀態

　　如圖 7.1-6 所示，在 8086 系統中，READY 信號的產生方法有兩種。第一種方法為先假設不需要產生 WAIT 狀態，因此 READY 信號均設定為高電位。

但是當需要加入 WAIT 狀態時，再如圖 7.1-6(a) 所示方式，於 T2 時脈結束之前，輸入一個低電位信號於 READY 輸入端即可，如圖 7.1-6(a) 所示。所加入的 READY 信號最慢必須在 T2 負緣之前 t_{RYLCL} 時間內降為低電位，否則產生時序錯誤，而無法產生需要的 WAIT 狀態。在 10 MHz 的 8086 中，t_{RYLCL} 的最小值為 -10 ns，因此 READY 信號最慢必須在 T2 負緣之後的 10 ns 內降為低電位。

第二種方法為先假設需要產生 WAIT 狀態，因此 READY 信號均設定為低電位。但是在不需要加入 WAIT 狀態時，再如圖 7.1-6(b) 所示方式，於 T3 時脈正緣的 t_{RYHCH} 之前，設定 READY 輸入端為高電位。在 10 MHz 的 8086 中，t_{RYHCH} 的最小值為 53 ns，因此 READY 信號最慢必須在 T3 正緣的 53 ns 之前上升為高電位。

無論是那一種方法，在 T3 時脈正緣之後，所設定的 READY 信號都必須再維持該狀態一個 t_{CHRYX} 的時間。在 10 MHz 的 8086 中，t_{CHRYX} 的最小值為 20 ns，因此 READY 信號在 T3 正緣之後至少必須再維持該狀態 20 ns。t_{RYHCH} 稱為 READY 信號的設定時間 (setup time)，而 t_{CHRYX} 則稱為 READY 信號的持住時間 (hold time)。

7.1.3.4 持住 (HOLD) 狀態 8086 CPU 與其它微處理器一樣，具有一個能使所有三態信號 (參考表 7.1-1) 皆變成浮接狀態的持住 (hold) 狀態。微處理器設計此持住狀態的目的，在於允許同一個系統匯流排中，可以同時有許多個匯流排控制器，這些匯流排控制器可以使用非同步的分時多工方式 (輪流) 使用系統匯流排。最常用的匯流排控制器為 CPU 與 DMA 控制器 (第 10 章)。

在 8086 CPU 的最小模式系統 (MN/$\overline{\text{MX}}$ = +5 V) 中，HOLD 與 HLDA 的功能，與一般微處理器相同，即當 HOLD 輸入端接到一個高電位信號後，8086 繼續完成目前正在執行的匯流排週期，然後進入持住狀態，並且輸出一個高電位信號於 HLDA 輸出端，以告知外界 CPU 目前已經設定所有三態信號為浮接 (高阻抗) 狀態，CPU 已經有效的自系統匯流排中移除。詳細的時序如圖 7.1-7 所示。

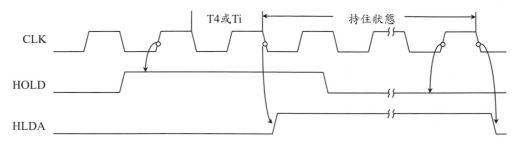

圖 7.1-7: 8086 持住狀態 (最小模式系統)

7.1.3.5　停止 (HALT) 狀態　當 8086 執行一個 HLT 指令後，CPU 即進入 HALT(停止) 狀態，在這狀態中三態信號並未浮接，位址/資料匯流排則輸出一些不確定的資料，並且不執行任何匯流排週期。HALT 狀態只能由中斷要求或 RESET 終止。

7.1.4 基本 CPU 模組

基本的 8086 CPU 模組電路，一共由 8086 CPU、時脈產生器 (8284A)、WAIT 狀態產生電路 (74LS164)、位址門閂 (74LS373)、資料緩衝器 (74LS245) 等部分組成。

7.1.4.1　時脈產生器　在 8086/8088 的微處理器系統中，8284A 時脈產生器為一個相當重要的電路，它提供系統需要的時脈信號 (CLK)、RESET 同步電路、READY 同步電路、TTL 位準的周邊時脈信號 (PCLK)。

8284A 時脈產生器的內部功能方塊圖如圖 7.1-8 所示。系統需要的時脈信號 (CLK 與 PCLK) 可以使用晶片上的 XTAL 振盪器電路產生或由外部直接輸入。若石英晶體直接連接於 XTAL 振盪器電路的 X1 與 X2 輸入端，則振盪器電路產生一個頻率與石英晶體相同的方波於輸出端 (OSC)。有時，此輸出信號也當作外部時脈輸入使用而接於 EFI (external frequency input) 輸入端。

無論是由 XTAL 振盪器電路產生或是外部直接輸入的時脈信號，皆送往一個除 3 的除頻器之後，產生 READY 同步電路的時序信號、8086/8088 CPU 的時脈信號 (CLK)、送往另外一個除 2 的除頻器之後，產生周邊裝置需要的時脈信號 (PCLK)。

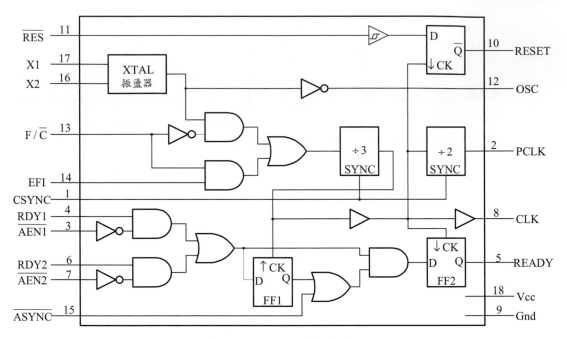

圖 7.1-8: 8284A 時脈產生器

F/$\overline{\text{C}}$ (frequency/crystal)：選取 8284A 時脈產生器電路的時脈來源。當 F/$\overline{\text{C}}$ = 1 時，8284A 的時脈來源直接由 EFI 輸入端輸入；當 F/$\overline{\text{C}}$ = 0 時，8284A 的時脈信號由 XTAL 振盪器電路產生。

$\overline{\text{RES}}$ (reset)：為一個低電位啟動的重置輸入端。$\overline{\text{RES}}$ 輸入通常接於一個 *RC* 電路，以提供開機 (電源啟動) 的系統重置動作。$\overline{\text{RES}}$ 輸入信號經由一個樞密特電路 (Schmitt circuit) 整形後送往 *D* 型正反器，產生 8086/8088 CPU 需要的 RESET 信號。

CSYNC (clock synchronization)：使用在多處理器系統中而且使用 EFI 輸入端提供時脈信號時；在使用內部的 XTAL 振盪器電路產生時脈信號時，CSYNC 輸入端必須接地。

與 READY 信號相關的輸入信號一共有：$\overline{\text{AEN1}}$ 與 $\overline{\text{AEN2}}$ (address enable)、RDY1 與 RDY2(bus ready)、$\overline{\text{ASYNC}}$ (ready synchronization select) 等。適當的組合這些信號與內部的時脈信號之後，產生 8086/8088 CPU 的 READY 信號。$\overline{\text{AEN1}}$ 與 $\overline{\text{AEN2}}$ 控制 (或致能) RDY1 與 RDY2 的輸入信號；$\overline{\text{ASYNC}}$ 則選取 RDY1

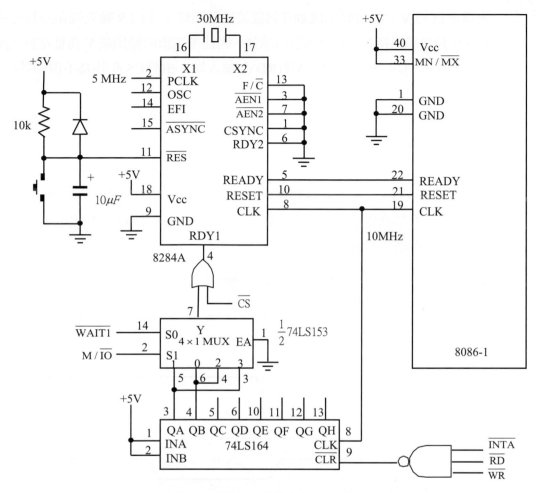

圖 7.1-9: 8086 系統支援信號電路

與 RDY2 的輸入信號是使用一級或兩級的同步電路。注意：RDY1 與 RDY2 的
輸入信號均於 CLK 負緣時反應於 READY 輸出端。

7.1.4.2　WAIT 狀態產生電路　在 8086/8088 的微算機系統中，通常使用移位
暫存器 74LS164 的電路以產生 WAIT 狀態，如圖 7.1-9 所示。它可以產生 0 到
7 個 WAIT 狀態，由使用那個輸出信號 (QA ~ QH) 當做 8284A 的 RDY1 輸入而
定。

　　74LS164 為一個八個輸出的移位暫存器，其串列資料輸入端 (INA 與 INB)

永遠接到 +5 V。當 CPU 未啟動任何匯流排週期時，其 CLR 輸入端保持為低電位，使輸出端保持在清除 (低電位) 狀態。因此多工器的輸出端 Y 為低電位，此輸出再與 $\overline{CS}$ OR 後送往 8284A 的 RDY1 輸入端。由於 $\overline{CS}$ 此時為不啟動狀態，所以 RDY1 為高電位。

在 CPU 啟動一個 I/O 存取或記憶器存取匯流排週期時，$\overline{CS}$ 變為啟動狀態而為低電位。74LS164 的清除狀態因 $\overline{RD}$、$\overline{WR}$、$\overline{INTA}$ 的啟動，使 CLR 輸入為高電位而結束。因 $\overline{RD}$、$\overline{WR}$、$\overline{INTA}$ 信號在 T2 正緣之前已經啟動，所以在 T2 時脈來臨時，QA 已經上升為高電位因此在其次的時脈 (CLK) 正緣 (即 T2) 時，QA 輸出上升為高電位，再經過一個時脈 (即 T3) 的正緣時 QB 輸出也上升為高電位，...，如圖 7.1-10 所示。

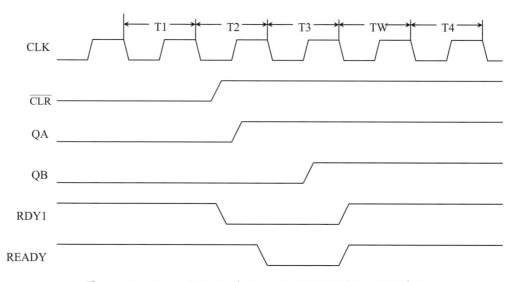

圖 7.1-10: 8284A 的 RDY 與 8086 的 READY 輸入信號時序

74LS164 的輸出端 QA 與 QB 分別接於一個 4 對 1 多工器的輸入端 1 與 3 及 0 與 2，多工器的選擇輸入端 S1 與 S0 則分別接於 M/$\overline{IO}$ 與 $\overline{WAIT1}$。因此，當 $\overline{WAIT1}$ 為高電位而不管 M/$\overline{IO}$ 為高電位或低電位時，不產生任何 WAIT 狀態；當 $\overline{WAIT1}$ 為低電位，而不管 M/$\overline{IO}$ 為高電位或低電位時，將加入一個 WAIT 狀態。詳細的時序關係請參考圖 7.1-10。注意：每加入一個 WAIT 狀態，會延長匯流排週期 100 ns (因 CLK 為 10 MHz)。

7.1.4.3　8086 CPU 模組　與使用任何數位邏輯元件一樣，在界接兩個元件時，必須注意彼此之間的邏輯電壓位準與電流推動能力。8086 CPU 的所有輸入或輸出信號線均為 TTL 位準，其電壓位準與電流位準分別列於表 7.1-5。

表 **7.1-5:** 8086/8088 的輸入與輸出電氣特性

$V_{IL} = 0.8$ V (max)	$V_{IH} = 2.0$ V (min)	$V_{OL} = 0.45$ V (max)	$V_{OH} = 2.4$ V (min)
$I_{IL} = -10\ \mu A$ (max)	$I_{IH} = 10\ \mu A$ (max)	$I_{OL} = 2.5$ mA (min)	$I_{OH} = -400\ \mu A$ (min)

在設計微算機系統時，常用的邏輯族系為 74LSxx、74Sxx、74ALSxx 等 TTL 邏輯族系及 74HC/HCTxx 的 CMOS 邏輯族系，它們的輸入與輸出電氣特性如表 7.1-6 所示。由於 8086 CPU 的所有輸入或輸出信號線均為 TTL 位準，因此上述邏輯族系的元件與 CPU 界接使用時，沒有電壓位準的匹配問題。

至於電流推動能力的問題則由 8086/8088 CPU 對這些邏輯族系的元件之扇出能力 (fan out) 決定。一個邏輯元件推動另外一個邏輯元件時，其扇出能力 (即扇出數目) N 定義為

$$N = \min\left[-\frac{I_{OL}}{I_{IL}}, -\frac{I_{OH}}{I_{IH}}\right] \tag{7.1}$$

其中 I_{OL} 與 I_{OH} 分別為推動級 (此時為 8086/8088 CPU) 在輸出端電壓為低電位與高電位時的最小輸出電流；I_{IL} 與 I_{IH} 分別為被推動級 (此時為邏輯元件) 在輸入端電壓為低電位與高電位時的最大輸出電流。依據這項定義，8086/8088 CPU 對上述邏輯族系的元件的扇出數目，分別列於表 7.1-6 的最後一欄。因此，在設計 8086/8088 的微算機系統時，最佳的邏輯族系為 74LSxx 或 74ALSxx 等 TTL 邏輯族系及 74HC/HCTxx 的 CMOS 邏輯族系。

在設計 8086/8088 的微算機系統時，另外一個必須考慮的問題為必須以

表 **7.1-6:** 8086/8088 對各種邏輯族系的元件之扇出數目

	I_{IL}	I_{IH}	I_{OL}	I_{OH}	8086 扇出
74LSxx	-0.4 mA	20 μA	8 mA	-0.4 mA	6
74Sxx	-2.0 mA	50 μA	20 mA	-1.0 mA	1
74ALSxx	-0.2 mA	20 μA	4.0 mA	-0.4 mA	12
74HC/HCTxx	-0.1 μA	0.1 μA	4 mA	-4 mA	4000

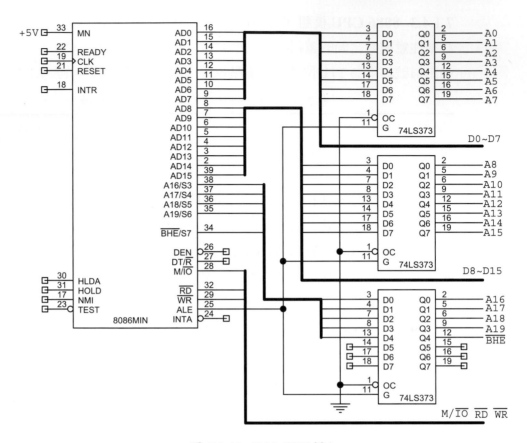

圖 7.1-11: 8086 CPU 模組

ALE 控制信號，取出由 CPU 的多工輸出的位址/資料匯流排中，送出的位址信號 A15 ～ A0 (在 8088 中為 A7 ～ A0)，並且鎖入位址閂閂中，以備該匯流排週期執行時之用。典型的位址/資料匯流排解多工電路如圖 7.1-11 所示。由於高序位址信號 A19 ～ A16 也是使用多工的方式與狀態信號一起送出，因此它們也必須以 ALE 控制信號取出，並且鎖入位址閂閂中。結果的 8086 CPU 模組一共需要三個 (在 8088 中只需要兩個) 位址閂閂 74LS373。相關的時序如圖 7.1-4 與圖 7.1-5 所示。

由以上的討論可以得知：對於大多數的 8086/8088 微算機系統而言，除了必須使用位址閂閂 74LS373，自多工輸出的位址/資料匯流排中取出位址信號並且還原位址匯流排之外，其它信號均可以直接與外界電路界接使用，並不

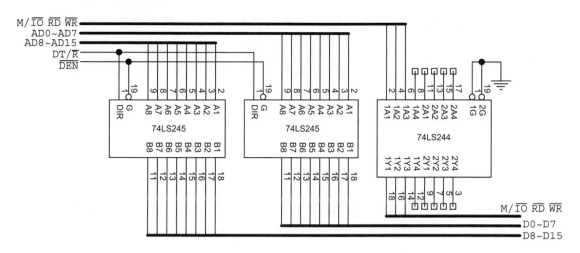

圖 7.1-12: 資料匯流排與控制信號緩衝電路

需要額外的緩衝電路。

對於大型系統而言,由於外部可能界接到 CPU 的邏輯族系的元件相當多,因此為了提供較大的扇出能力,通常如圖 7.1-12 所示,資料匯流排及控制至信號也加上緩衝器。因為資料匯流排為雙向匯流排,所以必須使用雙向的資料緩衝器 (例如 74LS245),而以 DT/$\overline{\text{R}}$ 信號控制資料流動的方向。此外,使用 $\overline{\text{DEN}}$ 信號致能該雙向的資料緩衝器的動作。

圖 7.1-12 中的 M/$\overline{\text{IO}}$、$\overline{\text{RD}}$、$\overline{\text{WR}}$ 等控制信號也使用 74LS244 單向緩衝器加以緩衝,因為這些信號與位址及資料匯流排一樣,為大多數邏輯元件、記憶器、周邊界面元件使用。

總之,圖 7.1-11 與圖 7.1-9 結合之後的電路為 8086 CPU 的基本模組,稱為位址匯流排解多工 (demultiplexed address bus) 模組,若再加上圖 7.1-12 的資料匯流排與控制信號緩衝電路,則稱為全緩衝 (fully buffered) 8086 模組。

■ 例題 7.1-1: SDK86 系統簡介

圖 7.1-13 所示為典型的 86 系統之記憶器系統與週邊裝置界面電路。它與圖 7.1-9、圖 7.1-11、圖 7.1-12 結合之後,即成為一個完整的單一 PCB 計算機系統。圖 7.1-13 中包含基本的週邊裝置:通用同步非同步串通信界面 (Universal Synchronous Asynchronous Receiver Transmitter,USART) (8251A)、並列週邊界

面 (Parallel Peripheral Interface，PPI) (8255)、鍵盤與顯示器界面 (Keyboard and Display Interface，KDI) (8279)、RAM 模組、PROM 模組等。

7.2　x86/x64 微處理器架構

隨著積體電路製程技術的成熟與電路設計技術的精進，微處理器已經由 32 位元的單一處理器進步到多核心處理器，同時亦由 32 位元提升為 64 位元。此外，因應網路多媒體應用之大量需求，浮點運算處理單元亦擴充為多媒體處理器。由於這些新世代的微處理器的功能極為強大、其硬體界面極其複雜，已經超出個人所能自行設計一個系統之範圍。因此，在本節中我們將只概念性地介紹 x86/x64 微處理器的設計原理與基本架構。

7.2.1　微處理器設計技術

目前微處理器設計技術已經由早期的 8 位元、16 位元、進展到 32 位元與 64 位元。隨著計算性能的高度需求，微處理器的設計技術已經揉和過去數十年來發展成熟的各種相關技術於一身。下列將簡單介紹這些技術。

7.2.1.1　管線式執行單元 管線式執行單元已經成為微處理器的基本設計技術，管線的深度依不同的微處理器而有不同。下列使用 80486 的五級式管線式執行單元說明此種技術的特性。如圖 7.2-1 所示，在五級的管線式執行單元中，一共分成五級：指令讀取 (instruction fetch)、指令解碼 1 (instruction decode)、指令解碼 2、執行 (execute)、寫回 (write back)。現在分別說明它們的功能如下：

指令讀取 (IF)：由快取記憶器或外部記憶器讀取指令，並且存入 16 個位元組的預先讀取緩衝器中，等待送往指令解碼 1 (D1) 電路。指令讀取級的主要功能為隨時保持預先讀取緩衝器在充滿的狀態。平均而言，大約可以預先讀取 5 個指令。

指令解碼 1 (ID1)：識別指令的指令碼及定址方式。由於指令執行時，需要的定址資訊及指令動作，最多只需要由前面三個位元組即可以決定，因此預先讀取緩衝器只送出一個指令的前面三個位元組到指令解碼 1 (D1) 電路。然

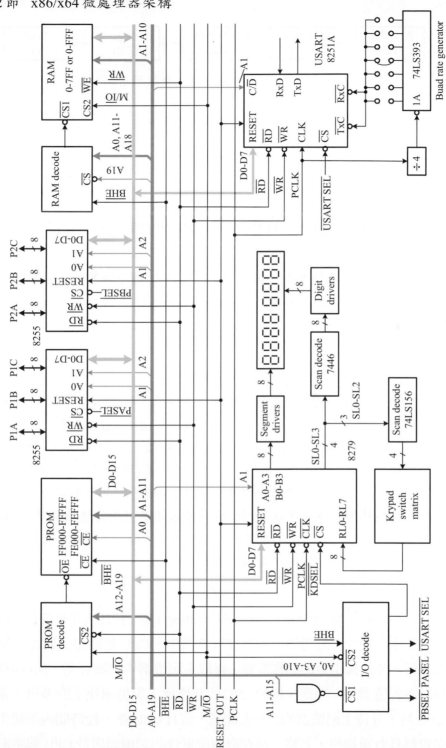

圖 7.1-13: 典型的 86 系統之記憶器系統與週邊裝置界面電路

圖 7.2-1: 五級式管線式執行單元

後由 D1 電路導引指令解碼 2 (D2) 電路讀取指令的其它部分：位移位址與立即資料。

指令解碼 2 (ID2)：產生指令執行時，控制 ALU 的信號，及計算複雜的定址方式時的控制信號。

執行 (EX)：處理指令的 ALU 動作、快取記憶器的存取、暫存器的更新動作。

寫回 (WB)：在有需要時，更新暫存器及狀態暫存器的值。若必須儲存結果於記憶器中時，則先儲存結果於快取記憶器及匯流排界面中的寫入緩衝器內，再由匯流排界面，依序入回記憶器中。

■ 例題 7.2-1: 80486 的管線式執行單元

圖 7.2-2 為 80486 的管線式執行單元的執行例。圖 7.2-2(a) 為沒有資料延遲的情形，每一個時脈週期完成一個指令的執行。圖 7.2-2(b) 為有資料延遲的情形，由於 ADD AX,[BX] 指令必須等到其前面一個指令 MOV AX,OPR1，載入資料於暫存器 AX 後，才可以執行，所以必須延遲 (即浪費) 一個時脈週期。圖 7.2-2(c) 為程式中遇到分歧指令的情形，由於 Jcc 指令必須等到執行時，才能決定是否分歧到標的位址，所以若測試的條件未滿足，則持續執行下一個指令，沒有浪費任何時脈週期，但是若測試的條件滿足，則下一個指令由標的位址開始執行，因而延遲 (即浪費) 了兩個時脈週期。

7.2.1.2 快取記憶器 快取記憶器 (cache memory) 為一種比主記憶器 (main memory) 存取速度更快的記憶器。因為在計算機中，CPU 是從主記憶器中擷取指令來執行，並依據指令的動作需要，存取主記憶器中的運算元，加以運算後，再存回主記憶器中。然而，由於 CPU 的速度比主記憶器快上許多倍，常常造成 CPU 為了等待主記憶器的回應而閒置，而且 CPU 在一段時間內所使用的指令與資料具有重複性，若將一種存取速度更快的記憶器置於 CPU 與主記憶器

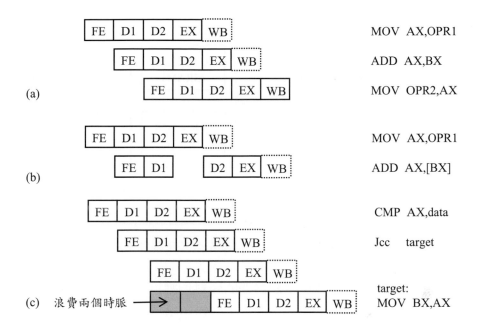

圖 7.2-2: 80486 的管線式執行單元執行例：(a) 沒有資料延遲的情形；(b) 有資料延遲的情形；(c) 分歧指令

之間，並將這些指令及資料放入此記憶器中，則 CPU 可以使用更快的速度存取需要的指令與資料，減少閒置的時間，提高運算的效率。

　　典型的快取記憶器在微處理器與主記憶器中的位置如圖 7.2-3 所示。當 CPU (微處理器) 欲由主記憶器中讀取資料時，它先洽詢快取記憶器是否有該項資料，若有 (稱為快取記憶器擊中，hit)，則該項資料直接由快取記憶器送回 CPU；若無 (稱為快取記憶器失誤，miss)，則自主記憶器中存取。取得的資料除了送回 CPU，亦同時更新快取記憶器。

　　一般來說，快取記憶器比主記憶器昂貴，容量比主記憶器小，但是因為系統會自動將最近存取機率較高的資料存放在快取記憶器內，所以大部分的時間 CPU 都可在快取記憶器中找到需要的資料，而不用去主記憶器中尋找，因而提高系統整體效率。

　　當 CPU 欲寫入資料於快取記憶器時，通常可以使用穿透寫入 (write through) 或是寫回 (write back) 為之。穿透寫入的動作為：當欲寫入資料於快取記憶器中時，除了寫入快取記憶器之外，也同時寫入外部的實際記憶器內，因此任

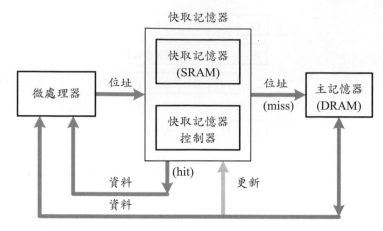

圖 7.2-3: 快取記憶器在微處理器與主記憶器中的位置

何時候快取記憶器與主記憶器的資料均維持一致。寫回的動作為：當欲寫入資料於快取記憶器中時，僅寫入快取記憶器，並不寫入主記憶器內，直到該快取記憶器的資料區段被取代時，才更新主記憶器。這種方式有較高的性能，但是控制電路較複雜。

■ 例題 7.2-2: 4 路集合關聯快取記憶器

典型的 4 路集合關聯快取記憶器結構 (使用於 80486) 中儲存目前最常用的資料與指令碼的快取記憶器結構如圖 7.2-4 所示，為一個 4 路集合關聯 (4-way set associative) 穿透寫入的結構。每一個資料區段為 16 個位元組，因此 8k 個位元組容量，一共分成 128 個集合，每一個集合包含四個資料區段。

7.2.1.3 分歧標的預測 條件分歧指令依其測試的條件是否滿足，決定其後續執行的指令。若條件未滿足時，繼續執行緊接於其後的指令；若條件滿足時，則分歧到標的位址 (即另一個程式區塊)，執行由標的位址開始的指令。然而，測試的條件是否滿足，必須等到管線式執行單元到了執行階段才能確定，因此如前述例題所述，會有時脈週期浪費。這種浪費稱為管線式停頓 (pipeline stalled)、管線式氣泡 (pipeline bubbling) 或分歧延遲間隙 (branch delay slot)。

為了提升管線式執行單元的效率，即減少時脈週期的浪費，可以使用分歧預測 (branch prediction) 方法，預測測試的條件是否滿足，然後事先擷取相關

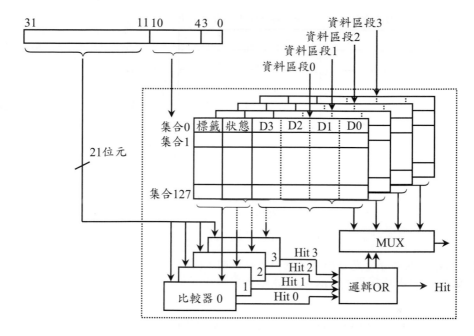

圖 7.2-4: 典型的 4 路集合關聯快取記憶體結構

指令。若預測成功，則沒有時脈週期浪費；但若預測不成功，則管線式中預測執行的那些指令之中間結果必須全部放棄，重新取得正確的分歧位址上的指令，再開始執行。這時浪費的時脈週期將是從擷取指令到執行完成指令 (但尚未寫回結果) 的管線式的級數。縱然如此，一個好的分歧預測機制已經證明可以提升管線式執行單元的效率，而且分歧預測機制已經廣泛地使用於目前的高性能為處理器中 [1]。目前的分歧預測命中率約為 90% 到 96% 之間。

■ 例題 7.2-3: 植基於分歧歷史的分歧標的預測

圖 7.2-5 所示為一個植基於分歧歷史的分歧標的預測 [6] 原理說明。分歧標的緩衝器 (branch target buffer，BTB) 一共有三個欄位：分歧指令位址 (branch instruction address，BIA)、分歧標的位址 (branch target address，BTA)、分歧歷史 (branch history)。當一個分歧指令首次被執行時，它與標的位址即同時被存入分歧標的緩衝器內，並且設定該條目中的兩個歷史位元 (history bit) 的初值。每次 CPU 解碼 (D1 級) 一個指令時，均會搜尋分歧標的緩衝器，若找到該分歧指令，則依照其歷史位元的狀態，決定是否會產生分歧，若是，則由其標的位

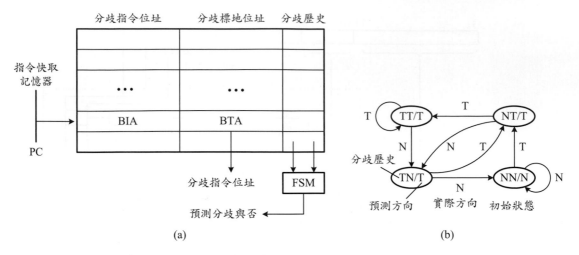

圖 7.2-5: 植基於分歧歷史的分歧預測原理說明：(a) 分歧標的緩衝器；(b) 2 位元分歧預測演算法 (T 表示 BTA 被採用，N 表示 BTA 未被採用)

址開始讀取指令。因此，大大地減少了時脈週期的浪費。

圖 7.2-5(b) 的 2 位元 (分歧歷史的位元寬度) 分歧預測演算法動作說明如下：只要先前兩個執行中至少有一個 BTA 被採用 (taken，T) 時，它將預測其次的執行也是被採用；當其先前兩個連續執行均為未被採用 (not taken，N) 時，才預測其次為未被採用。因此，四個狀態中有三個預測其次的執行為被採用，而僅有一個為未被採用。注意更新分歧歷史時，係使用右端填入方式。例如當目前狀態為 NT、預測方向 (即輸出) 為 T 而輸入為 N 時，其次的狀態為 NN 而輸出為 N。

7.2.1.4 轉換旁瞻緩衝器 如圖 3.3-3 所示，當分頁單元被啟動時，它轉換由節區單元及指令預先讀取單元，產生的線性位址為記憶器的實際位址，然後送往匯流排界面單元，執行記憶器與 I/O 存取。當分頁單元不被啟動時，線性位址即為記憶器的實際位址，因此並不需要任何轉換。為了加速上述的位址轉換動作，分頁單元內部使用一個轉換旁瞻緩衝器 (translation lookaside buffer，TLB) 儲存目前正在使用的頁區目錄條目 (page directory entry，PDE) 與分頁表條目 (page table entry，PTE)。

典型的轉換旁瞻緩衝器的邏輯方塊圖如圖 7.2-6 所示，為一個 4 路集合關

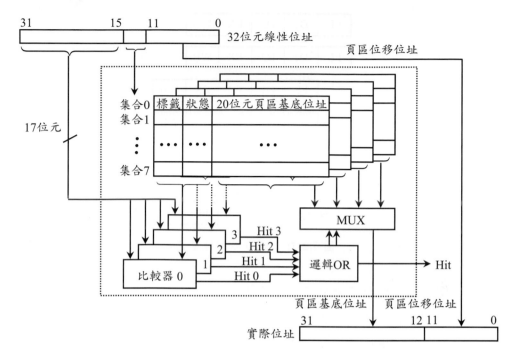

圖 7.2-6: 轉換旁瞻緩衝器 (TLB) 的邏輯方塊圖

聯式快取記憶體 (4-way set associative cache)。整個 TLB 一共有 8 個集合，而每一個集合含有 4 個條目，因此一共可以同時容納 32 個條目。

　　32 位元的線性位址分成兩個部分：20 個位元的頁區虛擬位址與 12 個位元的頁區位移位址。其中頁區虛擬位址由 TLB 轉換成 20 個位元的頁區實際位址後與頁區位移位址組合成為 32 個位元的實際位址。

　　TLB 的動作原理如下：頁區虛擬位址中的低序 3 個位元，指定希望找尋的集合，其餘的 17 個位元則同時與指定的集合中的 4 個標籤(含有 17 個位元的虛擬位址)比較，若相同則輸出與該標籤同一個資料區段內的 20 位元頁區位址；若不相同，則必須由主記憶體中讀取。

7.2.1.5　超純量架構　超純量 (superscalar) 為一種指令層級的平行處理架構，它利用微處理器中的多個執行單元 (execution unit) (或稱功能單元，function unit)，例如算術邏輯單元、位移單元、乘法器等，可以同時由許多不相衝突的的指令使用，以執行各自需要的動作。因此，在一個時脈週期中可以同時啟動多

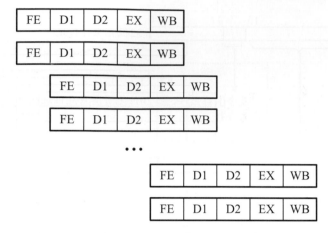

圖 7.2-7: 兩個分派超純量處理器的觀念示意圖

個指令，稱為多重分派或多重啟動 (multiple issue)。在超純量處理器中，指令排程器負責由記憶器讀取的指令中，決定可以平行處理的指令，並將其分派到 CPU 內的執行單元。換言之，超純量處理器具有多個管線單元，可以同時平行地處理一個執行程序中的多個指令。圖 7.2-7 所示為兩個分派超純量處理器的觀念示意圖，其中每一個時脈週期均可以分派與執行兩個指令，即使用兩個(管線式)執行單元。

指令的多重分派可以使用靜態的方式或是動態方式。靜態多重分派 (static multiissue) 是由編譯程式 (例如 C 或是 Java 編譯程式) 分析程式中的資料流程後，在不影響原來程式執行結果的條件下，將多個可以平行執行的指令組合與打包成指令區段 (instruction block)，再饋入處理器的管線單元，以達到多重分派的目的。動態多重分派 (dynamic multiissue) 則由處理器的硬體直接分析組合 (機器) 語言程式，將沒有資料相依、可以平行執行的指令分派到管線中執行。使用靜態多重分派的超純量微處理器其硬體電路較簡單，但性能與編譯程式的好壞息息相關。使用動態多重分派的超純量微處理器其硬體電路較複雜，但是其性能與使用的編譯程式無關，因此目前絕大部分的超純量微處理器均使用此種方式。

> 提升微處理器性能的基本原理為增加同時性 (concurrency)，即增加
> 每一個時脈週期中可以同時執行的動作數目。兩個增加同時性的基
> 本方法為管線式 (pipelining) 與平行性 (parallelism)。超純量架構則為
> 管線式與平行性兩種方法的結合體。管線式結構與超純量架構均屬
> 於指令層級的平行性 (instruction-level parallelism，ILP)。

7.2.1.6　超執行緒　一個管線式執行單元在任何一個時間內，只能處理一個執行緒 (thread)，無法處理超過一個執行緒，除非使用兩個實體的執行單元。雙核心 (dual core) 技術為將兩個相同的 CPU 置放於一個封裝內 (或直接將兩個 CPU 做成一個晶片)，因而可以同時執行兩個執行緒。Intel 公司自 Pentium 後開始引入超純量、亂序執行 (out-of-order execution)、大量的暫存器及暫存器重新命名、多指令解碼器、預測執行 (speculative execution) 等，使得 CPU 擁有大量的硬體資源，可以預先執行及平行地執行指令，以提升指令執行效率。然而，諸多硬體資源經常閒置。為了有效利用這些硬體資源，一個方法為再增加一些資源，以讓這些閒置的硬體資源可以組成另外一個執行緒來執行，即在同一個單位時間內處理兩個執行緒的工作，因而模擬實體雙核心、雙執行緒運作。Intel 公司稱這種技術為超執行緒 (hyper-threading，HT) 技術；其它文獻上則稱為平行多執行緒 (simultaneous multi-threading，SMT)。

■ 例題 7.2-4: 超執行緒

　　若在一個管線式執行單元中，其執行順序為資源 A→ 資源 B→ 資源 C。現在有兩筆運算需要執行，這兩筆運算需要的資源均為：100% A、50% B 與 50% C，則在一般情況下，兩筆資料必須循序地執行。但若複製資源 A 為兩個，而資源 B 與 C 依然維持一個，則此管線式執行單元因為有兩個 100% 資源 A 與各自為 50% 資源 B 與 C，因而可以同時執行兩筆運算，達成不需增加一條完整的管線式執行單元，卻能在同一時間內執行兩筆運算 (兩條執行緒)。不過必須注意：兩個執行緒同時執行時，共用資源 B 與 C 時，可能會造成資源衝突情形，因此降低其性能。

　　超執行緒技術必須在作業系統和硬體的配合，同時晶片組也支援下，方

能發揮其效能。依照檔案的統計數字,在增加約 5% 左右的硬體成本下,整體效能約能提升 5% 到 15% 左右。當然,超執行緒技術並非完全複製所有硬體資源,因此,萬一發生硬體資源互搶的情形時,整體效能不但不會提升,卻會反而下降。使用超執行緒技術的微處理器稱為多執行緒微處理器 (multithreading microprocessor)。

多個超執行緒微處理器也常結合成一個多核心微處理器,這種微處理器稱為多核心多執行緒微處理器 (multicore multithreading microprocessor),以有別於僅將多個 CPU 嵌入同一個晶片中的多核心微處理器 (multicore microprocessor),例如 Intel Core i7 族系的微處理器。在多核心多執行緒微處理器中的每一個超執行緒 (或執行緒) 稱為一個邏輯處理器 (logical processor)。

7.2.1.7 系統記憶器管理模式 Pentium 除了提供實址模式、保護模式、虛擬 86 模式之外,新增加一種工作模式,稱為系統記憶器管理模式 (system memory management mode,SMM)。SMM 模式一般執行系統的電源管理或是保密系統。

當外部電路啟動 $\overline{\text{SMI}}$ 信號時,CPU 即抑制所有其它中斷要求,並儲存內部暫存器內容於 3FFA8H 到 3FFFFH 之間的記憶器區域中,然後由記憶器位置 38000H(即 CS = 3000H 與 EIP = 8000H) 處,開始執行指令。欲由 SMM 模式回到正常的工作模式,可以執行 RSM (return from system management interrupt) 指令。

7.2.1.8 高頻寬記憶器界面 在普遍使用快取記憶器的現代微處理器中,其快取記憶器的每一個資料區段由 4 位元組到 16 位元組不等。每當快取記憶器更新或失誤時,選定的資料區段必須被置換 (replacement),即必須將該資料區段的 4 位元組到 16 位元組連續地寫入記憶器,再自記憶器中連續地讀取新的資料區段而儲存於快取記憶器內。這種連續存取記憶器的動作稱為猝發式存取模式 (burst access mode)。為了配合猝發式存取模式與提升記憶器存取性能,微處理器必須增加其記憶器界面的頻寬 (bandwidth),亦即增加單位時間內可以存取的資料位元組數目。

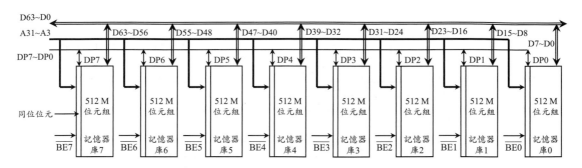

圖 7.2-8: Pentium 的實際記憶器組織

■ 例題 7.2-5: Pentium 微處理器的記憶器組織與界面

　　Pentium 為一個 32 位元的微處理器，但是其資料匯流排為 64 位元寬度，因此兩個 32 位元的語句資料，可以在一個匯流排週期內完成轉移。為了也能夠處理位元組、16 位元的語句、32 位元的雙語句資料，Pentium 微處理器系統中的記憶器組織，分成八個單一位元組的記憶器庫，而分別使用信號線 $\overline{BE7} \sim \overline{BE0}$ 選取，如圖 7.2-8 所示。位元組記憶器庫 0 連接到資料匯流排 D7 ～ D0；位元組記憶器庫 1 連接到資料匯流排 D15 ～ D8；…；位元組記憶器庫 7 連接到資料匯流排 D63 ～ D56。八個位元組記憶器庫共同連接於位址匯流排 A31 ～ A3，而以 $\overline{BE7}$ 到 $\overline{BE0}$ 分別選取對應的位元組記憶器庫 7 到 0，因此一共可以存取 512M×8 個位元組資料。

　　非猝發式匯流排週期 Pentium 微處理器的基本記憶器匯流排時序如圖 7.2-9 所示，每一個匯流排週期都由兩個時脈週期 (T1 與 T2) 組成。在非猝發式匯流排週期中，若不希望加入等待狀態，則必須在每一個 T2 週期時，啟動 $\overline{BRDY}$ 信號，否則，CPU 自動加入等待狀態，直到 $\overline{BRDY}$ 啟動為止。

　　猝發式匯流排週期 圖 7.2-10 所示為 Pentium 在更新快取記憶器時的猝發式匯流排週期，每一個匯流排週期都由五個時脈週期組成。位址信號 A31 ～ A5 在整個週期中均維持不變，而位址信號 A4 ～ A3 則依序由 0 變化到 3，因此可以連續讀取 4 個四語句資料。

　　在猝發式匯流排週期中，若不希望加入等待狀態，則必須在每一個 T2 週期時，啟動 $\overline{BRDY}$ 信號，否則，CPU 自動加入等待狀態，直到 $\overline{BRDY}$ 啟動為

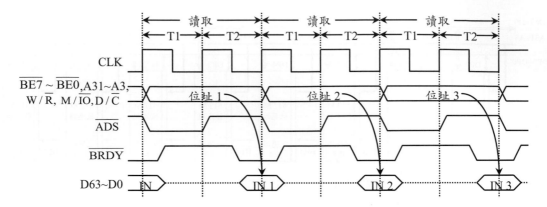

圖 7.2-9: Pentium 的非猝發式匯流排週期

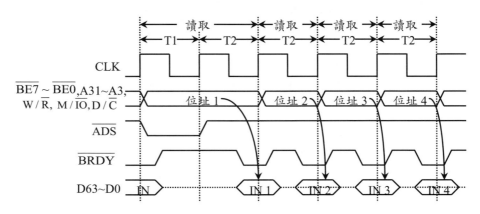

圖 7.2-10: Pentium 的猝發式匯流排週期

止。

7.2.2 基本微處理器架構

　　隨著製程技術的精進，微處理器的操作頻率亦隨之提升，目前的微處理器結構均經過精心設計，以將前述微處理器基本設計技術揉合在一起，並結合精巧的電子電路設計，以求達到最佳之性能。

7.2.2.1 基本微處理器架構 基本微處理器架構如圖 7.2-11 所示。圖 7.2-11(a) 所示的微處理器結構通常使用於中、低階的微控制器系統，其微處理器通常是純量處理器，但是可能使用管線式執行單元，以提升系統性能。此外，也可能加入指令與資料混合式的快取記憶體，以更進一步提升系統性能。

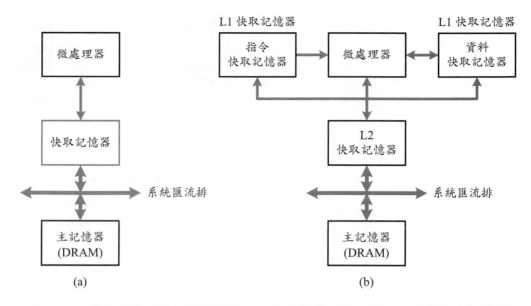

圖 7.2-11: 基本微處理器架構方塊圖：(a) 基本微處理器；(b) 使用雙層快取記憶器

　　圖 7.2-11(b) 所示的微處理器結構通常使用於中、高階的微控制器系統或是近代微電腦系統 (桌上型電腦、筆記型電腦) 中的微處理器。在這種微處理器結構中的微處理器通常為超存量處理器，並且使用資料與指令分離的 (L1) 快取記憶器，以構成哈佛 (Harvard) 架構。此外，為了提升記憶器系統的性能，一般均更進一步使用指令與資料混合式的 L2 快取記憶器。

7.2.2.2　多核心基本微處理器架構　多核心處理器 (multicore processor)，又稱多核心微處理器 (multicore microprocessor)，為在單一個處理器元件中，加入兩個或以上的獨立實體中央處理單元 (簡稱核心，core)。這些核心可以獨立地執行程式，以平行計算方式加快程式的執行性能。若一個處理器含有兩個核心，稱為雙核心處理器 (dual-core processor)。若將兩個或更多個獨立處理器封裝在同一個積體電路 (integrated circuit，IC) 中成為一個元件時，稱為多核心處理器。

　　多核心微處理器的一般架構方塊圖如圖 7.2-12 所示。圖 7.2-12(a) 為使用於多核心處理器中的每一個基本核心。在這種核心結構中的微處理器通常為超純量，甚至為超純量、多執行緒處理器，並且使用資料與指令分離的 (L1)

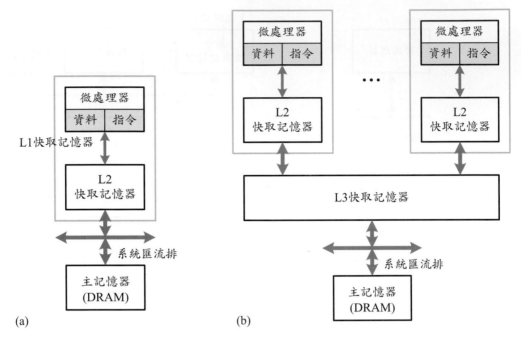

圖 7.2-12: 多核心微處理器架構方塊圖：(a) 單一微處理器；(b) 一般架構

快取記憶器，及使用指令與資料混合式的 L2 快取記憶器。圖 7.2-12(b) 為使用圖 7.2-12(a) 的基本核心構成的多核心處理器架構。為了提升整體性能，一般均更進一步使用指令與資料混合式的 L3 快取記憶器，由多個核心共用。

　　多核心處理器具有設計與驗證周期短、控制邏輯簡單、擴充功能性佳、易於實現、功率消耗低等優點。此外，多核心處理器中每一個核心均具有多個平行指令級，而每一個核心均可以同時執行一個或兩個執行緒，即多核心處理器可以進行執行緒級並行處理 (thread-level parallelism，TLP)。因此，對於需要較多平行執行緒的應用中，可以充分地利用這種結構來提高效能。當然這些優點必須在應用程式能夠支援多核心處理器的環境下，才能發揮。

　　多核心技術為 x86/x64 微處理器的硬體多執行緒能力的另一種形式，即它在同一個實際包裝中提供兩個或是多個執行核心。Pentium Extreme 為 x86 微處理器序列中的第一個採用多核心技術的微處理器。下列兩個例題分別為較普遍的多核心微處理器及多核心、多執行緒微處理器微處理器。

■ 例題 7.2-6: Core 2 Quad 多核心微處理器

圖 7.2-13 所示為 Core 2 Quad 多核心微處理器架構方塊圖。此微處理器一共包含四個核心，可以同時執行四個執行緒。每一個核心均有各自的架構狀態、執行引擎、L1 快取記憶器、局部 APIC。每兩個核心公用一個 L2 快取記憶器，以減少系統匯流排得資料流量。

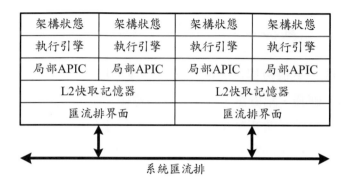

圖 7.2-13: Core 2 Quad 多核心微處理器架構方塊圖

■ 例題 7.2-7: Core i7 Quad 微處理器

Core i7 Quad 微處理器使用四核心與超執行緒技術，並提供整合式的記憶器控制器以支援 DDR3 記憶器模組，如圖 7.2-14 所示。在 Core i7 Quad 微處理器中，每一個執行引擎稱為一個核心，每一個核心提供兩個邏輯處理器，可以同時執行兩個執行緒。兩個邏輯處理器共用一個執行引擎與 L1 及 L2 快取記憶器，四個核心共用一個 L3 快取記憶器。此外，Core i7 Quad 微處理器提供 QPI (Quick Path interconnect) 界面與記憶器控制器，以直接界接晶片組及 DDR3 記憶器模組。

7.3 PC 系統架構

一部完整的 PC 系統主要由：鍵盤 (keyboard)、滑鼠 (mouse)、主機板 (motherboard，或是 mainboard)、硬碟 (hard disk)、光碟機 (optical disk)、顯示器 (display)

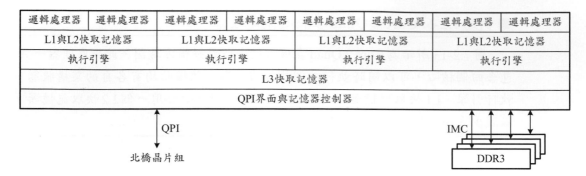

圖 **7.2-14:** Core i7 Quad 多核心微處理器架構方塊圖

等組成。主機板提供一系列接合點或是插槽,以提供微處理器、顯示卡、音效卡、硬碟、記憶器、外接裝置的連接。主機板上最重要的元件為微處理器、記憶器模組、晶片組 (chip set) 等。晶片組包括北橋 (north bridge) 與南橋 (south bridge),最新的微處理器模組亦整合北橋晶片的所有功能,而晶片組僅剩南橋元件。

7.3.1 雙晶片組 PC 系統架構

典型的雙晶片組 PC 系統架構如圖 7.3-1 所示,它主要由三個大型晶片組成:微處理器、北橋、南橋。由於每一個微處理器模組有其特定的操作頻率與界面信號,每一個微處理器模組均有其對應的南、北橋晶片組。下列將以典型的晶片組特性,介紹目前常用的雙晶片組 PC 系統架構。

7.3.1.1 北橋晶片 北橋晶片主要負責處理高速信號,即處理中央處理器、主記憶器、AGP 或 PCIe (PCI express) 連接埠的信號,及與南橋之間的通信。微處理器與北橋之間的連接界面稱為 FSB (front side bus,前端匯流排) 或是 QPI (quick path interconnect) 匯流排。南橋與北橋之間的高速界面稱為 DMI (direct media interface) 匯流排。

部分 CPU 的設計會考慮直接將主記憶器與 CPU 界接而不經由北橋,以加速 CPU 與主記憶器之間的資料傳輸速度。在這種設計方式中,北橋中只剩下 AGP 或 PCIe (PCI express) 控制器及與南橋之間的通信。目前有些處理器更進一步整合北橋至 CPU 內,而只剩南橋提供速度較慢的周邊裝置界面之連接,成

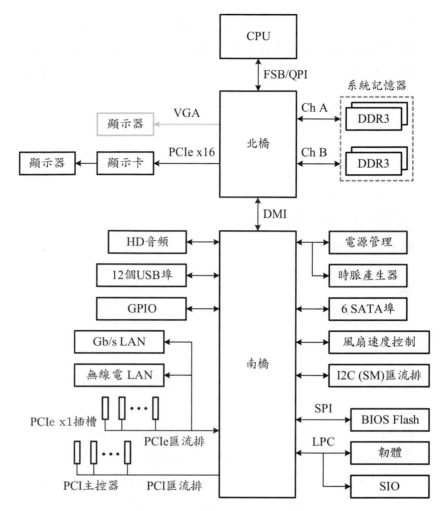

圖 7.3-1: 雙晶片組 PC 系統架構方塊圖

為單一晶片組。有一些北橋晶片亦整合繪圖處理器，且同時支援 AGP 或 PCIe 界面，以提供外加的獨立顯示卡。這種整合式的北橋晶片有些當其偵測到 AGP 或是 PCIe 插槽上有外加的顯示卡時，會停止其本身的繪圖處理器功能，但是有些則允許同時使用其繪圖處理器與外加的顯示卡，作為多顯示輸出。

　　FSB 可以支援高達 1600 MT/s 的資料轉移，並允許 64 位元組快取記憶器區段存取。對於一個外頻為 200 MHz 而資料傳輸速率為 4 倍，稱為 QDR (quad data rate) 的 CPU 而言，因其在每一個時脈週期中可以傳輸四個資料，其 FSB 的等效

頻率為 $200 \times 4 = 800$ MHz。注意:一般所說的 FSB 800,實際上是 FSB 的等效頻率並不是 FSB 的實際操作頻率。目前常見的 FSB 速率可以為 800/1066/1333/1600 MT/s 等不同頻率,支援情況依晶片組功能而有不同。FSB 每秒可以傳送的最大資料量稱為 FSB 的匯流排資料速率,等於「FSB× 匯流排寬度」。目前常見的匯流排寬度為 32 或 64 位元。

■ 例題 7.3-1: FSB 的匯流排資料速率

在某一個系統中,FSB 的最高速度可以達到 1600 MHz,若記憶器匯流排寬度為 64 位元,則記憶器與北橋的匯流排資料速率為多少?

解:記憶器與北橋的匯流排資料速率可以計算如下:

$$1600 \times 64/8 = 12.8 \text{ GB/s}$$

所以為 12.8 GB/s。

QPI 匯流排為一個連接微處理器與北橋的快取記憶器一致的 (cache coherent) 連結層的界面。QPI 的訊息封包支援 64 位元組快取記憶器區段存取,使用 3 位元節點位址、40 位元實際位址,並使用 8 位元 CRC (cyclic redundant check) 保護資料之完整。目前 QPI 操作於 2.4 GHz、2.93 GHz、3.2 GHz、4.0 GHz 或 4.8 GHz 時脈頻率。QPI 的資料速率可以計算如下:

資料速率 = 時脈頻率 × 2 位元 /Hz × QPI 通道數目 × 64/80 × 2 (全多工)

÷ 8 (位元/位元組)

QPI 為並列同步傳輸方式,每一個 QPI 通道由一組差動信號線及對應的傳送器與接收器組成。在正常情況下,20 個通道同時傳送資料,即每一個時脈緣同時傳送 20 個位元資料,稱為一個實體層單位或是"phit"。當某些 QPI 通道出現異常時,QPI 控制器將排除異常通道而重組其正常的 QPI 通道為 10 個或是 5 個,以繼續系統的功能。

■ 例題 7.3-2: QPI 資料速率

試計算操作於 3.2 GHz 的 20 通道 QPI 的資料速率。

解:QPI 的資料速率為:

$$資料速率 = 3.2 \text{ GHz} \times 2 \text{ 位元/Hz} \times 20 \times 64/80 \times 2 \text{ (全多工)} \div 8$$
$$= 25.6 \text{ GB/s}$$

DMI 為南、北橋 (或 CPU 與 PCH) 之間的高速界面，它整合優先權為基礎的服務，以允許同時與等時的資料傳輸能力。

PCIe ×16 匯流排可以支援繪圖加速卡需要的資料傳輸速率：8 GB/s、16 GB/s、32 GB/s。PCIe 匯流排的詳細介紹，請參考第 10.5.4 節。

7.3.1.2　南橋晶片　南橋晶片主要負責處理低速信號，即晶片本身包含大多數的周邊裝置界面，例如 PCI 控制器、SATA 控制器、USB 控制器、網路控制器、音效控制器等。相關的匯流排 SMBus (I2C)、SPI、LPC (low pin count)、PCIe 等將於第 10.5 節中介紹；SATA 與 USB 則於第 12.5 節中介紹。

早期 PC 系統中的 GPIO (82C55A，參考資料 [7, 8])、PIC (82C59A，第 9.3 節)、DMAC (8237A，參考資料 [7] 與第 10.2.4 節)、定時器 (8254，參考資料 [7]) 等元件均以模組方式內建於南橋晶片中。

8254 定時器 (時脈頻率為 14.31818 MHz) 的三個定時器在南橋晶片組中，依然保持其在先前 PC 系統中的特定用途：

- 計數器 0 (系統定時器，system timer)：此計數器通常操作於模式 3，以在 IRQ0 上產生一個週期性的中斷要求方波，其週期等於計數器初值與計數器時脈信號週期 (838 ns) (計數器時脈頻率為 1.193 MHz) 的乘積。在軟體指令寫入計數器 I/O 埠位址的一個計數時脈週期後，計數器載入初值，並設定 IRQ0 為 1，然後每一個計數器時脈信號將計數器值減 2，當計數器值為 0 時，清除 IRQ0 為 0，計數器再載入初值，並在每一個計數器時脈信號將計數器值減 2，當計數器值為 0 時，設定 IRQ0 為 1，然後重複上述步驟。

- 計數器 1 (更新要求信號，refresh request signal)：此計數器必須週期性地設定為模式 2。在寫入計數器的 I/O 埠位址之後，計數器載入一個計數值，並依據計數器時脈信號頻率開始倒數計數，當其計數終了時，觸發 REF_TOGGLE 位元，以在 REF_TOGGLE 位元產生一個 0 與 1 交替變化的方波輸出，提供更新要求信號。

- 計數器 2 (揚聲器音調，speaker tone)：操作於模式 3 以提供一個頻率等於計數器時脈頻率 (1.193 MHz) 除以計數值的音頻方波輸出。欲致能揚聲器時，必須在 I/O 埠位址 061H 執行一個寫入動作。

7.3.2 單晶片組 PC 系統架構

目前新型的微處理器，例如 Core i7 及 Core i5 微處理器，已經將晶片組中北橋晶片的大部分功能 (包含記憶器界面與繪圖處理器) 整合至微處理器晶片中，小部分功能則與南橋晶片整合成為一個 PCH (platform controller hub) 晶片，如此一來整個 PC 系統僅需要兩個主要晶片 (CPU + PCH) 而非傳統的三個晶片 (CPU + 南橋 + 北橋)。結果的 PC 系統體積變小且消耗功率較少，因而亦減輕了系統的散熱問題。

由另外一個角度思考，新晶片組 (CPU + PCH) 騰出的體積與功率消耗可以用來擴充 PC 系統的系統功能，例如增加記憶器容量、使用高容量硬碟、增加或是升級獨立顯示卡等。

典型的單晶片組 PC 系統架構方塊圖如圖 7.3-2 所示，微處理器模組提供兩個通道的系統記憶器 (DDR3) 模組界面與一個 PCIe ×16 界面以連接獨立顯示卡或是繪圖加速卡。此外，微處理器模組亦提供 DMI 界面與 PCH 晶片連接；顯示器界面連接整合式繪圖處理器模組的輸出至 PCH 晶片而後送往數位顯示器與類比顯示器。

在單晶片組 PC 系統中的 PCH 晶片依然保留雙晶片組 PC 系統中的南橋晶片之功能，因此不再贅述。

7.3.3 輸入/輸出裝置

在 PC 系統中常用的周邊裝置可以分成四類：網路 (network)、輸入裝置 (input device)、輸出裝置 (output device)、儲存裝置 (storage device)。網路包括有線的以太網路 (Ethernet network) 與無線電的 Wi-Fi 與藍牙 (blue tooth)。輸入裝置包括鍵盤 (keyboard)、滑鼠 (mouse)、軌跡球（track ball）、搖桿 (joystick)、觸控板 (touch pad 或 track pad)；輸出裝置則為液晶顯示器 (liquid crystal display，LCD)、觸控螢幕 (touch screen)、列表機 (printer)、音效卡 (sound effect card)；

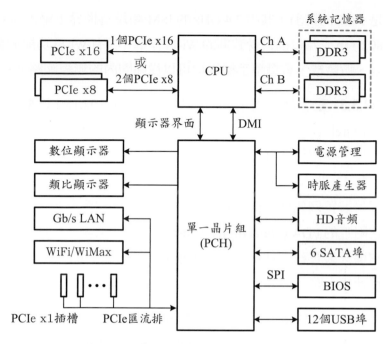

圖 7.3-2: 單晶片組 PC 系統架構方塊圖

儲存裝置包括記憶卡 (memory card)、硬碟 (hard disk，簡稱 HD)、光碟 (optical disk)。

7.3.3.1　乙太網路 乙太網路是一種植基於 IEEE 802.3 標準的計算機區域網路。乙太網路使用匯流排結構，目前的傳輸速度為 10 Mbps (10BASE-T)、100 Mbps (100BASE-T)、1 Gbps (1000BASE-T)。為了提升網路資料速率與使用效率，在乙太網路中，通常使用交換型集線器 (switch hub) 進行網路裝置彼此之間的連接而構成了星型網路。

7.3.3.2　Wi-Fi 網路 Wi-Fi 是一種建立於 IEEE 802.11 標準的無線區域網路裝置，它也常與 IEEE 802.11 標準互為同義語。Wi-Fi 亦是 Wi-Fi 聯盟製造商的產品品牌認證商標。目前 802.11 有下列幾種較為普遍的標準：802.11 (資料速率為 2 Mb/s，使用 2.4 GHz 頻道)；802.11a (資料速率為 54 Mb/s，使用 5 GHz 頻道；802.11b (資料速率為 11 Mb/s，使用 2.4 GHz 頻道)；802.11g (資料速率為 54 Mb/s，使用 2.4 GHz 頻道)；802.11n (資料速率為 600 Mb/s，使用 2.4 GHz 或

是 5 GHz 頻道)。其中 2.4 GHz 的 ISM 頻段為世界上絕大多數國家通用,因此 802.11b 成為目前最受歡迎的 Wi-Fi 標準。具有 Wi-Fi 功能的裝置,例如個人電腦、遊戲機、智慧型手機等均可以從範圍內的無線網路連接到 Wi-Fi 網路。

7.3.3.3 藍牙網路 藍牙為一種植基於 IEEE 802.15.1 標準的無線電個人區域網路 (wireless personal area network,簡稱 wireless PAN),其有效傳輸距離約為 10 公尺,操作於 ISM (Industrial Scientific Medical) 頻段的 2.45 GHz,最高資料速率為 721 kb/s (v1.0)、3 Mb/s (v2.0)、24 Mb/s (v3.0)。藍牙常用於連接計算機與周邊裝置例如列表機、鍵盤,連接手機與耳機,或是連接數個藍牙裝置與其它附近的 PDA (portal digital assistant) 或 PC 系統。每個藍牙裝置可以與 8 個其它藍牙裝置建立連接。另外,兩個藍牙裝置之間亦可以使用密碼以進行安全性連接,防止被其它藍牙裝置接收。

7.3.3.4 鍵盤 鍵盤由一組按鍵 (key) 或稱開關 (switch) 排列成二維矩陣而成,它的主要功能為輸入資料。目前 PC 系統中使用的鍵盤上的每一個按鍵上面均印有字元,每一個按鍵相當於一個符號,包括大小寫的英文字母、數字、標點符號等。

目前鍵盤與 PC 系統的連接界面主要有 PS/2 與 USB 兩種有線電鍵盤,以及 Wi-Fi 無線電鍵盤。在電腦遊戲中,PS/2 鍵盤較受歡迎,因為 USB 鍵盤最多只能同時輸入 6 個按鍵加上 2 個功能鍵,而部份 PS/2 鍵盤可以同時輸入十多按鍵甚至所有鍵 (一般稱為 N 鍵滑越,N-key rollover) [8]。

依據按鍵的開關設計方式,PC 系統的鍵盤之按鍵可以分成下列幾種:

- 機械式 (mechanical):每一個按鍵都有一個獨立的機械接觸開關,藉著圓柱型彈簧提供的反彈力,可以控制按鍵的金屬接觸點,因而按鍵的接通。主要缺點為其體積較大

- 薄膜式 (membrane):鍵盤中有一整張的雙層膠膜,藉著膠膜提供按鍵的反彈力,利用薄膜被按下時按鍵位置的碳心與電路的接觸來控制按鍵的接通。

- 電容式 (capacitive):電容式開關主要是利用平行板電容器的電容量,會隨著兩個極板的距離而改變的特性。此類型的開關必須伴隨著一個特殊的電容值偵測電路,藉著檢測電容值的改變,以檢出開關的閉合與否,其主要

優點為它不是機械式開關。

- 霍爾效應式開關 (Hall-effect switch)：霍爾效應式開關利用垂直於晶體 (crystal) 的永久磁鐵之磁力線會在晶體的兩面感應出一個電壓的現象，指示開關的閉合與否。

7.3.3.5 滑鼠　滑鼠是一種很普遍的電腦輸入裝置，它可以對螢幕上的游標進行定位，並通過按鍵和滾輪對游標所經過位置的螢幕像素進行操作。早期的 Apple 電腦的滑鼠只有一個按鍵，目前最廣泛使用者為左、右鍵加滾輪的三鍵滑鼠。滑鼠依其移動感應技術的不同可以分為機械滑鼠、光學機械滑鼠、光學滑鼠、Wi-Fi 觸控滑鼠、雷射滑鼠等。

滑鼠與 PC 系統的界接可以經由 RS-232E、PS/2 界面、USB 界面等，它們通常稱為 RS-232、PS/2、USB 等滑鼠。目前新型的滑鼠使用無線電界面與 PC 系統界接，因而稱為無線 (電) 滑鼠。依據不同的設計方式，無線電傳送方式可以為紅外線、無線電射頻 (27 MHz、40/49 MHz、315/433 MHz、2.4 GHz)、藍牙、Wi-Fi 等。

7.3.3.6 軌跡球　軌跡球與滑鼠相同為一種定位裝置，其原理為經由讀取球體滾動的方向與速度決定螢幕游標的位置。與機械滑鼠不同的是在機械滑鼠中，基座與球體一起移動；在軌跡球中，只有球體在基座上滾動，而基座相對於桌面是靜止不動的，因此不需要整個手臂的移動。軌跡球的優點是可以減少整個手的疲勞度，有效地避免腕隧道症候群 (carpal tunnel syndrome，CTS) (俗稱滑鼠手)，但也相對增加了手指的負擔。此外，軌跡球不需置放於平坦表面，且因其基座不需移動，可以減少一些桌面空間。

7.3.3.7 搖桿　搖桿是一種廣泛使用於電腦遊戲的輸入裝置，由基座與固定在上面作為樞軸的主控制桿組成，以傳遞受控裝置的角度或方向信號。目前普遍使用的搖桿通常有一個或多個可以由電腦識別的按鈕，以配合電腦遊戲之需要。大多數 PC 系統的 I/O 界面卡均有一個搖桿 (遊戲) 埠。目前有些搖桿亦使用 USB 界面與 PC 系統連接。

大多數的搖桿是二維的裝置，具有兩個滾動軸 (類似於滑鼠)，部分為一維或是三維裝置。二維搖桿的原理是當搖桿左右移動時，沿著 x 軸發出向左或向右移動信號；前後移動時，沿著 y 軸發出向前(上)或後(下)移動信號。三維搖桿的原理為除了二維搖桿的動作與信號之外，再加上 z 軸的移動及信號，即當搖桿沿著 z 軸移動時，發出向左(逆時針)或向右(順時針)的旋轉信號。

7.3.3.8 觸控板 觸控板為一種廣泛應用於筆記型電腦上的輸入裝置。它利用手指的移動來控制螢幕游標的動作，可以視為一種滑鼠的替代物。大多數觸控板均為多點觸控 (multi-finger touch)，僅需幾個固定的手勢，即可以簡單地操作 PC 系統。雖然觸控板與滑鼠可以執行相同的功能，但操作上大有不同，滑鼠精準，而觸控板隨意。觸控板大多使用 2.4 GHz 無線電或是 USB 與 PC 系統連接。

7.3.3.9 液晶顯示器 液晶顯示器為平面薄型的顯示裝置，由一定數量的彩色或黑白像素組成，置放於光源或者反射面前方。液晶顯示器功耗低，適用於使用電池的電子設備。目前 LCD 是電視機、桌面顯示器、筆記型電腦、掌上電腦、智慧型手機的主要顯示裝置，此外，在投影機中也扮演著非常重要的角色。

液晶顯示器主要利用液晶 (liquid crystal) 的特性，在未加電場時，光線會沿著液晶分子的間隙前進而轉折 90 度，因此光線可以通過液晶；在加入電場後，光線沿著液晶分子的間隙直線前進，因此光線被濾光板阻隔而無法通過。

利用上述原理，依據實際上的需要設計前板電極與後板電極(平行配置於液晶的上下兩端) 成為希望顯示的圖案，即成為一個液晶顯示器。目前在微處理器系統中，最常用的 LCD 有七段數字型與點矩陣兩種。在商用元件中，依據光源的位置，液晶顯示器可以分成：反射式 LCD (reflective LCD) 與主動式 LCD (active LCD，或稱背光式 LCD，back-light LCD) 兩種。在主動式 LCD 中，光源(白色 LED) 置於螢幕背後，而觀察者在螢幕的前面。由於主動式 LCD 一般均使用 TFT (thin-film transistor) 控制每一個像素 (pixel) 的存取與反襯度 (contrast)，因此常稱為 TFT 型 LCD。TFT 型 LCD 為目前膝上型(包括筆記型與平版)電腦、PDA、手機等顯示器的主流。

在反射式 LCD 中，光源與觀察者位於螢幕的同一邊，因此藉著光線是否反射可以得到需要的顯示圖形。由於此種 LCD 需要的功率消耗相當低，使用太陽能電池即能供電，因此它廣泛使用於袖珍型計算器 (calculator) 中。

IPS 顯示器：IPS 為日本日立公司於 1996 年開發的 LCD 廣視角技術，能有效地改善當視角差時，在傳統液晶顯示器上出現的色差及其他問題，因而廣泛地使用於手機與平板電腦上。與傳統液晶顯示器不同，在 IPS 液晶顯示器中，電極與液晶處於一個平面 (即電場平行於液晶平面，稱為內平面交換 (in-plane switching)，因此沒有方向性，可以得到上下左右 178 度的視角。然而 IPS 液晶顯示器在顯示快速變化的圖像時會產生拖影，較適合應用於顯示變化慢且對色彩還原要求高的計算機圖像。此外 IPS 液晶表面較硬，可以免除壓力引起的色差變化，適宜當作觸控螢幕，例如蘋果的 iPhone 和 iPad 中的螢幕。

Retina 顯示器：Retina 顯示器（retina display）為一種具備超高像素密度的液晶顯示器，最早由蘋果公司提出並使用於 iPhone 智慧型手機中。它可以將 960 × 640 的解析度壓縮到 iPhone 的 3.5 英寸螢幕內。"Retina" 一詞的意思是「視網膜」，表示顯示器的解析度極高，使得肉眼無法分辨出單一個像素。原理上，當一個顯示器的像素密度超過 300 ppi (pixel per inch) 時，人眼就無法區分出單獨的像素。換句話說，這表示顯示器的清晰度已經達到人類視網膜可分辨像素的極限。現在通稱具有此種像素密度的顯示器為 Retina 顯示器或視網膜顯示器。

7.3.3.10　觸控螢幕　觸控螢幕亦稱為觸控面板 (touch panel) 為一種可以使用接觸方式控制 PC 系統動作的螢幕，它其實結合輸入與輸出裝置於一身。觸控螢幕的構造為在液晶面板上覆蓋一層感測面板，以感測加於其上的物體並產生信號以定出物體之位置，達到動態追蹤的功能。

依據感測感測面板的工作方式，觸控螢幕大致上可以分為電容式、電阻式、紅外線式、聲波式等。由於觸控螢幕的人機界面相當具有親和力而且生動，其用途相當廣泛，由常見的 PDA、提款機、智慧型手機，到工業用的觸控電腦等不一而足。

7.3.3.11　列表機　列表機或稱作印表機為一種 PC 系統輸出裝置，可以將 PC 系統中儲存的資料使用文字或圖形的方式永久地儲存到紙張上。列表機可以分成黑白列表機與彩色列表機。黑白列表機只能包含一種顏色的圖片，有些黑白列表機也可以列印灰階圖像。彩色列表機可以列印包含各種色彩的圖片。照片列表機是一種彩色列表機，可以產生成模擬全色域的圖片。目前的列表機通常使用 USB 與 PC 系統連接。

7.3.3.12 音效卡 音效卡是多媒體 PC 系統中用來處理聲音的界面卡。音效卡可以轉換來自麥克風、收音機、錄音機、CD 播放機等裝置的語音或是音樂等聲音為數位信號，或是還原數位語音信號為真實的聲音輸出。一般音效卡上面均有連接麥克風、音箱、遊戲桿、MIDI 裝置的界面。目前音效卡已由主機板內建的 AC97 音效功能取代。

7.3.3.13 記憶卡 記憶卡或稱快閃記憶卡 (Flash memory card)，為一種使用快閃記憶器設計而成的資料儲存裝置。它主要用於數位相機、PDA、筆記型電腦、MP3 播放器、掌上遊戲機，與其它電子裝置。記憶卡無需外部電源，且能重複地讀寫，它可以透過 USB 界面與任何 PC 系統連接。

7.3.3.14 硬碟 硬碟為 PC 系統中普遍使用的大量儲存裝置，容量可以高達數 TB。它由一些堅硬的旋轉磁性碟片組成，資料的寫入動作是由一個讀寫頭 (read-write head)，利用電流來改變讀寫頭極性的方式，將資料寫入磁性碟片中；資料的讀取動作則是藉由讀寫頭接近磁性碟片，感應出先前寫入的極性而完成。目前另外一種常用的硬碟稱為固態硬碟 (solid-state disk，SSD)，它由快閃記憶器 (Flash) 元件組成，容量由 64 GB 到 2 TB 不等，將來更高容量的 SSD 亦會出現於市場中。目前的硬碟使用 SATA 匯流排與 PC 系統連接。

7.3.3.15 光碟 光碟為一個平坦的圓形碟片，它利用特殊材料上之有無凹槽 (pit) 儲存數位資料。當雷射光由基底方向投射到凹槽時，像鏡子一樣的金屬化凹槽將光反射回來，因為凹槽的深度是雷射光波長的四分之一，由凹槽上反射回來的光與從平台上反射回來的光，其路徑長恰好相差半個波長，因而產生破壞性干涉而互相抵消，其結果相當於沒有反射光，因而產生 "1" 的信號；若兩部分的光均是從凹槽上反射回來，或從平台上反射回來，則不會產生破壞性干涉而相互抵消，結果產生了一個 "0" 的信號。

由於雷射光可以非常準地聚焦，用雷射光讀取資料，凹槽的寬度可以非常狹窄，約略為雷射光的波長，因此一張光碟儲存的資料量遠比一張磁碟大很多。另外，由於光碟資料的讀取與寫入是非接觸式的，光碟表面又有保護層，光碟不易損壞，因而壽命相當長。

參考資料

1. D. A. Patterson and J. L. Hennessy, *Computer Organization and Design: The Hardware/Software Interface,* Morgan Kaufmann Publishers, 2005.

2. Intel, *Intel I/O Controller Hub 10 (ICH10) Family,* Datasheet, 2008. (http://www.intel.com)

3. Intel, *Intel X58 Express Chipset,* Datasheet, 2009. (http://www.intel.com)

4. Intel, *Intel 5 Series Chipset and Intel 3400 Series Chipset,* Datasheet, 2012. (http://www.intel.com)

5. Intel, *Intel 64 and IA-32 Architectures Software Developer's Manual, Volume 1: Basic Architecture,* 2011. (http://www.intel.com)

6. Johnny K. F. Lee and Alan J. Smith, "Branch prediction strategies and target buffer design," *IEEE Computer,* Vol. 21, No. 1, pp. 6–22, January 1984.

7. 林銘波，微算機原理與應用：80x86/Pentium 系列軟體、硬體、界面、系統，第四版，全華圖書股份有限公司，2003。

8. 林銘波與林姝廷，微算機基本原理與應用：8051 嵌入式微算機系統軟體與硬體，第三版，全華圖書股份有限公司，2013。

習題

7-1 考慮下列微處理器的最大記憶器與 I/O 位址空間各為多少個位元組？

    (1) 8088/8086   **(2)** 80386/80486

7-2 在 8086 微處理器中，位址信號 A0 與 $\overline{BHE}$ 的功用為何？

7-3 在 8086 微處理器中，一般都使用兩個位元組的記憶器庫，但是若希望只使用一個位元組的記憶器元件時，應該如何設計其界面電路，以允許 CPU 能夠充份而且正確的利用該記憶器元件？

7-4 為何在 x86 微處理器系統中，有些 ROM (或 EPROM) 必須佔用 CPU 在實址模式下的記憶器位址空間中的最高位址區？

7-5 簡述 8086 微處理器的記憶器系統結構。為何在 8088 微處理器中不需要 $\overline{\text{BHE}}$ 信號？

7-6 回答下列有關於 8086 微處理器的相關問題：

(1) 為何它們均提供一個持住狀態，此狀態的功能為何？

(2) 一旦 CPU 因為執行 HLT 指令而進入 HALT 狀態之後，如何終止此狀態？

(3) M/$\overline{\text{IO}}$、$\overline{\text{RD}}$、$\overline{\text{WR}}$ 等信號的功能為何？

7-7 為何在 x86 微處理器中提供了猝發式匯流排週期的記憶器存取模式？

8 記憶器元件與界面設計

幾乎所有的微處理器均花費大量的時間與記憶器元件交換資料。因此，本章將討論各種常用的記憶器元件及其與微處理器的界接問題。常用的記憶器元件包括：ROM (read only memory，唯讀記憶器) 與 RAM (random access memory，隨意存取記憶器)。其中前者又分成：ROM、PROM (programmable ROM)、EPROM (erasable programmable ROM)、EEPROM (electrically erasable programmable ROM)、快閃記憶器 (flash memory) 等；後者則主要分成：SRAM (static RAM，靜態隨意存取記憶器) 與 DRAM (dynamic RAM，動態隨意存取記憶器) 兩種。

在一個數位系統中，當組合數個模組電路成一個系統時，若希望該系統能正常的工作，除了每一個模組的功能必須正確之外，這些模組之間彼此交換資訊時的時序 (timing) 關係也必須正確。因此，本章中除了探討各種位址解碼電路 (address decoding circuit)(即界接電路) 的設計之外，也深入的考慮各種記憶器元件與 CPU 界接時，必須注意的時序問題。在本章中，將依序討論位址解碼電路、SRAM、快閃記憶器、DRAM、SDRAM (synchronous DRAM，同步 DRAM)，與 DDR SDRAM (double data rate SDRAM)、DDR2、DDR3、DDR4 等。

8.1 CPU 與記憶器界接

在微處理器系統中，幾乎都會使用到兩種類型的記憶器：ROM 與 RAM。ROM 主要用以儲存永久性資料，例如程式；RAM 則主要用來儲存暫時性資料。本節中將討論這些記憶器的動作及其與 CPU (x86 微處理器) 的界接問題。

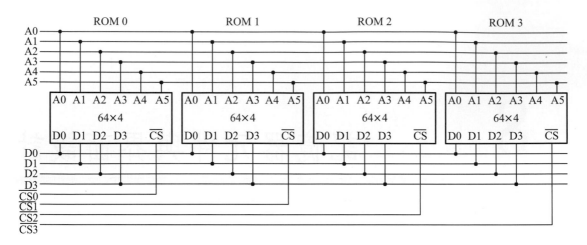

圖 8.1-1: 記憶器容量擴充例

8.1.1 記憶器容量與語句寬度的擴充

在設計微處理器系統時，常常遇到的兩個問題是：1. 使用單一個記憶器元件的容量往往不敷實際上的需要；2. 使用單一個記憶器元件的語句寬度小於 CPU 的資料匯流排寬度。這兩個問題可以分別使用記憶器的容量擴展 (capacity expansion) 方法與語句寬度擴展 (word width expansion) 方法加以解決。

8.1.1.1 容量擴展方法 基本上，記憶器元件的設計是屬於模組化的方式，每一個元件為一個基本的模組。不同的模組或是相同的模組都可以經由適當的組合，而成為一個較大的模組。

實際上在設計系統時，至少基於下列兩項理由，必須組合數個記憶器模組成為一個較大容量的記憶器模組：一為實際的系統通常必須使用各種不同功能的記憶器元件，例如：ROM 與 SRAM；二為受限於 VLSI 積集度的因素，實際的記憶器元件之容量，通常遠小於 CPU 的位址空間。

容量擴展的主要目的是串接多個小容量的記憶器模組，成為一個具有相同語句寬度的大容量記憶器模組。例如在圖 8.1-1 中，每一個 ROM 都為 64×4，串接 4 個 ROM 後，成為一個 256×4 的 ROM 模組。串接的方法為將四個 ROM 元件的位址與資料匯流排皆並接在一起，而由控制線選取目前是讀取那一個

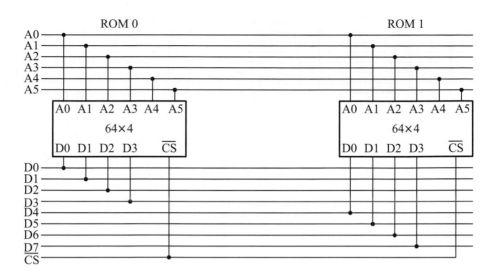

圖 8.1-2: 記憶器語句寬度擴充例

ROM 元件的資料，未被選取的 ROM 元件，其資料輸出端為高阻抗，所以不影響資料匯流排的動作。

8.1.1.2 語句寬度擴展方法　語句寬度擴展的主要目的是並接多個窄語句寬度的記憶器模組，成為一個具有相同容量的寬語句寬度的記憶器模組。例如在圖 8.1-2 中，每一個 ROM 都為 64×4，並接 2 個 ROM 後，成為一個 64×8 的 ROM 模組。其方法為並接兩個 ROM 的位址匯流排與 $\overline{CS}$ 控制線，而資料匯流排分開。因此，兩個記憶器元件同時被選取，而存取相同位址的語句，但是分別送往不同的匯流排上，即相當於一個具有 8 個位元寬度的記憶器模組。

8.1.1.3 容量與語句寬度同時擴展方法　在設計一個實際的系統時，常常遇到的一個問題是：為符合系統實際上的需求或是降低系統的硬體成本，往往必須同時作容量及語句寬度的擴充。此時可以結合上述兩種方法，例如在圖 8.1-3 中，每一個 ROM 都為 64×4，其中 ROM 0 與 ROM 2 (由 $\overline{CS0}$ 控制線選取) 及 ROM 1 與 ROM 3 (由 $\overline{CS1}$ 控制線選取) 分別做語句寬度擴充為一個 64×8 的 ROM 模組後，兩個 64×8 的 ROM 模組再做容量擴充，成為一個 128×8 的 ROM 模組。

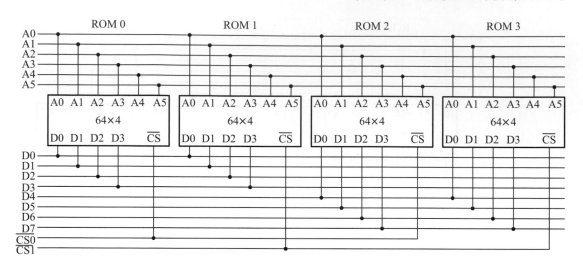

圖 8.1-3: 記憶器容量與語句寬度同時擴充例

8.1.2 記憶器位址解碼原理

　　為使系統能符合實際的需要及保持硬體成本在一個可以接受的價位之內，在設計微處理器系統時，通常必須混合使用各種類型 (SRAM、ROM、EEP-ROM、DRAM) 與各種容量的記憶器元件。例如在工業控制系統中，必須使用 ROM、PROM、快閃記憶體等儲存系統程式；使用 RAM (SRAM 或 DRAM) 儲存運算過程中的資料。

　　因此在設計微處理器系統時，首先必須劃分系統的記憶器位址空間為許多區域，以容納各種不同類型與容量的記憶器，然後使用一個特殊的電路，稱為位址解碼器 (address decoder)，由 CPU 的記憶器空間產生記憶器元件的晶片致能信號 $\overline{CS}$ ($\overline{CE}$ 或 CE)，以控制該記憶器元件的動作與否。

　　對應系統中的記憶器空間 (在 8086/8088 中為 1 M 位元組) 到每一個記憶器元件上的函數 (或動作) 稱為位址解碼 (address decoding)。依據系統空間 (CPU 可以直接存取的所有空間) 與元件 (或裝置) 實際所欲擁有的空間的映成關係，位址解碼的原理可以分成：部分位址解碼 (partial decoding)、完全解碼 (total decoding)、區段位址解碼 (block address decoding) 等三種。

表 **8.1-1:** 例題 8.1-1 的位址解碼電路

A9	A8	A7	A6	十六進制	$\overline{CS}$
0	0	0	0	0	$\overline{CS0} = A9 + A6$
0	0	1	1	3	$\overline{CS1} = A9 + \overline{A7}$
0	1	0	1	5	$\overline{CS2} = A9 + \overline{A8}$
1	0	1	1	B	$\overline{CS3} = \overline{A9} + A8$
1	1	0	1	D	$\overline{A9} + A7$
1	1	1	0	E	$\overline{A9} + A6$

8.1.2.1 部分位址解碼　在部分位址解碼中，只有部分位址信號參與位址解碼的動作，因而未能唯一的定義記憶器元件的實際位址。部分位址解碼電路最簡單，因此在執行上最便宜。其主要缺點為無法完全使用 CPU 的位址空間，並造成日後記憶器系統擴充上的困難。下列例題說明如何使用部分位址解碼的方式，設計圖 8.1-1 的位址解碼電路。

■ **例題 8.1-1:** 部分位址解碼

　　試以部分位址解碼的原理，設計一個位址解碼電路，產生圖 8.1-1 中，需要的 $\overline{CS}$ 控制信號。假設可以使用的系統空間為 1k 個 4 位元語句。

解：由圖 8.1-1 可以得知，每一個 ROM 皆為 64 個 4 位元語句，欲指定每一個 4 位元語句必須使用 A0 ～ A5 等位址線，另外因為系統空間為 1k 個 4 位元語句，因此系統空間一共可以分成 16 個 64 個 4 位元語句的區域。採用部分位址解碼時，只需要由 A9 ～ A6 的信號組合中，找出四個不相包含的位址區域即可，例如在表 8.1-1 中，共有 6 個可能的解碼位址可以使用。

　　在使用部分位址解碼時，四個 ROM 通常無法置於連續的位址區內。此外，也同時有多個位址選取相同的 ROM，例如 $\overline{CS1} = A9 + \overline{A7}$，只要 $A9 = \overline{A7} = 0$ 的位址皆致能 $\overline{CS1}$ 而選取 ROM 1。因此共有 2、3、6 與 7 等四個位址區同時映至這一個 ROM。$\overline{CS0} = A9 + A6$，所以也有 0、2、4 與 6 等四個位址區同時映至這一個 ROM。比較 $\overline{CS0}$ 與 $\overline{CS1}$，可以得知 2 與 6 兩個位址區同時啟動 $\overline{CS0}$ 與 $\overline{CS1}$。但是若如表 8.1-1 所示方式，$\overline{CS0}$ 使用位址區 0；$\overline{CS1}$ 使用位址區 3，則可以分開兩個 ROM 的位址區，不會有一個位址區，同時映至兩個 ROM 的情形。$\overline{CS2}$ 與 $\overline{CS3}$ 情形也相同。

8.1.2.2 完全位址解碼 在部分位址解碼中，可能會有多個系統空間位址同時對應到相同的元件或裝置上；在完全位址解碼中，則無此現象，每一個元件或裝置皆擁有唯一的位址區。為了能夠從整個系統空間中，唯一的指定元件或裝置的位址 (區)，完全位址解碼方式需要較多的解碼電路。

下列例題說明如何使用完全位址解碼的方式，設計圖 8.1-1 的位址解碼電路。

■ 例題 8.1-2: 完全位址解碼

試以完全位址解碼的原理，設計一個位址解碼電路，產生圖 8.1-1 中需要的 $\overline{CS}$ 控制信號。假設可以使用的系統空間為 1k 個 4 位元語句。

解： 利用完全位址解碼時，若系統空間仍為 1k 個 4 位元語句，則直接對 A9 ～ A6 解碼，產生 16 條 $\overline{CS}$ 控制線，然後依據實際情形，ROM 應置於那一個位址區內，選取對應的 $\overline{CS}$。若系統中並不需要產生 16 條 $\overline{CS}$ 控制線，例如只需要 4 條即可，則可以如圖 8.1-4 所示方式，對系統空間中的前半段加以解碼即可。注意在完全解碼中，ROM0 ～ ROM3 可以置於連續的位址區，或不連續的位址區，由 $\overline{CS}$ 與解碼器輸出端的連接方式決定。

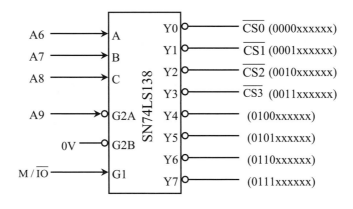

圖 8.1-4: 例題 8.1-2 的位址解碼電路

8.1.2.3 區段位址解碼 區段位址解碼為部分位址解碼與完全位址解碼兩種方式的折衷。在這種方式中，CPU 的記憶器位址空間劃分成許多個以區段位址為單位的區段位址區，然後使用完全位址解碼方式，解出區段位址區。若有需要，區段位址可以再細分為更小的區段位址區。在大型系統設計中，區段位址解碼幾乎是唯一可以使用的基本設計方法，因為在這類系統中，其系統空間必須珍惜使用，才能滿足各類型的元件或裝置需要的位址區之需求。

　　下列例題說明如何使用區段位址解碼的方式，設計圖 8.1-1 的位址解碼電路。

■ 例題 8.1-3: 區段位址解碼

　　試以區段位址解碼原理，設計一個位址解碼電路，產生圖 8.1-1 需要的 $\overline{\text{CS}}$ 控制信號。假設可以使用的系統空間為 4k 個 4 位元語句。

解：由於系統空間為 4k 個 4 位元語句，因此先使用區段位址解碼方式，劃分系統空間為 8 個 512 個 4 位元語句的區段，然後使用完全位址解碼方式，由其中一個區段中，解出各個 ROM 元件需要的 $\overline{\text{CS}}$ 信號。圖 8.1-5 所示的第一個 74LS138 對 A11 ～ A9 解碼，產生 8 條 $\overline{\text{CS}}$ 控制線，相當於 8 個 512 個 4 位元語句的區段；第二個 74LS138 則由第一個區段 (位址區為 0000O ～ 0777O) 中，再由 A8 ～ A6 解碼，產生 8 條 $\overline{\text{CS}}$ 控制線，相當於 8 個 64 個 4 位元語句的區段，其中前面四條 $\overline{\text{CS}}$ 控制線，分別致能圖 8.1-1 中的四個 ROM 元件。

8.1.3　位址解碼電路設計

　　位址解碼電路設計方法一般可以分成下列數種：固定位址解碼、開關選擇位址解碼、PROM 位址解碼、PAL (programmable array logic) 位址解碼等。最常用來設計位址解碼電路的元件則有 NAND 閘 (74xx30)、解碼器 (74xx138/139)、比較器 (74xx85、74xx684/685)、PROM、PAL (16L8) 等。

8.1.3.1　固定位址解碼　固定位址解碼電路為最簡單的一種，它直接使用解碼電路解出選定的位址。這種方式的缺點為解碼電路設計完成後，其位址即告確定，若希望更改解碼位址時，必須重新設計位址解碼電路；其優點則為電路簡單而價格便宜，所以在不需要更改解碼位址的電路中，通常使用此種方式。一般用來執行此種解碼電路的元件有 NAND 閘 (74xx30) 與解碼器 (74xx138/139)

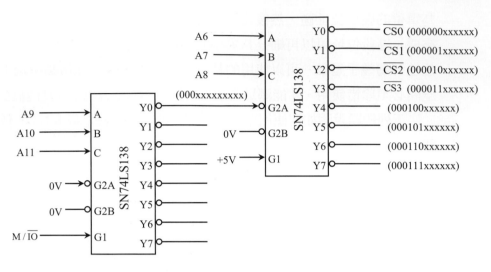

圖 **8.1-5:** 例題 8.1-3 的位址解碼電路

等。下列分別列舉一例。

■ 例題 8.1-4: 使用 NAND 閘設計解碼電路

假設在 8086 系統中，欲使 2 個 8k 位元組的 SRAM (例如 6264) 佔用系統記憶器空間的最前面 16k 位元組，試使用 NAND 閘設計其位址解碼器電路。

解: 8086 的位址信號為: A19 A18 A17 A16 A15 A14 A13 ~ A1，其中 A19 ~ A14 均為 0 而 A13 ~ A1 直接接於 SRAM 中，所以

$$\overline{CS} = A19 + A18 + A17 + A16 + A15 + A14 + \overline{M/\overline{IO}}$$
$$= \overline{\overline{A19} + \overline{A18} + \overline{A17} + \overline{A16} + \overline{A15} + \overline{A14} + M/\overline{IO}}$$

其邏輯電路如圖 8.1-6 所示。

■ 例題 8.1-5: 使用解碼器元件

使用 3 對 8 解碼器 (74LS138) 重新設計例題 8.1-4 的位址解碼電路。

解: 由於 74LS138 的 Yi 函數為:

$$Yi = G1 \cdot \overline{G2A} \cdot \overline{G2B} \cdot (CBA)_2$$

因此若分別連接位址線 A14 ~ A16 於 SN74LS138 的輸入端 A ~ C、A17 連接於 $\overline{G2A}$、A18 與 A19 OR 後連接於 $\overline{G2B}$、而 M/$\overline{IO}$ 連接於 G1，則 Y0 ~ Y7 對應的

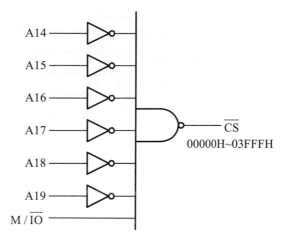

圖 **8.1-6:** 例題 8.1-4 的位址解碼電路

位址區分別如表 8.1-2 所示。結果的電路如圖 8.1-7 所示。

表 **8.1-2:** 例題 8.1-5 的位址區分佈

G1 M/$\overline{\text{IO}}$	$\overline{\text{G2A}}$ (A17)	$\overline{\text{G2B}}$ (A18,A19)	C (A16)	B (A15)	A (A14)	位址區
1	0	0	0	0	0	00000H $\sim$ 03FFFH
1	0	0	0	0	1	04000H $\sim$ 07FFFH
1	0	0	0	1	0	08000H $\sim$ 0BFFFH
1	0	0	0	1	1	0C000H $\sim$ 0FFFFH
1	0	0	1	0	0	10000H $\sim$ 13FFFH
1	0	0	1	0	1	14000H $\sim$ 17FFFH
1	0	0	1	1	0	18000H $\sim$ 1BFFFH
1	0	0	1	1	1	1C000H $\sim$ 1FFFFH

8.1.3.2　開關選擇位址解碼　開關選擇位址解碼方式是以一組關關(通常為 DIP 開關) 設定欲解碼的位址區,這種電路中通常包括一個比較器,比較位址輸入值與開關設定值。若相等,則比較器產生致能的信號輸出;否則,不產生致能的信號輸出。

　　常用的關關選擇位址解碼例子為設定系統中記憶器區的位置,如圖 8.1-8 所示。假設每一個記憶器區為 4k 位元組,則經由 DIP 開關的設定,此記憶器區可以置於系統中的任何一個 4k 位元組的連續區段中(假設系統空間為 64k 位

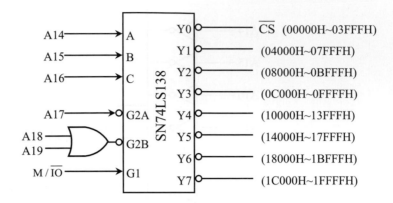

圖 8.1-7: 例題 8.1-5 的位址解碼電路

元組)。

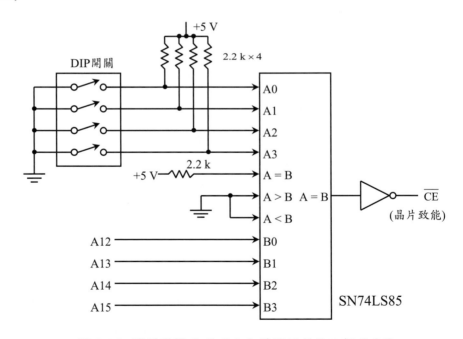

圖 8.1-8: 開關選擇 4k 位元組記憶器區段位址解碼電路

　　開關選擇位址解碼方式的優點為具有彈性,其解碼位址可以由開關的設定更改,缺點則是需要較多的硬體電路,因而成本也較高。

■ 例題 8.1-6: 開關選擇位址解碼電路

假設在某一個系統中，劃分 64k 位元組的記憶器空間為 16 個區段，每一個區段為 4k 位元組，若希望每一個區段的記憶器能任意地使用任何區段的位址區，則其位址解碼電路應如何設計？

解：如圖 8.1-8 所示，使用一個 4 位元大小比較器 (74LS85)，其中一組輸入 (A0 ∼ A3) 接於 4 個指撥開關；另一組輸入 (B0 ∼ B3) 則接於位址線 (A12 ∼ A15)。經由指撥開關值的設定，即可以對應一個 4k 位元組的記憶器到任何一個 4k 位元組的記憶器空間中。例如：當 A0 A1 A2 A3 = 1001 時，若 A12 A13 A14 A15 = 1001，則 $\overline{CE}$ = 0，選取該記憶器；否則 $\overline{CE}$ = 1，該記憶器不被選取。在這種情況下，該記憶器被對應到區段 9 (1001) 的位址空間中。

8.1.3.3　PROM 位址解碼　另外一種常用的位址解碼方式為利用 PROM 元件 (EEPROM/Flash 等元件也屬於此類型，但是具有較長的存取時間)。PROM 位址解碼原理主要是利用 PROM 的結構：內部是由一個 AND 陣列與一個可規劃的 OR 陣列組成。對於一個 512×8 的 PROM 元件而言，其 AND 陣列可以產生輸入位址信號的所有 512 個最小項，而 OR 陣列則由 8 個 OR 閘組成，每一個 OR 閘均具有 512 個輸入端，分別由一個可規劃元件 (熔絲或是 EEPROM 電晶體)，連接到 AND 陣列的所有最小項的輸出端。經由適當的規劃這些可規劃元件，輸出端的 OR 閘只有連接到需要的最小項上，因而能夠執行需要的交換函數。

一般的 PROM 均有八個輸出線，因此可以產生八個解碼位址輸出，只要適當的規劃 PROM 內容，即可以產生需要的解碼位址信號。下列例題說明如何利用 PROM 元件，設計位址解碼電路。

■ 例題 8.1-7: PROM 位址解碼電路

使用圖 8.1-9 所示的 512×8 的 PROM，設計一個位址解碼電路，產生四個記憶器選擇信號，每一個記憶器為 4k 位元組，四個記憶器所佔用的位址空間分別為：0FC000H ∼ 0FCFFFH；0FD000H ∼ 0FDFFFH；0FE000H ∼ 0FEFFFH；0FF000H ∼ 0FFFFFH。

表 **8.1-3**: 例題 8.1-7 的 PROM 真值表

M/$\overline{\text{IO}}$	A19 ~ A14	A13	A12	O3	O2	O1	O0	記憶器位址區
	PROM 輸入				**PROM 輸出**			
1	1	1	1	0	1	1	1	FF000H ~ FFFFFH($\overline{\text{CS3}}$)
1	1	1	0	1	0	1	1	FE000H ~ FEFFFH($\overline{\text{CS2}}$)
1	1	0	1	1	1	0	1	FD000H ~ FDFFFH($\overline{\text{CS1}}$)
1	1	0	0	1	1	1	0	FC000H ~ FCFFFH($\overline{\text{CS0}}$)
	其它輸入狀態			1	1	1	1	未用

解：依據題意，得到表 8.1-3 所示的其真值表，其對應的 PROM 元件的硬體接線如圖 8.1-9 所示。

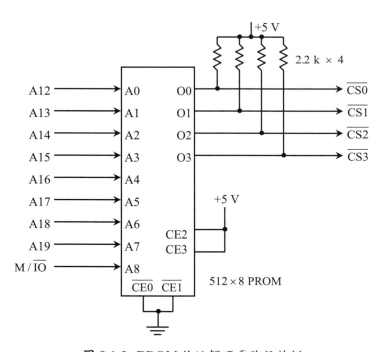

圖 **8.1-9**: PROM 位址解碼電路設計例

8.1.3.4 PAL 位址解碼　PAL 為另外一種常用的邏輯元件，它為一個兩層的 AND-OR 或 AND-NOR 結構，因此可以執行任何交換表式，輸出端也可以經由規劃而設定為真值輸出或補數輸出。

　　PAL 中最常用來當做位址解碼電路的元件為 16L8，其內部邏輯圖如圖 8.1-

10 所示。16L8 最多可以有 16 個輸入端與兩個輸出端；或是最多可以有 8 個輸出端與 10 個輸入端。除了接腳為 12 與 19 的輸出端外，其它輸出端 (共有 6 個) 也都可以當做輸入端使用。

■ 例題 **8.1-8: PAL** 位址解碼電路

　　使用 PAL 16L8 重新設計例題 8.1-7 的位址解碼電路。

解：PAL 16L8 的硬體電路如圖 8.1-11 所示。其 ABEL 程式如下所示。

```
module Ex818 " example 8.1-8 address decoder.
title 'Example 8-8 address decoder.
M. B. Lin, ET NTUST'
Ex818 device 'P16L8';
@ALTERNATE "Use another set of Boolean operators.

declarations
" Input pins assignement
MIO,A12,A13,A14,A15,A16,A17,A18,A19 PIN 1,2,3,4,5,6,7,8,9;

" Output pins assignment
/CS0,/CS1,/CS2,/CS3                  PIN 12,13,14,15;

equations
   /CS0 = MIO*A19*A18*A17*A16*A15*A14*/A13*/A12;
   /CS1 = MIO*A19*A18*A17*A16*A15*A14*/A13*A12;
   /CS2 = MIO*A19*A18*A17*A16*A15*A14*A13*/A12;
   /CS3 = MIO*A19*A18*A17*A16*A15*A14*A13*A12;
end Ex818
```

8.2 SRAM

　　SRAM 內部使用正反器電路儲存資料，由於正反器電路為一個雙穩態電路，只要加於該電路上的電源不中斷，即能持續地保持其資料的完整，因而稱為靜態 RAM (static RAM，SRAM)。SRAM 一般使用在只需要數百 k 個位元組 (例如 512 k) 以下的微處理器系統中；在需要數 M 位元組以上的微處理器系統中，則通常使用 DRAM，以降低整個系統的成本。

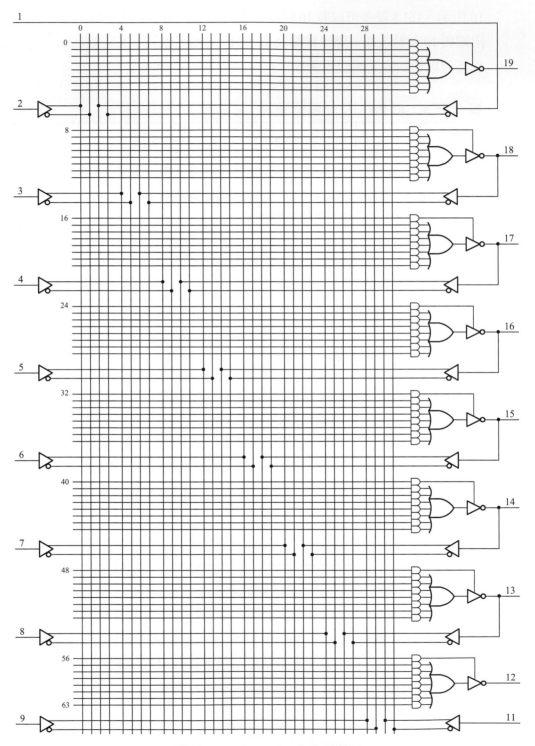

圖 8.1-10: PAL 16L8 內部結構圖

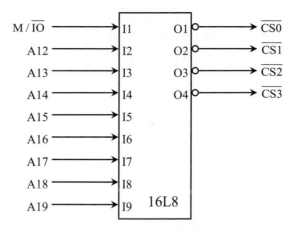

圖 **8.1-11:** PAL 16L8 位址解碼電路例

8.2.1 商用 SRAM 元件

在使用一個商用 SRAM 元件時，除了必須注意元件的各個接腳的功能與邏輯位準之外，也必須考慮時序的正確性，才能正確無誤地自該記憶器中讀取資料，或是儲存資料於該記憶器中。

一般而言，任何一個 SRAM 元件除了電源及接地、位址匯流排、資料匯流排之外，還會具備兩種控制信號：晶片致能或選取 (chip enable 或 chip select) 與讀取與寫入控制 (read and write control)。前者用以致能整個元件的動作，當其未啟動時，資料輸出端為高阻抗；後者則控制資料的流向。

由於 SRAM 一般的資料輸入端與資料輸出端共用相同的接腳，因此其資料輸出一般都先經過一個三態緩衝器緩衝之後，再接往資料輸出腳上。三態緩衝器的動作則由外加輸入端 $\overline{\text{OE}}$ (output enable，輸出致能) 的信號控制。只有在讀取資料時，才需要打開輸出端的三態緩衝器，其它時候，則關閉輸出端的三態緩衝器。

一般而言，在 SRAM 元件中，若只有一條讀取與寫入控制輸入線時，則標示為 R/$\overline{\text{W}}$ (read/write)。在該 SRAM 被選取 (即其 $\overline{\text{CE}}$ 為低電位) 時，若 R/$\overline{\text{W}}$ = 1 為讀取動作；若 R/$\overline{\text{W}}$ = 0 為寫入動作。若一個 SRAM 中有兩條讀取與寫入控制輸入線時，則通常標示為 $\overline{\text{WE}}$ (write enable，寫入致能) 與 $\overline{\text{OE}}$。在該 SRAM

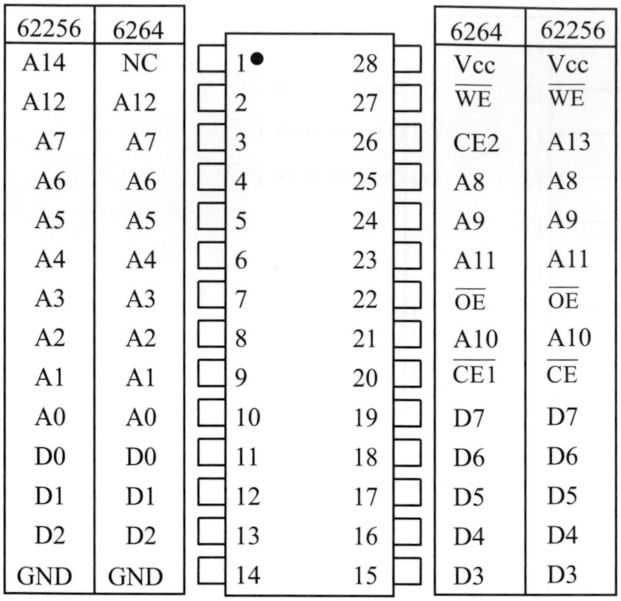

62256	6264			6264	62256
A14	NC	1●	28	Vcc	Vcc
A12	A12	2	27	$\overline{\text{WE}}$	$\overline{\text{WE}}$
A7	A7	3	26	CE2	A13
A6	A6	4	25	A8	A8
A5	A5	5	24	A9	A9
A4	A4	6	23	A11	A11
A3	A3	7	22	$\overline{\text{OE}}$	$\overline{\text{OE}}$
A2	A2	8	21	A10	A10
A1	A1	9	20	$\overline{\text{CE1}}$	$\overline{\text{CE}}$
A0	A0	10	19	D7	D7
D0	D0	11	18	D6	D6
D1	D1	12	17	D5	D5
D2	D2	13	16	D4	D4
GND	GND	14	15	D3	D3

$\overline{\text{WE}}$	$\overline{\text{CE}}$	$\overline{\text{OE}}$	動作模式	Dn
x	1	x	未選取	高阻抗
1	0	1	輸出抑制	高阻抗
1	0	0	讀取	資料輸出
0	0	1	寫入	資料輸入
0	0	0	寫入	資料輸入

註：在6264中假設CE2與$\overline{\text{CE1}}$的信號互為反相

圖 **8.2-1:** 典型的 SRAM (6264/62256)

被選取時，當 $\overline{\text{WE}} = 0$ 為寫入動作；當 $\overline{\text{OE}}$ 為 0 為讀取動作。當 $\overline{\text{OE}}$ 與 $\overline{\text{WE}}$ 皆為 1 時，沒有任何動作，該 SRAM 的資料輸出端為高阻抗狀態。

8.2.1.1 商用元件 兩個典型而常用的標準 SRAM 元件為 6264 與 62256，其中 6264 為 8k × 8 的元件；62256 則為 32k × 8 的元件。這兩個元件的接腳圖如圖 8.2-1 所示。6264 具有兩條晶片選擇輸入線 ($\overline{\text{CE1}}$ 與 CE2) 與兩條讀取與寫入控制輸入線：$\overline{\text{OE}}$ 與 $\overline{\text{WE}}$；62256 只具有一條晶片選擇輸入線 ($\overline{\text{CE}}$) 與兩條讀取與寫入控制輸入線：$\overline{\text{OE}}$ 與 $\overline{\text{WE}}$。

8.2.1.2 讀取時序 6264/62256 的讀取時序如圖 8.2-2 所示，各個時序的參數值如表 8.2-1 所示。在自 6264/62256 讀取資料時，$\overline{\text{CE}}$ 與 $\overline{\text{OE}}$ 都必須接於低電位，成立的資料在下列三個條件均滿足之後，出現於資料輸出端：

1. 在成立的位址信號加於位址輸入端的 t_{AA} 時間之後；

2. 在 $\overline{\text{CE}}$ 信號為低電位的 t_{AC} 時間之後；

3. 在 $\overline{\text{OE}}$ 信號為低電位的 t_{OE} 時間之後，即 t_{AA}、t_{AC}、t_{OE} 等三個時間參數，最慢滿足者決定成立的資料出現於資料輸出端上的時間。

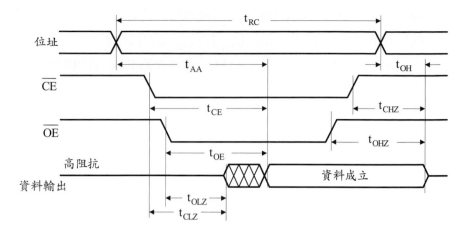

圖 8.2-2: 6264/62256 SRAM 讀取時序 (6264 的 CE2 假設接於高電位或是與 $\overline{\text{CE}}$ 反相)

t_{AA}、t_{AC}、t_{OE} 等三個時間參數如表 8.2-1 所示。對大部分的記憶器元件而言，t_{AA} 的值均會與 t_{AC} 相同，而 t_{OE} 的數值均小於 t_{AA} 或是 t_{AC}。因此為了能及早由記憶器中讀取資料，$\overline{\text{CE}}$ 控制信號必須儘早啟動，即必須仔細設計 $\overline{\text{CE}}$ 的解碼電路。

表 8.2-1: 6264/62256 SRAM 讀取時序的參數值

符號	參數	HM6264B-10L		MCM60L256A-C	
		最小值	最大值	最小值	最大值
t_{RC}	讀取週期時間	100 ns	-	100 ns	-
t_{AA}	位址存取時間	-	100 ns	-	100 ns
t_{AC}	$\overline{\text{CE}}$ 存取時間	-	100 ns	-	100 ns
t_{OE}	$\overline{\text{OE}}$ 存取時間	-	50 ns	-	50 ns
t_{OH}	由位址改變起算的輸出持住時間	10 ns	-	10 ns	-
t_{CLZ}	由 $\overline{\text{CE}}$ 啟動到輸出不為高阻抗的時間	10 ns	-	10 ns	-
t_{OLZ}	由 $\overline{\text{OE}}$ 啟動到輸出不為高阻抗的時間	5 ns	-	5 ns	-
t_{CHZ}	由 $\overline{\text{CE}}$ 不啟動到輸出為高阻抗的時間	0 ns	35 ns	0 ns	35 ns
t_{OHZ}	由 $\overline{\text{OE}}$ 不啟動到輸出為高阻抗的時間	0 ns	35 ns	0 ns	35 ns

6264/62256 元件的資料輸出端 (D7 ～ D0) 在 $\overline{\text{CE}}$ 控制信號啟動後的 t_{CLZ} 及 $\overline{\text{OE}}$ 控制信號啟動後的 t_{OLZ} 時，開始啟動。在連續的讀取動作中，$\overline{\text{CE}}$ 與 $\overline{\text{OE}}$ 控制信號可以持續維持在啟動狀態，而只更動位址信號，在此情況下，資料輸出端的資料在位址改變時，依然會維持一段穩定的時間，稱為輸出資料持住

時間 (t_{OH})。在 $\overline{CE}$ 或是 $\overline{OE}$ 控制信號恢復為不啟動狀態 (即為高電位) 時，資料輸出端在經過 t_{CHZ} 或是 t_{OHZ} 後，恢復為高阻抗狀態。

由圖 8.2-2 可以得知，SRAM 的資料存取時間有四種說法：

- 位址存取時間 (address access time，t_{AA})：由加入位址信號到 SRAM 元件的位址輸入端起算到成立 (即穩定) 的資料出現在資料輸出端 (D) 的時間；
- $\overline{CE}$ 存取時間 ($\overline{CE}$ access time，t_{AC})：由 $\overline{CE}$ 脈波的負緣起算到成立 (即穩定) 的資料出現在資料輸出端 (D) 的時間；
- $\overline{OE}$ 存取時間 ($\overline{OE}$ access time，t_{OE})：由 $\overline{OE}$ 脈波的負緣起算到成立 (即穩定) 的資料出現在資料輸出端 (D) 的時間。
- 讀取週期時間 (read cycle time，t_{RC})：為連續存取兩個隨意位址的資料時，需要的最小時間間隔。

一般在評述一個 SRAM 元件的性能時，大多以讀取週期時間為之。目前的 SRAM 元件，其讀取週期時間大約為 5 ~ 10 ns，而且此數值一般也為位址存取時間 (t_{AA}) 或是 $\overline{CE}$ 存取時間 (t_{AC}) 的最大值。

注意：由於製程技術的進步及成熟，SRAM 或是其它記憶器元件的存取時間或是週期時間也日新月異，本書中所列數值僅作為觀念介紹之用。讀者於實際設計記憶器模組時，必須參考廠商提供的最新資料。

8.2.1.3 寫入時序 一般而言，SRAM 元件的資料寫入動作的控制方式有兩種：$\overline{WE}$ 信號控制與 $\overline{CE}$ 信號控制等，如圖 8.2-3 所示。圖 8.2-3(a) 所示時序為 6264/62256 SRAM 元件使用 $\overline{WE}$ 信號控制資料的寫入動作；圖 8.2-3(b) 則為使用 $\overline{CE}$ 信號的控制方式。相關的時序參數值如表 8.2-2 所示。若仔細觀察兩個圖中的時序，可以發現 6264/62256 SRAM 元件的寫入動作，其實是由 $\overline{CE}$ 與 $\overline{WE}$ 兩個信號中，較早結束的信號控制。

為使資料能正確地寫入該 SRAM 中，送出的資料在時序上必須符合該 SRAM 元件時序圖上標示的數值，尤其是資料設定時間 (data setup time，t_{DS}) 與資料持住時間 (data hold time，t_{DH})。所謂的資料設定時間指在一個記憶器 (門閂或正反器) 電路中，資料在被閂入 (或稱鎖入) 記憶器 (門閂或正反器) 之前，必須保持在穩定值狀態的最小時間；資料持住時間指當一個資料在被閂入記

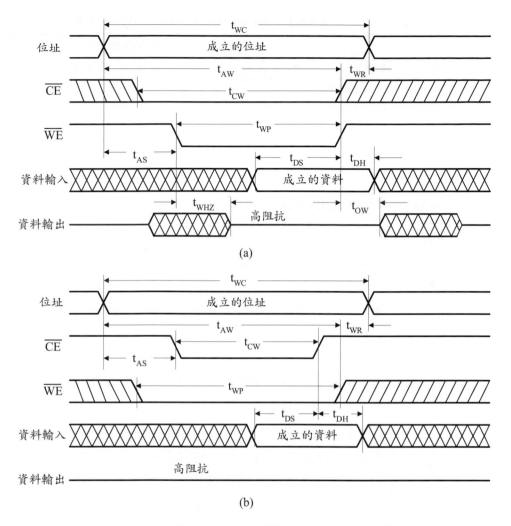

圖 8.2-3: 6264/62256 SRAM 寫入時序：(a) $\overline{\text{WE}}$ 控制方式；(b) $\overline{\text{CE}}$ 控制方式 (6264 的 CE2 假設接於高電位或是與 $\overline{\text{CE}}$ 反相)

憶器 (閂閂或正反器) 之後，必須持續保持在其穩定值狀態的最小時間。由於在 SRAM 中，實際的資料寫入動作是發生在 $\overline{\text{WE}}$ ($\overline{\text{CE}}$) 控制信號的正緣，因此上述兩個時間限制的參考點為 $\overline{\text{WE}}$ ($\overline{\text{CE}}$) 控制信號的正緣。

詳細的寫入動作時序如圖 8.2-3 所示；相關的時序參數值則列於表 8.2-2 中。在 $\overline{\text{WE}}$ ($\overline{\text{CE}}$) 控制的寫入動作中，位址信號在 $\overline{\text{WE}}$ ($\overline{\text{CE}}$) 控制信號啟動之前必須已經穩定一段時間，稱為位址設定時間 (t_{AS})；位址信號在 $\overline{\text{WE}}$ 控制信號恢

表 8.2-2: 6264/62256 SRAM 寫入時序的參數值

符號	參數	HM6264B-10L		MCM60L256A-C	
		最小值	最大值	最小值	最大值
t_{WC}	寫入週期時間	100 ns	-	100 ns	-
t_{AS}	位址設定時間	0 ns	-	0 ns	-
t_{AW}	位址成立到寫入週期結束的時間	80 ns	-	80 ns	-
t_{WP}	寫入脈波寬度	60 ns	-	60 ns	-
t_{DS}	資料設定時間	40 ns	-	35 ns	-
t_{DH}	資料持住時間	0 ns	-	0 ns	-
t_{OHZ}	由 $\overline{OE}$ 不啟動到輸出為高阻抗的時間	0 ns	35 ns	0 ns	35 ns
t_{WHZ}	$\overline{WE}$ 啟動到輸出為高阻抗的時間	0 ns	35 ns	0 ns	25 ns
t_{WLZ}	$\overline{WE}$ 不啟動到輸出為不高阻抗的時間	5 ns	-	10 ns	-
t_{WR}	寫入恢復時間	0 ns	-	0 ns	-
t_{CW}	$\overline{CE}$ 啟動到寫入週期結束的時間	80 ns	-	80 ns	-

復為不啟動之後,必須繼續穩定一段時間,稱為位址持住時間。在 SRAM 中的寫入恢復時間 (t_{WR}),本質上即為位址持住時間。寫入資料在 $\overline{WE}$ ($\overline{CE}$) 控制信號恢復為不啟動 (即正緣) 之前,必須已經穩定一段時間,稱為資料設定時間 (t_{DS});在 $\overline{WE}$ ($\overline{CE}$) 控制信號恢復為不啟動之後,依然必須持續穩定一段時間,稱為資料持住時間 (t_{DH})。

在 $\overline{WE}$ 控制的寫入動作中,若 $\overline{OE}$ 控制信號接於高電位,則在 $\overline{OE}$ 控制信號恢復為不啟動的 t_{OHZ} 時間後,資料輸出端進入高阻抗狀態;若 $\overline{OE}$ 控制信號接於低電位,則在 $\overline{WE}$ 控制信號啟動的 t_{WHZ} 時間後,資料輸出端進入高阻抗狀態,直到 $\overline{WE}$ 控制信號恢復為不啟動的 t_{WLZ} 時間後,資料輸出端才離開高阻抗狀態。在 $\overline{CE}$ 控制的寫入動作中,則資料輸出端維持在高阻抗狀態。

無論在 $\overline{WE}$ 或是 $\overline{CE}$ 控制的寫入動作中,$\overline{WE}$ 與 $\overline{CE}$ 控制信號都必須分別維持一段 t_{WP} 與 t_{CW} 的時間。此外,位址信號至少必須維持一段穩定的 t_{WC} 的時間稱為寫入週期時間。

8.2.2 SRAM 與 CPU 界接

在 SRAM 元件與 CPU 模組的界接使用時,必須使用位址解碼電路,適當的對應該記憶器元件到系統允許的一個區段位址區域中。本節中,我們分別以 16 位元與 32 位元的記憶器模組為例，說明如何組合 SRAM 元件為一個與 CPU 模組匹配的記憶器模組，及其相關的位址解碼電路之設計。

8.2.2.1　SRAM 記憶器模組設計　如前所述，SRAM 除了位址信號與資料匯流排之外，有兩種控制信號線必須適當的加上，才能正確地存取該記憶器的資料。這些控制信號為晶片致能及讀取與寫入控制。在使用 SRAM 元件時，通常直接連接 SRAM 的 $\overline{\text{CE}}$ 輸入端於位址解碼器的輸出端，以定義該元件在系統記憶器位址空間中的位址區域；$\overline{\text{RD}}$ 信號線接於 SRAM 元件的 $\overline{\text{OE}}$ 輸入端，因為只有在讀取資料時，才需要打開記憶器輸出端的三態緩衝器；$\overline{\text{WR}}$ 則接於記憶器的 $\overline{\text{WE}}$ 輸入端，致能記憶器的資料寫入電路的動作。

　　圖 8.2-4 所示為四個 62256 與 8086 CPU 模組的連接圖。74LS138 (74F138) 由位址線 A19 ～ A16 及 M/$\overline{\text{IO}}$ 等信號產生 62256 需要的 $\overline{\text{CE}}$ 信號。由於位址線 A19 接於 74LS138 的 $\overline{\text{G2A}}$ 輸入端，而 A18 ～ A16 則依序接於 C ～ A 等輸入端，因此 74LS138 依序解出 0xxxxH ～ 7xxxxH 等 8 個 64k 位元組的位址區段。在圖 8.2-4 中，左邊兩個 62256 佔用 10000H ～ 1FFFFH 的 64k 位元組記憶器位址空間；右邊兩個 62256 則佔用 00000H ～ 0FFFFH 的 64k 位元組記憶器位址空間。

　　在讀取週期中，由於 $\overline{\text{WR}}$ 信號均保持在高電位，兩個記憶器庫的 $\overline{\text{WE}}$ 輸入端均為高電位信號，但是此時 $\overline{\text{OE}}$ 輸入端由於 $\overline{\text{RD}}$ 信號的加入而為低電位，所以若其 $\overline{\text{CE}}$ 輸入端也為低電位，則該記憶器庫被致能，而輸出由位址線指定的記憶器語句內容於資料匯流排上。

　　在寫入週期中，由於 $\overline{\text{RD}}$ 信號均保持在高電位，兩個記憶器庫的 $\overline{\text{OE}}$ 輸入端均為高電位信號，因此其輸出緩衝器處於關閉狀態，但是 $\overline{\text{WE}}$ 輸入端由於 $\overline{\text{WR}}$ 與 A0(或 $\overline{\text{BHE}}$) 信號的加入而為低電位，所以若其 $\overline{\text{CE}}$ 輸入端也為低電位，則該記憶器庫的寫入電路被致能，而寫入資料匯流排上的資料於由位址線指定的記憶器語句內。

8.2.2.2　32 位元 SRAM 記憶器模組　圖 8.2-5 所示為 8 個 62256 與 80386/80486 CPU 模組的連接圖。兩個 PAL16L8 U1 與 U2 分別由位址線 A31 ～ A17、$\overline{\text{BE3}}$ ～ $\overline{\text{BE0}}$、W/$\overline{\text{R}}$、及 M/$\overline{\text{IO}}$ 等信號產生 62256 需要的 $\overline{\text{CE}}$ 與 $\overline{\text{WE}}$ 等信號。在圖 8.2-5 中，左邊四個 62256 與右邊四個 62256 分別佔用 128k 位元組記憶器位址空間。

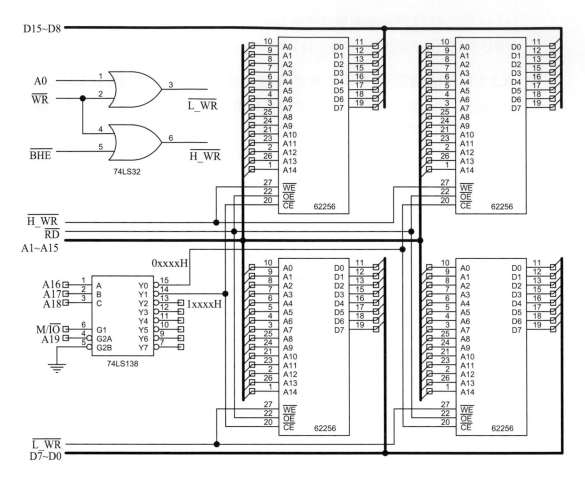

圖 8.2-4: 62256 與 8086 CPU 模組的界接

至於它們在記憶器位址空間中的實際位置，則由兩個 PAL16L8 的內容決定。

■ 例題8.2-1: 圖 8.2-5 的記憶器解碼電路設計例

假設在圖 8.2-5 的 32 位元記憶器模組中，左邊四個 62256 佔用 00000000H ～ 0001FFFFH 等 128k 位元組空間；右邊四個 62256 分別佔用 00020000H ～ 0003FFFFH 等 128k 位元組記憶器位址空間。試設計圖中的兩個 PAL16L8 的內容。

解：兩個 PAL16L8 U1 與 U2 的 ABEL 程式如下所示。U1 由位址信號 A31 ～ A22 解出 A31 ～ A22＝0 ～ 0 的位址區選擇信號/SELU2；U2 由/SELU2、A21 ～

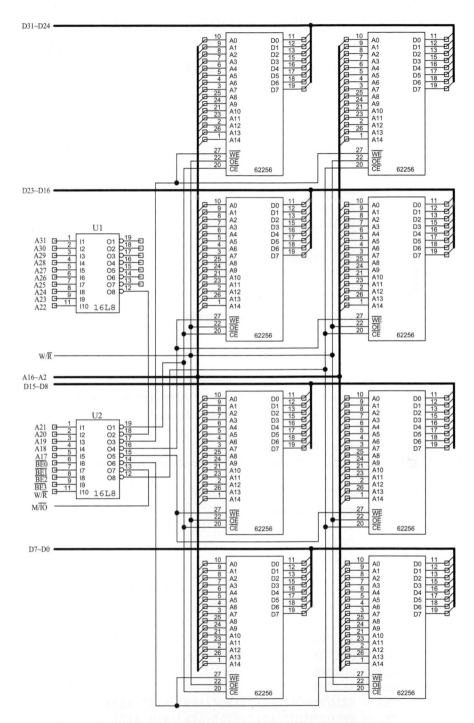

圖 8.2-5: 62256 與 80386/80486 CPU 模組的界接

A17、$\overline{BE3} \sim \overline{BE0}$、$W/\overline{R}$、及 $M/\overline{IO}$ 等信號產生 62256 需要的 $\overline{CE}$ ($\overline{O1}$ 與 $\overline{O8}$) 與 $\overline{WE}$ ($\overline{O3}$、$\overline{O4}$、$\overline{O5}$、$\overline{O6}$) 等信號。在 U2 元件中，$\overline{O2}$ 輸出端當作/SELU2 信號的輸入端；$\overline{O7}$ 輸出端當作 $M/\overline{IO}$ 信號的輸入端。

```
module Ex822a" example 8.2-2 U1 address decoder.
title 'Example 8.2-2 U1 address decoder.
M. B. Lin, ET NTUST'
Ex822a device 'P16L8';
@ALTERNATE "Use another set of Boolean operators.

declarations
" Input pins assignment
A31,A30,A29,A28,A27,A26,A25,A24,A23,A22  PIN 1,2,3,4,5,6,7,8,9,11;

" Output pins assignment
/SELU2                                    PIN 12;

equations
    SELU2 = /A31*/A30*/A29*/A28*/A27*/A26*/A25*/A24*/A23*/A22;
end Ex822a
```

 (a) PAL16L8 的程式U1ABEL

```
module Ex822B " example 8.2-2 U2 address decoder.
title 'Example 8.2-2 U2 address decoder.
M. B. Lin, ET NTUST'
Ex822B device 'P16L8';
@ALTERNATE "Use another set of Boolean operators.

declarations
" Input pins assignment
A21,A20,A19,A18,A17,/BE0,/BE1,/BE2,/BE3   PIN 1,2,3,4,5,6,7,8,9;
/WR,MIO,/SELU2                            PIN 11,13,18;
" Output pins assignment
/WE0,/WE1,/WE2,/WE3                       PIN 14,15,16,17;
/CE1,/CE2                                 PIN 19,12;

equations
    WE0 = BE0*WR;
    WE1 = BE1*WR;
    WE2 = BE2*WR;
    WE3 = BE3*WR;
    CE1 = SELU2*MIO*/A21*/A20*/A19*/A18*/A17;
    CE2 = SELU2*MIO*/A21*/A20*/A19*/A18*A17;
end Ex822B
```

(b) PAL16L8 U2 的 ABEL 程式

8.3 快閃記憶器

　　唯讀記憶器 (read-only memory，ROM) 是微處理器記憶器系統中最重要的記憶器元件之一。它的結構如同一種記憶器矩陣，其內容一經決定後，即永久固定 (記憶)，微處理器不能再以任何方法加以改變。同時，ROM 也是非破壞性的記憶器，並且有隨意讀取的特性。因此，它們經常使用於字元產生器、數碼翻譯電路、儲存微處理器程式、儲存 PC 開機程式、查表等多方面的應用。

　　由於 ROM 記憶器元件具有低成本、高速度、系統設計彈性，以及非破壞性的資訊儲存等特性，在當今的各種數位系統產品中，它都佔有重要的地位。

　　市場需求決定產品的存在與否，加上半導體製造技術的快速發展，更快的、更大容量的、更有彈性的 ROM 裝置已經陸續的發展出來。目前 ROM 的類型大致上可以分成三大類型：

1. 罩網 ROM(mask ROM)：廠商依使用者需要的資料設計其儲存單元，而於包裝後，即不能改變。這種 ROM 均使用於大量生產的產品中以降低成本。

2. 可規劃 ROM (programmable ROM，PROM)：由使用者自行規劃，但是其內容一經規劃後，即永久固定，所以只能規劃一次。這一種 ROM 屬於 OTP (one time programmable) 元件的一種。

3. 可清除可規劃 ROM (erasable PROM，EPROM)：此種 ROM 可以任意地規劃或清除其內容。依清除內容的方式又可以分成紫外光清除的 PROM (稱為 UV-EPROM) 與電氣清除的 PROM (稱為 EEPROM，electrical erasable PROM) 兩種。

　　電氣清除的 PROM (EEPROM) 通常稱為快閃記憶器 (Flash memory)。與 UV-EPROM 比較之下，它們具有可以直接在 PCB 上，做資料的清除與規劃動作，因此目前已經逐漸取代 UV-EPROM 元件，廣泛地使用在各種類型的數位系統中。

　　快閃記憶器的典型應用為：

- 使用於 smart 卡、SIM 卡中儲存使用者的資料。

- 使用於 smart media 中儲存數位相機的取像資料。

- 於汽車工業中，快閃記憶器可以用來儲存汽車的故障碼，方便修復時的判讀之用。

- 在 PnP(plug and play) 的 I/O 卡中，儲存該卡的 I/O 位址及中斷類型。

- 使用於 PC 系統的 BIOS 中，儲存開機程式與機器的組態設定值。

8.3.1 商用快閃記憶器元件 (28C 系列)

　　隨著電子電路與 IC 製造技術的進步，目前大部分的商用快閃記憶器 (Flash 或是稱為 EEPROM)(例如 Xicor 公司的 28C 系列元件)，其資料的存取方式與 SRAM 元件已無差別，即可以直接隨意地存取任何位元組的資料；少部分元件在寫入資料時，必須以一個頁區 (page) 或是稱為扇形區 (sector) 為單位。本節中將以 28C 系列快閃記憶器 (28C256) 為例，介紹這些元件的基本特性及其使用者界面。

　　早期的 EEPROM 元件，大約只能規劃與清除 100 次左右，目前由於製程技術的改善與成熟，快閃記憶器的規劃與清除次數已經可以達到 1,000,000 次以上，而其資料保存期限可以高達 100 年以上。然而，由於資料規劃時間仍然相當長，每個記憶單元 (位元組) 約為 24 μs，因此只使用於偶而需要寫入資料，但是大部分時間均作為唯讀記憶器的應用中。這類型記憶器元件稱為主要讀取記憶器 (read mostly memory)。

8.3.1.1 接腳功能 典型的商用快閃記憶器元件的接腳分佈與 SRAM 元件相同，而且只使用單一電源。圖 8.3-1 所示為 28Cxx 系列元件，其容量大小由 8k 位元組到 512k 位元組。目前最常用的元件為：28C64 (8k×8)、28C256 (32k×8)、28C010 (128k×8)、與 28C040 (512k×8)。這些元件的各個接腳之功能如下：

　　A18 (到 A14) 到 A00 (位址信號，輸入)：在讀取或是寫入資料時，指定欲存取的位元組位置。

　　D7 到 D0 (資料輸入輸出，雙向)：為記憶器的資料輸入與輸出信號端。

　　$\overline{\text{CE}}$ (chip enable，晶片致能控制線，輸入)：當 $\overline{\text{CE}}$ 接於低電位時，可以讀

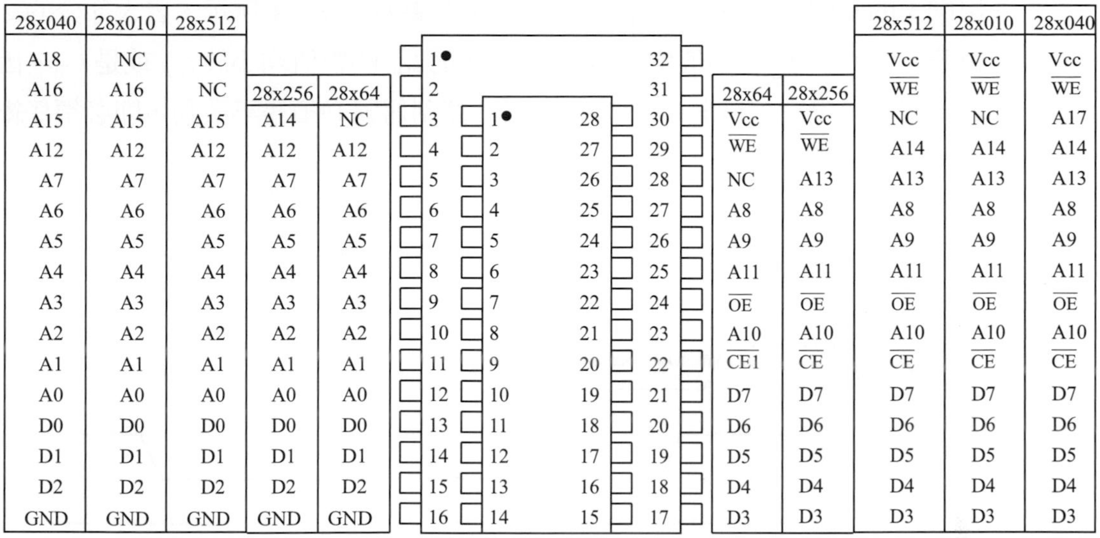

28x040	28x010	28x512	28x256	28x64
A18	NC	NC		
A16	A16	NC		
A15	A15	A15	A14	NC
A12	A12	A12	A12	A12
A7	A7	A7	A7	A7
A6	A6	A6	A6	A6
A5	A5	A5	A5	A5
A4	A4	A4	A4	A4
A3	A3	A3	A3	A3
A2	A2	A2	A2	A2
A1	A1	A1	A1	A1
A0	A0	A0	A0	A0
D0	D0	D0	D0	D0
D1	D1	D1	D1	D1
D2	D2	D2	D2	D2
GND	GND	GND	GND	GND

28x64	28x256	28x512	28x010	28x040
Vcc	Vcc	Vcc	Vcc	Vcc
$\overline{\text{WE}}$	$\overline{\text{WE}}$	$\overline{\text{WE}}$	$\overline{\text{WE}}$	$\overline{\text{WE}}$
NC	NC	NC	NC	A17
$\overline{\text{WE}}$	$\overline{\text{WE}}$	A14	A14	A14
NC	A13	A13	A13	A13
A8	A8	A8	A8	A8
A9	A9	A9	A9	A9
A11	A11	A11	A11	A11
$\overline{\text{OE}}$	$\overline{\text{OE}}$	$\overline{\text{OE}}$	$\overline{\text{OE}}$	$\overline{\text{OE}}$
A10	A10	A10	A10	A10
$\overline{\text{CE1}}$	$\overline{\text{CE}}$	$\overline{\text{CE}}$	$\overline{\text{CE}}$	$\overline{\text{CE}}$
D7	D7	D7	D7	D7
D6	D6	D6	D6	D6
D5	D5	D5	D5	D5
D4	D4	D4	D4	D4
D3	D3	D3	D3	D3

圖 8.3-1: 快閃記憶器 (28 系列) 接腳分佈圖

取或是寫入資料於記憶器中；當 $\overline{\text{CE}}$ 接於高電位時，可以節省功率消耗。

$\overline{\text{OE}}$ (output enable，輸出致能控制線，輸入)：$\overline{\text{OE}}$ 控制資料輸出緩衝器，當它被啟動時，允許自記憶器中讀取資料。

$\overline{\text{WE}}$ (write enable，寫入致能控制線，輸入)：$\overline{\text{WE}}$ 控制對記憶器的資料寫入動作。

8.3.1.2 資料讀取 28C 系列的快閃記憶器的資料讀取方式，與 SRAM 元件相同。在讀取資料時，晶片選擇輸入信號 ($\overline{\text{CE}}$) 與輸出致能 ($\overline{\text{OE}}$) 控制信號必須都啟動 (即為低電位)；當 $\overline{\text{CE}}$ 或是 $\overline{\text{OE}}$ 控制信號恢復為不啟動 (即為高電位) 時，讀取動作即告終止，此時資料匯流排為高阻抗狀態。

詳細的資料讀取時序如圖 8.3-2 所示，成立的資料在下列三個條件都滿足之後，出現於資料輸出端：

1. 在成立的位址信號加於位址輸入端的 t_{AA} 時間之後；

2. 在 $\overline{\text{CE}}$ 信號為低電位的 t_{CE} 時間之後；

3. 在 $\overline{\text{OE}}$ 信號為低電位的 t_{OE} 時間之後。

即 t_{AA}、t_{CE}、t_{OE} 等三個時間參數，最慢滿足者決定成立的資料出現於資料輸出端上的時間。t_{AA}、t_{CE}、t_{OE} 等三個時間參數如表 8.3-1 所示。對大部分的記憶器元件而言，t_{AA} 的值均會與 t_{CE} 相同，而 t_{OE} 的數值均小於 t_{AA} 或是 t_{CE}。因此為了能及早由記憶器中讀取資料，$\overline{CE}$ 控制信號必須儘早啟動，即必須仔細設計 $\overline{CE}$ 的解碼電路。

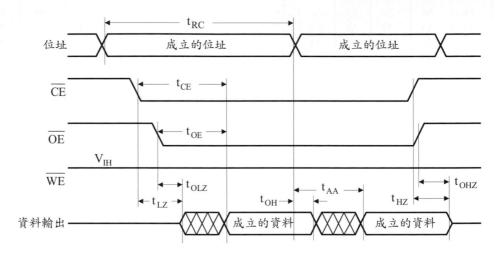

圖 8.3-2: 典型的快閃記憶器資料讀取時序圖

表 8.3-1: 28C256 的讀取時序參數值

符號	參數	28C256-70		28C256-90		28C256-12	
		最小值	最大值	最小值	最大值	最小值	最大值
t_{RC}	讀取週期時間	70 ns		90 ns		120 ns	
t_{AA}	位址存取時間		70 ns		90 ns		120 ns
t_{CE}	$\overline{CE}$ 存取時間		70 ns		90 ns		120 ns
t_{OE}	$\overline{OE}$ 存取時間		35 ns		40 ns		50 ns
t_{LZ}	$\overline{CE}$ 啟動到輸出啟動	0 ns		0 ns		0 ns	
t_{OLZ}	$\overline{OE}$ 啟動到輸出啟動	0 ns		0 ns		0 ns	
t_{HZ}	$\overline{CE}$ 不啟動到輸出為高阻抗		35 ns		40 ns		50 ns
t_{OHZ}	$\overline{OE}$ 不啟動到輸出為高阻抗		35 ns		40 ns		50 ns
t_{OH}	輸出資料持住時間	0 ns		0 ns		0 ns	

28C256 元件的資料輸出端 (D7 ～ D0) 在 $\overline{CE}$ 控制信號啟動後的 t_{LZ} 及 $\overline{CE}$ 控制信號啟動後的 t_{OLZ} 時，開始啟動。在連續的讀取動作中，$\overline{CE}$ 與 $\overline{OE}$ 控制信號可以持續維持在啟動狀態，而只更動位址信號，在此情況下，資料輸出端

的資料在位址改變時，依然會維持一段穩定的時間，稱為輸出資料持住時間
(t_{OH})。在 $\overline{CE}$ 或是 $\overline{OE}$ 控制信號恢復為不啟動狀態(即為高電位)時，資料輸出
端在經過 t_{HZ} 或是 t_{OHZ} 後，恢復為高阻抗狀態。

8.3.1.3　資料寫入　寫入資料於 28C 系列元件時，$\overline{CE}$ 與 $\overline{WE}$ 都必須啟動(即接
於低電位)，而 $\overline{OE}$ 接於高電位。與一般的 SRAM 元件相同，28C 系列元件也提
供 $\overline{CE}$ 或是 $\overline{WE}$ 控制的寫入週期，即位址信號由最慢啟動的 $\overline{CE}$，或是 $\overline{WE}$ 控制
信號的負緣，閂入內部位址門閂中，如圖 8.3-3(a) 與 (b) 所示。寫入的資料則
由最快恢復為不啟動狀態的 $\overline{CE}$，或是 $\overline{WE}$ 控制信號的正緣，閂入內部資料門
閂中。由於寫入動作必須歷經一個較 SRAM 為長的時間，在 28C256 元件中，
一旦一個位元組的寫入動作啟動之後，內部電路即自動於 3 ms 之內完成相關
的動作。

詳細的寫入動作時序如圖 8.3-3 所示；相關的時序參數值則列於表 8.3-2
中。在 $\overline{WE}$ ($\overline{CE}$) 控制的寫入動作中，位址信號在 $\overline{WE}$ ($\overline{CE}$) 控制信號啟動之前
必須已經穩定一段時間，稱為位址設定時間 (t_{AS})；位址信號在 $\overline{WE}$ ($\overline{CE}$) 控制
信號啟動之後，依然必須持續穩定一段時間，稱為位址持住時間 (t_{AH})。寫入
資料在 $\overline{WE}$ ($\overline{CE}$) 控制信號恢復為不啟動之前，必須已經穩定一段時間，稱為
資料設定時間 (t_{DS})；寫入資料在 $\overline{WE}$ ($\overline{CE}$) 控制信號恢復為不啟動之後，依然
必須持續穩定一段時間，稱為資料持住時間 (t_{DH})。

在 $\overline{WE}$ ($\overline{CE}$) 控制的寫入動作中，在 $\overline{WE}$ ($\overline{CE}$) 控制信號啟動之前，$\overline{CE}$ ($\overline{WE}$)
控制信號必須已經啟動一段時間，稱為寫入設定時間 (t_{CS})；在 $\overline{WE}$ ($\overline{CE}$) 控制
信號恢復為不啟動之後，$\overline{CE}$ ($\overline{WE}$) 控制信號依然必須持續在啟動的狀態一段
時間，稱為寫入持住時間 (t_{CH})。

為了避免記憶器元件的輸出緩衝器在寫入動作中啟動，在 $\overline{WE}$ ($\overline{CE}$) 控制
的寫入動作中，在 $\overline{WE}$ ($\overline{CE}$) 控制信號啟動的 t_{OES} 時間之前，$\overline{OE}$ 控制信號必須
已經恢復為不啟動 (高電位) 狀態；在 $\overline{WE}$ ($\overline{CE}$) 控制信號恢復為不啟動之後的
t_{OEH} 時間之內，$\overline{OE}$ 控制信號必須依然維持在不啟動 (高電位) 的狀態。t_{OES} 與
t_{OEH} 分別稱為 $\overline{OE}$ 控制信號的不啟動設定與持住時間。

無論是 $\overline{WE}$ 或是 $\overline{CE}$ 控制的寫入動作中，在完成上述的寫入動作之後，快

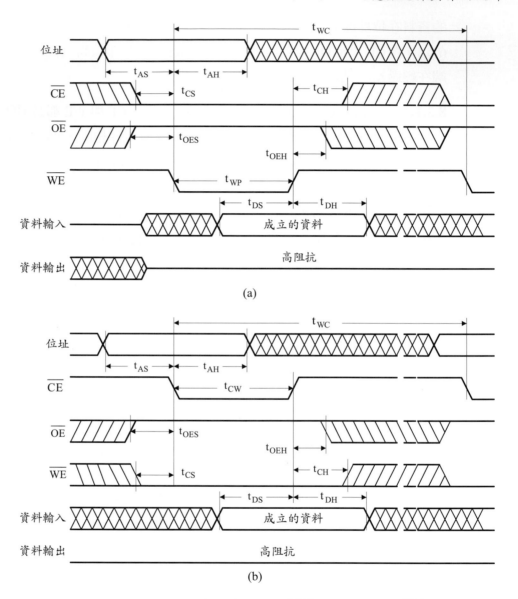

圖 8.3-3: 28C256 快閃記憶器寫入時序：(a) $\overline{\text{WE}}$ 控制方式；(b) $\overline{\text{CE}}$ 控制方式

閃記憶器元件內部即以自我定時的方式，完成內部的資料規劃動作，這個動作需要的時間為一個 t_{WC} 的時間，在 28C256 中為 3 到 5 ms。

表 8.3-2: 28C256 的寫入時序參數值

符號	參數	最小值	典型值	最大值
t_{WC}	寫入週期時間		3 ms	5 ms
t_{AS}	位址設定時間	0 ns	-	
t_{AH}	位址持住時間	50 ns		-
t_{CS}	寫入設定時間	0 ns		-
t_{CH}	寫入持住時間	0 ns		-
t_{CW}	$\overline{CE}$ 脈波寬度	50 ns		-
t_{OES}	$\overline{OE}$ 不啟動設定時間	0 ns		-
t_{OEH}	$\overline{OE}$ 不啟動持住時間	0 ns		-
t_{WP}	$\overline{WE}$ 脈波寬度	50 ns		-
t_{WPH}	$\overline{WE}$ 脈波為高電位的時間	50 ns		-
t_{DV}	資料成立時間	-		1 μs
t_{DS}	資料設定時間	50 ns		-
t_{DH}	資料持住時間	0 ns		-
t_{DW}	輪呼為真值後到下一個寫入的延遲時間	10 ns		-
t_{BLC}	位元組載入時間	150 ns		100 μs

8.3.1.4 頁區寫入動作 由於在快閃記憶器元件中，每一個寫入動作的時間均須耗時一個 t_{WC} 的時間，約 3 到 5 ms。因此，所有快閃記憶器元件均提供有一個快速的資料寫入動作，稱為頁區寫入 (page write) 動作，以連續執行一個頁區的內部資料規劃動作。在頁區寫入動作中，外界電路可以連續寫入一個頁區 (在 28C256 中為 128 位元組) 的資料，然後才啟動內部資料規劃動作，因此可以節省相當多的時間。28C256 的頁區寫入動作時序如圖 8.3-4 所示，與使用 $\overline{WE}$ 控制的單一位元組寫入動作相同，在 $\overline{WE}$ 控制信號的負緣時，閂入資料於內部門閂之中，其次每一個連續的位元組必須在 t_{BLC} 時間 (即 100 μs) 內，寫入記憶器中，否則，啟動內部的資料規劃動作，完成實際的資料規劃動作。

8.3.1.5 寫入動作狀態位元 28C256 與其它快閃記憶器一樣，提供兩個寫入動作狀態位元，以指示目前內部規劃動作是否已經完成。這兩個位元分別為：D7 ($\overline{DATA}$ 輪呼) 與 D6 (交互位元)。

在記憶器元件執行實際的內部規劃動作期間，任何試圖讀取最後一個寫入的資料位元組，在位元 7 (D7) 將得到一個與寫入資料互為補數的位元值，例如寫入資料為 0xxxxxxx，讀取的資料為 1xxxxxxx，但是若實際的內部規劃動

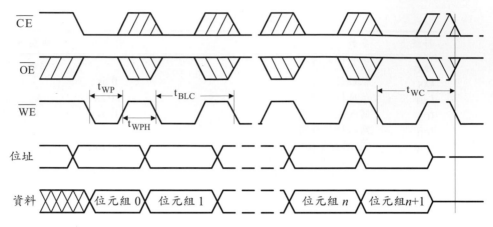

圖 8.3-4: 28C256 快閃記憶體頁區寫入時序

作已經完成,則讀取的資料為實際寫入的資料 0xxxxxxx。此種方法由於使用
位元 7 (D7) 的真值與其補數值,指示實際的內部規劃動作之完成與否,因此
稱為 $\overline{DATA}$ 輪呼方法。

另外一種指示實際的內部規劃動作之完成與否的方法為使用位元 6 (D6) 的
值。當內部規劃動作尚未完成時,在連續的讀取動作中,位元 6 (D6) 的值將交
互改變;當內部規劃動作完成後,在連續的讀取動作中,位元 6 (D6) 的值將不
再交互改變。這種方法稱為交互位元 (toggle bit) 方法

8.3.1.6 資料清除 在位元可寫入的快閃記憶器 (例如 28C256) 中,並不需要特
殊的晶片清除動作;在非位元可寫入的快閃記憶器中,則提供一個晶片清除
模式,以清除整個快閃記憶器中的資料。

在晶片清除模式中,使用者首先寫入 6 個特定的位元組資料於特定的位址
中,以啟動晶片內部的資料清除控制電路,執行資料清除的動作,整個過程
約需 50 ms。晶片清除模式的命令序列為:位址為 5555H,資料為 AAH→ 位址
為 2AAAH,資料為 55H→ 位址為 5555H,資料為 80H→ 位址為 5555H,資料
為 AAH→ 位址為 2AAAH,資料為 55H→ 位址為 5555H,資料為 10H。

8.3.1.7 資料保護 在快閃記憶器中,通常提供硬體與軟體兩種資料保護方法,
以防止不經意的資料寫入動作。硬體資料的保護方法,通常由下列兩種方式
完成:

1. 預設的 V_{CC} 電壓值偵測：當 V_{CC} 小於 3.5 V 時，所有寫入動作均禁止；

2. 寫入禁止：在電源開啟或是關閉時，設定 $\overline{OE}$ 為低電位，而 $\overline{WE}$ 為高電位，或是設定 $\overline{OE}$ 為低電位，而 $\overline{CE}$ 為高電位，則維持資料的完整。

軟體資料的保護方法為寫入一個特定的命令序列完成：位址為 5555H，資料為 AAH→ 位址為 2AAAH，資料為 55H→ 位址為 5555H，資料為 A0H。一旦進入軟體資料保護模式中，任何資料寫入動作均被禁止，包括電源的開啟或是關閉。欲解除軟體資料保護模式，必須寫入一個特定的命令序列：位址為 5555H，資料為 AAH→ 位址為 2AAAH，資料為 55H→ 位址為 5555H，資料為 80H→ 位址為 5555H，資料為 AAH→ 位址為 2AAAH，資料為 55H→ 位址為 5555H，資料為 20H。

8.3.2　快閃記憶器元件與 CPU 界接

圖 8.3-5 所示為四個 28C256 快閃記憶器元件與 8086 CPU 模組的連接圖，在此假設快閃記憶器元件是連接到圖 7.1-11 的 8086 CPU 模組電路上，同時只當作 ROM 元件使用。圖中所示，每一個快閃記憶器元件為 32k 位元組，四個快閃記憶器元件共佔用 128k 位元組的記憶器位址空間，分別佔用位址區 9xxxxH 與 DxxxxH 等兩個 64k 位元組區域。高序記憶器庫 (D15 ～ D8) 由 $\overline{BHE}$ 信號選取；低序記憶器庫 (D7 ～ D0) 由 A0 信號選取。$\overline{BHE}$ 與 A0 直接連接到快閃記憶器元件的 $\overline{CE}$ 輸入端，以避免額外的存取延遲；位址解碼電路 (74LS138) 則解出 $\overline{OE}$ 控制信號。

8.3.2.1　32 位元快閃記憶器元件記憶器模組　圖 8.3-6 所示為 8 個 28C256 元件與 80386/80486 CPU 模組的連接圖。PAL16L8 由位址線 A31 ～ A17 及 $\overline{MRDC}$ 等信號產生 28C256 元件需要的 $\overline{OE}$ 信號。在圖 8.3-6 中，左邊四個 28C256 元件與右邊四個 28C256 元件分別佔用 128k 位元組記憶器位址空間。至於它們在記憶器位址空間中的實際位置，則由 PAL16L8 的內容決定。

■ 例題 8.3-1: 圖 8.3-6 的記憶器解碼電路設計例

假設在圖 8.3-6 的 32 位元記憶器模組中，左邊四個 28C256 元件佔用 00060000H ～ 0007FFFFH 等 128k 位元組空間；右邊四個 28C256 元件分別佔

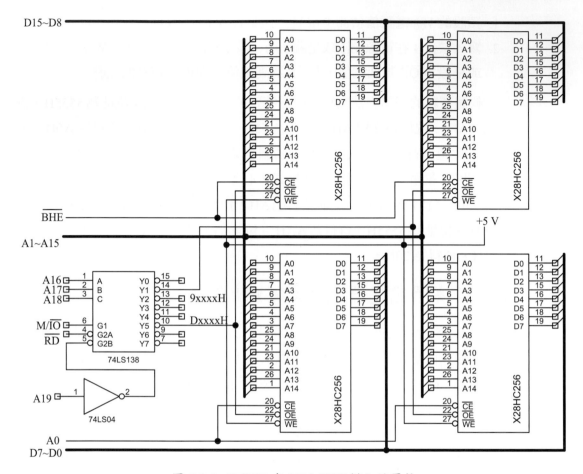

圖 8.3-5: 28C256 與 8086 CPU 模組的界接

用 00080000H ～ 0009FFFFFH 等 128k 位元組記憶器位址空間。試設計圖中的
PAL16L8 的內容。假設 $\overline{MRDC}$ 為記憶器讀取控制信號。

解： PAL16L8 的 ABEL 程式如下列所示。PAL16L8 由位址信號 A31 ～ A17 及
$\overline{MRDC}$ 等信號產生 27C256 需要的 $\overline{OE}(\overline{O1}$ 與 $\overline{O8})$ 信號。

```
module Ex831" example 8.3−1 address decoder.
title 'Example 8.3−1 address decoder.
M. B. Lin, ET NTUST'
Ex831 device 'P16L8';
@ALTERNATE "Use another set of Boolean operators.

declarations
" Input pins assignment
```

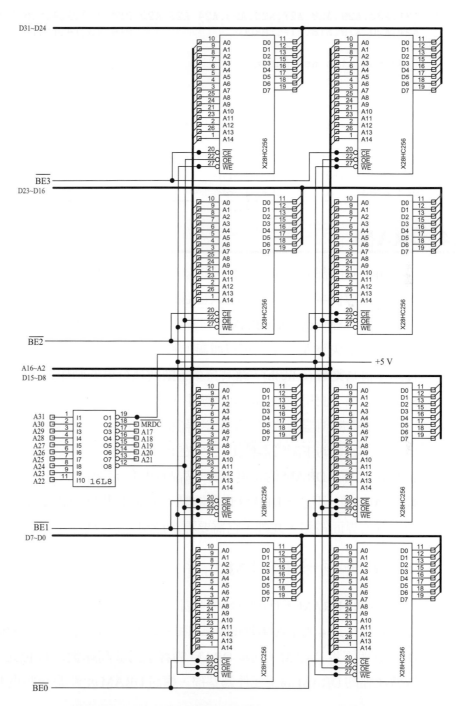

圖 8.3-6: 28C256 元件與 80386/80486 CPU 模組的界接

```
A31,A30,A29,A28,A27,A26,A25,A24,A23,A22 PIN 1,2,3,4,5,6,7,8,9,11;
A21,A20,A19,A18,A17,/MRDC              PIN 13,14,15,16,17,18;

" Output pins assignment
/OE1,/OE2                              PIN 12,19;

equations
OE1 = /A31*/A30*/A29*/A28*/A27*/A26*/A25*/A24*/A23*/A22*/A21*/A20
      */A19*A18*A17*MRDC;
OE2 = /A31*/A30*/A29*/A28*/A27*/A26*/A25*/A24*/A23*/A22*/A21*/A20
      */A19*/A18*/A17*MRDC;
end Ex831
```

8.4 DRAM

DRAM 內部使用電容器的電荷儲存特性保存資料，但是由於儲存的電荷，會因為半導體中的暗電流 (dark current) 之作用而隨著時間慢慢的消失，因而稱為動態 RAM (dynamic RAM)。若希望能持續地保持其資料的完整，則必須在該電荷消失到某一個尚可以辨識的程度之前，再對電容器補充電荷，這一種動作稱為更新 (refresh)。藉著持續不斷地執行更新動作，DRAM 也可以如同 SRAM 一樣，使用在微處理器系統中，儲存大量的數位性資料。

目前微處理器系統中，主記憶器模組的設計，可以採用 SRAM 或 DRAM。但是在大容量的主記憶器模組 (例如在 PC 系統或是工作站) 中通常以 DRAM 較為有利，因為 DRAM 的密度 (每一個晶片的位元數)、位元成本、消耗功率均較 SRAM 低。不過，DRAM 也有缺點：位址使用多工輸入的方式，因此需要較複雜的界面電路，此外，它需要更新控制電路以保持內部資料的完整。

8.4.1 非同步 DRAM 元件

商用的 DRAM 元件的位址信號都是採用多工方式輸入，因而其晶片的記憶器容量是以 4 的倍數遞增的。商用的 DRAM 元件可以分成傳統性的非同步 DRAM 與同步 DRAM。同步 DRAM 的容量已經高達數個 G 位元。本小節中，以傳統性的 DRAM 商用元件為基礎，探討 DRAM 元件的一些重要特性。

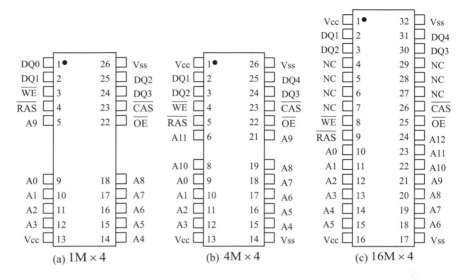

圖 8.4-1: DRAM 元件的接腳分佈圖

8.4.1.1　接腳分佈圖　圖 8.4-1 所示為市場上常用的三種 DRAM 包裝，其容量分別為 4 M 位元、16 M 位元、64 M 等。圖 8.4-1(a) 為 1M×4 的 DRAM；圖 8.4-1(b) 為 4M×4 的 DRAM；圖 8.4-1(c) 為 16M×4 的 DRAM。為因應市場上的需要，DRAM 的記憶單元陣列的排列方式，通常有各種不同的組合，以適應各種存取資料匯流排的需求，下列為 16 M 位元的 DRAM 元件，常見的幾種資料存取方式：

1. 16M×1 (即 16M 位元)

2. 4M×4 (即 4M 半位元組)

3. 2M×8 (即 2M 位元組)

4. 1M×16 (即 1M 語句)

由圖 8.4-1 的各種容量的 DRAM 元件邏輯符號得知：DRAM 元件的接腳信號除了位址與資料匯流排、讀寫控制線 $\overline{WE}$、輸出致能控制線 $\overline{OE}$ 等之外，還有兩條控制線 $\overline{CAS}$ 與 $\overline{RAS}$。其理由為因為 DRAM 元件為一個高容量的記憶器，若如同 SRAM 一樣，直接輸入所有位址線於 DRAM 元件中，其包裝的接腳數目，必然大大的增加，因此傳統上所有 DRAM 元件的位址匯流排都採用多工方式輸入，而分別使用 $\overline{RAS}$ 與 $\overline{CAS}$ 閘入列位址 (row address) 與行位址

(column address) 於內部的列位址門閂與行位址門閂內。

　　讀寫控制線 $\overline{\text{WE}}$ 控制 DRAM 元件的資料匯流排 (DQ) 的資料方向：在讀取資料時，$\overline{\text{WE}}$ 保持為高電位；在寫入資料時，則啟動 $\overline{\text{WE}}$ (為低電位)。輸出致能控制線 $\overline{\text{OE}}$ 控制輸出端三態緩衝閘的動作與否。

　　目前的 DRAM 元件，其資料輸入端 D_{IN} 與輸出端 D_{OUT} 均合併成為單一的接腳 DQ (或稱為 I/O)。

8.4.1.2　位址路徑與時序　DRAM 元件的資料存取路徑與存取時序如圖 8.4-2 所示。圖 8.4-2(a) 為 CPU 位址送達 DRAM 的路徑圖。由圖 8.4-2(b) 的存取時序可以得知，在 CPU 以多工方式送出位址到達 DRAM 元件時，有四個時間必須考慮：

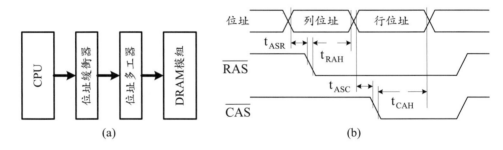

圖 8.4-2: DRAM 的 (a) 存取路徑與 (b) 存取時序

t_{ASR} (row address set-up time，列位址設定時間)：在 $\overline{\text{RAS}}$ 信號啟動之前，列位址必須穩定的出現在 DRAM 元件的位址輸入端的最小時間。

　　t_{RAH} (row address hold time，列位址持住時間)：在 $\overline{\text{RAS}}$ 信號啟動之後，列位址必須穩定的繼續出現在 DRAM 元件的位址輸入端的最小時間。

　　t_{ASC} (column address set-up time，行位址設定時間)：在 $\overline{\text{CAS}}$ 信號啟動之前，行位址必須穩定的出現在 DRAM 元件的位址輸入端的最小時間。

　　t_{CAH} (column address hold time，行位址持住時間)：在 $\overline{\text{CAS}}$ 信號啟動之後，行位址必須穩定的繼續出現在 DRAM 元件的位址輸入端的最小時間。

　　傳送位址到達 DRAM 元件時，首先送出列位址於位址輸入端，然後經過 t_{ASR} 時間後，啟動 $\overline{\text{RAS}}$ 信號，鎖入內部列位址門閂中，並繼續維持列位址至少 t_{RAH} 的時間，讓列位址門閂動作穩定。接著再送出行位址置於位址輸入端，

表 8.4-1: DRAM 位址路徑時序 (HYB 5116405J 4M×4-EDO DRAM)

符號	參數	-50		-60		-70	
		最小值	最大值	最小值	最大值	最小值	最大值
t_{ASR}	列位址設定時間	0 ns	-	0 ns	-	0 ns	-
t_{RAH}	列位址持住時間	8 ns	-	10 ns	-	10 ns	-
t_{ASC}	行位址設定時間	0 ns	-	0 ns	-	0 ns	-
t_{CAH}	行位址持住時間	8 ns	-	10 ns	-	12 ns	-

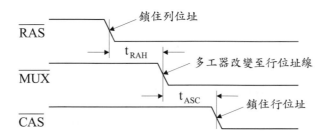

圖 8.4-3: $\overline{\text{RAS}}$、$\overline{\text{CAS}}$、$\overline{\text{MUX}}$ 的時序關係圖

維持一個 t_{ASC} 時間後，啟動 $\overline{\text{CAS}}$ 信號，鎖入行位址門閂中，並繼續維持行位址至少 t_{CAH} 的時間。上述四個時間如表 8.4-1 所示。

在設計 DRAM 系統時，首先必須考慮 $\overline{\text{RAS}}$ 與 $\overline{\text{CAS}}$ 信號的產生，其次因為 DRAM 的列位址與行位址係採用多工輸入方式，多工器選擇輸入端 ($\overline{\text{MUX}}$) 的時序也必須列入考慮；$\overline{\text{RAS}}$、$\overline{\text{CAS}}$、$\overline{\text{MUX}}$ 的時序關係如圖 8.4-3 所示。

$\overline{\text{RAS}}$ 信號通常直接由 $\overline{\text{MREQ}}$ (或由 $\overline{\text{MEMR}}$ 與 $\overline{\text{MEMW}}$ OR) 取得；$\overline{\text{RAS}}$ 延遲 t_{RAH} (至少) 時間後，當作 $\overline{\text{MUX}}$ 信號；$\overline{\text{MUX}}$ 延遲 t_{ASC} 時間 (至少) 後，當作 $\overline{\text{CAS}}$ 信號。一般由 $\overline{\text{RAS}}$ 產生 $\overline{\text{CAS}}$ 信號的方法有：

1. 延遲線；

2. 邏輯閘延遲；

3. 移位暫存器；

4. 移位暫存器與邏輯閘延遲組合使用。

由於這些方法在設計時均相當直覺而簡單，所以不擬詳細討論。

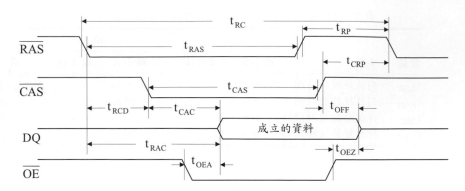

圖 8.4-4: DRAM 讀取週期時序

8.4.1.3 資料讀取週期時序 在讀取資料時，在 $\overline{\text{RAS}}$ 啟動後，啟動的 $\overline{\text{CAS}}$ 除了鎖入行位址於行位址門閂中外，也致能 DRAM 的資料輸出端 (D_{OUT})，因此在經過 t_{CAC} 時間後，在輸出端的三態緩衝器輸入端，即出現成立的資料，若希望資料出現在 DQ 輸出端，則必須啟動 $\overline{\text{OE}}$ 控制信號，如圖 8.4-4 所示。

$\overline{\text{OE}}$ 控制信號控制輸出端三態緩衝器的開啟或是關閉，當 $\overline{\text{OE}}$ 信號啟動 t_{OEA} 時間後，成立的資料即出現在 DQ 輸出端上；在 $\overline{\text{OE}}$ 信號恢復為不啟動 t_{OEZ} 時間後，DQ 輸出端恢復為高阻抗狀態。表 8.4-2 列出一個典型的 16M 位元 DRAM 元件的資料讀取週期時序中，一些較為重要的參數值。

表 8.4-2: DRAM 資料讀取週期時序 (HYB 5116405J 4M×4-EDO DRAM)

符號	參數	-50		-60		-70	
		最小值	最大值	最小值	最大值	最小值	最大值
t_{CAC}	由 $\overline{\text{CAS}}$ 起算的存取時間	-	13 ns	-	15 ns	-	17 ns
t_{CAS}	$\overline{\text{CAS}}$ 脈波寬度	8 ns	10 kns	10 ns	10 kns	12 ns	10 kns
t_{CRP}	$\overline{\text{CAS}}$ 到 $\overline{\text{RAS}}$ 預充電時間	5 ns	-	5 ns	-	5 ns	-
t_{OEA}	$\overline{\text{OE}}$ 存取時間	-	13 ns	-	15 ns	-	17 ns
t_{OEZ}	由 $\overline{\text{OE}}$ 起算的輸出關閉時間	0 ns	13 ns	0 ns	15 ns	0 ns	17 ns
t_{OFF}	輸出緩衝器關閉延遲	0 ns	13 ns	0 ns	15 ns	0 ns	17 ns
t_{RAC}	由 $\overline{\text{RAS}}$ 起算的存取時間	-	50 ns	-	60 ns		70 ns
t_{RAS}	$\overline{\text{RAS}}$ 脈波寬度	50 ns	10 kns	60 ns	10 kns	70 ns	10 kns
t_{RC}	隨意讀取或寫入的週期時間	84 ns	-	104 ns	-	124 ns	-
t_{RCD}	$\overline{\text{RAS}}$ 到 $\overline{\text{CAS}}$ 延遲	12 ns	37 ns	14 ns	45 ns	14 ns	53 ns
t_{RP}	$\overline{\text{RAS}}$ 預充電時間	30 ns	-	40 ns	-	50 ns	-

在連續存取 DRAM 時，除了上述的 $\overline{\text{RAS}}$、$\overline{\text{CAS}}$、$\overline{\text{OE}}$ 等信號的時序必須正確外，也必須注意兩個 $\overline{\text{RAS}}$ 啟動信號之間必須維持一段不啟動的時間稱為預充電時間 (precharge time，t_{RP})，讓 RAM 內部電路能恢復到一個預先設定的狀態，否則會造成資料的錯誤。

由圖 8.4-4 可以得知，DRAM 的資料存取時間有三種說法：

1. 列存取時間 (row access time)：由 $\overline{\text{RAS}}$ 脈波的負緣起算到成立 (即穩定) 的資料出現在資料輸出端 (DQ) 的時間；

2. 行存取時間 (column access time)：由 $\overline{\text{CAS}}$ 脈波的負緣起算到成立 (即穩定) 的資料出現在資料輸出端 (DQ) 的時間；

3. 位址存取時間 (address access time)：由成立 (即穩定) 的行位址加到 DRAM 的位址接腳起算到成立的資料出現在資料輸出端 (DQ) 的時間。

一般在評述一個 DRAM 元件的性能時，大多以列存取時間為之。目前的 DRAM 元件，其列存取時間 t_{RAC} 大約為 50 ns。與 SRAM 一樣，DRAM 也可以定義其週期性時間 (cycle time，t_{RC}) 為連續存取兩個隨意位址的資料，需要的最小時間間隔。由圖 8.4-4 的時序圖得知：週期性時間 (t_{RC}) 除了 $\overline{\text{RAS}}$ 的脈波寬度 (t_{RAS}) 之外，也包括預充電時間 (t_{RP})，即 $t_{\text{RC}} \geq t_{\text{RAS}} + t_{\text{RP}}$。

8.4.1.4 資料寫入週期時序 在寫入資料時，呈現於 DRAM 資料輸入端 DQ 的資料由 $\overline{\text{CAS}}$ 或 $\overline{\text{WE}}$ (視何者最後發生) 信號的負緣鎖入 DRAM 中。若 $\overline{\text{WE}}$ 在 $\overline{\text{CAS}}$ 之前啟動 (稱為早期寫入，early write)，則資料由 $\overline{\text{CAS}}$ 負緣鎖入 DRAM 中；若 $\overline{\text{WE}}$ 在 $\overline{\text{CAS}}$ 之後啟動 (稱為晚期寫入，late write)，則資料由 $\overline{\text{WE}}$ 負緣鎖入 DRAM 中。

早期寫入方式的 DRAM 寫入週期時序如圖 8.4-5 所示。由於 DRAM 元件使用 $\overline{\text{WE}}$ 控制 DQ 接腳的資料流向，在 $\overline{\text{WE}}$ 啟動之後，D_{OUT} 為高阻抗，而與 $\overline{\text{WE}}$ 信號無關，在記憶器模組的設計上較為簡單而有彈性，因此為大部分系統採用。

晚期寫入方式的 DRAM 寫入週期時序如圖 8.4-6 所示。由於 $\overline{\text{WE}}$ 未啟動前，DRAM 是處於讀取狀態，其資料輸出端的三態緩衝閘處於導通的狀態，若此時 $\overline{\text{OE}}$ 信號為啟動狀態，DQ 輸出接腳會有短暫的資料輸出 (圖中未繪出，請參

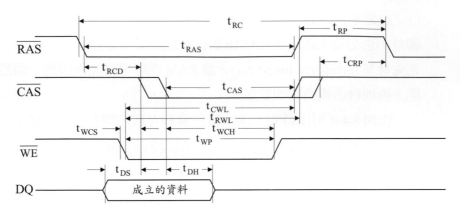

圖 8.4-5: DRAM 寫入週期時序 ($\overline{CAS}$ 控制方式)

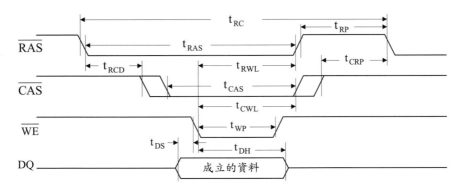

圖 8.4-6: DRAM 寫入週期時序 ($\overline{WE}$ 控制方式)

考圖 8.4-4)。因此,在設計 DRAM 記憶器系統時,必須仔細的考慮記憶器模組彼此之間的信號時序關係,以避免模組之間的輸出與輸入資料在資料匯流排上,相互干擾。

表 8.4-3 列出一個典型的 16M 位元 DRAM 元件的資料寫入週期時序中,一些相關的參數值。

8.4.2 DRAM 資料更新方法

使用 DRAM 元件時,必須持續的每隔一段時間對記憶器單元,做讀取或寫入的動作,以保持儲存資料的完整。一般的 DRAM 元件,其內部的記憶單元都以二維的陣列方式為之,每一個列使用一個感應放大器,作為資料存取的匯流點，因此任何讀取或寫入動作也會對列位址定址的整個列做資料的更新。但是由於一般微處理器系統中，資料的存取動作是隨機的，而不是週期性的依序存取每一個列上的記憶單元，所以無法保證在特定的時間之內，對整個記憶器元件中的每一個列均做過更新的動作，因此更新的動作通常必須由另外一個更新控制電路完成。

目前常用的 DRAM 元件，通常依照其資料匯流排寬度的不同而有不同的列數，例如在 16M 位元的 DRAM 元件中，其內部一般均分成 2,048 或是 4,096 個列；在 64M 位元的 DRAM 元件中，則分成 2,048、4,096、8,192 個列。對於這些 DRAM 元件，整個記憶器必須分別在 32 ms (2,048 個列，稱為 2k 更新)、64 ms (4,096 個列，稱為 4k 更新)、128 ms (8,192 個列，稱為 8k 更新) 內完成資料更新的動作。換言之，每一個列的更新時間為 15.625 μs，整個記憶器的更新時間為：$2^n \times 15.625\ \mu$s，其中 2^n 為 DRAM 的列數。

DRAM 的資料更新 (refresh) 方法，常因不同類型的 DRAM 而異，但是下列為三種基本而共同的方法：

1. 只啟動 $\overline{\text{RAS}}$ 更新 ($\overline{\text{RAS}}$ only refresh)。

2. $\overline{\text{CAS}}$ 在 $\overline{\text{RAS}}$ 前啟動更新 ($\overline{\text{CAS}}$ before $\overline{\text{RAS}}$ refresh)。

3. 隱藏式更新 (hidden refresh)。

8.4.2.1　只啟動 $\overline{\text{RAS}}$ 更新方式　只啟動 $\overline{\text{RAS}}$ 更新方式的時序如圖 8.4-7 所示，每當希望啟動更新動作時，只需要在位址輸入端提供希望更新的列之位址 (稱為更新位址，refresh ad-dress)，然後啟動 $\overline{\text{RAS}}$ 信號，並經過一個 t_{RAS} ($\overline{\text{RAS}}$ pulse

表 8.4-3: DRAM 資料寫入週期時序 (HYB 5116405J 4M×4-EDO DRAM)

符號	參數	-50		-60		-70	
		最小值	最大值	最小值	最大值	最小值	最大值
t_{CWL}	寫入命令領前 $\overline{\text{CAS}}$ 的時間	13 ns	-	15 ns	-	17 ns	-
t_{DH}	資料持住時間	8 ns	-	10 ns	-	12 ns	-
t_{DS}	資料設定時間	0 ns	-	0 ns	-	0 ns	-
t_{RWL}	寫入命令領前 $\overline{\text{RAS}}$ 的時間	13 ns	-	15 ns	-	17 ns	-
t_{WCH}	寫入命令持住時間	8 ns	-	10 ns	-	10 ns	-
t_{WCS}	寫入命令設定時間	0 ns	-	0 ns	-	0 ns	-
t_{WP}	寫入命令脈波寬度	8 ns	-	10 ns	-	10 ns	-

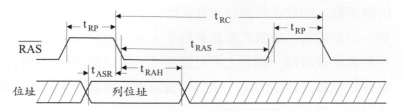

圖 8.4-7: 基本的 DRAM 資料更新方式

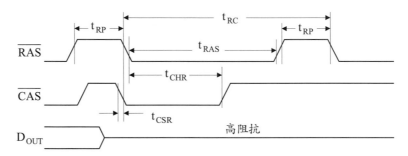

圖 8.4-8: $\overline{\text{CAS}}$ 在 $\overline{\text{RAS}}$ 前啟動更新方式

width，$\overline{\text{RAS}}$ 脈波寬度) 時間即可，這種方式的缺點為外部電路必須提供更新位址，因此使得位址多工器變成 3 對 1 (而非 2 對 1)，增加系統成本。

8.4.2.2 $\overline{\text{CAS}}$ 在 $\overline{\text{RAS}}$ 前啟動更新方式 $\overline{\text{CAS}}$ 在 $\overline{\text{RAS}}$ 前啟動更新方式時序如圖 8.4-8 所示。在正常的存取動作中，$\overline{\text{CAS}}$ 總是在 $\overline{\text{RAS}}$ 之後啟動的；當 $\overline{\text{CAS}}$ 在 $\overline{\text{RAS}}$ 之前 t_{CSR} 啟動時，其次 $\overline{\text{RAS}}$ 啟動信號致能 RAM 內部的更新控制邏輯與位址計數器，因此產生更新的動作。由於 RAM 的位址計數器在每次更新後皆自動加 1，因此只要週期性的啟動此時序，即可以完整的提供資料的更新。這種方式的優點在於外部電路不需要提供更新位址，缺點為必須合成一個較複雜的時序。t_{CSR} 與 t_{CHR} 的典型值如表 8.4-4 所示。

注意：若在 $\overline{\text{CAS}}$ 啟動期間，持續地啟動 $\overline{\text{RAS}}$ 信號，則連續地產生更新動作。即每啟動一個 $\overline{\text{RAS}}$ 信號，可以更新一個列的記憶單元。

8.4.2.3 隱藏式更新方式 隱藏式更新方式時序如圖 8.4-9 所示，在每個讀取或寫入週期結束後，若恢復 $\overline{\text{RAS}}$ 信號為不啟動，然後經過預充電時間後再啟動，而 $\overline{\text{CAS}}$ 仍然維持在啟動狀態，則產生更新週期。這種方式的優點為外部

表 8.4-4: DRAM 資料更新週期時序 (HYB 5116405J 4M×4-EDO DRAM)

符號	參數	-50		-60		-70	
		最小值	最大值	最小值	最大值	最小值	最大值
t_{CHR}	$\overline{CAS}$ 持住時間	10 ns	-	10 ns	-	10 ns	-
t_{CSR}	$\overline{CAS}$ 設定時間	10 ns	-	10 ns	-	10 ns	-

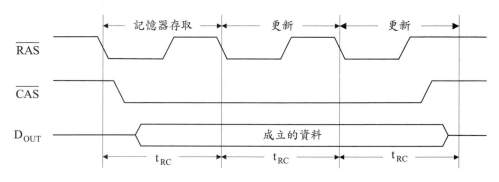

圖 8.4-9: 隱藏式更新方式

電路不需要提供更新位址；缺點為必須合成一個較複雜的時序，同時更新週期附屬於存取週期之後，對於未能在每 32 ms (或 64 ms) 完成 2k 個 (或 4k 個) 存取動作的系統而言，並不適用。

8.4.3　更新電路的設計策略

更新電路的設計策略有三種：

1. 猝發式更新 (burst refresh)

2. 分散式更新 (distributed refresh)

3. 隱藏式更新 (hidden refresh)

猝發式更新技術為每 32 ms (或 64/128 ms) 更新一次，而每次皆連續的更新 2k 個列 (或 4k/8k 個列)。這種設計方式的主要缺點為在更新期間內，CPU 不能存取 DRAM 的資料，因此不適合即時 (real time) 系統的設計。

分散式更新技術則將 2k 個列 (或 4k/8k 個列) 分散在 32 ms (或 64/128 ms) 內，因此約每 15.625 μs 更新一個列，為一種較好的更新方式，它不但滿足 DRAM 資料更新的要求，同時也減少 CPU 對該 DRAM 存取要求的等待時間，因此適合即時系統的設計。

　　隱藏式更新技術只適用於大部分的傳統式 8 位元 CPU 系統 (例如 Z80) 中，這類型 CPU 執行指令時，通常分成：opcode 讀取、解碼、執行等三個步驟。在讀取 opcode 後，CPU 內部做解碼時不需要使用外部的位址匯流排，同時解碼需要的時間，也大於 DRAM 更新需要的時間。若 CPU 可以輸出一些狀態，指示何時執行指令 opcode 讀取，則可以利用其後的解碼期間執行 DRAM 的更新動作，不會干擾正常的 CPU 存取記憶器的週期，所以對 CPU 而言彷彿更新動作是不存在一樣，因此稱為隱藏式更新。隱藏式更新技術的主要缺點是，若 CPU 停止一段長時間不執行指令時，則更新動作無法持續，造成 DRAM 內資料的遺失，在這種情況下，就必須依賴其它方式補救。

　　較好的 DRAM 更新電路設計為採用下列方式的組合：

1. 採用分散式更新技術。

2. 不經由匯流排要求輸入線向 CPU 要求系統匯流排，DRAM 更新電路直接依照自己的時序，採取更新作業，但是若在更新期間，CPU 要求存取 DRAM 的資料時，則在 CPU 的匯流排週期內加入等待狀態，直到更新動作完成為止。

這種系統的電路設計，實際上並不困難。

8.4.4 同步 DRAM 元件

　　DRAM 存取時間的主要限制在於 $\overline{RAS}$ 或是 $\overline{RAS}$ 信號的預充電時間相當長，這項時間為 DRAM 元件的固有特性，很難去除。為了加快資料的存取速度，目前新型的 DRAM 元件的設計方式，已經逐漸走向記憶器模組結構的觀念，將以往大型系統中的交叉式記憶器模組 (interleaved memory module) 及管線式等設計技術引入元件的結構中，達到高速資料輸出與輸入的目的。基於此種觀念及技術設計的各種新型的 DRAM 元件中，較能夠為使用者採用者為一種同步型的 DRAM，稱為 SDRAM (synchronous DRAM)。其主要特性為資料的存取是與外部提供的時脈信號同步的方式完成，因此稱之同步型 DRAM。

　　典型的商用 SDRAM 元件，例如 TMS626802/HYB39S16800T，其內部分成

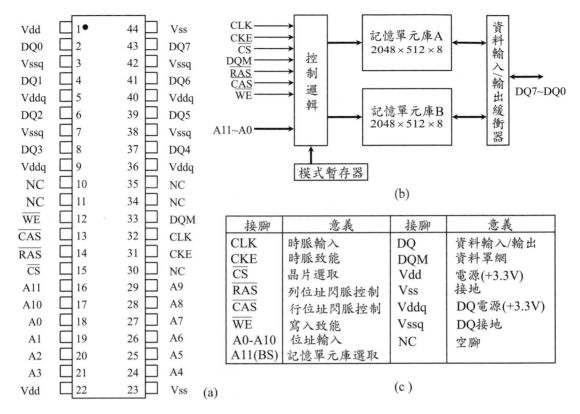

圖 8.4-10: TMS626802/HYB39S16800T (1M×8×2) SDRAM：(a) 接腳分佈圖；(b) 功能方塊圖；(c) 接腳意義 (參考資料 [8])

兩個各為 1M×8 的記憶單元庫，為了提供高速度的存取動作，每一個記憶單元庫都組織成為 2,048 個 512 個位元組的二維矩陣，如圖 8.4-10 所示。

事實上，SDRAM 之所以能夠提供高達數百 MHz (未來可以達到 GHz) 以上的資料存取速率，主要的設計原理在於內部提供了多重位元組 (遠多於資料匯流排寬度) 的資料存取，然後再以資料匯流排的資料寬度——與資料匯流排做轉移。

如圖 8.4-10 所示，每一個記憶單元庫接由 2,048 個 512 位元組的列組成。與一般的 DRAM 一樣，也是使用 $\overline{RAS}$ 與 $\overline{CAS}$ 信號分別鎖入 11 個位元的列位址與 9 個位元的行位址於內部的列位址與行位址閂閂中。位址線 A11 選擇記憶單元庫：A11 = 0 選取記憶單元庫 A；A11 = 1 選取記憶單元庫 B。

　　　　SDRAM的資料存取方式與傳統的(現在稱為非同步型) DRAM 不同，欲存取資料時，必須先對 SDRAM 元件中的模式暫存器 (mode register) 寫入命令，設定好相關的參數之後，才可以進行資料的存取。表 8.4-5 列出 TMS626802 的所有命令，這些命令皆是由 $\overline{RAS}$、$\overline{CAS}$、$\overline{WE}$、$\overline{CE}$ 等四個信號的狀態組成。在每一個時脈正緣時取樣這些信號；所有資料的讀取與寫入也是與時脈的正緣同步。

表 8.4-5: TMS626802/HYB39S16800T 的命令 (參考資料 [8])

DQM	$\overline{CS}$	$\overline{RAS}$	$\overline{CAS}$	$\overline{WE}$	動作
x	1	x	x	x	備用 (忽略 $\overline{RAS}$、$\overline{CAS}$、$\overline{WE}$、與位址信號)
x	0	0	1	1	寫入列位址與選取欲存取的記憶單元庫
x	0	1	0	1	寫入行位址與讀取命令
x	0	1	0	0	寫入行位址與寫入命令
x	0	0	1	0	預充電命令
x	0	1	1	0	停止猝發式資料存取命令
x	0	0	0	1	自我資料更新命令
x	0	0	0	0	模式暫存器設定命令
0	x	x	x	x	寫入致能/輸出致能
1	x	x	x	x	寫入抑制/輸出抑制
x	0	1	1	1	NOP (沒有動作)

　　　　在任何存取動作發生時，$\overline{CAS}$ 延遲、猝發式長度、猝發式次序等必須先使用位址線 A0 ～ A9 寫入模式暫存器中，模式暫存器的內容如表 8.4-6 所示。

　　　　基本的資料存取動作由四個步驟組成：

1. 設定模式暫存器內容

表 8.4-6: TMS626802/HYB39S16800T 的模式暫存器內容 (參考資料 [8])

BS	A11	A10	A9	A8	A7	A6	A5	A4	A3	A2	A1	A0
	操作模式					$\overline{CAS}$延遲			BT	猝發式長度		
	模式					延遲					依序	交叉
00000 =	正常					000 =	-		0=依序	000 =	1	1
$\phi\phi$100 =	多重猝發式但是單一寫入					001 =	1		1=交叉	001 =	2	2
其它	-					010 =	2			010 =	4	4
						011 =	3			011 =	8	8
						其它	-			111 =	整頁	-

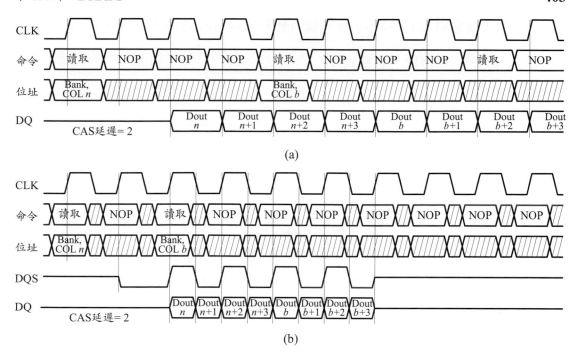

圖 8.4-11: SDRAM 與 DDR SDRAM 的資料速率比較 (參考資料 [4] 與 [5])

2. 寫入列位址與選取欲存取的記憶單元庫

3. 寫入行位址與讀取 (寫入) 命令

4. 寫入寫入抑制/輸出抑制命令

　　典型的 SDRAM 資料存取動作如圖 8.4-11(a) 所示，在時脈信號 (CLK) 的正緣時，由位址與控制信號線寫入適當的命令與欲存取的位址於 SDRAM 元件中，並且經過一段延遲 (latency) 之後，在每一個時脈信號的正緣，即可以依序讀出或是寫入資料。一般而言，在 SDRAM 元件中，這一段延遲通常稱為 CAS 延遲，其單位為時脈週期，而且其值在一般的 SDRAM 元件中，均可以設定為 1、2、3。由於 SDRAM 元件的資料儲存方式依然與 DRAM 相同，即它必須定期的更新儲存的資料，否則資料將因為半導體的暗電流而逐漸消失。為了提供使用者一個較容易使用的界面，目前所有的 SDRAM 元件均提供內建有更新電路，即含有一個更新計數器，以提供選定的列位址，進行更新。欲執行資料更新時，可以依據表 8.4-5 所示方式，執行一個自我資料更新命令。一般而言，在 SDRAM 元件中，每一個列至少每 64 ms 必須更新一次。

8.4.5 DDR SDRAM

在一個微算機系統中，記憶器系統與微處理器之間的資料轉移速度對於整個系統性能扮演著一個舉足輕重的角色。一般衡量一個記憶器系統的性能參數為延遲 (latency) 與頻寬 (bandwidth)。在單一語句的資料轉移中，延遲通常即為記憶器的存取時間；在猝發式 (區段) 資料的轉移中，由於資料轉移時間除了與第一個語句的存取時間相關之外，也由其次連續語句的存取時間及資料轉移時間決定，因此在猝發式 (區段) 資料的轉移中，延遲通常定義為自存取命令下達之後，到第一個語句出現在資料匯流排時，需要的時間。

記憶器的頻寬定義為一個記憶器系統在每單位時間內可以轉移的資料量，以位元或是位元組表示。一般而言，有兩種方式可以增加記憶器系統的頻寬，其一為增加可以同時存取的位元數目，例如在 x86 系列微處理器中，使用 64 位元的資料匯流排，因此每次可以存取 8 個位元組；另一則是提升記憶器的資料轉移速率，即縮短記憶器的存取時間或是猝發式 (區段) 資料的轉移時間。當然，上述兩種可以同時進行，以達到一個較高頻寬的記憶器系統，然而第一種方式通常受限於微處理器的資料匯流排寬度，而第二種方法則受限於目前可以達到的積體電路技術。

在 SDRAM 元件中，所有的存取動作均在時脈信號的正緣執行，為了提升資料的轉移速率 (即頻寬)，適當的排列 SDRAM 元件中的記憶器單元陣列之後，資料的存取動作可以同時在時脈的正緣與負緣進行，這一種元件稱為 DDR (double data rate 或是 dual data rate) SDRAM。其資料存取的典型時序如圖 8.4-11(b) 所示。注意：在 DDR SDRAM 元件中，CAS 延遲的單位為半個時脈週期，其值通常在 2 與 3 之間 (即 2、2.5、3)。

總之，雖然 SDRAM 在存取資料時，需要較多的步驟，然而其較高的資料轉移速率，極適宜 PC 系統、工作站或是需要高速度操作的嵌入式系統。目前大部分的 32 位元嵌入式系統中，均內建 SDRAM 或是 DDR SDRAM 元件的存取界面，因此極容易與這些元件界接使用。在本小節中，我們僅就其重要特性加以介紹，讀者若希望了解更多有關於 SDRAM 與 DDR SDRAM 的資料，請參考相關的 SDRAM 與 DDR SDRAM 資料手冊 (例如參考資料 8 ~ 10)。

8.4.5.1　DDR2/DDR3/DDR4　DDR2 與 DDR3 為 DDR 技術的進一步改進而提升每一個時脈期間資料轉移次數。在 DDR2 中每一個時脈期間可以轉移 4 筆資料而在 DDR3 中則可以轉移 8 筆資料。因此資料轉移速率大幅提昇。在 100 MHz 的 64 位元系統匯流排下，DDR SDRAM 的資料轉移速率為 1600 MB/s，DDR2 為 3200 MB/s，而 DDR3 為 6400 MB/s。

　　典型的 DDR、DDR2、DDR3 與 DDR4 的實體圖如圖 8.4-12 所示，由上而下依序為 DDR、DDR2、DDR3 與 DDR4 的記憶器模組。注意圖中凹槽的位置。它們的特性比較如表 8.4-7 所示。模組的包裝方式有 DIMM (dual in-line memory module)、SO-DIMM (small outline dual in-line memory module) 與 Micro DIMM 等。

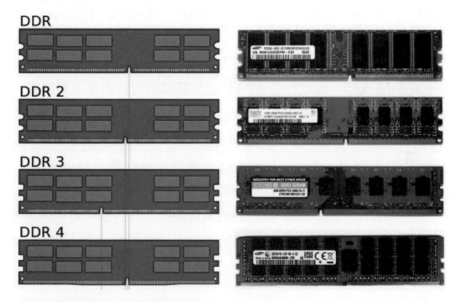

圖 8.4-12: DDR SDRAM 的實體圖 (請注意凹槽的位置，由上而下依序為 DDR、DDR2、DDR3 與 DDR4)

　　DDR3 SDRAM 為了更省電、更快的傳輸效率，使用了 SSTL-15 的 I/O 界面，操作於 1.5 V 的 I/O 電壓，除了延續 DDR2 SDRAM 的控制方式外，另外新增了更為精進的寫入延遲控制，省電裝置與電源管理，終端電阻校準功能，溫

表 8.4-7: 各代 DDR 的特性比較

DDR 標準	匯流排時脈 (MHz)	內部時脈 (MHz)	預先讀取 (min burst)	轉移速率 (MT/s)	電壓 (V)	DIMM 接腳數	SO-DIMM 接腳數	Micro DIMM 接腳數
DDR	100–200	100–200	2n	200–400	2.5/2.6	184	200	172
DDR2	200–533	100–266	4n	400–1066	1.8	240	200	214
DDR3	400–1066	100–266	8n	800–2133	1.5	240	204	214
DDR4	800–1200	200–300	8n	1600–4200	1.2	288	260	214

表 8.4-8: JEDEC DDR3 標準模組

標準名稱	匯流排時脈 (MHz)	週期 (ns)	記憶器時脈 (MHz)	轉移速率 (MT/s)	傳輸方式	模組名稱	最大傳輸速率 (GB/s)	位元寬度
DDR3-800	400	10	100	800	並列傳輸	PC3-6400	6.4	64
DDR3-1066	533	$7\frac{1}{2}$	133	1066	並列傳輸	PC3-8500	8.5	64
DDR3-1333	667	6	166	1333	並列傳輸	PC3-10600	10.6	64
DDR3-1600	800	5	200	1600	並列傳輸	PC3-12800	12.8	64
DDR3-1866	933	$4\frac{2}{7}$	233	1866	並列傳輸	PC3-14900	14.9	64
DDR3-2133	1066	$3\frac{3}{4}$	266	2133	並列傳輸	PC3-17000	17.0	64

度控制,與局部記憶器庫資料更新的功能。DDR3 SDRAM 模組的重要特性如表 8.4-8 所示。DDR3 SDRAM 的記憶體模組有針對桌上型電腦的 240 腳 DIMM 模組、筆記型電腦的 204 腳 SO-DIMM 與 214 腳 Micro DIMM。

DDR4 SDRAM 模組的重要特性如表 8.4-9 所示。DDR4 SDRAM 操作於 1.2 V 的 I/O 電壓。表中的 DDR4-xxxx 及 PC4-xxxx 的「xxxx」均代表資料傳輸率 (MT/s)。其中 DDR4-xxxx 使用於記憶體晶片,而 PC4-xxxx 則使用於組裝完成的 DIMM 記憶體模組。模組的最大傳輸速率等於資料轉移速率乘以 8,其中常數 8 是由於 DDR4 記憶體模組的資料匯流排為 64 位元。例如,PC4-1600 的最大傳輸速率為 1600 (MT/s)×8 = 12,800 MB/s = 12.8 GB/s。

參考資料

1. Alan Clements, *Microprocessor Systems Design; 68000 Hardware, Software, and Interfacing,* 3rd. ed., Boston: PWS-Kent Publishing Company, 1997.

2. Intel, *Intel 64 and IA-32 Architectures Software Developer's Manual, Volume 1: Basic Architecture,* 2011. (http://www.intel.com)

表 8.4-9: JEDEC DDR4 標準模組

標準名稱	匯流排時脈 (MHz)	週期 (ns)	記憶器時脈 (MHz)	轉移速率 (MT/s)	傳輸方式	模組名稱	最大傳輸速率 (GB/s)	位元寬度
DDR4-1600	800	5	200	1600	並列傳輸	PC4-1600/12800	12.8	64
DDR4-1866	933.3	4.29	233.3	1866.67	並列傳輸	PC4-1866/14900	14.90	64
DDR4-2133	1066.67	3.75	266.67	2133.3	並列傳輸	PC4-2133/17000	17.00	64
DDR4-2400	1200	3.33	300	2400	並列傳輸	PC4-2400/19200	19.20	64
DDR4-2666	1333	3.08	325	2666	並列傳輸	PC4-21333	21.33	64
DDR4-2933	1466.5	2.73	366.6	2933	並列傳輸	PC4-23466	23.47	64
DDR4-3200	1600	2.5	400	3200	並列傳輸	PC4-25600	25.6	64

3. Yu-cheng Liu and Glenn A. Gibson, *Microcomputer systems: The 8086/8088 Family: Architecture, Programming, and Design,* 2nd ed., Englewood Cliffs, NJ: Prentice-Hall Inc., 1986.

4. Micron Technology, Inc., *Synchronous DRAM: MT48LC2M32B2– 512k×32×4 Banks, Data Sheet,* 2000. (http://www.micronsemi.com)

5. Micron Technology, Inc., *Double Data Rate(DDR) DRAM: MT46V64M4— 16M×4×4 Banks, Data Sheet,* 2000. (http://www.micronsemi.com)

6. Motorola, *Memory Device Data,* 1991, Chapters 4 and 10.

7. Motorola, *Fast and LS TTL Data,* 1992. (http://www.motorola.com)

8. Siemens, *Memory Components,* 1996. (http://www.siemens.com)

9. Walter A. Triebel and Avtar Singh, *The 8088 and 8086 Microprocessors: Programming, Interfacing, Software, Hardware, and Applications,* 4th ed., Englewood Cliffs, N. J.: Prentice-Hall, 2003.

10. Xicor, *28C256: 5 Volt, Byte Alternable EEPROM, Data Sheet,* 2001. (http:// www.xicor.com)

習題

8-1 將下列記憶器位址區的大小,以位元組為單位,表示為 2 的冪次方:

(1) 32k 位元組   **(2)** 256k 位元組

(3) 4M 位元組   **(4)** 16M 位元組

8-2 若使用下列各記憶器元件,設計一個 16M×8 位元組的記憶器模組時,各需要多少個元件:

(1) 32k×8 位元組   (2) 256k×4 位元組

(3) 1M×4 位元組   (4) 4M×1 位元組

8-3 在設計位址解碼電路時，依據的基本原理有那三種？各有何特點？

8-4 位址解碼電路的設計方法有那些？各有何優缺點？

8-5 在某一個微處理器系統中，使用三種容量的 EPROM：2k×8、8k×8、16k×8，它們分別佔用位址區：FF800H ～ FFFFFH、10000H ～ 11FFFH、與 14000H ～ 17FFFH。設計此系統的 EPROM 記憶器位址解碼電路。

8-6 假設某一個微處理器系統中，記憶器與 I/O 埠位址空間的分佈，分別如下列所述，試分別設計此系統的位址解碼電路。

(1) RAM1: 00000H ～ 00FFFH   (2) RAM : 00000H ～ 03FFFH

RAM2: 01000H ～ 01FFFH   I/O: 0C000H ～ 0C0FFH

I/O 1: B0000H ～ B001FH   EPROM: FE000H ～ FFFFFH

I/O 2: B0200H ～ B021FH

EPROM: F0000H ～ FFFFFH

8-7 假設某一個 8086 微處理器系統中，記憶器與 I/O 埠位址空間的分佈，分別如下列所述，試分別設計此系統的位址解碼電路。

(1) RAM1 : 00000H ～ 00FFFH   (2) RAM: 00000H ～ 01FFFH

RAM2 : 01000H ～ 01FFFH   I/O: 0C000H ～ 0C0FFH

I/O: B0000H ～ B001FH   (接於 D15 ～ D8)

(接於 D7 ～ D0)   EPROM: FE000H ～ FFFFFH

EPROM: FE000H ～ FFFFFH

8-8 比較 PROM 位址解碼電路與使用 MSI 的 TTL 元件的位址解碼電路之優缺點？

8-9 本章中，討論數種位址解碼電路設計方法(固定位址解碼、開關選擇位址解碼、PROM 位址解碼等)，在設計一個實際的微處理器系統時，如何選取適當的位址解碼電路設計方法？

8-10 為何一般的微處理器，均未包含位址解碼電路？

8-11 某一個微處理器設計工程師，希望使用最簡單的部分位址解碼原理，設計一個系統的位址解碼電路。若系統中使用三個各為 64k 位元組的記憶器元件，因此，他使用 A16 = 1 時致能第一個記憶器；A17 = 1 時，致能第二個；A18 = 1 時，致能第三個。在這種設計方式中，系統能否正確地操作？為什麼？

8-12 假設某一個工程師在設計 8086 微處理器系統時，忘了使用 $\overline{BHE}$ 信號，只使用 M/$\overline{IO}$、$\overline{WR}$、$\overline{RD}$、與位址 A19 ～ A0，則 CPU 在存取記憶器或 I/O 元件時，可能會發生什麼事？

8-13 請回答下列有關於快閃記憶器的問題：

(1) 快閃記憶器的資料存取動作，通常使用命令的方式為之，即寫入一個命令於內部的命令暫存器，試問此種記憶器如何能與傳統的 EPROM 元件相容，即如何能夠取代傳統的 EPROM 元件？

(2) 快閃記憶器或是 EPROM 元件內部，都儲存有一個元件識別碼，其作用為何？

(3) 試至少列出三個快閃記憶器的可能應用。

8-14 定義下列各個與 DRAM 元件相關的名詞：

(1) 資料設定時間　　　　　　　　　**(2)** 資料持住時間

(3) 位址存取時間　　　　　　　　　**(4)** 讀取週期時間

8-15 請回答下列有關於 DRAM 的問題：

(1) 何謂早期寫入與晚期寫入？

(2) 衡量 DRAM 性能 (即速度) 的兩個重要參數是什麼？

(3) DRAM 為何需要做資料更新？

8-16 為何在 DRAM 元件的時序參數表中，$\overline{RAS}$ 與 $\overline{CAS}$ 的啟動脈波寬度皆有最大的時間限制 (例如 10,000 ns)？何謂預充電時間，它在 DRAM 記憶器模組的設計上，有何影響？

8-17 下列為有關於 DRAM 系統設計的問題？

(1) 在 DRAM 元件中，其位址信號均使用多工的方式輸入，試繪圖說明 CPU 的位址信號如何送達 DRAM 元件。

(2) CPU 在傳送位址信號到 DRAM 元件時，時序上有那些限制必須滿足？

8-18 下列為有關於 DRAM 的資料更新方法與電路設計上的問題：

(1) 標準的 DRAM 資料更新方法有那三種？

(2) 設計 DRAM 資料更新電路時，常用的策略考慮有那些？各有何特性？

8-19 在設計 DRAM 更新電路時，若使用只啟動 $\overline{RAS}$ 方法，則外部必須提供一個所謂的更新位址 (refresh address)，因此在 DRAM 與 CPU 之間的位址多工器必須由 2 對 1 改變為 3 對 1 多工器，因而增加了電路複雜度。在不增加位址多工器複雜度的前提下，有無其它更新方法可以使用？

8-20 設計一個程式，測試 PC 系統中的 DRAM，判別其好壞。PC 系統中的 DRAM 位址區由 00000H 到 0AFFFH。

8-21 DRAM 的資料更新動作，可以使用軟體方式 (即週期性的產生中斷要求，而於中斷要求服務程式中執行讀取的動作) 或是硬體方式完成。它們各有何優缺點？

8-22 DRAM 元件常常使用於微處理器系統中，然而大部分的微處理器晶片上，並未設計相關的 DRAM 控制電路與資料更新電路。其理由何在？

8-23 比較 SDRAM 與 DDR SDRAM 元件的主要差異。

9 中斷要求與處理

所謂的中斷 (interrupt) 即是利用外來的控制信號，暫時終止目前正在執行的程式，以處理一些非正常程序上的問題，例如系統重置 (system reset) 為讓系統恢復到剛開機的狀態；作業系統的系統呼叫，以提供使用者程式使用系統資源的一個管道。本章中，將依序討論中斷要求與處理、x86 微處理器的中斷要求結構、多重中斷要求與優先權、可規劃中斷要求控制器 (82C59A)、內部中斷要求、軟體中斷指令的使用等。由於中斷要求的處理屬於保護模式，一般使用者無法接觸得到，在本章中將以 x86 微處理器的實址模式為例，探討中斷要求與處理。

9.1 中斷要求與處理

所謂中斷 (interrupt) 即是利用外來的控制信號暫時終止目前正在執行的程式，而執行所謂的中斷服務程式 (interrupt service routine，ISR) 或簡稱服務程式，以處理一些非正常程式次序上的問題。在微處理器中，通常均有一條 (或多條) 中斷輸入控制端 (NMI，INTR)，提供 I/O 裝置或其它界面裝置，請求服務之用。

9.1.1 中斷的主要應用

在微處理器系統中，中斷要求的主要應用有：

(1) 協調 I/O 動作與處理一些資料速率較緩慢的 I/O 資料轉移，例如：送出資料到列表機上或自鍵盤讀取字元；

(2) 偵測軟體程式執行時可能產生的意外情況，例如除以 0，或存取一個陣列
　　資料時，所用的指標值已經超出該陣列的範圍；

(3) 偵測硬體電路的意外狀況，例如：匯流排錯誤 (bus error)；

(4) 提供使用者存取系統資源的管道，例如 BIOS (basic input/output system) 的
　　系統呼叫 (system call) 與作業系統的系統呼叫；

(5) 提供危機性事件的處理，例如電源中斷與程序控制中事件的處理；

(6) 提醒 CPU 定時的處理某些例行性程式，例如定時的記錄時間與日期、在
　　及時作業系統 (real time operating system) 中的工作交換動作的執行。

　　當然不是每一個微處理器的中斷均可以提供上述所有應用，例如 MCS-51
微控制器無法提供除以 0 的偵測，而 x86/x64 微處理器則可以。

9.1.2 中斷要求類型

　　微處理器 (或電腦) 中，中斷要求發生的來源有三種：

1. 外部中斷 (external interrupt)：由 CPU 外部經由中斷要求控制線產生的中
　　斷要求。

2. 軟體中斷 (software interrupt)：由 CPU 執行一個軟體中斷指令，產生的中
　　斷要求；

3. 內部中斷 (internal interrupt) 或稱為例外 (exception)：由 CPU 內部的硬體電
　　路產生的中斷要求；

其中內部中斷與軟體中斷因皆源自 CPU 內部，所以這兩種中斷要求也常合稱為
內部中斷。內部與軟體中斷通常出現在 16 位元以上的微處理器中，例如 ARM
與 x86/x64 微處理器。

9.1.2.1 外部中斷要求 外部中斷要求又分成兩種：可抑制式中斷 (maskable
interrupt) 與不可抑制式中斷 (non-maskable interrupt) 兩種，其動作分別說明如
下：

1. 可抑制式中斷：若一個中斷信號可以被擋住 (或是抑制) 而令 CPU 不對其
　　採取任何行動時，該中斷稱為可抑制式中斷。例如 x86/x64 系列微處理器
　　中的 INTR (interrupt request) 均屬於此種類型。

2. 不可抑制式中斷：若一個中斷信號一旦產生後，CPU 必然會對其採取因應措施 (行動) 時，該中斷稱為不可抑制式中斷。例如 x86/x64 系列微處理器中的 NMI (nonmaskable interrupt) 中斷屬於此種類型。

CPU 在認知一個中斷之後，即暫時終止目前正在執行的程式，而進入中斷服務程式繼續執行指令，以處理該中斷需求的動作。中斷依其決定中斷服務程式的起始位址的方式可以分成導向性中斷 (vectored interrupt) 與非導向性中斷 (nonvectored interrupt) 兩種，其動作分別說明如下：

1. 導向性中斷：若一個中斷的中斷服務程式 (ISR) 的起始位址，也需要由產生該中斷的來源 I/O 裝置，提供一些 (位址) 資料，參與決定時，該中斷稱為導向性中斷。例如：x86/x64 系列微處理器中的 INTR 中斷屬於此種類型。

2. 非導向性中斷：若一個中斷的中斷服務程式的起始位址，只由 CPU 內部自行決定時，該中斷稱為非導向性中斷。在此種方式中，每一個中斷的中斷服務程式的起始位址，在設計 CPU 時已經事先設定為固定的位址。例如 x86/x64 系列微處理器中的 NMI 均屬於此種類型。

9.1.2.2　軟體中斷　在大部分的 16 位元或 32 位元微處理器 (例如 Cortex 或 x86/x64 微處理器) 中，通常提供一種特殊的軟體指令，作為程式的控制權轉移之用，這一類型的指令 (例如 x86/x64 的 INT 指令) 執行之後，CPU 即產生一個中斷程序，而執行相關的中斷服務程式。這一種由軟體指令產生的中斷稱為軟體中斷。

9.1.2.3　內部中斷　在大部分的 16 位元或 32 位元微處理器 (例如 Cortex 與 x86/x64 微處理器) 中，當 CPU 內部發生異常的事件 (例如：除以 0 或執行一個不合法的指令) 時，都會自動產生一個硬體中斷，使 CPU 轉移控制權到一個預定的中斷服務程式，做一些應急的處理，這類型的中斷稱為例外 (exception)。

9.1.3 CPU 對外部中斷要求的反應

CPU 在偵測到中斷要求輸入控制線產生中斷要求時，會依此中斷要求輸入是可抑制式中斷要求或是不可抑制式中斷要求，導向性中斷或是非導向性中斷，採取不同的動作。

在可抑制式中斷要求中，一個中斷要求輸入控制線的輸入信號是否會被 CPU 認知，係由一個中斷致能旗號 (interrupt enable flag，IF) 控制。當 IF = 0 時，不管該中斷要求輸入線是否有中斷要求信號產生，CPU 皆不會認知此中斷要求；當 IF = 1 時，CPU 才會認知該中斷要求輸入線產生的中斷要求。IF 的狀態可以由指令設定 (STI) 或清除 (CLI) (請參考第 5.6.2 節)。不可抑制式中斷要求 (NMI) 並沒有中斷致能旗號，因此只要有中斷要求信號發生，CPU 即認知此中斷要求。

為了簡化 CPU 內部硬體設計與指令執行的完整性，CPU 只有在目前指令執行週期結束時，才會認知一個中斷要求。即只在下列條件同時滿足時，才會認知一個中斷要求：

1. 目前指令執行週期結束；

2. IF = 1 (對可抑制式中斷而言)；

3. 有中斷要求信號發生，

圖 9.1-1 所示為一般微處理器對導向性可抑制式中斷要求的動作示意圖。CPU 一旦認知一個中斷要求後，它立即進入一段所謂的中斷程序 (interrupt sequence)：儲存 EIP 於堆疊，並送出一個中斷認知 (interrupt acknowledge，INTA) 信號，告知中斷來源裝置，該中斷要求已被認知。

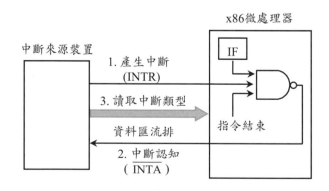

圖 9.1-1: 導向性中斷要求動作

在導向性中斷要求中，當 CPU 認知該中斷要求及送出中斷認知信號後會自動地由資料匯流排中讀取一個位元組的資訊，稱為中斷向量 (interrupt vector)，以決定 ISR 的起始位址，如圖 9.1-1 所示。中斷向量的內容可以是位址或是中斷向量表的指標，由微處理器的類型與工作模式而定。

9.1.4　x86 微處理器的外部中斷要求

x86 微處理器的外部中斷要求控制線包括兩條中斷要求輸入線：INTR (可抑制式中斷要求輸入線) 與 NMI (不可抑制式中斷要求輸入線)、及一條中斷要求認知控制線：$\overline{\text{INTA}}$，以產生對 INTR 中斷要求的認知信號，利用此認知信號，CPU 即可以自產生中斷要求的來源 (裝置) 中，讀取一個位元組的中斷向量。在 x86 微處理器中，中斷向量也稱為中斷類型 (interrupt type)。

在 x86 微處理器中的中斷要求輸入線 NMI 為正緣觸發；而 INTR 則為位準觸發方式。在 NMI 由 0 上昇到 1 之前，NMI 輸入線至少須維持在 0 電位兩個時脈週期，而一旦上昇到 1 電位之後，則必須維持在 1 電位上，直到 CPU 認知該中斷要求為止。

INTR 為位準觸發，一旦它上昇為 1 電位之後，必須維持在 1 電位，直到它被認知為止。一旦 CPU 認知 INTR 的中斷要求之後，該 INTR 輸入線即自動的被抑制 (disabled) (CPU 清除 IF 為 0) 直到 IRET 指令執行時，才被致能 (enabled)。當然，在 ISR 中，若允許該 ISR 被其它中斷要求中斷時，可以使用 STI 指令設定 IF 為 1，致能 INTR 輸入線。

x86 微處理器在接受 INTR 中斷要求後，即由 $\overline{\text{INTA}}$ 控制線送出中斷要求認知信號，以期待自資料匯流排 D7 ~ D0 中讀取中斷向量，而跳到 ISR 中執行。

9.1.4.1　多層次中斷系統　一般而言，任何一個微處理器通常皆擁有多條中斷要求輸入線 (每一條輸入線稱為一個層次)，其每一條輸入線皆可以由外部裝置使用以要求中斷服務，並且一個較低層次的中斷服務程式可以為另一個較高層次中斷要求中斷，這種微處理器稱為具有多層次 (multilevel) 中斷系統。x86 微處理器擁有 NMI 與 INTR 兩條中斷要求輸入線，而且當在執行由 INTR 產生中斷要求的 ISR 時，可以再被 NMI 中斷要求中斷，所以這種微處理器擁有兩個層次的中斷系統。

9.1.5 x86 微處理器的中斷類型

x86/x64 微處理器的中斷類型最多有 256 個，其中最前面 32 個為預設或是保留的中斷類型，其次的 224 個中斷類型則可以由使用者定義，如表 9.1-1 所示。下列簡述這些中斷類型的功能。

表 9.1-1: x86/x64 微處理器的中斷類型

中斷類型	中斷要求/例外	助憶碼	原因
0	除以 0	#DE	DIV, IDIV, AAM 指令
1	保留	#DB	Intel 保留
2	NMI	#NMI	外部 NMI 信號
3	斷點	#BP	INT3 指令
4	溢位	#OF	INTO 指令
5	區域範圍	#BR	BOUND 指令
6	不成立 opcode	#UD	不成立指令
7	FPU 裝置不存在	#NM	FPU 指令
8	雙重錯誤	#DF	在處理其它中斷要求或是例外時產生的例外
9	FPU 節區溢填		未支援 (保留)
10	不成立 TSS	#TS	TSS 存取與工作交換
11	節區不存在	#NP	節區暫存器裝載
12	堆疊	#SS	SS 暫存器裝載與堆疊存取
13	一般保護	#GP	記憶器存取與保護檢查
14	頁區錯誤	#PF	記憶器存取 (分頁記憶器管理單元致能時)
15	保留		
16	FPU 例外	#MF	FPU 指令
17	對正錯誤	#AC	記憶器存取未對正
18	機器檢查例外	#MC	依微處理器類型而定
19	SIMD 浮點運算例外	#XF	SSE 浮點運算指令
20 ~ 31	保留		
32 ~ 255	中斷要求	#INTR	外部中斷要求或是 INTn 指令

向量 0 (類型 0) (除以 0)：當程式中執行除法指令而其除數為 0 時，CPU 自動產生此中斷要求。

向量 1 (類型 1) (單步執行或 TRAP)：當 TF 設定為 1 時，CPU 每次執行一個指令之後，即產生此中斷要求。一旦 CPU 接受此中斷要求後，TF 被清除為 0，因此 ISR 可以全速執行 (在保護模式中，此中斷類型未使用)。

向量 2 (類型 2) (NMI，不可抑制式中斷要求)：此向量存有 NMI 中斷要求的 ISR 位址。由於 NMI 為一個非導向性中斷要求，因此當 NMI 有中斷要求信號發生，而 CPU 在認知此中斷要求之後，即自動由此向量中獲取 ISR 的起始位址。

向量 3 (類型 3) (單位元組軟體中斷，INT3)：INT3 指令通常用來設定程式的斷點 (break point) 以供除錯之用。

向量 4 (類型 4) (溢位)：與 INTO 指令合用。在程式中，任何地方欲偵測有無溢位發生時，即可以加入 INTO 指令，當 INTO 指令執行時，若溢位旗號 (OF) 為 1，表示有溢位，因此產生此中斷要求。

向量 5 (類型 5) (BOUND)：在執行 BOUND 指令時，若指定的暫存器內容不在指定的記憶器位置中儲存的下限與上限範圍內時，即產生此中斷要求。

向量 6 (類型 6) (不成立 opcode)：當程式中有未定義的 opcode 發生時，即產生此中斷要求。

向量 7 (類型 7) (浮點運算處理器 (FPU) 不存在)：在執行 ESC 或 WAIT 指令時，若浮點運算處理單元 (FPU) 不在系統中，則產生此中斷要求。

向量 8 (類型 8) (雙重錯誤)：在同一個指令中有兩個不同的中斷要求發生時。

向量 9 (類型 9) (浮點運算處理器 (FPU) 節區溢填)：在 ESC 指令的記憶器運算元的位移位址大於 0FFFFH 時，產生此中斷要求 (在保護模式中，此中斷類型未使用)。

向量 10 (類型 10) (不成立的 TSS)：當 TSS (task state segment) 的節區小於最小的節區大小時，產生此中斷要求。

向量 11 (類型 11) (節區不存在)：當 CPU 存取一個節區而該節區的描述子中的 P(present) 位元為 0 時，產生此中斷要求。

向量 12 (類型 12) (堆疊節區溢填)：當堆疊節區不存在 (P 位元為 0) 或堆疊節區超出其節區長度時，產生此中斷要求。

向量 13 (類型 13) (一般保護)：在保護模式中，大多數違反記憶器存取規則與保護檢查規則的動作均會產生此中斷要求。

向量 14 (類型 14) (頁區錯誤)：在　動分頁記憶器管理單元的保護模式中，

任何頁區錯誤的資料記憶器或指令碼存取，均會產生此中斷要求。

向量 16 (類型 16) (浮點運算處理器錯誤)：當執行 ESC 或 WAIT 指令而發生錯誤 (= 0) 時，即產生此中斷要求。

向量 17 (類型 17) (對正錯誤)：在對正檢查(EFLAGS 中的 AC 位元或是 CR0 中的 AM 位元)設定後，當 CPU 偵測到未對正的記憶器運算元時，即產生此中斷要求。

向量 18 (類型 18) (機器檢查例外)：當內部硬體發生錯誤，或是匯流排錯誤時，即產生此中斷要求。

向量 19 (類型 19) (SIMD 浮點運算例外)：當 CPU 偵測到 SSE SIMD 浮點運算例外時，即產生此中斷要求。

在 8086 或 8088 中，只定義類型 0 到類型 4。此外，類型 1 到 6、7、9 與 16 ~ 19 可能發生在 CPU 工作於實址模式與保護模式中；其它中斷要求，則只可能發生在保護模式中。

9.1.6 x86/x64 微處理器中斷轉移控制

當一個微處理器認知一個中斷要求之後，它即暫時終止目前正在執行的程式，而轉移 CPU 的控制權到一個特殊的程式稱為中斷服務程式 (ISR) 中執行，以處理該中斷要求所要求的動作。本節中將依序介紹 x86/x64 微處理器的中斷轉移控制。

9.1.6.1 實址模式的中斷轉移控制 在實址模式中，中斷要求描述表 (interrupt descriptor table，IDT) 最多佔用 1k 位元組 (位址為：0000 ~ 03FFH)，一共有 256 個向量類型，每一個向量類型佔用四個位元組，包含 CS 與 IP 兩個暫存器值，前面兩個位元組為 IP 值，後面兩個位元組為 CS 值，而 CS:IP 則組成 ISR 的起始位址。在實址模式中的中斷要求描述表常稱為中斷要求向量表 (interrupt vector table，IVT)。

x86 微處理器在認知一個中斷要求後，CPU 即執行一連串的動作，稱為中斷程序，其動作為：

1. 自資料匯流排讀取中斷向量 (對外部中斷而言)；

2. 儲存目前的 FLAGS、CS、IP 於堆疊中；

3. 清除 IF 與 TF 旗號；

4. 以中斷向量為指標自中斷向量表中讀取 IP 與 CS 的新值，因此轉移 CPU 控制權到 ISR 中。

詳細的中斷程序如圖 9.1-2 所示。假設中斷向量為 *N*。

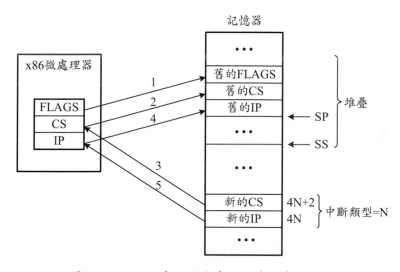

圖 9.1-2: x86 微處理器在實址模式的中斷程序

　　x86 微處理器在實址模式的中斷控制轉移如圖 9.1-3 所示，中斷要求向量表的基底位址由中斷要求描述表暫存器 (interrupt descriptor table register，IDTR) 指定，在系統重置之後，IDTR 被清除為 0，因此中斷向量表位於記憶器最底端的 1k 位元組內，與 8086 微處理器相同。中斷向量乘以 4 後，當作中斷向量表的位移位址，自中斷向量表中讀取中斷服務程式的 CS 與 IP 值，而轉移 CPU 控制權到中斷服務程式中。

9.1.6.2　x86 微處理器保護模式的中斷轉移控制　在保護模式中，中斷服務程式由一個指令碼節區描述子定義，因此每一個向量類型佔用八個位元組。保護模式的中斷控制轉移如圖 9.1-4 所示，中斷要求向量表的基底位址由中斷要求描述表暫存器 (IDTR) 指定，在系統重置之後，IDTR 被清除為 0，因此中斷要求描述表位於記憶器最底端的 2k 位元組內。中斷向量乘以 8 後，當作中斷

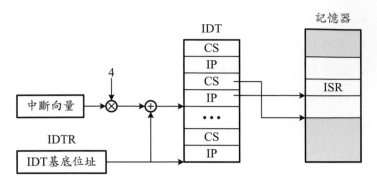

圖 9.1-3: x86 微處理器在實址模式下的中斷控制轉移

要求描述表 (IDT) 的位移位址，自中斷要求描述表中讀取中斷服務程式的 CS 節區位移位址並置入 EIP 內，而讀取的 CS 選擇子則自 GDT 或是 LDT 中選取中斷服務程式的 CS 節區基底位址，而轉移 CPU 控制權到中斷服務程式中。

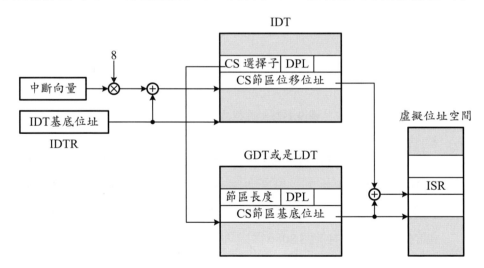

圖 9.1-4: x86 微處理器在保護模式下的中斷控制轉移

9.1.6.3 x64 微處理器長位址模式的中斷轉移控制 在 x64 微處理器長位址模式中，中斷服務程式由一個指令碼節區描述子定義，因此每一個向量類型佔用 16 個位元組。長位址模式的中斷控制轉移如圖 9.1-5 所示，中斷要求向量表的基底位址由中斷要求描述表暫存器 (IDTR) 指定，在系統重置之後，IDTR 被清除為 0，因此中斷要求描述表位於記憶器最底端的 4k 位元組內。中斷向

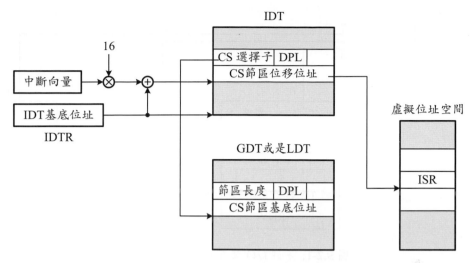

圖 9.1-5: x64 微處理器在長位址模式下的中斷控制轉移

量乘以 16 後，當作中斷要求描述表 (IDT) 的位移位址，自中斷要求描述表中讀取中斷服務程式的 64 位元線性位址並置入 RIP 內，而讀取的 CS 選擇子則自 GDT 或是 LDT 中選取中斷服務程式的 CS 節區描述子，以檢查優先權及將微處理器置於 64 位元模式，而轉移 CPU 控制權到中斷服務程式中。

9.2 多重中斷要求與優先權

本節中將考慮多重中斷要求 (multiple interrupt requests) 與其優先權的問題。所謂的多重中斷要求是指同一個時間之內有多個中斷要求發生。然而，CPU 每次只能處理一個中斷要求，因此必須有一個適當的準則由這些中斷要求中，選取一個中斷要求加以處理。常用的準則為將系統中所有的中斷要求來源加以分類，並按其重要性與否，排定一個優先順序，稱為中斷優先權 (interrupt prior-ity)。依據此中斷優先權即可以有效地解決多重中斷要求問題。

9.2.1 中斷優先權

在一個微處理器中，若同時具有可抑制式與不可抑制式兩種中斷輸入線，則由於不可抑制式中斷 (NMI) 處理的優先權較可抑制式中斷 (INT) 為高，一般

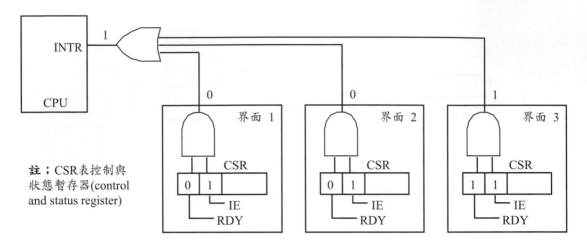

圖 9.2-1: 多個 I/O 裝置利用單一中斷要求輸入線

在系統設計上都保留予嚴重的系統失誤 (例如處理電源中斷事件或記憶器同位檢查錯誤事件等) 事件的處理,而連接所有 I/O 裝置的中斷輸出線到可抑制式中斷輸入線上,如圖 9.2-1 所示。

當其中有一個或是多個 I/O 裝置發出中斷時,CPU 在認知 INTR 中斷之後,必須進一步地確認是那一個 I/O 裝置發出的中斷。確認的次序決定了這些 I/O 裝置的中斷優先權。一般處理多 I/O 裝置同時產生中斷的方法,是依據這些 I/O 裝置事先排定好的優先權,選取一個具有最高優先權的 I/O 裝置,提供服務。一個中斷啟動後,但是未被服務時稱為懸置 (pending)。懸置的中斷在其次的時間中是否會被 CPU 服務,則由它的優先權與它是否被致能決定。

優先權的決定方法可以分成靜態與動態兩種。在使用靜態優先權的系統中,每一個裝置的優先權在系統設定後,即告固定,因此又稱為固定優先權 (fixed priority);在使用動態優先權的系統中,每一個裝置並沒有固定的優先權,但是任何時刻裡,只有一個裝置具有最高優先權。動態優先權設定方式中最公正、簡單而且常用的一種稱為巡更優先權 (round-robin priority,即巡迴更動優先權)。在巡更優先權中,每一個裝置預先排定好一個次序,但是尋找需要服務的界面裝置,則由上次剛提供服務的裝置之後開始,然後依序檢查,直到終點再回到第一個裝置,依此循環,因此稱之為巡更優先權。

巡更優先權較靜態 (或稱固定) 優先權公平，因它給予每一個裝置較均等的機會，而不會像固定優先權一樣，速度快的裝置總是佔優勢。此外，它也較可靠，因為這種方式防止了故障的高優先權裝置，連續的產生中斷要求，鎖住了其它裝置的中斷要求。

一般而言，若優先權問題是由硬體電路而非軟體程式解決，則固定優先權較常用，因為它需要的電路較簡單。但是若由軟體程式或是專用硬體電路解決，則上述兩種方法通常均包含於程式或電路中，而使用模式設定方式由使用者決定。通常辨認中斷來源裝置 (即發出中斷要求的裝置) 與解決多重中斷要求的方法有下列三種：

1. 輪呼 (polling)：即只使用軟體程式。
2. 鍵結優先權結構 (daisy chain)：即完全由硬體電路決定。
3. 中斷優先權仲裁器 (interrupt priority management hardware)：軟體與硬體合用，例如 82C59A PIC (第 9.3 節)。

9.2.2 輪呼

大多數的 I/O 裝置的界面電路中的控制與狀態暫存器 (control and status register，CSR) 均會包含一個或一群位元，指示該 I/O 裝置，是否已經發出中斷。例如在圖 9.2-1 中的裝置界面，只有當 CSR 中的 RDY 與 IE 位元皆為 1 時，才產生中斷要求。所以在中斷認知程序之後，必須以軟體程式檢查界面的這兩個位元狀態，以得知是那一個裝置要求中斷服務。由於在中斷服務程式中，必須依序讀取每一個裝置界面中的 CSR，然後檢查 RDY 與 IE 兩位元的狀態，以辨別是那一個裝置要求中斷服務，因此這種程序一般稱為輪呼。

輪呼的次序決定了裝置的中斷優先權。一般而言，輪呼的次序可以使用固定方式 (即採用固定優先權) 或採用動態方式 (最常用者為採用巡更優先權)。在設計輪呼式中斷服務系統時，通常所有裝置對應的 CSR 位址與 ISR 位址排列均成如圖 9.2-2 所示的輪呼程序表，因此當裝置數目更動時，只要更動該表的長度即可，而不必更改輪呼程式。典型的輪呼程式如下列例題所示。

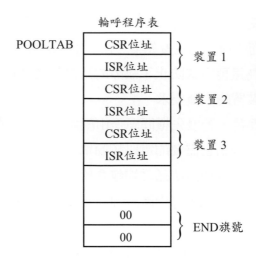

圖 **9.2-2**: 典型的輪呼程序

■ 例題 9.2-1: 輪呼

使用固定優先權與巡更優先權的輪呼程序，設計圖 9.2-1 的中斷輪呼程式。假設輪呼程序表 (圖 9.2-2) 儲存於程式記憶器中，並且 CSR 與 ISR 位址均為兩個位元組。輪呼程序表的最後一個語句為 0000H 的旗號。

解: 程式如下所示，共有兩個程式。其中 FPOLL 採用固定優先權方式；而 RPOLL 採用巡更優先權方式。在 FPOLL 程式中，由於採用固定優先權方式，程式每一次進入時，均由輪呼程序表中的第一個 I/O 裝置開始檢查。由於輪呼程序表中儲存的資料為 I/O 裝置的 CSR 與 ISR 的位址，因此程式中先由輪呼程序表中讀出 CSR 的位址，並且載入 DX 暫存器中，判斷是否為輪呼程序表的終點 (即 DX 暫存器的值為 0000H)。若是，則結束輪呼程序；否則，讀取 CSR 內容。接著檢查 RDY 與 IE 兩個位元 (假設分別為 CSR 的位元 7 與 6)。若皆設定為 1，則自輪呼程序表中取出 ISR 的啟始位址，並且載入 IP 中，即跳到 ISR 中執行。若讀取的 CSR 內容中的 RDY 與 IE 兩個位元並未全部設定為 1，則繼續檢查輪呼程序表中的下一個 I/O 裝置的 CSR 內容，直到遇到 0000H 的結束旗號語句為止。

在 RPOLL 程式中，由於採用巡更優先權方式，程式中使用一個稱為 LASTP 的語句記錄目前欲檢查的 I/O 裝置在輪呼程序表中的指標。程式在每一次進入時，均載入 LASTP 內容於 DI 暫存器中，以由輪呼程序表中，上一次被服務過

的 I/O 裝置之下一個 I/O 裝置開始檢查。由於輪呼程序表中儲存的資料為 I/O
裝置的 CSR 與 ISR 的位址，因此程式中先使用 DI 暫存器自輪呼程序表中讀出
CSR 的位址，並且載入 DX 暫存器中，判斷是否為輪呼程序表的終點。若是，
則回到輪呼程序表的第一個 I/O 裝置。然後讀取 CSR 內容，接著檢查 RDY 與
IE 兩個位元 (假設分別為 CSR 的位元 7 與 6)。若皆設定為 1，則儲存 DI 暫存
器內容於 LASTP 語句中，並由輪呼程序表中取出 ISR 的啟始位址並且載入 IP
中，即跳到 ISR 中執行。若讀取的 CSR 內容中的 RDY 與 IE 兩個位元並未全
部設定為 1，則繼續檢查輪呼程序表中的下一個 I/O 裝置的 CSR 內容，直到 DI
暫存器的值與 LASTP 相同時為止，表示整個輪呼程序表中的所有 I/O 裝置均
已檢查過，因此結束程式的執行。

```
                        ;ex921.asm (16-bit DOS mode)
                        ;interrupt polling procedure
                              .model small
                              .stack 200H
0000                          .data
0000 0000        LASTP    DW      00H        ;last serviced pointer
0000                          .code
                              .startup
                        ;fixed-priority polling procedure
0010             FPOLL    PROC    NEAR
0010 8D 3E 004F R FSTART:  LEA     DI,CS:POLLTAB-4
0014 83 C7 04     FNEXT:   ADD     DI,04H     ;next entry
0017 2E: 8B 15             MOV     DX,CS:[DI];get address of CSR
001A 83 FA 00              CMP     DX,00H     ;end of table ?
001D 74 09                 JE      RETURN     ;yes, return
001F EC                    IN      AL,DX      ;no, get CSR byte
0020 A8 C0                 TEST    AL,0C0H    ;check bit 6 and 7
0022 74 F0                 JZ      FNEXT      ;if set then
0024 2E: FF 65 02          JMP     WORD PTR CS:[DI+2] ;jump to its ISR
0028 C3           RETURN:  RET
0029             FPOLL        ENDP
                 ;
                 ;round-robin priority polling procedure
0029             RPOLL    PROC    NEAR
0029 8B 3E 0000 R RSTART:  MOV     DI,LASTP   ;begin from lastp
002D 83 C7 04     RNEXT:   ADD     DI,04H     ;next entry
0030 2E: 8B 15             MOV     DX,CS:[DI];get address of CSR
0033 83 FA 00              CMP     DX,00H     ;end of table ?
0036 75 07                 JNZ     RCHECK     ;no, continue
0038 8D 3E 0053 R          LEA     DI,CS:POLLTAB ;yes,reload
003C 2E: 8B 15             MOV     DX,CS:[DI];table address
```

```
003F  EC              RCHECK:  IN    AL,DX       ;get CSR byte
0040  A8 C0                    TEST  AL,0C0H     ;check bit 6 and 7
0042  74 08                    JZ    CHKLIST
0044  89 3E 0000 R             MOV   LASTP,DI    ;save lastp and
0048  2E: FF 65 02             JMP   WORD PTR CS:[DI+2];jump to its ISR
004C  3B 3E 0000 R    CHKLIST: CMP   DI,LASTP    ;
0050  75 DB                    JNE   RNEXT
0052  C3                       RET
0053                  RPOLL    ENDP
                      ;polling table
0053  000A [0000]     POLLTAB  DW    10 DUP(?)   ;polling table
0067  0000                     DW    00H         ;end flag
0069  0000                     DW    00H
                               END
```

9.2.3 鍵結優先權結構

在鍵結優先權結構中，每一個界面晶片皆含有一個鍵結網路，如圖 9.2-3 所示。每一個網路皆有兩個輸入，一個來自裝置的中斷輸入；另外一個則來自優先權較高的鍵結網路之輸出。最高優先權界面晶片的第二個輸入則直接接往 CPU 的中斷認知信號 ($\overline{INTA}$)。

當有一個以上裝置要求服務時，中斷要求 (INTR) 信號即送到 CPU，CPU 在認知該中斷要求後，即送出一個中斷要求認知信號 $\overline{INTA}$，此信號傳遞經過每一個優先權網路，直到它遇到一個 INT 輸入為 1 的優先權網路為止。INTA 輸入與 $\overline{INT}$ 輸入 AND 的結果，阻斷了 $\overline{INTA}$ 信號再次的往下級傳遞。由於此時 INT 與 IEI 兩者皆 1，所以 AND 後的輸出為 1，這個 1 被送往裝置界面的中斷控制邏輯，促使該控制邏輯在資料匯流排上置放一個中斷向量。優先權較低的裝置 (即位置遠離 CPU 的裝置)，縱然它們也產生了中斷要求，但是必須等待較高優先權的裝置，其中斷服務完成之後，其中斷要求才會被認知。

鍵結優先權結構有兩項優點：

1. 若每一個中斷要求皆有一個開路集極輸出，則系統匯流排只需要一條中斷要求線；

2. 優先權的排定，只需要由更換鍵結網路的順序即可以得到。

具有鍵結優先權結構特性的 I/O 界面晶片 (例如 Z80 PIO)，除了具有鍵結

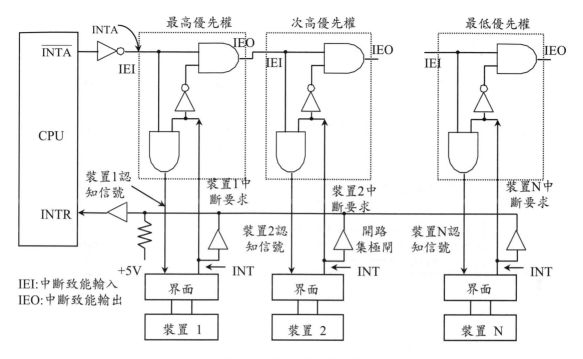

圖 9.2-3: 鍵結優先權結構

優先權網路外，尚有一個提供中斷向量的暫存器，此暫存器內容在中斷被認知時，即自動地經由匯流排送出，所以此種界面晶片本身即提供了完整的中斷優先權與控制邏輯。

9.2.4　中斷優先權仲裁器

在微處理器的系統設計中，常常需要擴充中斷要求輸入線的數目以提供實際上的需求。前面兩小節中已經討論過兩種基本的方式：使用 OR 閘匯整多個中斷要求信號後，連接到 CPU 的 INTR 輸入線上，然後使用輪呼方式辨認產生中斷要求的裝置；另外一種方式為使用 OR 閘匯整各個 I/O 裝置界面的中斷要求輸出線後，連接到 CPU 的 INTR 輸入線上，然後使用硬體結構的鍵結優先權電路，辨認產生中斷要求的裝置。無論是那一種方式，在辨認產生中斷要求的裝置之同時，其實也順便地解決了多重中斷要求的問題，因為經由辨認的動作次序決定了各個中斷要求線的優先權。此外，無論是那一種方式，若

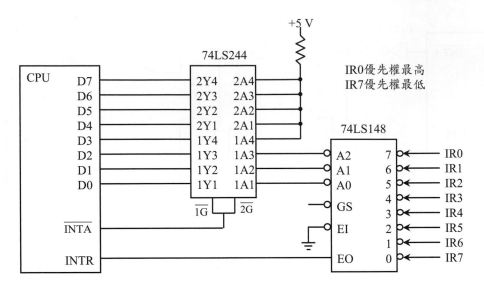

圖 9.2-4: 簡單的 INTR 擴充方法

以另外一個角度來看，可以說是擴充 CPU 的單一 INTR 輸入線為具有較多條的中斷要求輸入線。

圖 9.2-4 為另外一種擴充單一 INTR 輸入線為多條中斷要求輸入線的方法。在這種方式中，使用 8 個輸入線的優先權編碼器 (priority encoder，例如 74LS148)，擴充 INTR 為八條中斷要求輸入線，此外，該優先權編碼器只送出最高優先權的輸入線的二進碼，因此也解決了多重中斷要求的問題 (使用固定優先權)。在中斷認知程序中，CPU 送出 INTA 脈波到 74LS244，致能其輸出而讀取中斷向量。在此系統中，中斷向量為 0F8H～0FFH。若欲改變中斷向量值，可以調整 74LS244 右邊的接線。

圖 9.2-4 所示電路的主要缺點是無法各別抑制中斷要求輸入信號 IR0～IR7。改進的方法如圖 9.2-5 所示，加入一個罩網暫存器 (mask register)，另外也增加一個中斷要求門閂 (interrupt request latch) 以持住中斷要求信號。罩網暫存器的內容可以經由 CPU 執行指令加以設定或清除，因此可以抑制或致能各別的中斷要求輸入信號。例如在某一個程式中，不希望 IR4 與 IR7 等輸入線產生中斷要求時，可規劃罩網暫存器為 01101111(6FH)。

圖 9.2-5 所示電路稱為中斷優先權仲裁器 (interrupt priority resolver)，典型

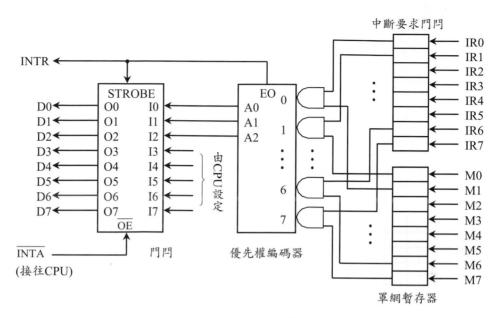

圖 9.2-5: 中斷優先仲裁器

的商用元件如 82C59A PIC(programmable interrupt controller)，稱為可規劃中斷要求控制器。82C59A 將在下一節中討論。

9.3 可規劃中斷要求控制器 (82C59A)

82C59A 可規劃中斷要求控制器 (programmable interrupt controller，PIC) 可以擴充 x86 微處理器的 INTR 為八條導向性中斷要求輸入線，若使用兩層的 PIC 結構，即將第二層 PIC 的八個 INT 輸出端分別連接於第一層 PIC 的 IRn 輸入端，則可以獲得 64 條中斷要求輸入線。一般而言，在一個微處理器系統中，八條中斷要求輸入線已經能夠符合大多數系統的需求；對於較大的系統 (例如 PC)，使用兩個 PIC 串接以提供 15 條中斷要求輸入線也綽綽有餘了。

9.3.1 硬體界面

82C59A 為一個 28 腳的可規劃中斷要求控制器 (PIC)，其內部功能方塊圖與接腳分佈及意義如圖 9.3-1 所示。主要接腳的功能為：

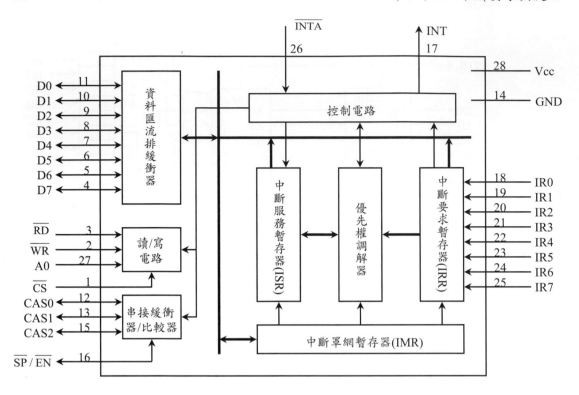

圖 9.3-1: 82C59A 內部功能方塊圖

INT (中斷要求,輸出) 與 $\overline{\text{INTA}}$ (中斷要求認知,輸入):分別為中斷要求輸出與中斷要求認知輸入。在串接模式中,只有主元件的 INT 輸出端連接到 CPU 的 INTR 入端,但是所有 82C59A 的 $\overline{\text{INTA}}$ 輸入端均連接到 CPU 的 $\overline{\text{INTA}}$ 輸出端。

CAS0 ~ CAS2 (串接位址線,雙向):只使用在串接模式中。主元件的 CAS0 ~ CAS2 為輸出,而從屬元件的 CAS0 ~ CAS2 為輸入。這三條位址輪呼信號提供主元件指定某一個從屬元件之用。

$\overline{\text{SP}}/\overline{\text{EN}}$ (slave program/enable,雙向):為一條雙向控制線,做為輸入線時,決定該 82C59A 為主 PIC ($\overline{\text{SP}}/\overline{\text{EN}}$ = 1),或是從屬 PIC ($\overline{\text{SP}}/\overline{\text{EN}}$ = 0);做為輸出時,當資料由 82C59A 轉移到 CPU 時,用來抑制資料匯流排傳送接收器的動作。$\overline{\text{SP}}/\overline{\text{EN}}$ 的工作模式由 ICW4 設定。

A0、$\overline{\text{CS}}$、$\overline{\text{RD}}$、$\overline{\text{WR}}$:選取 82C59A 的內部暫存器與執行讀取或寫入動作。

IR0 ～ IR7(輸入)：中斷要求輸入線。

9.3.2　內部功能

82C59A內部共有兩組控制暫存器：初值設定命令暫存器 (initialization command word，ICW) 與操作命令暫存器 (operation command word，OCW)。ICW通常由初值設定程式設定後即固定；OCW 則動態性地設定，以改變 82C59A 的操作特性。

圖 9.3-1 中的中斷要求暫存器 (interrupt request register，IRR)、優先權調解器 (priority resolver) 與中斷服務暫存器 (interrupt service register，ISR) 等用來接收與控制由 IR0 ～ IR7 而來的中斷要求。由 IRR 鎖住的所有中斷要求經由中斷罩網暫存器 (interrupt mask register，IMR) 篩選後，未被罩住 (即其相對的 IMR 位元為 0) 的所有中斷要求皆送往優先權調解器，以選出一個優先權最高的中斷要求，對 CPU 產生中斷要求。

若 CPU 的 IF 旗號位元設定為 1，則 CPU 在完成目前指令的執行後，即接受中斷要求而進入中斷程序，並經由 $\overline{\text{INTA}}$ 送回兩個負脈波，如圖 9.3-2 所示。82C59A 在接收到第一個 $\overline{\text{INTA}}$ 脈波後，即抑制 IRR (因此不再接收其次進來的 IR7 ～ IR0 信號，直到第二個 $\overline{\text{INTA}}$ 脈波結束為止)、清除剛剛產生中斷要求對應的 IRR 位元與設定對應的 ISR 位元 (即 ISR 中有 8 個位元分別與 IRR 中 8 個位元對應)；在第二個 $\overline{\text{INTA}}$ 脈波時，82C59A 輸出儲存在 ICW2 中的中斷向量於資料匯流排 D7 ～ D0 上，因此 CPU 可以據此而進入適當的中斷服務程式。若使用自動結束中斷要求 (automatic end of interrupt，AEOI) 方式 (若 ICW4 中的 AEOI 位元設定為 1)，則第二個 $\overline{\text{INTA}}$ 脈波結束時，會自動清除第一個 $\overline{\text{INTA}}$ 脈波設定的 ISR 位元；否則，該 ISR 位元保持設定狀態，直到由 OCW2 設定的 EOI (end of interrupt) 命令清除為止。

在正常情況下，IR0 優先權最高，其次為 IR1 ⋯⋯，而 IR7 最低。當 ISRn 位元設定為 1 後，優先權調解器即不認知 IR7 到 IR(n + 1) 的中斷要求，只認知 IR(n - 1) 到 IR0 中未被罩住的中斷要求。因此，是使用 AEOI 方式或 EOI 方式，依據下列情況而定：在一個中斷服務程式中是否允許由任何優先權的中斷要

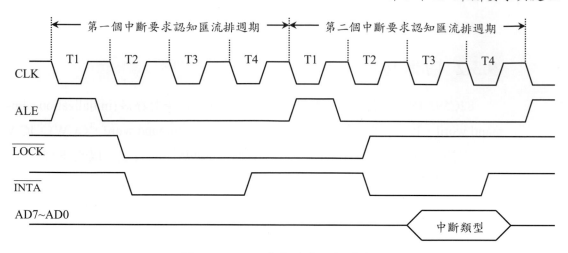

圖 9.3-2: 8086 中斷要求認知時序圖

求中斷，或是只允許由較高優先權的中斷要求中斷。當然，在中斷服務程式中，若不希望再被中斷時，可以清除 CPU 的 IF 的旗號為 0，或使用 IMR 抑制所有中斷要求。

9.3.3 82C59A 與 CPU 界接

82C59A 與 8086 CPU 模組電路的連接方式如圖 9.3-3 所示。其中 I/O 位址解碼電路的設計方式大致與記憶器位址解碼方法相同，詳細的 I/O 位址解碼電路設計，留待第 10.1.5 節再予討論。

為使 82C59A 能正確地自 8086 CPU 模組中，接收資料與傳遞中斷向量 (類型) 到 CPU 內，它們之間的時序關係必須滿足。圖 9.3-4(a) 所示為 82C59A 在寫入模式下的時序圖；圖 9.3-4(b) 則為在讀取模式的時序圖。圖 9.3-4(c) 所示數值為 82C59A-2 元件的參數值。

9.3.4 82C59A 的規劃

欲使 82C59A 能正常地操作，在接受任何中斷要求之前，必須先設定 ICW1 到 ICW4 等四個初值設定命令暫存器的內容，然後在正常動作期間再適當地設定 OCW1 到 OCW3 等三個操作命令暫存器的內容。

由於 82C59A 只使用一條位址線 A0，存取內部的暫存器，因此在執行模

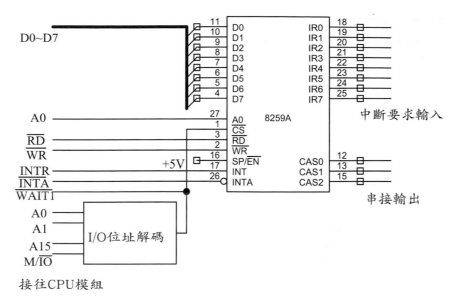

圖 9.3-3: 82C59A 與 8086 CPU 模組的界接

式規劃 (即設定) 時，必須遵循一個特定的順序，才能夠適當地設定各個相關的控制暫存器之值。這個特定的模式設定程序稱為 82C59A 的初值設定程序。

82C59A 的初值設定程序如下：

■ **演算法 9.3-1: 82C59A 初值設定程序**

Begin

1. 首先使用 A0 = 0 的位址設定 ICW1

2. 使用 A0 = 1 的位址設定 ICW2

3. 若 ICW1 中的 D1 (即 SNGL) 為 1 則直接進行步驟 4；否則設定 ICW3

4. 若 ICW1 中的 D0 (即 IC4) 為 0 則進行步驟 5；否則設定 ICW4

5. 設定完成。此時 82C59A 已經可以接受中斷要求了。

End {82C59A 的初值設定程序}

ICW1 的主要功能為設定 82C59A 的基本工作組態：為只使用一個 82C59A (即單一模式) 或是多個 82C59A 串接使用 (即串接模式)；定義呼叫位址區間；定義 IRn 的觸發方式 (位準觸發或是緣觸發)；指示在初值設定程序中，需要或是不需要 ICW4。

參數	數值(ns)	
	最小值	最大值
t_{AHWL}	0	
t_{AHDV}		200
t_{WHAX}	0	
t_{DVWH}	160	
t_{WHDX}	0	
t_{WLWH}	190	
t_{AHRL}	10	
t_{RLRH}	160	
t_{RHAX}	5	
t_{RLDV}		120
t_{RHDZ}	10	85

(c)

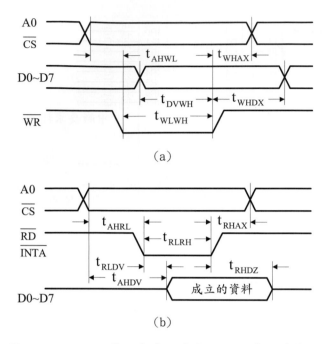

圖 9.3-4: 82C59A 讀取與寫入時序圖：(a) 寫入時序；(b) 讀取時序；(c) 參數值 (82C59A-2)

D7	D6	D5	D4	D3	D2	D1	D0
A7	A6	A5	1	LTIM	ADI	SNGL	IC4
中斷位址向量的A7~A5 (MCS80/85A)				觸發方式	位置區間	單一模式	ICW4
				1 = 位準 0 = 緣觸發	1 = 4 0 = 8	1 = 單一 0 = 串接	1 = 需要 0 = 不需要

圖 9.3-5: ICW1 格式 (A0 = 0)

由於 A0 = 0 (偶數位址) 的位址由 ICW1、OCW2、OCW3 等暫存器共用，因此在規劃 ICW1 時，除了使用 A0 = 0 的位址之外，也必須設定 D4 = 1，以能夠與其它兩個暫存器 OCW2 (D4 = 0；D3 = 0) 及 OCW3 (D4 = 0；D3 = 1) 區別。

ICW1 控制暫存器的格式如圖 9.3-5 所示，其中各個位元的定義如下：

位元 0 (IC4)：為 1 時，表示 ICW4 也需要規劃；否則，不需要規劃 ICW4。

位元 1 (SNGL)：為 1 時，表示只使用單一個 82C59A，若多個串接使用則 SNGL 設為 0。

位元 2 (ADI)：只使用在 8085A/8080 系統中。當其值為 1 時，表示呼叫位

D7	D6	D5	D4	D3	D2	D1	D0
A15/T7	A14/T6	A13/T5	A12/T4	A11/T3	A10	A9	A8
中斷位址向量的A15~A8 (MCS80/85A) 中斷位址向量的T7~T3 (80x86)					為IRn中的n值		

圖 9.3-6: ICW2 格式 $(A0 = 1)$

址區間的間隔為 4；否則為 8。

位元 3 (LTIM)：決定使用緣觸發方式 (LTIM = 0) 或位準觸發方式 (LTIM = 1)。使用緣觸發方式時，在對應的 ISR 位元設定後，IRR 位元即被清除為 0。

位元 5 ～ 7：只使用在 8085A/8080 系統中。它們儲存中斷向量的位址 A7 ～ A5 等位元。

在完成 ICW1 的設定之後，必須緊接著設定 ICW2，至於 ICW3 與 ICW4 是否需要設定，則由 ICW1 的 D1 與 D0 等位元的值決定。ICW2、ICW3、與 ICW4 等控制暫存器的值，均以奇數位址 (A0 = 1) 規劃。

ICW2 提供中斷類型給 CPU，其位元 3 ～ 7 由使用者設定；位元 0 ～ 2 則由 82C59A 自動依據中斷要求的層次 (IR0 ～ IR7) 設定，例如：IR4 產生的中斷要求，其位元 2 ～ 0 將填入 100。ICW2 控制位元組的格式如圖 9.3-6 所示。

ICW3 控制暫存器的內容，只在多個 82C59A 串接使用時才有意義，同時只在 ICW1 中的 SNGL = 0 時才需要設定。ICW3 共分為兩個格式，一個為主元件格式；另一個為從屬元件格式。當從屬元件的 INT 接到主元件的 IRn 輸入端時，主元件中的 Sn 位元必須設定為 1；從屬元件的位元 2 ～ 0 (識別碼) 則設定為 n。ICW3 控制位元組的格式如圖 9.3-7 所示。

ICW4 控制暫存器主要用以輔助 ICW1 設定 82C59A 的工作組態：指示連接的微處理器為 MCS 8080/8085 或是 x86 微處理器；定義使用自動結束中斷要求 (AEOI) 或是正常結束中斷要求 (EOI)；設定 82C59A 工作在緩衝型態或是非緩衝型態；設定 82C59A 工作在特殊的完全巢路系統。其中 AEOI 與 EOI 等模式的意義已經在第 9.3.2 節中討論過；緩衝型態指的是 CPU 的資料匯流排先經過雙向資料緩衝器 (例如 74LS245/74F245) 再接往系統的其它元件；特殊的完全巢路系統的討論請參閱第 9.3.5 節。

ICW3（主元件）							
D7	D6	D5	D4	D3	D2	D1	D0
S7	S6	S5	S4	S3	S2	S1	S0
Si＝1表示IRi輸入端有從屬元件；Si＝0表示IRi輸入端沒有從屬元件。							
ICW3（從屬元件）							
D7	D6	D5	D4	D3	D2	D1	D0
0	0	0	0	0	ID2	ID1	ID0
					元件識別碼		

圖 **9.3-7:** ICW3 格式 (A0 = 1)

D7	D6	D5	D4	D3	D2	D1	D0
0	0	0	SFNM	BUF	M/S	AEOI	μPM
			1 = 特殊巢路串接	00 = 非緩衝型 10 = 緩衝型/從屬元件 11 = 緩衝型/主元件		1=自動EOI 0=正常EOI	1= 80x86 0= MCS 80/85

圖 **9.3-8:** ICW4 格式 (A0 = 1)

ICW4 控制暫存器的位元格式如圖 9.3-8 所示，其各個位元的意義如下：

位元 0 (μPM)：1 表 8086/8088 系統；0 表 8085A/8080 系統。

位元 1 (AEOI)：1 表自動 EOI (AEOI) 方式；0 表正常 EOI 方式。

位元 2 (M/S)：在 BUF = 0 時，此位元無意義。當 BUF = 1 時，M/S = 1 表示主要元件；M/S = 0，表示從屬元件。在只使用一個 82C59A 的系統中，此位元必須設定為 1。

位元 3 (BUF)：BUF = 1 (即緩衝型態) 表示 $\overline{\text{SP/EN}}$ 做為輸出使用，作為 CPU 由 82C59A 讀取資料時，抑制雙向資料緩衝器的動作。若沒有雙向資料緩衝器，則 BUF 必須設定為 0。在只有一個 82C59A 的系統中，$\overline{\text{SP/EN}}$ 接腳必須接到 1。

位元 4 (SFNM)：1 表示特殊的完全巢路系統，這種模式使用在多個 82C59A 串接使用時 (第 9.3.5 節)。

位元 5 ～ 7：為 0。

在了解 82C59A 的四個控制暫存器的功能與意義之後，現在舉一個實例說明如何設定 82C59A 的初值。

■ 例題 9.3-1: 82C59A 的規劃

在某一個只使用一個 82C59A 的 PC 系統中，若該 82C59A 採用緣觸發方式，並且佔用 020H 與 021H 兩個 I/O 位址；使用的中斷類型由 08H 開始到 0FH 為止。試寫一個程式片段，設定 82C59A 的初值。

解：由於系統中只有一個 82C59A 所以 ICW1 的 D1 = 1，並且使用緣觸發方式，所以 D3 = 0，結果的 ICW1 值為 13H (圖 9.3-3)；ICW2 為設定中斷向量值，因為 PC 系統中 82C59A 的八個中斷要求佔用中斷向量 08H 到 0FH，所以 ICW2 設定為 08H。因為只使用一個 82C59A，所以不需要設定 ICW3 的值。在設定好 ICW2 的值後，直接進入 ICW4 的初值設定步驟。系統中使用緩衝器模式與正常 EOI，所以由圖 9.3-8 的 ICW4 格式，得到 ICW4 的值應設定為 0DH。注意：除了 ICW1 使用 I/O 位址 20H 外，ICW2 與 ICW4 均使用 I/O 位址 21H。

```
MOV    AL,13H    ;set ICW1
OUT    20H,AL    ;single 8259, need ICW4
MOV    AL,08H    ;set ICW2
OUT    21H,AL    ;vector 08H->0FH
MOV    AL,0DH    ;set ICW4
OUT    21H,AL    ;normal EOI, buffered master.
```

在完成 82C59A 的初值設定之後，它即可以接受中斷要求。然而 82C59A 的動作仍然需要由三個 OCW 暫存器控制。這三個暫存器在規劃時，OCW1 使用奇數位址 (A0 = 1)；OCW2 與 OCW3 皆使用偶數位址 (A0 = 0)，而以位元 3 的值區別。此外，OCW2、OCW3、ICW1 皆使用相同的位址，而以位元 4 的值區分，當位元 4 = 1 時為 ICW1；位元 4 = 0 時為 OCW2 (位元 3 = 0) 或 OCW3 (位元 3 = 1)。

OCW1 稱為中斷罩網暫存器 (IMR)，如圖 9.3-9 所示。其中每一個位元對應於一個中斷要求輸入線 (IR0 ~ IR7)，當罩網位元為 1 時，該對應的中斷要求輸入即被罩住，而不送到優先權調解器。此控制暫存器也可以由 CPU 讀取，而得知目前中斷罩網的設定狀況。

D7	D6	D5	D4	D3	D2	D1	D0
M7	M6	M5	M4	M3	M2	M1	M0
Mn = 1時表式IRn對應的罩網為1；Mn = 1時表式IRn對應的罩網為0。							

圖 9.3-9: OCW1 格式與定義 (A0 = 1)

D7	D6	D5	D4	D3	D2	D1	D0
R	SL	EOI	0	0	L2	L1	L0
見文中說明					L2~L0的值表式IR動作的層次		

圖 9.3-10: OCW2 格式與定義 (A0 = 0)

OCW2 與 OCW3 控制 82C59A 模式與接收 EOI 命令。OCW2 只在 82C59A 未使用 AEOI 模式時才有作用。在這種情況下，OCW2 設定 82C59A 對中斷要求的響應方法。

OCW2 的位元 2 ~ 0 指定 IR 層次，如圖 9.3-10 所示；位元 5 為 EOI 命令；位元 6 與 7 則控制 IR 層次。當 ICW4 中的 AEOI 位元設定為 1 後，由第一個 $\overline{\text{INTA}}$ 脈波設定的 ISR 位元，在第二個 $\overline{\text{INTA}}$ 脈波結束時，自動被清除；若 AEOI 位元 = 0，則 ISR 位元必須由 EOI 命令清除。在給定 EOI 命令 (即 EOI 位元 = 1) 後，位元 7 (rotate，R) 與位元 6 (set level，SL) 的四種組合為：

- 00：正常的優先順序 (IR0 最高；IR7 最低)；
- 01：清除由 L2 ~ L0 指定的 ISR 位元；
- 10：向右旋轉優先權順序一個位置 (巡更優先權方式)；
- 11：旋轉優先權順序，直到 L2 ~ L0 指定的層次優先權最低為止。

82C59A IRn 的優先權順序如圖 9.3-11 所示。在正常情況下，IR0 最高，IR7 最低。做優先權順序旋轉時，若如圖所示位置固定最高與最低兩個指標，然後依順時針方向 (向右) 旋轉 IR0 ~ IR7，則得到新的優先權順序。例如在圖中，若向右旋轉一個位置，則 IR7 優先權最高；IR6 最低。

在 EOI 位元 = 0 時，R 與 SL 亦有四種組合：

- 10：設定 AEOI 的自動旋轉模式；
- 00：清除上述 AEOI 自動旋轉模式；

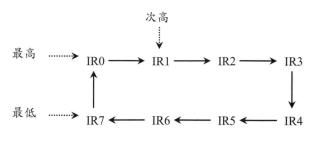

圖 **9.3-11:** IRn 優先權順序變化圖

- 11：設定 L2 ～ L0 指定的優先權層次為最低，但是未送出 EOI 命令；
- 01：沒有動作。

OCW3 的格式如圖 9.3-12 所示，其中 ESMM (enable special mask mode) 與 SMM (special mask mode) 位元用來抑制上述討論的優先權順序。當這兩個位元皆設定為 1 時，未被罩住的中斷要求輸入，依據其到達的先後順序處理，在 ESMM = 1，SMM = 0 則清除這種模式而回到先前設定的優先權模式中；其它兩種組合則沒有作用。

P (輪呼，polling) 位元：設定 82C59A 為輪呼模式。在這模式中，當 P = 1 時，其次的 $\overline{\text{RD}}$ 信號，設定適當的 ISR 位 (和 $\overline{\text{INTA}}$ 脈波一樣)，並且讀取一個位元組的資料，其格式如下：

D7	D6	D5	D4	D3	D2	D1	D0
1	-	-	-	-	W2	W1	W0

其中 I = 1 表示有中斷要求發生；W2 ～ W0 為最高優先權的中斷要求層次。在 P = 0 時，IRR 與 ISR 暫存器內容可以分別由設定 OCW3 的 RR 與 RIS 兩個位元

D7	D6	D5	D4	D3	D2	D1	D0
0	ESMM	SMM	0	1	P	RR	RIS
	特殊罩網型態				輪呼	讀取暫存器命令	
	0φ = 沒有動作 10 = 清除特殊罩網 11 = 設定特殊罩網				1 = 有 0 = 無	0φ = 沒有動作 10 = 讀取 IRR 11 = 讀取 ISR	

圖 **9.3-12:** OCW3 格式與定義 (A0 = 0)

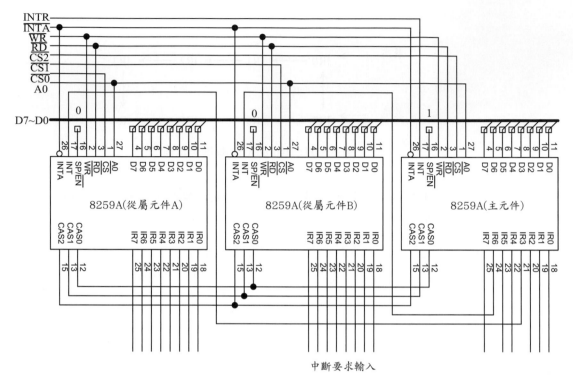

圖 9.3-13: 多個 82C59A 串接使用

的值讀取。當 RR = 1 而 RIS = 0 時，讀取 IRR；當 RR = 1 而 RIS = 1 時，讀取 ISR。注意：在上述 OCW3 的位元一經設定後，即維持該狀態，直到使用另一個 OCW3 位元組改變為止。例如若 P = 0，RR = 1 而 RIS = 1，則任何對 82C59A 偶數位址埠的讀取動作，均讀取 ISR 內容。

9.3.5 82C59A 串接模式

多個 82C59A 可以串接使用，以擴充中斷要求輸入層次的數目，如圖 9.3-13 所示，共有 22 層次。在串接模式中，主元件的 $\overline{\text{SP/EN}}$ 接於 1 電位，而所有從屬元件的 $\overline{\text{SP/EN}}$ 皆接於 0 電位。此外，從屬元件的 INT 輸出接於主元件的一個 IR 輸入端，而且並接所有 CAS0 ～ CAS2 的控制線。

在串接模式中，所有 82C59A 都必須做初值設定。主元件的初值設定方式和前面討論的相同，但是 ICW1 中的 SNGL 位元必須清除為 0，而且必須設定

ICW3 的值。在圖 9.3-13 中，從屬元件 A 與 B 的 INT 分別接往主元件的 IR3 (M3) 與 IR6 (M6)，所以主元件的 ICW3 值為：01001000 (48H)。從屬元件的 ICW3 則用來識別該元件，對於從屬元件 A 而言，因其 INT 接於主元件的 IR3 輸入端，所以其 ICW3 應設定為：00000011 (03H)；從屬元件 B，其 ICW3 應設定為：00000110 (06H)。

　　當一個從屬元件啟動其 INT 輸出時，這個信號即送往主元件的 IR 輸入端，然後經由主元件對 CPU 產生中斷要求。主元件在收到 $\overline{\text{INTA}}$ 脈波後，不僅設定適當的 ISR 位元與清除對應的 IRR 位元，同時它也檢查 ICW3 中的位元，辨認該中斷要求是否發自從屬元件。若是，則主元件置放該 IR 層次的號碼於 CAS2 ～ CAS0 線上；若不是，則置放 ICW2 內容於資料匯流排中。注意所有從屬元件也都同時收到 $\overline{\text{INTA}}$ 信號，但是只有識別碼 (即 ICW3 位元 2 ～ 0) 與 CAS2 ～ CAS0 相同的能夠接受該信號。被選到的從屬元件也一樣設定 ISR 位元與清除 IRR 位元，並且置放 ICW2 內容於資料匯流排中。注意：ICW2 中的中斷類型必須能夠唯一的區別所有主元件與從屬元件中的中斷要求。此外，若使用 EOI 模式，則程式必須對主元件與從屬元件各自送一個 EOI 命令。

　　在正常情況下，圖 9.3-13 所示串接系統的外部中斷要求輸入線的優先權為：

　　　　　主元件：IR0 IR1 IR2　　從屬元件 A：IR0 IR1⋯IR7

　　　　　　　　主元件：IR4 IR5　　從屬元件 B：IR0 IR1⋯IR7　　主元件 IR7。

■ 例題 9.3-2: PC 中斷系統

　　典型的 PC 中斷系統如圖 9.3-14 所示。NMI 中斷來源一共有兩個：RAM 同位檢查與 I/O 通道檢查。由於 NMI 為一個不可抑制式中斷要求，為了使它也能受到控制，在 PC 系統中使用一個 I/O 埠的一個位元 (埠位址 070H 位元 7) 做為它的控制位元。CPU 的另外一個中斷要求輸入 (INTR) 則接於主 PIC (82C59A) 元件的輸出，主 PIC 元件的 IRQ2 則接於從屬 PIC 元件的 INT 輸出，因此擴充 INTR 為 15 個層次，其中部分輸入線已經由某些 I/O 裝置佔用，例如 IRQ0 與 IRQ1 分別由主機板上的 8254 定時器通道 0 與鍵盤佔用；IRQ3 到 IRQ15 則位於 I/O 擴充槽中，其中 IRQ3 與 IRQ4、IRQ6、IRQ5 與 IRQ7 分別由串列埠 (RS-232E) 擴充卡、FDC 擴充卡、並列埠列表機擴充卡等佔用，其它輸入線則

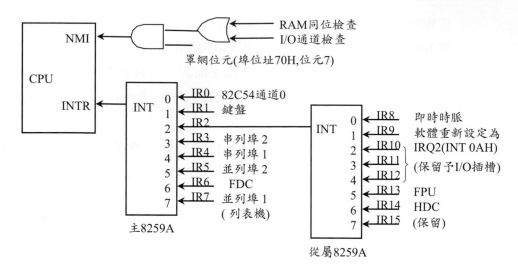

圖 9.3-14: PC 中斷系統

可以由使用者自由定義使用。

在 PC 系統中，主 PIC 元件佔用 020H 與 021H 兩個 I/O 埠位址；從屬 PIC 元件則佔用 0A0H 與 0A1H 兩個 I/O 埠位址。

9.3.6 APIC

Intel 公司自其 Pentium 微處理器之後的 x86 (Intel 稱為 IA-32) 微處理器中均配備有一個高階可規劃中斷控制器 (advanced programmable interrupt controller，APIC)。APIC 主要分成兩部分：局部 APIC (local APIC) 與 I/O APIC，如圖 9.3-15 所示。

局部 APIC 主要有兩項功能：

- 接收來自微處理器中斷輸入接腳、微處理器內部中斷要求、外部 I/O APIC 的中斷要求，並送至處理器核心處理。

- 在多處理器系統 (multiple processor，MP) 中，傳送與接收在系統匯流排上的其它邏輯處理器 (logical processor) 的處理器之間中斷 (interprocessor interrupt，IPI) 訊息。IPI 訊息可以將中斷要求分散於系統中的處理器或是執行整體系統功能，例如啟動處理器或是分派工作於一群處理器。

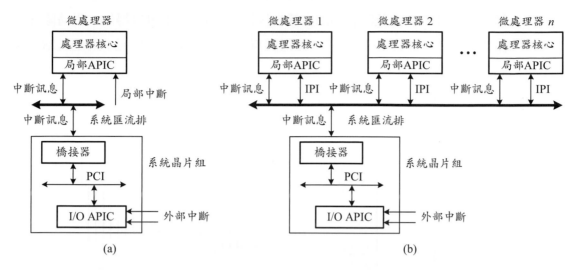

圖 9.3-15: APIC 結構示意圖：(a) 單一微處理器系統；(b) 多微處理器系統

　　I/O APIC 屬於系統晶片組的一部份。它的主要功能為接收系統與其附屬 I/O 裝置的外部斷要求，然後以中斷要求訊息傳送到局部 APIC 中處理。在多處理器系統中，I/O APIC 亦提供一個機制以將外部中斷要求分散於系統匯流排中的某些經選擇的處理器或是一群處理器的局部 APIC 中。

9.4 中斷服務程式

　　在了解 x86 微處理器的中斷要求電路結構之後，接著介紹中斷服務程式的設計，及如何植入一個中斷服務程式的位址於中斷向量表中。由於在 Windows 系統中，使用者程式無法直接處理中斷要求，因此在本節及本章其後的小節中，將以 16 位元的 DOS 模式為例，說明中斷服務程式的相關程式設計。

9.4.1 鍵盤推動程式設計

　　PC 系統的鍵盤主要分成三部分：功能鍵 (F1 ～ F12)、打字機鍵、數字鍵，而鍵盤界面為一個 8255 的輸入埠 (PORT A—60H)[1]，如圖 9.4-1 所示。鍵盤本身由一個單晶片微算機 (8042 或是 6502) 組成，以檢查及掃描按鍵的情況，鍵

---

[1] 8255 的詳細介紹，請參閱 [12]

盤電路需要的電源及時脈均由主機板供給。由圖 9.4-1 可以得知,當清除 B 埠
(位址 —61H) 的位元 6 為 0 時,鍵盤就無法動作;B 埠的位元 7 則是送給鍵盤
的認知信號。

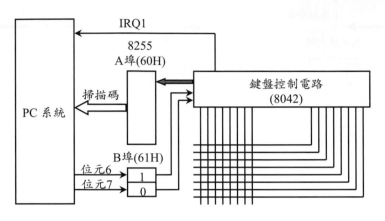

圖 9.4-1: 鍵盤界面電路

為了確保鍵盤的正常動作,必須分別設定 B 埠的位元 7 與位元 6 為 0 與 1。
每當有按鍵被壓下或釋放時,8042 皆會產生一個中斷要求信號 (IRQ1),同時
也送出一個位元組的掃描碼 (scanning code) 到 A 埠上,然後等待系統送回認知
信號。掃描碼由 1 到 88,分別對應於鍵盤上每一個按鍵,如表 9.4-1 所示。掃
描碼的位元 7 指示該按鍵目前的狀況:壓下時為 0;釋放時為 1。

下列例題說明如何使用 I/O 指令,直接由鍵盤的輸入界面暫存器 (8255 A
埠) 中讀取按鍵的掃描碼,然後使用表格指令 XLATB,轉換為 ASCII 字元後,
顯示於螢幕上。由此程式例可以得知,只要適當的更改程式中的轉換表格,即
可以更改鍵盤為另一種語言的鍵盤。

> 在 Windows 系統中,使用者程式必須透過 Windows 系統的系統呼叫,
> 方能使用 I/O 指令與裝置。因此,本節與其次的程式例題將以 DOS
> 模式 (可以在 Windows 與 MacOSX 中的 DOSBox 中執行) 為主。

表 9.4-1: PC 系統的鍵盤掃瞄碼

按鍵	掃描碼 十進制	十六進制	按鍵	掃描碼 十進制	十六進制	按鍵	掃描碼 十進制	十六進制
功能鍵			Y	21	15H	SPACE BAR	57	39H
F1	59	3BH	U	22	16H	數目鍵盤區		
F2	60	3CH	I	23	17H	7	71	47H
F3	61	3DH	O	24	18H	8	72	48H
F4	62	3EH	P	25	19H	9	73	49H
F5	63	3FH	[	26	1AH	-	74	4AH
F6	64	40H	]	27	1BH	4	75	4BH
F7	65	41H	A	30	1EH	5	76	4CH
F8	66	42H	S	31	1FH	6	77	4DH
F9	67	43H	D	32	20H	+	78	4EH
F10	68	44H	F	33	21H	1	79	4FH
F11	87	57H	G	34	22H	2	80	50H
F12	88	58H	H	35	23H	3	81	51H
文字, 數目, 標點符號			J	36	24H	0	82	52H
1	2	02H	K	37	25H	.	83	53H
2	3	03H	L	38	26H	控制鍵		
3	4	04H	;	39	27H	Esc	1	01H
4	5	05H	'	40	28H	←	14	0EH
5	6	06H	`	41	29H	Num lock	69	45H
6	7	07H	\	43	2BH	Scroll lock	70	46H
7	8	08H	Z	44	2CH	Tab	15	0FH
8	9	09H	X	45	2DH	Enter	28	1CH
9	10	0AH	C	46	2EH	Ctrl	29	1DH
0	11	0BH	V	47	2FH	Left Shift	42	2AH
-	12	0CH	B	48	30H	Right Shift	54	36H
=	13	0DH	N	49	31H	Alt	56	38H
Q	16	10H	M	50	32H	Caps lock	58	3AH
W	17	11H	,	51	33H			
E	18	12H	.	52	34H			
R	19	13H	/	53	35H			
T	20	14H	PrtSc	55	37H			

■ 例題 9.4-1: 鍵盤推動程式設計例

鍵盤推動程式設計。

解：為簡單起見，程式中不能處理大寫字母、換位鍵 (shift)、換位鎖住鍵 (shiftlock) 及特殊的控制鍵等功能。為使程式能結束執行而回到 DOS 系統，程式每次自鍵盤讀取一個按鍵時，即判別是否為 ESC，若是，則回到 DOS 系統；否則，顯示該鍵於螢幕上。

　　程式主要分成兩大部分，第一部分為儲存系統的中斷向量與安裝程式自己的中斷向量服務程式。第二部分則自鍵盤讀取按鍵值，並顯示於螢幕上，若讀取的按鍵為 ESC 鍵，則再儲存先前儲存的中斷向量於中斷向量表內，恢復系統的鍵盤推動程式的動作，然後回到 DOS 系統。注意：程式中使用下列 DOS 系統呼叫：

```
        MOV   AH,4CH
        INT   21H
```

回到 DOS 系統；顯示字元於螢幕上的動作，則是使用：

```
        MOV   AH,0EH
        INT   10H
```

的 BIOS 呼叫完成。

```
                         ;ex9.4-1.asm (16-bit DOS mode)
                         ;keyboard driver example
                                 .model small
                                 .stack 200H
0000                             .data
0000 0000                ISR_IP    DW    0    ;system KBD_ISR_IP
0002 0000                ISR_CS    DW    0    ;system KBD_ISR_CS
                         ;
                         ;scantab—converts scan codes received
                         ;from keyboard into their ASCII codes.
                         ;only lower case are display on the screen.
0004 00 1B 31 32 33 34   SCANTAB   DB    0,1BH,'1234567890-=',8
     35 36 37 38 39 30
     2D 3D 08
0013 00 71 77 65 72 74             DB    0,'qwertyuiop[]',0DH,0
     79 75 69 6F 70 5B
     5D 0D 00
0022 61 73 64 66 67 68             DB    'asdfghjkl;',0,0,0,0
     6A 6B 6C 3B 00 00
     00 00
0030 7A 78 63 76 62 6E             DB    'zxcvbnm,./',0,0,0,0
     6D 2C 2E 2F 00 00
     00 00
003E 20 00 00 00 00 00             DB    ' ',0,0,0,0,0,0,0,0,0,0
     00 00 00 00
```

```
0048   00 00 00 00 37 38            DB      0,0,0,0,'789-456+1230.'
       39 2D 34 35 36 2B
       31 32 33 30 2E
                                    ;
0000                                        .code
                                            .startup
0010                        START   PROC  NEAR
                                    ;
                                    ;setup keyboard interrupt service routine
0010   FA                           CLI             ;clear interrupt
0011   B8 0000                      MOV     AX,0       ;load ES segment
0014   8E C0                        MOV     ES,AX      ;register
0016   BF 0024                      MOV     DI,09H*4 ;offset of INT 09H
0019   26: 8B 05                    MOV     AX,ES:[DI];save system ISR
001C   A3 0000 R                    MOV     ISR_IP,AX  ;IP
001F   26: 8B 45 02                 MOV     AX,ES:[DI+2];save system
0023   A3 0002 R                    MOV     ISR_CS,AX  ;ISR CS
0026   8D 1E 0068 R                 LEA     BX,KBDINT ;get keyin offset
002A   26: 89 1D                    MOV     ES:[DI],BX;and place it in
                                                      ;the table.
002D   8C CB                        MOV     BX,CS      ;place CS in the
002F   26: 89 5D 02                 MOV     ES:[DI+2],BX ;table
0033   B0 FC                        MOV     AL,0FCH    ;enable timer and
0035   E6 21                        OUT     21H,AL     ;KBD inputs
0037   FB                           STI
                                    ;
                                    ;read from keyboard and display characters
                                    ;on screen
0038   32 C0            FOR_LOOP:    XOR     AL,AL  ;wait for interrupt
003A   FB                           STI
003B   3C 00            INT_BUSY:    CMP     AL,00H ;test the returned
003D   74 FC                        JZ      INT_BUSY ;char = 0 ?
003F   FA                           CLI
0040   50                           PUSH    AX         ;save AX register
0041   3C 1B                        CMP     AL,1BH     ;if ESC key then
0043   74 0F                        JZ      RETDOS     ;return to DOS
0045   E8 0044                      CALL    DISPCH     ;else display it.
0048   58                           POP     AX
0049   3C 0D                        CMP     AL,0DH   ;if it is a CR then
004B   75 EB                        JNZ     FOR_LOOP;also display
004D   B0 0A                        MOV     AL,0AH ;a LF, else get next
004F   E8 003A                      CALL    DISPCH ;char from KBD.
0052   EB E4                        JMP     FOR_LOOP
                                    ;
                                    ;restore ISR IP and CS then return to DOS
```

```
0054   BF 0024           RETDOS:   MOV    DI,09H*4 ;offset of INT 09H
0057   A1 0000 R                   MOV    AX,ISR_IP ;restore system
005A   26: 89 05                   MOV    ES:[DI],AX;ISR IP
005D   A1 0002 R                   MOV    AX,ISR_CS ;restore system
0060   26: 89 45 02                MOV    ES:[DI+2],AX ;ISR CS
0064   B4 4C                       MOV    AH,4CH    ;return to MS—DOS
0066   CD 21                       INT    21H
                         ;
                         ;KBDINT is the keyboard interrupt service
                         ;routine
0068                     KBDINT    PROC   NEAR
0068   53                          PUSH   BX       ;save BX
0069   E4 60                       IN     AL,60H ;read KBD input
006B   50                          PUSH   AX       ;save KBD input
006C   E4 61                       IN     AL,61H ;read 8255 port B
006E   0C 80                       OR     AL,80H ;set KBD ACK.
0070   E6 61                       OUT    61H,AL ;signal
0072   24 7F                       AND    AL,7FH ;reset KBD ACK.
0074   E6 61                       OUT    61H,AL ;signal
0076   58                          POP    AX       ;restore KBD input
0077   A8 80                       TEST   AL,80H ;is it a key being
0079   75 07                       JNZ    KEYINT1;released?
007B   8D 1E 0004 R                LEA    BX,SCANTAB ;no,convert its
007F   D7                          XLATB  ;scan code to ASCII code
0080   EB 02                       JMP    SHORT KEYINT2
                         ;place the ASCII code into the buffer
0082   33 C0             KEYINT1:  XOR    AX,AX
0084   50                KEYINT2:  PUSH   AX       ;save AX
0085   B0 20                       MOV    AL,20H ;send EOI command
0087   E6 20                       OUT    20H,AL ;to 8259A PIC
0089   58                          POP    AX       ;restore AX
008A   5B                          POP    BX       ;restore BX
008B   CF                          IRET
008C                     KBDINT    ENDP
                         ;display a character on the screen.
                         ;the character to be displayed is passed by
                         ;AL.
008C                     DISPCH    PROC   NEAR
008C   53                          PUSH   BX       ;save register BX
008D   BB 0000                     MOV    BX,00H ;select page 00
0090   B4 0E                       MOV    AH,14   ;write function
0092   CD 10                       INT    10H     ;call BIOS
0094   5B                          POP    BX       ;restore reg. BX
0095   C3                          RET
0096                     DISPCH    ENDP
```

```
0096                          START      ENDP
                                         END    START
```

9.4.2　巢路中斷要求結構

　　中斷服務程式的結構與副程式的結構很像。當一個程式欲呼叫一個副程式時，程式中使用 CALL 指令，而由副程式中欲回到主程式中時，則以 RET 指令為之；當一個程式欲呼叫一個中斷服務程式時，程式中使用 INT xxH 指令，而由中斷服務程式中欲回到主程式中時，則以 IRET 指令為之。RET 指令與 IRET 指令的主要差別為在 IRET 指令執行後，除了由堆疊中取回歸回位址之外，也一併取回先前由 INT 指令存入堆疊的旗號暫存器 (FLAGS/EFLAGS) 內容。

　　與副程式一樣，中斷服務程式也可以具有巢路的結構，如圖 9.4-2 所示，當產生中斷要求 INT 08H 時，x86 微處理器在接受此中斷要求之後即進入 INT 08H 的中斷服務程式 (ISR) 中執行，在 INT 08H 的 ISR 中，若希望 CPU 能夠再接受其次的硬體中斷要求，則必須如圖中所示，使用 STI 指令致能中斷旗號 (IF)，因為 CPU 無論在接受一個硬體中斷或軟體中斷之後，都會清除中斷旗號 (IF)，因而抑制其次的硬體中斷要求。

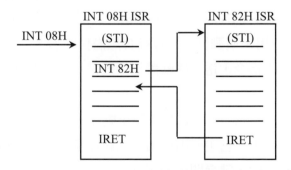

圖 9.4-2: 巢路中斷要求結構示意圖

　　在 INT 08H 的中斷服務程式 (ISR) 中，則假設又使用軟體中斷指令 INT 82H 呼叫另外一個中斷服務程式，因此產生一種巢路的中斷要求結構。由中斷服務程式中回到被中斷的程式的方法為使用 IRET 指令。

在圖 9.4-2 中，若加上 STI 指令，則在 INT 08H 與 INT 82H 兩個 ISR 程式執行時的任意時刻，都有可能再被外部的中斷要求中斷，而跳到該中斷要求的 ISR 中執行，然後再回到這兩個 ISR 中繼續執行未完成的工作。

9.5 軟體中斷與例外處理

如前所述，大部分的 16 位元以上的微處理器中，除了提供外部的中斷要求之外，還有兩個類型的內部中斷要求：軟體中斷與例外。本節中，將依序討論這兩種內部中斷要求的動作及應用。

9.5.1 軟體中斷

在大部分 16 位元或 32 位元微處理器 (例如 Cortex 與 x86/x64) 中，通常提供一種特殊的軟體指令，作為程式的控制權轉移之用，這一類型的指令 (例如 Cortex 的 SVC 指令與 x86 的 INT 指令) 執行之後，CPU 即產生一個中斷程序，而執行相關的中斷服務程式。這一種由軟體指令產生的中斷要求稱為軟體中斷 (software interrupt)。

x86 的軟體中斷指令如表 9.5-1 中的 INT 與 INTO 指令。其中 INT 3 (也稱為斷點 TRAP) 與 INTO 為單位元組指令。在線上除錯程式中，斷點 TRAP 常用於單步執行上；而 INT 3 指令則用來取代可以執行的指令以產生斷點 (breakpoint)；INTO 指令用來偵測算術運算後有無溢位的發生。除了 INT 3 外的 INT 指令均為雙位元組指令，這一些軟體指令通常用來呼叫作業系統的公用程式 (例如 I/O 推動器)。

WAIT 指令促使 CPU 暫時停止動作，直到 (8086/8088) 或 (80286/80386) 輸入端啟動為止，它主要用來和浮點運算處理器 (80x87) 做同步之用。浮點運算處理器的介紹，請參閱第 11 章。

IRET、IRETD 指令類似於 RET 指令，但是它用於中斷服務程式中，以歸回控制權給被中斷的程式。

表 9.5-1: x86 中斷指令

指令	動作	OF	SF	ZF	AF	PF	CF
WAIT	令 CPU 檢查數值處理器的例外狀態	-	-	-	-	-	-
INT imm8 (≠3)	(在實址模式) 儲存 FLAGS 於堆疊中並且清除 IF 與 TF； 儲存 CS 於堆疊中；儲存 IP 於堆疊內； IP ← Mem(imm8×4)； CS ← Mem(imm8×4+2)	-	-	-	-	-	-
INT 3	與 INT imm8 (=3) 的指令相同	-	-	-	-	-	-
INTO (即 INT 4)	若 OF = 1 則執行下列動作： 　儲存 FLAGS 於堆疊中並且清除 IF 與 TF； 　儲存 CS 於堆疊中；儲存 IP 於堆疊內； 　IP ← Mem(10H)； 　CS ← Mem(12H)	-	-	-	-	-	-
IRET/IRETD	(在實址模式) 1. 若為 32 位元模式 (IRETD 指令) 　自堆疊取回 EIP 　否則為 16 位元模式 (IRET 指令) 　自堆疊取回 IP； 2. 自堆疊取回 CS； 3. 若為 32 位元模式 (IRETD 指令) 　自堆疊取回 EFLAGS； 　否則為 16 位元模式 (IRET 指令) 　自堆疊取回 FLAGS；	自堆疊取回先前存入的旗號 位元狀態。					

■ 例題 9.5-1: 軟體中斷指令

設計一個程式，自鍵盤讀入一個四位數整數 (0 ～ 9999) 後，計算其整數平方根，然後顯示結果於螢幕上。

解：本例題說明如何利用軟體中斷指令 (INT 21H) 完成 MS-DOS 的系統呼叫，以自鍵盤讀取需要的數字字元與顯示結果於螢幕上。程式分成四部分：

SWI_USE：為主程式，它首先設置堆疊與資料等節區，然後依序呼叫 GET_NUM、SQRT_FD、與 DISP_NUM，最後則使用系統呼叫：

```
MOV    AH,4CH
INT    21H
```

回到 MS-DOS 系統。

GET_NUM：自鍵盤讀取一個到四個位數的數字，並轉換為十六進制數目，儲存在 IN_NUM 中。程式開始時，先以系統呼叫：

```
MOV    AH,09H
LEA    DX, PROMPT1
INT    21H
```

顯示提示詞 (PROMPT1) 於螢幕上，然後使用系統呼叫：

```
MOV    AH, 01H
INT    21H
```

自鍵盤讀取需要的數字字元 (一次一個)。讀取的數字則轉換為相當的十六進制數目後存入 IN_NUM。

SQRT_FD：計算出 IN_NUM 中數目的整數平方根後存入 OUT_NUM 中。

DISP_NUM：轉換 OUT_NUM 為相當的十進制後，連同 PROMPT2 由系統呼叫：

```
MOV    AH, 09H
LEA    DX, PROMPT2
INT    21H
```

顯示於螢幕上。

```
                              ;ex9.5-1.asm   (16-bit DOS mode)
                                    .model small
                                    .stack 200H
0000                                .data
0000  0D 0A 50 4C 45 41      PROMPT1   DB    0DH,0AH,"PLEASE INPUT A "
      53 45 20 49 4E 50
      55 54 20 41 20
0011  4E 55 4D 42 45 52                DB    "NUMBER (0  <==>9999)==>$"
      20 28 30 20 3C 3D
      3D 3E 39 39 39 39
      29 3D 3D 3E 24
0028  0000                  IN_NUM    DW    0000H
002A  0000                  OUT_NUM   DW    0000H
002C  0D 0A 54 48 45 20     PROMPT2   DB    0DH,0AH,"THE SQUARE ROOT "
      53 51 55 41 52 45
      20 52 4F 4F 54 20
003E  4F 46 20 54 48 45                DB    "OF THE INPUT NUMBER IS:"
      20 49 4E 50 55 54
      20 4E 55 4D 42 45
```

```
          52 20 49 53 3A
0055   0004 [30                RESULT   DB    4 DUP("0"),"$"
       ] 24
005A  0A                       TEN      DB    10
                               ;
0000                                    .code
                                        .startup
                               ;program to explain the use of software INT
                               ;(INT 21H).
                               ;main program: it initials the STACK and the
                               ;DATA segment then calls procedures:GET_NUM
                               ;,SQRT_FD, and DISP_NUM, to get an arbitrary
                               ;number(0 <==> 9999) from the keyboard and
                               ;display its square_root on the screen.
0017                           SWI_USE  PROC  NEAR
0017  E8 000A                           CALL  NEAR PTR GET_NUM
001A  E8 0059                           CALL  NEAR PTR SQRT_FD
001D  E8 0034                           CALL  NEAR PTR DISP_NUM
0020  B4 4C                             MOV   AH,4CH     ;return to
0022  CD 21                             INT   21H        ;MS-DOS
0024                           SWI_USE  ENDP
                               ;get a number (0 <==> 9999) from the
                               ;keyboard and convert it into hexdecimal
                               ;number.
0024                           GET_NUM  PROC  NEAR
0024  B4 09                             MOV   AH,09H ;display prompt1
0026  8D 16 0000 R                      LEA   DX,PROMPT1
002A  CD 21                             INT   21H
002C  33 C0                             XOR   AX,AX  ;zero IN_NUM
002E  A3 0028 R                         MOV   IN_NUM,AX
0031  BB 000A                           MOV   BX,10  ;set constant 10
0034  32 F6                             XOR   DH,DH  ;zero DH
0036  B9 0004                           MOV   CX,04H ;maximum 4 digits
0039  B4 01                   GET_DT:   MOV   AH,01H ;get digit
003B  CD 21                             INT   21H
003D  3C 0D                             CMP   AL,0DH ;if it is a CR
003F  74 12                             JZ    RETURN ;then return
0041  2C 30                             SUB   AL,'0' ;else convert to
0043  8A D0                             MOV   DL,AL  ;hexdecimal
0045  A1 0028 R                         MOV   AX,IN_NUM
0048  52                                PUSH  DX     ;save DL value
0049  F7 E3                             MUL   BX
004B  5A                                POP   DX     ;restore DL value
004C  03 C2                             ADD   AX,DX
004E  A3 0028 R                         MOV   IN_NUM,AX
```

```
0051   E2 E6                                  LOOP   GET_DT
0053   C3                      RETURN:        RET
0054                                          GET_NUM   ENDP
                               ;convert the OUT_NUM into decimal and
                               ;display on the screen
0054                           DISP_NUM  PROC  NEAR
0054   8D 1E 0058 R                            LEA    BX,RESULT+3
0058   A1 002A R                               MOV    AX,OUT_NUM
005B   F6 36 005A R            NEXT_DT:        DIV    TEN   ;convert into
005F   80 C4 30                                ADD    AH,'0';decimal
0062   88 27                                   MOV    [BX],AH
0064   4B                                      DEC    BX
0065   3C 00                                   CMP    AL,00H
0067   74 04                                   JZ     DONE_IT
0069   32 E4                                   XOR    AH,AH
006B   EB EE                                   JMP    NEXT_DT
006D   B4 09                   DONE_IT:        MOV    AH,09H ;display prompt2
006F   8D 16 002C R                            LEA    DX,PROMPT2;and result
0073   CD 21                                   INT    21H
0075   C3                                      RET
0076                           DISP_NUM  ENDP
                               ;procedure to find the approximate square
                               ;root of a given number by successive
                               ;subtraction.
0076                           SQRT_FD   PROC  NEAR
0076   A1 0028 R                               MOV    AX,IN_NUM ;get test number
0079   B9 0001                                 MOV    CX,01H ;start value
007C   33 DB                                   XOR    BX,BX  ;clear count
007E   2B C1                   AGAIN:          SUB    AX,CX  ;we have done it
0080   72 06                                   JB     DONE   ;when AX < CX
0082   43                                      INC    BX     ;increase count
0083   83 C1 02                                ADD    CX,02H ;get next odd number
0086   EB F6                                   JMP    AGAIN  ;continue
0088   89 1E 002A R            DONE:           MOV    OUT_NUM,BX;save result
008C   C3                                      RET
008D                           SQRT_FD   ENDP
                                               END    SWI_USE
```

9.5.2 例外

在大部分 16 位元或 32 位元微處理器 (例如 68K、ARM、x86/x64) 中，當 CPU 內部發生異常的事件 (例如：除以 0、或執行一個不合法的指令) 時，都會自動產生一個硬體中斷要求，使 CPU 轉移控制權到一個預定的中斷服務程式，做一些應急的處理，這類型的中斷要求稱為例外。x86/x64 微處理器的三種例外分別為：

除 0 例外：當由指令 DIV 或 IDIV 產生的商太大 (除以 0) 時，即產生此例外。

追蹤 (trace) 例外：在 TF 位元設定為 1 後，每執行完一個指令後，即產生例外。

BOUND 例外：在執行指令 BOUND 時，當指定的暫存器內容不在指定的上限與下限之內時，CPU 即產生此例外。

在產生例外後，CPU 即執行一個中斷程序 (與 INTR 一樣) 將目前的 FLAGS、CS、IP 等存入堆疊中，並自中斷向量表 (表 9.1-1) 中讀取對應的中斷向量，然後轉移控制權到該中斷服務程式中。

下列例題說明如何使用例外 0 檢查在除法運算中，發生除以 0 的情況。

■ 例題 9.5-2: 例外處理與軟體中斷

除以 0 例外 (TRAP0) 的處理與軟體中斷指令使用程式例。

解： 程式中首先分別存入 TRAP0 的中斷處理程式 (TRAP0) 的 IP 與 CS 於中斷向量表中的 IP0 與 CS0，並設定 TRAP0 的副程式。TRAP0 中斷處理程式是利用 MS-DOS 的系統呼叫 INT 21H，顯示一個錯誤訊息於螢幕上，告知使用者，系統中發生除以 0 的錯誤。測試程式為 16 位元除法程式 (DIV16)，這程式直接使用 DIV 指令，當除數為 0 時，產生 TRAP0 的中斷要求，因而執行 TRAP0 中斷處理程式。

```
                              ;ex9.5-2.asm  (16-bit DOS mode)
                                      .model small
                                      .stack 200H
0000                                  .data
0000 0023             DIVIDEND  DW    0023H   ;dividend
0002   0010                     DW    0010H
0004 0000             DIVISOR   DW    0000H   ;divisor
0006 0000             QUOTIENT  DW    0000H   ;result——quotient
0008 0000             REMAINDER DW    0000H   ;result——remainder
000A 45 52 52 4F 52 20 ERROR    DB    "ERROR ——> DIVIDE BY ZERO$"
     2D 2D 3E 20 44 49
```

```
              56 49 44 45 20 42
              59 20 5A 45 52 4F
              24
                                       ;
                                       ;program to explain the uses of TRAP
                                       ;(TRAP0——divide by zero) and software INT
                                       ;(INT 21H).
0000                                            .code
                                                .startup
0017                                   TRAPUSE  PROC  NEAR
                                       ;set up TRAP0 interrupt service routine
0017  B8 0000                                   MOV   AX,0      ;load ES segment
001A  8E C0                                     MOV   ES,AX     ;register
001C  BF 0000                                   MOV   DI,00H
001F  8D 1E 003F R                              LEA   BX,TRAP0  ;get TRAP0 offset
0023  26: 89 1D                                 MOV   ES:[DI],BX;and CS then
0026  8C CB                                     MOV   BX,CS     ;place in the INT
0028  26: 89 5D 02                              MOV   ES:[DI+2],BX ;vector table
                                       ;16 bit division procedure
002C  8B 16 0002 R                     DIV16:   MOV   DX,DIVIDEND+2 ;get dividend
0030  A1 0000 R                                 MOV   AX,DIVIDEND    ;
0033  F7 36 0004 R                              DIV   DIVISOR        ;divide
0037  A3 0006 R                                 MOV   QUOTIENT,AX ;save quotient
003A  89 16 0008 R                              MOV   REMAINDER,DX;save remainder
003E  C3                                        RET
003F                                   TRAPUSE  ENDP
                                       ;
                                       ;TRAP0 —— divide by zero exception
                                       ;processing procedure. In this procedure,
                                       ;the software interrupt INT 21H is used
                                       ;to display an error message on screen.
003F                                   TRAP0    PROC  FAR
003F  8D 16 000A R                              LEA   DX,ERROR ;set up INT 21H
0043  B4 09                                     MOV   AH,09H   ;function call
0045  CD 21                                     INT   21H      ;09H
0047  CF                                        IRET
0048                                   TRAP0    ENDP
                                                END   TRAPUSE
```

　　基本上 BOUND 指令為一個比較指令，它比較一個16位元(或32位元)暫存器的內容是否落於在一個雙語句(或四語句)指定的下限 (lower bound) 與上限 (upper bound)之內，若是，則沒有任何動作發生，否則，產生 INT 5 的內部中斷

表 9.5-2: x86 微處理器的 BOUND 指令

指令	動作	OF	SF	ZF	AF	PF	CF
BOUND r16,m16&16	若 r16 的值不在 (m16) ～ (m16) 範圍內則 　　產生 INT 5； 否則繼續執行下一個指令。	-	-	-	-	-	-
BOUND r32,m32&32	若 r32 的值不在 (m32) ～ (m32) 範圍內則 　　產生 INT 5； 否則繼續執行下一個指令。	-	-	-	-	-	-

要求。換言之，當指定的 16 位元 (32 位元) 暫存器內容小於指定的記憶器雙 (四) 語句的第一個 (雙) 語句 (下限) 或大於該記憶器雙 (四) 語句的第二個 (雙) 語句 (上限) 時，即產生 INT 5 內部中斷要求。注意：當此中斷要求發生後，其歸回位址仍然是在 BOUND 指令上而不是在緊接於 BOUND 後的指令上。BOUND 指令的動作與對旗號位元的影響如表 9.5-2 所示。

參考資料

1. AMD, *AMD64 Architecture Programmer's Manual Volume 1: Application Programming,* 2012 (http://www.amd.com)

2. AMD, *AMD64 Architecture Programmer's Manual Volume 2: System Programming,* 2012 (http://www.amd.com)

3. Barry B. Brey, *The Intel Microprocessors 8086/8088, 80186/80188, 80286, 80386, 80486, Pentium, and Pentium Pro Processor, Pentium II, Pentium III, Pentium 4, and Core 2 with 64-Bit Extensions: Architecture, Programming, and Interfacing,* 8th. ed., Englewood Cliffs, N. J.: Prentice-Hall, 2009.

4. Douglas V. Hall, *Microprocessors and Interfacing: Programming and Hardware,* 2nd ed., New York: McGraw-Hill Book Co., 1992.

5. Intel, *i486 Microprocessor Programmer's Reference Manual,* Berkeley, California: Osborne/McGraw-Hill Book Co., 1990.

6. Intel Corp., *Peripheral Components,* 1993.

7. Intel, *Intel 64 and IA-32 Architectures Software Developer's Manual, Volume 1: Basic Architecture,* 2011. (http://www.intel.com)

8. Intel, *Intel 64 and IA-32 Architectures Software Developer's Manual,* Volume 3, 2011. (http://www.intel.com)

9. Yu-cheng Liu and Glenn A. Gibson, *Microcomputer systems: The 8086/8088 Family: Architecture, Programming, and Design,* 2nd ed., Englewood Cliffs, NJ: Prentice-Hall Inc., 1986.

10. M. Morris Mano, *Computer System Architecture,* 3rd. ed., Englewood Cliffs, NJ:Prentice-Hall, 1993.

11. Walter A. Triebel and Avtar Singh, *The 8088 and 8086 Microprocessors: Programming, Interfacing, Software, Hardware, and Applications,* 4th ed., Englewood Cliffs, N. J.: Prentice-Hall, 2003.

12. 林銘波與林姝廷，微算機基本原理與應用：MCS-51 族系軟體、硬體、界面、系統，第三版，全華圖書公司，2013。

習題

9-1 何謂中斷？在微處理器中，中斷類型可以分成三大類，試簡述這三類型中斷要求的特性。

9-2 解釋下列名詞：

(1) 可抑制式中斷要求   **(2)** 不可抑制式中斷要求

(3) 導向性中斷要求   **(4)** 非導向性中斷要求

9-3 CPU 在何種情況下會接受一個外部的中斷要求？一旦 CPU 接受一個外部 (或內部) 中斷要求之後，它通常會做那些事情？

9-4 在 x86 微處理器的實址模式中，下列中斷向量的 ISR 起始位址儲存於中斷向量表中的那一個位置中？

(1) 中斷類型為 40H   **(2)** 中斷類型為 05H

(3) 中斷類型為 10H   **(4)** 中斷類型為 13H

9-5 設計一個邏輯電路，轉換 x86 微處理器的 INTR 的位準觸發信號，為正緣觸發方式。

9-6 一般而言，在 x86 微處理器系統中，什麼情況下會使用 INTO 指令，又 INTO 指令通常緊接於何種指令之後？

9-7 在 x86 微處理器系統中，中斷向量 7 (浮點運算處理器不存在) 有何功能？

9-8 利用 x86 微處理器的 NMI 中斷要求輸入線，設計一個電源中斷偵測電路。當此電路偵測到外部電源中斷時，即對 CPU 產生 NMI 中斷要求。CPU 在接受 NMI 中斷要求後，即執行一個程式 (即 NMI 的 ISR)，儲存 CPU 內部所有暫存器內容於一個具有充電電池輔助電源的 SRAM 中。假設此 SRAM 的位址區為 0C0000H 到 0C07FFH，而且系統中的濾波電容在電源中斷之後，至少仍能維持 100 ms 的穩定電源。

9-9 82C59A 初值設定程式片段，規劃 82C59A 為：

(1) IR0 ~ IR7 輸入為位準觸發方式

(2) IR0 的中斷類型為 20H

(3) $\overline{SP/EN}$ 為輸出，用來抑制資料傳送接收器

(4) 使用自動 EOI 方式

(5) IMR 暫存器清除為0

系統中只有一個 82C59A，且其偶數位址為 20H。

9-10 82C59A 目前的最高優先權輸入端為 IR4，試寫一個程式片段，設定其優先權順序由大而小排列為：

IR5，IR6，IR7，IR0，IR1，IR2，IR3，IR4

82C59A 的偶數位址為 20H。

9-11 82C59A 的偶數位址為 20H，試寫一個程式片段，讀取 82C59A 的 IRR、ISR、IMR 等暫存器內容後，儲存於記憶器中由 PIC-DATA 開始的三個連續位元組內。

9-12 82C59A 中，共有 ICW1 ~ ICW4 與 OCW1 ~ OCW3 等七個暫存器，但是只使用兩 I/O 埠位址，試問 82C59A 如何區別這七個暫存器？

9-13 解釋為何 CLI 與 STI 指令可以控制外部中斷要求對 CPU 產生中斷要求？

9-14 為何 x86 微處理器在接受一個外部中斷要求之後，內部硬體即自動的清除 IF 與 TF (在中斷程序中) 兩個旗號？

9-15 比較 x86 微處理器中，HLT 與 WAIT 兩個指令的動作。

9-16 在一個中斷服務程式中，如何重新致能外部中斷要求，即如何才能允許巢路中斷要求發生？

9-17 假設記憶器位置 LIMIT 與 LIMIT+2 兩個語句內容分別為 0000H 與 0200H，則 BOUND 指令在下列指令片段中的功用為何？

```
AGAIN:   INC      SI
         BOUND    SI,LIMIT
          :
         JNE      AGAIN
```

9-18 回答下列問題：

(1) 比較副程式呼叫指令 CALL 與軟體中斷要求指令 INT 的動作。

(2) 比較副程式歸回指令 RET 與中斷要求歸回指令 IRET 的動作。

10

I/O基本結構與界面

在 了解微處理器(CPU)的軟體模式與硬體模式之後,接著是探討如何輸入外部資料於微處理器內,進行處理及顯示處理後的結果。以較通俗的術語而言,將外部資料輸入微處理器系統的裝置稱為輸入裝置(input device);顯示微處理器系統處理後的結果之裝置稱為輸出裝置(output device)。

微處理器與I/O裝置之間的資料轉移動作,可以由微處理器或I/O裝置啟動。由微處理器啟動的I/O資料轉移又可以分成無條件I/O資料轉移與條件式I/O資料轉移兩種;由裝置啟動的I/O資料轉移可以分成中斷式I/O與DMA(即區段資料轉移)兩種。

在微處理器系統中,依據每次資料轉移的位元寬度區分,資料轉移類型可以分成並列與串列兩種;依據資料轉移時,兩個參與的裝置之間是否有一個共同的時脈信號,控制資料的轉移動作,它們又各自分為同步與非同步兩種。並列資料轉移方式不但使用於微處理器系統內部,提供一個較高速度的資料轉移,它也使用於CPU與I/O裝置之間的資料轉移;串列資料轉移方式則通常使用於外接的I/O裝置與微處理器系統之間的資料轉移。

本章中,將依序討論I/O基本結構與I/O埠位址解碼、I/O資料轉移的啟動方式、並列I/O資料轉移、串列I/O資料轉移等,最後則介紹一些常用的串列界面標準。

10.1 I/O基本結構

所謂的I/O結構為一個I/O裝置使用適當的界面電路(interface circuit,或稱為介面電路)連接到微處理器的一個可以使用指令存取的位址空間中的方式。

界面電路也稱為 I/O 界面 (I/O interface)。本節中,將依序討論 I/O 裝置 (input/output device) 與界面電路、輸入埠 (input port) 與輸出埠 (output port)、獨立式 I/O (isolated I/O) 結構、記憶器映成 I/O (memory mapped I/O) 結構等。

10.1.1 I/O 裝置與界面電路

所謂 I/O 裝置即是執行微處理器系統賦予的一些對外 (指微處理器以外) 事件的電子元件或裝置,例如顯示出微處理器系統內部計算的結果,或是輸入資料於微處理器系統內部作處理等裝置。I/O 裝置也稱為周邊裝置 (peripheral devices),常用的 I/O 裝置包括開關、LED、鍵盤、液晶顯示器 (LCD)、磁碟機、光碟機、A/D 及 D/A 轉換器等。

10.1.1.1 I/O 裝置類型 以微處理器的觀點而言,若一個裝置只能由微處理器對其做寫入動作而不能讀取時,稱為輸出裝置;若一個裝置只能由微處理器自其中讀取資料而不能寫入時,稱為輸入裝置;若一個裝置不但可以輸出資料予微處理器,而且可以接受微處理器寫入的資料,則稱為輸入/輸出裝置 (input/output de-vice),簡稱 I/O 裝置。上述三種裝置一般均統稱為 I/O 裝置或周邊裝置。

為了界接 I/O 裝置到微處理器,I/O 裝置與微處理器之間必須有一個界面電路,以轉換來自 I/O 裝置的資料格式為微處理器所能接受的格式,及轉換微處理器輸出的資料格式為 I/O 裝置需要的格式,並且當作緩衝器,協調兩者之間的速度,完成彼此之間的資料轉移。

由微處理器的觀點,界面電路必須包含一組可以由程式指令存取的暫存器,稱為該界面電路的規劃模式,但是通常稱為 I/O 埠 (I/O port),當作微處理器與界面電路之間交換資料的窗口。每一個 I/O 埠皆必須擁有一個唯一的位址,稱為埠位址 (port address),使微處理器可以隨意的存取該 I/O 埠。

I/O 埠一般可以分成三種:資料埠 (data port)、狀態埠 (status port)、控制埠 (control port)。資料埠當作微處理器與 I/O 裝置之間的資料緩衝器;狀態埠保留 I/O 裝置的狀態資訊,微處理器可以經由這些資訊得知目前 I/O 裝置的操作情形;控制埠由微處理器設定其值以控制 I/O 裝置的動作。在簡單的界面電路

中，可能只有資料埠而無狀態埠與控制埠，或是狀態埠與控制埠合併成一個I/
O 埠。

10.1.1.2 I/O 結構　在微處理器系統中，I/O 埠位址的提供方式有兩種：記憶器映成 I/O 與獨立式 I/O。在記憶器映成 I/O 方式中，記憶器與 I/O 埠位址使用相同的記憶器位址空間，所有能存取記憶器的指令，皆能存取 I/O 埠；在獨立式 I/O 方式中，記憶器與 I/O 埠分別使用不同的位址空間，分別稱為記憶器位址空間與 I/O 位址空間，在這種方式中，I/O 埠必須使用特殊的 I/O 指令存取，以告知外界電路目前正在使用 I/O 位址空間，因而存取 I/O 埠。

　　總之，一個 I/O 裝置界面電路 (簡稱界面電路或是裝置界面) 除了依據微處理器所給予的命令，控制 I/O 裝置的動作之外，通常也擔任微處理器與 I/O 裝置之間的資料格式轉換工作，及交換資料時的資料緩衝器。

10.1.2　輸入埠與輸出埠

　　如前所述，一個簡單的界面電路通常只有資料埠而無狀態埠與控制埠。資料埠依其資料的流向可以分成輸入埠與輸出埠兩種。以微處理器的觀點而言，若一個資料埠中的資料是由 I/O 裝置流向微處理器時，稱為輸入埠；若一個資料埠中的資料是由微處理器流向 I/O 裝置時，稱為輸出埠。

10.1.2.1 輸入埠　圖 10.1-1(a) 所示的開關電路，為一個簡單的輸入裝置與界面電路的組合，其中 DIP 開關為輸入裝置，而 74LS373 與提升電阻器組成界面電路。界面電路的 I/O 規劃模式 (即由程式設計的觀點而言，能夠對界面電路存取的暫存器)，包括一個 8 位元的輸入埠，稱為開關資料緩衝器 (switch data buffer，SDB)，如圖 10.1-1(b) 所示。SDB 的每一個位元對應於一個開關的設定值。

　　為了能讀取圖中的開關設定狀態，程式必須執行一個指令，轉移 SDB 的內容至微處理器的內部暫存器中。一旦資料在微處理器內，它即可以如同其它資料一樣加以處理。在此例中，由微處理器的觀點而言，SDB 只能讀取而已，任何微處理器對它的寫入動作，並不發生效應，因此 SDB 為一個輸入埠。

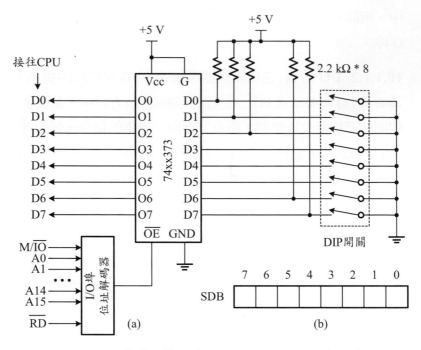

圖 10.1-1: 簡單的輸入埠例：(a) 電路；(b) 規劃模式

10.1.2.2 輸出埠 圖 10.1-2(a) 所示為一個簡單的輸出裝置與界面電路的組合，其中兩個七段顯示器為輸出裝置，而 74LS373 與兩個解碼器組成界面電路。圖 10.1-2(a) 的功能為解釋一個位元組資料為二個 4 位元的十六進制數字，並顯示於兩個七段顯示器上。界面電路的 I/O 規劃模式為一個 8 位元的顯示資料緩衝器 (display data buffer，DDB)，如圖 10.1-2(b) 所示。為了能顯示二個數字，微處理器必須寫入一個 8 位元的資料到 DDB 內。由微處理器的觀點而言，DDB 是一個只能寫入的裝置，任何微處理器對它的讀取動作，將產生不確定的結果，因此 DDB 為一個輸出埠。

10.1.2.3 雙向資料埠 另外一種常用的資料埠結合了輸出埠與輸入埠為一體，稱為雙向資料埠 (bidirectional data port) 或稱為雙向輸入/輸出埠 (雙向 I/O 埠)。在雙向資料埠中，在資料輸出的方向上通常有一個輸出埠，以持住輸出的資料；在資料輸入的方向上通常只有一個三態緩衝閘，以回送輸出埠上閂住的資料到 I/O 匯流排上，如圖 10.1-3 所示。

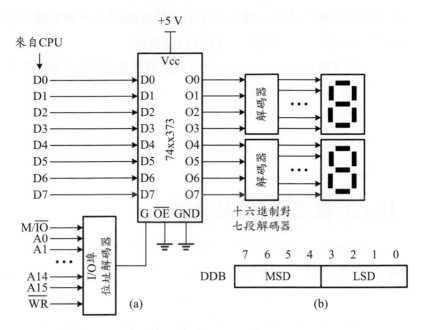

圖 10.1-2: 簡單的輸出埠例：(a) 電路；(b) 規劃模式

在雙向資料埠中的輸入埠只使用三態緩衝閘而不用暫存器的原因，是因為其欲讀取的資料為 I/O 裝置上的資料，而該資料通常由 I/O 裝置閂住。輸出埠上的三態緩衝閘在輸入模式時，必須關閉，以防止輸出埠上的資料干擾到

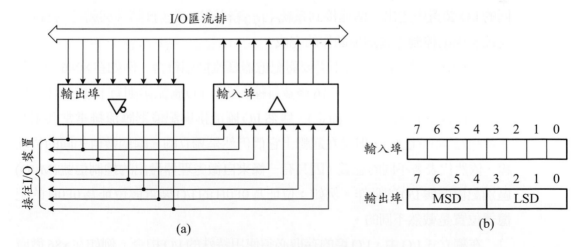

圖 10.1-3: 雙向 I/O 埠 (輸入/輸出埠) 例

輸入埠上的輸入資料。輸入埠上的三態緩衝閘在不讀取輸入埠時，必須關閉，以防止 I/O 裝置上的資料干擾到 I/O 匯流排。

由於在雙向 I/O 埠中的輸出埠只能寫入而輸入埠只能讀取，一般為了節省 I/O 埠位址空間的使用效率，輸出埠與輸入埠通常使用相同的埠位址，至於實際上存取的是輸出埠或是輸入埠則由存取的動作是寫入或是讀取決定。使用雙向 I/O 埠的優點為微處理器能夠隨時讀取輸入埠的資料，印證輸出埠的內容；缺點則是需要較多的硬體電路。

10.1.3 獨立式 I/O 結構

如前所述，在獨立式 I/O 方式中，記憶器與 I/O 埠分別使用不同的位址空間，分別稱為記憶器位址空間與 I/O 位址空間。在實際上的微處理器系統中，這兩組互相獨立的位址空間通常由同一組位址匯流排與資料匯流排提供，而由一個特別的 M/$\overline{\text{IO}}$ 控制信號區別目前是存取記憶器位址空間或是 I/O 位址空間，以減少 I/O 接腳的數目。在執行一般的指令時，均存取記憶器位址空間 (M/$\overline{\text{IO}}$ = 1)；當執行 I/O 指令時，則存取 I/O 位址空間 (M/$\overline{\text{IO}}$ = 0)。

獨立式 I/O 的基本結構如圖 10.1-4 所示。每一個 I/O 裝置與 CPU 間的通信都是經由特殊的 I/O 匯流排完成。如同記憶器匯流排，此 I/O 匯流排通常亦由位址線、資料線與控制線組成。其中位址線允許一個程式 (或 CPU) 從多個不同的 I/O 裝置中選出一個連接到系統上，資料線則載送實際參與轉移的資料，而控制線則控制上述兩項動作的完成。

I/O 匯流排的寬度通常不需要與記憶器匯流排相符合。例如在 8086 中，記憶器匯流排有 20 條位址線與 16 條資料線；而其 I/O 匯流排則有 16 條位址線與 8 條或 16 條資料線 (隨系統而定)。雖然 I/O 匯流排與記憶器匯流排常常共用某些接線 (諸如位址線)，但是在邏輯上它們仍然是獨立的。兩個數值相同的位址線，依然代表著不同的意義，因為有一條來自微處理器發出的控制信號 (M/$\overline{\text{IO}}$) 區別記憶器與 I/O 的動作。例如：位址為 0F0H 的 I/O 裝置與位址為 0F0H 的記憶器位置是截然不同的。

在獨立式 I/O 中，I/O 埠的存取必須使用特殊的 I/O 指令。例如在 x86 微處理器中，轉移 AL 內容與 I/O 埠資料的指令為：

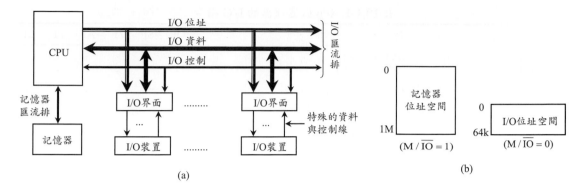

圖 10.1-4: 獨立式 I/O 結構 (8086 或 x86 在實址模式) : (a) 系統結構 ; (b) 位址空間

圖 10.1-5: x86 微處理器的 (a) IN 與 (b) OUT 指令格式

```
IN      AL,PORT    ; AL←[PORT]
OUT     PORT,AL    ; [PORT]←AL
```

其中 PORT 為一個位元組的 I/O 埠位址 (共有 256 個) ; AL 為累積器。這兩個指令皆為二個位元組長度,且不影響狀態位元。其格式如圖 10.1-5 所示。

　　IN 與 OUT 指令執行簡單的資料轉移,除了它們的對象是一序列的 I/O 埠而不是一序列的記憶器位元組之外,它們的動作與資料轉移指令 MOV 類似。因為主記憶器與 I/O 埠位於不同的匯流排上,縱然它們可能具有相同的位址數值,記憶器參考與 I/O 指令存取的位址空間仍然是不同的 (由 M/$\overline{\text{IO}}$ 信號區別)。

　　x86 微處理器的兩個基本 I/O 指令為 IN 與 OUT,如表 10.1-1 所示,在這兩個指令中,所有資料的轉移都必須經過累積器 (8 位元為 AL ; 16 位元為 AX ; 32 位元為 EAX)。x86 微處理器的 I/O 埠位址可以經由直接定址或暫存器間接定址 (使用 DX) 方式指定。使用直接定址方式指定 I/O 埠時,只能指定到 256 個埠位址,所以對於 x86 微處理器而言,若其 I/O 埠位址空間 (最大為 64k 個) 超過 256 個時,必須以 DX 暫存器指定,如表 10.1-1 所示。注意:使用 DX 暫

表 10.1-1: x86 微處理器的 I/O 指令

指令	動作	OF	SF	ZF	AF	PF	CF
IN ACC,port	ACC ← (port)	-	-	-	-	-	-
IN ACC,DX	ACC ← (DX)	-	-	-	-	-	-
INS (INSB/INSW/INSD)	ES:((E)DI) ← (DX); (E)DI ← (E)DI ± 運算元長度	-	-	-	-	-	-
OUT port,ACC	(port) ← ACC	-	-	-	-	-	-
OUT DX,ACC	(DX) ← ACC	-	-	-	-	-	-
OUTS (OUTSB/OUTSW/ OUTSD)	(DX) ← DS:((E)SI); (E)SI ← (E)SI ± 運算元長度	-	-	-	-	-	-
REP INS/OUTS	重複執行 INS/OUTS 直到 (E)CX = 0	-	-	-	-	-	-

存器時也可以指定 00H 到 0FFH 的 I/O 埠。

在 x86 微處理器中,除了簡單的 IN 與 OUT 兩個 I/O 指令外,亦包含兩個字元串 I/O 指令:INS 與 OUTS。INS 指令自一個 I/O 埠中讀取一個位元組 (INSB 指令)、語句 (INSW 指令)、或雙語句 (INSD 指令),並儲存於由 ES 節區暫存器與指標暫存器 (E)DI 聯合指定的記憶器位置中,其 I/O 埠的位址儲存於暫存器 DX 內。INS 指令與字元串資料轉移指令 MOVS 一樣,每次執行後,(E)DI 的值均會自動增加或減少 (由方向位元 DF 決定) 一個運算元的大小 (位元組 = 1;語句 = 2;雙語句 = 4)。

與 INS 指令相對應的字元串 I/O 指令為 OUTS 指令。OUTS 指令輸出由節區暫存器 DS 與指標暫存器 (E)SI 聯合指定的記憶器位元組 (OUTSB)、語句 (OUTSW)、或雙語句 (OUTSD) 資料到由暫存器 DX 指定的 I/O 埠中,然後 (E)SI 自動增加或減少一個運算元的大小。與字元串運算指令一樣,字元串 I/O 指令與 LOOP 指令 (或 REP 指令前標) 組合後,可以轉移一個連續的記憶器區段資料到 I/O 埠 (即裝置) 中,或自一個 I/O 埠中連續的讀取資料,並儲存在一個連續的記憶器區段內。

■ 例題 10.1-1: 獨立式 I/O 結構程式例

假設圖 10.1-1(a) 所示輸入埠佔用 I/O 位址 078H,試設計其 I/O 埠位址解碼電路,並設計一個程式讀取輸入端的開關設定狀態。

解: I/O 埠位址解碼電路如圖 10.1-6 所示,假設使用 8 位元的 I/O 埠位址。讀取

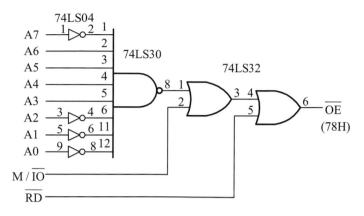

圖 10.1-6: 獨立式 I/O 方式的 I/O 埠位址解碼電路例 (I/O 埠位址為 078H)

開關狀態的程式如下所示。由於機械開關會有彈跳 (bounce) 現象，程式中使用
軟體方式清除開關彈跳可能造成的效應，清除的方法為連續讀取 SDB (I/O 埠
078H) 100 次，若讀取的值均相等，則確定為開關的穩定狀態，否則重新設定
計數器為 100，然後再讀取 SDB，直到連續的 100 次讀取的值均相等為止。

```
                              ;ex10.1-1.asm
= 00000078                    SDB      EQU   078H  ;input port address
                              ;
                                       .386
                                       .model flat, stdcall
00000000                               .data
                              ;read eight switch status from input port
                              ;078H with debouncing for switch on and off
                              ;(100 repeat operations for each read).
                              ;input: no;
                              ;output: AL — switch status.
00000000                               .code
00000000                      READ_SW  PROC  NEAR
00000000  66| B9 0064         IN_SW:    MOV   CX,100    ;set counter
00000004  8A D8               AGAIN:    MOV   BL,AL     ;save previous value
00000006  E4 78                         IN    AL,(SDB)  ;read input port
00000008  32 D8                         XOR   BL,AL     ;equal ?
0000000A  E1 F8                         LOOPZ AGAIN     ;yes. read again
0000000C  75 F2                         JNZ   IN_SW     ;no, reset counter
0000000E  C3                            RET
0000000F                      READ_SW  ENDP
                                       END   READ_SW
```

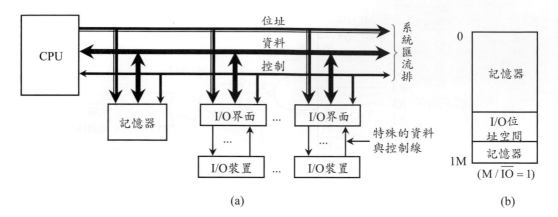

圖 10.1-7: 記憶器映成 I/O 結構：(a) 系統結構；(b) I/O 位址空間例

10.1.4 記憶器映成 I/O 結構

　　如前所述，I/O 匯流排與記憶器匯流排相當的類似，均由位址匯流排、資料匯流排、控制信號組成，其唯一的差別為 M/$\overline{\text{IO}}$ 控制信號的值不同；而 I/O 指令則類似於記憶器的資料轉移指令。在記憶器映成 I/O 結構中，則消除這些 "類似" 現象，直接移除 I/O 匯流排與 I/O 指令，而將 I/O 埠當作記憶器一樣地處理。即在記憶器映成 I/O 方式中，記憶器與 I/O 埠位址使用相同的記憶器位址空間，所有能存取記憶器的指令，也皆能存取 I/O 埠。

　　圖 10.1-7 說明具有記憶器映成 I/O 的微處理器系統硬體結構。主記憶器及所有的 I/O 埠與 CPU 之間的聯絡，皆使用相同的記憶器與 I/O 匯流排。每一個 I/O 埠皆佔有微處理器主記憶器位址空間的一部分位址。每一個輸入埠皆可以對該埠位址做讀取動作的指令響應；每一個輸出埠均會對該埠位址做寫入動作的指令響應。一般而言，硬體系統設計者，通常會保留部分的位址空間給予 I/O 埠，例如在最大頁區的 4k 位元組。不過，理論上只要沒有記憶器佔用的位址空間，皆可以做為 I/O 埠位址區。

　　若系統硬體設計者，直接連接 I/O 埠於主記憶器匯流排上，則任何微處理器均可以使用記憶器映成 I/O。例如，x86 微處理器的系統設計者，決定使用記憶器映成 I/O，則 I/O 埠可以直接連接於記憶器匯流排上，並且使用下列指令取代 IN 與 OUT 指令：

```
        MOV    AL,addr    ; AL←[addr]
        MOV    addr,AL    ; [addr]←AL
```

此時 addr 為保留予 I/O 埠的記憶器位址。在使用記憶器映成 I/O 的系統中，微處理器在存取 I/O 埠時，就如同存取記憶器一樣。在沒有特殊 I/O 指令的微處理器中，必須使用記憶器映成 I/O 結構，例如：ARM Cortex 系列微處理器。

使用記憶器映成 I/O 的優點為：

1. 處理器中不需要騰出 opcode 或電路予 I/O 指令使用；

2. 任何記憶器運算指令，皆可以直接引用處理 I/O 埠；

3. I/O 埠位址數目幾乎是無限的 (由記憶器位址空間決定)。

當然，它也有缺點：

1. 部分記憶器空間被佔用；

2. 界面需要更複雜的位址解碼電路，認知較長的位址。

3. 任何 I/O 裝置的錯誤 I/O 動作，均可能造成記憶器內容的破壞。

■ 例題 10.1-2: 記憶器映成 I/O 結構程式例

假設圖 10.1-1(a) 所示輸入埠佔用記憶器位址 080F0H，試設計其 I/O 埠位址解碼電路，並設計一個程式讀取輸入端的開關設定狀態。

解：I/O 埠位址解碼電路如圖 10.1-8 所示，由於使用記憶器映成 I/O，所以必須對所有位址線與 M/$\overline{\text{IO}}$ 及 $\overline{\text{RD}}$ 控制信號解碼。讀取開關狀態的程式如下所示，與例題 10.1-1 的程式比較下，本程式只是使用 MOV 指令取代例題 10.1-1 的程式中之 IN 指令而已，程式中的其它部分則相同。

```
                         ;ex10.1-2.asm
                         .386
                         .model flat, stdcall
00000000                 .data
                         ORG    000080F0H ;input port address
000080F0 00      SDB     DB     00H
                         ;
                         ;read eight switch status from input port
                         ;078H with debouncing for switch on and off
                         ;(100 repeat operations for each read).
                         ;input: no;
```

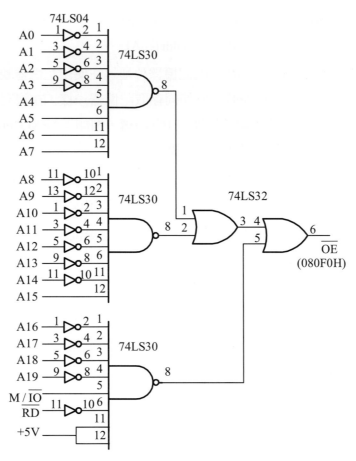

圖 10.1-8: 記憶器映成方式的 I/O 埠位址解碼電路例 (I/O 埠位址為 80F0H)

```
                               ;output: AL — switch status.
00000000                               .code
00000000                       READ_SW    PROC    NEAR
00000000   B9 00000064         IN_SW:     MOV     ECX,100   ;set counter
00000005   8A D8               AGAIN:     MOV     BL,AL     ;save previous value
00000007   A0 000080F0 R                  MOV     AL,SDB    ;read input port
0000000C   32 D8                          XOR     BL,AL     ;equal ?
0000000E   E1 F5                          LOOPZ   AGAIN     ;yes. read again
00000010   75 EE                          JNZ     IN_SW     ;no, reset counter
00000012   C3                             RET
00000013                       READ_SW    ENDP
                                          END     READ_SW
```

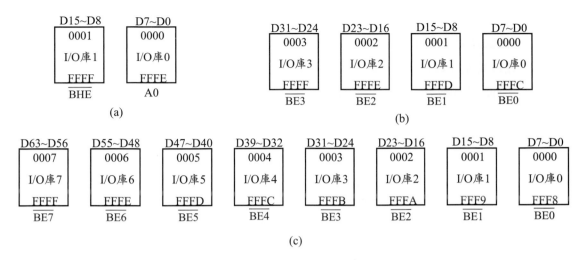

圖 10.1-9: x86 微處理器的 I/O 位址空間分佈：(a) 16 位元；(b) 32 位元；(c) 64 位元

10.1.5 I/O 埠位址解碼

　　基本上 I/O 埠位址解碼電路在原理上不論系統設計是採用獨立式 I/O 結構或是記憶器映成 I/O 結構都是相同的。在獨立式 I/O 結構中，參與解碼工作的信號有位址 (A7 ~ A0 或 A15 ~ A0)、$\overline{RD}$、M/$\overline{IO}$、$\overline{WR}$；在記憶器映成 I/O 結構中，則與記憶器系統的解碼電路相同。

10.1.5.1　x86 微處理器的 I/O 位址空間分佈　在 x86 微處理器中，一共有 64k 個位元組空間可以供 I/O 埠使用，這些 I/O 位址空間的分佈情形，與記憶器的組織方式相同 (請參考圖 3.2-2)，如圖 10.1-9 所示。在 16 位元 I/O 中，分為兩個 I/O 庫，其中 A0 存取 I/O 庫 0 (由 D7 ~ D0 存取)，即偶數 I/O 位址空間部分；$\overline{BHE}$ 則存取 I/O 庫 1 (由 D15 ~ D8 存取)，即奇數 I/O 位址空間部分，如圖 10.1-9(a) 所示。

　　在 32 位元 I/O 中，分為四個 I/O 庫：I/O 庫 3 ~ I/O 庫 0，分別使用 $\overline{BE3}$ ~ $\overline{BE0}$ 存取，如圖 10.1-9(b) 所示；在 64 位元 I/O 中，則分為八個 I/O 庫：I/O 庫 7 ~ I/O 庫 0，分別使用 $\overline{BE7}$ ~ $\overline{BE0}$ 存取，如圖 10.1-9(c) 所示。

10.1.5.2　8 位元 I/O 埠的位址解碼　在微處理器系統中，雖然 CPU 為 16 位元或 32 位元，但是通常只需要使用 8 位元的 I/O 埠也就足夠應付實際上的需要了。界接一個 8 位元的 I/O 埠到 x86 微處理器時，只需要選取一個 I/O 庫，然後使用該 I/O 庫的位址區與對應的 $\overline{\mathrm{BE}n}$ 信號即可。例如：在 8086 中，若連接 I/O 埠於 I/O 庫 1 (D15 ～ D8) 時，必須使用 $\overline{\mathrm{BHE}}$ 信號，致能該 I/O 埠，並且只能使用奇數 I/O 位址；若連接在 I/O 庫 0 (D7 ～ D0) 時，必須使用 A0 信號，致能該 I/O 埠，並且只能使用偶數 I/O 位址，即在 A0 = 0 時，啟動該 I/O 埠。其它微處理器的情形，可以依此類推。

■ 例題 10.1-3: 8 位元 I/O 埠的 I/O 埠位址解碼

在某一個系統中，一共使用 8 個 I/O 元件，每一個元件佔用四個 I/O 埠位址，這些 I/O 元件的位址區由 0C0H 開始到 0FFH 為止，若 I/O 埠均由低序位元組資料匯流排存取，則其 I/O 埠位址解碼電路為何？

解：如圖 10.1-10 所示，由於系統中只有八個 I/O 元件而且每一個元件只佔用四個 I/O 埠位址，所以只需要使用 8 位元的 I/O 位址解碼即可。因為 I/O 埠係連接於 D7 ～ D0，所以只有當 A0 為 0 時才有可能存取 I/O 埠，因而 A0 也必需參與解碼。解碼電路對應的 I/O 埠位址區段如表 10.1-2 所示。

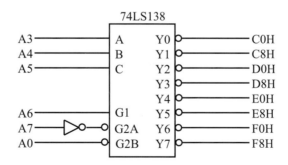

圖 10.1-10: 8 位元 I/O 埠的位址解碼電路 (74LS138)

若系統中的 I/O 埠數量少於 256 個時，只需要對 A7 ～ A0 等八條位址解碼即可，但是若超出 256 個時，則需要使用 16 位元的 I/O 位址，即需要對位址 A15 ～ A0 解碼。I/O 埠位址解碼電路的設計，除了使用的信號稍有不同外，與記憶器位址解碼電路大致相同。因此在第 8.1.2 與第 8.1.3 兩小節中，討論的各種記憶器位址解碼電路設計方法，亦可以應用於 I/O 埠位址解碼電路中。

表 **10.1-2:** 例題 10.1-3 的 I/O 埠位址區段

	A7	A6	A5	A4	A3	A2	A1	A0	I/O 埠位址
Y0	1	1	0	0	0	ϕ	ϕ	0	C0H
Y1	1	1	0	0	1	ϕ	ϕ	0	C8H
Y2	1	1	0	1	0	ϕ	ϕ	0	D0H
Y3	1	1	0	1	1	ϕ	ϕ	0	D8H
Y4	1	1	1	0	0	ϕ	ϕ	0	E0H
Y5	1	1	1	0	1	ϕ	ϕ	0	E8H
Y6	1	1	1	1	0	ϕ	ϕ	0	F0H
Y7	1	1	1	1	1	ϕ	ϕ	0	F8H

10.1.5.3 16 位元 I/O 埠的 I/O 埠位址解碼 當一個微處理器需要使用 16 位元的 I/O 埠時,或者欲節省 I/O 埠位址空間的使用時,可以分別連接 I/O 埠於兩個連續的 I/O 庫上,例如 I/O 庫 1 與 I/O 庫 0 或是 I/O 庫 3 與 I/O 庫 2,如圖 10.1-11 所示,兩個 8 位元的 82C55A (請參考 [8]),分別連接於 8086 系統中的 D15 ~ D8 與 D7 ~ D0 上,因而它們總共只佔用 8 個 I/O 埠位址,其中元件 A 使用奇數位址而元件 B 使用偶數位址。

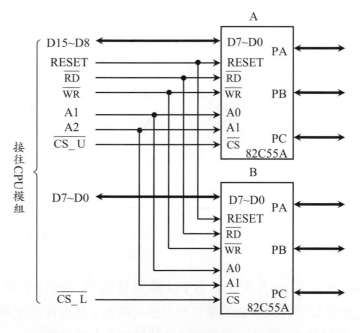

圖 **10.1-11:** 兩個 82C55A 組成的 16 位元 I/O 埠

■ 例題 10.1-4: 16 位元 I/O 埠位址解碼

在某一個 8086 系統中,有兩個 I/O 元件如圖 10.1-11 所示方式連接,而其佔用的 I/O 埠位址為 220H ~ 227H,試設計其 I/O 埠位址解碼電路。

解:由於 I/O 埠位址 220H ~ 227H 大於 256,所以使用 16 位元的 I/O 埠位址解碼。使用 NAND 閘 (74LS30) 的解碼電路如圖 10.1-12 所示。解碼電路在解出位址區 220H 的選取信號後再分別與 A0 及 $\overline{BHE}$ OR 後,解出 $\overline{CS\_U}$ (元件 A) 與 $\overline{CS\_L}$ (元件 B) 等兩個晶片選取信號,分別致能元件 A 與元件 B。元件 A 使用 I/O 埠位址:221H、223H、225H 與 227H;元件 B 使用 I/O 埠位址:220H、222H、224H 與 226H。

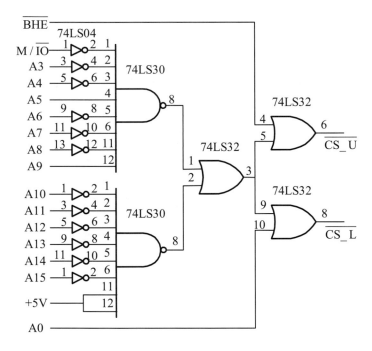

圖 10.1-12: 8086 的 16 位元 I/O 埠位址解碼例 (埠位址為 220H ~ 227H)

10.1.5.4 32 位元 I/O 埠的 I/O 埠位址解碼 雖然 8 位元或是 16 位元 I/O 埠,已經足以應付大多數的微算機系統之需要,然而在高速率資料轉移的需求中,32 位元的 I/O 埠是一個不可或缺的結構。

　　當 x86 微處理器需要使用 32 位元的 I/O 埠時，可以分別連接 I/O 埠於四個連續的 I/O 庫上，如圖 10.1-13 所示。四個 8 位元的 74LS244，分別連接於 D31 ~ D24、D23 ~ D16、D15 ~ D8、D7 ~ D0 上，因而它們總共只佔用 4 個 I/O 埠位址，其中元件 A 使用位址 43H、元件 B 使用位址 42H、元件 C 使用位址 41H、而元件 D 使用位址 40H。注意：$\overline{BE3}$ ~ $\overline{BE0}$ 等信號在此 32 位元 I/O 埠中並沒有作用，因為四個 74LS244 元件同時被選取，因此只要解出 40H 的 I/O 埠位址，當作 $\overline{CS}$ 信號即可。

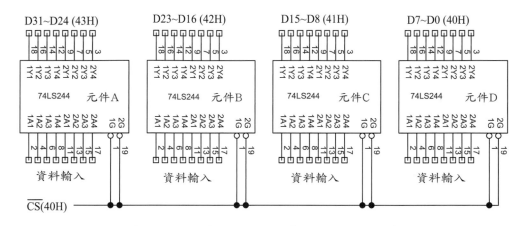

圖 10.1-13: 四個 74LS244 組成的 32 位元 I/O 埠

　　注意：由於一般的 I/O 界面 IC 仍然為 8 位元，而且內部通常有許多佔用連續位址的暫存器必須存取，因此在 x86 微處理器系統中使用 8 位元 I/O 埠的結構時，若希望它們可以佔用連續位址區時，則必須使用外加邏輯電路，還原 CPU 送出的 $\overline{BHE}$ 與 A0 ($\overline{BE3}$ ~ $\overline{BE0}$ 或是 $\overline{BE7}$ ~ $\overline{BE0}$) 等信號為 A0 (A1 ~ A0 或是 A2 ~ A0) 信號。此外，也必須使用 $\overline{BHE}$ 與 A0 (或是 $\overline{BE3}$ ~ $\overline{BE0}$、$\overline{BE7}$ ~ $\overline{BE0}$) 控制位元組交換電路，適當的導引 I/O 埠的資料匯流排到 CPU 各自的位元組資料匯流排上。

10.2 I/O 資料轉移啟動方式

　　在使用適當的界面電路連接 I/O 裝置到微處理器時，即定義好系統的 I/O 結構後，其次的問題為考慮 I/O 裝置與微處理器之間的資料轉移問題。這裡所

表 10.2-1: I/O 資料轉移啟動方式

轉移類型	由程式設定的初值	程式動作
CPU 啟動轉移 • 條件性又稱輪呼式 I/O 或程式 I/O)	設定裝置界面暫存器初值。	測試裝置狀態直到該裝置備妥,然後轉移資料。
裝置啟動轉移 • 中斷 I/O	1. 設定裝置初值,備妥以中斷方式轉移資料; 2. 致能中斷。	1. 當中斷發生時轉移資料; 2. 在轉移資料後,清除中斷要求。
• DMA(即區段資料轉移方式)	1. 設定裝置初值; 2. 設定 DMAC 暫存器: 　• 位元組計數器 　• 位址 3. 啟動 DMAC。	處理其它事情,在區段資料轉移完畢後才接受 DMAC 的中斷要求。

謂的資料轉移為兩個動作的通稱:由微處理器寫入資料到 I/O 裝置或是微處理器自 I/O 裝置中讀取資料。一般而言,微處理器或 I/O 裝置都可以啟動 I/O 資料的轉移動作。至於以何者啟動較為有利 (即微處理器等待 I/O 裝置的時間較短)、適當、或是簡單,將是本節的主題。

10.2.1 I/O 資料轉移啟動方式

由微處理器啟動的 I/O 資料轉移可以分成:無條件 I/O 資料轉移與條件式 I/O 資料轉移兩種;由裝置啟動的 I/O 資料轉移可以分成:中斷式 I/O 與 DMA(即區段資料轉移) 兩種。這些 I/O 資料轉移方式的重要特性如表 10.2-1 所示。

無條件 I/O 資料轉移可以視為條件式 I/O 資料轉移的一個特例,即測試條件永遠成立;條件性資料轉移也稱為程式 I/O (programmed I/O) 或輪呼式 I/O (polling I/O)。因此,I/O 資料轉移方式可以歸納成為下列三種:

1. 輪呼式 (或程式)I/O:CPU 啟動的 I/O 資料轉移;

2. 中斷式 I/O:裝置啟動的 I/O 資料轉移;

3. DMA:裝置啟動的區段資料轉移。

10.2.2　輪呼式(程式) I/O

在輪呼式 I/O 中，當未發生實際資料轉移之前，CPU 必須檢查周邊裝置界面的狀態，以決定那一個周邊裝置已經備妥資料轉移。這類型資料轉移方式的動作可以分成三步驟，其動作流程如下：

■ 演算法 10.2-1: 輪呼式 I/O 動作流程

1. 自周邊裝置讀取狀態資訊；
2. 測試該資訊以決定周邊是否已經備妥資料轉移；若是，則進行步驟 3，否則，回到步驟 1；
3. 執行實際的資料轉移。

CPU 的程式持續執行步驟 1 與 2，直到 I/O 裝置備妥資料轉移為止，這個迴路稱為等待迴路 (waiting loop)，因為 CPU 一直停留在此迴路中，等待 I/O 裝置備妥資料轉移。一旦 I/O 裝置備妥資料轉移時，CPU 即開始執行實際的資料轉移動作 (步驟 3)。然後，在資料轉移動作完成之後，CPU 才繼續執行程式的其餘部分。

輪呼式 I/O 資料轉移的最大缺點是：CPU 耗費太多的時間於等待迴路上，其理由為：CPU 執行一個指令時，需要的時間約為幾個 μs 或幾個 ns；而 I/O 裝置一般執行一個動作，均需數個 ms 到數十個 ms，甚至上百個 ms。因此，CPU 往往需要花費相當長的一段時間，等待 I/O 裝置備妥資料轉移。

10.2.3　中斷 I/O

中斷式 I/O 的 I/O 資料轉移動作為最有效率的一種，因為微處理器並不需要盲目地等待 I/O 裝置備妥轉移的動作，相反地，微處理器可以自由地處理其它事情，直到 I/O 裝置發出中斷要求為止，然後微處理器執行該裝置的中斷服務程式，轉移需要的資料，再回到被中斷的程式中，繼續執行未完成的工作。在中斷式 I/O 的資料轉移動作中，主程式與中斷服務程式的動作流程分別如下：

■ 演算法 10.2-2: 主程式的動作流程

1. 設定中斷要求的初值 (例如致能中斷要求與設定中斷要求的中斷向量)；
2. 設定界面電路相關位元，以備妥中斷 I/O 資料轉移；
3. 微處理器處理其正常的程式。

■ 演算法 10.2-3: 中斷服務程式 (ISR) 的動作流程

1. 讀取 I/O 裝置的狀態；
2. 若該 I/O 裝置的狀態顯示有錯誤發生，則執行錯誤處理程式，否則執行資料轉移；
3. 清除 I/O 裝置界面的中斷要求狀態旗號，然後回到被中斷的程式中，繼續執行。

10.2.4 直接記憶器存取 (DMA)

所謂 DMA (direct memory access，直接記憶器存取) 的觀念為允許一個 I/O 裝置的界面電路快速地直接與記憶器轉移資料，而不需要經由微處理器 (CPU) 的參與，如圖 10.2-1 所示。圖 10.2-1(a) 說明通常的資料轉移路徑，為一個在 CPU 控制下的動作，所有記憶器與裝置界面之間的資料轉移，必須透過 ACC (或是 CPU 的資料暫存器) 作為媒介，才能完成；圖 10.2-1(b) 則說明於 DMA 控制下的資料轉移路徑，即記憶器可以直接與裝置界面轉移資料。

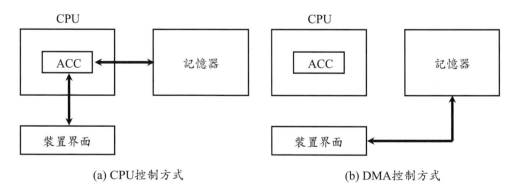

(a) CPU控制方式   (b) DMA控制方式

圖 10.2-1: CPU 與 DMA 控制下的資料轉移動作

通常 CPU 為記憶器匯流排的控制者，即它提供每一個資料轉移動作的位址與控制信號。但是在 DMA 動作中，DMA 控制器 (DMA controller，DMAC) 暫時作為匯流排的控制者，以直接控制一個裝置與主記憶體之間的資料轉移。

由於 DMA 方式的資料轉移，直接發生於裝置及主記憶體之間，所以它對微處理器狀態並無影響，唯一對程式的效應是指令偶然需要較長的執行時間，因為它們彷彿等待了一個 "速度較慢" 的記憶體存取動作。

幾乎所有微處理器皆有一條 HOLD (亦稱 bus request，BR) 控制輸入線，當此控制線啟動後，微處理器於目前匯流排週期結束後，即設定其所有三態匯流排 (位址匯流排、資料匯流排、$\overline{\text{IOR}}$、$\overline{\text{MEMR}}$、$\overline{\text{IOW}}$、$\overline{\text{MEMW}}$) 於高阻抗狀態，以有效的自系統匯流排中移開，如圖 10.2-2 所示，然後啟動一個認知信號 HLDA (亦稱 bus grant，BG)，告知 DMAC 裝置，現在已經可以啟用系統匯流排了。

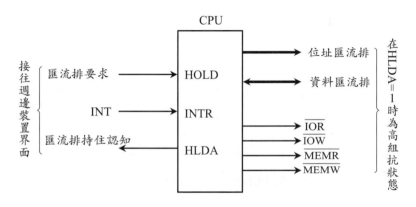

圖 10.2-2: DMA 資料轉移的控制信號

只要 HOLD 維持於啟動狀態，而 HLDA 信號為真 ("1")，DMAC 即能控制系統匯流排，而使周邊裝置直接與記憶體做資料轉移。轉移的方式可以分成：一次一個區段資料及一次一個位元組等兩種。前者係暫停 CPU 的動作，直到整個區段資料轉移完成為止，這種方式稱為持住模式 (hold mode) 或是稱為猝發模式 (burst mode)；後者則在微處理器執行每一個指令期間，竊取一個匯流排週期，以轉移一個位元組資料，這種方式稱為週期竊取 (cycle stealing) 模式。注意：在週期竊取模式的 DMA 中，微處理器只需要延長指令動作一個匯流排週期，提供記憶體與 I/O 裝置之間的轉移資料，並不需要暫停其動作。

典型的 DMA 控制器 (DMAC) 方塊圖，如圖 10.2-3 所示。它主要由位址暫存器、位元組計數器、控制暫存器與一些位址線及控制線組成。它與 CPU 的界面包括資料匯流排、晶片選取 ($\overline{CS}$)、暫存器選取 (A1、A0)、$\overline{IOR}$、$\overline{IOW}$、HOLD、HLDA、RESET、中斷要求 (INT)；與周邊裝置的界面包括 DMA 要求 (DREQ)、DMA 認知 (DACK)、$\overline{IOR}$ 與 $\overline{IOW}$ 控制線；與記憶器界面包括位址匯流排、$\overline{MEMR}$、$\overline{MEMW}$ 等。

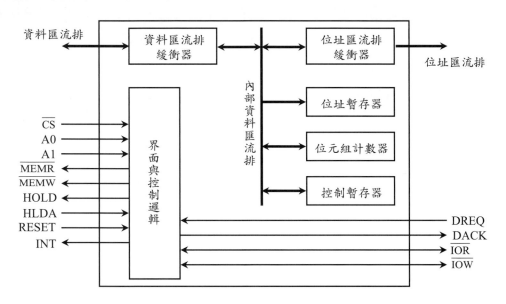

圖 10.2-3: 典型的 DMA 控制器 (DMAC) 方塊圖

位址暫存器 (address register) 指定欲存取的記憶器位置；位元組計數器 (byte counter) 記錄希望轉移的資料位元組數目。在每一個 DMA 位元組資料轉移後，位址暫存器內容即增加 1；位元組計數器則減 1。當位元組計數器內容為 0 (即計數終止) 時，中斷要求 (INT) 即啟動，告知 CPU，DMA 的資料轉移動作已經完成。控制暫存器設定 DMAC 的工作模式。

在 DMAC 中，所有的暫存器皆經由資料匯流排與 CPU 通信，而以 A0 與 A1 選取暫存器，所以微處理器可以在程式控制下，經由資料匯流排，存取 DMAC 內部的暫存器。

當欲啟用 DMAC 時，通常必須先經由程式設定下列各項資料，此程序稱為 DMA 初值設定程序，其詳細動作如下：

■ 演算法 10.2-4: DMA 初值設定程序

1. 設定位址暫存器的初值，此初值為欲存取的記憶器區段起始位址；
2. 設定位元組計數器：設定欲轉移的資料位元組數；
3. 設定工作模式：讀取或寫入；
4. 啟動 DMA。

　　DMAC 在微處理器系統的位置如圖 10.2-4 所示。當周邊裝置提出 DMA 要求 (DREQ) 後，DMAC 即啟動 HOLD，要求 CPU 騰出系統匯流排；CPU 在結束目前的匯流排週期之後，則啟動 HLDA 表示系統匯流排已經騰出，可供使用。DMAC 於收到 HLDA 信號後，即置放目前的位址暫存器內容於位址匯流排，並啟動 $\overline{\text{MEMR}}$ (或 $\overline{\text{IOR}}$) 與 $\overline{\text{IOW}}$ (或 $\overline{\text{MEMW}}$) 信號，然後送一個 DMA 認知信號 (DACK) 予周邊裝置。周邊裝置接到 DMA 認知信號 (DACK) 後，即自資料匯流排接收一個位元組資料，或寫入一個位元組資料於資料匯流排中。因此，DMAC 控制了讀取或寫入的動作，並且提供了記憶器的位址。所以周邊裝置能直接在 DMAC 的控制下，與記憶器轉移資料。

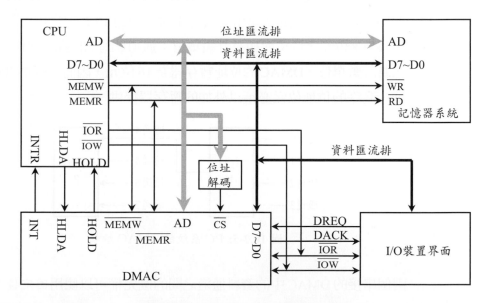

圖 10.2-4: DMAC 與 CPU 界接使用

在每一個位元組轉移後，DMAC 將其位址暫存器增加 1，並將位元組計數器的內容減 1。若計數器尚未為 0，則 DMAC 檢查 DMA 要求輸入線 (DREQ)，判斷是否繼續啟動 DMA 轉移。在高速的 I/O 裝置中，只要前次轉移動作一完成，DMA 要求線 (DREQ) 立即啟動，以繼續下一次的轉移，一直到整個資料區段轉移完成為止，即工作於 HOLD 模式。在速度較慢的 I/O 裝置中，DMA 要求線 (DREQ) 則不是緊接於前次轉移完成後，立即啟動，而是在啟動前，DMAC 先移去它的匯流排要求信號，讓 CPU 能繼續執行其程式，而當周邊裝置需要轉移資料時，DMAC 才再度的提出匯流排需求，即工作於週期竊取模式。

10.2.4.1 商用 DMA 控制器 DMAC 因經常使用於微處理器系統中，當作一個有效的資料轉移控制電路，所以一般均設計成一個電路模組而嵌入微處理器系統中。通常一個 DMAC 晶片均包含有四個通道，每一通道也均含有一組 DMA 要求/認知信號對，以連接到各自的 I/O 裝置。此外，每一通道也均有獨立的位址暫存器與位元組計數器。典型的多通道 DMAC 如 Intel 8237A，為一個廣泛使用於 PC 系統的 DMAC，目前它以電路模組的方式嵌入南橋晶片中。

在 PC 系統中，兩個 82C37 DMAC 串接成一個 7 個獨立通道的 DMA 控制器，其中 DMAC 1 提供通道 0 到 3，DMAC 2 提供通道 5 到 7。DMAC 2 的通道 4 提供串接之功能，它無法使用為其它用途，如圖 10.2-5 所示。通道 0 到 3 的資料轉移為 8 位元、以位元組為計數單位；通道 5 到 7 的資料轉移為 16 位元、以語句為計數單位。DMAC 的位址暫存器為 16 位元，因而僅提供低序的 16 位元位址，高序的位址位元必須以外加的暫存器提供。

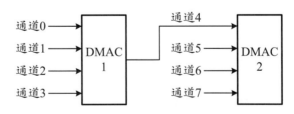

圖 10.2-5: PC 系統的 DMAC 結構

兩個串接的 DMAC 中的資料通道之間的優先權可以使用固定優先權 (fixed priority) 或是巡更優先權 (循環更動優先權，rotating priority)。固定優先權為預設的優先權類型，其優先順序為通道 0、1、2、3、5、6、7，其中通道 0 優先權最高，而通道 7 最低。在巡更優先權中，剛被服務過的通道之優先權為最低。在優先權排列順序中，通道 0 到 3 當作一組永遠置於通道 5 與 7 之間，優先權旋轉時，通道 5 到 7 形成優先權序列中的前面三個項目，而通道 0 到 3 則組成第四個項目。

10.2.5 匯流排仲裁邏輯

在匯流排 (分時公用匯流排與多重匯流排) 結構中，可能有多個匯流排控制 (微處理器) 模組同時希望存取公用匯流排，由於這些模組都操作在非同步的狀態，因此必須有一個匯流排控制邏輯來協調匯流排的使用問題。對於同時希望使用匯流排的協調方法，一般都以優先權來排定。常用的方法為：

1. 鍵結優先權 (daisy chaining priority)
2. 輪呼 (polling)
3. 獨立要求線 (independent requesting)

本小節中，將分別介紹這一些方法。

10.2.5.1 鍵結優先權 在鍵結優先權方式中，所有的模組依據它們在匯流排上實際與匯流排持住 (bus grant，BGT) 控制線的連接方式，都給予一個固定的優先順序，如圖 10.2-6 所示，較靠近匯流排控制邏輯的模組，具有較高的優先權。

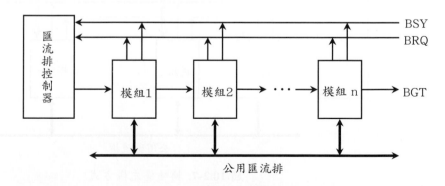

圖 10.2-6: 鍵結優先權方式

　　所有模組希望使用公用匯流排時,都透過匯流排要求 (bus request,BRQ)
線提出要求,匯流排控制器在偵測到匯流排忙碌 (bus busy,BSY) 為閒置狀態
時,即送出匯流排持住信號,這一個信號依序由第一個模組傳遞下去,直到第
一個要求使用公用匯流排的模組時,即告終止而不再傳遞下去。要求使用公
用匯流排的模組在接收到匯流排持住信號後,即將啟動匯流排忙碌 (BSY) 信
號,並且取用匯流排。匯流排忙碌 (BSY) 信號將持續的維持啟動,直到該模組
使用完匯流排為止。然後恢復匯流排忙碌 (BSY) 信號為不啟動的狀態,讓出匯
流排的使用權予其它模組。

　　與其它兩種方法比較,鍵結優先權控制電路最簡單,因而價格最低,但
是協調時間相當長,因為需要將匯流排持住信號一級一級的傳遞下去,所以
這種方式只適合使用在模組數量極少的系統中。此外,每一個模組的優先權
都由其實際上的位置決定,並且任何一個模組故障時,都可能癱瘓整個系統,
故限制了它的實用性。

10.2.5.2　輪呼 輪呼優先權方式的結構如圖 10.2-7 所示,每一個模組都設定一
個位址,系統中則使用一組模組位址線連接各個模組與匯流排控制器。當匯
流排控制器收到匯流排要求 (BRQ) 信號後,依著一個預先設定好的次序送出
模組位址,當發出 BRQ 信號的模組接收到本身的模組位址時,即啟動匯流排
忙碌 (BSY) 信號,並且取用公用匯流排。

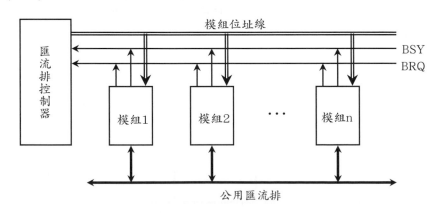

圖 10.2-7: 輪呼優先權方式

　　輪呼優先權方式的主要優點為優先權完全由輪呼的次序決定,因而可以

動態性的更動，並且可以執行各種較為公平而且較有彈性的優先權法則。缺點則是匯流排控制器的電路相當複雜，因而較適宜使用軟體或韌體方式的執行。

10.2.5.3　獨立要求線　獨立要求線方式的匯流排仲裁結構如圖 10.2-8 所示，每一個模組都有一組獨立的匯流排要求 (BRQ) 與匯流排持住 (BGT) 信號，而且每一對 BRQ 與 BGT 信號都預先設定好優先權。匯流排仲裁器內部包括一個優先權解碼器與優先權編碼器，以選取最高優先權的 BRQ 並且送回對應的 BGT 信號。

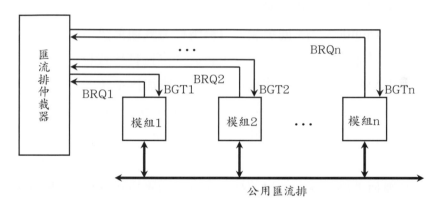

圖 10.2-8: 獨立要求線方式

與其它兩種方法比較，獨立要求線方式具有最快的仲裁速度，其缺點則是需要較多的 BRQ 與 BGT 控制線，如圖 10.2-8 所示，對於一個具有 n 個模組的系統而言，一共需要 n 對的 BRQ 與 BGT 信號。

10.3　並列資料轉移

　　若一個數位系統中的兩個單元之間的資料轉移動作是由時脈同步時，稱為同步方式 (synchronous mode)；否則稱為非同步方式 (asynchronous mode)。在微處理器系統中，對於高速需求的資料轉移通常使用同步的方式操作，例如 CPU 存取 SDRAM 或是 DDRx SDRAM ($x = 1 \sim 4$) 中的資料；對於低速需求的資料轉移則通常使用非同步的方式操作，例如 CPU 與 I/O 界面之間的資料轉移。

　　無論是同步或是非同步的並列資料轉移，均必須有一個控制信號指示何時

資料是穩定的 (或成立的)? 或是資料是由那一個地方開始? 在同步並列資料轉移中，資料的轉移動作直接使用時脈信號同步與控制；在非同步並列資料轉移中，常用的控制方法為：閃脈 (strobe) 控制與交握式控制 (handshaking control，或稱來復式控制)。

10.3.1 同步並列資料轉移

在同步並列資料轉移中，所有裝置的動作均由一個共同的時脈信號同步，這種資料轉移方式通常再分成兩種類型：單一時脈週期 (single cycle) 與多時脈週期 (multicycle)。同步並列資料轉移方式通常使用於微處理機的系統匯流排中，以能夠在兩個元件或是裝置之間高速轉移資料，例如在 PCI 匯流排或是 SDRAM 與 CPU 之間的資料傳送。在匯流排系統中，產生位址與命令等信號的裝置一般稱為匯流排控制器 (bus master)，接收位址與命令等信號而作出反應的的裝置則稱為匯流排受控器 (bus slave)。

單一時脈週期的典型資料轉移時序如圖 10.3-1(a) 所示，匯流排控制器在時脈信號的正緣時送出位址與命令，而匯流排受控器則在時脈負緣時送出資料，匯流排控制器在下一個時脈信號的正緣時送出位址與命令，並且取樣前一個時脈週期中讀取的資料。在這種資料轉移方式中，每一個時脈週期構成一個匯流排週期。

多時脈週期的典型資料轉移時序如圖 10.3-1(b) 所示，匯流排控制器在時脈信號的正緣時送出位址與命令，而匯流排受控器則在第二個時脈負緣時送出資料，匯流排控制器在下一個時脈信號的正緣時送出位址與命令，並且取樣前一個時脈週期中讀取的資料。在這種資料轉移方式中，每兩個時脈週期構成一個匯流排週期。一般在多時脈週期的資料轉移中，組成每一個匯流排週期的時脈週期數，由實際上的元件或是裝置的操作速度決定。

10.3.2 閃脈控制方式

在閃脈控制中，只需要一條控制線稱為閃脈 (strobe)，每當欲轉移資料時，則致能此控制線，至於是由來源裝置 (source unit) 或標的裝置 (destination unit)

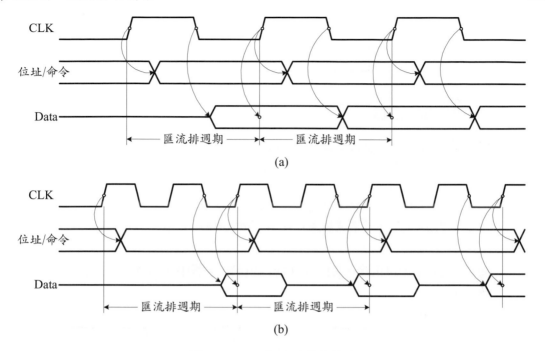

圖 **10.3-1:** 同步並列資料轉移

啟動都可以，由實際的應用而定。來源裝置指送出資料的裝置；標的裝置則指接收資料的裝置。

10.3.2.1 來源裝置啟動系統 來源裝置啟動的閃脈控制資料轉移方式如圖 10.3-2 所示。來源裝置首先置放資料於資料匯流排上，然後經過一段延遲，讓匯流排上的資料穩定後，啟動閃脈信號。匯流排上的資料與閃脈信號必須持續一段時間，讓標的裝置能夠接收資料。通常，標的裝置利用閃脈信號的正緣，閘入資料於內部資料暫存器中，而完成一次的資料轉移。

　　在微處理器中，最常使用這種控制方式的資料轉移為 CPU (來源裝置) 寫入一個資料於記憶器 (標的裝置) 中，其中寫入控制信號即為閃脈信號。

10.3.2.2 標的裝置啟動系統 標的裝置啟動的閃脈控制資料轉移方式，如圖 10.3-3 所示。在這種方式中，標的裝置於需要資料時，則啟動閃脈信號，要求來源裝置送出資料，來源裝置於接收到閃脈信號後，即置放資料於匯流排上，並且保持一段夠長的時間，讓標的裝置能夠接收該資料。通常標的裝置也是

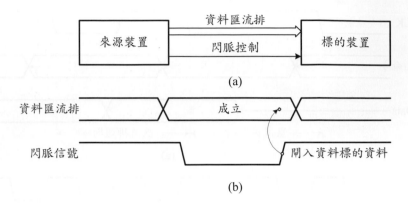

圖 10.3-2: 來源裝置啟動的閃脈控制資料轉移：(a) 方塊圖；(b) 時序圖

使用閃脈信號的正緣，閘入資料於資料暫存器中。當然，閃脈信號最後是由標的裝置移去。

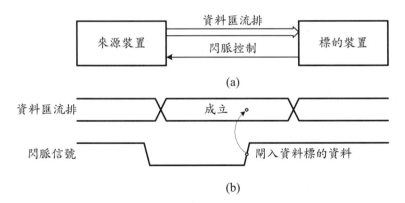

圖 10.3-3: 標的裝置啟動的閃脈控制資料轉移：(a) 方塊圖；(b) 時序圖

在微處理器中最常使用這種控制方式的資料轉移為 CPU (標的裝置) 由一個記憶器 (來源裝置) 中讀取一個資料，其中讀取控制信號 ($\overline{RD}$) 即為閃脈信號。

10.3.3 交握式控制方式

在閃脈控制方式的資料轉移中，最大的缺點是來源裝置無法得知標的裝置是否已經接收到資料 (在來源裝置啟動的方式中)，或標的裝置無法得知來源裝置確實已經置放資料於資料匯流排上 (在標的裝置啟動的方式中)。其原因是因為控制信號只是單方向的；若使用雙方向的控制信號，則上述問題可以解決。雙方向的控制方法是再加入一條控制線稱為資料已接收 (data accepted) (或資料要求，data request)，而這種方式稱為交握式控制。

　　在交握式控制中，資料轉移動作可以分成來源裝置啟動與標的裝置啟動兩種方式，由實際的應用而定。

10.3.3.1　來源裝置啟動系統　來源裝置啟動的交握式控制資料轉移方式，如圖 10.3-4 所示。兩條交握式控制線為 $\overline{DAV}$ (data valid，資料成立) 與 $\overline{DAC}$ (data accepted，資料已接收)，其中 $\overline{DAV}$ 由來源裝置產生；$\overline{DAC}$ 由標的裝置產生。

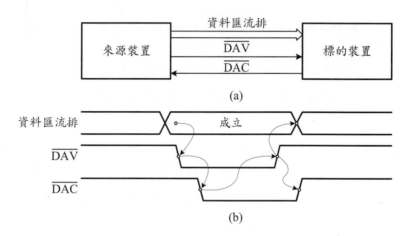

圖 10.3-4: 來源裝置啟動的交握式控制資料轉移：(a) 方塊圖；(b) 時序圖

　　來源裝置置放資料於資料匯流排上，等其穩定後，啟動 $\overline{DAV}$ 控制線。標的裝置在 $\overline{DAV}$ 啟動後，接收資料並啟動 $\overline{DAC}$ 控制線，然後來源裝置在 $\overline{DAC}$ 啟動後，抑制 $\overline{DAV}$ 控制線，以指示資料匯流排上的資料不再是成立的，最後標的裝置在 $\overline{DAV}$ 被抑制後，也抑制 $\overline{DAC}$ 控制線，恢復到最初的狀態。

10.3.3.2　標的裝置啟動系統　在標的裝置啟動的交握式控制資料轉移方式中，也使用兩條控制線：$\overline{DAV}$ 與 $\overline{DAC}$，如圖 10.3-5 所示，其中 $\overline{DAC}$ 有時也稱為 $\overline{DAR}$ (data request)，以切合實際的意義。

　　在此方式中，其轉移程序為：標的裝置首先啟動 $\overline{DAC}$ 控制線，然後來源裝置在 $\overline{DAC}$ 啟動後，置放資料於資料匯流排上，等其穩定後，啟動 $\overline{DAV}$ 控制

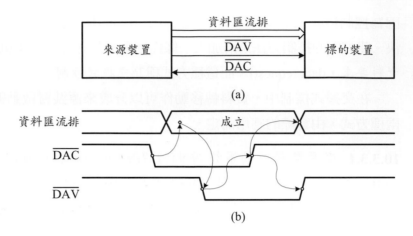

圖 10.3-5: 標的裝置啟動的交握式控制資料轉移：(a) 方塊圖；(b) 時序圖

線，標的裝置等 $\overline{\text{DAV}}$ 啟動後，由資料匯流排上接收資料，並抑制 $\overline{\text{DAC}}$ 控制線，最後來源裝置在 $\overline{\text{DAC}}$ 被抑制後，也抑制 $\overline{\text{DAV}}$ 控制線，表示資料匯流排上的資料不再是成立的，而恢復到最初的狀態。

在交握式控制方式中，來源裝置或標的裝置都可以工作在各自的資料轉移速率上，而整個系統的資料轉移速率，由速度最慢的裝置決定。在可靠度 (reliability) 上的考慮為：由於此種資料轉移方式中，成功的轉移動作必須兩個裝置同時參與，若其中任何一個裝置故障，則資料轉移動作必不能完成。這種故障可以使用監視定時器 (watchdog timer) 偵測，即在一個控制信號啟動後的一段預定時間內，若未收到響應的控制信號時，即假設有錯誤發生。這一個計時終止 (timeout) 的信號，可以對 CPU 產生中斷要求 (INTR)，執行一個 ISR，處理適當的錯誤更正動作。

為使交握式控制的資料轉移動作更加清楚，現在舉數個應用例，討論上述控制程序，如何應用於實際的系統中。

■ **例題 10.3-1: 交握式控制——輸入資料**

輸入裝置的交握式控制 (來源裝置啟動方式)。

解：如圖 10.3-6 所示。在系統初值設定程序中，CPU 首先設定裝置界面中 CR (control register) 的 IE (中斷致能) 位元，以備妥接受周邊裝置輸入的資料，此時

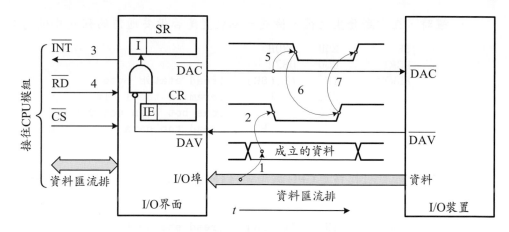

圖 10.3-6: 輸入裝置的交握式控制

$\overline{\text{DAC}}$ 維持於高電位。然後,當周邊裝置欲輸入資料予 CPU 時,它即置放資料於界面的 PORT 上,並設定 $\overline{\text{DAV}}$ 為低電位,該裝置界面一旦接收到此低電位信號後,即檢查 IE 位元,若 IE 為 1,則設定中斷旗號 I,並對 CPU 產生中斷要求 (設定 INTR 為高電位),告知目前周邊裝置已經備妥輸入資料。CPU 接收到中斷要求信號後,即對裝置界面執行一個讀取動作,讀取該資料,同時,清除中斷旗號 I。一旦 I 被清除,該界面即設定 $\overline{\text{DAC}}$ 為低電位告知周邊裝置該資料已被讀取。周邊裝置收到低電位的 $\overline{\text{DAC}}$ 信號,即設定 $\overline{\text{DAV}}$ 為高電位,表示目前出現在 PORT 上的資料已經是無效的,裝置界面收到高電位的 $\overline{\text{DAV}}$ 後,也緊接著設定 $\overline{\text{DAC}}$ 為高電位,表示對事實的認知而完成整個控制程序。上述動作的先後次序如圖 10.3-6 中的數字所示。

　　上述的轉移方式是當周邊裝置欲輸入資料予 CPU 時,裝置界面即產生中斷要求,告知 CPU,這種方式為裝置啟動的轉移:中斷方式。當然,資料轉移的啟動方式也可以由 CPU 操縱,即執行 CPU 啟動的條件式 I/O 轉移:程式控制方式。例如下列例題。

■ 例題 10.3-2: 程式控制資料轉移

　　試寫一個程式片段,檢查 SR 中的 I 位元狀態,以決定周邊裝置是否備妥通信 (即使用程式控制 I/O 方式)

解: (a) 當多個 I/O 裝置,使用同一個中斷要求線,而且使用輪呼方式決定優先權時，在中斷發生之後，檢查一個裝置是否備妥通信的程式片段為：

```
SR          EQU   080H
PORT        EQU   082H
KDWT:       IN    AL,(SR)    ;read status byte
            SAL   AL,1       ;examine the I bit
            JNC   NEXT       ;has bot been set yet
            IN    AL,(PORT)  ;read the data
NEXT:             .
                  .
```

(b) 若資料轉移是 CPU 啟動的條件式 I/O 轉移方式，則執行資料轉移動作的程式片段為：

```
KDWT:       IN    AL,(SR)    ;read status byte
            SAL   AL,1       ;examine the I bit
            JNC   KDWT       ;wait for that DAV changes to 0
            IN    AL,(PORT)  ;read the data
            RET
```

下列例題說明來源裝置啟動方式的輸出裝置的交握式控制動作。

■ 例題 10.3-3: 交握式控制——輸出資料

輸出裝置的交握式控制 (來源裝置啟動方式)。

解：首先，微處理器經由資料匯流排輸出一個資料予界面，並發出寫入控制信號，然後，界面儲存資料於內部暫存器，並出現於 PORT 上。界面藉著 $\overline{WR}$ 啟動信號，啟動 $\overline{DAV}$ (設定為低電位)，以告知周邊裝置，目前界面 PORT 上有一個有效的資料備妥輸出。一旦周邊裝置接受此資料，即設定 (即啟動) $\overline{DAC}$ 為低電位，告知界面已接受該資料。此啟動的 $\overline{DAC}$ 信號也啟動 INTR 通知 CPU 資料已被接受，可再輸出資料於裝置界面上。隨著啟動的 $\overline{DAC}$ 信號，裝置界面即設定 $\overline{DAV}$ 為高電位，告知周邊裝置目前 PORT 上的資料已經無效，若周邊裝置欲繼續接受資料，而且動作已備妥則設定 $\overline{DAC}$ 為高電位，告知界面目前正等待接收資料；否則，$\overline{DAC}$ 可維持於低電位電位。完整的動作時序圖如圖 10.3-7 所示。

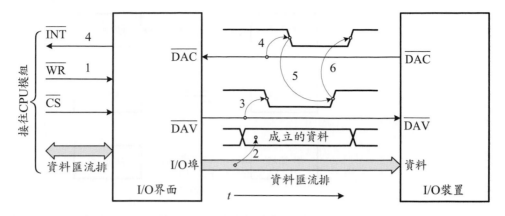

圖 10.3-7: 輸出裝置的交握式控制

10.4 串列資料轉移

　　在微處理器系統中，許多 I/O 裝置與微處理器系統之間的資料傳輸通常使用串列的方式為之。所謂的串列方式即是一次一個位元而非一個位元組或語句。串列資料轉移的兩種基本類型為非同步 (asynchronous) 串列轉移與同步 (synchronous) 串列轉移，前者使用一個特殊的字元資料框格式分開兩個相鄰的字元；後者則允許連續傳送字元 (位元組)，而字元與字元之間不必再以特殊的字元格式分開，但是在傳送資訊之前，必須先傳送一到兩個或是以上的同步 (SYNC) 字元，而且當沒有資訊可以傳送時，必須連續傳送 "IDLE" 字元或是其它位元組資料，例如 01111110，以隨時維持接收端與傳送端在同步的狀況。

10.4.1 基本概念

　　在本小節中，先介紹一些在數據通信中，常常遇到的名詞之基本定義。

10.4.1.1 資料轉移模式　不管是同步或非同步的傳輸方式，在數據通信中的資料轉移模式，可以分成下列三種：單工 (simplex，或單向傳送)、半多工方式 (half-duplex)、全多工方式 (full-duplex)。若兩個裝置之間的資料轉移無論何時均只能單方向進行時稱為單工，例如：計算機與七段 LED 顯示器的資料傳送方式，七段 LED 顯示器只能接收資料而不能傳送資料，因此計算機只能單

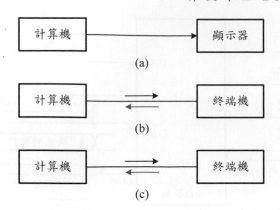

圖 10.4-1: 三種基本資料轉移模式：(a) 單工；(b) 半多工；(c) 全多工

方向傳送資料到七段 LED 顯示器中。若兩個裝置之間僅有一條可以雙向傳送資料的信號路徑(或是通道)可以使用，但是每次只允許單方向的信號傳送時，稱為半多工方式。若兩個裝置之間的資料轉移信號路徑(或是通道)為雙方向，而且任何時候都可以同時進行資料的傳送與接收時，稱為全多工方式。這三種基本資料轉移模式的說明如圖 10.4-1 所示。

10.4.1.2 鮑速率與資料速率 在數據通信中，與描述資料傳送速率相關的名詞有三個：鮑速率 (baud rate)、資料速率 (data rate) 與有效資料速率 (effective data rate)。鮑速率定義為每秒傳送的信號變化次數 (signaling rate)。這裡的信號變化包括相位、振幅、頻率或其組合，它也常稱為符號 (symbol)。由於傳送一個信號需要的時距稱為一個信號時間 (T_S)，所以鮑速率可以定義為信號時間的倒數，即

鮑速率 $= 1/ T_S$

例如當 TS 為 9.09 ms 時，其鮑速率為 110 鮑 (baud)。

若一個信號具有 L 個位準 (level)，則在鮑速率為 B 的系統中，其相當的資料速率 (b/s) 為：

資料速率 $= B \times \log_2 L$

鮑速率通常用來測量一個傳輸通道需要的頻寬，因為它限定了一個數碼的最大調變速率 (signals/sec)。有效資料速率為實際上傳送有用的資訊的速率，

它為資料速率中，剔除傳送時，必須加入的額外位元，例如 START、STOP、同位等位元。讀者必須注意：鮑速率、資料速率及有效資料速率等三者之間的差異。

目前常用的資料速率 (b/s) 有下列數種：9,600、14,400、19,200、28,800、33,600 與 56,000 等。

10.4.1.3 串列資料轉移類型　與並列資料轉移方式相同，串列資料轉移方式也可以分成兩種類型：同步串列資料轉移與非同步串列資料轉移。前者傳送端以隱含的 (implicit) 或是外加的 (explicit) 的方式，傳送時脈信號與資料到接收端；後者傳送端則只傳送資料到接收端。無論是何種串列資料轉移方式，微處理器與串列 I/O 裝置的界接方式均可以表示為圖 10.4-2 的方塊圖，其界面電路必須執行下列兩個功能：

1. 自微處理器的並列資料匯流排取出並列資料，並且轉換為適當格式的串列資料位元串後，送到串列 I/O 裝置；

2. 自串列裝置中接收串列資料位元串，並且轉換為並列資料格式後，經由並列資料匯流排送至微處理器。

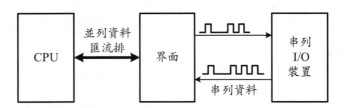

圖 10.4-2: 微處理器與串列 I/O 裝置的界接

一般而言，在傳送一個二進制的串列資料時，每一個位元均佔用一個固定的時距，稱為位元時間 (bit time，T_B)。在每一個位元時間 (T_B 期間) 的信號可以為 0 或 1，並且這個信號位準的變化，只在每一個 T_B 的起始點發生。

在串列資料轉移中，無論是同步或非同步方式，欲傳送的資料通常均使用一個稱為資料框 (data frame) 的方式包裝。在此資料框中除了欲傳送的資料之外，也包括一些予接收端同步用、識別資料的起始點與結束，或是錯誤偵測用的資訊。

圖 10.4-3: 非同步串列資訊標準格式 (TTL 信號)

在串列資料轉移中,若希望傳送端與接收端能夠正確地轉移資料,則接收端必須能夠由接收的信號中,取出每一個位元時間的起始點,因而可以正確地取樣位元的值。至於位元時間則可以由雙方的資料速率得知。一旦可以正確地取得位元值,即取得為位元同步 (bit synchronization),其次即可以依序取得字元同步 (character synchronization) 與資料框同步 (frame synchronization)。當取得資料框同步之後,即可以取出由傳送端轉移的資料,並且判斷在傳輸過程中,是否有錯誤發生。

10.4.2 非同步串列資料轉移

由於在非同步串列資料轉移中,傳送端與接收端並沒有共同的時脈信號可以同步。因此,為了提供接收端一個可以取得位元同步的方式,即得知位元的起始點,每一個字元的傳送都有一個標準格式,如圖 10.4-3 所示。這個格式可以分成四部分:

1. START 位元:一個 START 位元,定義為 "0";

2. 資料位元:5 到 8 個 (目前均為 8 個) 資料位元,代表實際要傳送的資料;

3. 同位位元:一個偶 (或奇) 同位位元,以提供錯誤偵測之用,此位元可以省略;在某些系統中,此位元則當作第 9 個資料位元使用。

4. STOP 位元:1 或 2 個 STOP 位元,通常為 1。在某些應用中,使用兩個 STOP 位元。

其中 START 與 STOP 位元包裝整個資料框,相當於資料框的首、尾旗號,同位位元偵測有無錯誤發生。定義 START 位元為 0 而 STOP 位元為 1 的目的,可以保證在一個字元的資料框中至少有一個信號變化。接收端使用 START 位元由 1 變為 0(負緣) 的轉態,當作位元同步信號,啟動其內部電路,在每一個位元時間取樣一個位元的值，詳細的動作稍後介紹。

　　在 IDLE (即未傳送資料) 時，信號線通常維持在 "1" 狀態，稱為 MARK；當傳送端欲傳送資料時，它首先設置信號線於 "0" 狀態(稱為 SPACE) 一個位元時間，此 "0" 狀態位元即為 START 位元，然後開始傳送資料位元，其次則傳送同位位元 (若有) 與 STOP 位元，最後則恢復信號線為 MARK 狀態。

■ 例題 10.4-1: 資料字元 (01001101) 的波形

　　在某一個系統中，若使用 8 個資料位元、2 個 STOP 位元與偶同位，則在傳送 ASCII 碼的 M (01001101) 時，完整的資料字元格式為何？

解：如圖 10.4-4 所示，在 START 位元後緊接著 LSB 位元。

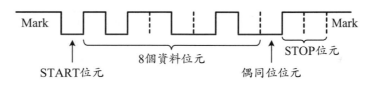

圖 10.4-4: 例題 10.4-1 的資料字元

　　在實際的資料轉移中，通常由一個裝置連續地傳送一群字元到另一個裝置中，在這種情形下，其次語句的 START 位元，則緊接於前一個語句的 STOP 位元之後，以提供最高的資料傳送速率。若串列資料不是連續傳送時，傳送端則在一個語句的 STOP 位元與下一個語句的 START 位元之間，傳送一個位準為 "1" 的位元信號 (即 MARK)。

■ 例題 10.4-2: 連續傳送兩個資料字元

　　在例題 10.4-1 的系統中，當連續傳送下列兩個字元資料：01001101 與 01100010 時，其完整的資料格式為何？

解：如圖 10.4-5 所示，緊接於 START 位元後的為 LSB 位元。

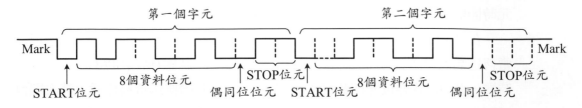

圖 10.4-5: 兩個連續語句的串列資料傳送

■ 例題 10.4-3: 有效資料速率

在某一個數據通信系統中,其鮑速率為 2,400 鮑,若每一個信號具有 256 個位準,則以例題 10.4-1 的資料格式,傳送需要的資料時,其資料速率與有效資料速率各為多少?

解: 結果如下:

資料速率 $= 2,400 \times \log_2 256 = 19,200$ b/s

有效資料速率 $= 19,200 \times 8/(1+8+1+2) = 12,800$ b/s

10.4.2.1 時序考慮 在非同步串列資料的接收中,接收端的取樣頻率 (RxC) 與資料輸入端 (RxD) 各自操作在自己的時序上,兩者的相對位置可能發生在一個時脈週期中的任何一個地方。為了使接收端能夠在接近位元時間的中間取樣輸入信號,一般接收端的取樣頻率均假設為 N (1、4、16、64) 倍的傳送端時脈頻率。接收端在偵測到啟動的 START 信號 (即 START 的負緣) 時,即設定其內部的除頻電路,當其計數到 $N/2$ 時即取樣輸入信號 (即 START 位元),然後每隔 N 個時脈再對輸入信號取樣。

在圖 10.4-6(a) 與 (b) 所示分別為採用 RxC×1 及 RxC×4 的情形。在圖 10.4-6(a) 中因為使用 RxC×1,每一個位元時間只有一個 RxC 時脈,因此在最壞的情況下,取樣脈波可能發生在靠近位元時間的邊緣,極易造成取樣到錯誤的資料。改善的方法為增加 RxC 的頻率,例如在圖 10.4-6(b) 中使用四倍的 RxC 時脈,此時每一個位元時間有四個 RxC 時脈,取樣脈波對位元中心點的偏移量最多只為 25% 的位元時間,因此大大改善了錯誤的情形。RxC 的頻率越高,發生錯誤的情形越少。

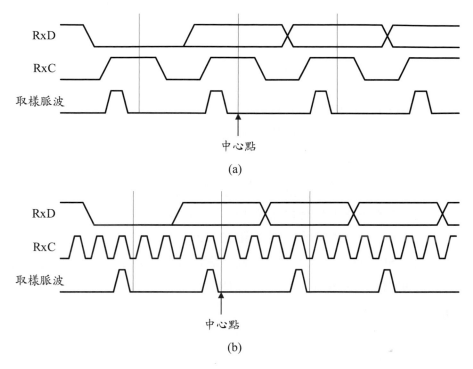

圖 **10.4-6:** 在不同取樣頻率下的非同步串列資料的接收：(a) RxC× 1；(b) RxC × 4

10.4.3　同步串列資料轉移

　　在非同步串列資料轉移的方式中，由於傳送端並未傳送時脈信號予接收端，因此接收端只能使用 START 位元的負緣當作位元的同步信號，同步其內部電路。為了提供一個可靠的資料轉移，在此種方式中每一個位元均各自形成一個獨立的資料框，因此其有效資料速率最多為 80% 的資料速率(為何？)。

　　為了提高資料速率與有效資料速率，可以採用同步串列資料轉移的方式。在此方式中，一般在傳送資料時也連同其時脈信號的資訊傳送到接收端，因此傳送端與接收端可以使用相同的時脈信號轉移資料。時脈信號資訊的傳送方式有二：

1. 外加時脈信號 (explicit clock)：時脈信號直接使用單獨信號線隨同資料線傳送到接收端，例如 IIC 匯流排，這種方式使用於數 MHz 以下的串列資料轉移系統中；

2. 隱含時脈信號 (implicit clock)：以特殊的信號編碼方法 (例如 Manchester 碼、NRZI) 嵌入時脈信號於資料之中，例如 HDLC、USB、PCIe 等，這種方式使用於高速的串列資料轉移系統中。

10.4.3.1 外加時脈信號 在外加時脈信號方式中，時脈信號直接使用單獨信號線隨同資料線傳送到接收端，並且使用特殊的信號組合表示資料的開始與結束，接收端在確認資料的開始之後，使用時脈信號鎖入欲接收的資料。例如在 IIC 匯流排中，使用兩條信號線分別稱為 SCL (serial clock) 與 SDA (serial data)。在 IIC 匯流排中，所有的資料傳送都是以一個位元組的命令開始，然後接著資料。所有的命令位元組之前，都必須先起啟動一個 START 信號，即先設定 SCL 為高電位，然後啟動一個負緣的 SDA 信號。資料位元在 SCL 為高電位期間必須為穩定的值，任何值的改變必須在 SCL 信號為低電位時進行。資料傳送動作完成之後，必須由傳送端啟動一個 STOP 信號，告知資料接收端資料傳送的動作已經結束。STOP 信號由先設定 SCL 信號為高電位，然後啟動一個正緣的 SDA 信號。詳細的介紹，請參考第 10.5.2 節。

10.4.3.2 隱含時脈信號：串列 I/O 資料匯流排/計算機網路 使用隱含時脈信號的同步串列資料轉移方式中，接收端通常使用一個 CDR (clock data recovery) 電路自接收的信號中取出時脈信號，然後使用此時脈信號取樣接收信號中的資料。為了讓 CDR 電路儘快及維持與傳送端同步的狀態，傳送端在開始傳送資料之前，通常會先送出一串稱為冠碼 (preamble) (有些系統使用一個或多個同步字元，SYN) 的同步信號予接收端，讓接收端的內部時脈信號可以與傳送端取得位元同步，接著開始傳送資料框 (data frame)。接收端在與傳送端取得位元 (位元組) 同步後，它即可以自資料框中取出隨後而來的資料字元串，送往計算機中或是儲存。這種資料轉移方式的資料速率可以高達數個 Gb/s。

在隱含時脈信號的同步串列資料轉移方式中，常用的資料框格式如圖 10.4-7 所示，一共有兩種型式：一、使用首、尾旗號方式；二、使字元 (位元組) 長度方式 (請回憶程式迴路的兩種結構)。

使用首、尾旗號方式的資料框如圖 10.4-7(a) 所示，它們均使用一個特殊的字元或是位元組稱為旗號 (flag 或是 sentinel)，當作資料框的起始與結束的

| 7E | 位址 | 控制 | 資訊 | CRC | 7E | HDLC |

| 7E | FF | 03 | 協定 | 資訊(<= 1500B) | CRC | 7E | PPP |

(a)

| 冠碼 | DA | SA | 長度 | 資訊(<= 1500B) | PAD | CRC | Ethernet |

(b)

圖 10.4-7: 同步串列資料轉移的資料框格式：(a) 首、尾旗號資料框；(b) 字元長度資料框

識別符號。這個旗號在 HDLC (high-level data link control) 與 PPP (point to point protocol) 中的首、尾旗號均使用 7EH 位元組。

在使用首、尾旗號的資料格式中，當資訊區段中出現與旗號相同的字元(位元組)時，接收端將造成困擾，因為接收端無法分辨該字元(位元組)是旗號或是資訊。解決的方法為使用 0 位元插入 (zero insertion) 或是位元組插入 (byte insertion)。前者使用於 HDLC 而後者則使用於 PPP。在 0 位元插入的方式中，每當有連續 5 個 1 發生時，傳送端即自動插入一個 0，而於接收端中再予去除。例如，以位元序列 01111111110 而言，實際上傳送出去的位元序列 011111011110。在位元組插入的方式中，即每當資訊中出現旗號 7E 位元組時，即連續傳送兩個 7E 位元組。

使用字元長度方式的資料框格式如圖 10.4-7(b) 所示，它使用於 Ethernet 區域網路中。在此格式中，由於資料框的長度係由字元長度決定，因此沒有上述的字元填充或是位元插入的問題。此外，一個冠碼通常加於資料框之前，以同步接收端的 CDR 電路。

在隱含時脈信號的同步串列資料轉移方式中，一般為了增加資料傳送的可靠性，在每一個資料框中，均附屬一個資料框檢查和 (frame check sum，FCS，或使用 cyclic redundancy check，CRC)，以提供接收端驗證接收的資訊是否有錯誤。其方法為在傳送端中，先行計算欲傳送資料框中的檢查和 (check sum)，並隨同資料傳送至接收端。接收端每當收到一個資訊後，使用相同的方法，重新計算資料框中的檢查和。若結果與接收到的檢查和相同，則認定該資訊在傳送過程中並未發生錯誤；否則，已經發生錯誤。

10.4.3.3 隱含時脈信號與外加時脈方式的比較 在使用外加時脈信號的同步串列資料轉移方式中，由於時脈信號與資料分別使用獨立的信號線傳送，因此它們之間的相對時序相當重要，尤其當時脈信號頻率或是傳送端與接收端的距離增加時，更是如此。例如在 IIC 匯流排中，每一個資料框的開始與結束均由 SCL 與 SDA 兩條信號線的相對時序值定義，因此環境中的雜音與 SCL、SDA 信號線的不相等延遲，均有可能造成資料框的無法辨認，導致無法傳送資料。這種方式的資料速率通常只能在數 Mb/s 以下。

在使用隱含時脈信號的同步串列資料轉移方式中，由於時脈信號直接嵌入資料中，它與資料使用相同的信號線傳送，因此相對時序的問題較不重要。在接收端只需要使用一個性能良好的 CDR 電路，自接收的資料信號中取出時脈信號，然後使用此時脈信號由收到的資料信號中取出資料值。因此，通信距離的限制較寬鬆。這種方式的資料速率一般可以高達數個 Gb/s 以上，由相關的電子電路能夠允許的操作頻寬決定。

下列例題比較同步與非同步串列資料轉移之間的傳輸效率。

■ **例題 10.4-4: 各種傳輸模式比較**

計算在下列各種資料傳輸方式中，傳送 200 個 8 位元的字元時，需要的額外位元數目：

(a) 非同步串列資料傳輸方式：一個 START 位元、2 個 STOP 位元、一個偶同位位元。

(b) 使用 PPP 協定：假設協定欄為一個位元組，而採用 CRC-16 為錯誤偵測碼，其格式如圖 10.4-7(a) 所示。

解：結果如下：

(a) 每一個字元需要的額外位元數目 $= 1 + 2 + 1 = 4$ 所以總共需要 $4 \times 200 = 800$ 個額外位元。

(b) 圖 10.4-7(a) 所示格式得 $7 \times 8 = 56$ 個額外位元。

10.4.4 資訊錯誤的偵測與更正

數據通信的主要目的為正確地由來源裝置傳送訊息到標的裝置。然而，在傳送過程中，常常遭遇到雜訊的干擾，因而造成部分或是整個訊息的錯誤。克服的方法可以採用下列任意一種方法：

- 順向錯誤控制 (forward error control)：在傳送的訊息中加入足夠的額外的資訊，因此接收端不但可以偵測到有無錯誤發生，而且若有錯誤時，也可以自行找出錯誤的位元，加以更正。

- 回授錯誤控制 (feedback error control)：在傳送的訊息中只加入足夠的額外的資訊，讓接收端可以偵測到有無錯誤發生。若有錯誤時，則告知傳送端重新傳送該訊息。

順向錯誤控制方法需要的額外資訊遠較回授錯誤控制方法為多，因此大多只使用在需要立即做錯誤更正的場合中，例如 CD-ROM；回授錯誤控制方法一般使用於數據通信中，例如區域網路的通信及磁碟機的資料儲存與讀取。順向錯誤控制方法，一般都必須在原始訊息中加入額外的錯誤更正碼 (error-correcting code)，其理論已經超出本書範圍，所以不予討論。本節中，將討論兩種常用的錯誤偵測方法：同位檢查 (parity check) 與 CRC 檢查 (cyclic redundancy check)。

10.4.4.1 同位檢查 在錯誤偵測中最簡單的方式為同位檢查，同位檢查又分成奇同位 (odd parity) 與偶同位 (even parity) 兩種。在奇同位中，整個資訊區段 (包括同位位元) 中的 1 位元個數為奇數；在偶同位中，整個資訊區段 (包括同位位元) 中的 1 位元個數為偶數。

■ 例題 10.4-5: 同位檢查

若設欲傳送的資料位元組為 01110101B，試計算在下列各個條件下的同位位元：(a) 奇同位；(b) 偶同位。

解：(1) 由於資料位元組中的 1 的數目為奇數，所以 (a) 奇同位位元為 0；(b) 偶同位位元為 1。

　　在資訊傳輸中，同位檢查的執行有單一位元(即一維)與二維兩種方式，如圖 10.4-8 所示。在單一位元同位檢查中，每一個欲傳送的文字字元之後，皆附上一個同位位元。使用的同位可以是奇同位或是偶同位，圖 10.4-8(a) 所示為使用偶同位的檢查方式。單一位元同位檢查只能偵測奇數個位元的錯誤，無法偵測偶數個位元的錯誤，因為偶數個位元值的改變依然產生相同的同位狀態。

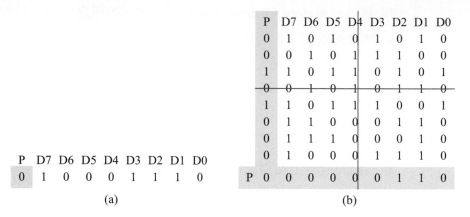

圖 10.4-8: 偶同位檢查 (a) 單一位元 (即一維) 方式；(b) 二維方式

　　在二維的同位檢查方式中，首先將文字區段排列成一個二維的陣列，然後計算每一個行與列的同位位元，如圖 10.4-8(b) 所示。二維的同位檢查方式不但可以偵測多個位元的錯誤，也可以更正單一位元的錯誤。更正錯誤位元的方法為利用錯誤的同位檢查位元當作指標，找出錯誤的資訊位元位置，然後將其取補數。下列舉一個實例說明二維偶同位檢查的操作原理。

■ 例題 10.4-6: 二維偶同位檢查

　　某一個系統中使用偶同位方式，試以資料位元組 0AAH、5CH、0B5H、56H、0B9H、0C6H、0E2H 與 8EH 為例，產生二維的同位檢查位元值。

解： 如圖 10.4-8(b) 所示。

10.4.4.2 CRC 檢查 對於猝發性的位元串錯誤、單一位元錯誤、或奇數個位元錯誤的情況，CRC 皆可以檢查出來。CRC 的主要原理是將欲傳送的資訊位元串 $D(x)$ 除以 $G(x)$ (階次為 r 的多項式) 後，得到餘式 $R(x)$，然後傳送

$D(x) - R(x) = T(x)$ 到接收端，於接收端再將 $T(x)$ 同樣除以 $G(x)$。若得到的餘式為 0，表示傳輸過程中沒有錯誤發生；否則，有錯誤發生。

■ 演算法 10.4-1: 餘式計算的方法

1. 設 G(x) 為 r 階多項式，在欲傳送資訊 D(x) 的尾端加 r 個 0；
2. 將步驟 1 得到的資訊位元串除以 G(x) 位元串 (使用 modulo 2 除法)；
3. 將步驟 1 得到的資訊位元串減去餘式 (使用 modulo 2 減法)，結果即為真正傳送的資訊位元串 T(x)。

注意：modulo 2 減法和加法在二進制數目系統中是相同的，其運算和 XOR 閘 ($\oplus$) 相同，即：$0 \oplus 0 = 0$；$0 \oplus 1 = 1$；$1 \oplus 0 = 1$；$1 \oplus 1 = 0$。

■ 例題 10.4-7: CRC 檢查

假設 $D(x) = 1110011001$，$G(x) = 10011$ ($x^4 + x + 1$)，則實際上傳送出去的位元串 $T(x)$ 為何？

解： $T(x)$ 可以由下列方式求得：首先在 $D(x)$ 尾端加上四個 0，得到 $D'(x) = 11100110010000$，因為 $G(x) = x^4 + x + 1$ 為一個四階多項式，接著將 $D'(x)$ 除以 $G(x)$ 後，得到餘式為 0001，所以 $T(x) = 11100110010001$。其計算過程如圖 10.4-9(a) 所示。圖 10.4-9(b) 所示為在接收端的餘式檢查計算方法：將接收到的位元串 $T(x) = 11100110010001$ 直接除以 $G(x)$ 後，得到餘式為 0000，表示傳輸過程沒有發生錯誤。若有錯誤發生，則將得到一個不為 0 的餘式 (留作習題)。

典型的 $G(x)$ 多項式為：

$$\text{CRC-16} \quad = \quad x^{16} + x^{15} + x^2 + 1 \tag{10.1}$$

$$\text{CRC-CCITT} \quad = \quad x^{16} + x^{12} + x^5 + 1 \tag{10.2}$$

依據統計的結果，若 CRC 的 $G(x)$ 多項式有 $m(= k+1)$ 個位元，則該 CRC 可以偵測所有單一位元、兩個位元的錯誤、所有奇數個位元的錯誤、所有長度小於 m 的猝發性位元串錯誤及大部分長度大於 m 的猝發性位元串錯誤。詳細的 CRC 多項式執行電路請參閱 [2, 7]。

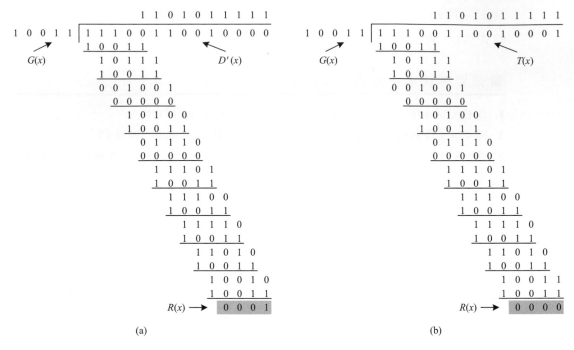

圖 10.4-9: 例題 10.4-7 的計算過程：(a) 產生餘式；(b) 檢查餘式

10.5 串列界面標準

本節中將介紹一些在 PC 系統中常用的串列界面標準：EIA-232 (RS-232)、I2C (inter integrated circuit) 匯流排、SPI (serial peripheral interface) 界面、PCIe (PCI express) 匯流排。

10.5.1 EIA-232 (RS-232) 界面標準

EIA-232 (較通用名稱為 RS-232) 標準為連接 DTE 與 DCE 的串列二進制單端資料與控制信號的一組標準。目前的版本為 1997 年制訂的 EIA-232F。EIA-232 一般使用於計算機系統的串列埠，然而今日的大多數 PC 已經不再支援 EIA-232 串列埠。相反地，它們均提供數個 USB 埠。欲使用 EIA-232 串列埠必須使用外接的 USB 對 EIA-232 轉接器。

EIA-232 標準定義信號的電氣特性與時序，及連接器的實體大小與接腳。

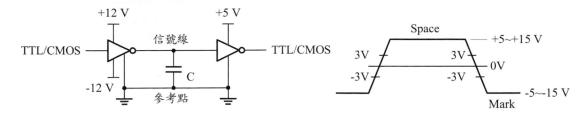

圖 10.5-1: EIA-232 電氣規格

它包括下列四項規定:

1. 電氣信號規格:定義交換信號與其相關電路的電氣特性,例如電壓位準、信號速率、信號的時序與轉移率 (slew rate)、電壓容忍位準、短路行為、最大負載電容。

2. 機械規格:定義兩個交互連接的裝置之間的連接器之幾何形狀與接腳。

3. 功能規格:定義連接器中每一個信號的功能與時序。

4. 交換程序規格:依據功能規格定義傳送資料時的信號交換程序。

10.5.1.1 電氣信號規格 EIA-232 的電氣信號規格中,下列為較重要者:電壓位準、推動器輸出阻抗、接收端輸入阻抗、資料速率、最大距離。如圖 10.5-1 所示,EIA-232 的電壓位準如下:最大範圍不能超過 ±25 V;其中 -3 V 至 -25 V 定義為 "1",+3 V 至 +25 V 定義 "0",即採負邏輯系統 (negative logic sys-tem)。位於 ±3 V 之間的範圍定義為轉態區 (transition region)。連接 EIA-232 的接收端輸入阻抗必須在 3 kΩ 至 7 kΩ 之間,輸入電容量則不能超過 2,500 pF;接收端開路時,端點電壓不能高於 2 V,並且發送端的輸出阻抗必須大於 300 Ω。最大的資料速率在 15 m 時為 20 k 鮑。目前最常用的資料速率為 9,600 與 19,200 鮑。

10.5.1.2 機械規格 EIA-232 標準定義的連接器為 25 個接腳的 D 型連接器 (DB25),如圖 10.5-2(a) 所示。然而,目前大多數的筆記型電腦與桌上型電腦均不再使用 25 腳的標準 D 型連接器而代之以 9 腳的 D 型連接器,以縮小系統的體積。這個 9 腳的 D 型連接器稱為 DB9S (或稱 DB9) 連接器,如圖 10.5-2(b) 所示。如同 DB25 連接器,在 DTE 端的 DB9S 連接器為母型外殼與公型接頭,

圖 10.5-2: EIA-232 界面的連接器：(a) DB25 (25 腳)；(b) DB9S (9 腳) 公頭

圖 10.5-3: 連接器接腳定義：(a) DB9S 公頭 (DTE 端)；(b) DB9S 母頭 (DCE 端)

而在 DCE 端的 DB9S 連接器為公型外殼與母型接頭。DTE 與 DCE 端的 DB9S 連接器的接腳定義如圖 10.5-3 所示。雖然界面只剩下 9 個接腳，因而減少交握式控制線，但是依然足夠應付大多數的應用。

10.5.1.3 功能規格 DB9S 連接器只定義 EIA-232 標準中的 9 條信號線。這些信號線可以分成三類：資料交換信號、接地、控制信號。

資料交換信號線：資料交換信號包括接收資料與傳送資料。

RD (RxD) (received data，接腳 2/3)：在 RD 信號線上的資料以串列方式由 DCE 傳送到 DTE。當 DCD 信號線未啟動時，RD 信號線必須維持在 Mark 狀態。

TD (TxD) (transmitted data，接腳 3/2)：在 TD 信號線上的資料以串列方式由 DTE 傳送到 DCE。當沒有資料傳送時，TD 信號線必須維持在 Mark 狀態。欲傳送資料時，所有 DSR、DTR、RTS、CTS 等信號線必須在 Mark 狀態。

接地：第 5 腳與外殼屬於此類。外殼 (保護) 接地通常直接連接於外部接地點，因此所有靜電放電直接接引到接地點而不影響信號線。

信號接地 (接腳 5)：此接腳提供所有交換信號線的一個共同接地點，即提供一個共同的電壓參考位準。它有別於外殼 (保護) 接地。

控制信號線：在 DB9S 連接器中使用的六條與數據機相關的控制信號線為 CTS、DCD、DSR、DTR、RTS、RI 等。它們建立了 DTE 與 DCE 之間資料交換的動作程序。下列分別說明它們的功能。

CTS (clear to send，CB，接腳 8/7)：由 DCE 啟動告知 DTE，它已經備妥接收資料。此信號為 RTS、DSR、DTR 等信號同時啟動的回應信號。

DCD (data carrier detect，CF，接腳 1)：由 DCE 啟動告知 DTE，它已經接收到一個遠端 DCE 傳來的成立載波信號。

DSR (data set ready，CC，接腳 6)：由 DCE 啟動告知 DTE，它已經連接到通信通道上。此信號為 DTR 信號的回應信號。

DTR (data terminal ready，CD，接腳 4)：由 DTE 啟動告知 DCE，它已經連接到通信通道上。DTE 必須在 DCE 可以啟動 DSR 信號之前開機。當 DTE 移除 DTR 信號時，DCE 在傳輸完成後，才由通信通道上移除。此信號與 DSR 結合後，指示 DTE 與 DCE 設備已經備妥通信。

RTS (request to send，CA，接腳 7/8)：由 DTE 啟動告知 DCE，它已經準備傳送資料。DCE 然後必須備妥接收資料。

RI (ring，CE，接腳 9)：由 DCE 啟動告知 DTE，它已經啟動並且與電話的振鈴信號取得同步。此信號主要使用在自動回應系統中。

10.5.1.4　交換程序規格 利用 EIA-232 的數據機控制信號完成的資料交換協定動作，可以分成兩個：傳送資料到遠端的裝置及接收遠端的資料。

欲傳送資料到遠端的裝置時，可以依據下列程序為之。當 PC 啟動一個通信軟體 (例如 Hyper Terminal) 時，它即啟動 DTR 信號，若此時數據機 (DCE) 也已經啟動，則它回應一個啟動的 DSR 信號。如此，PC 與數據機之間的連線已經建立。接著 PC 使用 AT (attention) 命令指引數據機產生 "拿起話筒"(off hook) 的信號，並且進行撥號的動作。數據機 (DCE) 則持續監視電話線上的信號，直到收到一個成立的載波信號為止，然後啟動 DCD 告知 PC。PC 接著送出 RTS 信號，若此時數據機已經備妥接收資料，則送回 CTS 信號予 PC，進入資料傳送階段。

相同地，接收遠端資料的動作程序如下。當數據機 (DCE) 偵測到一個遠端

的連接信號時，它即啟動 RI 信號告知 PC。若 PC 準備接收資料，則送出 DTR
信號予數據機，然後等待數據機的回應信號 DSR，此時 PC 與數據機之間的連
線已經建立。接著 PC1 使用 AT 命令指引數據機產生 "拿起話筒"(off hook) 的信
號，並且等待數據機啟動 DCD 信號。然後，PC 送出 RTS 信號，若此時數據機
已經備妥接收資料，則送回 CTS 信號予 PC，進入資料接收階段。

10.5.1.5 RS232E 界面應用 在近距離的數據通信中，可以直接使用 EIA-232
(較通用的名詞為 RS-232) 界面連接兩部計算機，如圖 10.5-4(a) 所示，或是連接
PC 與嵌入式微算機 (例如 MCS-51 與 Cortex) 模擬板。圖 10.5-4(b) 所示為 EIA-
232 的信號連接情形，這裡只需要使用到三條信號線：傳送資料 (TxD，接腳
2)、接收資料 (RxD，接腳 3)、信號接地 (接腳 7)。注意：PC1 的傳送資料信號
線 (TxD) 必須接到 PC2 的接收資料信號線 (RxD) 上，反之亦然。

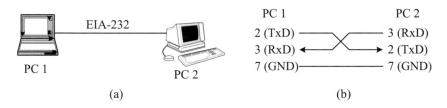

圖 10.5-4: RS232 應用例：(a) 近距離通信；(b) 信號連接

由於目前大多數 PC 與筆電已經不再支援 RS-232 串列埠，欲使用 RS-232 串
列埠與嵌入式系統界接時，必須使用 USB 對 TTL 轉接器 (或轉換電路)(USB-to-
UART converter)，在 PC 端模擬出一個 RS-232 串列埠。使用 USB 對 TTL 轉接
器連接兩個裝置的方塊圖如圖 10.5-5(a) 所示；圖 10.5-5(b) 為 UART 與 RS-232
信號的比較。在 UART 端的信號為正邏輯 (即高電位為邏輯 1，低電位為邏輯
0) 的 TTL 位準，而在 RS-232 端則為負邏輯 (即高電位為邏輯 0，低電位為邏輯
1) 的 RS-232 信號 (圖 10.5-1)。此外，資料的傳送是由 LSB 開始。

☞ 原則上，使用 USB 對 (RS-232) TTL 轉接器連接兩個裝置時，其信號
連接方式如圖 10.5-5(a) 所示，即 RxD 連接 TxD 而 RxD 連接 TxD。然
而，值得注意的是部分連接器必須是 RxD 連接 RxD 而 TxD 連接 TxD。

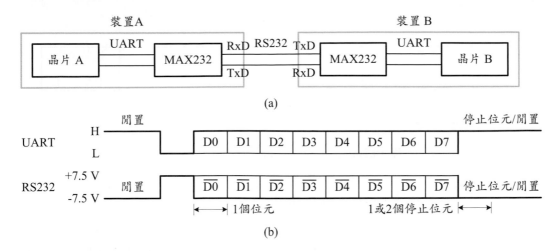

圖 10.5-5: (a) 使用 USB 對 (RS-232) TTL 轉接器連接兩個裝置 (注意圖中未標示接地線) 與 (b) UART 與 RS232 信號比較

10.5.2 I2C 匯流排界面標準

I2C (inter integrated circuit) 匯流排亦稱為 SMBus (system management bus，SM 匯流排)，為一個只使用兩條信號線的串列式雙向匯流排，這兩條信號線分別稱為 SCL (serial clock) 與 SDA (serial data)。它提供了三種資料速率：在標準模式中為 100 kbps；在快速模式中為 400 kbps；在高速模式中為 3.4 Mbps。然而，任意低的時脈頻率亦可以使用。這些資料速率在嵌入式系統中比在 PC 系統常用 [8]。

在 I2C 匯流排上的元件可以分成主元件 (master device) 與從屬元件 (slave device)。主元件提供時脈信號與選取從屬元件，而從屬元件接收時脈信號與位址。雖然在 I2C 匯流排上的資料轉移都以主從式 (master/slave) 的方式完成，I2C 匯流排允許多個主元件同時出現在匯流排上。此外，一個元件在匯流排上的角色可以在兩個資料轉移中的 STOP 信號之後改變。對於匯流排上的一個元件而言，其四種可能的操作模式如下：

- 主元件傳送：主元件正在傳送資料到一個從屬元件；
- 主元件接收：主元件正在由一個從屬元件接收資料；。
- 從屬元件傳送：從屬元件正在傳送資料到主元件；

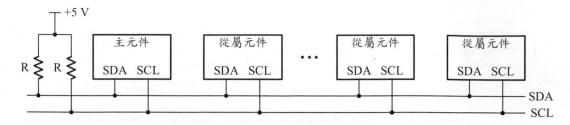

圖 **10.5-6**: 使用 I2C 匯流排的典型系統架構

- 從屬元件接收：從屬元件正在由主元件接收資料。

　　主元件最初在主元件傳送模式，並傳送一個 START 信號與一個 7 位元或是 10 位元的從屬元件位址。目前，10 位元的從屬元件位址鮮少使用，因此在其次的討論中，將只考慮 7 位元的從屬元件位址。應該記得的是任何時候資料轉移都是以主從式的方式進行的。

10.5.2.1 系統架構 圖 10.5-6 所示為使用 I2C 匯流排的典型系統架構，每一個使用 I2C 匯流排的電路元件，其 SCL 與 SDA 信號線必須為開路吸極 (open drain) 或是開路集極 (open collector) 的輸出。因此，這兩條信號線必須使用一個提升電阻器連接到電源端。提升電阻器的最小值為：$R_{\min} = V_{CC(\max)}/I_{OL(\min)} = 1.8$ kΩ，其最大值由匯流排上的電容值 C_{BUS} 與規定的上升時間 ($t_R = 300$ ns) 決定，即 $R_{\max} = t_R/C_{BUS}$。

10.5.2.2 資料轉移 所有的資料傳送都是以一個位元組的命令開始，然後接著資料。所有的命令位元組之前都必須先啟動一個 START 信號，即先設定 SCL 為高電位，然後設定 SDA 信號由高電位變為低電位，即啟動一個負緣的信號變化，如圖 10.5-7 所示。

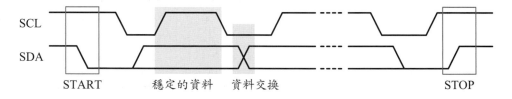

圖 **10.5-7**: I2C 匯流排的 START 與 STOP 信號定義

　　在 START 信號之後,即可以送出命令位元組,它由 7 個位元的從屬元件位址與 1 個位元的讀取/寫入 (R/$\overline{\text{W}}$) 控制組成。從屬元件位址唯一指定欲做資料轉移的從屬元件;讀取/寫入 (R/$\overline{\text{W}}$) 控制位元指定資料的流向。當 R/$\overline{\text{W}}$ 控制位元的值為 1 時,主元件自從屬元件中讀取資料;當 R/$\overline{\text{W}}$ 控制位元的值為 0 時,主元件寫入資料到從屬元件中。資料位元在 SCL 為高電位期間必須為穩定的值,任何資料位元值的改變必須在 SCL 信號為低電位時進行。在傳送完一個位元組的命令或是資料之後,資料接收端必須在第 9 個位元的期間,送出一個認知信號 (acknowledge,ACK),即清除 SDA 信號為 0,告知傳送端該位元組已經接收完成,如圖 10.5-8 所示。若接收端未清除 SDA 信號為 0,則視為未認知信號 (Not acknowledge,NACK)。

　　資料傳送動作完成之後,必須由傳送端啟動一個 STOP 信號,告知資料接收端資料傳送的動作已經結束。STOP 信號由先設定 SCL 信號為高電位,然後設定 SDA 信號由低電位變為高電位,即啟動一個正緣的信號變化,如圖 10.5-8 所示。

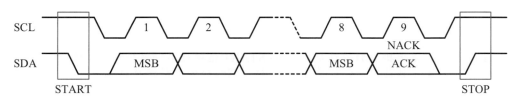

圖 **10.5-8:** I2C 匯流排的資料傳送例

10.5.2.3　資料轉移格式 在 I2C 匯流排的資料轉移中,主元件在 START 信號後傳送到從屬元件的第一個位元組包含 7 個位元的位址與一個 R/$\overline{\text{W}}$ 位元,如圖 10.5-9(a) 所示。圖 10.5-9(b) 說明主元件使用 7 位元的定址方式選取從屬元件並轉移資料到從屬元件的資料格式,其資料方向未改變。圖 10.5-9(c) 說明主元件在第一個位元組後,立即讀取從屬元件的資料。在此情況下,從屬元件在產生第一個認知 (ACK) 信號後,主元件立即轉變成主元件接收器而從屬元件轉變成從屬元件傳送器。STOP 信號依然由主元件產生,但先冠以一個未認知信號 (NACK) 信號。圖 10.5-9(d) 顯示組合資料轉移格式的情況,其資料方

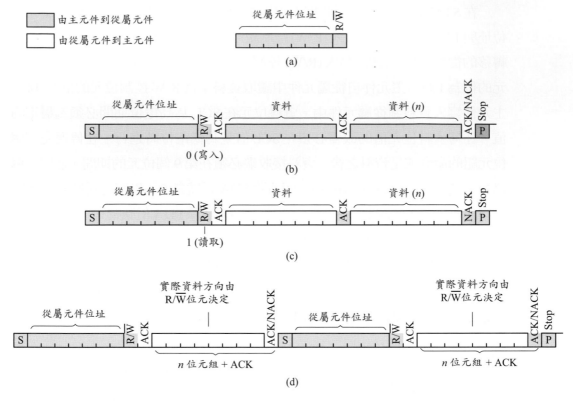

圖 10.5-9: I2C 匯流排資料轉移格式：(a) START 信號後第一個位元組；(b) 主元件寫入一個從屬元件；(c) 主元件讀取一個從屬元件；(d) 一個組合的資料轉移格式

向在資料轉移過程中改變。欲改變資料方向，START 信號與從屬元件位址位元組必須重複，但是 R/$\overline{\text{W}}$ 位元設定為相反的值。

10.5.3 SPI 界面

SPI (serial peripheral interface) 最先由 Motorola (現在為 Freescale) 所提出，以簡化微控制器與周邊裝置之間的界面連接。由於低軟體負擔、硬體界面簡單、性能優越，SPI 已經廣泛地應用於各種類型的微處理器或是微控制器系統中。今日，相當多的周邊裝置與記憶體元件亦支援 SPI 界面，以直接與這些微控制器界接使用。較詳細的介紹，請參閱 [8]。

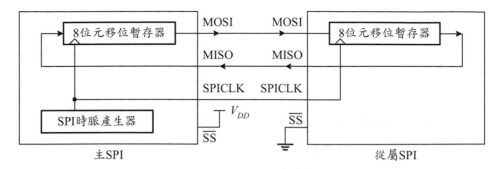

圖 **10.5-10**: SPI 基本結構

10.5.3.1　基本結構 SPI 允許在微處理器與周邊裝置或是多個微控制器以全多工方式做同步串列資料轉移。每一個 SPI 模組在三線與四線模式中可以當作主元件 (master device) 或是從屬元件 (slave device)。當操作為主元件時，它必須負責產生時脈信號 (SPICLK)；當操作為從屬元件時，它只能對主元件的資料轉移要求反應。大多數的 SPI 模組的資料轉移均以 MSB 開始，部分亦允許以 LSB 開始。

圖 10.5-10 所示為一個典型的 SPI 主從式結構。在每一個主/從屬 SPI 裝置中的四條信號線之定義如下：

- 主輸出、從屬輸入 (master out, slave in，MOSI)：此信號為主元件的輸出與從屬元件的輸入。它用來串列式地由主元件轉移資料到從屬元件。

- 主輸入、從屬輸入 (master in, slave out，MISO)：此信號為主元件的輸入與從屬元件的輸出。它用來串列式地由從屬元件轉移資料到主元件。當從屬元件未致能或是未選取時，此信號線為高阻抗。

- SPI 時脈 (SPI clock)：此信號為主元件的時脈輸出與從屬元件的時脈輸入。它由主元件產生；未被選取的從屬元件則忽略此信號。SPICLK 信號同步主元件與從屬元件之間使用 MOSI 與 MISO 信號線的資料轉移。

- 從屬元件選取 ($\overline{\text{SS}}$)：此信號使用在四線模式但不使用在三線模式中，以選取 SPI 從屬元件。未被選取的 SPI 從屬元件忽略 SPICLK 信號，並且設定其 MISO 輸出為高阻抗，因此不影響其它從屬元件。

在完成一個資料位元組的傳輸之後，SPI 時脈產生器停止並且設定 SPIF 旗號為 1。若此時 SPIE 與 ES 旗號均設定為 1，則產生一個中斷。

10.5.4 PCIe 匯流排

PCIe (PCI express) 為一種使用串列資料傳輸的 PCI (peripheral component interconnect) 匯流排，它使用於 PC 系統的內部模組之間的資料轉移。PCIe 匯流排基於現有的 PCI 系統，並且沿用了現有的 PCI 通訊標準及程式設計概念，在系統中僅需修改物理層 (physical layer) 而無須修改軟體，即可以轉換現有的 PCI 系統為 PCIe 系統。由於 PCIe 匯流排擁有更快速的資料轉移速率，它幾乎取代了 PC 系統中的全部內部匯流排，包括 AGP 和 PCI，成為目前 PC 系統中唯一的內部周邊匯流排。

PCIe 裝置間的通信係經由一個邏輯通道稱為連結 (link)。每一個連結為一個點對點通信通道。在物理層上，每一個連結由一個或是多個傳輸通道 (lane) 組成。低速率周邊裝置僅需要單一傳輸通道 (×1) 即可；高速率的繪圖加速卡則需要較寬的 ×16 傳輸通道。每一個傳輸通道由一對傳送與接收的低電壓差分信號 (low voltage differential signal，LVDS) 組成，以全多工方式在兩個裝置之間以點對點方式傳送位元組資料流。PCIe 插槽可以包含 1 到 32 個 (以 2 的冪次方增加) 傳輸通道，傳輸通道的數目以 × 數字方式呈現，目前最常用的最大 PCIe 插槽為 ×16。

在編碼方式，PCIe 1.2 與 2.0 採用 10 位元代替 8 個未編碼位元來傳輸數據，佔用 20% 的總資料速率。在 PCIe 3.0 中，則採用 128b/130b 的方式，以降低無效的資料速率百分比到約 1.538%。PCIe 匯流排的原始傳輸速率、資料速率、有效資料速率如表 10.5-1 所示。其原始傳輸速率與資料速率的轉換方法如下：

資料速率＝原始傳輸速率 × 編碼效率

■ 例題 10.5-1: PCIe 2.0 與 3.0 的資料速率

試計算 PCIe 2.0 與 3.0 的資料速率。

解：結果如下：

(a) PCIe 2.0 的資料速率為

表 10.5-1: PCIe 原始傳輸速率、資料速率、有效資料速率

版本	資料速率	有效資料速率		原始傳輸速率
		單向單通道	雙向 16 通道	
1.0	2 Gb/s	250 MB/s	8 GB/s	2.5 GT/s
1.0a	2 Gb/s	250 MB/s	8 GB/s	2.5 GT/s
1.1	2 Gb/s	250 MB/s	8 GB/s	2.5 GT/s
2.0	4 Gb/s	500 MB/s	16 GB/s	5.0 GT/s
2.1	4 Gb/s	500 MB/s	16 GB/s	5.0 GT/s
3.0	8 Gb/s	984.6 MB/s	2×15.754 GB/s	8.0 GT/s
4.0	16 Gb/s	1.969 GB/s	2×31.508 GB/s	16.0 GT/s

$$資料速率 = 5 \text{ GT/s} \times 8/10 = 4 \text{ Gb/s}$$

因為在 PCIe 1.0 與 2.0 中使用 8/10 的編碼方式，即每 10 個位元只有 8 個實際有效資料位元。

(b) PCIe 3.0 的資料速率為

$$資料速率 = 8 \text{ GT/s} \times 128/130 \approx 8 \text{ Gb/s}$$

因為在 PCIe 3.0 = 中使用 128/130 的編碼方式，即每 130 個位元有 128 個實際有效資料位元。

PCIe 匯流排有效資料速率的計算如下：

$$有效資料速率 = 原始傳輸速率 \times 編碼效率 \times 通道數目 \times 1/8 \text{ (MB/s)}$$

■ 例題 10.5-2: PCIe 2.0 與 3.0 的有效資料速率

試計算單通道雙工 PCIe 2.0 與 3.0 的有效資料速率。

解：結果如下：

(a) 單通道雙工 PCIe 2.0 的有效資料速率為

$$有效資料速率 = 5 \text{ GT/s} \times 8/10 \times 2 \times 1/8 = 1 \text{ GB/s}$$

(b) 單通道雙工 PCIe 3.0 的有效資料速率為

$$資料速率 = 8 \text{ GT/s} \times 128/130 \times 2 \times 1/8 \approx 2 \text{ GB/s}$$

因此，PCIe 3.0 的有效資料速率約為 PCIe 2.0 的兩倍。

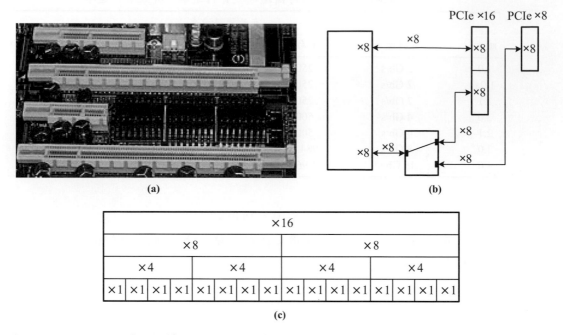

圖 10.5-11: PCIe (a) 界面插槽：由上而下依序為 PCIe×4、PCIe×16、PCIe×1、PCIe×16；(b) 快速開關的功用；(c) 匯流排結構

　　PCIe 界面卡最大允許消耗功率為 25 W (×1：在電源開啟時為 10 W)；低性能 PCIe 界面卡則限制為 10 W (×16 可以到達 25 W)；PCIe 繪圖卡在組態設定後則允許提升到 75 W (3.3 V/3 A + 12 V/5.5 A)。PCIe 2.0 則提升一個 ×16 插槽到 150 W，以允許使用某些高性能繪圖加速卡。欲再增加功率可以使用選用的連接器，增加到 75 W (6 腳) 或 150 W (8 腳)、因而全部功率最大可以達到 300 W。

　　PCIe 匯流排插槽的實體圖如圖 10.5-11(a) 所示。由於 PCIe 連接器的資料速率係由該連接器所含有的通道數目決定。為了增加連接器擴充彈性，一般均使用快速切換開關 (quick switch) 來調整 PCIe 連接器的通道數量配置。一個典型的實例如圖 10.5-11(b) 所示，可以合併兩個 PCIe×8 為一個 PCIe×16 或是當作兩個各自獨立的 PCIe×8 使用。實務上，一個切換開關 IC 能夠處理 2 個通道，因此在主機板的 PCIe×16 插槽旁，經常能看到 1 至 5 個數量不等的切換開關 IC。至於實際上的通道配置組態、插槽數量、切換開關 IC 採用數量等，則由各主機板的設計廠商決定。PCIe 匯流排的一般結構如圖 10.5-11(c) 所示。

表 10.5-2: PCIe×4 連接器接腳定義

接腳	B 面	A 面	說明	接腳	B 面	A 面	說明
1	+12 V	PRSNT1#	低電位表示界面卡已插入	17	PRSNT2#	HSLn(0)	接收通道 0
2	+12 V	+12 V		18	接地	接地	
3	+12 V	+12 V		19	HSOp(1)	保留	傳送通道 1
4	接地	接地		20	HSOn(1)	接地	
5	SMCLK	TCK	SMBus 與 JTAG 埠	21	接地	HSLp(1)	接收通道 1
6	SMDAT	TDI		22	接地	HSLn(1)	
7	接地	TDO		23	HSOp(2)	接地	接收通道 1
8	+3.3 V	TMS		24	HSOn(2)	接地	
9	TRST#	+3.3 V		25	接地	HSLp(2)	接收通道 2
10	+3.3 V$_{AUX}$	+3.3 V	待機電源	26	接地	HSLn(2)	
11	WAKE#	PWRGD	連結重新啟動，電源良好	27	HSOp(3)	接地	接收通道 3
12	保留	接地		28	HSOn(3)	接地	
13	接地	REFCLK+	參考時脈	29	接地	HSLp(3)	接收通道 3
14	HSOp(0)	REFCLK-	傳送通道 0	30	保留	HSLn(3)	
15	HSOn(0)	接地		31	PRSNT2#	接地	
16	接地	HSLp(0)	接收通道 0	32	接地	保留	

PCIe×4 連接器的接腳定義如表 10.5-2 所示。

參考資料

1. J. P. Hayes, *Computer Architecture and Organization,* 3rd ed., New York: McGraw-Hill Book Co., 1997.

2. M. B. Lin, *Digital System Designs and Practices: Using Verilog HDL and FPGAs,* Singapore: John Wiley & Sons, 2008.

3. M. Morris Mano, *Computer System Architecture,* 3rd. ed., Englewood Cliffs, N J. : Prentice-Hall, Inc., 1993.

4. William Stallings, *Data and Computer Communications,* 5th ed., Englewood Cliffs, NJ.: Prentice-Hall, Inc., 1997.

5. Andrew S. Tanenbaum, *Computer Networks,* 4th ed., Englewood Cliffs, N. J.: Prentice-Hall, Inc., 2003.

6. R. J. Tocci and L. P. Laskowski, *Microprocessors and Microcomputers: Hardware and Software,* 5th ed. Englewood Cliffs, N. J.: Prentice-Hall, Inc., 2000.

7. 林銘波，數位系統設計：原理、實務與應用，第四版，全華圖書公司，2010。

8. 林銘波與林姝廷，微算機基本原理與應用：MCS-51 族系軟體、硬體、界面、系統，第三版，全華科技圖書公司，2013。

習題

10-1 定義下列名詞：

  (1) I/O 埠   **(2)** 資料埠

  (3) 控制埠   **(4)** 狀態埠

10-2 在微處理器系統中，I/O 的基本結構有那兩種，各有何特性？又在 x86 微處理器中，它如何經由同一組位址信號，提供獨立的記憶器位址空間與 I/O 位址空間？

10-3 在 x86 微處理器中，它不但可以使用記憶器映成 I/O 結構，也以使用獨立式 I/O 結構，在這種類型的 CPU 中，使用獨立式 I/O 結構時，有什麼優點？

10-4 在某一個微處理器系統中，有四個輸入埠其位址為 0FCH、0FDH、0FEH、0FFH，及四個輸出埠，其位址與輸入埠相同，試以下列指定的電路元件設計此位址解碼電路：

  (1) 使用 74LS138、74LS139(各一個) 及基本邏輯閘；

  (2) 使用 512 × 8 的 PROM；

  (3) 使用 PAL 16L8 元件。

10-5 在某一個微處理器系統中，共有四個輸入埠與四個輸出埠。現在希望這八個埠位址結合成一個 4 位址的區段後，能夠被設定在 256 個 I/O 位址空間中的任何一個 4 位址的區段中。設計這系統的 I/O 埠位址解碼電路。

10-6 I/O 資料轉移啟動方式有那幾種，各有何特性？

10-7 說明下列 I/O 資料轉移方式的動作：

  (1) 程式 (輪呼)I/O   **(2)** 中斷 I/O

  (3) DMA

10-8 下列為有關於 DMA 資料轉移的問題：

  (1) DMA 控制下與 CPU 控制下的資料轉移動作有何異同？

  (2) 一般 DMA 控制器必須包括那三個暫存器？它們各有何功用？

(3) 在啟動 DMA 控制器時，必須先設定那些初值？

10-9 典型的 DMA 控制器必須包括那些 (控制) 信號；分別就它與 CPU 界接、記憶器界接、及與 I/O 裝置界面界接等方面討論。

10-10 以 DMA 方式做資料轉移時，其資料轉移的方式有那兩種？試定義之。

10-11 解釋下列各名詞：

    (1) 串列資料轉移　　　　　　　　　　**(2)** 並列資料轉移

    (3) 閃脈控制資料轉移　　　　　　　　**(4)** 交握式控制資料轉移

10-12 下列為有關於並列資料轉移的問題：

    (1) 在並列資料轉移方式中有同步與非同步兩種，這兩種資料轉移各有何優缺點？

    (2) 在非同步並列資料轉移中，常用的控制方法有那些？

10-13 閃脈控制的並列資料轉移有何缺點？如何改善？

10-14 在交握式控制的資料轉移中，若其中一個裝置故障時，可能會發生什麼結果？如何防止這種結果發生？

10-15 定義下列各名詞：

    (1) 單工 (或單向傳送)　　　　　　　　**(2)** 半多工

    (3) 全多工

10-16 在串列資料轉移中，有同步與非同步兩種方式，這兩種方式有何不同？

10-17 非同步串列資料傳送的標準格式為何？若一個系統中，使用偶同位、8 個資料位元、1 個 STOP 位元的格式傳送資料，則下列資料的傳輸語句信號波形為何？

    (1) 01000011　　　　　　　　　　　　**(2)** 11101011

    (3) 11010101 與 01001011 兩個連續語句

10-18 何謂鮑速率、資料速率、有效資料速率？若一個系統中使用偶同位、7 個資料位元、2 個 STOP 位元，則在下列的字元速率下，鮑速率、資料速率、有效資料速率各為多少？假設每一個信號具有兩個位準。

(1) 10 字元/秒   **(2)** 120 字元/秒

(3) 480 字元/秒   **(4)** 1,200 字元/秒

10-19 假設在非同步串列資料轉移系統中，使用奇同位、8 個資料位元、1 個 STOP 位元，則在下列資料速率下，其有效資料速率各為多少？

(1) 9,600 b/s   **(2)** 14,400 b/s

(3) 28,800 b/s   **(4)** 115,200 b/s

10-20 為何同步串列資料傳送較非同步串列資料傳送更有效率？

10-21 在 HDLC 等位元控制協定中，如何顯示一個資料框的開始？HDLC 系統中如何防止旗號的位元出現在資料欄內？HDLC 系統接收器如何告知傳送器，其收到的資料框有錯誤？

10-22 何謂 CRC？它可以偵測那些類型的錯誤？

11 浮點數與多媒體運算指令組

在 x86/x64 微處理器中除了完整的 CPU 指令組之外，也提供兩組擴充指令：其一為浮點運算指令組，另一則是多媒體運算指令組。浮點運算指令組由 x87 浮點運算處理單元 (floating-point processing unit，FPU) 或是稱為數值資料處理器 (numeric data processor，NDP) 的協同處理器執行，以專門處理科學、商業、電腦繪圖領域中的整數與浮點數的數值資料，其功能除了涵蓋一般的整數、十進制、浮點數的加、減、乘、除等四則運算之外，也提供一些常用的函數計算，包括平方根、指數、正弦、餘弦、求正切值等。多媒體運算指令組分成三個主要部分：併裝整數 (packed integer)、併裝單精確制浮點數 (packed single-precision floating point)、併裝雙精確制浮點數 (packed double-precision floating point) 等，其相關的技術則分別稱為 MMX (multimedia extension)、SSE (streaming SIMD extension)、SSE2 (streaming SIMD extension 2)、SSE3 (streaming SIMD extension 3)、SSE4 (streaming SIMD extension 4)。

11.1 FPU 軟體模式

若希望能夠善用 x87 浮點運算處理單元 (FPU)，則必須先了解它的內部功能及提供予使用者的暫存器界面與指令組。因此，在這一節中，將先介紹 x87 FPU 的內部功能、資料類型、暫存器組 (即規劃模式)，而於其次兩小節中，再介紹 x87 FPU 的指令組與組合語言程式設計。

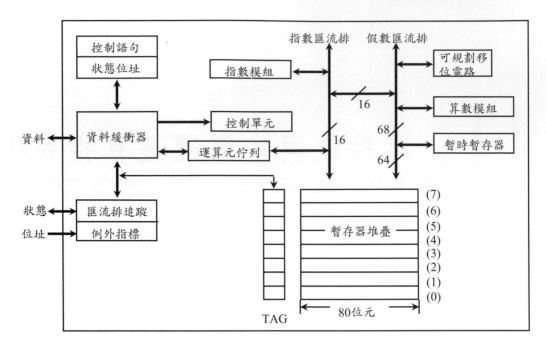

圖 11.1-1: x87 FPU 內部功能方塊圖

11.1.1 內部功能與規劃模式

　　x87 FPU 內部功能方塊圖，如圖 11.1-1 所示，它主要分成控制單元與算術運算單元兩部分。控制單元包括：一個 6 位元組的指令佇列 (圖中並未繪出)，以追蹤 CPU 的指令佇列狀態；運算元佇列儲存等待運算的運算元資料；資料緩衝器提供 x87 FPU 與 CPU 之間的資料轉移界面；其它部分如控制語句、狀態位址、匯流排追蹤、例外指標等，則控制 x87 FPU 的動作或提供內部狀態。

　　算術運算單元執行 x87 FPU 的所有算術運算，它主要包括：算術模組、指數模組、可規劃移位電路、暫時暫存器，以及一個由 8 個 80 位元的暫存器組成的暫存器堆疊。

　　指令指標暫存器一共有兩個語句，分別記錄指令位址 (20 位元) 與指令運算碼 (11 位元)。運算元指標暫存器也是兩個語句，它儲存運算元的位址。這兩個暫存器在 80387 以後的 FPU 中，則擴展為 48 個位元。

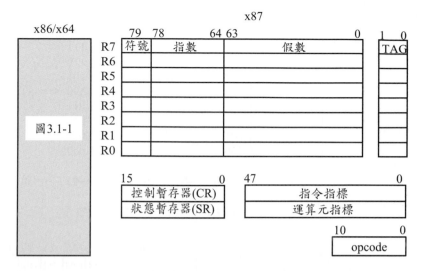

圖 11.1-2: CPU+FPU(實址模式) 規劃模式 (x86/x64 CPU+x87 FPU)

11.1.1.1　規劃模式 x87 FPU 的規劃模式，如圖 11.1-2 所示，一共有 8 個 80 位元的資料暫存器，這些暫存器可以視為一個暫存器堆疊結構，或是一個可以使用堆疊指標相對定址的方式存取的暫存器組。暫存器堆疊頂端的暫存器由狀態暫存器中的 ST (stack top pointer，堆疊頂端指標) 三個位元值 (圖 11.1-5) 指定。欲存取暫存器堆疊時，可以使用 PUSH 的動作，儲存一個運算元於暫存器堆疊中；或是使用 POP 的動作，自暫存器堆疊中取出一個運算元。PUSH 的動作首先將 ST 減 1，然後儲存運算元於 ST 指定的暫存器 (即暫存器堆疊頂端的暫存器) 中；POP 的動作，則先取出 ST 所指定的暫存器 (即暫存器堆疊頂端的暫存器) 內容後，再將 ST 加 1。

　　使用堆疊指標相對定址方式，存取暫存器堆疊中的暫存器內容時，暫存器堆疊中的 8 個暫存器，排列成一個環形結構，如圖 11.1-3 所示。圖 11.1-3(a) 為暫存器堆疊的結構；圖 11.1-3(b) 為當目前的 ST 值為 100 時，ST(i) 的相對關係，例如此時的 ST(0) 為 R4、ST(1) 為 R5 …、ST(4) 為 R0。

11.1.1.2　控制暫存器 圖 11.1-4 所示為 x87 FPU 的控制暫存器的內容，這個暫存器長度為 16 個位元，其主要功能為選擇浮點數的精確制 (precision control，PC)、捨入控制 (rounding control，RC)、無限大控制 (infinity control，IC) 等。精

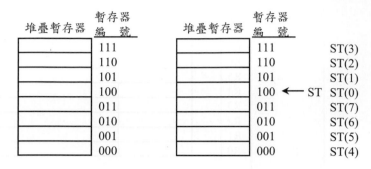

(a) 堆疊暫存器結構　　　　　(b) 當ST=100時ST(i)的相對位址

圖 11.1-3: x87 FPU 的堆疊動作

圖 11.1-4: 控制暫存器

確制的選擇由位元 9 與 8 組成，其組合如下：

　　00：單精確制 (24 位元)　　　　　10：雙精確制 (53 位元)

　　01：保留　　　　　　　　　　　11：擴展雙精確制 (64 位元)

捨入控制由位元 11 與 10 組成，其組合如下：

　　00：捨入到最接近或偶數　　　　10：向 +∞ 捨入

　　01：向 -∞ 捨入　　　　　　　　11：截尾

無限大控制由位元 12 組成，其意義如下：

　　0：-∞ 與 +∞ 視為一個未帶號 ∞　　　1：-∞ 與 +∞ 視為兩個帶號數 ∞

它主要用來與 80287 相容，在 80387 以後的 FPU 則無意義。

　　除了上述功能之外，控制暫存器也控制 x87 FPU 的六種錯誤類型的中斷要求，這些中斷要求的類型為：精確制錯誤 (precision error，PE)、下限溢位錯誤 (underflow error，UE)、上限溢位錯誤 (overflow error，OE)、除數為 0 錯誤 (zero error，ZE)、去標準化運算元錯誤 (denormalized error，DE)、不成立運算的錯誤 (invalid error，IE) 等，這些錯誤的對應控制位元分別為位元 5 到位元 0。當其中某些類型的錯誤發生時，若希望它們不會對 CPU 產生中斷要求時，可以設定控制暫存器中對應的位元為 1，以罩住 (隱藏) 該類型的錯誤狀態。

11.1.1.3 狀 態 暫 存 器 狀態暫存器的內容如圖 11.1-5 所示，其中位元 0 到位元 5 分別為對應於控制暫存器中的低序 6 個位元。此暫存器的功能為提供各種狀態訊息、儲存一些指令運算時需要的訊息、指定堆疊頂端的暫存器、指示忙碌狀態等。當位元 0 到 6、位元 7 或是位元 15 的值為 1 時，表示該狀態已經存在。

```
 15  14  13  12  11  10  9   8   7   6   5   4   3   2   1   0  ◀── 位元
┌───┬───┬───────────┬───┬───┬───┬───┬───┬───┬───┬───┬───┬───┐
│ B │C3 │    ST     │C2 │C1 │C0 │ES │SF │PE │UE │OE │ZE │DE │IE │
└───┴───┴───────────┴───┴───┴───┴───┴───┴───┴───┴───┴───┴───┘
```

圖 11.1-5: 狀態暫存器

位元 0 (IE)：表示一個錯誤的運算，例如堆疊溢存或溢取、不成立的運算元、對一個負數取平方根等等。

位元 1 (DE)：表示運算元為一個非標準化的運算元。

位元 2 (ZE)：表示除數為 0；位元 3 (OE) 表示指數上限溢位。

位元 4 (UE)：表示指數下限溢位。

位元 5 (PE)：表示精確度錯誤，即當結果無法正確地使用標的運算元指定的格式表示，而發生截尾誤差時。

位元 6 (SF)：表示堆疊錯誤。當資料在 x87 FPU 的資料暫存器堆疊發生溢填或是溢取時，此位元即被設定為 1。當發生溢填時，狀態碼位元 C1 亦設定為 1；溢取時，狀態碼位元 C1 則清除為 0。SF 位元必須使用軟體指令清除。

位元 7 (ES)：在任何未被罩住的錯誤 (PE、UE、OE、ZE、DE、IE) 設定為 1 時，即設定為 1，在 8087 中，當此位元為 1 時，也會產生中斷要求，但是在 80287 以後的 FPU，則不會產生中斷要求。

位元 14、10、9、8 (C3 ~ C0)：為狀態碼，這些位元代表的意義，將於比較指令一節 (第 11.2.5 節) 中，再予介紹。

位元 11 到 13 (ST)：為暫存器堆疊頂端指標，稱為 ST；位元 15 (busy，B) 表示目前正在執行的指令動作尚未完成。上述狀態位元除了狀態碼 (C3 ~ C0) 外，在 x87 FPU RESET 後，均被清除為 0。

TAG 語句暫存器記錄暫存器堆疊中，每一個暫存器內容的狀態。暫存器堆疊中，每一個暫存器都附屬一個 2 位元的 TAG，而此 TAG 的值分別表示：

- 00 表示其內容是成立的；
- 01 表示內容為 0；
- 10 表示內容為 NAN (not-a-number) 或去標準化 (denormal，即數值太小必須加入領前的 0 時才能表示的數)；
- 11 表示內容為空態。

11.1.2　資料類型

x87 FPU 資料類型大致上可以分成三大類：整數、併裝 BCD (即十進制數)、浮點數等。整數依其精確度又分成語句整數 (word integer)、雙語句整數 (double word integer)、四語句整數 (quadword integer) 等三種；浮點數也依精確度的不同分成單精確制浮點數 (single-precision floating-point number)、雙精確制浮點數 (double-precision floating-point number)、擴展雙精確制浮點數 (double extended-precision floating-point number) 等三種。在 x87 FPU 內部做運算時，所有的資料類型都先轉換成擴展雙精確制浮點數的格式。當所有資料類型的數目儲存到記憶器中時，最小有效位元組位於最小位址上，此外，最大有效位元均代表符號位元。

11.1.2.1　整數資料類型　在 x87 FPU 中，整數資料類型的精確度一共有三種：語句整數為 16 位元，其範圍由 -2^{15} 到 $2^{15}-1$，如圖 11.1-6(a)；雙語句整數為 32 位元，其範圍由 -2^{31} 到 $2^{31}-1$，如圖 11.1-6(b)；四語句整數為 64 位元，其範圍分別與 -2^{63} 到 $2^{63}-1$，如圖 11.1-6(c)。這些整數在表示負數時，都使用 2 補數的方式。

在 x86 微處理器的組譯程式中，與上述三種整數資料類型相關的資料定義假指令為 DW、DD、DQ 等，它們分別定義或保留語句整數、雙語句整數、四語句整數的資料或儲存空間。使用 DD 與 DQ 兩個假指令定義常數資料時，資料中不能出現小數點，否則組譯程式以浮點數格式儲存。在 masm 中允許使用 WORD/SWORD、DWORD/SDWORD、QWORD 等假指令分別取代上述的

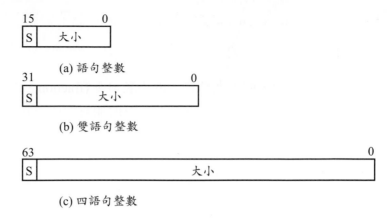

圖 **11.1-6:** x87 FPU 整數資料類型格式

假指令。這些假指令中以 S 開頭者表示定義帶號數整數的資料或儲存空間。

■ 例題 **11.1-1:** 整數資料類型

下列列舉數例說明如何定義整數資料。

```
                          ;ex11.1-1.asm
                          ;80x87 integer data declarating examples
                              .386
                              .model  flat,stdcall
                              option  casemap:none
00000000                      .data
                              EVEN             ;force word alignment
00000000 0306             DATA1  DW  1100000110B ;word integer
00000002 001A             DATA2  DW  26          ;word integer
00000004 FFFFFF82         DATA3  DD  0FFFFFF82H  ;doubleword integer
00000008 FFFFE350         DATA4  DD  -7344       ;doubleword integer
0000000C                  DATA5  DQ  1263        ;quadword integer
     00000000000004EF
00000014                  DATA6  DQ  -12345      ;quadword integer
     FFFFFFFFFFFFCFC7
                              END
```

11.1.2.2 浮點數資料類型 x87 FPU 的浮點數格式一共有三種：單精確制浮點數、雙精確制浮點數、擴展雙精確制浮點數等。在單精確制浮點數中，偏移指數與假數長度分別為 8 位元與 23 位元，如圖 11.1-7(a) 所示。這格式代表的數為：

$$(-1)^S \times 2^{E-127} \times 1.F \tag{11.1}$$

其中 S 為符號位元，而 F 為假數中的小數部分 (fraction，F)。由於 1 總是出現在小數之前，實際上它並不需要儲存，以增加有效位元數目為 24 個位元。

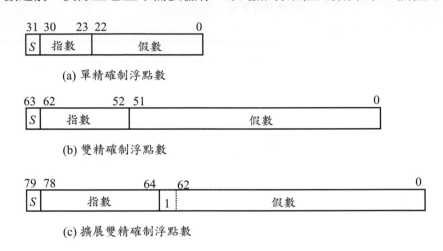

圖 **11.1-7:** x87 FPU 浮點數資料類型格式

對於單精確制浮點數而言，偏移指數範圍為 $0 < E < 255$，因此它能夠代表的數目範圍為：$\pm 2^{-126}$ 到 $\pm 2^{128}$ 相當於 $\pm 1.2 \times 10^{-38}$ 到 $\pm 3.4 \times 10^{38}$。在雙精確制浮點數格式中，指數長度為 11 個位元，小數部分為 52 個位元，如圖 11.1-7(b) 所示，和單精確制浮點數格式一樣，$1.F$ 中的 1 並未儲存，所以有效位元數目為 53 個位元。這格式代表的數為

$$(-1)^S \times 2^{E-1023} \times 1.F \tag{11.2}$$

這種格式能夠代表的數目範圍為 $\pm 2.3 \times 10^{-308}$ 到 $\pm 1.7 \times 10^{308}$。

x87 FPU 內部在做運算時，所有數目都使用擴展雙精確制浮點數的格式儲存，擴展雙精確制浮點數使用了 15 個位元的偏移指數與 64 位元的假數 (相當於 19 到 20 個十進制數字)，如圖 11.1-7(c) 所示。這種格式代表的數目為：

$$(-1)^S \times 2^{E-16383} \times 1.F \tag{11.3}$$

在擴展雙精確制浮點數格式中，1.F 中的 1 實際上也加以儲存。由於精確度增加，不管是整數或併裝 BCD 數目，當它們以浮點數的方式計算時，也都能夠得到精確的結果。在內部運算中，使用擴展雙精確制浮點數格式的主要原因是減小在一連串的計算過程中，產生上限溢位或下限溢位的機會，並且都能產生一個正確的最後結果。由於擴展雙精確制浮點數能夠表示的數目範圍為 $\pm 3.4 \times 10^{-4932}$ 到 $\pm 1.1 \times 10^{4932}$，在大多數的應用中，均不會超出此範圍，因此不必顧慮計算過程中會產生上限溢位或是下限溢位。

在 x86 微處理器的組譯程式中，與上述三種浮點數資料類型相關的資料定義假指令為 DD、DQ、DT 等，它們分別定義或保留單精確制浮點數、雙精確制浮點數、擴展雙精確制浮點數的資料或儲存空間。注意：使用這三個假指令定義常數的浮點數資料時，在資料中必需適當的加上小數點，否則組譯程式當作整數資料 (DD 與 DQ) 或 BCD 資料 (DT)。在 masm 中允許使用 REAL4、REAL8、REAL10 分別取代上述三個假指令。

■ 例題 11.1-2: 浮點數資料類型

下列列舉數例說明如何定義浮點數及其轉換為 IEEE-754 標準後的結果。

```
                         ;ex11.1-2.asm
                         ;80x87 real data declarating examples
                         .386
                         .model   flat,stdcall
                         option   casemap:none
00000000                 .data
                         EVEN     ;force word alignment
00000000 41B80000        DATA1    DD   23.0 ;single-precision
00000004 C1B80000        DATA2    DD   -23.0;single-precision
00000008 401F333333333333 DATA3   DQ   7.80  ;double-precision
00000010 C053800000000000 DATA4   DQ   -78.0;double-precision
00000018 4003BB3333333333333 DATA5 DT   23.4  ;extended-precision
00000022 C0059C66666666666666 DATA6 DT  -78.2;extended-precision
                         END
```

11.1.2.3 併裝 BCD 資料類型 在併裝 BCD 格式中，每一個十進制數目均使用 18 個位數的 BCD 數字表示，每一個位元組儲存 2 個數字，高序位元組儲存符號，此位元組中的最高序位元值代表該數目為正 (0) 或為負 (1)，如圖 11.1-8

79																			0
符號位元組	D17	D16	D15	D14	D13	D12	D11	D10	D9	D8	D7	D6	D5	D4	D3	D2	D1	D0	

圖 11.1-8: x87 FPU BCD 資料類型格式

所示，這種格式能夠代表的數目範圍為 $-10^{18}+1$ 到 $10^{18}-1$。併裝 BCD 格式主要應用在財經程式中。

在 x86 微處理器的組譯程式中，與上述 BCD 資料類型相關的資料定義假指令為 DT，它定義或保留 BCD 的資料或儲存空間。

■ 例題 11.1-3: BCD 資料類型

下列列舉數例說明如何定義 BCD 數目及其儲存於記憶器後的結果。

```
                         ;ex11.1-3.asm
                         ;80x87 BCD data declarating examples
                         .386
                         .model   flat,stdcall
                         option   casemap:none
00000000                 .data
                         EVEN           ;force word alignment
00000000 000000000000000027FA   DATA1   DT     10234 ;decimal
0000000A FFFFFFFFFFFFFFFFFF0B   DATA2   DT     −245  ;decimal digits
                         END
```

11.1.3 指令格式

x87 FPU 大約有 70 個指令，依據它們的功能，這些指令可以分成六大類：資料轉移、算術運算、比較、超越函數、常數、處理器控制等。x87 FPU 的指令其實就是 x86 微處理器的 ESC 指令。在 ESC 指令的機器碼編碼格式中，第一個位元組以 11011 (ESC 指令) 開始而後接著 3 個位元的 opcode。對於使用記憶器運算元的格式，其第二個位元組指定一個記憶器定址的方式與另外 3 個 opcode 位元。對於未使用記憶器運算元的格式，則第二個位元組指定 opcode 的另外 6 個位元，因此，總共有 64 + 512 個 opcode 可以使用。

目前大部分的組譯程式，在組譯 x87 FPU 指令時，在每一個 x87 FPU 指令之前，皆會自動加上一個 WAIT 指令，使 x86 微處理器進入等待狀態，以和

x87 FPU 取得同步，因而可以防止在 x87 FPU 完成目前指令動作之前，x86 微處理器解碼另外一個 ESC 指令。若同步控制信號已經啟動，x87 FPU 將解碼 ESC 指令，然後與 x86 微處理器並行地執行自己的指令。在程式中，當 x86 微處理器執行到某一個地方，需要等待 x87 FPU 運算後的結果時，則必須加入一個 WAIT 指令，以和 x87 FPU 取得同步。這個 WAIT 指令必須由程式設計者自行加入，組譯程式並不能自動產生。

在 x87 FPU 的指令中，一個運算元可以是暫存器或記憶器運算元。使用暫存器運算元時，ST 表示暫存器堆疊頂端的暫存器；ST(i) 則表示在暫存器堆疊頂端下的第 i 個暫存器 (即相當第 $(ST+i)$ mod 8 個暫存器)。記憶器運算元可以使用 x86 微處理器的任何記憶器資料定址方式，而其資料類型可以是任何 x87 FPU 允許的資料類型。

11.2 基本指令組與程式設計

本節中將依序討論 x87 FPU 中一些最基本的指令之動作，並且例舉一些實例，說明 x87 FPU 指令的相關組合語言程式設計方法與應用。

11.2.1 資料轉移指令組

x87 FPU 資料轉移指令大致上可以分成：浮點數資料轉移指令、整數資料轉移指令、併裝 BCD 資料轉移指令等三類。由前面的討論可以得知，x87 FPU 的內部資料都是使用擴展雙精確制浮點數方式儲存的，因此整數與併裝 BCD 等資料格式，只可能發生在記憶器中。

浮點數資料轉移指令包括 FLD (load floating point，裝載)、FST (store floating point，儲存)、FSTP (store floating point and pop，儲存與 POP) 等三個指令，如表 11.2-1 所示。FLD 指令轉換記憶器或 FPU 中的來源運算元為擴展雙精確制浮點數格式後，儲存到暫存器堆疊的頂端暫存器 (ST) 內；FST 指令儲存暫存器堆疊的頂端暫存器 (ST) 的內容到另一個暫存器堆疊中的暫存器或一個記憶器位置內；FSTP 指令除了 FST 指令的動作外，也做 ST 加 1 的動作 (即 POP 的動作)。

表 11.2-1: x87 FPU 浮點數資料轉移指令

指令	動作	IS	IE	DE	ZE	OE	UE	PE
FLD　ST(i)	ST ← ST-1; 轉換並儲存 (ST(i)) 於 (ST);	Y	-	-	-	-	-	-
FLD　sp-float	ST ← ST-1; 轉換並儲存 (sp-float) 於 (ST);	Y	Y	Y	-	-	-	-
FLD　dp-float	ST ← ST-1; 轉換並儲存 (dp-float) 於 (ST);	Y	Y	Y	-	-	-	-
FLD　edp-float	ST ← ST-1; 儲存 (edp-float) 於 (ST);	Y	-	-	-	-	-	-
FST　ST(i)	轉換並儲存 (ST) 於 (ST(i));	Y	-	-	-	-	-	-
FST　sp-float	轉換並儲存 (ST) 於 (sp-float);	Y	Y	Y	-	Y	Y	Y
FST　dp-float	轉換並儲存 (ST) 於 (dp-float);	Y	Y	Y	-	Y	Y	Y
FSTP　ST(i)	轉換並儲存 (ST) 於 (ST(i)); ST ← ST+1;	Y	-	-	-	-	-	-
FSTP　sp-float	轉換並儲存 (ST) 於 (sp-float); ST ← ST+1;	Y	Y	Y	-	Y	Y	Y
FSTP　dp-float	轉換並儲存 (ST) 於 (dp-float); ST ← ST+1;	Y	Y	Y	-	Y	Y	Y
FSTP　edp-float	轉換並儲存 (ST) 於 (edp-float); ST ← ST+1;	Y	-	-	-	-	-	-

　　整數資料轉移指令包括 FILD (load integer)、FIST (store integer)、FISTP (store integer and pop) 等指令，如表 11.2-2 所示。FILD 指令轉換自記憶器讀取的整數值為擴展雙精確制浮點數格式後，儲存到暫存器堆疊內的頂端暫存器中；FIST 則轉換暫存器堆疊頂端的暫存器內容為標的運算元指定的整數格式後，存入標的記憶器位置內；FISTP 指令是以 POP 的動作執行 FIST 指令，即執行 FIST 指令的動作，並將 ST 值加 1。

　　併裝 BCD 資料轉移指令包括 FBLD 與 FBSTP 兩個指令，如表 11.2-3 所示。FBLD 指令轉換自記憶器讀取的 BCD 數目為擴展雙精確制浮點數格式後，PUSH 到暫存器堆疊；FBSTP 指令自暫存器堆疊 POP 出一個數目後，轉換為併裝 BCD 格式，然後存到指定的記憶器位置內。

　　x87 FPU 的資料交換指令 FXCH (exchange)，如表 11.2-4 所示。FXCH 指令交換 ST 指定的暫存器堆疊中的暫存器內容與 ST(n) 暫存器內容，當未指明標的運算元時，則隱含為 ST(1)。

表 11.2-2: x87 FPU 整數資料轉移指令

指令	動作	IS	IE	DE	ZE	OE	UE	PE
FILD　w-int	ST ← ST-1; 轉換並儲存 (w-int) 於 (ST);	Y	-	-	-	-	-	-
FILD　dw-int	ST ← ST-1; 轉換並儲存 (dw-int) 於 (ST);	Y	-	-	-	-	-	-
FILD　qw-int	ST ← ST-1; 轉換並儲存 (qw-int) 於 (ST);	Y	-	-	-	-	-	-
FIST　w-int	轉換並儲存 (ST) 於 (w-int);	Y	-	-	-	-	-	Y
FIST　dw-int	轉換並儲存 (ST) 於 (dw-int);	Y	-	-	-	-	-	Y
FISTP　w-int	轉換並儲存 (ST) 於 (w-int); ST ← ST+1;	Y	-	-	-	-	-	Y
FISTP　dw-int	轉換並儲存 (ST) 於 (dw-int); ST ← ST+1;	Y	-	-	-	-	-	Y
FISTP　qw-int	轉換並儲存 (ST) 於 (qw-int); ST ← ST+1;	Y	-	-	-	-	-	Y

表 11.2-3: x87 FPU BCD 資料轉移指令

指令	動作	IS	IE	DE	ZE	OE	UE	PE
FBLD　m80bcd	ST ← ST-1; 轉換並儲存 (m80bcd) 於 (ST);	Y	-	-	-	-	-	-
FBSTP　m80bcd	轉換並儲存 (ST) 於 (m80bcd); ST ← ST+1;	Y	-	-	-	-	-	Y

11.2.2 加法與減法運算指令

　　算術運算指令包括加、減、乘、除等四則運算與其它算術運算等指令。加法運算與減法運算指令組如表 11.2-5 所示。加法運算指令包括 FADD、FADDP、FIADD 等三個。其中 FADD 與 FADDP 兩個為浮點數加法運算指令；FIADD 為整數加法運算指令。

　　FADD 指令將來源運算元加到標的運算元，當來源運算元為一個記憶器位置 (sp-float 或 dp-float) 時，標的運算元必須為暫存器堆疊中的頂端暫存器；當

表 11.2-4: x87 FPU 資料交換指令

指令	動作	IS	IE	DE	ZE	OE	UE	PE
FXCH	(ST) ↔ (ST(1));	Y	-	-	-	-	-	-
FXCH　ST(i)	(ST) ↔ (ST(i));	Y	-	-	-	-	-	-

表 **11.2-5**: x87 FPU 加法與減法運算指令

指令	動作	IS	IE	DE	ZE	OE	UE	PE
FADD	(ST(1)) ← (ST(1))+(ST); ST ← ST + 1;	Y	Y	Y	-	Y	Y	Y
FADD　ST,ST(i)	(ST) ← (ST)+(ST(i));	Y	Y	Y	-	Y	Y	Y
FADD　ST(i),ST	(ST(i)) ← (ST)+(ST(i));	Y	Y	Y	-	Y	Y	Y
FADD　sp-float	(ST) ← (ST)+(sp-float);	Y	Y	Y	-	Y	Y	Y
FADD　dp-float	(ST) ← (ST)+(dp-float);	Y	Y	Y	-	Y	Y	Y
FADDP　ST(i),ST	(ST(i)) ← (ST(i))+(ST); ST ← ST + 1;	Y	Y	Y	-	Y	Y	Y
FIADD　w-int	(ST) ← (ST)+(w-int);	Y	Y	Y	-	Y	Y	Y
FIADD　dw-int	(ST) ← (ST)+(dw-int);	Y	Y	Y	-	Y	Y	Y
FSUB	(ST(1)) ← (ST(1))-(ST); ST ← ST + 1;	Y	Y	Y	-	Y	Y	Y
FSUB　ST,ST(i)	(ST) ← (ST)-(ST(i));	Y	Y	Y	-	Y	Y	Y
FSUB　ST(i),ST	(ST(i)) ← (ST)-(ST(i));	Y	Y	Y	-	Y	Y	Y
FSUB　sp-float	(ST) ← (ST)-(sp-float);	Y	Y	Y	-	Y	Y	Y
FSUB　dp-float	(ST) ← (ST)-(dp-float);	Y	Y	Y	-	Y	Y	Y
FSUBP　ST(i),ST	(ST(i)) ← (ST(i))-(ST); ST ← ST + 1;	Y	Y	Y	-	Y	Y	Y
FISUB　w-int	(ST) ← (ST)-(w-int);	Y	Y	Y	-	Y	Y	Y
FISUB　dw-int	(ST) ← (ST)-(dw-int);	Y	Y	Y	-	Y	Y	Y

　　來源運算元與標的運算元均為暫存器堆疊中的暫存器時，其中一個必須為暫存器堆疊中的頂端暫存器；若未指明來源與標的運算元，則將 ST 位置 (即暫存器堆疊中的頂端暫存器) 的內容加至 ST(1) 位置，並且將 ST 值加 1，使結果留在暫存器堆疊頂端的暫存器內。

　　FADDP 指令將暫存器堆疊頂端的暫存器內容加到暫存器堆疊中的暫存器 ST(i)，並將 ST 值加 1。FIADD 指令將自記憶器讀取的整數值加到暫存器堆疊頂端的暫存器內，結果則留於暫存器堆疊頂端的暫存器內。

　　注意：由於 x87 FPU 內部做運算時，均使用擴展雙精確制浮點數執行，因此在上述指令執行時，x87 FPU 內部都先轉換由記憶器讀取的運算元為擴展雙精確制浮點數後，再執行運算。

■ 例題 11.2-1: 簡單的整數相加程式例

設計一個程式，將記憶器中的兩個數相加之後，再存回記憶器中。

解：程式中 ADDEND 為四語句整數；AUGEND 為雙語句整數。在程式結束前，必須加入 FWAIT 指令，讓 x87 FPU 完成 FISTP 指令後，x86 微處理器才可以執行 RET 指令。注意：在每一個 FPU 指令的機器碼之前，組譯程式均自動加入一個 FWAIT (9BH) 指令。

```
                              ;ex11.2-1.asm
                              ;
                                      .8087
                                      .386
                                      .model  flat,stdcall
                                      option  casemap:none
00000000                              .data
00000000  123456789ABCDEF0    ADDEND  DQ      123456789ABCDEF0H
00000008  12345678            AUGEND  DD      12345678H
0000000C  0000000000000000    RESULT  DQ      00        ;result
                              ;
                              ;a simple addition example
00000000                              .code
00000000                      START   PROC FAR
00000000  9B DB E3                    FINIT            ;initialize 8087
00000003  DF 2D 00000000 R            FILD  ADDEND     ;load addend
00000009  DA 05 00000008 R            FIADD AUGEND     ;add to addend
0000000F  DF 3D 0000000C R            FISTP RESULT     ;store result
00000015  9B                          FWAIT            ;synchronize
00000016  CB                          RET
00000017                      START   ENDP
                                      END  START
```

下列例題更進一步說明如何整合 x87 FPU 的整數加法指令與 x86 微處理器的迴路指令，完成整數陣列資料的相加。

■ 例題 11.2-2: 整數陣列資料加法

設計一個程式，將存於記憶器中的一個陣列資料相加之後，其結果存回記憶器中的另一個位置中。

解：程式中利用迴路的技巧，將四個雙語句整數相加，然後儲存結果於記憶器 (RESULT) 內。程式中的 FINIT 指令也可以置於 MOV ECX,03 指令之後，但是置於目前的位置上可以增加程式執行的速度，因為當 x87 FPU 在執行 FINIT 指令時，x86 微處理器也可以同時執行 XOR 與 MOV 指令，達到並行處理的效果。

```
                                ;ex11.2-2.asm
                                .387
                                .386
                                .model   flat,stdcall
                                option   casemap:none
00000000                        .data
00000000 12345678 9ABCDEF0  NUMBERS  DD      12345678H,9ABCDEF0H
00000008 33333333 45654321           DD      33333333H,45654321H
00000010 0000000000000000  RESULT   DQ      00       ;result
                                ;a program to add four short integers
00000000                        .code
00000000                    START    PROC FAR
00000000 9B DB E3                   FINIT             ;initialize 8087
00000003 33 DB                      XOR    EBX,EBX   ;
00000005 B9 00000003                MOV    ECX,03    ;initial count
0000000A DB 83 00000000 R           FILD   NUMBERS[EBX];get 1st number
00000010 83 C3 04          AGAIN:   ADD    EBX,04;point to next number
00000013 DA 83 00000000 R           FIADD NUMBERS[EBX];add to result
00000019 E2 F5                       LOOP   AGAIN    ;loop ecx times
0000001B DF 3D 00000010 R           FISTP RESULT  ;store result
00000021 9B                          FWAIT            ;synchronize
00000022 CB                          RET
00000023                    START    ENDP
                                END    START
```

減法運算指令包括 FSUB、FSUBP、FISUB 等三個指令，如表 11.2-5 所示。其中 FSUB 與 FSUBP 兩個為浮點數減法運算指令；FISUB 為整數減法運算指令。

　　FSUB 指令將標的運算元(浮點數)減去來源運算元，結果留於標的運算元，標的運算元必須為暫存器堆疊頂端的暫存器，來源運算元可以為暫存器堆疊中的暫存器或一個記憶器位置。

　　FSUBP 將暫存器堆疊中的暫存器 ST(i) 內容減去暫存器堆疊頂端的暫存器內容後，結果留於暫存器堆疊中的暫存器 ST(i) 內，並將 ST 值加 1。

　　FISUB 指令，將暫存器堆疊頂端的暫存器內容減去記憶器中的來源運算元 (整數) 後，結果存於暫存器堆疊頂端的暫存器內。在減法運算中，尚有一組與上述三個指令對應的指令，稱為反向減法運算指令，這些指令執行時，除了

表 11.2-6: x87 FPU 反向減法運算指令

指令	動作	IS	IE	DE	ZE	OE	UE	PE
FSUBR	(ST(1)) ← (ST)-(ST(1)); ST ← ST + 1;	Y	Y	Y	-	Y	Y	Y
FSUBR ST,ST(i)	(ST) ← (ST(i))-(ST);	Y	Y	Y	-	Y	Y	Y
FSUBR ST(i),ST	(ST(i)) ← (ST)-(ST(i));	Y	Y	Y	-	Y	Y	Y
FSUBR sp-float	(ST) ← (sp-float)-(ST);	Y	Y	Y	-	Y	Y	Y
FSUBR dp-float	(ST) ← (dp-float)-(ST);	Y	Y	Y	-	Y	Y	Y
FSUBRP ST(i),ST	(ST(i)) ← (ST)-(ST(i)); ST ← ST + 1;	Y	Y	Y	-	Y	Y	Y
FISUBR w-int	(ST) ← (w-int)-(ST);	Y	Y	Y	-	Y	Y	Y
FISUBR dw-int	(ST) ← (dw-int)-(ST);	Y	Y	Y	-	Y	Y	Y

將來源運算元減去標的運算元，並且儲存結果於標的運算元之外，其動作與上述減算指令相同。反向減算指令包括 FSUBR、FSUBRP、FISUBR 等三個，如表 11.2-6 所示。其中 FSUBR 與 FSUBRP 兩個為浮點數反向減法運算指令；FISUBR 為整數反向減法運算指令。

11.2.3 乘法與除法運算指令

乘法運算與除法運算指令組如表 11.2-7 所示。乘法運算指令包括 FMUL、FMULP、FIMUL 等三個。其中 FMUL 與 FMULP 兩個為浮點數乘法運算指令；FIMUL 為整數乘法運算指令。

FMUL 指令將來源運算元的浮點數乘以標的運算元後，結果再存回標的運算元，運算元的指定方式和 FADD 指令相同。FMULP 指令將來源運算元的浮點數乘以標的運算元的浮點數後，結果再存回標的運算元，並將 ST 值加 1。FIMUL 指令將來源運算元的整數乘以暫存器堆疊頂端的暫存器內容後，結果留於暫存器堆疊頂端的暫存器內。

下列例題說明如何使用 FILD、FIMUL、FISTP 等三個指令與 x86 微處理器的迴路指令，將記憶器中的三個雙語句整數相乘後，存回記憶器內。

■ 例題 11.2-3: 整數乘法

設計一個程式，將記憶器中三個雙語句整數相乘後，再將結果以四語句整數格式，存回記憶器的另一個位置中。

表 11.2-7: x87 FPU 乘法與除法運算指令

指令	動作	IS	IE	DE	ZE	OE	UE	PE
FMUL	$(ST(1)) \leftarrow (ST(1)) \times (ST)$; $ST \leftarrow ST + 1$;	Y	Y	Y	-	Y	Y	Y
FMUL ST,ST(i)	$(ST) \leftarrow (ST) \times (ST(i))$;	Y	Y	Y	-	Y	Y	Y
FMUL ST(i),ST	$(ST(i)) \leftarrow (ST) \times (ST(i))$;	Y	Y	Y	-	Y	Y	Y
FMUL sp-float	$(ST) \leftarrow (ST) \times (sp\text{-}float)$;	Y	Y	Y	-	Y	Y	Y
FMUL dp-float	$(ST) \leftarrow (ST) \times (dp\text{-}float)$;	Y	Y	Y	-	Y	Y	Y
FMULP ST(i),ST	$(ST(i)) \leftarrow (ST(i)) \times (ST)$; $ST \leftarrow ST + 1$;	Y	Y	Y	-	Y	Y	Y
FIMUL w-int	$(ST) \leftarrow (ST) \times (w\text{-}int)$;	Y	Y	Y	-	Y	Y	Y
FIMUL dw-int	$(ST) \leftarrow (ST) \times (dw\text{-}int)$;	Y	Y	Y	-	Y	Y	Y
FDIV	$(ST(1)) \leftarrow (ST(1))/(ST)$; $ST \leftarrow ST + 1$;	Y	Y	Y	-	Y	Y	Y
FDIV ST,ST(i)	$(ST) \leftarrow (ST)/(ST(i))$;	Y	Y	Y	-	Y	Y	Y
FDIV ST(i),ST	$(ST(i)) \leftarrow (ST(i))/(ST)$;	Y	Y	Y	-	Y	Y	Y
FDIV sp-float	$(ST) \leftarrow (ST)/(sp\text{-}float)$;	Y	Y	Y	-	Y	Y	Y
FDIV dp-float	$(ST) \leftarrow (ST)/(dp\text{-}float)$;	Y	Y	Y	-	Y	Y	Y
FDIVP ST(i),ST	$(ST(i)) \leftarrow (ST(i))/(ST)$; $ST \leftarrow ST + 1$;	Y	Y	Y	-	Y	Y	Y
FIDIV w-int	$(ST) \leftarrow (ST)/(w\text{-}int)$;	Y	Y	Y	-	Y	Y	Y
FIDIV dw-int	$(ST) \leftarrow (ST)/(dw\text{-}int)$;	Y	Y	Y	-	Y	Y	Y

解：程式利用迴路的技巧，將記憶器中的三個雙語句整數相乘，結果以四語句整數格式存回記憶器 (RESULT) 內。

```
                              ;ex11.2-3.asm
                                  .387
                                  .386
                                  .model   flat,stdcall
                                  option   casemap:none
00000000                          .data
00000000 00001234 00005678   NUMBERS  DD    1234H,5678H
00000008 12345678             DD    12345678H
0000000C 0000000000000000   RESULT   DQ    00      ;result
                              ;
00000000                          .code
00000000                     START   PROC  FAR
00000000 9B DB E3                   FINIT           ;initialize 8087
00000003 33 DB                      XOR   EBX,EBX   ;
00000005 B9 00000002                MOV   ECX,02    ;initial count
0000000A DB 83 00000000 R           FILD  NUMBERS[EBX];get 1st number
```

表 11.2-8: x87 FPU 反向除法運算指令

指令	動作	IS	IE	DE	ZE	OE	UE	PE
FDIVR	(ST(1)) ← (ST)/(ST(1)); ST ← ST + 1;	Y	Y	Y	-	Y	Y	Y
FDIVR ST,ST(i)	(ST) ← (ST(i))/(ST);	Y	Y	Y	-	Y	Y	Y
FDIVR ST(i),ST	(ST(i)) ← (ST)/(ST(i));	Y	Y	Y	-	Y	Y	Y
FDIVR sp-float	(ST) ← (sp-float)/(ST);	Y	Y	Y	-	Y	Y	Y
FDIVR dp-floatv(ST)	← (dp-float)/(ST);	Y	Y	Y	-	Y	Y	Y
FDIVRP ST(i),ST	(ST(i)) ← (ST)/(ST(i)); ST ← ST + 1;	Y	Y	Y	-	Y	Y	Y
FIDIVR w-int	(ST) ← (w-int)/(ST);	Y	Y	Y	-	Y	Y	Y
FIDIVR dw-int	(ST) ← (dw-int)/(ST);	Y	Y	Y	-	Y	Y	Y

```
00000010  83 C3 04           AGAIN:    ADD    EBX,04;point to next number
00000013  DA 8B 00000000 R             FIMUL  NUMBERS[EBX];add to result
00000019  E2 F5                        LOOP   AGAIN   ;loop ecx times
0000001B  DF 3D 0000000C R             FISTP  RESULT  ;store result
00000021  9B                           FWAIT          ;synchronize
00000022  CB                           RET
00000023                     START     ENDP
                                       END    START
```

　　除法運算指令包括 FDIV、FDIVP、FIDIV 等三個,如表 11.2-7 所示。其中 FDIV 與 FDIVP 兩個為浮點數除法運算指令;FIDIV 為整數除法運算指令。這些指令格式和乘法運算指令相同,但是指令的動作為除法而非乘法。

　　與減法運算指令相同,x87 FPU 的除法運算指令組也包括一組反向除法運算指令,如表 11.2-8 所示。它一共包括三個指令:FDIVR、FDIVRP、FIDIVR 等。其中 FDIVR 與 FDIVRP 兩個為浮點數反向除法運算指令;FIDIVR 為整數反向除法運算指令。

　　反向除法運算指令與除法運算指令不同的地方為:反向除法運算指令是以來源運算元除以標的運算元,並儲存結果於標的運算元內;除法運算指令則以標的運算元除以來源運算元,並儲存結果於標的運算元中。除了動作不同之外,反向除法運算指令格式與除法運算指令相同。

表 **11.2-9:** x87 FPU 其它數學函數指令

指令	動作	IS	IE	DE	ZE	OE	UE	PE
FABS	$(ST) \leftarrow |(ST)|$;	Y	-	-	-	-	-	-
FCHS	$(ST) \leftarrow -(ST)$;	Y	-	-	-	-	-	-
FPREM	(與 8087/80287 相容)	Y	Y	Y	-	-	Y	-
	$(ST) \leftarrow (ST)/(ST(1))$ 的餘數;							
FPREM1	(IEEE 754 標準)	Y	Y	Y	-	-	Y	-
	$(ST) \leftarrow (ST)/(ST(1))$ 的餘數;							
FRNDINT	$(ST) \leftarrow$ 將 (ST) 取整數;	Y	Y	Y	-	-	-	Y
FSCALE	$(ST) \leftarrow (ST) \times 2^n$;	Y	Y	Y	-	Y	Y	Y
	n 為 (ST(1)) 的整數部分							
FSQRT	$(ST) \leftarrow \sqrt{(ST)}$;	Y	Y	Y	-	-	-	Y
FXTRACT	(temp-1) $\leftarrow$ (ST) 的指數;	Y	Y	Y	Y	-	-	-
	(temp-2) $\leftarrow$ (ST) 的假數;							
	$(ST) \leftarrow$ (temp-1);							
	ST $\leftarrow$ ST-1;							
	$(ST) \leftarrow$ (temp-2);							

11.2.4 其它數學函數指令

　　除了加、減、乘、除等指令之外，x87 FPU 也包括一些有用的數學函數指令：取絕對值(FABS)、取負數(FCHS)、取餘數(FPREM)、取整數(FRNDINT)、取比例值(FSCALE)、取平方根(FSQRT)、分開指數及假數(FXTRACT)等指令。這些指令列於表 11.2-9 中。

　　FABS 指令將暫存器堆疊頂端的暫存器內容取絕對值；FCHS 指令改變暫存器堆疊頂端的暫存器內容之符號。FPREM 指令將暫存器堆疊頂端的暫存器內容除以 ST(1) 暫存器內容後，餘數存入暫存器堆疊頂端的暫存器內。FRNDINT 指令取捨暫存器堆疊頂端的暫存器內容成為整數。取捨的方法由控制暫存器中的 RC 位元值 (圖 11.1-4) 決定。

　　FSCALE 指令將 ST(1) 暫存器中的整數值加到暫存器堆疊頂端的暫存器內的指數部分，因此相當於 $\times 2^n$。FSQRT 指令將暫存器堆疊頂端的暫存器內容取其平方根。FXTRACT 指令分開暫存器堆疊頂端的暫存器內之擴展雙精確制浮點數的指數與假數部分，並以擴展雙精確制浮點數格式分別存入 ST(1) 暫存器與暫存器堆疊頂端的暫存器內。

　　下列例題說明如何使用 FLD、FMUL、FADD、FSQRT 等指令，設計一個程式，由兩個已知的邊長計算一個三角形中的斜邊長。

■ 例題 11.2-4: 畢氏定理

利用畢氏定理，寫一個 x87 FPU 程式由兩個已知的邊 A 與 B，計算斜邊的長 C。

解：斜邊 $C = \sqrt{A^2 + B^2}$，欲計算斜邊的值，首先必須計算 A^2 與 B^2，然後相加再求其平方根即得。程式中首先以 FINIT 指令重置 x87 FPU，然後以 FLD 指令與 FMUL 指令計算出 A^2，接著以相同的指令計算出 B^2，這時堆疊頂端與 ST(1) 暫存器分別儲存 B^2 與 A^2 的值，FADD 指令將 A^2 與 B^2 相加，結果存在堆疊頂端，然後由 FSQRT 指令計算出 C，最後由 FSTP 儲存結果於 SIDE_C 中。

```
                              ;ex11.2-4.asm
                              .387
                              .386
                              .model  flat,stdcall
                              option  casemap:none
00000000                      .data
00000000 40400000     SIDE_A  DD     3.0      ;side a
00000004 40800000     SIDE_B  DD     4.0      ;side b
00000008 00000000     SIDE_C  DD     00       ;hypotenuse
                      ;
00000000                      .code
00000000              START   PROC   FAR
00000000  9B DB E3            FINIT             ;initialize 8087
00000003  D9 05 00000000 R    FLD    SIDE_A   ;put side_a on STK
00000009  D8 C8               FMUL   ST,ST(0);square side_a
0000000B  D9 05 00000004 R    FLD    SIDE_B   ;put side_b on STK
00000011  D8 C8               FMUL   ST,ST(0);square side_b
00000013  D8 C1               FADD   ST,ST(1);A**2+B**2
00000015  D9 FA               FSQRT            ;take sqrt((ST))
00000017  DB 1D 00000008 R    FISTP  SIDE_C   ;store result
0000001D  9B                  FWAIT            ;synchronize
0000001E  CB                  RET
0000001F              START   ENDP
                              END    START
```

11.2.5 比較指令

x87 FPU 比較指令組的動作為比較暫存器堆疊頂端的暫存器內容與一個常數值或來源運算元後，設定狀態暫存器中的狀態位元 C3 ～ C0，如表 11.2-10

表 11.2-10: x87 FPU 比較指令

指令	動作	IS	IE	DE	ZE	OE	UE	PE
FCOM	(ST)-(ST(1));	Y	Y	Y	-	-	-	-
FCOM ST(i)	(ST)-(ST(i));	Y	Y	Y	-	-	-	-
FCOM sp-float	(ST)-(sp-float);	Y	Y	Y	-	-	-	-
FCOM dp-float	(ST)-(dp-float);	Y	Y	Y	-	-	-	-
FCOMP	(ST)-(ST(1)); ST ← ST + 1;	Y	Y	Y	-	-	-	-
FCOMP ST(i)	(ST)-(ST(i)); ST ← ST + 1;	Y	Y	Y	-	-	-	-
FCOMP sp-float	(ST)-(sp-float); ST ← ST + 1;	Y	Y	Y	-	-	-	-
FCOMPvdp-float	ST)-(dp-float); ST ← ST + 1;	Y	Y	Y	-	-	-	-
FCOMPP	(ST)-(ST(1)); ST ← ST + 2;	Y	Y	Y	-	-	-	-
FICOM w-int	(ST)-(w-int);	Y	Y	Y	-	-	-	-
FICOM dw-int	(ST)-(dw-int);	Y	Y	Y	-	-	-	-
FICOMP w-int	(ST)-(w-int); ST ← ST + 1;	Y	Y	Y	-	-	-	-
FICOMP dw-int	(ST)-(dw-int); ST ← ST + 1;	Y	Y	Y	-	-	-	-
FTST	(ST) - 0.0;	Y	Y	Y	-	-	-	-
FXAM	依據 (ST) 的狀態設定 C3 ~ C0;	-	-	-	-	-	-	-
FUCOM	(ST)-(ST(1));	Y	Y	Y	-	-	-	-
FUCOM ST(i)	(ST)-(ST(i));	Y	Y	Y	-	-	-	-
FUCOMP	(ST)-(ST(1)); ST ← ST + 1;	Y	Y	Y	-	-	-	-
FUCOMP ST(i)	(ST)-(ST(i)); ST ← ST + 1;	Y	Y	Y	-	-	-	-
FUCOMPP	(ST)-(ST(1)); ST ← ST + 2;	Y	Y	Y	-	-	-	-

所示。x87 FPU 比較指令組可以分為浮點數、整數、常數等三種。浮點數比較指令包括 FCOM、FCOMP、FCOMPP 等三個。

　　FCOM 指令比較暫存器堆疊頂端的暫存器內容與暫存器堆疊中的另一個暫存器或記憶器中的浮點數後，設定狀態位元 C3 與 C0。FCOMP 指令除了執行 FCOM 指令的動作外，也將 ST 值加 1。FCOMPP 指令比較暫存器堆疊頂端的暫存器內容與暫存器堆疊中的另一個暫存器的內容，並將 ST 值加 2。

　　整數比較指令有 FICOM 與 FICOMP 兩個。FICOM 指令比較暫存器堆疊頂端的暫存器內容與記憶器中的雙語句整數或語句整數，然後設定狀態位元。

表 11.2-11: x87 FPU 狀態位元 C3 ~ C0 的意義

(ST)	C3	C2	C1	C0	(ST)	C3	C2	C1	C0
+ 非正常的數	0	0	0	0	+0	1	0	0	0
+NAN	0	0	0	1	空態	1	0	0	1
-非正常的數	0	0	1	0	-0	1	0	1	0
-NAN	0	0	1	1	空態	1	0	1	1
+ 正常的數	0	1	0	0	+ 非標準化的數	1	1	0	0
+∞	0	1	0	1	空態	1	1	0	1
-正常的數	0	1	1	0	-非標準化的數	1	1	1	0
-∞	0	1	1	1	空態	1	1	1	1

FICOMP 指令除了執行 FICOM 指令的動作外，也將 ST 值加 1。

上述 FCOM、FCOMP、FCOMPP、FICOM、FICOMP 等指令執行後，將設定狀態暫存器中的狀態位元 C3 與 C0：

C3 C0 = 00：(ST) > 來源運算元　　　C3 C0 = 01：(ST) < 來源運算元

C3 C0 = 10：(ST) = 來源運算元　　　C3 C0 = 11：無法比較

FTST 指令比較暫存器堆疊頂端的暫存器值與常數值 +0.0，然後設定狀態暫存器中的狀態位元 C3 與 C0：

C3 C0 = 00：(ST) > 0.0　　　　　　C3 C0 = 01：(ST) < 0.0

C3 C0 = 10：(ST) = 0.0　　　　　　C3 C0 = 11：無法比較

FXAM 指令測試暫存器堆疊頂端的暫存器值，並設定狀態位元 C3 ~ C0，如表 11.2-11 所示。

在 80387↑ FPU 中，另外一組浮點數比較指令為：FUCOM、FUCOMP、FUCOMPP。這些指令的動作與 FCOM、FCOMP、FCOMPP 大致相同。但是在 FUCOM、FUCOMP、FUCOMPP 等指令中，標的運算元為暫存器堆疊頂端的暫存器，而來源運算元只能為 ST(1) 或暫存器堆疊中的暫存器 (ST(i))。

11.3 高等指令組與程式設計

在介紹過 x87 FPU 的一些基本的數學運算指令後，接著介紹一些較高等的數學函數指令：超越函數指令及常數指令。這些指令主要應用在與工程問題相關的應用程式中。另外也介紹 x87 FPU 的相關控制指令的動作。

11.3.1 超越函數指令

　　x87 FPU 超越函數指令組一共有五個指令，如表 11.3-1 所示。F2XM1 指令計算 $Y = 2^X - 1$ 函數值，而 X 值事先存於暫存器堆疊頂端的暫存器內，計算後的結果也留於暫存器堆疊頂端的暫存器中。X 值的範圍：$-1 < X < 1$。使用這個指令與其它指令組合後，可以得到其它常用的函數：

$$10^X = 2^{X(\log_2 10)} \tag{11.4}$$

$$e^X = 2^{X(\log_2 e)} \tag{11.5}$$

$$Y^X = 2^{X(\log_2 Y)} \tag{11.6}$$

　　FPATAN 指令計算正切值為 Y/X 的角度。X 值存於暫存器堆疊頂端的暫存器內；Y 值存於 ST(1) 暫存器。X 與 Y 值必須滿足 $0 < Y < X < \infty$。得到的結果以強度表示，並且存在 ST(1) 暫存器內，然後將 ST 值加 1，使結果儲存於新的暫存器堆疊頂端的暫存器中。

　　FPTAN 指令計算暫存器堆疊頂端的暫存器中儲存的角度 Y/X (以強度為單位) 的正切值。角度範圍必須在 -2^{63} 到 $+2^{63}$ 之間 (在 8087 中，當角度正好在 0 或 $\pi/4$ 時，FPTAN 指令無法正常動作)。在指令執行後，角度的正切值部分取代暫存器堆疊頂端的暫存器的內容，而 PUSH 1.0 到暫存器堆疊中變成新的暫存器堆疊頂端的暫存器。

　　下面例題說明如何利用正切函數指令 FPTAN，求取正弦函數的值。

■ 例題 11.3-1: 正弦函數的計算

　　利用正切值求取正弦函數值的程式例。

解：整個程式大致分成三部分：

　(a) 轉換原來的角度為 45° 以下的角度；

　(b) 求出這個角度的正切值；

　(c) 利用關係式求出原來函數的正弦函數值。

第一部分的程式片段由 MOV AX,ANGLE 的指令開始，到 CONT: MOV TEMP,AX 指令為止。這段程式檢查 ANGLE 的角度，並轉換為 45° 以內的角度存入 TEMP

表 11.3-1: x87 FPU 超越函數指令

指令	動作	IS	IE	DE	ZE	OE	UE	PE
F2XM1	假設 $-1 < (ST) < 1$ $(ST) \leftarrow 2^{(ST)} - 1;$	Y	Y	Y	-	-	Y	Y
FPATAN	假設 $0 < (ST(1)) < (ST) < \infty$ $(temp) \leftarrow \arctan[(ST(1))/(ST)];$ $ST \leftarrow ST + 1;$ $(ST) \leftarrow (temp);$	Y	Y	Y	-	-	Y	Y
FPTAN	假設 $|(ST)| < 2^{63}$ $(ST) \leftarrow \tan(ST);$ $ST \leftarrow ST - 1;$ $(ST) \leftarrow 1.0;$	Y	Y	Y	-	-	Y	Y
FYL2X	假設 $\infty < (ST) < \infty$ 而且 $-\infty < (ST(1)) < \infty;$ $(temp) \leftarrow (ST(1)) \times \log_2(ST);$ $ST \leftarrow ST + 1;$ $(ST) \leftarrow (temp);$	Y	Y	Y	Y	Y	Y	Y
FYL2XP1	假設 $-(1-\sqrt{2}/2) \leq (ST) \leq (\sqrt{2}-1)$ 而且 $-\infty < (ST) < \infty$ $(temp) \leftarrow (ST(1)) \times \log_2((ST)+1.0);$ $ST \leftarrow ST + 1;$ $(ST) \leftarrow (temp);$	Y	Y	Y	-	-	Y	Y

中。第二部分的程式片段由 FINIT 指令開始到 FWAIT 指令為止，求取 TEMP 角度的正切函數。在這段程式執行後，X (鄰邊) 存於 ST(0)；Y (對邊) 存於 ST(1)。第三部分則利用關係式：$\sin(\theta) = \cos(90° - \theta)$ 與 $\sin(q) = Y/\sqrt{X^2+Y^2}$ 或 $\cos(q) = X/\sqrt{X^2+Y^2}$，求取需要的正弦函數值。當 $\theta > 45°$ 時，求 $\cos(90° - \theta)$；否則直接求 $\sin(\theta)$ 即可。這段程式由剛剛的 FWAIT 指令之後開始，一直到 RET 指令前的 FWAIT 指令為止。

```
                        ;Ex11.3-1.asm
                        ;This program will calculate the sine
                        ;of a specified integer angle, between
                        ;0 and 90 degrees.
                                .387
                                .386
                                .model  flat,stdcall
                                option  casemap:none
00000000                        .data
00000000 00000041        ANGLE   DD      65
00000004 00000000        TEMP    DD      00
00000008 43340000        CONST   DD      180.0
```

```
0000000C 0000000000000000    SINE    DQ    00
                                      ;
00000000                              .code
00000000                      START   PROC  FAR
00000000  A1 00000000 R               MOV   EAX,ANGLE;45 is boundary
00000005  83 F8 2D                    CMP   EAX,45   ;condition
00000008  7F 02                       JG    FIXIT    ;if larger, jump
0000000A  EB 05                       JMP   CONT     ;else continue
0000000C  F7 D8               FIXIT:  NEG   EAX        ;sub 90 — AX
0000000E  83 C0 5A                    ADD   EAX,90
00000011  A3 00000004 R       CONT:   MOV   TEMP,EAX ;save result
00000016  9B DB E3                    FINIT        ;initialize 8087
00000019  D9 EB                       FLDPI        ;put PI on stack
0000001B  D9 05 00000008 R            FLD   CONST;put const on stack
00000021  DE F9                       FDIV         ;calculate PI / 180
00000023  DB 05 00000004 R            FILD  TEMP ;load temp
00000029  DE C9                       FMUL         ;temp * PI/ 180
0000002B  D9 F2                       FPTAN        ;make the tangent of
0000002D  9B                          FWAIT        ;the product
0000002E  A1 00000000 R               MOV   EAX,ANGLE ;check angle size
00000033  83 F8 2D                    CMP   EAX,45 ;if 45 or less, use
00000036  7F 02                       JG    COSIN ;sine else use cosine
00000038  EB 02                       JMP   SININ
0000003A  D9 C9               COSIN:  FXCH  ST(1) ;exchange stack
0000003C  D8 C8               SININ:  FMUL  ST(0),ST;
0000003E  D9 C9                       FXCH  ST(1)
00000040  D9 C0                       FLD   ST(0) ;trig identity for
00000042  D8 C8                       FMUL  ST(0),ST;sine or cosine
00000044  D8 C2                       FADD  ST(0),ST(2);X or Y divided
00000046  D9 FA                       FSQRT        ;by hypot.
00000048  DE F9                       FDIVP ST(1),ST
0000004A  DD 1D 0000000C R            FSTP  SINE ;pop result
00000050  9B                          FWAIT        ;synchronize
00000051  CB                          RET
00000052                      START   ENDP
                                      END   START
```

　　下列例題為在例題 11.3-1 的程式中，加上迴路指令後，計算出 0° 到 90° 之間的正弦函數值。

■ 例題 11.3-2: 正弦函數表

設計一個程式求取 0° 到 90° 的正弦函數表。

解：這個程式主要是利用例題 11.3-1 的程式，然後加上迴路控制指令，讓 ANGLE 依序由 0° 變化到 90°，求出所有整數角度的正弦函數值，結果存於 SINE 記憶器區。

```
                                        ;ex11.3−2.asm
                                        ;This program will calculate the sine
                                        ;of a specified integer angles from
                                        ;0 and 90 degrees and store results in
                                        ;memory.
                                                .387
                                                .386
                                                .model  flat,stdcall
                                                option  casemap:none
00000000                                        .data
00000000 00000000            ANGLE      DD      00
00000004 00000000            TEMP       DD      00
00000008 43340000            CONST      DD      180.0
0000000C  0000005B [         SINE       DQ      91 DUP(0)
          0000000000000000]
                             ;
00000000                                        .code
00000000                     START      PROC    FAR
00000000  8D 1D 0000000C R              LEA     EBX,SINE
00000006  A1 00000000 R     AGAIN:      MOV     EAX,ANGLE;45 is boundary
0000000B  83 F8 2D                      CMP     EAX,45    ;condition
0000000E  7F 02                         JG      FIXIT   ;if larger, jump
00000010  EB 05                         JMP     CONT     ;else continue
00000012  F7 D8             FIXIT:      NEG     EAX      ;sub 90 − AX
00000014  83 C0 5A                      ADD     EAX,90
00000017  A3 00000004 R     CONT:       MOV     TEMP,EAX ;save result
0000001C  9B DB E3                      FINIT         ;initialize 8087
0000001F  D9 EB                         FLDPI        ;put PI on stack
00000021  D9 05 00000008 R              FLD     CONST;put const on stack
00000027  DE F9                         FDIV         ;calculate PI / 180
00000029  DB 05 00000004 R              FILD    TEMP ;load temp
0000002F  DE C9                         FMUL         ;temp * PI/ 180
00000031  D9 F2                         FPTAN        ;make the tangent of
00000033  9B                            FWAIT        ;the product
00000034  A1 00000000 R                 MOV     EAX,ANGLE ;check angle size
00000039  83 F8 2D                      CMP     EAX,45 ;if 45 or less, use
0000003C  7F 02                         JG      COSIN ;sine else use cosine
0000003E  EB 02                         JMP     SININ
00000040  D9 C9             COSIN:      FXCH    ST(1) ;exchange stack
00000042  D8 C8             SININ:      FMUL    ST(0),ST;
00000044  D9 C9                         FXCH    ST(1)
```

```
00000046   D9 C0                              FLD   ST(0) ;trig identity for
00000048   D8 C8                              FMUL  ST(0),ST;sine or cosine
0000004A   D8 C2                              FADD  ST(0),ST(2);X or Y divided
0000004C   D9 FA                              FSQRT       ;by hypot.
0000004E   DE F9                              FDIVP ST(1),ST
00000050   DD 1B                              FSTP  QWORD PTR [EBX]  ;pop result
00000052   9B                                 FWAIT       ;synchronize
                               ;
00000053   83 C3 08                           ADD   EBX,08H ;point to next loc.
00000056   83 05 00000000 R                   ADD   ANGLE,01;increment angle
           01
0000005D   83 3D 00000000 R                   CMP   ANGLE,90;do for 0 to 90.
           5A
00000064   7E A0                              JLE   AGAIN ;if not 91, do again
00000066   CB                                 RET
00000067               START                  ENDP
                                              END   START
```

　　FYL2X 指令計算 $Y \log_2 X$ 的值。X 與 Y 值的範圍為：$0 < X < \infty$；$-\infty < Y < \infty$。指令執行前 Y 值存於暫存器堆疊中的 ST(1) 暫存器，而 X 值存於暫存器堆疊頂端的暫存器 (即 ST(0)) 內，執行後結果存於 ST(1) 暫存器，並且將 ST 值加 1，使成為新的暫存器堆疊頂端的暫存器。

　　FYL2XP1 指令計算 $Y \log_2 (X + 10)$ 的值。除了在求一個接近於 1.0 的數目之 log 值較精確外，指令的動作與 FYL2X 指令相同。

　　在 80387↑ 中，有三個新的超越函數計算指令：FCOS、FSIN、FSINCOS，如表 11.3-2 所示。FCOS 指令計算 $\cos(X)$ 的值，X 值的範圍以弧度表示時必須為 $-2^{63} < X < 2^{63}$；FSIN 指令計算 $\sin(X)$ 的值，X 值的範圍以弧度表示時必須為：$-2^{63} < X < 2^{63}$；FSINCOS 指令則同時計算出 $\sin(X)$ 與 $\cos(X)$ 的值，並分別儲存結果於暫存器堆疊頂端的兩個暫存器內。

11.3.2 常數指令

　　x87 FPU 的常數指令組如表 11.3-3 所示。這些指令的動作為儲存一個常數於暫存器堆疊頂端的暫存器內。依指令的不同，存入暫存器堆疊頂端的暫存器內的常數分別為：0.0、1.0、π、$\log_2 e$、$\log_2 10$、$\log_{10} 2$、$\log_e 2$ 等七個，利用這些常數與前面的超越函數結合後，即可以計算出各式各樣的數學函數值。

表 11.3-2: 80387↑ 新加入的超越函數指令

指令	動作	IS	IE	DE	ZE	OE	UE	PE
FCOS	假設 $|(ST)| < 2^{63}$; $(ST) \leftarrow \cos(ST)$;	Y	Y	Y	-	-	Y	Y
FSIN	假設 $|(ST)| < 2^{63}$ $(ST) \leftarrow \sin(ST)$;	Y	Y	Y	-	-	Y	Y
FSINCOS	假設 $|(ST)| < 2^{63}$ $(ST) \leftarrow \sin(ST)$; $ST \leftarrow ST - 1$; $(ST) \leftarrow \cos(ST)$;	Y	Y	Y	-	-	Y	Y

表 11.3-3: x87 FPU 常數指令

指令	動作	IS	IE	DE	ZE	OE	UE	PE
FLDZ	$ST \leftarrow ST - 1$; $(ST) \leftarrow 0.0$;	Y	-	-	-	-	-	-
FLD1	$ST \leftarrow ST - 1$; $(ST) \leftarrow 1.0$;	Y	-	-	-	-	-	-
FLDPI	$ST \leftarrow ST - 1$; $(ST) \leftarrow \pi$;	Y	-	-	-	-	-	-
FLDL2E	$ST \leftarrow ST - 1$; $(ST) \leftarrow \log_2 e$;	Y	-	-	-	-	-	-
FLDL2T	$ST \leftarrow ST - 1$; $(ST) \leftarrow \log_2 10$;	Y	-	-	-	-	-	-
FLDLG2	$ST \leftarrow ST - 1$; $(ST) \leftarrow \log_{10} 2$;	Y	-	-	-	-	-	-
FLDLN2	$ST \leftarrow ST - 1$; $(ST) \leftarrow \log_e 2$;	Y	-	-	-	-	-	-

11.3.3　處理器控制指令

x87 FPU 處理器控制指令組如表 11.3-4 所示，這些指令分別重置 x87 FPU、致能中斷要求，以及儲存狀態暫存器與控制暫存器內容於記憶器中。指令助憶碼中第二個字母為 N 與不含 N 的指令功能相同，但是在組譯時，這些第二個字母為 N 的指令之前加上的是 NOP 而非 WAIT 指令。

F(N)INIT 指令重新設定 x87 FPU 狀態，指令執行後，控制暫存器內容設定 03FFH；TAG 語句設定為空態；清除所有錯誤、忙碌、中斷要求旗號，並且清除 ST 為 0。

F(N)DISI 指令抑制中斷要求輸出；F(N)ENI 指令致能中斷要求輸出。這兩個指令只在 8087 中使用，在 80287 以後的 FPU 中則忽略其動作。

表 **11.3-4:** x87 FPU 控制指令

指令	動作	IS	IE	DE	ZE	OE	UE	PE
F(N)INIT	對 x87 FPU 作初值設定	-	-	-	-	-	-	-
F(N)DISI	IEM ← 1 (8087);	-	-	-	-	-	-	-
F(N)ENI	IEM ← 0 (8087);	-	-	-	-	-	-	-
F(N)CLEX	清除狀態暫存器中的位元:	0	0	0	0	0	0	0
	B,ES,SF,PE,UE,OE,ZE,DE, 與 IE 為 0							
FINCSTP	ST ← ST + 1;	-	-	-	-	-	-	-
FDECSTP	ST ← ST - 1;	-	-	-	-	-	-	-
F(N)LDCW m2byte	CR ← (m2byte);	-	-	-	-	-	-	-
F(N)STCW m2byte	(m2byte) ← CR;	-	-	-	-	-	-	-
F(N)STSW m2byte/AX	(m2byte)/AX ← SR;	-	-	-	-	-	-	-
F(N)STENV m14/28byte	儲存 FPU 環境到 m14/28byte 內							
	然後抑制 FPU 的所有中斷要求							
F(N)LDENV m14/28byte	自 m14/28byte 載入 FPU 的環境							
F(N)SAVE m94/108byte	儲存 FPU 環境到 m94/108byte 內							
	然後做 FPU 的初值設定							
FRSTOR m94/108byte	自 m94/108byte 載入 FPU 的環境							
FFREE ST(i)	清除 TAG ST(i) 為空態							
FNOP	No operation	-	-	-	-	-	-	-
FWAIT	即 WAIT 指令	-	-	-	-	-	-	-

F(N)CLEX 指令清除狀態暫存器的 B、ES、SF、PE、UE、OE、ZE、DE 與 IE 等狀態位元為 0。FINCSTP 與 FDECSTP 指令分別將 ST 值加 1 與減 1。FNOP 指令相當於 CPU 中的 NOP 指令。

FLDCW 指令載入一個記憶器語句到控制暫存器內;F(N)STCW 指令儲存控制暫存器 (CR) 內容於記憶器中。

F(N)STSW 指令儲存狀態暫存器 (SR) 內容於記憶器內;在 80287 以後的 FPU 中,則另外加入 F(N)STSW AX 指令。FSTSW AX 指令儲存狀態暫存器內容於暫存器 AX 內,一但狀態暫存器的內容在暫存器 AX 中,接著可以使用指令 SAHF,轉移暫存器 AH 內容到 (E)FLAGS 的低序位元組內,然後使用適當的條件分歧指令 Jcc,判別狀態暫存器中的狀態。當然也可以使用 TEST 指令,直接測試暫存器 AX 的個別位元。下列例題說明此項應用。

■ 例題 11.3-3: FSTSW AX 指令的應用

下列程式說明如何使用 FSTSW AX 指令，取出 FPU 內部的狀態暫存器內容後，使用指令 TEST 直接測試其中的位元，因而得知錯誤的原因。為具體說明此項動作，程式的功能為自記憶器中載入兩個整數，然後計算它們的商數。程式中的 FILD 指令載入一個四語句整數於暫存器堆疊頂端的暫存器內，接著使用指令 FIDIV 計算其商數，為了能夠得知是否有除以 0 的情形發生，在指令 FIDIV 後面使用 FSTSW AX、TEST AX,04H、JNZ DIVIDE_ERROR 等指令組成一個判斷動作，並在有除以 0 的情形發生時，顯示一個錯誤訊息於螢幕。

```
                          ;ex11.3-4.asm
                                  .387
                                  .386
                                  .model   flat,stdcall
                                  option   casemap:none
                                  .nolist
                          include     c:\masm32\include\windows.inc
                          include     c:\masm32\include\kernel32.inc
                          include     c:\masm32\include\user32.inc
                          includelib  c:\masm32\lib\kernel32.lib
                          includelib  c:\masm32\lib\user32.lib
                                  .listall
00000000                          .data
00000000                  DIVIDEND  DQ       123456789ABCDEF0H
         123456789ABCDEF0
00000008 00000000         DIVISOR   DD       00H
0000000C                  RESULT    DQ       00H      ;result
         0000000000000000
00000014 46 53 54 53 57   TITLE_A   DB       'FSTSW指令的應用例',0
         AB FC A5 4F AA
         BA C0 B3 A5 CE
         A8 D2 00
00000026 44 49 56 49 44   MESSAGE   DB       'DIVIDE BY ZERO !',0
         45 20 42 59 20
         5A 45 52 4F 20
         21 00

                          ;a simple division example to illustrate
                          ;the usage of FSTSW instruction.
00000000                          .code
00000000                  START   PROC  NEAR
                                  ;
00000000 9B DB E3                 FINIT             ;initialize 8087
00000003 DF 2D 00000000 R         FILD  DIVIDEND;load dividend
```

```
00000009   DA 35 00000008 R                    FIDIV DIVISOR ;divide by divisor
                                        ;test the divide—by—zero case
0000000F   9B DF E0                             FSTSW AX
00000012   66| A9 0004                          TEST  AX,04H  ;bit 2
00000016   75 09                                JNZ   DIVIDE_ERROR
00000018   DF 3D 0000000C R                      FISTP RESULT  ;store result
0000001E   9B                                   FWAIT         ;synchronize
0000001F   EB 13                                JMP   SHORT DONE
                                        ;display a warning message
00000021                                DIVIDE_ERROR:
                                             invoke MessageBox,NULL,addr \
                                                    MESSAGE,addr TITLE_A,MB_OK
00000021   6A 00             *               push   +000000000h
00000023   68 00000014 R     *               push   OFFSET TITLE_A
00000028   68 00000026 R     *               push   OFFSET MESSAGE
0000002D   6A 00             *               push   +000000000h
0000002F   E8 00000000 E     *               call   MessageBoxA
                                        ;exit to system
00000034                                DONE:   invoke  ExitProcess,NULL
00000034   6A 00             *               push   +000000000h
00000036   E8 00000000 E     *               call   ExitProcess
0000003B                                START   ENDP
                                                END    START
```

　　F(N)STENV 指令依序儲存 x87 FPU 的控制暫存器、狀態暫存器、TAG 語句、指令指標、運算元指標等 (在 16 位元節區中為 14 位元組；在 32 位元節區中為 28 位元組) 於指定的記憶器位置中。F(N)LDENV 指令轉移一個指定的連續記憶器位置內容到 x87 FPU 的控制暫存器、狀態暫存器、TAG 語句、指令指標與運算元指標內。

　　F(N)SAVE 指令儲存 x87 FPU 整個規劃模式 (CR、SR、TR、IP、OP、ST(0) ～ ST(7)) 內容於指定的記憶器區域，此區域大小為 94 (在 32 位元節區中為 108) 個位元組，於資料儲存完成後，此指令再執行 F(N)INIT 指令的功能，使 x87 FPU 處於重置狀態。FRSTOR 指令轉移一個 94 (在 32 位元節區中為 108) 位元組的記憶器區內容於 x87 FPU 的規劃模式中。FFREE 指令清除指定的標的暫存器 TAG 為空態。

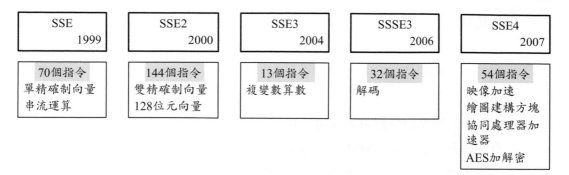

圖 11.4-1: 多媒體處理器指令組的演進

11.4　SIMD 多媒體處理器

　　目前的 x86/x64 微處理器均提供一組功能強大的 SIMD (single-instruction, multiple-data) 多媒體處理器指令，以執行併裝整數 (packed integer)、併裝單精確制浮點數 (packed single-precision floating point)、併裝雙精確制浮點數 (packed double-precision floating point) 等運算。本小節中，我們首先介紹多媒體處理器的演進，然後介紹 SIMD 多媒體處理器的規劃模式。

11.4.1　多媒體處理器的演進

　　自 Pentium II 與 Pentium MMX 序列微處理器開始截至目前為止，SIMD 指令組在 x86/x64 微處理器中已經歷經了六個世代的演進。每一次演進中均在現有的基礎上再加入一些新的指令，因此可以與舊有的 SIMD 多媒體處理器相容。這一些演進包括：MMX (multimedia extension) 技術，SSE 擴充 (streaming SIMD extensions)，SSE2 擴充 (streaming SIMD extensions 2)，SSE3 擴充 (streaming SIMD extensions 3)，SSSE3 擴充 (supplemental streaming SIMD extensions 3)，與 SSE4 擴充 (streaming SIMD extensions 4)。每一種擴充均提供一組針對併裝整數與併裝浮點數資料的 SIMD 指令。圖 11.4-1 說明 Intel x86/x64 微處理器的 SIMD 多媒體處理器指令組在 MMX 技術之後的演進。

　　SIMD 指令組的整數運算可以使用 64 位元的 MMX 或是 128 位元的 XMM 暫存器；SIMD 指令組的浮點數運算可以使用 128 位元的 XMM 暫存器。MMX

技術首先引入 Pentium II 與 Pentium MMX 序列微處理器中。MMX 指令組針對裝載於 MMX 暫存器中的併裝位元組、語句、雙語句等整數執行 SIMD 運算。對於需要串流運算的整數陣列或是整數資料流，這一組 SIMD 指令可以發揮相當大的功能。

SSE 擴充指令組首先採用於 Pentium III 微處理器序列中。大部分的 SSE 指令組係針對儲存於 XMM 暫存器中的併裝單精確制浮點數及 MMX 暫存器中的併裝整數做運算，這一些運算的主要應用為 3-D 幾何計算、3-D 圖形顯示、數位影像編碼與解碼等。部分 SSE 指令亦提供相關的狀態管理、快取記憶器控制、記憶器順序運算等。

SSE2 擴充指令組首先引用於 Pentium 4 與 Intel Xeon 微處理器序列中。SSE2 指令組可以執行儲存於 XMM 暫存器中的併裝雙精確制浮點數運算及位於 MMX 與 XMM 暫存器中的併裝整數運算。SSE2 的整數指令組係擴充 x86 微處理器中現有的 64 位元 SIMD 整數運算並加入 128 位元的 SIMD 整數運算成為 XMM 能力。SSE2 指令亦提供相關的快取記憶器控制與記憶器順序運算。

SSE3 的擴充世代中增加了 13 個 SIMD 指令，首先應用於 Pentium 4 微處理器中，以加速串流 SIMD 擴充技術及 x87 FPU 算數運算能力。SSSE3 為 SSE3 的擴充，它增加了 32 個 SIMD 整數資料的運算指令。SSSE3 擴充指令組首先出現於 Xeon 5100 與 Core 2 序列微處理器中。

在 SSE4 的擴充世代中增加了 54 個指令，其中 47 個指令稱為 SSE4.1 指令，率先建立於 Xeon 5400 微處理器與 Core 2 Extreme (QX9650) 微處理器序列中；另外 7 個指令則稱為 SSE4.2 指令。

11.4.2 規劃模式

x86/x64 微處理器的多媒體處理器的規劃模式如圖 11.4-2 所示，它主要由 8 個 64 位元的 MMX 暫存器組與 8 個 128 位元的 XMM 暫存器組及一個控制與狀態暫存器 (MXCSR) 組成。其中 MMX 暫存器為 Pentium MMX 微處理器率先引入，以處理併裝整數資料。在硬體上，MMX 暫存器並不是一組新的暫存器，相反的，它直接使用 FPU 處理器中暫存器堆疊的 8 個暫存器中的 64 位元假數部分，如圖 11.1-2 所示。因此，任何 MMX 暫存器的內容變化，也將出現在對

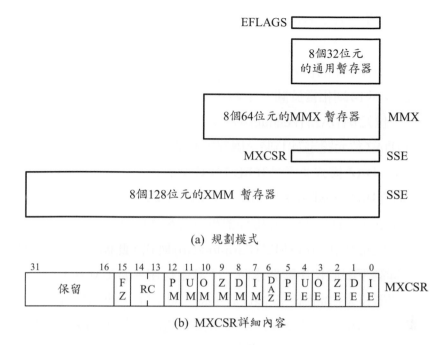

(a) 規劃模式

(b) MXCSR詳細內容

圖 11.4-2: x86/x64 多媒體處理器規劃模式

應的 FPU 暫存器的假數部分，反之亦然。注意：對任何 MMX 暫存器的寫入動作，均會設定對應的 FPU 暫存器堆疊中的對應的暫存器之指數部分 (即位元 64 ~ 79) 的全部位元為 1。在程式設計中，MMX 暫存器直接使用暫存器名稱 (MM0 ~ MM7) 存取，而 FPU 暫存器堆疊則使用堆疊方式存取。

程式中執行MMX指令時，第一個MMX指令，促使MMX暫存器取代FPU暫存器的地位，並設定FPU暫存器的標籤語句為成立。若欲回到FPU指令的執行，則必須先執行指令 EMMS (empty MMX state)，清除 MMX 狀態。

在 Pentium III 微處理器中，新增加 8 個 128 位元的 XMM 暫存器組，以處理併裝單精確制浮點數，即一次可以執行四個單精確制的浮點數運算，此項相關技術稱為 SSE。此外，SSE 在 64 位元的 MMX 暫存器中，擴充一些 64 位元的 SIMD 指令。在 Pentium 4 微處理器中，則擴充 SSE 為 SSE2，並擴充 SSE 中的併裝單精確制浮點數運算為併裝雙精確制浮點數運算，及擴充在 MMX 與 SSE 中在 MMX 暫存器上運算的 64 位元併裝整數運算指令為在 XMM 暫存器上運算的 128 位元指令。

　　浮點數運算相關的控制與狀態暫存器稱為 MXCSR，其詳細資料如圖 11.4-2(b) 所示。它大致上為 x87 FPU 的控制與狀態暫存器的總合，位元 0 到 5 相當於圖 11.1-5 中的位元 0 到 5；位元 7 到 12 則相當於圖 11.1-4 中的位元 0 到 5；位元 13 與 14 則相當於圖 11.1-4 中的位元 10 與 11。

　　位元 6 (DAZ) (Pentium 4↑) 啟動 DAZ (denormals-are-zeros) 模式，在 DAZ 模式 (DAZ 位元設定為 1) 時，處理器轉換所有非標準化來源運算元為相同正負號的 0。DAZ 模式並不是 IEEE 754 標準的模式，它的功能為改善多媒體資料處理時的品質，因為設定一個去標準化的數為 0，並不會明顯造成被處理資料的品質惡化。DAZ 位元在處理器重置時被清除為 0。

　　位元 15 (FZ) 啟動 FZ (flush-to-zero) 模式，此模式只在 UM 位元設定為 1 時，即抑制下限溢位中斷要求時，才發生作用。當 UM 與 FZ 位元均設定為 1 時，處理器每當偵測到下限溢位發生時，即執行下列動作：(1). 傳回與真實結果相同符號的 0；(2). 設定 PE 與 UE 兩個狀態位元為 1。FZ 模式並不是 IEEE 754 標準的模式，而 FZ 位元在處理器重置時被清除為 0。

　　多媒體處理器的資料類型如圖 11.4-3 所示，在 MMX 暫存器上只能處理併裝整數資料，其寬度為位元組、語句、雙語句、四語句 (SSE2)；在 XMM 暫存器中，則可以處理併裝整數 (SSE2↑) 與單精確制浮點數 (SSE↑) 及雙精確制浮點數 (SSE2↑) 資料，其中併裝整數的寬度為位元組、語句、雙語句、四語句。

　　在多媒體處理器中的 SIMD 執行模式可以分成併裝與純量兩種模式，如圖 11.4-4 所示。在併裝模式中，每一個來源運算元中的各個值均同時與標的運算元中對應的值執行需要的運算，結果再存回標的運算元中對應的值，如圖 11.4-4(a) 所示。在純量模式中，每一個來源運算元中的最低序值與標的運算元中的最低序值執行需要的運算，結果再存回標的運算元中最低序的值，標的運算元中的其它值則不受影響，如圖 11.4-4(b) 所示。

11.4.3 重疊算術與飽和算術

　　在整數運算中，當運算後的結果超出範圍，即產生上限溢位或是下限溢位時，一般有三種處理方式：重疊算術 (wraparound arithmetic)、帶號數飽和算術

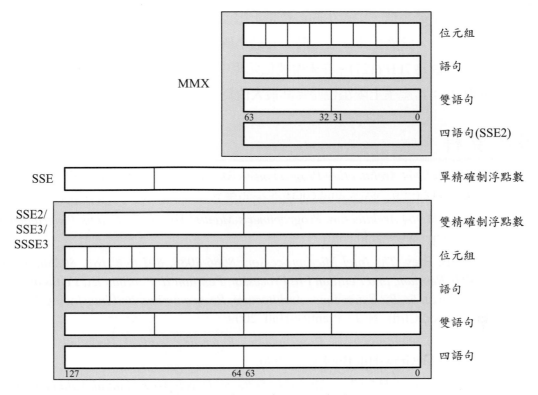

圖 11.4-3: 多媒體處理器的資料類型

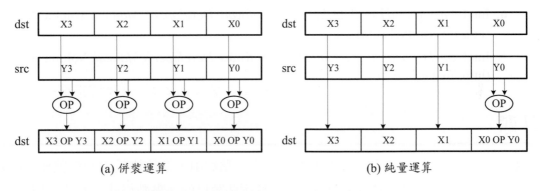

(a) 併裝運算　　　　　　　　　　　　(b) 純量運算

圖 11.4-4: 多媒體處理器的 SIMD 執行模式

(signed saturation arithmetic)、未帶號數飽和算術 (unsigned saturation arithmetic)。

在重疊算術中，直接忽略產生的進位位元的值，即使用模 2^n 的算術運算，其中 n 為運算元的位元寬度。

在飽和算術中，當結果超出能夠表示的範圍值時，則停留在能夠表示的最

大值或是最小值，由產生的溢位是上限溢位或是下限溢位而定。例如在帶號
位元組中，當產生下限溢位時，其最小值為 80H (-128)；當產生上限溢位時，
其最大值為 7FH (127)。在未帶號位元組中，當產生下限溢位時，其最小值為
00H (0)；當產生上限溢位時，其最大值為 FFH (255)。

參考資料

1. AMD, *AMD64 Architecture Programmer's Manual Volume 1: Application Programming,* 2012 (http://www.amd.com)

2. AMD, *AMD64 Architecture Programmer's Manual Volume 2: System Programming,* 2012 (http://www.amd.com)

3. Barry B. Brey, *The Intel Microprocessors 8086/8088, 80186/80188, 80286, 80386, 80486, Pentium, and Pentium Pro Processor, Pentium II, Pentium III, Pentium 4, and Core 2 with 64-Bit Extensions: Architecture, Programming, and Interfacing,* 8th. ed., Englewood Cliffs, N. J.: Prentice-Hall, 2009.

4. Intel, *i486 Microprocessor Programmer's Reference Manual,* Berkeley, California: Osborne/McGraw-Hill Book Co., 1990.

5. Intel, *Intel 64 and IA-32 Architectures Software Developer's Manual, Volume 1: Basic Architecture,* 2011. (http://www.intel.com)

6. Intel, *Intel 64 and IA-32 Architectures Software Developer's Manual,* Volume 2, 2011. (http://www.intel.com)

7. Intel, *Intel 64 and IA-32 Architectures Software Developer's Manual,* Volume 3, 2011. (http://www.intel.com)

習題

11-1 試舉例討論在使用偏移指數表示法的浮點數中，當欲比較兩個符號相同的數
目大小時，只需要由左到右一一比較兩個數目的浮點數格式中的位元組即可。

11-2 下列各數為以十六進制所表示的單精確制浮點數的數目，則其等值的十進制
數目為多少？

(1) 4C341200　　　　　　　　　　**(2)** CA5B2000

(3) 3C630000　　　　　　　　　　**(4)** 2D740011

11-3 轉換下列十進制數目為單精確制浮點數 (以十六進制表示)：

(1) -123450000   **(2)** -148.4375×10^3

(3) 1.2345625×10^5 **(4)** 234.675

11-4 設計一個程式，轉換一個未帶號十進制數目為等值的單精確制浮點數格式。

11-5 試寫一個程式，計算一個球體的體積：$V = 4\pi r^3/3$，其中 r 為半徑，儲存在記憶器 RADIUS。

11-6 設計一個程式，計算一個半徑為 r 的圓形面積。

11-7 設計一個程式，計算一個 LC 諧振電路的諧振頻率：$f = 1/2\pi\sqrt{LC}$。

11-8 設計一個程式，計算一個二階多項式：$ax^2 + bx + c = 0$ 的兩個實數根 (假設 $b^2 - 4ac \geq 0$)。

11-9 使用 FSIN 指令重做例題 11.3-2。

11-10 使用 FCOS 指令，設計一個程式求取 $0°$ 到 $90°$ 的餘弦函數表。

12 PC系統I/O裝置與界面

在大型微處理器系統(例如PC系統)中，通常使用鍵盤(keyboard)輸入欲運算的資料或是程式，使用液晶顯示器(LCD)顯示微處理器處理的資料結果，與使用高容量儲存媒體儲存相關或是保存資料。因此，在本章中，我們首先探討一些大型微處理器系統(例如PC系統)的周邊裝置與相關的匯流排界面。這些包括映像顯示系統、文字模式顯示原理及推動程式的設計、繪圖模式顯示器原理、列表機界面。接著，介紹輔助記憶器系統與裝置：軟式磁碟記憶器、硬式磁碟記憶器、固態硬碟、光碟記憶器(CD-ROM、CD-R/CD-RW、DVD、藍光DVD)。最後，則以PC系統的SATA與USB匯流排界面作為終結。

12.1 映像顯示系統

這一節將討論文字模式與繪圖模式下的映像顯示系統(video display system)之動作原理。

12.1.1 文字模式顯示器

文字模式為許多作業系統，尤其是嵌入式作業系統在控制台模式下的基本顯示模式。因此，這一節將介紹文字模式的顯示原理、界面卡、推動程式的設計。

12.1.1.1 文字顯示原理 在螢幕上顯示文字時，通常先儲存這些文字的字型圖案(稱為顯示矩陣，display matrix)於一個字元產生器(character generator)內。

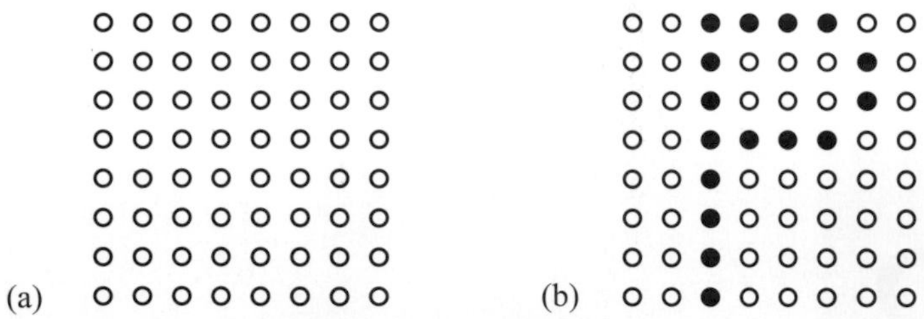

圖 12.1-1: 8×8 顯示矩陣：(a) 8×8 顯示矩陣；(b) 字母"P" 的顯示矩陣

圖 12.1-1 所示為一個 8×8 的顯示矩陣與顯示大寫字母 "P" 的情況。常用的顯示矩陣大小為 5×7、8×8、7×9 與 9×14。在螢幕顯示系統中，任何需要顯示的字元顯示矩陣，都儲存在字元產生器 (可以視為一個表格) 中。字元產生器有兩個輸入端：一個選擇字元顯示矩陣的基底位址 (通常以 ASCII 碼輸入)；另一個則選取顯示矩陣中的各個列的資料。字元產生器的輸出則為顯示矩陣中所有的列的資料。

螢幕系統在顯示文字時是以掃描線為基礎的，如圖 12.1-2 所示。例如在圖中，欲顯示 A 與 B 兩個字元時，第一條掃描線分別顯示 A 與 B 兩個字元的顯示矩陣中第一列的值，第二條掃描線則顯示顯示矩陣中第二列的值，依此類推。在顯示完字元 A 與 B 的所有的顯示矩陣中的資料後，又另外顯示數條 (實際數目依系統而定) 空白線，以區別兩個字元列。

在了解螢幕系統字元顯示的基本原理之後，接著介紹一般在 PC 中常用的文字模式螢幕，如圖 12.1-3 所示，螢幕顯示格式為 80×25。與圖 12.1-2 相同的原理，螢幕上的第一條掃描線，首先顯示出第一個字元列 (總共 80 個字元) 中，每一個字元的顯示矩陣中的第一列的值，然後第二條掃描線則顯示第二列的值，依此類推。在顯示完第一個字元列中的 80 個字元的所有顯示矩陣中的資料後，又另外顯示數條 (實際數目依系統而定) 空白線，以區別兩個字元列。

接著以相同的方式進行第二個字元列的顯示工作 …‥‥，等，在第二十五個字元列顯示完成後，則又回到螢幕的開頭，重複剛剛的第一個字元列的顯示工作，如此不斷的執行。

為避免閃爍現象，上述動作每秒鐘至少約需重複顯示 30 次。目前的的液晶顯示器 (LCD) 都為非交叉掃描方式，而且每秒鐘均重複掃描相同的映像 50

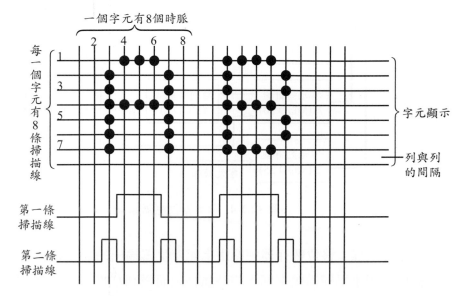

圖 **12.1-2:** 典型的顯示器系統字元顯示示意圖

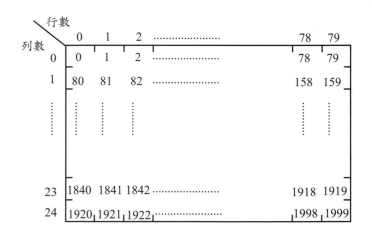

圖 **12.1-3:** 80×25 螢幕格式

或 60 次，甚至更多次，因此在畫面上感覺不出有任何閃爍現象。

12.1.1.2 顯示器控制器系統 完整的顯示器控制器系統方塊圖如圖 12.1-4 所示。其主要成份為顯示記憶器(display memory)、字元產生器、移位暫存器、映像組合器 (video generator，VDG)，及一些相關的計數器。

顯示記憶器儲存欲顯示的字元的 ASCII 碼；字元產生器儲存所有可能顯示

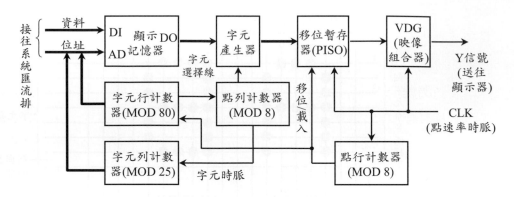

圖 12.1-4: 顯示器控制器系統方塊圖

的字元圖樣；移位暫存器轉換由字元產生器輸出的並列資料為串列資料，然後使用與水平掃描頻率同步的時脈移出而送到 CRT 顯示器；點行計數器 (dot column counter) 計數何時移位暫存器必須載入新的資料；點列計數器 (dot row counter) 選取每一個字元顯示矩陣中的列資料；字元行計數器 (character column counter) 計數每一個列一共可以顯示幾個字元；字元列計數器 (character row counter) 計數整個螢幕一共可以顯示幾列的文字。

　　為進一步的討論顯示器控制器的原理，假設：螢幕顯示格式為 80×25，如圖 12.1-3 所示；字元格式為 8×8，如圖 12.1-1 所示，其它情況則如前所述。在這假設下，點行計數器與點列計數器均為除 8 計數器；字元行計數器為除 80 計數器；字元列計數器則為除 25 計數器。

　　開始時，所有計數器皆清除為 0，因此由座標 (0,0) 的字元開始，如圖 12.1-4 所示，字元行與字元列組成的位址，讀出座標 (0,0) 的字元的 ASCII 碼後，由字元產生器選取該字元的顯示矩陣，而此時點列計數器為 0，因而選取第一個列的資料載入移位暫存器中，經過 8 個點速率時脈後，字元行計數器再加 1，選取第二個字元的顯示矩陣，由於點列計數器仍為 0，所以依序載入其第一個列的資料於移位暫存器中，然後經過 8 個點速率時脈後，字元行計數器加 1，選取第三個字元，…，依此類推，直到字元行計數器產生進位 (即計數到 80) 時，點列計數器才加 1，而依序顯示第一列字元的第二列顯示矩陣的資料。因此，每當字元行計數器計數到 80 時，點列計數器即加 1。當點列計數器計數到

8 時，表示一個字元列中所有的顯示矩陣的資料皆已顯示完畢，因此字元列計數器加 1，而顯示下一個列的字元。在字元列計數器計數到 25 時，表示整個螢幕資料皆已顯示過了，此時所有計數都又回到 0，重新另一次的顯示。為避免閃爍現象，上述動作每秒鐘至少約需重複顯示 30 次。一般的顯示器每秒均重複顯示 50 次或 60 次 (註：在微處理器系統中，常用的顯示器為非交叉掃描方式，而且每秒鐘均重複掃描相同的影像 50 或 60 次，甚至更多次)。

12.1.2　界面卡與推動程式

在文字模式時，界面卡使用 0B0000H ~ 0B0FFFH 區域的 4k 位元組 (在彩色界面卡時為 0B8000H ~ 0B8FFFH) 當作螢幕顯示資料的緩衝器，稱為顯示記憶器 (display memory) 或圖框緩衝器 (frame buffer)，螢幕格式為 80×25，如圖 12.1-5 所示。在文字模式時，每一個字元皆附屬一個屬性位元組，即每一個字元使用兩個位元組的顯示記憶器空間：偶數位址儲存字元的 ASCII 碼；奇數位址儲存屬性位元組。

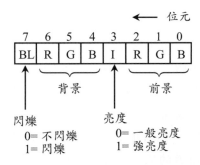

前景 R G B	前景 R G B	顯示屬性
0 0 0	0 0 0	不顯示任何東西
1 1 1	1 1 1	顯示一塊白色
0 0 0	1 1 1	顯示黑底白字
0 0 0	0 0 1	字元加底線
1 1 1	0 0 0	顯示白底黑字

圖 12.1-5: 屬性位元組

屬性位元組決定一個字元的顯示方式：黑底白字、白底黑字、強亮度、閃爍、劃底線等，如圖 12.1-5 所示。界面卡上的 4k 位元組顯示記憶器實際上是由 0B0000H (在彩色界面卡時為 0B8000H) 開始。當要讀取此記憶器內容時，節區暫存器必須設定為 0B000H (0B800H)，有效位址範圍由 0 到 3999。偶數位址儲存字元；奇數位址儲存其前面偶數位址上的字元的屬性。

在文字模式下的螢幕顯示推動程式必須提供：顯示字元、退位鍵(backspace，

BS)、CR、換行 (linefeed，LF)、向上捲頁 (scroll up) 等功能。其中退位鍵往回移動游標一個字元位置；CR 移動游標到該行的第一個字元位置；換行 (LF) 移動游標到下一行的同一個字元位置；向上捲頁則整個螢幕往上移動一行，並清除螢幕最底端的一行為空白。向上捲頁動作可以由硬體或軟體完成，硬體捲頁的必要條件是顯示記憶器的容量必須大於螢幕實際上需要的容量，因此只需要改變 CRTC(顯示控制器) 起始位址暫存器的內容即可。軟體捲頁動作則需要由指令搬動顯示記憶器的內容，才可以達成，例題 12.1-1 的程式說明如何完成這項動作。

☞ 下列程式使用 DOS 系統呼叫 INT 16H 自鍵盤讀取字元後，直接控制 CRTC (6845) 將字元顯示於顯示器上。此程式可以使用 DOSBox (Windows 與 MacOSX 版本)，在 DOS 模式中執行。

■ 例題 12.1-1: 文字模式螢幕顯示推動程式

設計一個文字模式下的螢幕顯示推動程式。

解：程式主要分成：主程式 (MAIN)、顯示器推動程式 (DISPLAY)、軟體捲頁 (SCROLL) 與游標處理 (CURSOR) 等四部分。主程式部分自鍵盤讀取一個字元後，呼叫 DISPLAY 副程式，顯示於螢幕上，若讀取的字元為 CR (0DH)，則再送一個 LF 字元 (0AH) 到 DISPLAY。若讀取的字元的 ASCII 碼為 1BH (即 ESC 鍵)，則結束程式的執行，回到 DOS 系統。DISPLAY 副程式除了顯示輸入的字元於螢幕 (即填入該字元於顯示記憶器的偶數位址中) 外，它也處理 CR、BS、LF、捲頁等功能。DISPLAY 副程式在處理每一個字元時，均會呼叫 CURSOR 副程式更新游標的位置。CURSOR 副程式，由目前的 ROW 與 COLUMN 兩個變數的內容，計算出游標在顯示記憶器中的位移位址後，填入此位址於 CRTC 的游標位址暫存器 (R14 與 R15)。SCROLL 副程式使用軟體方式執行捲頁的動作。

```
;ex1211.asm (16-bit DOS mode)
;CRT driver (TEXT mode) example for
;color display adaptors.
;for monochrome display adaptor:
;   DISPBUF   EQU 0B000H
```

```
                                    ;    CRTC_ADDR   EQU 03B4H
                                    ;    CRTC_DATA   EQU 03B5H
                                                .MODEL SMALL
= B800                              DISPBUF    EQU    0B800H ;
= 03D4                              CRTC_ADDR EQU    03D4H
= 03D5                              CRTC_DATA EQU    03D5H
                                                .STACK 200 ;200 bytes
0000                                            .DATA
0000 0000                           COLUMN     DW     0      ;current column
0002 00                             ROW        DB     0      ;current row
                                    ;
0000                                            .CODE
                                                .STARTUP
0017                                CRTDVR     PROC   FAR
                                    ;
                                    ;clear display and initialize the cursor
                                    ;
0017  B8 B800                       MAIN:      MOV    AX,DISPBUF;ES point to the
001A  8E C0                                    MOV    ES,AX  ;display buffer
001C  33 FF                                    XOR    DI,DI  ;zero offset
001E  B0 20                                    MOV    AL,' ' ;blank character
0020  B4 07                                    MOV    AH,07H ;normal display
0022  B9 07D0                                  MOV    CX,2000;total characters
0025  FC                                       CLD           ;clear the screen
0026  F3/ AB                                   REP    STOSW
0028  E8 0096                                  CALL   CURSOR ;move the cursor to
                                    ;                       home position
                                    ;main loop of the program
                                    ;
002B  32 E4                         MAIN1:     XOR    AH,AH  ;read character from
002D  CD 16                                    INT    16H    ;KBD
002F  3C 1B                                    CMP    AL,1BH ;if it's an ESC key,
0031  74 10                                    JZ     RETDOS ;return to DOS
0033  50                                       PUSH   AX     ;else display it.
0034  E8 0010                                  CALL   DISPLAY
0037  58                                       POP    AX     ;if it is a CR then
0038  3C 0D                                    CMP    AL,0DH ;also display a LF.
003A  75 EF                                    JNE    MAIN1
003C  B0 0A                                    MOV    AL,0AH
003E  E8 0006                                  CALL   DISPLAY
0041  EB E8                                    JMP    MAIN1
0043                                RETDOS:    .EXIT         ;return to MS—DOS
0047                                CRTDVR     ENDP
                                    ;
                                    ;display driver
```

```
                                        ;display the character passed by AL on the
                                        ;current cursor position.
                                        ;it processes the BS (08H),CR (0DH), and
                                        ;LF (0AH).
0047                            DISPLAY  PROC  NEAR
0047  3C 08                              CMP   AL,08H    ;backspace ?
0049  74 32                              JE    BS
004B  3C 0A                              CMP   AL,0AH    ;linefeed ?
004D  74 48                              JE    LF
004F  3C 0D                              CMP   AL,0DH    ;carriage return ?
0051  74 3A                              JE    CR
0053  8A D8                              MOV   BL,AL     ;save AL in BL
0055  B0 50                              MOV   AL,80 ;calculate the
0057  F6 26 0002 R                       MUL   ROW    ;display position.
005B  03 06 0000 R                       ADD   AX,COLUMN
005F  D1 E0                              SHL   AX,1;multiply AX by 2 gives
0061  8B F8                              MOV   DI,AX;the offset address
0063  26: 88 1D                          MOV   ES:[DI],BL;place the char.
0066  FF 06 0000 R                       INC   COLUMN      ;increment the
006A  83 3E 0000 R 50                    CMP   COLUMN,80 ;column count
006F  74 04                              JE    ENDLINE
0071  E8 004D                            CALL  CURSOR ;update the cursor
0074  C3                                 RET
0075  C7 06 0000 R 0000   ENDLINE:       MOV   COLUMN,00H ;end of line
007B  EB 1A                              JMP   SHORT LF
007D  83 3E 0000 R 00     BS:            CMP   COLUMN,00H ;backspace
0082  75 01                              JNE   BACKSP      ;processing
0084  C3                                 RET
0085  FF 0E 0000 R        BACKSP:        DEC   COLUMN ;update the cursor
0089  E8 0035                            CALL  CURSOR ;to reflect the new
008C  C3                                 RET           ;row and column.
008D  C7 06 0000 R 0000   CR:            MOV   COLUMN,00H ;CR processing
0093  E8 002B                            CALL  CURSOR
0096  C3                                 RET
0097  80 3E 0002 R 18     LF:            CMP   ROW,24 ;linefeed processing
009C  74 08                              JE    SCROLL
009E  FE 06 0002 R                       INC   ROW     ;increment row count
00A2  E8 001C                            CALL  CURSOR ;update the cursor
00A5  C3                                 RET
                                        ;executes the software scroll up operation
00A6  1E                  SCROLL:        PUSH  DS    ;save DS
00A7  B8 B800                            MOV   AX,DISPBUF;DS point to the
00AA  8E D8                              MOV   DS,AX  ;display buffer
00AC  BE 00A0                            MOV   SI,160 ;from second line
00AF  33 FF                              XOR   DI,DI  ;to first line
```

```
00B1    B9 0780                              MOV     CX,1920;move 24*80=1920
00B4    F3/ A5                               REP     MOVSW   ;words
00B6    B0 20                                MOV     AL,' '  ;fill the last line
00B8    B4 07                                MOV     AH,07H  ;with blank char.
00BA    B9 0050                              MOV     CX,80
00BD    F3/ AB                               REP     STOSW
00BF    1F                                   POP     DS      ;restore DS
00C0    C3                                   RET
00C1                            DISPLAY      ENDP
                               ;move the cursor to the position
                               ;(row,column).
00C1                            CURSOR       PROC    NEAR
00C1    B0 50                                MOV     AL,80   ;calculate the
00C3    F6 26 0002 R                         MUL     ROW     ;display position based
00C7    03 06 0000 R                         ADD     AX,COLUMN ;on row , column.
00CB    8B D8                                MOV     BX,AX      ;save AX in BX
00CD    BA 03D4                              MOV     DX,CRTC_ADDR;6845 address reg.
00D0    B0 0E                                MOV     AL,14   ;addressed R14
00D2    EE                                   OUT     DX,AL   ;
00D3    BA 03D5                              MOV     DX,CRTC_DATA;set new value to
00D6    8A C7                                MOV     AL,BH   ;cursor H register
00D8    EE                                   OUT     DX,AL   ;(R14)
00D9    BA 03D4                              MOV     DX,3D4H;6845 address reg.
00DC    B0 0F                                MOV     AL,15   ;addressed R15
00DE    EE                                   OUT     DX,AL
00DF    BA 03D5                              MOV     DX,3D5H;output new value to
00E2    8A C3                                MOV     AL,BL   ;cursor L register.
00E4    EE                                   OUT     DX,AL
00E5    C3                                   RET
00E6                            CURSOR       ENDP
                                             END
```

12.2 繪圖模式顯示器

　　由於視窗軟體的普遍使用，彩色繪圖模式的顯示器已經成為大多數 PC 系統中必備的周邊裝置，因為在視窗軟體中，任何圖案的顯示都必須使用位元對應 (bit mapping) 的方式。因此，本節中將介紹這一類型顯示器的動作原理，至於繪圖模式螢幕顯示的推動程式設計，由於其困難度較高而且目前市面上的界面卡種類不一因而標準也不一，所以本書中將不予討論。

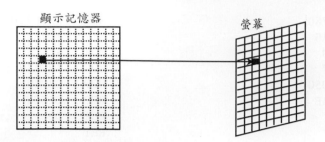

圖 12.2-1: 單色顯示器系統的顯示記憶器與螢幕像素的對應關係

12.2.1 基本原理

在繪圖模式中，顯示記憶器中的每一個位元均直接對應於螢幕上的一個點，稱為像素 (picture element，pixel)。依螢幕上可以顯示的總像素數目區分，繪圖模式的顯示器系統可以分成下列三種類型：

1. 高解析度 (high resolution)：螢幕的像素數目在 1024×1024 以上；

2. 中解析度 (medium resolution)：螢幕的像素數目約在 640×480 或 720×348 左右；

3. 低解析度 (low resolution)：螢幕的像素數目約在 320×200 左右。

在單色的顯示器系統中，若不具有灰階 (gray level，輝度層次) 的特性，顯示記憶器中每一個位元恰對應於螢幕上的一個像素，因此，只需要週期性 (每秒 30 次) 依序送出顯示記憶器的內容於顯示器上，即可以完成顯示的動作，這種系統的顯示記憶器與螢幕像素的對應關係如圖 12.2-1 所示。其硬體系統方塊圖如圖 12.2-2 所示。

■ 例題 12.2-1: 單色繪圖模式

假設某一個單色的顯示器，工作在繪圖模式，而且解析度為 640×480 個像素，則其需要的顯示記憶器容量為多少位元組？

解：由於每一個像素對應於一個位元，所以一共需要：

$640 \times 480/8 = 38400$ 個位元組

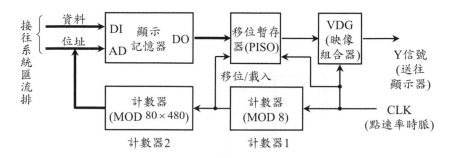

圖 12.2-2: 單色顯示器系統方塊圖

在圖 12.2-2 的系統，假設解析度為 640×480 個像素。由於每一個位元組含有 8 個位元 (即 8 個像素)，所以系統中使用一個除 8 與一個除 80×480 的計數器。每當由顯示記憶體讀取一個位元組後，PISO 即依序轉換這些位元為串列信號，送往顯示器。經過 8 個時脈後，計數器 2 加 1，因而讀取下一個位元組，送往 PISO 電路，然後轉換成串列信號送往顯示器，⋯，如此重複 480×80 次後，整個顯示記器內容皆已經顯示在螢幕上，計數器 2 回到 0，繼續計數，重新送出顯示記憶體的內容到顯示器中，如此每秒重複 50 次或 60 次。

在單色的顯示器系統，若具有灰階的特性時，依據灰階的多寡，螢幕上的每一個像素均對應於顯示記憶體中的數個位元。假設灰階數目為 L，因每一個位元可以有兩種組合，所以必須使用 $\log_2 L$ 個位元表示，因此在顯示記憶體中必須使用 $\log_2 L$ 個位元表示一個像素。

■ **例題 12.2-2: 具有色階的單色繪圖模式**

假設某一個單色的顯示器系統，工作在繪圖模式，其解析度為 640×480 個像素，並且具有 64 個灰階，則需要的顯示記憶體容量為多少？

解： 每一個像素對應於 = 6 個位元，所以一共需要：

　　$640 \times 480/8 \times 6 = 230,400$ 個位元組。

具有灰階的單色顯示器系統方塊圖，如圖 12.2-3 所示。圖中假設系統的解析度為 640×480，而每一個像素具有 L 個灰階。此系統的工作原理如下：MOD 640×480 計數器每次自顯示器讀取一個像素的 $t = \lceil \log_2 L \rceil$ 位元資料，並且經

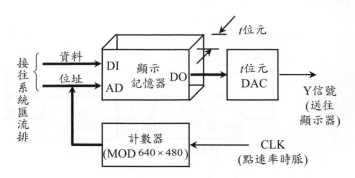

圖 12.2-3：具有灰階的單色顯示器系統方塊圖

由 t 位元的 DAC (digital-to-analog converter，數位類比轉換器) 轉換成類比信號 (Y 信號) 後，送往顯示器，如此重複 640×480 次後，計數器回到 0，繼續計數，重新傳送顯示記憶器內容到顯示器，每秒約需重複 60 次，以避免閃爍現象。

在下一小節中，將繼續擴充此具有色階的單色繪圖模式為彩色繪圖模式。

12.2.2 彩色繪圖模式

在具有 L 個色階的單色繪圖模式中，每一個像素都使用 $\log_2 L$ 個位元。若繼續擴充此觀念到每一個基本原色：R、G、B，適當的組合這三種基本原色的相對比例，則成為一個具有色彩變化的彩色繪圖模式。

彩色顯示器的基本原理為每一個像素都由相鄰的 R、G、B 等三個點組成，而每一個色點又有色階的變化，因此可以產生各種顏色。至於產生的顏色為何，則由 R、G、B 等三個點的色階值決定定。因此只需要適當的設定此數值，即可以控制螢幕上的顏色。

依照顯示記憶器與螢幕像素的對應關係，彩色繪圖系統可以分成下列兩大類：

1. 直接映成方式 (direct mapping)：顯示記憶器的輸出直接驅動 (控制) 螢幕上的像素；

2. 間接映成方式 (indirect mapping)：顯示記憶器的輸出先對應到一個映成表 (lookup table)，然後該映成表的輸出再驅動螢幕上的像素。

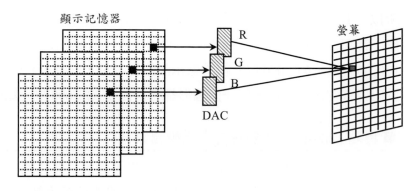

圖 12.2-4: 直接映成方式的顯示記憶器與螢幕像素的對應關係

12.2.2.1　直接映成方式　典型的直接映成方式的彩色顯示器系統的顯示記憶器與螢幕像素的對應關係如圖 12.2-4 所示。在這種系統中，直接使用三個顯示記憶器，儲存每一個像素的 R、G、B 值，每一個顯示記憶器稱為一個平面，若每一個平面使用 n 個位元，則每一個平面一共可以產生 2^n 個不同色階的相同顏色。三個平面組合之後，一共可以組成 2^{3n} 種顏色。顯示記憶器輸出的 R、G、B 值 (信號) 先各自送往一個 n 位元的 DAC 元件，轉換為類比信號，再送往顯示器系統的電路，產生螢幕的像素。

■ 例題 12.2-3: 直接映成方式的彩色繪圖模式

試計算在使用直接映成方式的彩色顯示器系統中，當解析度為 800×600 而且具有 8 種顏色時，需要的總顯示記憶器容量。

解: 由圖 12.2-4 可以得知，欲產生 8 種顏色必須使用三個顯示記憶器，而且每一個顯示記憶器的容量為：

$$800 \times 600/8 = 60,000 \text{ (位元組)}$$

所以總容量為

$$3 \times 60,000 = 180,000 \text{ (位元組)}$$

在直接映成方式的彩色顯示器系統中，當欲增加顏色的變化時，通常必須增加顯示記憶器的容量。例如在例題 12.2-3 中，當各自擴充 R、G、B 等三個顯示記憶器的容量為 3 倍後，R、G、B 等都各自擁有 8 個層次的輝度變化，所以一共可以組合成 512 種不同的顏色。在這種方式中,每一個螢幕上的圖形,都可以同時使用 512 種不同的顏色組合,其缺點則是這時候,總共需要 $180,000 \times 3 = 540,000$ 位元組的顯示記憶器容量,同時,若暫時儲存螢幕圖形於磁碟或主記憶器中,每一個圖形都各自需要 540,000 位元組的空間。

■ 例題 12.2-4: 具有色階的彩色繪圖模式

計算在直接映成方式的彩色繪圖顯示器系統中,當解析度為 800×600 而且 R、G、B 等三原色皆各具有 256 個色階時,需要的顯示記憶器容量。

解: 由於 R、G、B 等三原色各具有 256 個色階,因此每一個 R、G、B 像素各需要 $\log_2 256 = 8$ 個位元,所以每一個原色的顯示記憶器容量為:

$800 \times 600 / 8 \times 8 = 480,000$ 位元組

而總容量為

$480,000 \times 3 = 1,440,000$ 位元組

圖 12.2-5 所示為一個典型的高解析度彩色繪圖顯示器系統方塊圖。圖中假設系統的解析度為 $1,024 \times 1,024$,而且具有同時顯示 256^3 種顏色的能力。這種系統一般稱為 24 位元平面彩色繪圖系統,因為 R、G、B 等三個原色的顯示記憶器各具有 8 位元平面(即每一個像素對應於 8 個位元)。

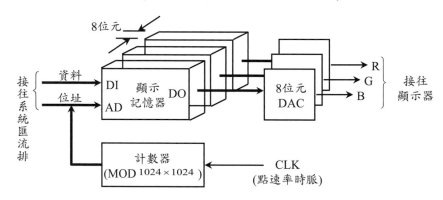

圖 12.2-5: 具有色階的彩色繪圖顯示器系統方塊圖

MOD 1,024×1,024 計數器依序產生顯示記憶器的位址,同時自 R、G、B 等三個原色顯示記憶器讀取一個位元組,並送至各別的 8 位元 DAC 轉換成類

比信號後送往顯示器的 R、G、B 等輸入端。接著計數器將位址加 1，讀取另外三個位元組，經由 DAC 轉換為類比信號後送往顯示器，如此重複 $1,024 \times 1,024$ 次後完成了一個螢幕框 (frame) 的顯示。欲使螢幕上的圖形能夠不閃爍，則每秒必須重複顯示 30 次以上 (實際的系統則為 60 次以上)。

12.2.2.2 間接映成方式 在直接映成方式中，若希望能同時顯示出 種顏色，則在解析度為 $1,024 \times 1,024$ 的系統中，總共需要使用 $3 \times 1,024 \times 1,024 = 3M$ 位元組的顯示記憶器。這種能同時顯示出 2^{24} 種顏色的系統稱為真實顏色 (true color) 系統。由於使用較多的記憶器因此造價也較昂貴。若在系統中不需要同時顯示出 2^{24} 種顏色，每次只需要使用其中一部分的顏色，則可以採用間接映成的方式。一般而言，利用間接映成方式的系統稱為假顏色 (pseudocolor) 系統。

　　在間接映成方式的系統中，顯示記憶器的輸出不是直接當作 RGB 信號，而是當作映成表 (mapping table，亦稱為調色盤) 的指標，以自映成表中選取一組已經事先設定好的 RGB 信號，如圖 12.2-6 所示，經選取的映成表語句 (每 m 個位元為一組，分別代表具有 2^m 個色階的 RGB 信號)，再送往 DAC 電路轉換成類比信號，然後接往顯示器。這種方式中，在每一個顯示記憶器的輸出都為 n 個位元時，雖然每次僅能使用 2^{3n}(其中 $3n < 3m$) 種顏色，但是映成表的內容可以在程式執行時，動態性的加以更改，以改變螢幕中像素的顏色，因此整個系統中，共有 2^{3m} 種顏色可供選擇，所以在低成本的應用中，也是相當的實用。

■ **例題 12.2-5: 彩色繪圖模式—間接映成方式**

　　在某一個彩色繪圖顯示器系統中，解析度為 800×600，系統中使用 256 個 18 位元的記憶器當做映成表 (即調色盤)，則：

(a) 系統中需要使用多少個位元組的顯示記憶器。

(b) 系統中一共有多少種顏色可以供調配，又每次螢幕可以同時顯示多少種顏色？

解：結果如下：

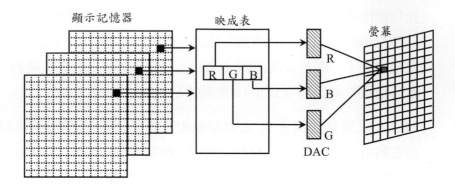

顯示記憶器　　　映成表　　　　　　螢幕

圖 12.2-6: 間接映成方式的顯示記憶器與螢幕像素的對應關係

(a) 顯示記憶器的容量為：

$800 \times 600/8 \times \log_2 256 = 480,000$ 個位元組

(b) 18 個位元分成 R、G、B 等三組，每組可以組成 2^6 個色階，因此一共有 2^{18} 種顏色。由於映成表的輸入只有 256 個位址，所以每次只能同時顯示 256 種顏色。

　　下列例題比較直接映成方式與間接映成方式，兩者對顯示記憶器的容量需求與硬體成本。

■ 例題 12.2-6: 兩種彩色繪圖模式的比較

　　在上述例題中，若希望能同時顯示出 2^{18} 種顏色，則系統中的顯示記憶器容量為多少個位元組？

解：顯示記憶器容量為：

$800 \times 600/8 \times 18 = 1,080,000$ 位元組

在前述例題中，顯示記憶器容量為 480,000 位元組，而映成表容量為 $256 \times 18/8 = 576$ 位元組，因此系統中共使用 480,576 位元組的記憶器。兩者比較之下，相差 599,424 個位元組。

　　欲存取此模式的顯示記憶器內容，可以使用螢幕 I/O (INT 10H) 中的功能 12H (AH = 0, AL = 12H) (設定為 VGA 模式 18)、0CH (AH = 0CH) (畫一個點)、

02H (AH = 0, AL = 02H) (設定為 80×25 的文字模式)。為了方便其次例題中的繪圖程式之使用，現在將這些功能的輸入參數列於表 12.2-1 中。

表 12.2-1: VGA 繪圖模式 (mode 18) 最常用的 BIOS 呼叫

INT 10H (AH = 0) —螢幕顯示模式設定 (VGA)

模式	類型	行數	列數	解析度	標準	顏色數
AL = 02H	文字	80	25	720×400	VGA	2
AL = 12H	繪圖	80	30	640×480	VGA	16

INT 10H (AH ≠ 0) —螢幕 I/O

模式	功能	參數
AH = 0CH	寫入點 (畫一個點) (原點為螢幕的左上角)	進入： AH = 0CH；AL = 顏色；BH = 頁碼； DX = 垂直座標；CX = 水平座標； ：無
AH = 0DH	讀取一個點	進入： AH = 0DH；BH = 頁碼； DX = 垂直座標；CX = 水平座標； 跳出： AL = 讀取的點

☞ 下列例題說明如何使用上述的螢幕 I/O 功能，在螢幕上顯示一個藍色的長方形區域。此程式可以使用 DOSBox (Windows 與 MacOSX 版本)，在 DOS 模式中執行。

■ 例題 12.2-7: VGA 繪圖模式應用例

　　分別使用螢幕 I/O BIOS 呼叫中的功能 12H (AH = 0, AL = 12H) (設定為 VGA 模式 18)、0CH (AH = 0CH) (畫一個點)、02H (AH = 0, AL = 02H) (設定為 80×25 的文字模式)，設計成為三個基本的的組合語言繪圖副程式。然後設計一個組合語言程式，在螢幕上繪製一個藍色方塊區，方塊區的左上角座標為 (120, 140) 而右下角座標為 (520, 340)。

解：完整的程式如下所示。三個基本的 VGA 模式 18 的基本繪圖副程式為：

• GRPAHMODE：設定螢幕為 VGA 模式 18；

- TEXTMODE：設定螢幕為 80×25 的文字顯示模式；
- PIXELWR：繪製一個顏色的點於指定的座標位置上。

　　繪製藍色方塊區的主要副程式為 HORLINE。利用此副程式，每次就可以在螢幕上繪製一條水平線。因此，若使用一個迴路，連續地在垂直方向繪製若干條此種水平線，則可以成為一個填滿顏色的方塊區域。程式中的主程式部分即是執行此部分的功能。在完成方塊區域的繪製工作後，程式中使用鍵盤 I/O (INT 16H)，等待鍵盤的 ESC 鍵之輸入，然後回到 DOS 系統。

```
                              ;ex12.2-7.asm
                                      page   50,80
                              ;declare stack segment
                                      .MODEL SMALL
                                      .STACK 128  ;128 bytes
0000                                  .CODE
                                      .STARTUP
0017                          START   PROC  FAR
                              ;set VGA mode 18.
0017  E8 002E                         CALL   GRAPHMODE
                              ;Draw a blue rectangle block with
                              ;upperleft corner at (120,140) and
                              ;bottomright at (520,340).
001A  BE 00C8                         MOV    SI,200  ;set loop counts
001D  BA 008C                         MOV    DX,140    ;start Y
0020  B9 0078               BLOCK:    MOV    CX,120    ;start X
0023  BF 0208                         MOV    DI,520    ;end X
0026  B0 01                           MOV    AL,1      ;set color blue
0028  E8 0013                         CALL   HORLINE
002B  42                              INC    DX
002C  4E                              DEC    SI
002D  75 F1                           JNZ    BLOCK
                              ;wait for an ESC key and return to DOS.
002F  B4 00                 AGAIN:    MOV    AH,00H
0031  CD 16                           INT    16H
0033  3C 1B                           CMP    AL,1BH
0035  75 F8                           JNZ    AGAIN
0037  E8 0016                         CALL   TEXTMODE
003A                        RETDOS:   .EXIT          ;return to DOS
003E                        START     ENDP
                              ;Draw a horizontal line.
                              ;
                              ;Input:CX=Xstart,  DX=Ystart,
                              ;       DI=Xend,    AL=color
003E                        HORLINE   PROC  NEAR
```

```
003E  2B F9                   SUB   DI,CX    ;set loop counts
0040  E8 0015        NEXTPT:   CALL  PIXELWR  ;write a dot
0043  41                       INC   CX       ;draw next point
0044  4F                       DEC   DI
0045  75 F9                    JNZ   NEXTPT
0047  C3                       RET
0048                 HORLINE   ENDP
                     ;procedure for changing screen from video
                     ;mode into graphics mode.That is,
                     ;set VGA card into graphic mode (mode 18)
                     ;with 640 * 480 resolution and 16 colors.
0048                 GRAPHMODE PROC  NEAR
0048  50                       PUSH  AX ;save original values
0049  B8 0012                  MOV   AX,0012H
004C  CD 10                    INT   10H
004E  58                       POP   AX ;restore original values
004F  C3                       RET
0050                 GRAPHMODE ENDP
                     ;set VGA card into text mode with 80 * 25
                     ;and 16 colors.
0050                 TEXTMODE  PROC  NEAR
0050  50                       PUSH  AX ;save original values
0051  B8 0003                  MOV   AX,0003H
0054  CD 10                    INT   10H
0056  58                       POP   AX ;restore original values
0057  C3                       RET
0058                 TEXTMODE  ENDP
                     ;procedure to write a dot to screen.
                     ;Input: AL=color; DX=vertical coordinate
                     ;       CX=Horizontal coordinate
0058                 PIXELWR   PROC  NEAR
0058  B4 0C                    MOV   AH,0CH
005A  B7 00                    MOV   BH,00H ;page 00
005C  CD 10                    INT   10H   ;write dot BIOS call
005E  C3                       RET
005F                 PIXELWR   ENDP
                               END
```

12.2.3 GPU

　　繪圖處理器 (graphics processing unit，GPU) 為一個專門處理在 PC 系統、工作站、遊戲機上電腦繪圖運算相關工作的微處理器。GPU 的應用減少了顯示卡對 CPU 的依賴，並分擔了部分由 CPU 所擔任的工作，尤其是在進行 3D 繪圖處理時，效果更加顯著。

為了降低 PC 系統成本與功率消耗，晶片組中的北橋晶片 (或 CPU 晶片)
也整合了繪圖處理器模組，而稱為圖形與記憶器控制器 (graphics and memory
controller，GMC)。目前 90% 以上的桌上型電腦和筆記型電腦皆使用此種整合
式繪圖處理器模組，稱為繪圖多媒體加速器 (graphics media accelerator，GMA)。
然而，此種繪圖多媒體加速器在性能上往往低於使用獨立顯示卡，因為 GMA
顯示核心會佔用 PC 系統的部分主記憶器，因而造成 CPU 與 GMA 顯示核心必
須經由相同的匯流排存取主記憶器。

12.2.3.1 獨立顯示卡 獨立顯示卡通常使用性能最高的繪圖處理器，並且透
過 PCIe 界面與主機板連接、傳輸資料。當主機板能支援升級時，它可以容易
地升級。當然在目前的 PC 系統中，由於整合式繪圖處理器模組的普遍使用，
獨立顯示卡並不是絕對必要的。然而使用獨立顯示卡可以提升 PC 系統的圖像
處理能力。

12.2.3.2 繪圖處理器 (GPU) 獨立顯示卡的核心單元為繪圖處理器 (GPU)，它
的設計概念主要是分擔部分由 CPU 所擔當的工作，同時提供 2D 與 3D 繪圖與
顯示功能。目前，繪圖處理器均提供大量的運算處理單元，配合快取記憶器
的巧妙運用，執行高性能的平行運算。

典型的 GPU 邏輯結構如圖 12.2-7 所示。一個 GPU 內部通常含有上百個到
上千個核心處理器 (core) 單元，集結成若干個串流多處理器 (streaming multi-
processor，SM)，以處理較複雜的運算。每一個核心處理器核心單元可以使用
管線方式處理各種運算指令，包括布林運算、移位、資料轉移、比較、資料轉
換、位元擷取、位元反向插入等的浮點運算與整數運算。每一個串流多處理
器設有多個公用之裝載/儲存單元以同時計算多個來源與標的運算元之記憶器
位址，因而可以同時執行多個執行緒。串流多處理器以群組方式執行多執行
緒稱為一個 warp。對於一個複雜的圖形運算而言，多個串流多處理器同時執
行，而每一個串流多處理器又同時執行多個執行緒，結果上百個甚至上千個
執行緒可以同時執行。因此，在實用上可以達到相當高的性能。目前 GPU 的
性能已經高達數個 TFlops/s，遠高於 CPU 的數十個 GFlops/s。

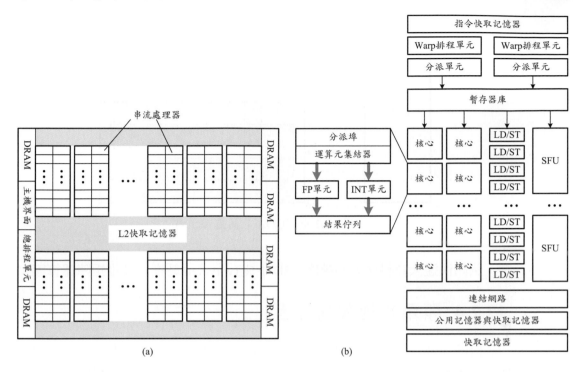

圖 12.2-7: GPU 邏輯結構方塊圖：(a) 整體邏輯結構方塊圖；(b) 串流處理器結構方塊圖

12.2.3.3 CUDA 由於 GPU 的高運算性能，目前許多科學運算均已普遍使用 GPU 當作運算平台。基於此，GPU 廠商亦發展出相關的軟體規劃模式與發展環境，以提供使用者應用其 GPU。目前較著名的軟體規劃模式稱為 CUDA (compute unified device architecture)，它係由 Nvidia 公司針對其 GPU 發展出來的。利用 CUDA SDK (system development kit) 使用者可以很容易地設計與發展其需要的應用程式。

典型的 CUDA 計算處理流程如圖 12.2-8 所示，可以分成四個主要步驟：

1. 使先由主記憶器複製欲處理的資料至 GPU 的內部記憶器
2. CPU 下達指令啟動 GPU
3. GPU 以多核心處理單元的方式平行處理欲處理的資料
4. GPU 將結果傳回主記憶器

利用 CUDA 技術，配合適當的軟體，即能利用 GPU 的多核心處理單元進行高解析度視頻編碼與解碼。此外，CUDA 亦應用於其它需要高速運算的場

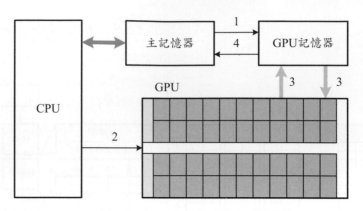

圖 **12.2-8:** CUDA 計算處理流程

合，例如快速大資料序列的排序、2D 小波 (wavelet) 轉換、多維矩陣運算等。

12.2.4 顯示器種類與界面

目前在 PC 系統中，常用的顯示器 (display 或稱 monitor) 大多為彩色顯示器，這些裝置直接接受 R、G、B 等三原色信號，因此稱為 RGB 顯示器。早期的 RGB 顯示器只能接受 TTL 位準的 RGB 與 Y (強度) 等信號，因此也稱為 TTL RGB 顯示器或是數位型 RGB 顯示器。這種顯示器使用於 IBM 公司的 CGA (color graphics adapter) 系統中，由於一共有四種信號，而且每一種信號只有兩種位準，因此只能顯示出 16 種顏色。

若希望能顯現出更多種顏色，則必須使用類比式 RGB 顯示器 (analog RGB monitor)。這一種顯示器可以接受類比式的 RGB 信號，而依據信號強弱顯示出不同光強的顏色。目前大部分的彩色顯示器都為此種型式，以能夠顯示出更豐富的顏色。數位型 RGB 顯示器與類比式 RGB 顯示器的連接器，分別為 DB9 與 DB15，如圖 12.2-9 所示，各個接腳的定義如表 12.2-2 所示。

12.2.4.1 顯示器種類 目前 PC 系統中最常用的顯示器模式與需要的顯示記憶器容量列於表 12.2-3，表中所列數值均假設 R、G、B 等三原色均各自使用一個位元組。

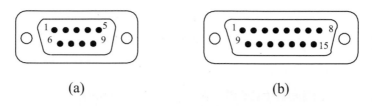

(a)　　　　　　　　　　　　　　(b)

圖 12.2-9: (a) DB9 與 (b) DB15 連接器

表 12.2-2: RGB 顯示器的連接器信號定義

DB9		DB15			
接腳	意義	接腳	意義	接腳	意義
1	接地	1	R 信號	10	接地
2	接地	2	G 信號 (單色信號)	11	彩色顯示器 (接地)
3	R 信號	3	B 信號	12	單色顯示器 (接地)
4	G 信號	4	接地	13	水平返馳
5	B 信號	5	接地	14	垂直返馳
6	強度	6	R 接地	15	接地
7	正常映像信號	7	G 接地 (單色信號)		
8	水平返馳	8	B 接地		
9	垂直返馳	9	NC (key)		

12.2.4.2 AGP (圖形加速埠) 目前大部分的 PC 系統或是工作站中的繪圖顯示卡均使用繪圖處理器 (graphics processing unit，GPU) 以加速 3D 圖形的顯像處理，在繪圖顯示卡上亦配備 512 MB 到 8 GB 不等的記憶器，提供繪圖處理器

表 12.2-3: 顯示器模式與需要的顯示記憶器容量

模式	名稱	解析度	顯示記憶器容量
VGA	Video graphics array	640×480	900 kB
SVGA	Super VGA	800×600	1,406.25 kB
XGA	Extended graphics array	$1,024 \times 768$	2,304 kB
SXGA	Super XGA	$1,280 \times 1,024$	3,840 kB
UXGA	Ultra XGA	$1,600 \times 1,200$	5,625 kB
HDTV	High definition television	$1,920 \times 1,080$	6,075 kB
WUXGA	Widescreen ultra XGA	$1,920 \times 1,200$	6,750 kB
QXGA	Quantum XGA	$2,048 \times 1,536$	9,216 kB
WQXGA	Widescreen quantum XGA	$2,560 \times 1,600$	12,000 kB
QUXGA	Quad ultra XGA	$3,200 \times 2,400$	22,500 kB
WQUXGA	Widescreen quad ultra XGA	$3,840 \times 2,400$	27,000 kB

儲存欲送往顯示器的影像，顯示器直接接於繪圖顯示卡上，因此顯示器的資料轉移與更新均不需要經由 CPU 的系統匯流排。

　　為了提升資料轉移速率，繪圖顯示卡可以直接使用 PCI 插槽，連接於主機板上的北橋晶片 (或 CPU 晶片)，然而，一般均在主機板上設計一個專用的連接埠稱為 AGP (accelerated graphics port)，此 32 位元的 AGP 可以提供較 PCI 為高的資料傳輸速率，其資料轉移速率通常使用 AGP 1x、2x、4x、8x 表示，其中 1x 的資料速率為 66 MT/s，而 T 表示轉移，若每次轉移 4 個位元組，則上述資料轉移速率必須再乘上 4B，因此得到 264 MB/s。欲得知 2x、4x、8x 的資料轉移速率，只需要將此基本速率乘上該倍數即可。

12.2.4.3　PCIe 匯流排　隨著 PCIe 匯流排的普及，目前大多數繪圖加速卡已經廣泛使用 PCIe 匯流排取代 AGP，詳細的 PCIe 匯流排介紹，請參考第 10.5.4 節。

12.2.4.4　DVI　DVI (digital visual interface) 為一種由顯示器業界領導廠商組成的論壇：Digital Display Working Group，DDWG）制訂的視訊界面標準，其設計目標為透過數位化的傳送來強化 PC 系統顯示器的畫面品質，它可以傳送未壓縮的數位視頻資料到顯示器。目前廣泛應用於 LCD 與數位投影機等顯示設備上。

　　為了確保高速率串列資料傳送的穩定性，DVI 的資料格式使用了最小化轉移差動信號 (transition minimized differential signaling，TMDS) 的技術。DVI 連接器可以分成單連結 DVI 與雙連結 DVI。每一個單連結 DVI 通道包括了四條雙絞纜線，分別傳送紅 (R)、綠 (G)、藍 (B)、時脈等信號，每個像素使用 24 位元，最大解析度為 2.6M 像素，每秒 60 個圖框。雙連結 DVI (dual-link DVI) 通道，為在單連結 DVI 中再加入一組紅 (R)、綠 (G)、藍 (B) 傳送通道，以提升資料傳輸頻寬。在 DVI 規格中規定以 165 MHz 的頻寬為分界，當顯示模式的需求低於此頻寬時，應該只使用單一連結，超過此頻寬時，則應自動切換為雙連結。

　　DVI 連接器除了定義 DVI 標準所規定的數位信號接腳外，也定義了傳統的類比 VGA 訊號的接腳，如圖 12.2-10 所示，以維持 DVI 連接器的通用性，因而可以讓不同類型的顯示器共用相同的連接器。目前，DVI 連接器可以分成三

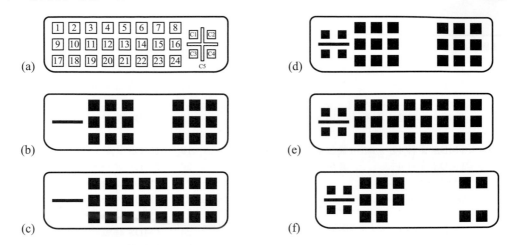

圖 12.2-10: DVI 連接器：(a) DVI 母座界面正面；(b) DVI-D 單連結；(c) DVI-D 雙連結；(d) DVI-I 單連結；(e) DVI-I 雙連結；(f) DVI-A 界面

種類型：

- DVI-D（僅傳送數位訊號）
- DVI-A（僅傳送類比訊號）
- DVI-I（可同時傳送數位及類比訊號）

　　圖 12.2-10 所示為 DVI 連接器的接腳位置佈局圖。其中圖 12.2-10(a) 為 DVI 連接器之母座的正面；圖 12.2-10(b) 為 DVI-D 單連結連接器；圖 12.2-10(c) 為 DVI-D 雙連結連接器；圖 12.2-10(d) 為 DVI-I 單連結連接器；圖 12.2-10(e) 為 DVI-I 雙連結連接器；圖 12.2-10(f) 為類比 DVI-A 連接器。為了防止使用者將 DVI-I 公連接器誤插入 DVI-D 的母連接器，DVI-D 的類比接腳故意設計得較 DVI-I 的相同接腳短。DVI 連接器的接腳定義如表 12.2-4 所示。

12.2.4.5 HDMI 界面 HDMI (high definition multimedia interface）為一種全數位化影像和聲音的傳送界面，可以傳送無壓縮的音頻信號與視頻信號。由於音頻和視頻信號採用同一條電纜，大大簡化了影音系統的安裝。HDMI 可用於機上盒、DVD 播放機、個人電腦、電視遊樂器、綜合擴大機、數位音響、數位電視機等。

　　HDMI 支援各類電視與微算機系統的影像格式，包括 SDTV、HDTV 的視

表 12.2-4: DVI 連接器接腳定義

接腳	功能	說明	接腳	功能	說明
1	TMDS 資料 2-	數位 R- (連結 1)	16	熱插拔偵測	
2	TMDS 資料 2+	數位 R+ (連結 1)	17	TMDS 資料 0-	數位 B- (連結 1) 與數位同步
3	TMDS 資料 2/4 屏蔽		18	TMDS 資料 0+	數位 B+ (連結 1) 與數位同步
4	TMDS 資料 4-	數位 G- (連結 2)	19	TMDS 資料 0/5 屏蔽	
5	TMDS 資料 4+	數位 G+ (連結 2)	20	TMDS 資料 5-	數位 R- (連結 2)
6	DDC 時脈		21	TMDS 資料 5+	數位 R+ (連結 2)
7	DDC 資料		22	TMDS 時脈屏蔽	
8	類比垂直同步		23	TMDS 時脈 +	數位時脈 +
9	TMDS 資料 1-	數位 G- (連結 1)	24	TMDS 時脈 -	數位時脈 -
10	TMDS 資料 1+	數位 G+ (連結 1)	C1	類比 R	
11	TMDS 資料 1/3 屏蔽		C2	類比 G	
12	TMDS 資料 3-	數位 B- (連結 2)	C3	類比 B	
13	TMDS 資料 3+	數位 B+ (連結 2)	C4	類比水平同步	
14	+5V	備用時顯示器電源	C5	類比接地與類比 R、G、B 信號回路	
15	接地	接腳 14 回路與類比同步			

頻畫面,再加上多聲道數位音頻。在傳送時,各種視頻資料將以 TMDS 技術編碼並打包成資料封包。最大像素傳輸率為 165 Mpe/s,足以支援 1080p 畫質每秒 60 張畫面,或者 UXGA 解析度 (1600×1200);或是 340 Mpe/s,以符合未來可能的需求。

　　HDMI 也支援非壓縮的 8 聲道數位音頻傳送 (取樣率 192 kHz,資料長度 24 bits/sample),以及任何壓縮音頻串流如杜比數位或 DTS,亦支援 SACD 所使用的 8 聲道的 1 位元 DSD 信號。在 HDMI 1.3 規格中,又追加了超高資料量的非壓縮音頻串流如杜比真實 HD 與 DTS-HD 的支援。

　　目前標準的 HDMI 連接器有四種:Type A、Type B、Type C、Type D 等。Type A 的 HDMI 連接器有 19 個接腳而 Type B 的 HDMI 連接器則有 29 個接腳,以允許支援更高解析度 (WQXGA 2560×1600 以上) 的視頻訊號傳送。Type A 的 HDMI 連接器可以向下相容於 DVI-D 單連結或 DVI-I 單連結界面,即表示採用 DVI-D 界面的訊號來源可以透過轉換線驅動 HDMI 顯示器,然而值得注意的是此種轉換方法並不支援音頻傳送與遙控功能。

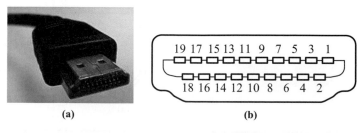

圖 **12.2-11:** HDMI 的 Type A 連接器：(a) 連接器；(b) 連接器接腳配置圖

表 **12.2-5:** HDMI 的 Type A 連接器接腳定義

接腳	功能	接腳	功能
1	TMDS 資料 2+ (R+)	11	TMDS 時脈屏蔽
2	TMDS 資料 2 屏蔽	12	TMDS 時脈 -
3	TMDS 資料 2- (R-)	13	CEC
4	TMDS 資料 1+ (G+)	14	保留 (裝置上空接)
5	TMDS 資料 1 屏蔽	15	SCL
6	TMDS 資料 1- (G-)	16	SDA
7	TMDS 資料 0+ (B+)	17	DDC/CEC 接地
8	TMDS 資料 0 屏蔽	18	+5 V 電源
9	TMDS 資料 0- (B-)	19	熱插拔偵測
10	TMDS 時脈 +		

　　Type A 的 HDMI 連接器的實體圖與接腳配置分別如圖 12.2-11(a) 與 (b) 所示。連接器的接腳定義如表 12.2-5 所示。

　　HDMI 的 Type C 連接器俗稱 mini-HDMI，應用於 HDMI 1.3 版本，總共有 19 腳，為縮小版的 Type A 連接器，但是腳位定義有所改變。它主要用在攜帶式裝置中，例如 DV、數位相機，以及攜帶型多媒體播放機等。Type D 連接器應用於 HDMI 1.4 版本，也是 19 腳，但腳位定義稍有不同。其大小約比 mini-HDMI 小 50％左右，可支援相機、手機裝置最高 1080p 的解析度及最快 5GB 的傳輸速度。

12.2.4.6 顯示器連接埠　顯示器連接埠 (DisplayPort，簡稱 DP) 為視訊電子標準協會 (Video Electronics Standards Association，簡稱 VESA) 推動的數位式視訊界面標準，訂定於 2006 年 5 月 3 日；目前最新的 1.4 版，訂定於 2014 年 12 月 22 日。主要是應用於連接計算機與顯示器，或是計算機與家庭劇院系統，以

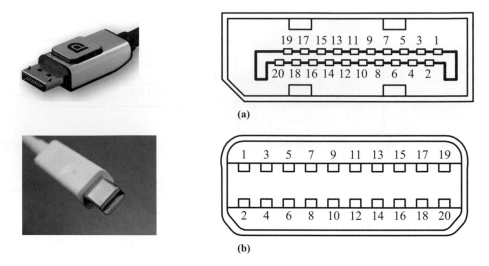

圖 12.2-12: DP 與 mDP 連接器與接腳配置圖：(a) DP 連接器；(b) mDP 連接器

取代舊有的 VGA 和 DVI 界面。DP 來源端連接器的實體圖與連接器接腳配置圖如圖 12.2-12(a) 所示，其各個接腳之意義列於表 12.2-6 中。

表 12.2-6: DP 來源端連接器的接腳定義

接腳	功能	接腳	功能
1	ML_Lane 0 (p) (通道 0 的真實信號)	11	GND (接地)
2	GND (接地)	12	ML_Lane 3 (n) (通道 3 的輔助信號)
3	ML_Lane 0 (n) (通道 0 的輔助信號)	13	GND (接地)
4	ML_Lane 1 (p) (通道 1 的真實信號)	14	GND (接地)
5	GND (接地)	15	AUX_CH (p) (輔助控制通道的真實信號)
6	ML_Lane 1 (n) (通道 1 的輔助信號)	16	GND (接地)
7	ML_Lane 2 (p) (通道 2 的真實信號)	17	AUX_CH (n) (輔助控制通道的輔助信號)
8	GND (接地)	18	Hot Plug (熱插拔偵測)
9	ML_Lane 2 (n) (通道 2 的輔助信號)	19	DP_PWR Return (連接器電源回路)
10	ML_Lane 3 (p) (通道 3 的真實信號)	20	DP_PWR (連接器電源)

　　DP 的重要特性如下：其電源電壓為 3.3±10% V，最大電壓為 16 V，最大電流為 500 mA，支援熱插拔。每一個 DP 至少必須包括下列連接線：一個通道 (lane)、輔助通道 (AUX_CH)、熱插拔偵測、連接器電源 (DP_PWR)。使用銅導線時，連接線的最大長度為 15 公尺，當其長度為 3 公尺時，DP 保證可以達到最大的頻寬。

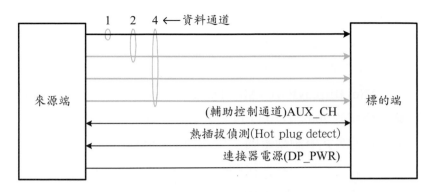

圖 12.2-13: DP 架構與原理示意圖

DP 資料速率與有效資料速率如表 12.2-7 所示，在 DP 1.1a 中，每一個通道的資料速率為 1.62 或 2.7 Gb/s，相當於 162/270 MB/s 的有效資料速率，四個通道一共為 6.48 Gb/s 或 10.8 Gb/s，外加 1 Mb/s 提供於輔助控制通道 (AUX_CH) 中。在 DP 1.2 中，每一個通道的資料速率則再加入另一個選項 5.4 Gb/s，以提升最大資料速率為 540 MB/s。除了傳輸速率提升外，DP 1.2 也提供高達 720 Mb/s 的輔助控制通道 (AUX_CH)，並完整支援 USB 2.0。在 DP 中，資料通道的組態方式必須是 1、2、4 等，如圖 12.2-13 所示。

DP 可以同時支援聲音與影像的傳輸。在聲音信號方面，最大可以支援 8 個聲道無壓縮、取樣速率為 32 kHz 到 192 kHz 的 24 位元音效，最大資料速率為 6.144 Mb/s。在影像信號方面，DP 1.1a 可以支援一個最大解析度為 2560×1600 60 Hz 顯示器。在 DP 1.2 中，可以支援兩個 2560×1600 60 Hz 顯示器或四個 1920×1200 60 Hz 顯示器，最高則可以支援單一個 3840×2400 60 Hz 顯示器。此外，它也能支援 4k×2k 超高解析度與 3D 數位信號傳輸。

表 12.2-7: DP 資料速率與有效資料速率

	DP 1.1a		DP 1.2	
	資料速率	有效資料速率	資料速率	有效資料速率
1 通道	1.62/2.7 Gb/s	162/270 MB/s	1.62/2.7/5.4 Gb/s	162/270/540 MB/s
2 通道	3.24/5.4 Gb/s	324/540 MB/s	3.24/5.4/10.8 Gb/s	324/540/1080 MB/s
4 通道	6.48/10.8 Gb/s	648/1080 MB/s	6.48/10.8/20.16 Gb/s	648/1080/2160 MB/s
AUX 通道	1 Mb/s	16 B/0.5 ms	1/720 (可選用) Mb/s	16 B/0.5 ms 或 64 B/1.2 μs

DP 1.3 (2014 年 9 月) 的最大資料速率為 32.4 Gbps (HBR3)，編碼後有效資料速率為 25.92 Gbps，可以支援 4K (3840×2160) 120 Hz、5K (5120×2880) 60 Hz、8K (7680×4320) 30 Hz 的影像傳輸。

Mini DisplayPort：Mini DisplayPort (簡稱 mDP) 是一個微型版本的 DP，由蘋果公司於 2008 年 10 月 14 日發表，其後亦包含於 DP 1.1a 中。現在應用於蘋果公司的各式筆記型電腦及其 24 吋的 LED 背光液晶顯示器中。mDP 來源端連接器的實體圖與連接器接腳配置圖如圖 12.2-12(b) 所示，其各個接腳之意義列於表 12.2-8 中。值得注意的是蘋果公司發表的 mDP 也同時支援 VGA 與 DVI 信號輸出，但是需要加上 mDP 對 VGA 與 mDP 對 DVI 轉接器。

表 12.2-8: mDP 來源端連接器的接腳定義

接腳	功能	接腳	功能
1	GND (接地)	11	ML_Lane 1 (n) (通道 1 的輔助信號)
2	Hot Plug Detect (熱插拔偵測)	12	ML_Lane 3 (n) (通道 3 的輔助信號)
3	ML_Lane 0 (p) (通道 0 的真實信號)	13	GND (接地)
4	CONFIG1 (CONFIG1)	14	GND (接地)
5	ML_Lane 0 (n) (通道 0 的輔助信號)	15	ML_Lane 2 (p) (通道 2 的真實信號)
6	CONFIG2 (CONFIG2)	16	AUX_CH (p) (輔助控制的真實信號)
7	GND (接地)	17	ML_Lane 2 (n) (通道 2 的輔助信號)
8	GND (接地)	18	AUX_CH (n) (輔助控制的輔助信號)
9	ML_Lane 1 (p) (通道 1 的真實信號)	19	GND (接地)
10	ML_Lane 3 (p) (通道 3 的真實信號)	20	DP_PWR (連接器的電源)

eDP：eDP (embedded DisplayPort) 為基於 DP 規格而針對 PC 產品設計的內部顯示器面板 (display panel) 界面，適用於筆記型電腦、網路電腦、平版電腦、單機產品 (all-in-one product)。eDP 制訂的目的為減少上述產品中的顯示控制器 (display controller) 與顯示器面板之間的連接線數，以大幅降低界面的連接線複雜度。eDP 與 DP 使用相同的電氣界面，同時可以共用 GPU 中相同的映像埠 (video port)。此外，eDP 使用與 DP 相同的數位協定，但是亦加入一些額外的特性以滿足顯示器面板之需要，例如 LCD 面板自我測試型式、背光光源控制、電源管理等。eDP 連接器提供所有與顯示器面板需要的連接線，包括電源、資料、控制信號等。

基於 DP 1.3 的最終版 eDP 1.4a 嵌入式連接埠標準亦於 2014 年 9 月提出，其最大資料速率不變，但是加入了顯示串流壓縮 (display stream compression) 技術、前向錯誤更正 (forward error correction)、高動態範圍資料封包 (HDR meta transport)，聲道數目也提升到 32 聲道、1536 kHz 取樣頻率。

iDP：iDP (internal DisplayPort) 亦為在 DP 的基礎規範下，衍生出的一個重要分支規格，以簡化顯示控制器與大型顯示器面板內的時序控制器 (timing controller，TCON) 之間的連接，主要應用在數位電視 (digital television，DTV) 機中。iDP 的規格並不直接與 DP 相容，其每一個通道的資料速率為 3.24 Gb/s，16 通道的最高資料速率可以高達 51.84 Gb/s，足以滿足超大螢幕電視機的資料傳輸需求，例如 4k×2k 解析度的 DTV。

12.3 列表機界面

這一節將依序討論列表機的種類、界面電路設計、PC 列表機界面。

12.3.1 列表機種類

目前較常用而且價廉的列表機類型為點矩陣 (dot-matrix) 列表機、噴墨式列表機 (ink-jet printer)；效果較佳但是價格較昂貴的列表機則為雷射列表機 (laser printer)。

12.3.1.1 點陣列表機 在點陣列表機中，每一個字元均以點陣形式列印，在印出字元時，由印字頭中的撞針撞擊在色帶上，因而在紙張上印出點，由於撞針排列成一行，因此在印字頭移動時，每次均能印出字元中的其中一行的點，經過多次的組合後，即可以印出一個完整的字元。目前印字頭中撞針的個數為 9、14、18、24 等。

點陣列表機不但可以印出圖形，同時列印速度可以高達 350 CPS 以上。此外，點陣列表機能夠變換字型，並且在程式控制下可以印出圖形。

點陣列表機也可以產生彩色的輸出。最常用的兩種方法為：使用多個印字頭，每一個印字頭使用一種顏色的色帶；與使用單一的印字頭但是使用多個不同顏色的色帶。其中以後者最普遍，因其成本較低。

12.3.1.2 雷射列表機 雷射列表機的基本原理為在表面塗有硒 (selenium) 塗層的帶正電荷的旋轉鼓 (drum) 上，以雷射光束掃描。被雷射光束照到的區域將遺失其電荷而成為中性，只有欲產生黑點的區域仍然保持有正電荷。這些正電荷由一個帶有負電荷的碳粉筒中吸取碳粉，然後轉印在報表紙上，形成需要的結果輸出。對於彩色的雷射列表機，則此程序必須重複三次，每一次處理一種原色。在彩色列表機或彩色印刷中的三種原色為：青色 (cyan)、紫色 (magenta)、黃色 (yellow)。

12.3.1.3 噴墨式列表機 另外一種價格與列印品質均介於點矩陣列表機與雷射列表機之間的列表機為噴墨式列表機。在這種列表機中，噴墨頭可以左右移動，同時它可以有 ON (噴墨) 與 OFF (不噴墨) 兩種動作；報表紙則由機械裝置帶動，每次移動一條掃描線的距離。因此其動作原理與點矩陣列表機類似。常用的噴墨式列表機為黑白式的；彩色的噴墨式列表機則使用三個噴墨頭：青色、紫色、黃色，利用這三種原色，即可以組合出各種需要的顏色而列印彩色報表。

目前較新型的彩色噴墨式列表機，已經能夠噴出有色階的墨點，因此可以組合出相當生動而且豐富的圖案。

12.3.2 列表機界面

並列式列表機的標準界面稱為 Centronics 界面，連接於列表機一端的接頭為 36 個接腳，而連接於計算機端者為 25 個接腳，其信號如表 12.3-1 所示，一共可以分成三組：資料匯流排 (D7 ∼ D0)、控制信號、狀態信號。資料匯流排由 CPU 傳送資料到列表機；控制信號由 CPU 啟動，控制列表機的動作；狀態信號由列表機啟動，告知 CPU 它的狀態。在啟動列表機之前，必須以 $\overline{\text{INIT}}$ 脈波 (50 μs 以上) 重置列表機，使其回到預先設定的狀態，然後設定 $\overline{\text{INIT}}$ 信號為 1，如此列表機才能接受其它信號。欲傳送資料到列表機時，先將它置於資料匯流排後，再加上 $\overline{\text{STROBE}}$ (strobe，閃控) 信號，以鎖入資料於列表機中。列表機在接收該資料後，則送回 $\overline{\text{ACKNLG}}$ (acknowledge，認可) 信號，告知該資料已經收妥，目前正在等待接收另外一個資料，計算機在收到這個認可信號

表 12.3-1: 並列式列表機界面信號

列表機 36 腳信號	計算機 25 腳信號	信號	方向	功能
1	1	$\overline{\text{STROBE}}$	輸入	讀取資料。在接收端的脈波寬度必須大於 0.5 μs
2	2	D0	輸入	資料位元 0
3	3	D1	輸入	資料位元 1
4	4	D2	輸入	資料位元 2
5	5	D3	輸入	資料位元 3
6	6	D4	輸入	資料位元 4
7	7	D5	輸入	資料位元 5
8	8	D6	輸入	資料位元 6
9	9	D7	輸入	資料位元 7
10	10	$\overline{\text{ACKNLG}}$	輸出	啟動 (約 5 μs) 時，表示資料已經收到，並且備妥接收其次的資料。
11	11	BUSY	輸出	啟動時，表示列表機不能接收資料。在下列狀況下 BUSY 信號啟動：正在輸入資料時、列表機離機時、正在列印時、錯誤狀況發生時。
12	12	PE	輸出	啟動時，表示列表機中的紙張已經用完。
13	13	SLCT	輸出	啟動時，表示列表機已經被選取。
14	14	$\overline{\text{AUTO FD XT}}$	輸入	啟動時，每次列印後紙張即自動前進一列。
15	-	NC		
16	-	0V		邏輯 0 電位。
17	-	機殼接地		列表機機殼接地。
18	-	NC		
19 ~ 30	18 ~ 25	GND		接地。
31	16	$\overline{\text{INIT}}$	輸入	啟動 (大於 50 μs) 時，重新設置列表機於其預設狀態，並且清除其緩衝器。
32	15	$\overline{\text{ERROR}}$	輸出	啟動時，表示列表機已經發生下列狀況：紙張用完、列表機離機、是錯誤狀況。
33	18 ~ 25	GND		接地
34	-	NC		
35	-			經由 4.7 kΩ 的電阻接到 +5 V。
36	17	$\overline{\text{SLCT IN}}$	輸入	當此信號為低電位時，資料才能寫入列表機中。

後，即可以再送出另外一個資料。因此 $\overline{\text{STROBE}}$ 與 $\overline{\text{ACKNLG}}$ 兩條信號線，組成了資料轉移時的來復式控制信號。

在實際應用上，通常直接檢查忙碌 (BUSY) 信號而不直接偵測認可信號，決定是否可以傳送一個資料予列表機。一般而言，BUSY 信號適用於位準觸發輸入 (level-triggered input)；$\overline{\text{ACKNLG}}$ 信號適用於緣觸發方式的輸入。

當列表機不在忙碌狀態中，CPU 即可以傳送出資料。缺紙 (paper empty，

PE) 信號告知計算機,列表機中的紙張已經用完;選擇 (select,SLCT) 信號告知計算機,列表機現在已經連接在線上 (on-line);$\overline{\text{ERROR}}$ (錯誤) 信號告知計算機,列表機現在是處於離線 (off-line)、缺紙或其它錯誤狀態。

BUSY、$\overline{\text{ACKNLG}}$、$\overline{\text{STROBE}}$ 的時序關係如圖 12.3-1 所示。資料相對於 $\overline{\text{STROBE}}$ 信號的正緣時,需要的最小設定時間與持住時間均為 0.5 μs。$\overline{\text{ACKNLG}}$ 的啟動脈波約為 5 μs。注意 $\overline{\text{STROBE}}$ 信號的啟動時間至少必須為 0.5 μs,才能正確地鎖入資料於列表機中。

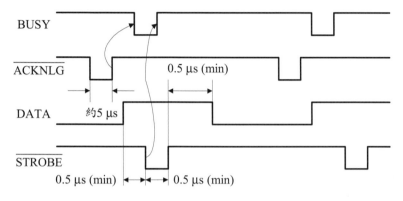

圖 **12.3-1:** BUSY、$\overline{\text{ACKNLG}}$、$\overline{\text{STROBE}}$ 的時序關係

12.3.3 PC列表機界面

PC 的列表機界面的 I/O 埠位址如表 12.3-2 所示,每一個界面各使用三個 I/O 埠位址:LPT1 為 378H ~ 37AH 而 LPT2 為 278H ~ 27AH。其中資料埠傳送資料到列表機中;控制埠控制列表機的動作;狀態埠則直接反應列表機的各個輸出信號狀態。控制埠的位元定義如圖 12.3-2 所示。

表 12.3-2: 列表機界面的 I/O 位址

界接埠	LPT1	LPT2
資料埠	378H	278H
狀態埠	379H	279H
控制埠	37AH	27AH

在輸出資料到資料埠之前,必須確定控制埠的位元 3 已經設定為 1,表示

D7	D6	D5	D4	D3	D2	D1	D0
x	x	DIR	INT EN	SLCT IN	$\overline{\text{INIT}}$	AUTO FDXT	STROBE

圖 12.3-2: 控制埠

D7	D6	D5	D4	D3	D2	D1	D0
$\overline{\text{BUSY}}$	$\overline{\text{ACKNLG}}$	PE	SLCT	$\overline{\text{ERROR}}$	x	x	x

圖 12.3-3: 狀態埠

選取列表機。在需要自動進列時，位元 1 應設定為 1；否則，應該清除為 0，使其不能自動進列。位元 4 能致能列表機的中斷要求，若位元 4 設定為 1，則在界面接收到列表機的認可信號時，會產生 IRQ7 的中斷要求，這個中斷告知 CPU，列表機已經備妥接收另外一個資料。一般都使用忙碌信號 (BUSY) 輸入的狀態，指示列表機是否可以接收其次的資料，這個位元一般都清除為 0。

需要重置列表機時，必須先設定位元 3 為 1 而位元 2 為 0，經過 50 μs 後再設定位元 2 ($\overline{\text{INIT}}$) 為 1，而位元 3 依然保持為 1，如此即可以重置列表機。在輸出資料予列表機後，STROBE (位元 0) 位元應設定為 1，然後清除為 0，以鎖入資料於列表機中。當然，這動作必須在 BUSY 信號為 0 的情況下才能進行。位元 5 為資料埠的雙向控制，當其為 1 時致能資料埠為雙向，以提供 CPU 由列表機讀取狀態資訊或是其它資料的功能。狀態埠直接反應列表機中的各個輸出信號的狀態，其各個位元的定義如圖 12.3-3 所示。

12.4 輔助記憶器系統

在微處理器系統中，常用的輔助記憶器有磁碟 (disk)、磁帶 (tape)、光碟 (optical disk) 等。磁碟記憶器又分成軟性磁碟 (floppy disk)、硬式磁碟 (hard disk)、固態硬碟 (solid-state disk，SSD) 等三種；光碟記憶器則有 CD-ROM (compact disk/read-only memory)、可燒錄光碟 (CD recordable)、可重複燒錄光碟 (CD rewritable) 等三種。

12.4.1 磁性記憶器基本原理

通常用於電腦內部的記憶裝置為 RAM 與 ROM 等，屬小容量的記憶裝置，雖然它們具有高速的存取時間，但是與其它類型的記憶器比較之下，其造價相當昂貴，所以在計算機中經常以大容量的外部記憶裝置做為資料的儲存。因為儲存裝置的結構與計算機的結構是完全不同的，這些外部的記憶裝置通常需要透過特殊的控制電路，才能與計算機做資料交換。

大容量的記憶裝置，通常都有共同的原理而可以使用圖 12.4-1 所示的方塊圖表示。圖中的儲存媒體 (storage media)，可以為磁帶或磁碟等可以磁化的表面，藉著寫入頭 (write head) 寫入資料於該磁性媒體表面上。寫入頭轉換計算機中代表資訊的電氣訊號為可以儲存於儲存媒體的訊號；讀出頭 (read head) 則轉換儲存於儲存媒體中的資料為代表資訊的電氣訊號。驅動電路提供儲存媒體轉動時，需要的動能；控制器 (controller) 則是一個多功能的裝置，它可以形成或轉變資料的格式、檢查錯誤、保持恆定的驅動速度等。

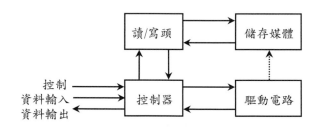

圖 12.4-1: 大容量記憶器裝置功能方塊圖

可磁化的儲存資料的基本原理，如圖 12.4-2 所示。一個磁性物質可以視為由許多極為微小的磁分子組成，在未加入磁場之前，這些磁分子是隨機排列，因而彼此之間的磁場互相抵消而不顯現出磁性，如圖 12.4-2(a) 所示。然而，若有外來磁場加到此磁性物質時，磁分子將隨外加磁場的方向而做規則、有方向性的排列，即所謂的磁化 (magnetized)；不同的磁場方向，將產生不同的磁化結果，分別如圖 12.4-2(b) 與 (c) 所示，因此可以代表二進制資料。資料於是可藉著控制外加磁場的方向而儲存。

圖 12.4-2(d) 所示為讀、寫的觀念示意圖。有電流通過讀/寫頭時，則產生磁

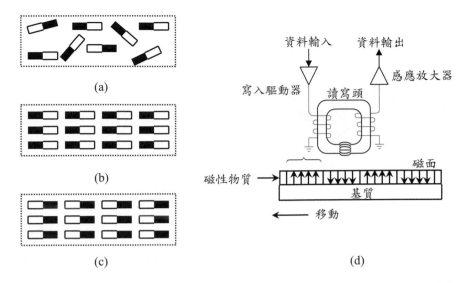

圖 12.4-2: 磁性媒體寫讀示意圖：(a) 未磁化前；(b) 磁化後；(c) 磁化後；(d) 讀寫觀念

通於讀/寫頭中，但是此時讀/寫頭留有一間隙 (gap)，於是磁化力壓降於此，當磁性物質靠近此間隙時，即被磁化，除去讀/寫頭中的磁通 (magnetic flux) 後，因磁性物質仍有剩磁現象，而存有資料。至於是 "1" 或寫 "0"，則依讀/寫頭中的磁通方向，即通過讀/寫頭之電流方向而定。另一方面，若以一個已被磁化的磁性物質接近該讀/寫頭時，讀/寫頭中即產生一個磁通，而於讀/寫頭線圈中感應一個信號輸出，此信號的極性依磁性物質被磁化後的極性而定，因此由磁性物質中恢復了資料的電氣信號。

12.4.2　軟式磁碟記憶器

在微處理器系統中使用的磁碟記憶器可以分成：硬式磁碟與軟式磁碟兩種。其中硬式磁碟在下一小節再討論。目前最常用的軟性磁碟直徑為 5.25 吋 (稱為 minifloppy disk) 與 3.5 吋 (稱為 microfloppy disk)，它們均裝於有卡紙板內襯的塑膠封套內，以免變形受損，並保持在磁碟機上運轉時應有的平坦度。

圖 12.4-3 為典型的軟性磁碟外觀。圖 12.4-3(a) 所示為 5.25 吋軟性磁碟的外觀，其各部分單元的功能為：驅動軸洞，供驅動軸之用；存取細條孔 (access slot)，簡稱為存取孔，當軟性磁碟在封套內部，隨推動軸旋轉時，作為讀/寫

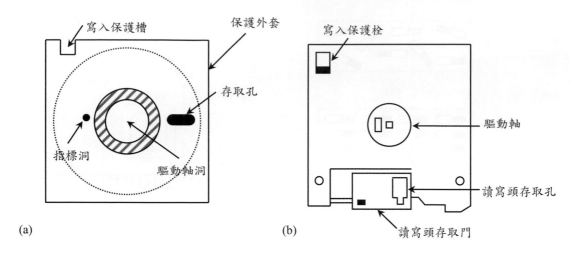

(a)   (b)

圖 12.4-3: 典型的軟性磁碟：(1) 5.25 吋軟性磁碟；(b) 3.5 吋軟性磁碟

頭與碟面接觸存取資料的孔道；指標洞 (index hole)，使光電檢出器可以決定一個參考點，供給軟性磁碟上所有軌道在存取資料時定位之用；寫入保護槽，當此缺口被封平時，可以防止資料寫入磁碟內。軟性磁碟本身是一個塗有氧化物 MYLAR (一種膠質) 圓盤。當軟性磁碟旋轉時，讀/寫頭經由存取細條孔與碟面接觸，因而能寫入或感應出在磁碟表面上的磁通脈波，而進行資料的存取。

圖 12.4-3(b) 所示為 3.5 吋軟性磁碟外觀，其各部分單元的功能為：

1. 寫入保護栓：做為磁碟防寫保護，當此保護栓打開時，不能寫入資料於磁碟中；

2. 讀寫頭存取孔：提供讀寫頭存取磁片資料的出入口；

3. 讀寫頭存取門 (head door)：保護讀寫頭存取孔，當磁片進入磁碟機後，讀寫頭存取門則由磁碟機內部的機械裝置打開，因而讀寫頭可以經由讀寫頭存取孔與磁面接觸而存取資料。

4. 驅動軸：與磁碟機的驅動軸接觸，因而可以帶動磁面的旋轉，讓讀寫頭可以經由讀寫頭存取孔與磁面的任何地方接觸，而存取資料。

12.4.2.1 儲存容量與資料排列 典型的軟性磁碟一般均分成 40 (或 80) 個同心磁軌 (track)，分別為磁軌 0 到磁軌 39 (79)。磁碟上的最外側磁軌為磁軌 0，而最內側磁軌為磁軌 39 (79)，如圖 12.4-4 所示。

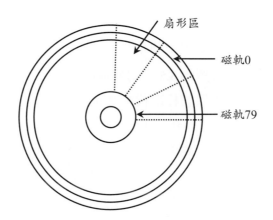

扇形區

磁軌0

磁軌79

圖 12.4-4: 磁碟上的資料排列

　　為方便磁碟上某一點的資料存取，每一個磁軌由軟體程式規劃成若干個扇形區 (sector)，做為資料儲存的地方，每一個扇形區可以儲存 512 或 1,024 個位元組。由於在同一個扇形區的內外磁軌的長度不一樣，但是在儲存資料時，不論內或外磁軌，每個磁軌儲存的資料總量是相同的，也就是說外側磁軌浪費了較多的空間。

　　目前常用的軟性磁碟又分成 DSDD (double-sided，double density) 與 HD (high density) 兩種。在 DSDD 中，每一個磁碟面有 40 個磁軌，而每一個磁軌劃分成 9 個扇形區，每一個扇形區可以儲存 512 個位元組，所以每一個 DSDD 磁片共可以儲存：

40 磁軌/磁面 × 2 磁面 × 9 扇形區/磁軌 × 512 位元組/扇形區
　　= 360k 位元組

在 HD 中，每一個磁面有 80 個磁軌，每一個磁軌劃分成 15 個扇形區，而每一個扇形區可以儲存 512 個位元組，所以每一個 HD 磁片總共可以儲存：

80 磁軌/磁面 × 2 磁面 × 15 扇形區/磁軌 × 512 位元組/扇形區
　　= 1,228,800 (1.2M) 位元組

5.25 吋軟性磁碟的幾個主要缺點為：

1. 磁片本身容易彎曲與變形；

2. 存取孔暴露於空氣中，容易感染灰塵；

3. 欲防止寫入時必須用貼布貼住寫入保護槽，貼布容易脫落。

　　這些缺點在新型的 3.5 吋的軟性磁碟中已經一一被克服了。在 3.5 吋軟性磁碟中，使用寫入保護栓取代吋中的寫入保護槽；使用堅硬的保護外套取代 5.25 吋中的軟性保護外套。此外，原先在 5.25 吋中的存取孔改由一個較複雜的機械裝置取代。在未使用狀態，存取孔由一個讀寫頭存取門 (head door) 掩蓋，當磁片進入磁碟機後，讀寫頭存取門則由磁碟機內部的機械裝置打開，因而讀寫頭可以接觸磁面存取資料。3.5 軟性磁碟與 5.25 吋軟性磁碟的另外一個不同點為：在 5.25 軟性磁碟中，磁碟機可以由任意點抓住磁片，因此需要有一個指標洞以辨認一個磁軌的開始；在 3.5 軟性磁碟中，則磁碟機只能由固定的一點抓住磁片，所以不需要使用指標洞辨認磁軌的開始。

　　3.5 軟性磁碟也有兩種型式：DSDD 與 HD。在 DSDD 中，每一個磁面具有 80 個磁軌，每一個磁軌分成 9 個扇形區，而每一個扇形區可以儲存 512 個位元組，所以每一個 DSDD 磁片總共可以儲存：

　　　80 磁軌/磁面 × 2 磁面 × 9 扇形區/磁軌 × 512 位元組/扇形區

　　　　　= 720k 位元組

在 HD 中，每一個磁面具有 80 個磁軌，每一個磁軌分成 18 個扇形區，而每一個扇形區可以儲存 512 個位元組，所以每一個 HD 磁片總共可以儲存：

　　　80 磁軌/磁面 × 2 磁面 × 18 扇形區/磁軌 × 512 位元組/扇形區

　　　　　= 1.44M 位元組

12.4.2.2 資料記錄方法 兩種標準的軟性磁碟資料記錄技術為：FM (frequency modulation) 與 MFM (modified FM)。不管那一種方式，除了記錄資料之外，也嵌入時脈信號。在 FM 中，每一個資料位元均記錄在該位元單位 (bit cell) 的中央，時脈信號則記錄在位元單位的前緣上，如圖 12.4-5(a) 所示。在 MFM 中，資料位元仍然記錄在位元單位的中央，但是時脈信號只在前一個位元單位中，資料位元為 0 而且目前這位元單位的資料位元也為 0 時，才記錄在該位元單位

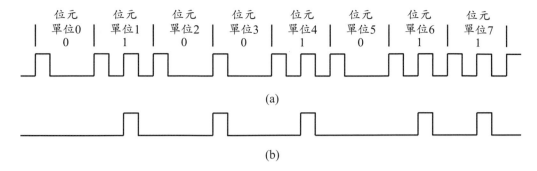

圖 12.4-5: 軟性磁碟資料記錄技術：(a) FM；(b) MFM

的前緣，如圖 12.4-5(b) 所示。

　　由上述定義可以得知，MFM 的資料密度為 FM 的兩倍，因此以 MFM 技術記錄資料的系統即稱為雙密度 (double-density) 磁碟系統；以 FM 技術記錄的系統稱為單密度 (single-density) 系統。

12.4.2.3　存取時間　在軟性或硬式磁碟機中，資料的存取時間由下列三種成分組成：由目前的磁軌移動讀寫頭到正確的磁軌上，需要的時間稱為定位時間 (position time)；裝載讀寫頭使與磁面接觸時，需要的時間稱為裝載時間 (load time)；定位時間與裝載時間合稱為尋找時間 (seek time)。當讀寫頭在正確的磁軌上時，仍然需要等待一段時間，才能抵達需要的扇形區上，這段時間稱為旋轉時間 (rotational time)。另外一個成分稱為資料轉移率 (data transfer rate)。假設一個磁軌的儲存密度為 T 位元/公分而磁軸在讀寫頭下的移動速率為 V 公分/秒，則資料轉移率為 TV。假設每一個磁軌的容量為 N 個位元組而其旋轉速率為 r rps (revolution per second)。設 n 為每一個扇形區的位元組數目。由以上假設可以得知：資料轉移速率為 rN 位元組/秒。因此，存取一個扇形區資料的平均時間 t_B 為：

$$t_B = t_s + \frac{1}{2r} + \frac{n}{rN} \tag{12.1}$$

其中 t_s 為平均尋找時間；$1/2r$ 為平均的旋轉時間；而 n/rN 則為轉移 n 個位元組的資料需要的時間。

12.4.3 硬式磁碟記憶器

硬式磁碟機與軟式磁碟機的最大區別為：在硬式磁碟機中，其磁碟片不能夠移出磁碟機而是固定在磁碟機上。目前硬式磁碟機容量已經由以前的幾個 M 位元組提昇到 T 位元組的層次上，而其體積也越來越小。磁碟片直徑也由以前的 5.25 吋縮小到 2.5 吋甚至更小。

目前的硬式磁碟機內部均含有 H 個磁面與 H 個讀寫頭，每一個磁面使用一個讀寫頭。每一個磁面與軟性磁碟一樣，含有 T 個磁軌而每個磁軌也劃分成 S 個扇形區，每個扇形區可以儲存 m 個位元組。一般而言，m 為 512 的正整數倍。H、T、S、m 等值由實際的硬式磁碟機類型與容量決定。

■ 例題 12.4-1: 硬式磁碟機容量

假設在某一個硬式磁碟機中，內部共有 16 個磁頭，每個磁碟片有 3,128 個磁軌，每個磁軌有 63 個扇形區，而每個扇形區可以儲存 512 個位元組，則此硬式磁碟機的容量為多少？

解：硬式磁碟機的容量為：

3,128 磁軌/磁面 × 16 磁面 × 63 扇形區/磁軌 × 512 位元組/扇形區
= 1,576,512k 位元組 = 1.50G 位元組。

12.4.3.1 資料記錄方法 兩種標準的硬式磁碟資料記錄技術為：MFM 與 RLL (run-length limited)。RLL 的意義為允許連續出現 0 的個數是有一定的限制。常用的 RLL 編碼方式為 RLL 2, 7，即允許連續出現 0 的個數在 2 到 7 之間。如圖 12.4-6(b) 所示，每當寫入資料於磁碟之前，先依據右邊所示的轉換表，轉換為 RLL 2, 7 的碼語之後，再寫入磁碟中。每一個 RLL 信號只佔用 MFM 位元單位的 1/3。一般使用 RLL 編碼的磁碟其容量約為 MFM 編碼方式的 3/2 倍。

12.4.3.2 飛馳磁頭 在硬式磁碟機中，由於磁碟的轉速 (5,400/7,200 rpm) 遠較軟性磁碟機為快，因此讀寫頭並不直接與磁面接觸。這種讀寫頭稱為飛馳磁頭 (flying head)。使用這種讀寫頭的一個問題是當磁碟機的電源若中斷時，飛馳中的讀寫頭將因為失去動力而掉落，因而刮傷磁面或讀寫頭，這種現象稱

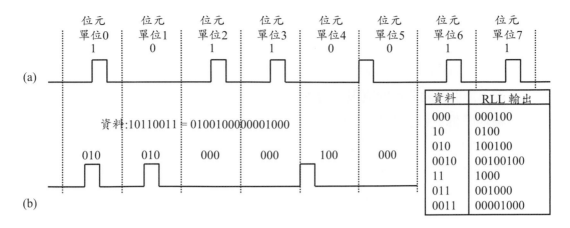

圖 12.4-6: 硬式磁碟資料記錄技術：(a) MFM；(b) RLL

為讀寫頭墜落 (head crash)。目前較新型的硬式磁碟機內部，均有防止這種現象發生的構造，稱為自動駐留 (auto parking)。在電源中斷或關機時，磁碟機的自動駐留裝置自動將讀寫頭移往磁碟面中未使用的區域上，因此可以防止磁碟面受讀寫頭墜落的刮傷而損害到儲存資料的完整。

12.4.3.3 SATA 磁碟機界面　常用的軟性/硬式碟機界面有 ATA/EIDE (AT-bus attachment/ enhanced integrated drive electronics)、USB (universal serial bus)、SATA (serial ATA) 等幾種。其中 USB 與 SATA 界面將於第 12.5 節中介紹。

12.4.4　固態硬碟

　　固態硬碟 (solid state disk，簡稱 SSD) 為一種使用半導體記憶器，例如快閃記憶器或 SDRAM 模組設計、組裝而成的外部儲存裝置。目前 SSD 已經廣泛使用於筆記型電腦或是其它可攜式計算機中以取代磁性硬碟。為了與傳統性硬碟的界面相容，SSD 亦普遍採用 SATA 3.0 界面。與傳統硬碟比較，SSD 具有低功率消耗、無噪音、抗震動、低熱量的特點。這些特點不僅能更安全地保存資料，而且也延長供電電池的續航力。

　　SSD 的尺寸可以分為 1.8 吋與 2.5 吋兩種，其中 1.8 吋 SSD 則採用傳統的 IDE 界面，最大容量可達 64 GB；2.5 吋採用 SATA 或 mSATA 界面，最大容量已經可以高達 1 TB。隨著 SSD 技術的持續發展，目前 SSD 的性能已經完全超越了傳統的磁性硬碟。

SSD 的最大缺點是成本和寫入次數。在成本方面,無論 SSD 是採用快閃記憶器或 SDRAM 模組構成,其每百萬位元組的成本均遠高於傳統的磁性硬碟。然而,隨著低線寬製程的使用,快閃記憶容量的快速倍增,SSD 的價格持續地降低,目前 SSD 已逐漸普及於筆記型電腦或是其它可攜式裝置中。在寫入次數方面,由於快閃記憶器的寫入次數均有一定的限制,因此 SSD 的使用壽命遠短於傳統的磁性硬碟。

12.4.4.1 融合式硬碟 融合式硬碟 (fusion drive) 融合了機械式硬碟 (HDD) 和 128/256 GB 的 NAND 固態硬碟 (SSD) 兩項技術成為單獨的硬碟結構。硬碟的控制系統會自動管理存取最頻繁的應用程式、文件、照片或者其他數據,並將其儲存在 SSD 裡,而將存取較不頻繁的文件留在機械硬碟上。如此,綜合了 SSD 的高速存取性能與機械式硬碟的高容量特性,建構一個高性能與高容量的一個具高成本效益 (cost-effective) 硬碟。

12.4.5 光碟記憶器

在微處理器系統中,最常用的三種光碟記憶器為:CD-ROM (包括 VCD、DVD)、可燒錄光碟 (即 CD-R、DVD-R)、可重複燒錄光碟 (CD-RW、DVD-RW、DVD-RAM)。現在分別介紹它們的特性與功能。

12.4.5.1 CD-ROM CD-ROM 與音樂用的 CD (compact disk)、是 VCD (video CD) 類似,但是有一點基本差異:在 CD-ROM 光碟機 (player,driver) 中必須正確地做錯誤更正而 CD 播放機則不必,因為在計算機中使用的資料必須與原先存入 CD-ROM 的相同,而在 CD 中則不必。但是 CD 與 CD-ROM 的製造方法相同。VCD 與 CD-ROM 或是 CD 一樣,具有 645M 位元組的儲存容量,但是它使用 MPEG2 的資料格式,儲存影像資料。

CD-ROM 與早期的唱片一樣,整個 CD-ROM 只有一個光軌 (track),在這一個光軌上以相等長度的方式劃分成許多資料區段 (block,相當於磁碟中的扇形區),每一個資料區段可以儲存 2,048 個位元組資料。在一片長為 74 分鐘的 CD-ROM 中,共有 330,240 個資料區段,因此一共可以儲存 645M 位元組的資料。

與磁碟推動器的資料讀取方式比較，CD-ROM 的資料讀取方式稱為常數線性速度 (constant linear velocity，CLV)，因為雷射頭經過每一個資料區段花費的時間均相等而不管該區段是靠近 CD-ROM 的外緣或是內側圓中心部分；磁碟的資料讀取方式則稱為常數角速度 (constant angular velocity，CAV)，因為不論讀取頭在外側磁軌或內側磁軌，磁碟的轉速均相同，所以其角速度為一個常數。

典型的 CD-ROM 中，每一個資料區段的格式如圖 12.4-7 所示，它由下列欄位組成：

SYNC (同步)：指認一個區段的開頭。它由一個 00H、10 個 FFH、1 個 00H 組成。

ID (識別)：由 min(分)、sec(秒)、扇形區 (sector)、MODE 等四個位元組組成。在 MODE = 0 時，資料欄為空白；在 MODE = 1 時，表示使用 2048 個位元組的資料欄與 288 個位元組的錯誤更正碼 (error-correcting code)；在 MODE = 2 時，表示資料欄長度為 2,336 個位元組而沒有錯誤更正碼。

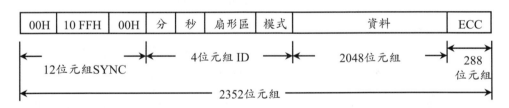

圖 12.4-7: CD-ROM 區段格式

12.4.5.2　CD-R　CD-R (CD recordable) 的特性與 PROM 相同，為一種只能寫入一次，但是可以重複讀取的裝置。為提高資料存取速度，CD-R 使用與磁碟相同的常數角速度 (CAV) 資料存取方式。當然，使用這種方式時，必須犧牲某些容量。CD-R 一般使用在檔案保存的應用上。

CD-R 光碟的資料記錄原理為事先在空白的光碟上，產生一條螺旋形的光軌。欲燒錄的資料時，使用光碟燒入機中的雷射光，選擇性的將光軌上的有機染料 (organic dye) 燒成半透明的點或是維持透明的點，因此在讀取資料時，光碟機可以依據每一個點的透光性質，偵測出存入的資料為 "0" 或是 "1"。

12.4.5.3 CD-RW CD-RW (CD rewriteable) 的基本結構與 CD-R 類似，但是它使用一層由銀 (silver)、銦 (indium)、銻 (antimony)、碲 (tellurium) 等組成的合金取代 CD-R 中的有機染料層。合金層的特性為當其加熱達 500°C 以上然後冷卻時，它將成為無定形狀態 (amorphous state)，而可以吸收光；若只加熱到 200°C 以上，然後維持一段時間時，則它將因為韌化程序 (annealing process) 的關係而停留於晶格狀態 (crystalline state)，成為透明狀態。基於上述特性，可以使用光碟燒入機中的雷射光，選擇性的將光軌上的合金層燒成無定形狀態或是維持在晶格狀態，因此在讀取資料時，光碟機可以依據每一個點的透光性質，偵測出儲存的資料為 "0" 或是 "1"。儲存的資料可以使用韌化程序消除。

在 CD-RW 的光碟機中，一共需要三種不同功率的雷射光，其一為高功率的雷射光，在燒路資料時，產生無定形狀態；其二為中功率雷射光，用來清除資料；其三為低功率雷射光，用來讀取資料。

12.4.5.4 DVD 技術 DVD 為高容量 CD-ROM，與軟性磁碟的發展歷史類似，目前一個具有單一塗層的 DVD 可以儲存 4.5 G 位元組資料 (相當於單密度的磁片)，稱為 DVD-5；具有兩個塗層的 DVD 可以儲存 4.5×2 = 9 G 位元組資料 (相當於雙倍密度的磁片)，稱為 DVD-9；雙面兩個塗層的 DVD 可以儲存 4.5×2×2 = 18 G 位元組資料 (相當於雙面雙倍密度的磁片)，稱為 DVD-18。與 CD 技術一樣，DVD 技術也有可以燒錄的版本，分別稱為 DVD-R、DVD-RW、DVD-RAM。

12.4.5.5 藍光光碟 藍光光碟 (Blu-ray Disc，簡稱 BD) 是 DVD 之後的下一代光碟技術，用以儲存高品質的影音以及高容量的資料。藍光光碟係因其採用波長為 405 奈米的藍色雷射光束來進行讀寫操作而得名 (註：DVD 採用波長為 650 奈米的紅光讀寫器，CD 則是採用波長為 780 奈米的紅外線)。藍光光碟之所以能夠支援龐大的儲存容量，主要原因有三：一、讀寫操作的雷射光波長縮小，因而軌距縮短為 0.32 μm，構成 0 和 1 數位資料的凹槽 (0.15 μm) 變的更小。二、利用不同的反射率達到多層的寫入效果。三、溝軌並寫方式，增加記錄空間。目前藍光光碟的儲存容量有下列數種：25 GB (單層)、50 GB (雙層)、

100 GB (四層)。

12.4.5.6　光碟機速度　CD-ROM 與 DVD-ROM 光碟機的存取速度都以 "倍速" 表示，在 CD-ROM 中的參考基準為 150 kB/s (位元組/秒)。因此，對於一個 4 倍速的 CD-ROM 而言，其資料轉移速率為 4×150 kB/s = 600 kB/s；對於一個 40 倍速的 CD-ROM 而言，其資料轉移速率則為 40×150 kB/s = 6,000 kB/s。在 DVD-ROM 中的參考基準為 1.25 MB/s，因此對於一個 9 倍速的 DVD-ROM 而言，其資料轉移速率則為 9×1.25 MB/s = 11.25 MB/s。

12.4.5.7　光碟機界面　常用的光碟機界面有 USB 與 eSATA 界面。在 PC 系統中的 DVD 燒錄機則大多使用 USB 或是 eSATA 界面。它們將於下一節中介紹。

12.5　相關匯流排界面

本節中將介紹兩個在 PC 系統中最常用的大量儲存裝置串列界面：SATA (包含 eSATA 與 mSATA) 與 USB (包含 USB3.0 與 USB Type C)。

12.5.1　SATA 與 eSATA/mSATA

串列 ATA (Serial Advanced Technology Attachment，簡稱 SATA) 為一種 PC 系統的串列周邊匯流排，主要功能為當作主機板與大量儲存裝置(例如硬碟及光碟機) 之間的資料傳輸之用。

SATA 是在 2000 年 11 月由「Serial ATA Working Group」團體所制定，其速度較以往的磁碟機界面 IDE (或稱 Parallel ATA) 更加迅速，同時支持熱插拔 (hot swapping)，允許 PC 系統在運作時可以插上或移除硬碟。另外，SATA 匯流排使用了隱含時脈訊號，能檢查傳輸的指令 (不僅是資料) 並自動更正發現的錯誤，因此提高了資料傳輸的可靠性。

SATA 使用差動信號傳輸資料，因而能有效地濾除訊號中的雜訊，另外由於僅使用 0.5 V 的低操作電壓，SATA 可以操作於更高的資料速率。目前，SATA 分別有 SATA 1.5 Gb/s、SATA 3 Gb/s、SATA 6 Gb/s 等三種規格，如表 12.5-1 所示。資料速率與有效資料速率的換算方式如下：

有效資料速率 (B/s) = 資料速率 (b/s)×80% (使用 8b/10b 編碼)/8

表 12.5-1: SATA 資料速率與有效資料速率

版本	資料速率	有效資料速率
SATA 1.0	1.5 Gb/s	150 MB/s
SATA 2.0	3 Gb/s	300 MB/s
SATA 3.0	6 Gb/s	600 MB/s

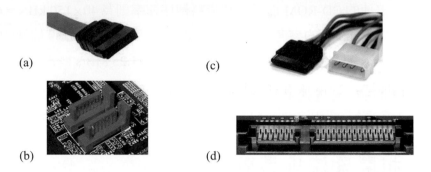

圖 12.5-1: SATA 連接器 (a) 標準 SATA 資料連接器；(b) SATA 資料連接埠；(c) SATA 電源線；(d) 硬碟的 SATA 連接埠

例如在 SATA 3.0 中，資料速率為 6 Gb/s，其有效資料速率為 600 MB/s，同理 SATA 2.0 的 3 Gb/s 的資料速率可以換算成 300 MB/s 的有效資料速率。

SATA 的連接器分成資料連接器 (data connector) 與電源連接器 (power connector)。資料連接器為一個 7 腳連接器如圖 12.5-1(a) 與 (b) 所示，而電源連接器則為 15 腳連接器如圖 12.5-1(c) 與 (d) 所示。資料連接器與電源連接器之接腳定義分別如表 12.5-2 與 12.5-3 所示。資料連接器中有兩對差動信號 (A+/A- 與 B+/B-) 分別傳送與接收資料，因此構成全雙工通信模式。

SATA 使用點對點的通信結構，然而 SATA 定義與使用多工器以允許一個 SATA 控制器可以同時驅動多個儲存裝置，即多工器執行集線器的功能，控制

表 12.5-2: SATA 資料連接器接腳定義

接腳	功能	接腳	功能
1	接地	5	B- (接收)
2	A+ (傳送)	6	B+ (接收)
3	A- (傳送)	7	接地
4	接地		

表 12.5-3: SATA 電源連接器接腳定義

接腳	功能	接腳	功能	接腳	功能
1	3.3 V	6	接地	11	錯開啟動控制
2	3.3 V	7	5 V	12	接地
3	3.3 V	8	5 V	13	12 V
4	接地	9	5 V	14	12 V
5	接地	10	接地	15	12 V

器與儲存裝置則連接至集線器上。目前 PC 系統的主機板通常內建一個可以連接與控制 2 到 6 個 SATA 連接埠的 SATA 控制器。額外的 SATA 連接埠則必須使用 SATA 主裝置擴充卡 (使用 USB 或 PCIe 界面) 提供。

12.5.1.1 eSATA eSATA (external SATA) 是一個專為 PC 系統外部連接而制定的 SATA 1.0a 的擴展規格。由於是外接式規格,因此它具有較強壯的連接器以增強連接器的插拔耐用度、較長的摒蔽式連接線、較嚴格的電氣規格。為了防止誤接,eSATA 的連接器形狀與 SATA 不同。eSATA 的連接線的最大長度為 2 公尺、支援熱插拔,並且其資料傳輸速率可以達到 USB 2.0 兩倍以上。

12.5.1.2 mSATA mSATA (mini-SATA) 為迷你版的 SATA 界面。雖然其外型及電子界面均與 mini-PCIe 完全相同,電子信號卻不同,兩者並不相容。mSATA 界面多用於固態硬碟,或是其它需要尺寸較小的記憶體之場合。使用 mSATA 界面的固態硬碟形狀與 mini-PCIe 擴充功能卡相似,尺寸很小,可以節省機器內部空間。

12.5.2 USB

通用串列匯流排 (Universal Serial Bus,簡稱 USB) 為連接 PC 系統與外部周邊裝置的一個串列匯流排標準,也是一種輸入輸出界面技術規範,廣泛地應用於 PC 系統與可攜式通訊產品,同時亦擴展至攝影器材、數位電視 (機上盒)、遊戲機等 3C 產品中。

USB 最初是由 Intel 與 Microsoft 公司於 1990 年代中期倡導發起,其最大的特點是支持熱插拔和即插即用的功能。當 USB 裝置插入 PC 系統時,PC 系統即自動搜尋與載入執行此 USB 裝置需要的驅動程式,因此在使用上相當方便。

目前 USB 的資料速率依其版本之不同可分成六種：低速的 1.5 Mb/s、全速的 12 Mb/s、高速的 480 Mb/s、超高速的 5 Gb/s、極高速的 10 Gb/s 與 20 Gb/s 等。低速的 USB 主要應用於人機界面設備，例如鍵盤、滑鼠、遊戲桿等。全速的 USB 在 USB 2.0 之前是最高的資料速率，多個全速 USB 裝置之間可以按照先到先得法則劃分資料速率，且多個等時 USB 裝置使用時也可能超過資料速率的上限。高速 USB (即 USB 2.0) 連接埠均支援全速 USB，即高速 USB 裝置插入全速 USB 連接埠時應該與全速 USB 相容。高速 USB 常用於外接硬碟、隨身碟或藍光燒錄機等儲存裝置。超高速 USB (USB 3.0) 的資料速率為 USB 2.0 的 10 倍。使用 USB 3.x (x = 0, 1, 2) 時，可大幅縮短外接硬碟、隨身碟、藍光燒錄機等儲存裝置與 PC 系統之間的資料傳輸時間。有效資料速率與資料速率之關係如表 12.5-4 所示。

表 12.5-4: USB 資料速率與有效資料速率

版本	速率名稱	資料速率	編碼技術	有效資料速率
USB 1.0	低速 (Low speed)	1.5 Mb/s	8b/10b	150 kB/s (1.2 Mb/s)
USB 1.1	全速 (Full speed)	12 Mb/s	8b/10b	1.2 MB/s (9.6 Mb/s)
USB 2.0	高速 (High speed)	480 Mb/s	8b/10b	48 MB/s (384 Mb/s)
USB 3.0	超高速 (Super speed)	5 Gb/s	8b/10b	615.38 MB/s (4923.08 Mb/s)
USB 3.1	極高速 (Super speed+)	10 Gb/s	128b/132b	1212.12 MB/s (9696.97 Mb/s)
USB 3.2	極高速 (Super speed+)	20 Gb/s	128b/132b	2424.24 MB/s (19393.94 Mb/s)

USB 系統使用非對稱式的設計方式，它由一個主控器和若干個通過 USB 集線器 (USB hub) 的 USB 裝置，以樹狀連接而成。一個主控器下最多可以連接 5 級的集線器，包括集線器在內，最多可以連接 128 個 USB 裝置。其理由為在 USB 系統中，使用 7 位元的位址欄位。一台 PC 可以同時擁有多個主控器。此外，USB 集線器並不需要終端器 (terminator)。

USB 連接器的接腳定義、實體圖、連接器剖面圖如圖 12.5-2 所示。USB 連接線的最大長度為 5 公尺，更長的距離需要使用 USB 集線器。每一個 USB 連接器提供一組 5 V 的電壓與 500 mA 的電流，可以當作連接的 USB 裝置之電源。若 USB 裝置需要的電壓超過 5 V，或是需要電流超過 500 mA，則必須使用外加電源。

單位電流負載在 USB 2.0 中定義為 100 mA，在 USB 3.0 中則定義為 150

接腳	功能(主機)	功能(裝置)
1	V_{BUS} (4.75~5.25 V)	V_{BUS} (4.4~5.25 V)
2	D-	D-
3	D+	D+
4	接地	接地

(a)

接腳	功能(主機)	功能(裝置)
1	V_{BUS} (4.75~5.25 V)	V_{BUS} (4.4~5.25 V)
2	D-	D-
3	D+	D+
4	ID	ID
5	接地	接地

(b)

(c)

(d)

圖 **12.5-2:** USB 連接器接腳定義：(a) 標準 USB 連接器接腳定義；(b)Mini USB 連接器接腳定義；(c)USB 連接器實體圖；(d)USB 連接器剖面圖 (在裝置上的 V_{BUS} 在 3.0 中為 4.0 ~ 5.25 V)

mA。一個 USB 裝置最大可以吸取的電流在 USB 2.0 中為 5 個單位電流負載 (500 mA)，在 USB 3.0 中則為 6 個單位電流負載 (900 mA)。USB 3.1 最大可以供電 100W，因而電壓和電流都會提高。USB 裝置可以分成低功率與高功率兩種。低功率裝置可以吸取最多 1 個單位電流負載而高功率裝置則可以吸取標準所允許的單位電流負載數目。最小操作電壓在 USB 2.0 中為 4.4 V，在 USB 3.0 中為 4.0 V。每一個裝置一開始時均操作於低功率模式，而後視需要可以要求進入高功率模式。當單一連接埠無法提供足夠的電流時，可以使用另外一個連接埠提供輔助電流，因此產生 Y 型連接器。

匯流排供電的集線器最初設定為 1 個單位電流負載，然後在完成組態設定後轉移至最大數目的單位電流負載。任何連接於此集線器的 USB 裝置，均只能吸取 1 個單位電流負載。自我供電的集線器則可以提供最大數目的單位電流負載於連接在此集線器上的 USB 裝置。

USB Type-C (又稱 USB-C) 與 USB 3.1 的規格大致相同，但是 USB-C 的裝置不一定支援 USB 3.1。USB Type-C 連接器在外觀上的最大特點為其上下端完全一致，因此使用者不必再區分 USB 連接器的正反面，任意一個方向都可以

表 12.5-5: USB 3.1 Type C 連接器信號定義

接腳	名稱	功能	接腳	名稱	功能
A1	GND	接地	B12	GND	接地
A2	SSTXp1	SuperSpeed 差分信號 TX1+	B11	SSRXp1	SuperSpeed 差分信號 RX1+
A3	SSTXn1	SuperSpeed 差分信號 TX1-	B10	SSRXn1	SuperSpeed 差分信號 RX1-
A4	VBUS	匯流排電源	B9	VBUS	匯流排電源
A5	CC1	Configuration channel	B8	SBU2	Sideband use (SBU)
A6	Dp1	USB 2.0 差分信號 1+	B7	Dn2	USB 2.0 差分信號 2-
A7	Dn1	USB 2.0 差分信號 1-	B6	Dp2	USB 2.0 差分信號 2+
A8	SBU1	Sideband use (SBU)	B5	CC2	Configuration channel
A9	VBUS	匯流排電源	B4	VBUS	匯流排電源
A10	SSRXn2	SuperSpeed 差分信號 RX2-	B3	SSTXn2	SuperSpeed 差分信號 TX2-
A11	SSRXp2	SuperSpeed 差分信號 RX2+	B2	SSTXp2	SuperSpeed 差分信號 TX2+
A12	GND	接地	B1	GND	接地

插入。USB Type-C 連接埠的接腳分配圖與實體圖如圖 12.5-3 所示，其接腳信號的定義列於表 12.5-5 中。

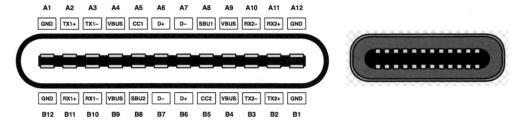

圖 12.5-3: USB Type C 連接器接腳分配圖與實體圖

USB 3.2 主要使用雙通道(dual-lane)的傳輸技術，以提升傳輸資料速率到 20 Gbps，為 USB 3.1 的兩倍且與 USB Type-C 相容。USB 3.2 的主要特點如下：

- 使用現有的 USB Type-C 連接線與連接器，來達到雙通道傳輸
- 持續使用現有的 SuperSpeed+ USB 實體層資料速率和編碼技術
- 微幅調整集線器的規格，以提高性能及確保單通道和雙通道之間的無縫轉換

12.5.3 Thunderbolt

Thunderbolt 由 Intel 公司率先發表的匯流排與連接器標準，當作計算機與其它裝置之間的通用匯流排。第一代與第二代界面與 mDP 整合，但是由於支

援 Thunderbolt 1/2 的廠商不多，並且採用 Thunderbolt 的裝置大多是高端產品，周邊配件價格昂貴，加上界面使用的是蘋果專用的 mDP，周邊配件無法用在其它電子裝置，因而普及程度遠低於對手 USB。基於這些原因，目前的第三代 Thunderbolt 界面開始與 USB Type-C 結合，並能提供電源。

第一代的 Thunderbolt 信號線最長可以達到 10 公尺，雙向同步傳輸速度可以達到 10 Gbit/s。透過鏈結 (daisy-chain) 方式，最多可以連接六個周邊裝置，其中最前面兩個可以包含兩個 Apple Thunderbolt 顯示器。此外，經由匯流排可以供應 10 W 的電力予周邊裝置。第二代的 Thunderbolt 合併了第一代的兩條獨立 10 Gbit/s 通道，使得最高傳輸速度高達 20 Gbit/s。第三代的 Thunderbolt 連接埠改用 USB Type-C 連接器，提供最高 40 Gbit/s 的傳輸速度，最大供電 100 W。它可以連接兩個 4k 解析度的顯示器，或一個 5k 解析度的顯示器。

參考資料

1. Barry B. Brey, *The Intel Microprocessors 8086/8088, 80186/80188, 80286, 80386, 80486, Pentium, and Pentium Pro Processor, Pentium II, Pentium III, Pentium 4, and Core 2 with 64-Bit Extensions: Architecture, Programming, and Interfacing,* 8th. ed., Englewood Cliffs, N. J.: Prentice-Hall, 2009.

2. Lewis C. Eggebrecht, *Interfacing to the IBM Personal Computer,* Howard W. Sams & Co., Inc., 1984.

3. J. D. Foley and A. van Dam, S. K. Feiner, and J.F. Hughes, *Computer Graphics: Principles and Practice,* 2nd ed., New York: Addison-Wesley, 1990.

4. Douglas V. Hall, *Microprocessors and Interfacing: Programming and Hardware,* 2nd ed., New York: McGraw-Hill Book Co., 1992.

5. J. P. Hayes, *Computer Architecture and Organization,* 3rd ed., New York: McGraw-Hill Book Co., 1997.

6. IBM, *IBM PC/XT Technical Manual,* 1984.

7. IBM, *IBM PC/AT Technical Manual,* 1986.

8. Motorola, *Microprocessor, Microcontroller and Peripheral Data,* Vol. II, 1988.

9. Nvidia, *Whitepaper NVIDIA's Next Generation CUDATM Compute Architecture: Fermi,* 2009.

10. Walter A. Triebel and Avtar Singh, *The 8088 and 8086 Microprocessors: Programming, Interfacing, Software, Hardware, and Applications,* 4th ed., Englewood Cliffs, N. J.: Prentice-Hall, 2003.

習題

12-1 試繪圖說明文字模式的顯示器系統工作原理。假設螢幕格式為 80×24，而且每一個字元的顯示矩陣為 8×8 (請參考圖 12.1-3 作答)。

12-2 試繪圖說明單色顯示器系統在繪圖模式的工作原理。假設解析度為 720×348 (請參考圖 12.2-2 作答)。

12-3 在採用直接映成方式的彩色繪圖模式顯示器系統中，當每一個像素的顏色為 64 種，而系統的解析度為 640×480 時，該系統的顯示記憶器一共需要多少個位元組？

12-4 假設某一個映像顯示系統的解析度為 1024×768，系統中能夠顯示的顏色種類為 2^{24} 種：

(1) 若只需要能夠同時顯示出 2^{24} 種顏色中的 256 種，則系統中一共需要多少個位元組的顯示記憶器與映成表記憶器？

(2) 若希望能夠同時顯示出所有的 2^{24} 種顏色，則系統中一共需要多少個位元組的顯示記憶器？

12-5 假設某一個映像顯示系統的解析度為 1280×1024，系統中能夠顯示的顏色種類為 2^{24} 種：

(1) 若只需要能同時顯示出 2^{24} 種顏色中的 256 種，則系統中一共需要多少個位元組的顯示記憶器與映成表記憶器？

(2) 若希望能同時顯示出所有的 2^{24} 種顏色，則系統中一共需要多少個位元組的顯示記憶器？

12-6 假設某一個映像顯示系統的解析度為 800×600，若系統使用間接映成方式，映成表大小為 $2^8 \times 18$ 個位元，則

(1) 系統中一共有多少種顏色可以供調配？

(2) 每次系統能夠同時顯示出多少種顏色？

(3) 顯示記憶器的容量為多少個位元組？

12-7 在某一個硬式磁碟機中，一共有 12 個讀寫頭，每一個磁碟面有 1140 磁軌，而每一個磁軌劃分成 46 個可以儲存 512 位元組的扇形區，則此硬式磁碟機的容量為多少位元組？

12-8 在某一個硬式磁碟機中，一共有 16 個讀寫頭，每一個讀寫頭可以存取 2,280 個磁軌，而每一個磁軌劃分成 46 個可以儲存 1k 位元組的扇形區，則此硬式磁碟機的容量為多少 M 位元組？

12-9 在某一個吋 DSDD 軟性磁碟中，每一個磁面有 80 個磁軌，每一個磁軌劃分成 10 個可以儲存 512 個位元組的扇形區，則此磁碟可以儲存多少個位元組資料？

12-10 若一個微處理器系統中的軟性磁碟系統：資料存取速率為 500k 位元/秒；磁碟機轉速為 360 rpm；磁碟片為單面而且一共有 40 個磁軌；假設系統中並未使用任何磁碟格式，則該磁碟片一共可以儲存多少個位元組的資料？

12-11 在某一個微處理器系統中，一張只使用單面的磁碟一共含有 35 個磁軌，每一個磁軌區分為 16 個扇形區，而且每一個扇形區可以儲存 256 個位元組的資料，試計算該磁碟一共可以儲存多少個位元組的資料。

12-12 何謂 FM 與 MFM？試以資料 0ABH 為例說明這兩種方式的資料記錄方法。(參考圖 12.4-5 作答)

12-13 何謂 RLL 與 RLL 2,7？試以資料 0ABBH 為例說明這種方式的資料記錄方法。(參考圖 12.4-6 作答)

12-14 比較軟性磁碟機與硬式磁碟機的異同？

12-15 解釋下列名詞：CD-ROM、VCD、DVD、CD-R。

附錄A：8086微處理器
電氣特性

A.1 8086微處理器電氣特性

intel.   **8086**

ABSOLUTE MAXIMUM RATINGS*

Ambient Temperature Under Bias ......0°C to 70°C

Storage Temperature .... −65°C to +150°C

Voltage on Any Pin with
  Respect to Ground.............. −1.0V to +7V

Power Dissipation.........................2.5W

NOTICE: This is a production data sheet. The specifications are subject to change without notice.

WARNING: Stressing the device beyond the "Absolute Maximum Ratings" may cause permanent damage. These are stress ratings only. Operation beyond the "Operating Conditions" is not recommended and extended exposure beyond the "Operating Conditions" may affect device reliability.

D.C. CHARACTERISTICS (8086: T_A = 0°C to 70°C, V_{CC} = 5V ±10%)
(8086-1: T_A = 0°C to 70°C, V_{CC} = 5V ±5%)
(8086-2: T_A = 0°C to 70°C, V_{CC} = 5V ±5%)

Symbol	Parameter	Min	Max	Units	Test Conditions
V_{IL}	Input Low Voltage	−0.5	+0.8	V	(Note 1)
V_{IH}	Input High Voltage	2.0	V_{CC} + 0.5	V	(Notes 1, 2)
V_{OL}	Output Low Voltage		0.45	V	I_{OL} = 2.5 mA
V_{OH}	Output High Voltage	2.4		V	I_{OH} = − 400 μA
I_{CC}	Power Supply Current: 8086 　　　8086-1 　　　8086-2		340 360 350	mA	T_A = 25°C
I_{LI}	Input Leakage Current		±10	μA	0V ≤ V_{IN} ≤ V_{CC} (Note 3)
I_{LO}	Output Leakage Current		±10	μA	0.45V ≤ V_{OUT} ≤ V_{CC}
V_{CL}	Clock Input Low Voltage	−0.5	+0.6	V	
V_{CH}	Clock Input High Voltage	3.9	V_{CC} + 1.0	V	
C_{IN}	Capacitance of Input Buffer (All input except AD_0–AD_{15}, $\overline{RQ}/\overline{GT}$)		15	pF	fc = 1 MHz
C_{IO}	Capacitance of I/O Buffer (AD_0–AD_{15}, $\overline{RQ}/\overline{GT}$)		15	pF	fc = 1 MHz

NOTES:
1. V_{IL} tested with MN/$\overline{MX}$ Pin = 0V. V_{IH} tested with MN/$\overline{MX}$ Pin = 5V. MN/$\overline{MX}$ Pin is a Strap Pin.
2. Not applicable to $\overline{RQ}/\overline{GT0}$ and $\overline{RQ}/\overline{GT1}$ (Pins 30 and 31).
3. HOLD and HLDA I_{LI} min = 30 μA, max = 500 μA.

intel.　　　　　　　　　　　　　　　　　8086

A.C. CHARACTERISTICS (8086: $T_A = 0°C$ to $70°C$, $V_{CC} = 5V \pm 10\%$)
(8086-1: $T_A = 0°C$ to $70°C$, $V_{CC} = 5V \pm 5\%$)
(8086-2: $T_A = 0°C$ to $70°C$, $V_{CC} = 5V \pm 5\%$)

MINIMUM COMPLEXITY SYSTEM TIMING REQUIREMENTS

Symbol	Parameter	8086		8086-1		8086-2		Units	Test Conditions
		Min	Max	Min	Max	Min	Max		
TCLCL	CLK Cycle Period	200	500	100	500	125	500	ns	
TCLCH	CLK Low Time	118		53		68		ns	
TCHCL	CLK High Time	69		39		44		ns	
TCH1CH2	CLK Rise Time		10		10		10	ns	From 1.0V to 3.5V
TCL2CL1	CLK Fall Time		10		10		10	ns	From 3.5V to 1.0V
TDVCL	Data in Setup Time	30		5		20		ns	
TCLDX	Data in Hold Time	10		10		10		ns	
TR1VCL	RDY Setup Time into 8284A (See Notes 1, 2)	35		35		35		ns	
TCLR1X	RDY Hold Time into 8284A (See Notes 1, 2)	0		0		0		ns	
TRYHCH	READY Setup Time into 8086	118		53		68		ns	
TCHRYX	READY Hold Time into 8086	30		20		20		ns	
TRYLCL	READY Inactive to CLK (See Note 3)	−8		−10		−8		ns	
THVCH	HOLD Setup Time	35		20		20		ns	
TINVCH	INTR, NMI, $\overline{TEST}$ Setup Time (See Note 2)	30		15		15		ns	
TILIH	Input Rise Time (Except CLK)		20		20		20	ns	From 0.8V to 2.0V
TIHIL	Input Fall Time (Except CLK)		12		12		12	ns	From 2.0V to 0.8V

intel.   8086

A.C. CHARACTERISTICS (Continued)

TIMING RESPONSES

Symbol	Parameter	8086		8086-1		8086-2		Units	Test Conditions
		Min	Max	Min	Max	Min	Max		
TCLAV	Address Valid Delay	10	110	10	50	10	60	ns	
TCLAX	Address Hold Time	10		10		10		ns	
TCLAZ	Address Float Delay	TCLAX	80	10	40	TCLAX	50	ns	
TLHLL	ALE Width	TCLCH-20		TCLCH-10		TCLCH-10		ns	
TCLLH	ALE Active Delay		80		40		50	ns	
TCHLL	ALE Inactive Delay		85		45		55	ns	
TLLAX	Address Hold Time	TCHCL-10		TCHCL-10		TCHCL-10		ns	
TCLDV	Data Valid Delay	10	110	10	50	10	60	ns	*C_L = 20–100 pF for all 8086 Outputs (In addition to 8086 selfload)
TCHDX	Data Hold Time	10		10		10		ns	
TWHDX	Data Hold Time After WR	TCLCH-30		TCLCH-25		TCLCH-30		ns	
TCVCTV	Control Active Delay 1	10	110	10	50	10	70	ns	
TCHCTV	Control Active Delay 2	10	110	10	45	10	60	ns	
TCVCTX	Control Inactive Delay	10	110	10	50	10	70	ns	
TAZRL	Address Float to READ Active	0		0		0		ns	
TCLRL	RD Active Delay	10	165	10	70	10	100	ns	
TCLRH	RD Inactive Delay	10	150	10	60	10	80	ns	
TRHAV	RD Inactive to Next Address Active	TCLCL-45		TCLCL-35		TCLCL-40		ns	
TCLHAV	HLDA Valid Delay	10	160	10	60	10	100	ns	
TRLRH	RD Width	2TCLCL-75		2TCLCL-40		2TCLCL-50		ns	
TWLWH	WR Width	2TCLCL-60		2TCLCL-35		2TCLCL-40		ns	
TAVAL	Address Valid to ALE Low	TCLCH-60		TCLCH-35		TCLCH-40		ns	
TOLOH	Output Rise Time		20		20		20	ns	From 0.8V to 2.0V
TOHOL	Output Fall Time		12		12		12	ns	From 2.0V to 0.8V

NOTES:
1. Signal at 8284A shown for reference only.
2. Setup requirement for asynchronous signal only to guarantee recognition at next CLK.
3. Applies only to T2 state. (8 ns into T3).

intel. 8086

A.C. TESTING INPUT, OUTPUT WAVEFORM

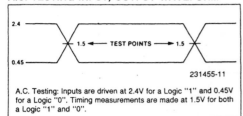

231455-11

A.C. Testing: Inputs are driven at 2.4V for a Logic "1" and 0.45V for a Logic "0". Timing measurements are made at 1.5V for both a Logic "1" and "0".

A.C. TESTING LOAD CIRCUIT

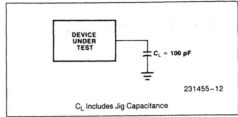

231455-12

C_L Includes Jig Capacitance

WAVEFORMS

MINIMUM MODE

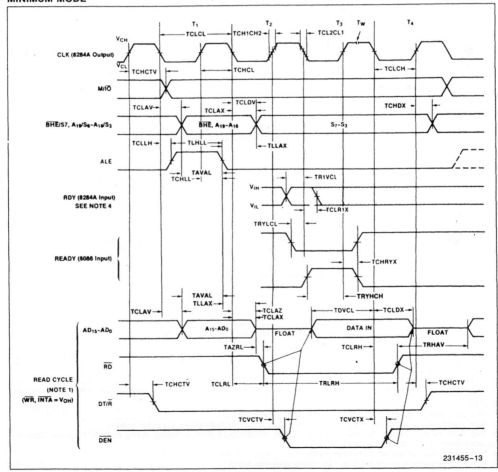

231455-13

intel.　　　　　　　　　　　8086

WAVEFORMS (Continued)

MINIMUM MODE (Continued)

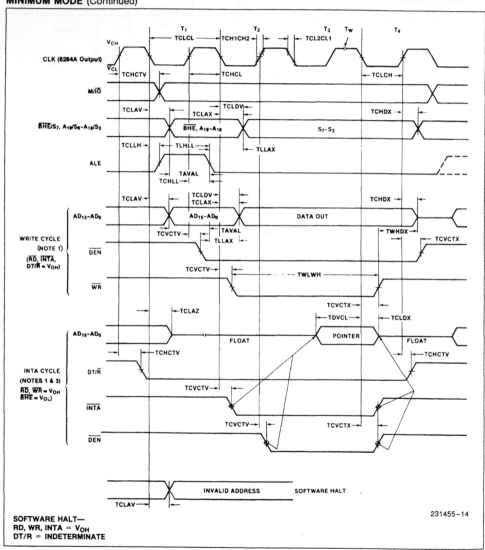

231455–14

SOFTWARE HALT—
RD, WR, INTA = V_{OH}
DT/R = INDETERMINATE

NOTES:
1. All signals switch between V_{OH} and V_{OL} unless otherwise specified.
2. RDY is sampled near the end of T_2, T_3, T_W to determine if T_W machines states are to be inserted.
3. Two INTA cycles run back-to-back. The 8086 LOCAL ADDR/DATA BUS is floating during both INTA cycles. Control signals shown for second INTA cycle.
4. Signals at 8284A are shown for reference only.
5. All timing measurements are made at 1.5V unless otherwise noted.

附錄B：x86微處理器與 x87 FPU指令表

B.1 x86微處理器指令表

AAA (ASCII adjust after addition)			80x86
AAA			

AAD (ASCII adjust before division)			80x86
AAD			

AAM (ASCII adjust after multiplication)			80x86
AAM			

AAS (ASCII adjust after substraction)			80x86
AAS			

ADC (addition with carry)			80x86
ADC reg,reg		ADC mem,reg	
ADC reg,mem		ADC reg,imm	
ADC mem,imm		ADC ACC,imm	

ADD (addition)			80x86
ADD reg,reg		ADD mem,reg	
ADD reg,mem		ADD reg,imm	
ADD mem,imm		ADD ACC,imm	

AND (logical AND)			80x86
AND reg,reg		AND mem,reg	
AND reg,mem		AND reg,imm	
AND mem,imm		AND ACC,imm	

ARPL (adjust requested privilege level)			80286↑
ARPL reg,reg		ARPL mem,reg	

BOUND (check array bounds) 80286↑

BOUND reg,mem

BSF (bit scan forward) 80386↑

BSF reg,reg   BSF reg,mem

BSR (bit scan reverse) 80386↑

BSR reg,reg   BSR reg,mem

BSWAP (byte swap) 80486↑

BSWAP reg

BT (bit test) 80386↑

BT reg,imm8   BT mem,imm8
BT reg,reg   BT mem,reg

BTC (bit test and complement) 80386↑

BTC reg,imm8   BTC mem,imm8
BTC reg,reg   BTC mem,reg

BTR (bit test and reset) 80386↑

BTR reg,imm8   BTR mem,imm8
BTR reg,reg   BTR mem,reg

BTS (bit test and set) 80386↑

BTS reg,imm8   BTS mem,imm8
BTS reg,reg   BTS mem,reg

CALL (call procedure) 80x86

CALL label(near)   CALL label(far)
CALL mem(far)   CALL reg(near)
CALL mem(near)

CBW (convert byte to word)	80x86
CBW	

CDQ (convert double word to quad word)	80386↑
CDQ	

CLC (clear carry)	80x86
CLC	

CLD (clear direction flag)	80x86
CLD	

CLI (clear interrupt flag)	80x86
CLI	

CLTS (clear task switch flag)	80286↑
CLTS	

CMC (complement carry flag)	80x86
CMC	

CMOVcc (conditional move)		Pentium Pro
CMOVO reg,mem	CMOVNO reg,mem	
CMOVB/CMOVNE reg,mem	CMOVAE/CMOVNB reg,mem	
CMOVE/CMOVZ reg,mem	CMOVNE/CMOVNZ reg,mem	
CMOVBE/CMOVNA reg,mem	CMOVA/CMOVNBE reg,mem	
CMOVS reg,mem	CMOVNS reg,mem	
CMOVP/CMOVPE reg,mem	CMOVNP/CMOVPO reg,mem	
CMOVL/CMOVNGE reg,mem	CMOVGE/CMOVNL reg,mem	
CMOVLE/CMOVNG reg,mem	CMOVG/CMOVNLE reg,mem	

CMP (compare operands)		80x86
CMP reg,reg	CMP reg,imm	
CMP mem,reg	CMP mem,imm	
CMP reg,mem	CMP ACC,imm	

CMPS (compare strings)		80x86
CMPSB		
CMPSD (80386↑)	CMPSW	

CMPXCHG (compare and exchange)		80486↑
CMPXCHG reg,reg	CMPXCHG mem,reg	

CMPXCHG8B (compare and exchange 8 bytes)	Pentium ↑
CMPXCHG8B mem64	

CPUID (CPU identification code)	Pentium ↑
CPUID	

CWD (convert word to double word)	80x86
CWD	

CWDE (convert word to extended double word)	80386↑
CWDE	

DAA (decimal adjust after addition)	80x86
DAA	

DAS (decimal adjust after subtraction)	80x86
DAS	

DEC (decrement)		80x86
DEC reg	DEC mem	

DIV (unsigned division)		80x86
DIV reg	DIV mem	

ENTER (create a stack frame)		80286↑
ENTER imm,0		
ENTER imm,imm	ENTER imm,1	

ESC (escape)		80x86
ESC imm,reg	ESC imm,mem	

HLT (halt)		80x86
HLT		

IDIV (signed division)		80x86
IDIV reg	IDIV mem	

IMUL (signed multiplication)		80x86
IMUL reg	IMUL mem	

IMUL (signed multiplication)		80286↑
IMUL reg,imm		
IMUL reg,mem,imm	IMUL reg,reg,imm	

IMUL (signed multiplication)		80386↑
IMUL reg,reg	IMUL reg,mem	

IN (input data from port)		80x86
IN ACC,port	IN ACC,DX	

INC (increment)		80x86
INC reg	INC mem	

INS (input string from port)	80286↑

INSB	
INSD　(80386↑)	INSW

INT (interrupt)	80x86

INT　type

INT 3 (interrupt 3)	80x86

INT　3

INTO (interrupt on overflow)	80x86

INTO

INVD (invalidate data cache)	80486↑

INVD

INVLPG (invalidate TLB entry)	80486↑

INVLPG　mem

IRET/IRETD (interrupt return)	80x86

IRET	IRETD　(80386↑)

Jcc (conditional jump)	80x86

JO　label	JNO　label
JB/JANE　label	JAE/JNB　label
JE/JZ　label	JNE/JNZ　label
JBE/JNA　label	JA/JNBE　label
JS　label	JNS　label
JP/JPE　label	JNP/JPO　label
JL/JNGE　label	JGE/JNL　label
JLE/JNG　label	JG/JNLE　label

JCXZ (jump if CX equals zero)　　　　　　　　　　80x86

JCXZ   label

JECXZ (jump if ECX equals zero)　　　　　　　　80386↑

JECXZ   label

JMP (unconditional jump)　　　　　　　　　　　80x86

JMP label(short)	JMP label(near)
JMP label(far)	JMP reg(near)
JMP mem(far)	JMP mem(near)

LAHF (load AH from flags)　　　　　　　　　　　80x86

LAHF

LAR (load access rights)　　　　　　　　　　　80286↑

LAR   reg,reg　　　　　　　　LAR   reg,mem

LDS (load far pointer)　　　　　　　　　　　　80x86

LDS   reg,mem

LEA (load effective address)　　　　　　　　　80x86

LEA   reg,mem

LEAVE (leave high-level procedure)　　　　　　80286↑

LEAVE

LES (load far pointer)　　　　　　　　　　　　80x86

LES   reg,mem

LFS (load far pointer)　　　　　　　　　　　　80386↑

LFS   reg,mem

LGDT (load global descriptor table) 80286↑

LGDT　mem64byte

LGS (load far pointer) 80386↑

LGS　reg,mem

LIDT (load interrupt descriptor table) 80286↑

LIDT　mem64byte

LLDT (load local descriptor table) 80286↑

LLDT　reg　　　　　　　LLDT　mem

LMSW (load machine status word) 80286

LMSW　reg　　　　　　LMSW　mem

LOCK (lock the bus) 80x86

LOCK　instructions

LODS (load string operand) 80x86

LODSB
LODSD　(80386↑)　　　　　LODSW

LOOP/LOOPD (loop until CX=0 or ECX=0) 80x86

LOOP　label　　　　　　LOOPD　label　(80386↑)

LOOPE/LOOPZ LOOPED/LOOPZD (loop while equal) 80x86

LOOPE/LOOPZ　label　　　　LOOPED/LOOPZD　label　(80386↑)

LOOPNE/LOOPNZ LOOPNED/LOOPNZD (loop while not equal) 80x86

LOOPNE/LOOPNZ　label　　　LOOPNED/LOOPNZD　label　(80386↑)

LSL (load segment limit)		80286↑
LSL reg,reg	LSL reg,mem	

LSS (load far pointer)		80386↑
LSS reg,mem		

LTR (load task register)		80286↑
LTR reg	LTR mem	

MOV (move data)		80x86
MOV reg,reg	MOV reg,imm	
MOV mem,reg	MOV mem,imm	
MOV reg,mem	MOV mem,ACC	
MOV ACC,mem		

MOV (move data to/from segment registers)		80x86
MOV sreg,reg	MOV reg,sreg	
MOV sreg,mem	MOV mem,sreg	

MOV (move data to/from control/debug registers)		80386↑
MOV sreg,cr	MOV sreg,dr	
MOV cr,reg	MOV dr,reg	
MOV reg,tr	MOV tr,reg	

MOVS (move string data)		80x86
MOVSB		
MOVSD (80386↑)	MOVSW	

MOVSX (move with sign extend)		80386↑
MOVSX reg,reg	MOVSX reg,mem	

MOVZX (move with zero extend)		80386↑
MOVZX reg,reg	MOVZX reg,mem	

MUL (unsigned multiplication)　　　　　　　　　　　80x86

MUL　reg	MUL　mem

NEG (negate)　　　　　　　　　　　　　　　　　　　80x86

NEG　reg	NEG　mem

NOP (no operation)　　　　　　　　　　　　　　　　80x86

NOP

NOT (one's complement)　　　　　　　　　　　　　80x86

NOT　reg	NOT　mem

OR (logical OR)　　　　　　　　　　　　　　　　　80x86

OR　reg,reg	OR　reg,imm
OR　mem,reg	OR　mem,imm
OR　reg,mem	OR　ACC,imm

OUT (output data to port)　　　　　　　　　　　　80x86

OUT　port,ACC	OUT　DX,ACC

OUTS (output string to port)　　　　　　　　　　80286↑

OUTSB	OUTSW
OUTSD (80386↑)	

POP (pop data from stack)　　　　　　　　　　　　80x86

POP　reg	POP　mem
POP　sreg	

POPA/POPAD (pop all registers from stack)　　　80286↑

POPA	POPAD (80386↑)

POPF/POPFD (pop flags from stack)   80x86

POPF	POPFD (80386↑)

PUSH (push data to stack)   80x86

PUSH reg	PUSH mem
PUSH sreg	PUSH imm (80286↑)

PUSHA/PUSHAD (push all registers onto stack)   80286↑

PUSHA	PUSHAD (80386↑)

PUSHF/PUSHFD (push flags onto stack)   80x86

PUSHF	PUSHFD (80386↑)

RCL/RCR/ROL/ROR (rotate)   80x86

Rxx reg,1	Rxx mem,1
Rxx reg,C	Rxx mem,CL

RCL/RCR/ROL/ROR (rotate)   80286↑

Rxx reg,imm	Rxx mem,imm

RDMSR (read model specific register)   Pentium↑

RDMSR

REP (repeat prefix)   80x86

REP MOVS	REP STOS
REP INS	REP OUTS

REPE/REPZ (repeat while equal)   80x86

REPE/REPZ CMPS	REPE/REPZ SCAS

REPNE/REPNZ (repeat while not equal)　　　　　　　　　　80x86

REPNE/REPNZ　CMPS　　　　　　REPNE/REPNZ　SCAS

RET (return from procedure)　　　　　　　　　　　　　　80x86

RET　　　　　　　　　　　　　　RET　imm

RSM (resume from system management mode)　　　　　　Pentium↑

RSM

SAHF (store AH into flags)　　　　　　　　　　　　　　80x86

SAHF

SAL/SAR/SHL/SHR (shift)　　　　　　　　　　　　　　80x86

Sxx　reg,1　　　　　　　　　　　Sxx　mem,1
Sxx　reg,CL　　　　　　　　　　Sxx　mem,CL

SAL/SAR/SHL/SHR (shift)　　　　　　　　　　　　　　80286↑

Sxx　reg,imm　　　　　　　　　　Sxx　mem,imm

SBB (subtraction with borrow)　　　　　　　　　　　　80x86

SBB　reg,reg　　　　　　　　　　SBB　reg,imm
SBB　mem,reg　　　　　　　　　　SBB　mem,imm
SBB　reg,mem　　　　　　　　　　SBB　ACC,imm

SCAS (scan string)　　　　　　　　　　　　　　　　　80x86

SCASB　　　　　　　　　　　　　SCASW
SCASD (80386↑)

SET (set on condition)　　　　　　　　　　　　　　　　　　80386↑

SETO　reg8/mem8	SETNO　reg8/mem8
SETB/SETANE　reg8/mem8	SETAE/SETNB　reg8/mem8
SETE/SETZ　reg8/mem8	SETNE/SETNZ　reg8/mem8
SETBE/SETNA　reg8/mem8	SETA/SETNBE　reg8/mem8
SETS　reg8/mem8	SETNS　reg8/mem8
SETP/SETPE　reg8/mem8	SETNP/SETPO　reg8/mem8
SETL/SETNGE　reg8/mem8	SETGE/SETNL　reg8/mem8
SETLE/SETNG　reg8/mem8	SETG/SETNLE　reg8/mem8

SGDT/SIDT/SLDT (store descriptor table)　　　　　　　　80286↑

SGDT　mem	SIDT　mem
SLDT　reg	SLDT　mem

SHLD (double precision left shift)　　　　　　　　　　　80386↑

SHLD　reg,reg,imm	SHLD　mem,reg,imm
SHLD　reg,reg,CL	SHLD　mem,reg,CL

SHRD (double precision right shift)　　　　　　　　　　80386↑

SHRD　reg,reg,imm	SHRD　mem,reg,imm
SHRD　reg,reg,CL	SHRD　mem,reg,CL

SMSW (store machine status word)　　　　　　　　　　　80286

SMSW　reg	SMSW　mem

STC (set carry flag)　　　　　　　　　　　　　　　　　80x86

STC

STD (set direction flag)　　　　　　　　　　　　　　　80x86

STD

STI (set interrupt flag) 80x86

STI

STOS (store string data) 80x86

STOSB STOSW
STOSD (80386↑)

STR (store task register) 80286↑

STR reg STR mem

SUB (subtraction) 80x86

SUB reg,reg SUB reg,imm
SUB mem,reg SUB mem,imm
SUB reg,mem SUB ACC,imm

TEST (test operand) 80x86

TEST reg,reg TEST reg,imm
TEST mem,reg TEST mem,imm
TEST reg,mem TEST ACC,imm

VERR/VERW (verify read or write) 80286↑

VERR reg VERR mem
VERW reg VERW mem

WAIT/FWAIT (wait for coprocessor) 80x86

WAIT/FWAIT

WBINVD (write back and invalidate cache) 80486↑

WBINVD

WRMSR (write to model specific register)   Pentium↑

WRMSR

XADD (exchange and add)   80486↑

XADD reg,reg	XADD mem,reg

XCHG (exchange)   80x86

XCHG reg,reg	XCHG reg,ACC
XCHG mem,reg	XCHG ACC,reg
XCHG reg,mem	

XLAT (translate)   80x86

XLAT/XLATB

XOR (exclusive OR)   80x86

XOR reg,reg	XOR reg,imm
XOR mem,reg	XOR mem,imm
XOR reg,mem	XOR ACC,imm

B.2　x87 FPU 指令表

F2XM1 ($2^{ST} - 1$)　　　　　　　　　　　　　　　　　80x87

F2XM1

FABS (absolute value of ST)　　　　　　　　　　　　80x87

FABS

FADD (real addition)　　　　　　　　　　　　　　　80x87

FADD	FADD　ST,ST(I)
FADD　ST(I),ST	FADD　sp-float
FADD　dp-float	

FADDP (real addition and pop stack)　　　　　　　80x87

FADDP　ST(I),ST

FBLD (load BCD data to ST(0))　　　　　　　　　　80x87

FBLD　m80bcd

FBSTP (store BCD data and pop stack)　　　　　　80x87

FBSTP　m80bcd

FCHS (change sign of ST)　　　　　　　　　　　　　80x87

FCHS

FCLEX/FNCLEX (clear errors)　　　　　　　　　　　80x87

FCLEX/FNCLEX

FCOM (compare real)	80x87

FCOM	FCOM ST(I)
FCOM sp-float	FCOM dp-float

FCOMP (compare real and pop stack)	80x87

FCOMP	FCOMP ST(i)
FCOMP sp-float	FCOMP dp-float

FCOMPP (compare real and pop stack twice)	80x87

FCOMPP

FCMOVEcc (conditional move)	Pentium↑

FCMOVB ST(n)	FCMOVNB ST(n)
FCMOVE ST(n)	FCMOVNE ST(n)
FCMOVBE ST(n)	FCMOVNBE ST(n)
FCMOVU ST(n)	FCMOVNU ST(n)

FCOS (cosine of ST)	80387↑

FCOS

FDECSTP (decrement stack pointer)	80x87

FDECSTP

FDISI/FNDISI (disable interrupts)	80x87

FDISI/FNDISI (只用在 8087)

FDIV (real division)	80x87

FDIV	FDIV ST,ST(i)
FDIV ST(i),ST	FDIV sp-float
FDIV dp-float	

FDIVP (real division and pop stack)	80x87

FDIVP   ST(i),ST

FDIVR (reversed real division)		80x87
FDIVR	FDIVR　ST,ST(i)	
FDIVR　ST(i),ST	FDIVR　sp-float	
FDIVR　dp-float		

FDIVRP (reversed real division and pop stack)		80x87
FDIVRP　ST(i),ST		

FENI/FNENI (enable interrupts)		8087
FENI/FNENI (只用在 8087)		

FICOM (integer compare) 80x87		80x87
FICOM　w-int	FICOM　dw-int	

FICOMP (integer compare and pop stack)		80x87
FICOMP　w-int	FICOMP　dw-int	

FIADD (integer addition)		80x87
FIADD　w-int	FIADD　dw-int	

FIDIV (integer division)		80x87
FIDIV　w-int	FIDIV　dw-int	

FIDIVR (reversed integer division)		80x87
FIDIVR　w-int	FIDIVR　dw-int	

FILD (load integer data to ST(0))		80x87
FILD　w-int	FLD　dw-int	
FILD　qw-int		

FIMUL (integer multiplication)		80x87
FIMUL　w-int	FIMUL　dw-int	

FINCSTP (increment stack pointer)		80x87
FINCSTP		

FINIT/FNINIT (initialize coprocessor)		80x87
FINIT/FNINIT		

FIST (store integer data)		80x87
FIST w-int	FIST dw-int	

FISTP (store integer data and pop stack)		80x87
FISTP w-int	FISTP dw-int	
FISTP qw-int		

FISUB (integer subtraction)		80x87
FISUB w-int	FISUB dw-int	

FISUBR (reversed integer subtraction)		80x87
FISUBR w-int	FISUBR dw-int	

FLD (load real data to ST(0))		80x87
FLD ST(i)	FLD sp-float	
FLD dp-float	FLD edp-float	

FLD1 (load 1.0 to ST(0))		80x87
FLD1		

FLDENV (load environment)		80x87
FLDENV m14/28byte		

FLDL2E (load $\log_2 e$ to ST(0))		80x87
FLDL2E		

FLDL2T (load $\log_2 10$ to ST(0))　　　　　　　　　　　　80x87

FLDL2T

FLDLG2 (load $\log_{10} 2$ to ST(0))　　　　　　　　　　　　80x87

FLDLG2

FLDLN2 (load $\log_e 2$ to ST(0))　　　　　　　　　　　　80x87

FLDLN2

FLDLCW (load control register)　　　　　　　　　　　　80x87

FLDLCW　m2byte

FLDPI (load π to ST(0))　　　　　　　　　　　　　80x87

FLDPI

FLDZ (load 0.0 to ST(0))　　　　　　　　　　　　　80x87

FLDZ

FMUL (real multiplication)　　　　　　　　　　　　80x87

FMUL　　　　　　　　　　　　FMUL　ST,ST(i)
FMUL　ST(i),ST　　　　　　　　FMUL　sp-float
FMUL　dp-float

FMULP (real multiplication and pop stack)　　　　　　80x87

FMULP　ST(i),ST

FNOP (no operation)　　　　　　　　　　　　　　80x87

FNOP

FPATAN (partial arctangent of ST(0))　　　　　　　　80x87

FPATAN

FPREM (partial remainder)	80x87
FPREM	

FPREM1 (partial remainder—IEEE 標準)	80387↑
FPREM1	

FPTAN (partial tangent of ST(0))	80x87
FPTAN	

FREE (free register)	80x87
FREE ST(i)	

FRNDINT (round ST(0) to an integer)	80x87
FRNDINT	

FRSTOR (restore machine state)	80x87
FRSTOR　m94/108byte	

FSAVE/FNSAVE (store machine state)	80x87
FSAVE/FNSAVE　m94/108byte	

FSCALE (scale ST(0) by ST(1))	80x87
FSCALE	

FSETPM (set protected mode)	80287↑
FSETPM (只用在 80287/80387)	

FSIN (sine of ST(0))	80387↑
FSIN	

✂ （請由此線剪下）

歡迎加入 全華會員

● **會員獨享**
會員專購折扣、紅利積點、生日禮金、不定期優惠活動…等。

● **如何加入會員**
掃 QRcode 或填妥讀者回函卡直接傳真 (02) 2262-0900 或寄回，將由專人協助登入會員資料，待收到 E-MAIL 通知後即可成為會員。

如何購買 全華書籍

1. 網路購書
全華網路書店「http://www.opentech.com.tw」，加入會員購書更便利，並享有紅利積點回饋等各式優惠。

2. 實體門市
歡迎至全華門市（新北市土城區忠義路21號）或各大書局選購。

3. 來電訂購
(1) 訂購專線：(02) 2262-5666 轉 321-324
(2) 傳真專線：(02) 6637-3696
(3) 郵局劃撥（帳號：0100836-1 戶名：全華圖書股份有限公司）
※ 購書未滿 990 元者，酌收運費 80 元。

OpenTech 全華網路書店.com.tw

全華網路書店 www.opentech.com.tw
E-mail: service@chwa.com.tw

※ 本會員制如有變更則以最新修訂制度為準，造成不便請見諒。